myBook+

Ein neues Leseerlebnis

Lesen Sie Ihr Buch online im Browser – geräteunabhängig und ohne Download!

Und so einfach geht's:

- Gehen Sie auf **https://mybookplus.de**, registrieren Sie sich und geben Ihren Buchcode ein, um zu Ihrem Buch zu gelangen
- **Ihren individuellen Buchcode finden Sie am Buchende**

Wir wünschen Ihnen viel Spaß mit myBook+ !

https://mybookplus.de

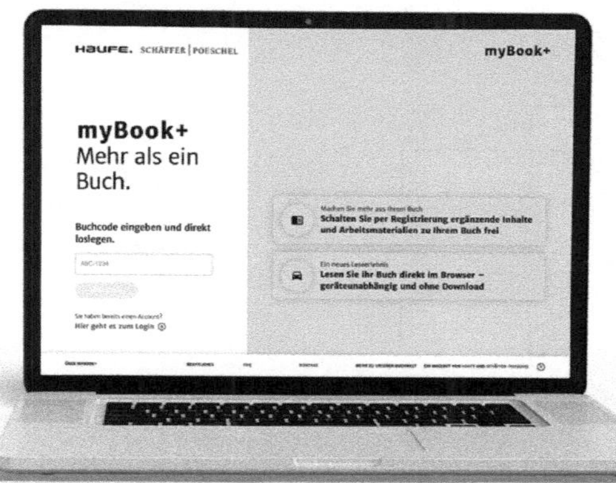

Non-Financial Risk Management

Kai Gammelin

Non-Financial Risk Management

Wettbewerbsvorteile nachhaltig sichern

1. Auflage

Schäffer-Poeschel Verlag Stuttgart

Bibliografische Information der Deutschen Nationalbibliothek

Die Deutsche Nationalbibliothek verzeichnet diese Publikation in der Deutschen Nationalbibliografie; detaillierte bibliografische Daten sind im Internet über http://dnb.dnb.de/ abrufbar.

Print: ISBN 978-3-7910-5635-7 Bestell-Nr. 11475-0001
ePub: ISBN 978-3-7910-5844-3 Bestell-Nr. 11475-0101
ePDF: ISBN 978-3-7910-5845-0 Bestell-Nr. 11475-0151

Kai Gammelin
Non-Financial Risk Management
1. Auflage, April 2023

www.schaeffer-poeschel.de
service@schaeffer-poeschel.de

Produktmanagement: Ruth Kuonath
Lektorat: Heike Münzenmaier

Schäffer-Poeschel Verlag Stuttgart
Ein Unternehmen der Haufe Group SE

Vorwort

Dieses Buch behandelt sehr viele Themenstellungen rund um das Non-Financial Risk Management. Über jedes einzelne Thema lässt sich gewiss mindestens ein Buch schreiben. Das Ziel dieses Buches ist jedoch nicht, jedes Thema bis ins kleinste Detail auszureizen, sondern soll den hier angesprochenen Zielgruppen die Gesamtzusammenhänge des Non-Financial Risk Managements und die damit einhergehende effiziente Resilienz näherbringen. Die Implementierungsbedarfe sind nämlich so unterschiedlich wie die Geschäftsprofile der Finanzdienstleister oder ihre Produkte und Prozesse selbst.

Die Zielgruppen sollen ManagerInnen, ExpertInnen, SpezialistInnen und auch StudentInnen sein. Eben Personen, die sich Tag für Tag mit vielen und einer zunehmenden Anzahl von Informationen beschäftigen müssen. Ein weiteres wichtiges Ziel ist deshalb der hier angestrebte Temporeichtum. Das Erinnern an bestimmte Themenstellungen und in der Endausbaustufe ein Risikomanagementsystem, das selbstwartend ist, sowie eine effektive und gleichermaßen effiziente Regulierungsarchitektur aufweist. Dies nicht nur zum Schutz der Kunden, von Finanzdienstleistern, dem Finanzstandort und der Haftungsbegrenzung von Organen und regulierten Funktionen, sondern auch um die Wettbewerbsfähigkeit des Standorts und der Unternehmen zu steigern.

Zudem soll die Lektüre vielleicht die eine oder andere Erfahrung transportieren und die Zahnräder verdeutlichen, die innerhalb eines gesunden Unternehmens wirkungsvoll ineinandergreifen. Deshalb berücksichtigt es traditionelle Themenstellen, aber auch neu hinzugekommene.

Wichtig ist es, die richtige Unternehmenskultur als Bestandteil eines funktionierenden sozio-ökonomischen Gebildes zu verstehen, um eine möglichst reibungsfreie und nachhaltige Implementierung eines Risikomanagementsystems zu erzielen. Psychologische Effekte und Eigeninteressen sind hochgradige Einflüsse, zu denen ein Bewusstsein bestehen sollte. Ihnen ist ebenfalls viel Aufmerksamkeit zu widmen. Sie können signifikante negative Auswirkungen ebenso hervorrufen, wie auch mangelhafte Führungseigenschaften, fehlende oder unzureichende Trainings.

Den Positionen eines Risk-und-Compliance-Officers kommt dabei eine vom Regulator noch nicht ganz ausgereifte zwiespältige Bedeutung zu. Wichtige und determinierende Grundvoraussetzung ist eine funktionstüchtige Unternehmenskultur, die aber vom Management beeinflusst wird. Bei positivem Wissen muss der Officer handeln. Was ist aber mit dem Management, an welches der Officer berichtet und welches seinen Fortbestand im Unternehmen, seine Entwicklungsmöglichkeiten und Bezahlung bestimmt? Wie ist damit umzugehen, wenn die eignen Interessen einzelner Personen vor die Interessen des gesamten Unternehmens gestellt werden? Gar nicht! Sie schaden dem Unternehmen nachhaltig, insb. wenn sie Schlüsselpositionen bekleiden!

Bestandteil des Buches sind nicht die Meldeverfahren an regulatorische Instanzen oder mathematische Ansätze, da diese von Jurisdiktion zu Jurisdiktion und unternehmensspezifisch unterschiedlich sein können.

Ich wünsche Ihnen viel Freude beim Lesen dieses Buchs und hoffentlich den einen oder anderen hilfreichen Hinweis.

Kai Gammelin, Bludenz, Februar 2023

Geleitworte

Geleitwort von Dr. Christine Bernhofer

Wie in der Einleitung versprochen, besticht das Buch durch Temporeichtum. Herr Gammelin stellt die Verzahnungen zwischen den einzelnen Komponenten des Non-Financial Risk Managements sehr anschaulich dar. Dies als Grundvoraussetzung für ein resilientes Framework. Für das Management eine sehr geschätzte Referenzschrift, um die Vollständigkeit des eigenen Ansatzes abzugleichen.

Das sich rasch verändernde Umfeld stellt hohe Anforderungen an Finanzdienstleister hinsichtlich ihrer Reaktionsfähigkeit. Eigene Veränderungsbedarfe gehen mit diesen einher. Der Einbezug und die Abstimmung beider Wirkrichtungen wird erforderlich. Chancen müssen bei gleichzeitigem Management möglicher Schadenpotenziale genutzt werden. Zügige risikobewusste Entscheidungen werden erforderlich, um für Kunden und Unternehmen das bestmögliche Ergebnis zu erzielen. Bei wachsendem Kostendruck ist es relevant, Transparenz für das Management sicherzustellen und die vorhandenen Ressourcen auf die wesentlichen Themenstellungen zu lenken, ohne die aktuell als geringfügiger erachteten Schadenpotenziale aus dem Blick zu verlieren. Ressourcenthematik und Komplexität erfordern Digitalisierung.

Die durch Herrn Gammelin auf unterschiedlichen Fach- und Managementebenen ausgeübten Tätigkeiten werden in diesem Buch hervorragend zusammengeführt. Wesentliche, sonst in diesem Kontext vernachlässigte Grundvoraussetzungen, wie die essenzielle Rolle des Managements, das betriebliches Reaktionsvermögen sowie menschliche Wirkfaktoren sind auf den Punkt gebracht.

Dr. Christine Bernhofer
COO Swiss Life Asset Managers Deutschland
CEO Swiss Life Kapitalverwaltungsgesellschaft mbH

Geleitwort von Dr. Erich Walter Farkas

Die Realität ist viel komplexer als Risikomodelle es jemals sein können: Unternehmensumfeld, -gegenstand und -kultur sind dabei zentrale Determinanten. In international tätigen Unternehmensgruppen sind ebenso übergreifende Initiativen zur Prävention von Schäden erforderlich, wie auch bei der Bewirtschaftung eines einzelnen Unternehmens. Herr Gammelin arbeitet diesen holistischen Grundstein im Bereich des Non-Financial Risk Managements treffend heraus und bringt seine langjährige und vielfältige Praxis- und Forschungserfahrung ein.

Die Ansätze der Regulatoren der Europäischen Union und der Schweiz differieren zwar, arbeiten aber in dieselbe Zielrichtung – Schutz von Kunden, weiteren Stakeholdern, Finanzdienstleistern und des Wirtschaftsstandorts. Die Regulierungsanforderungen transportieren viele Erfahrungen aus Vorkommnissen der Vergangenheit, müssen aber auch konzertiert und risikoadjustiert zu einem System zusammengefasst werden. Dieses Buch kreiert einen ganzheitlichen, grenzüberschreitend anwendbaren Bauplan für ein effektives und effizientes Non-Financial Risk Management. Herausgearbeitet werden zudem wichtige flankierende Themenstellungen, wie bspw. die Fehlerprävention im Zusammenhang mit quantitativen Messverfahren oder der Bedarf eines stringenten Projektmanagements.

Dieser Flankierungsbedarf wird repetitiv auch bei neuen und sich entwickelnden Themenstellungen relevant. So werden im Bereich des Nachhaltigkeitsmanagements solide Datenbasen und Berechnungsmodelle benötigt. Gleichzeitig kann die wettbewerbsnotwendige Digitalisierung von Geschäftsprozessen und die zunehmende Inanspruchnahme von Off-Premises Cloud-Architekturen Abhängigkeiten bzw. die Angriffsfläche eines Unternehmens erhöhen.

Ein sehr gelungenes Buch, das zum (Vor-)Denken und zur Berücksichtigung von Wirkzusammenhängen anregt.

Viel Spaß beim Lesen und Nachdenken!

Prof. Dr. Erich Walter Farkas
Professor für Quantitative Finance am Institut für Banking und Finance an der Universität Zürich (UZH), assoziiertes Fakultätsmitglied am Departement Mathematik der Eidgenössischen Technischen Hochschule (ETH) Zürich, Mitglied des Swiss Finance Institute (SFI)
Programmdirektor des spezialisierten Master of Science in Quantitative Finance, joint degree der Universität Zürich und ETH Zürich
Vorstandsmitglied der Swiss Risk Association (Gründer und ehemaliger Co-Präsident 2013-2021)

Geleitwort von Dr. Stefan Hirschmann

Liebe Leserinnen und Leser,

die Steuerung, das Controlling und das Management von nicht-finanziellen Risiken (Non-Financial Risks, NFR) spielt aufgrund der stetig steigenden aufsichtsrechtlichen Anforderungen sowie zunehmender prozessualer Notwendigkeiten und Bedrohungen eine immer größere Rolle bei Banken, Versicherungen und anderen Unternehmen. Hierbei gilt es, die Balance zwischen Risikovermeidung und -beherrschung auf der einen Seite und betriebswirtschaftlichem Handeln auf der anderen Seite zu bewahren.

Steigende Inflation, hohe Regulierungsintensität, wachsender Wettbewerb sowie zunehmender Druck auf die Geschäftsmodelle durch die digitale Transformation sind nach wie vor wichtige Herausforderungen. Und mehr noch: unsere Wirtschaft und Gesellschaft wird innerhalb weniger Jahre einige epochale Aufgaben angehen müssen. Erstens gilt es, die Folgen des russischen Angriffskriegs in der Ukraine aufzufangen und vor allem den Menschen zu helfen, die durch diese Katastrophe unsagbares Leid erfahren. Zweitens ist die Wirtschaft nach der Corona-Krise zu revitalisieren sowie der digitale Transformationsprozess zu bewältigen. Schließlich muss der CO2-Ausstoß und Naturverlust auf Netto-Null reduziert werden. Letzteres ist eine gewaltige Herausforderung, es ist für uns alle das entscheidende Thema der nächsten Jahre. Das Drama in der Ukraine hat die Notwendigkeit eines raschen Wandels – auch und vor allem in der Energiepolitik – noch einmal umso deutlicher gemacht.

Um es unmissverständlich zu sagen: Die Gesamtwirtschaft, die Gesellschaft und die Finanzindustrie stehen vor einem maximalen Transformationsprozess, der viel Geld kosten wird und in den Unternehmen das Personal, das Risikomanagement, die IT und die gesamte Unternehmensorganisation massiv fordern wird. So sind die nachhaltige und digitale Transformation, das Risikomanagement und die Business-Resilienz die Megathemen der nächsten Jahre. Ohne ein funktionsfähiges Risiko- und Notfallmanagement zu betreiben und entsprechende Risikoszenarien zu modellieren, werden die Aufgaben kaum zu bewerkstelligen sein. Durch eine kurze Aneinandereihung mehrerer Krisen in den letzten Jahren sind Gesellschaft und Märkte mehrfach aus der Spur gekommen. Jetzt geht es darum, die Zukunft zu sichern sowie den nachhaltigen Umbau zu organisieren und zu finanzieren. Es steht viel auf dem Spiel. Dabei sind eine weitgreifende Übersicht und die professionelle Steuerung der wesentlichen Themen wie Risiko, Nachhaltigkeit, Sicherheit, Regulierung, Personal und Technologie essenziell.

In der Praxis dürfte davon vieles ineinandergreifen, denn letztlich ist die Adaption von Chancen und Risiken ein steter Balanceakt zwischen Flexibilisierung und Standardisierung. Ein weiterer Aspekt ist, dass diverse Transformationsprozesse parallel verlaufen und Interdependenzen von größerer Bedeutung sein können. Für Akteure im Unternehmen ist daher ein Grundverständnis für das gesamte Risikouniversum unerlässlich.

Dieser Mammutaufgabe hat sich Kai Gammelin mit diesem Buch angenommen und auf fast 500 Druckseiten das breite Feld der nicht-finanziellen Risiken intensiv beackert. Für diese Leistung spreche ich meinen größten Respekt aus und wünsche dem Werk eine bestmögliche Aufnahme und gute Verbreitung. Autor und Thema haben es jedenfalls verdient.

Düsseldorf, im November 2022

Dr. Stefan Hirschmann
Vertreter des Bundesverbands Öffentlicher Banken Deutschlands, VÖB

Geleitwort von Prof. Dr. Markus Ilg und Prof. Dr. Martin Hebertinger

Risikomanagement bei Banken und anderen Finanzdienstleistern fokussierte lange Zeit und viel zu oft auf quantitative Modelle, bspw. im Versuch, möglichst präzise einen Value at Risk zu berechnen. Während bankinterne Modelle zur Bemessung von Adressausfall- und Marktrisiken entwickelt und perfektionistisch verfeinert wurden, wurden Operationelle Risiken weiterhin oft mit dem Standardansatz bemessen. Dabei zeigt ein Blick in die jüngere Wirtschaftsgeschichte, dass Schadensfälle und Strafzahlungen in der Finanzindustrie vermehrt auf Risiken aus dem Bereich der Non-Financial Risks zurückgehen. Dolos oder fahrlässig fehlerhafte Beratung, gezielte Marktmanipulationen, Betrugsfälle – allein die Aufzählung dieser Tatbestände bringt die Namen einiger schillernder Unternehmensnamen ins Kopfkino.

Es wirkt so, als ob die Ansätze des Operational-Risk-Managements mehr auf die Abdeckung regulatorischer Kapitalanforderungen fokussierten als auch (und vor allem) der strukturierten Kartografie der nicht-finanziellen Risiken. Non-Financial Risk Management steht für den Trend, eben jene schwer quantifizierbaren, eher weichen und verborgenen Risikofelder ebenbürtig zu Kredit- und Preisrisiken zu erfassen, zu systematisieren, ihre Interdependenzen abzuschätzen und schließlich zu managen. Perspektivisch senkt das auch die Eigenkapitalanforderungen. Im Idealfall vermeidet es Verlustereignisse, die die Haftungsbasis stärker reduzieren als jedes noch so fein austarierte Rechenmodell es kompensieren könnte.

Kai Gammelin legt ein umfassendes Werk vor, in dem er die Bedeutung von Risikomanagement im Allgemeinen aufzeigt, Operationelle Risiken systematisiert, geeignete Prozesse zum Erfassen, zum Evaluieren und zum Mitigieren von Risiken aus dem nicht-finanziellen Bereich beschreibt und mit Anwendungsbeispielen untermauert. Es ist dabei kein ermüdendes Fachbuch, sondern eine erfrischend mitnehmende Lektüre als Ganzes und ein zuverlässiges Nachschlagewerk für Details entstanden. Wir kennen und schätzen den Autor als engagierten Dozenten an unserer Hochschule und als Betreuer akademischer Abschlussarbeiten. Seine Studierenden schätzen den Praxisbezug und die solide Einordnung des Stoffes im Big Picture der Betriebswirtschaft und der Nachbardisziplinen.

Den Leserinnen und Lesern dieses Buchs wünschen wir Erkenntnisgewinn und Freude beim Lesen – wir hatten dies jedenfalls.

University of Applied Sciences Vorarlberg, Dornbirn, November 2022

Prof. (FH) Dr. Markus Ilg
Fachbereich Wirtschaft
Fachbereichsleiter, Hochschullehrer
Prof. (FH) Dr. Martin Hebertinger
Hochschullehrer, Studiengangsleiter Internationale Betriebswirtschaft
Department of Management and Business Administration

Geleitwort von Roman Lorenc

Seit Menschen Werte schaffen, beschäftigen sie sich mit der Sicherung ihrer Errungenschaften und dem Thema Risikomanagement in seiner ganzen Vielfältigkeit. Das Bedürfnis nach Schutz vor äußeren, aber auch inneren Risiken ist demnach so alt wie die Menschheit selbst und die Geschichte hat oft gezeigt, dass starke innere Strukturen eine außergewöhnliche Resilienz vor verderblichen äußeren Einflüssen schaffen und zugleich eine organisierte Weiterentwicklung ermöglichen, die auch in der Zukunft bestehen kann.

Der Autor hat in diesem Buch eine Fülle an Themen dargestellt, die einen wertvollen und übersichtlichen Einblick darüber geben, welche komplexen Risiken die Finanzdienstleister am Anfang des 21. Jahrhunderts beschäftigen und – viel wichtiger – mit welchen Lösungsansätzen starke innere Strukturen geschaffen werden, die zur nachhaltigen Minderung dieser Risiken beitragen und insgesamt zu eben jener Resilienz führen, die den entscheidenden Unterschied im Bestehen des Wettbewerbs ausmacht.

Die Kompaktheit dieses Werks gepaart mit der Reichhaltigkeit an relevanten Themen von Kontrollkonzepten über Human-Risiken bis zu Finanztechnologie, machen dieses Buch zu einer spannenden und immer wieder gerne konsultierten Bildungslektüre für jede und jeden, die den errungenen Wettbewerbsvorteil ihres Unternehmens sichern und weiterentwickeln wollen oder es sich zum Ziel gesetzt haben, ihr Unternehmen in diese hohe Liga zu lenken.

Roman Lorenc
Head Compliance Credit Suisse Asset Management Europe

Inhaltsverzeichnis

Abbildungsverzeichnis

Tabellenverzeichnis

1 Einleitung

Ich habe mir lange überlegt, ob ich dieses Buch schreiben sollte. Schlussendlich habe ich mich aber dafür entschieden, da die am Markt erhältliche Literatur in erster Linie auf gesetzlichen und regulatorischen Themen aufbaut und wenig Praxis transportiert oder veraltet ist. Die Suche nach geeigneten Veröffentlichungen für den Risikocontrolling-Nachwuchs und die StudentInnen verlief ebenfalls wenig erfolgreich – ganz gleich, ob für Praxis oder Theorie. Einen Schubs erhielt ich dann noch von Dr. Stefan Hirschmann – Mitglied der Geschäftsleitung der VÖB-Service GmbH, Gesellschaft des Bundesverbands Öffentlicher Banken Deutschlands, VÖB – und von Alexander Kühn, Programmbereich Finance, ABWL & VWL des Schäffer-Poeschel Verlags. Vielen Dank, das Projekt hat sehr viel Spaß gemacht.

Nachdem ich das Thema ganzheitliche Risikoprävention nun seit 1999 aus der Perspektive eines Mitglieds von Aufsichtsräten, (erweiterten) Geschäftsleitungen, als Leiter und Spezialist international verfolgen bzw. umsetzen durfte, ergaben sich viele Erlebnisse und nutzenbringende Praxishinweise und Systematisierungen, die ich hiermit auch gern weitergeben möchte. Auch eignete ich mir an, die besten und zumeist auch effizientesten Lösungen aus den unterschiedlichen Bereichen zu nutzen – in den Finanzdienstleistungsbereichen der Universalbanken, des Asset Managements und der Rating-Branche sowie in der ganzheitlichen Prävention von Risiken und der Compliance insbesondere in Europe, Middle East & Africa und ohne Zwischenfälle in meinen Verantwortungsbereichen.

Als Gastdozent unterrichte ich an verschiedenen Bildungseinrichtungen zu den Themen Compliance, Risikocontrolling, Governance, Finanztechnologie und Nachhaltigkeit. Die Zusammenarbeit mit jungen Menschen wurde eine meiner großen Leidenschaften. Dabei fiel mir auf, dass das Thema Risikocontrolling von operationellen Risiken teilweise gar nicht gelehrt oder schlichtweg unterschätzt wird. Bankentaugliche Bücher sind ebenfalls in der Uni-Bibliothek eine Seltenheit, dabei sind Risiko- und Präventionsüberlegungen bereits bei der erfolgreichen Umsetzung von Bachelor- und Masterarbeiten erforderlich. Die Betreuung der Arbeiten und die zu erforschenden neuen Themen haben schon immer mein hohes Interesse geweckt – auch beruflich.

Dieses Buch richtet sich an alle Ebenen der Finanzdienstleistungsbranche sowie an Studierende, die sich mit diesem Thema auseinandersetzen wollen. Es soll kritische Themen genauso aufzeigen, wie das Verständnis füreinander – »in den Schuhen des anderen gehen« – und die gemeinsame Erreichung von Zielen sicherstellen. Nur so kann ein resilientes sowie effizientes Framework entstehen, das Märkte, Branchen, Unternehmen und Mitarbeitende schützt.

Es stand für mich bereits zu Beginn fest, dass ich meine elektrotechnische Ausbildung nur zum Ende bringen wollte. Dass diese Ausbildung doch wieder hilfreich sein würde, kristallisierte sich erst später heraus. Ich wollte unbedingt in die Bankenbranche. Obwohl zum damaligen Zeitpunkt eine Ausbildungsplatzknappheit am Markt bestand, kämpfte ich um einen zweiten Ausbildungsplatz zur Ausbildung zum Bankkaufmann und erhielt einen Vertrag vom Privatbankier Bankhaus Fischer & Co. In der Übergangszeit bis zum Ausbildungsbeginn erhielt ich auf Anfrage eine Überbrückungsanstellung in der Factoring-Abteilung. Eigentlich war meine Aufgabe einfach. Ich durfte Akten angekaufter Forderungen ergänzen und in einem damals schon halb automatisierten Verfahren Briefe mit meinen Anforderungen an die Leasinggesellschaften versenden. Dabei fiel mir eine Leasinggesellschaft durch den verhältnismäßig hohen Ankaufbetrag besonders auf. Es handelte sich um »HLS in Filderstadt bei Stuttgart«. Ich freute mich auf meinen Ausbildungsbeginn. In den Sommerurlaub 1995 mit meinen Eltern flog ich mit gemischten Gefühlen. Ich berichtete meinem Vater – der mich am liebsten im Elektronikbereich gesehen hätte – von meinen Erlebnissen und dieser erwiderte nur, dass ich das gar nicht beurteilen könnte, ich hätte ja noch nicht mal eine Ausbildung. Mal sehen, ob die Bank nach unserer Rückkehr noch existiert, entgegnete ich. Nach dem Urlaub mit meinen Eltern stand Berufsschule auf dem Plan. Ich kann mich daran erinnern, als wäre es gestern gewesen. Die Schulsekretärin kam im November 1995 um ca. 11:00 Uhr während des Wirtschaftsenglischunterrichts in die Schulklasse und heftete einen gelben Klebezettel an die Tafel. Meine beiden Mitauszubildenden und ich sollten uns bei unserem Ausbilder melden. Ich telefonierte mit unserem Ausbilder. Dieser teilte uns mit, dass das Bundesaufsichtsamt für das Kreditwesen (BAKred)[1] über das Bankhaus ein Moratorium[2] verhängt hatte und nun keine Auszubildenden mehr beschäftigen dürfe. Wir sollen unsere Unterlagen doch bitte innerhalb der nächsten drei Tage abholen. Das Exposure des in die Zahlungsunfähigkeit gerutschten Großkunden HLS Leasing war zu hoch, um das Bankhaus weiterhin seine Geschäfte betreiben lassen zu dürfen. Der Dominoeffekt war fatal. Geschäfts- und Privatkunden kamen nicht mehr an ihre Gelder. Zu einem folgenden Zeitpunkt wurde das Bankhaus abgewickelt. Für mich brach eine Welt zusammen und der Kampf um einen Ausbildungsplatz begann von Neuem. Schließlich hatte ich ein sehr gutes Gespräch mit zwei Ausbilderinnen der Vereins- und Westbank AG in Hamburg, die nach unserem Gespräch sofort entscheidungsfähig waren und mir die Möglichkeit gaben, meine Ausbildung in dieser international tätigen Bank fortzusetzen. Hier lernte ich, dass es sich immer lohnt, für seine Ziele zu kämpfen und nach so einem Erlebnis meistens etwas Besseres nachkommt. Die Ausbildung jedenfalls ermöglichte mir wesentlich mehr, als die, die ich beim Bankhaus Fischer hätte erhalten können. Auch erlebte ich eine sehr gute Förderbereitschaft der Ausbildungs- und Fachabteilung, die mein außerordentliches Interesse für die Materie unterstützte. Auch wenn ich während des unsicheren Schwebezustands meine einzige 5 im wichtigsten Fach – Bankbetriebslehre – schrieb, absolvierte ich einen der besseren Abschlüsse und dufte mir einen zur Auswahl stehenden Platz aussuchen. Ich entschied mich für die Firmenkundensteuerung und

1 Ehemalige Bundesoberbehörde im Geschäftsbereich des Bundesministers der Finanzen (BMF) mit Sitz in Bonn zur Um- und Durchsetzung des Kreditwesengesetzes (KWG). Aufgegangen zum 01.05.2002 in der Bundesanstalt für Finanzdienstleistungsaufsicht (BaFin).

2 Im Zusammenhang mit Instituten beinhaltet ein Moratorium ein Maßnahmenpaket, welches das Kreditwesengesetz (KWG) in Deutschland bei (Insolvenz-)Gefahr über Institute verhängt. Hierzu gehört bspw. das Verbot von Zahlungsleistungen (Einlagen, Kredite, Veräußerung von Vermögensgegenständen, Entgegennahme von Zahlungen); ausgen. es handelt es sich um Tilgungen von Schulden ggü. dem betroffenen Institut (46 Abs. 1 Satz 2 Nr. 4 bis 6 KWG).

das Online-Banking. Den Militärdienst hatte ich zu diesem Zeitpunkt noch nicht absolviert und besaß auch kein besonderes Interesse daran. Mich verband eine große Leidenschaft mit dem Finanzsektor. Die Bank verlängerte aufgrund von Projekten meine Zeit. Dann entschied ich mich, keine Verlängerung mehr anzunehmen und erhielt für die Rückkehr nach dem Militärdienst einen Anschlussvertrag – eine Bank, die erstklassig für ihre MitarbeiterInnen agierte.

Den Militärdienst bei der Luftwaffe auf den Grundwehrdienst zu beschränken, war von Beginn an mein Ziel, um anschließend wieder in die Wirtschaft zurückzukehren. Die Grundausbildung absolvierte ich in Holzdorf sowie Goslar und wurde als Luftwaffensicherungssoldat ausgebildet. Im Anschluss gehörte ich zum Stammpersonal der Unteroffiziersschule der Luftwaffe in Pinneberg und arbeitete für den S3. Ich organisierte u. a. Kommandeur- und Inspekteur-Tagungen und durfte – bis auf einige internationale Gespräche – immer dabei sein und Gäste aus den USA und Spanien begrüßen. Den Militärdienst absolvierte ich – bis auf ein »Versehen« bei einer Übung sehr diszipliniert, erlebte sehr viel und durfte weitere hoch interessante Aufgaben[3] übernehmen. Zeitgleich begann ich eine betriebswirtschaftliche Fernweiterbildung mit Schwerpunkt Finanzen. Am Ende meiner Wehrdienstzeit wurde mir eine Offizierslaufbahn angeboten, ich erhielt im Namen der Bundesrepublik Deutschland die Ehrenmedaille und Urkunde der Bundeswehr von Rudolf Scharping[4] sowie eine förmliche Anerkennung des Kasernengenerals Josef Priller[5]. Natürlich musste ich mir als Hamburger ein Verhör gefallen lassen, das die Annahme eines Ordens[6] zum Gegenstand hatte. Ich erwiderte, dass es eine unheimlich spannende Zeit voller Kameradschaft, extrem guter Führung[7], in der Zusammenarbeit ausgesetzte Hierarchien und Vertrauen war und die Insignien und Urkunden eine wertvolle Erinnerung seien. Sie stehen heute in meiner Bibliothek, ich denke gern an diese Zeit zurück und häufig musste ich während meiner weiteren Laufbahn feststellen, dass ein wenig mehr Führungskompetenz in der Privatwirtschaft guttäte. Aber auch hier sollten mich noch einige sehr positive Beispiele begleiten. Aus der Militärzeit war mir auch erstmalig der Begriff VUCA[8] bekannt geworden. Später tauchte das Akronym auch in der strategischen Führungstheorie auf. Es steht für die englischen Begriffe Volatility (Unbeständigkeit), Uncertainty (Unsicherheit), Complexity (Komplexität) und Ambiguity (Mehrdeutigkeit). Der Umgang mit diesen Wirkfaktoren setzt sich ebenfalls aus den vier Buchstaben zusammen Vision (Vision), Understanding (Verstehen), Clarity (Klarheit) und Agility (Agilität). VUCA habe ich ebenfalls versucht, in diesem Buch einzuarbeiten.

---

3 Hierüber darf ich aus Gründen der Professionalität nicht mehr schreiben.

4 Vom 27.10.1998 bis zum 18.07.2002 Bundesminister der Verteidigung. Im Übrigen der erste, unter dessen Führung die Bundeswehr an einem Krieg im Kosovo teilnahm.

5 Zu meiner Zeit Brigadegeneral der Marseille-Kaserne in Appen, Pinneberg und später Generalmajor.

6 Es gibt einige Vorgaben für Hamburger: z. B. keine Orden annehmen, nicht niederknien (hat meine Frau beim Heiratsantrag auch nicht von mir verlangt) und die berühmte Handschlagqualität.

7 Die »Top-Führungskräfte« der Bundeswehr, mit denen ich Kontakt hatte, werden alle an der Führungsakademie der Bundeswehr (FüAkBw) ausgebildet.

8 Der Begriff entstand in den 1990er-Jahren am United States Army War College (USAWC) und diente zunächst dazu, die multilaterale Welt nach dem Ende des Kalten Krieges zu beschreiben.

Eigentlich wollte ich Firmenkundenberater werden. Als ich zur Vereins- und Westbank AG zurückkehrte, wurde ich herzlich empfangen und erhielt interessante Perspektiven im Wertpapierhandel oder Risikocontrolling. Ich entschied mich für das Risikocontrolling. So bin ich irgendwie in die Compliance- und Risikoschiene geraten. Zum damaligen Zeitpunkt gab es auch noch keine wirkliche Trennung zwischen beiden Themengebieten. Für mich war es ein Vorteil, gleich die beiden unterschiedlichen Risiko- und Compliance-Sichtweisen auf die Sachverhalte im Zusammenhang mit diversen Wertpapierspezialisierungen und Gesamtbanksteuerung zu erlernen.

Als junger Mensch sind Weiterentwicklung, Karriere und Interesse für Neues definierend. Über eine Station als Nachwuchsführungskraft und angehender Prokurist bei einer Treuhandgesellschaft in Hamburg führte mich mein Weg über einen Kontakt des Bankhaus Fischer & Co. als Risikocontroller eines Asset Managers der MunichRe nach München. Unter der dortigen Leitung erhielt ich ein Potpourri an festen und Projektaufgaben sowie wieder viel Vertrauen. U. a. nationales und internationales Meldewesen, Aufbau eines Risikomanagementsystems über mehrere vertikal angeordneter Berichtswege, Risikokennziffernberechnung und Unterstützung bei der Programmierung eines mandantenfähigen Performanceaggregations- und Berichtssystems. Nach drei Jahren wurde die Abteilung leider aufgelöst, aber mir wurde eine Alternative im institutionellen Vertrieb angeboten. Im nächsten Schritt wurde ich jedoch Leiter Managementinformation bei einer aufzubauenden Ratingagentur in Hamburg. Ein ganzes Unternehmen und dessen Strukturen zu entwickeln und aufzubauen, war äußerst interessant. Auch an der Entwicklung einer Ratingsoftware, die die Hard-, Soft- und Techfacts bewertete bzw. beurteilte, arbeitete ich intensiv mit. Kurzum, mir war es schon immer wichtig, die Dinge mit dem notwenigen Einsatz anzugehen und dabei trotz ihrer Vielfältigkeit nicht in ein Multitasking zu verfallen.

Mit diesem zunehmenden Risiko-one-Stop-Shop-Rüstzeug gelangte ich in verhältnismäßig jungem Alter zur UBS und auf eine Förderschiene. Zunächst als Risk-und-Compliance-Officer des kontinentaleuropäischen Real-Estate-Haupthubs entwickelte ich mich weiter in der Region Europe, Middle East and Africa (EMEA). Im Verlauf traten sämtliche vorhandene Assetklassen in meinen Verantwortungsbereich und auch Teams mit Tätigkeiten im Investmentbanking und Wealth Management. Bis ich schließlich als »Head of« verantwortlich zeichnete und zum Senior-Managementteam Compliance & Risk Control der UBS gehörte. Auf diesem Weg durfte ich diverse internationale Projekte planen und leitend umsetzen. Meine »Aufräummentalität« und mein Hang zur effizienten und effektiven Regulierungsarchitektur sprachen sich innerhalb Europas herum und ich wurde gefragt, ob ich Mitglied in unterschiedlichen Verwaltungsräten werden wollte. Kurze Zeit später war ich seitens der Regulierungsbehörden zugelassenes Mitglied in zwölf Boards von international agierenden Unternehmensstrukturen. Im nächsten Schritt entwickelte ich mich zur rechten Hand des Chief-Risk-Officers innerhalb der weltweit tätigen Division Global Asset Management. Meine Karriere gipfelte somit auf globaler Ebene als Senior Manager Risk in einem Vorstellungsgespräch bei Verwaltungsratspräsident Prof. Dr. Axel Weber. Hierbei handelte es sich ebenfalls um eine Position, für die ich empfohlen wurde. Im Übrigen war es mir immer wichtig, meine Karriere »ohne Ellenbogen« zu entwickeln.

Aus privaten Gründen ging es dann aber in die Region Vorarlberg/Österreich, in der ich noch die eine oder andere Aufgabe als Geschäftsleitungsmitglied und Head Risk Control & Security bei kleineren Finanzdienstleistern wahrnahm. Zusammenfassend lässt sich sagen, dass über die gesamte Zeit meiner Tätigkeit in dem von mir verantworteten Bereichen keine wesentlichen Feststellungen durch Regulatoren und Revisionen getroffen wurden. Über fast die gesamte Zeit bestanden makellose Prüfberichte, die auch von den Kunden des jeweiligen Unternehmens goutiert wurden. Ein neuer Abschnitt, in dem ich mich mehr auf Publikationen, Beratung und Lehre konzentriere, folgt jetzt. In der Phase zur Fertigstellung dieses Buchs machte ich mich selbstständig, da ich nach einer neuen Herausforderung suchte und es der nächste logische Schritt war. Ich ließ meine Voraussetzungen durch die Wirtschaftskammer Österreich prüfen und gründete DigiChance *Next* Consulting. Ich bin gespannt, welche weiteren Erfahrungen, Forschungsarbeiten und Erlebnisse auf mich warten – genug zu tun gibt es jedenfalls.

Mit interessierten sowie geschätzten Berufskollegen zusammen gründete ich im Verlauf meiner Karriere einen Risikomanagement-Verein in München, nahm Einsitz in einen Fachbeirat für Accounting und Risikomanagement eines großen Unternehmens und war über Jahre handverlesener Director Deutschland der Global Association of Risk Professionals (GARP), New Jersey/ London. Hierdurch baute ich ein internationales Netzwerk auf und verschrieb mich noch einmal mehr dieser Thematik, und engagierte mich in weiteren Initiativen rund um dieses Thema.

Durch meine vergleichsweise vielseitigen Tätigkeiten im rechtslastigen Compliance, Risikocontrolling, Prozessmanagement sowie im IT- und Digitalisierungsbereich sowie in unterschiedlichen Finanzbereichen, vermischte sich meine Sprache. Ein von mir sehr geschätzter Jurist aus München würde sie vielleicht als etwas »untechnisch« bezeichnen. Wie auch immer, versuche ich mir die Digitalisierungsmöglichkeiten meines Umfelds zunutze zu machen und in meine Tätigkeiten zu integrieren.

In meiner Laufbahn habe ich viele Fälle von Ignoranz und Nachlässigkeiten erlebt – auf allen Ebenen und mit entsprechenden Auswirkungen, ganz gleich, ob es sich um prozessuale, regulatorische, IT, externe Wirkfaktoren oder – häufigste Ursache – menschliches Versagen handelt. Die Konsequenzrisiken (s. Kap. 2.7.3) können hohe finanzielle Soll-Abweichungen, Sanktionen eines Regulators oder Reputationsschäden sein, die ein Unternehmen nachhaltig schädigen oder sogar zugrunde richten.

Finanzdienstleister haben ein Problem. Sie haben viel von dem, was andere gern hätten – Geld. So war meine Laufbahn auch geprägt von Beobachtungen und Erlebnissen sowie selbst durchgeführten investigativen Maßnahmen rund um sonstige strafbare Handlungen. Die Ergebnisse waren nicht selten durch menschliche Enttäuschungen und erstaunliche Ergebnisse geprägt. Letztere reichten von Naivität bis hin zu einem hohen Maß an Kreativität. Nach erfolgten Abklärungen ließ sich in über 90 % der Fälle ein Ansatz finden und eine zufriedenstellende Aufklärung mit entsprechenden Konsequenzen herbeiführen. Aber häufig eben erst korrektiv.

Die Compliance- und Risikofunktionen sind mittlerweile sehr stark reguliert und haben insbesondere behördliche Aufträge umzusetzen. Eingebrannt haben sich bei mir auch Situationen, in denen ich mich gegenüber Personen auf höherer Ebene durchsetzen musste, um nicht selbst in Schwierigkeiten zu geraten. Die mögliche Konsequenz eines Jobverlusts diskutierte ich zuvor immer mit meiner Frau. Im Nachgang verschaffte mir meine teilweise mit viel Mut umgesetzte Geradlinigkeit und Verlässlichkeit eine sehr gute Karriere und einige Jobangebote sowie die Möglichkeit, auch am nächsten Tag noch in den Spiegel zu schauen. Meine Devise war immer: »Wenn ich einen Job verliere, dann weil ich meinen Job gut gemacht habe.« Diese Einstellung reduzierte auch meine emotionale Bindung an ein Unternehmen, gab mir eine klare Linie, ermöglichte es mir aber, mit äußerster Loyalität für das Unternehmen meinen Aufgaben nachzugehen. So kam es auch vor, dass ich in einem Fall während der Probezeit meinerseits kündigte. Grund hierfür war eine kulturelle Missbildung, die ich in meiner Position nicht hätte beeinflussen können.

Im Rahmen einer Post-Merger-Integration – bei der der Erwerb von Compliance und Risikocontrolling »vergessen« wurde – durfte ich erstmals erleben, wie es sich anfühlt, wenn ein Regulator ein Ultimatum setzt. Schnelle Lösungen waren gefragt. Die grenzüberschreitende erfolgreiche Verschiebung eines Operations-Centers oder eines komplexen Produkts sind mir ebenfalls in besonderer Erinnerung geblieben. Ich nahm an erfolgreichen Sales Pitches bei DAX-40-Unternehmen teil und stellte die Risiko- und Compliance-Organisation vor. Wichtig war es mir jedoch immer, dass ich die Themenbereiche gern verkaufte und hinter ihnen stehen konnte. Der vorausschauende und sehr gute Umgang mit dem Geld unserer Kunden war mir äußerst wichtig, denn mir wurde bereits sehr früh klar, dass der häufig angestellte Machtvergleich, z. B. Asset und Management oder Marktanteil, – wenn überhaupt – nur ein Indikator für geliehene sowie anvertraute Visibilität und Macht ist. Wie schnell und umfangreich Macht abfließen kann, beobachtete ich im Jahre 2008, als sich die Subprime-Krise manifestierte. Auch in anderen Zusammenhängen lernte ich ein gutes Risikocontrolling und Compliance als Wettbewerbsfaktor kennen und konnte zum Unternehmenserfolg beitragen.

Ich durfte während meiner anfänglich jungen und intensiven Laufbahn viele charismatische Führungskräfte und Wirtschaftslenker kennenlernen, die zum Teil für mich Mentoren waren. Die Vorbilder hatten alle etwas gemeinsam – sie waren vorausschauend, geradlinig, stellten die Interessen des Unternehmens vor ihre eigenen, hatten ein ausgewogenes Geschäfts- sowie Risikoverständnis und förderten ihre Mitarbeitenden. Genauso haben mich junge Menschen fasziniert, die eigene Wege sowie Umsetzungsstärke bewiesen und denen ich ein Mentor sein durfte.

Auch bei mir verlief privat wie geschäftlich nicht alles reibungslos. Meine Entschlossenheit half mir, immer wieder weiterzumachen und mich weiterzuentwickeln. Entscheidungen versuchte ich immer schnell und auf einer ausreichend fundierten und unabhängigen Basis zu treffen, sodass für Bildungseinrichtungen und Unternehmen der beste Weg bereitet wurde. Das bedeutete jeweils auch die Aufbereitung einer Informationsbasis und eines Verständnisses. Diese Vorgehensweise trug im Hinblick auf die persönlichen Beweggründe einzelner beteiligter Personen nicht immer zur überschwänglichen Freude bei. Ich aß die Frösche, hielt mich an die Agenda und erledigte die dringlichen Themen zuerst.

Verstanden habe ich nie, weshalb die Regulierung nicht flächendeckende, widerspruchs- und überschneidungsfreie Lösungen für Finanzdienstleister schafft und diese weiterentwickelt. In diesem Rahmen und im Hinblick auf die Entwicklung von Strukturen war es mir immer wichtig, den Sachverhalt nur einmal »anfassen« zu müssen, denn die nächste Novellierung oder die nächste Umstrukturierung kamen bestimmt. Ausnahmen ließ ich nur zu, wenn nichts oder wenig vorhanden war. Dann wurde zuerst einmal flächendeckend gearbeitet, sodass in allen Themenkomplexen zuerst etwas entstand und vorzuweisen war, denn die nächste Wirtschaftsprüfung kam bestimmt und ein teilhaftes Fehlen eines Themenkomplexes ist eher verkraftbar als eine aus regulatorischer oder risikogetriebener Sicht größere Schwachstelle. Aber in solchen Fällen musste nachgearbeitet werden, denn von einem anzustrebenden integrativen System war das Unternehmen dann noch weit entfernt.

Auch ist mir bis heute unklar, weshalb bei Unternehmensschieflagen, wie bei Bankhaus Fischer & Co., Wirecard, Commerzialbank Mattersburg usw. das Fingerpoiting stark Richtung Wirtschaftsprüfung und Regulierungsbehörde zeigt. Umgekehrt rücken verantwortliche Unternehmen mit ihren sehr gut bezahlten verantwortlichen ManagerInnen sowie den drei Verteidigungslinien in den meisten Fällen nicht so sehr in den Fokus und kommen zumeist verhältnismäßig ungestraft davon. Schließlich operieren die beiden externen Kontrollinstanzen nur mit einer externen Sichtweise und die Wirtschaftsprüfer werden vom geprüften Unternehmen (wieder-)bestellt sowie bezahlt. Interessenkonflikte sind per Regulierungsanforderungen zu vermeiden oder zumindest zu reduzieren. Auch werden regulierungsseitig mittlerweile Vorgaben zu quantitativen und qualitativen Zielen gegeben. Wie wird jedoch sichergestellt, dass die Funktionalität der ersten Verteidigungslinie aufrechterhalten und die übliche Reibung zwischen der ersten und zweiten Verteidigungslinie reduziert wird sowie die dabei entstandene Wärme (Ressourcen) für wesentliche Risiken zur Verfügung stehen? Die Liste ließe sich beliebig fortsetzen.

Vergessen sollten wir niemals, dass Aufforderungen oder Situationen zum unverzüglichen Handeln sowie Ängste an unseren Instinkt zur Dringlichkeit appellieren. Diese Umstände verleiten uns zum Handeln, führen zu weniger kritischem Denken, Hinterfragen von Fakten und Fehlern. Ängste können uns sogar den Zugriff auf erlernte und sonst verfügbare Informationen nehmen. Deshalb ist es wichtig, sich mit Risiken, Gefahren und Daten präventiv auseinanderzusetzen und Notfälle vorzubereiten und ggf. zu proben. Jedenfalls möchte ich jeden ermutigen, frühzeitig auf neue Daten, Risiken und Chancen zuzugehen und sich mit ihnen kritisch auseinanderzusetzen. Gerade einseitige Daten oder Informationen von Personen, die versuchen, ihre persönlichen Ziele zu erreichen, sind toxisch und führen zu Fehlsteuerungen.

Als junger Mensch konnte ich nur sehr wenig mit Geschichte anfangen. Für mich war sie nicht von hohem Interesse und ich tat mir sehr schwer mit dem Auswendiglernen der Daten. Im

Unterricht wurden zudem sehr viele eher problematische Vergangenheiten tabuisiert. Im Rahmen meiner heutigen erfahreneren Vorgehensweise ist mir klar, dass die Vergangenheit relevante Informationen bereithält und der Mensch dazu geneigt ist, nur bedingt aus ihr zu lernen und sogar gleiche oder ähnliche Fehler nicht nur einmal begeht, wenn die Vergangenheit verblasst oder er nicht in der Lage ist, aus ihr zu lernen. Die Schadenbeträge der Soll-Abweichungen werden meist größer und haben eine schädigende Ausstrahlung auf das Vertrauen in das Unternehmen und den Wirtschaftsstandort. Das Wissen aus den Soll-Abweichungen der Vergangenheit sollte daher genutzt und eingesetzt werden, um das Soll-Abweichungspotenzial zu verringern. Die Menschen werden bei zunehmender Informationsflut genügend neuen Potenzialen für Soll-Abweichungen begegnen, deren Schadenhöhen und Eintrittswahrscheinlichkeiten es idealerweise präventiv zu managen gilt.

Wieso schreibe ich diese Zeilen? Der Verlag hat vorgeschlagen, zu zeigen, welcher Typ Mensch in einer Risiko- oder Compliance-Funktion arbeiten kann und wer hinter diesem Buch steckt. Es ist kein einfacher Beruf und es wird viel Widerstandskraft und die Fähigkeit, »Nein« zu sagen, benötigt. Auf der anderen Seite möchte ich gerne zeigen, dass die Entwicklung eines Menschen auch sehr stark von seinem Umfeld determiniert wird. Hierfür bin ich meinen Ausbildern, Mentoren, Begleitern und Förderern sehr dankbar. Im Anhang werden ein paar Personen genannt, bei denen ich mich besonders bedanke. Ohne diese Personen als Vorbilder hätte ich mich nicht entwickeln können und ohne die mir daraus entstandenen Möglichkeiten wäre dieses Buch vielleicht auch nicht entstanden.

Dieses Buch soll einen umfassenden Überblick, aber auch themenspezifische Voraussetzungen und Implementierungsansätze liefern. Es soll auch klargestellt werden, wie determinierend eine geeignete Risikokultur als Grundvoraussetzung ist. Ebenso behandelt es alle Determinanten, die für einen Umsetzungserfolg zwingend erforderlich sind. Die Verwobenheit dieser Themenstellungen wird häufig außer Acht gelassen, dabei ist der Faktor »Time-to-Market« in der heutigen sich schnell weiterentwickelnden Zeit sehr viel wichtiger geworden. Gleichzeitig soll es auch die Vorteile eines resilienten Risikomanagements und vielleicht auch dem einen oder anderen Manager dieses Thema noch näherbringen. Dies steht nicht nur im Zusammenhang mit den eigentlichen Fachthemen, sondern auch im Zusammenhang mit nicht zu unterschätzenden Rahmenbedingungen, Haftungspotenzialen und möglichen Reputationsverlusten.

Jede Krise fördert Unregelmäßigkeiten zutage, sei es der Zusammenbruch eines Schneeballsystems im Großen oder die krankheitsbedingte Abwesenheit internen Personals, durch die ein Betrugskonstrukt nicht mehr aufrechterhalten werden kann. Auf der anderen Seite reagieren die Gesetzgeber und Regulierungsbehörden mit Anpassungen und neuen Regelwerken. Wichtig ist es vorzuarbeiten, schon um Haftung und Öffentlichkeit zu vermeiden. Im Buch sollen durch entsprechende Verknüpfungen zwischen den einzelnen Themenkomplexen Korrelationen dargestellt werden, die letztlich zu einem resilienten Framework zum präventiven Aufspüren operationeller Risiken führen. Der Einsatz moderner Technologien, wie bspw. Algorithmen, kann auch beim Aufspüren vergangenheitsbezogener Soll-Abweichungen unterstützen. Die zielgerichtete Verzahnung der einzelnen Themenfelder führt am Ende zu einer hohen Effizienz und Effektivität sowie einer (präventiven) Produktionsanlage für Soll-Abweichungsfeststellungen. Bei der Ersteinführung eines solchen Systems und Abtastung der Vergangenheit können die erworbenen Erkenntnisse auch schmerzhaft sein. Prävention ist immer die beste Lösung, eine verspätete Identifikation und Eigenreparatur nur die zweitbeste. Problematisch wird es, wenn externe Stakeholder die Abweichung zuerst identifizieren.

Sollten Sie das Buch aufgrund eines dringlichen betrieblichen Bedarfs erworben oder sogar geschenkt bekommen haben, lesen Sie es besser gleich. Wie bei allen operationellen Risiken werden die Schwierigkeiten im Zeitverlauf eher größer, mehr und erledigen sich meistens nicht von selbst. Die Funktionen von operationellen Risiken verlaufen meistens exponentiell und sind konvex. Krankheiten wie Aufschieberitis, Vergesseritis, Defiziteritis, und Ingnoritis sind selten gute Ratgeber und sollten schnellstmöglich auskuriert werden. Auch diese Phänomene möchte ich nachfolgend gern erklären und ihnen einen Namen geben.

2 Unternehmensziele bis zur Einbettung des Risikomanagements

Die Unternehmensplanung wird umrahmt von einem Leitbild und beginnt mit den Unternehmenszielen. Aus ihnen wird eine Strategie abgeleitet, auf der wiederum die Unternehmenspolitik basiert (s. Abbildung 1).

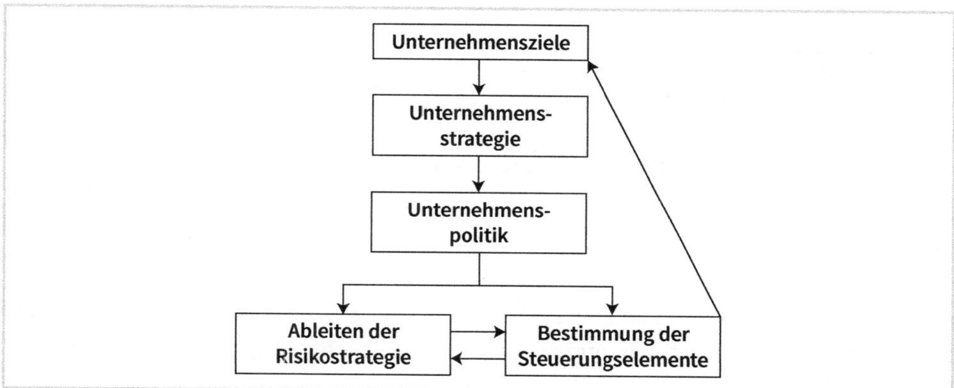

Abbildung 1: Ableitung der Risikostrategie

Gründend auf der Unternehmensstrategie und -politik werden die Risikostrategie und Steuerungselemente bestimmt. Das gesamte Planungsgebilde ist eher mittelfristig ausgerichtet. In der heutigen Zeit wirken jedoch derart viele Einflüsse auf ein Unternehmen ein, dass das Konvolut an Planungsstufen flexibler gehalten und häufiger überarbeitet werden muss.

Wie in Abbildung 2 dargestellt, beginnt alles mit der Formulierung eines Leitbildes. Dieses kann aus mehreren Teilaspekten bestehen. Sie definieren übergreifend, welche Ziele ein Unternehmen in ggf. welcher Region erreichen möchte. Die strategischen und unternehmenspolitischen Ziele sowie die Bestimmung der Steuerungselemente führen letztlich zu detaillierten Maßnahmen, die in eine betriebsübergreifende Feinsteuerung und Flankierung durch ein Risikomanagement überführt werden.

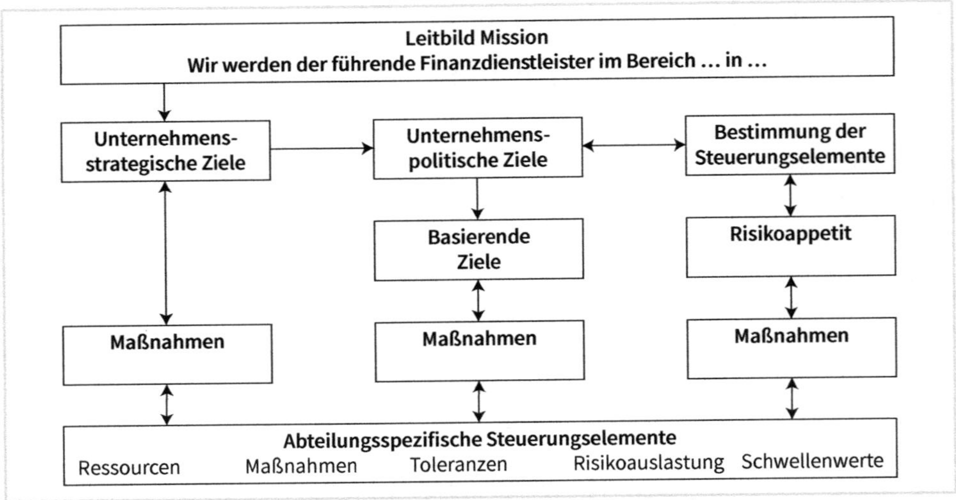

Abbildung 2: Vom Mission-Statement bis zur Feinsteuerung und Rückkoppelungen[1]

Aus den verschiedenen Komponenten der Feinsteuerung erfolgt eine Rückkopplung sowie ein fortwährender Soll-/Ist-Abgleich, ergänzt um einen geeigneten Maßnahmen-, Berichts- und Eskalationsprozess.

2.1 Unternehmensziele

In diesem Buch sollen die Unternehmensziele als Vorbereitung einer ganzheitlichen Unternehmensstrategie sowie diese als Basis für die Ableitung einer Risikostrategie verstanden werden. Sie dienen der zukunftsgerichteten Planung und ganzheitlichen Ausrichtung des Betriebs sowie seines Zwecks und definieren den Sollzustand.

Da ein Finanzdienstleistungsunternehmen kein Monolith und von einigen in Abbildung 3 dargestellten Umwelteinflüssen abhängig ist, gilt es, die für das Unternehmen relevanten Umweltaspekte in die Zielsetzungen und die spätere Umsetzung durch Maßnahmen mit einzubeziehen und risikoorientiert abzustimmen.

1 Vgl. Moeller, R. R. (2007): COSO Enterprise Risk Management, S. 67; adapted from Enterprise Risk Management – Integrated Framework: Application Techniques, New York, April 2004.

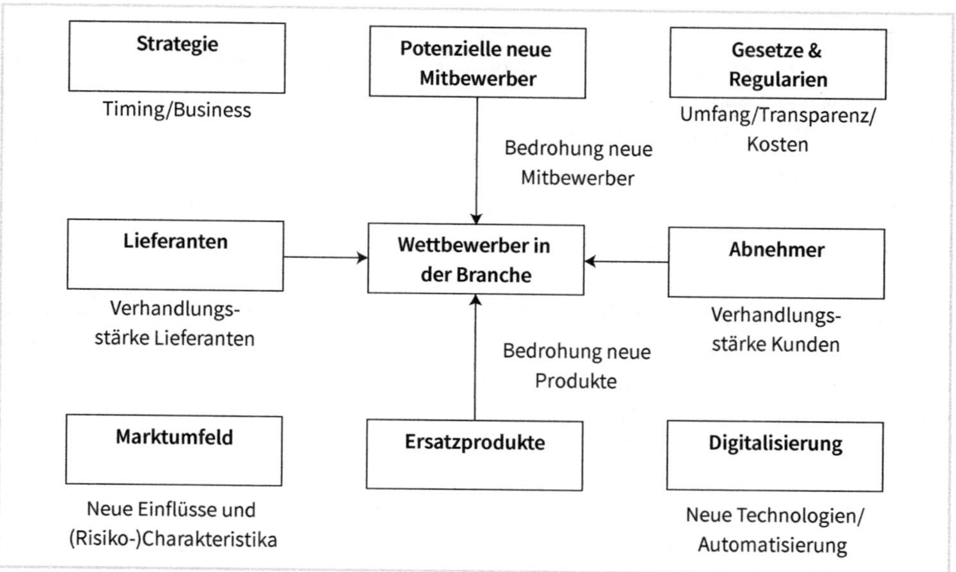

Abbildung 3: Porter's Five Forces[2]

Die bekannten Porter's Five Forces beinhalten die Einbeziehung und Zusammenführung des Wettbewerbs, der Lieferanten (s. Kap. 12.1), möglicher Ersatzprodukte und der Abnehmer. Um den für Finanzdienstleister im Kontext dieses Buches zusätzlichen Themenstellungen mehr Gewicht zu verleihen, wurden die Five Forces um vier signifikante Themenblöcke ergänzt, nämlich um:

- Strategie und zugehörige Schritte (s. Kap. 2.2),
- Gesetze und Regularien (s. Kap. 3.3),
- Marktumfeld im Sinne von neuen Einflüssen, Ansprüchen und Risikocharakteristika,
  - geopolitische Einflüsse (s. Kap. 15.1),
  - Cyberrisiken (s. Kap. 15.2),
  - Nachhaltigkeitsthemenkomplexe (s. Kap. 15.3),
  - Zinsumfeld,
  - Altlasten,
  - kritischere Kundenfragen durch höhere Informationstransparenz, Krisen generationsimplizite ändernde Anforderungen,
  - neue und höhere Kapitalanforderungen,
- Digitalisierung (s. Kap. 13).

2 Vgl. Porter, M. E. (2010): Wettbewerbsvorteile – Spitzenleistungen erreichen und behaupten, 7. Aufl., S. 32 ff., Frankfurt/Main.

Finanzdienstleister haben sich gerade im Wettbewerbsumfeld mit zusätzlichen transformativen (s. Kap. 2.6.6) Herausforderungen auseinanderzusetzen. Hierzu zählen Konsolidierungen, geringere Risikomargen, neue Mitbewerber aus aufstrebenden Ländern, erhöhte Anforderungen im grenzüberschreitenden Geschäftsverkehr sowie die kosteneffiziente Spezialisierung ggf. durch Outsourcing (s. Kap. 12.1) und Modularisierung von Spezialbanken, Nicht-Banken und Finanztechnologieunternehmen sowie das Einpassen der Dienstleistungen in ein digitales Umfeld (s. Kap. 13).[3]

Letztlich können alle Themenstellungen sämtliche Kategorien von operationellen Risiken (s. Kap. 3.1) tangieren – und wenn es menschliches Versagen (s. Kap. 3.1.2) durch bspw. mangelhaft generierte Informationen (s. Kap. 2.8.5), psychologische Effekte (2.7.5) oder grundsätzliche Fehlentscheidungen (s. Kap. 2.7.6) betrifft.

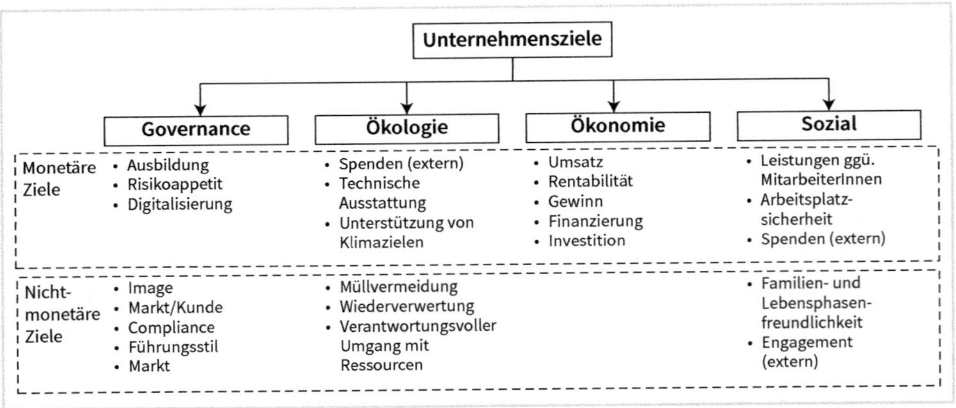

Abbildung 4: Unternehmensziele

Abbildung 4 enthält einige konkretisierte Beispiele für mögliche unter Einbeziehung des Umfelds und für das Unternehmen abgeleitete Ziele, die den Sollzustand des Unternehmens im Zusammenhang mit Inhalt und Ausprägung beschreiben. Hier besteht eine hohe grundsätzliche Übereinstimmung mit den Environmental-, Social- und Governance-Themenstellungen (s. Kap. 15.3), erweitert um ökonomische Zielsetzungen. Diese Darstellung ließe sich hinsichtlich übergeordneter und granularer Ziele beliebig erweitern. Schwierig ist es auch, die Ziele einzelnen Kategorien zuzuordnen, da diese miteinander verwoben sind. So haben bspw. monetäre Ziele oder der Ausschluss bestimmter Produkte aufgrund von ökologischen Erwägungen Einfluss auf die Ökonomie des Unternehmens. Eine Entscheidung zur Digitalisierung (s. Kap. 13) wiederum kann Einfluss auf die sozialen und finanziellen Aspekte eines Unternehmens haben usw. So bestehen Korrelationen und es können widerstreitende Ziele entstehen. In derartigen Fällen sind Kompromisse oder Priorisierungen notwendig. Compliance ist hier als Baseline und

3 Everling, O./Lempka, R. (Hrsg.) (2016): Finanzdienstleister der nächsten Generation – Megatrend Digitalisierung: Strategien und Geschäftsmodelle, Frankfurt.

nicht-monetäres Ziel kategorisiert, während der Risikoappetit (s. Kap. 3.2.3) wiederum als monetäres Ziel zu werten ist, da das Eingehen von Risiken sowie das Ergreifen von Maßnahmen (s. Kap. 4.4) zum Schutz des Unternehmens Kostenabwägungen (s. Kap. 4.4.6) beinhaltet. Beide Säulen dienen dem späteren Austarieren bspw. vertriebsorientierter Ziele.

Unternehmenspsychologisch ist es bei der Erarbeitung der Ziele und der darauffolgenden Schritte dringend zu empfehlen, dass die Ziele die üblichen SMART-Kriterien erfüllen, aber auch mit klarem Bezug zum Unternehmen und unter Einbeziehung von Führungskräften erarbeitet werden. Diese sind näher am täglichen Geschäft und den verbundenen Prozessen beteiligt und es bestehen ggf. Kenntnisse über mögliche Potenziale. Die Ziele sind durch einen geeigneten Toneat the Top (s. Kap. 2.6.2) gegenüber den MitarbeiterInnen klar, glaubwürdig und transparent zu kommunizieren. Gleichwohl müssen die Ziele motivierend und richtungsweisend sein, um alle MitarbeiterInnen »einzunehmen«.

2.2 Unternehmensstrategie

Die Unternehmensstrategie beinhaltet und zeigt das mittel- bis langfristige Marktverhalten sowie Maßnahmen eines Unternehmens zur Umsetzung der definierten Unternehmensziele (s. Kap. 2.1).

Es gibt unterschiedliche Strategiemodelle und mit dem Thema können ebenfalls ganze Bücher gefüllt werden. Wie in Abbildung 5 dargestellt, ist jedoch zu beachten, dass das gesamte Unternehmen gesamtheitlich in eine einheitliche Richtung entwickelt wird. Für das Management bedeutet die Strategieentwicklung, dass Grundsatzentscheidungen zu treffen sind, die alle Unternehmensbereiche betreffen und mit deren Hilfe unternehmerische Ziele in die Realität umgesetzt werden.[4] Ideal ist es, wenn bei größeren Änderungsbedarfen die Regeln des Changemanagements (s. Kap. 2.6.2) Beachtung finden und die Risikostrategie (s. Kap. 2.5) mitgeführt wird.

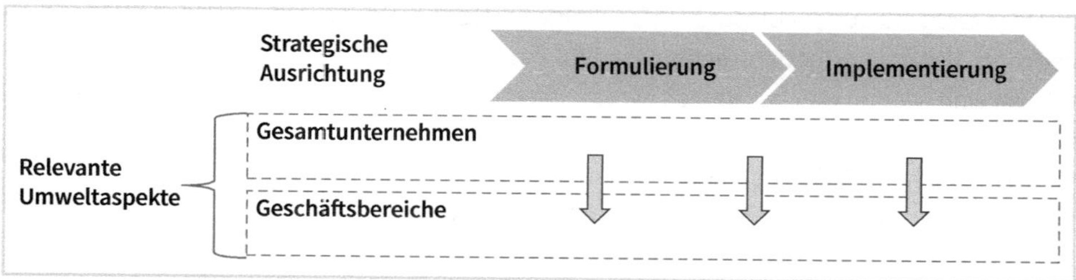

Abbildung 5: Strategische Unternehmensausrichtung

4 Vgl. Ehrmann, H. (2005): Kompakt-Training, in: Olfert, K.(Hrsg.): Risikomanagement Rating-Basel II, Ludwigshafen, S. 24.

Zusammen mit den zuvor definierten Zielen und künftigen Erwartungswerten lässt sich ein strategisches Profil des Unternehmens erstellen. Dieses sollte auch eine SWOT-Analyse[5] inkl. Ressourcenbestimmungen beinhalten. Die strategische Ausrichtung erfolgt durch Formulierung und Implementierung sowie Berücksichtigung von Handlungsoptionen. Dies erfolgt unter Einbeziehung der einzelnen Geschäftsbereiche und zur Zielerreichung (s. Kap. 2.6.3) benötigten Funktionen. Betroffen können u. a. sein: Organisationsstruktur, Vertriebs-, Risikomanagement-, Personal-, Produkt-, IT- und Marketingstrategie.

Um die nächsten Schritte gehen zu können, ist es zunächst wichtig, die Herausforderungen der traditionellen Finanzdienstleister näher zu betrachten, um sich strategisch positionieren zu können. Diese sind – aber nicht abschließend:

- Festhalten an alten Strukturen, Führungsspannen und -mustern,
- vergleichbar langsame Umsetzung von Industriestandards (s. Kap. 2.8.1.2),
- geringe Transformationsbereitschaft (s. Kap. 2.6.6),
- wenig differenzierende Marketingkonzepte,
- vergleichsweise hohe Zinskosten,
- sich ändernde Kundenstruktur und deren Anforderungen (z. B. höhere Wechselbereitschaft, Digitalanforderungen, Do-it-yourself-Mentalität, zunehmender Fokus auf Nachhaltigkeit, höherer Informiertheitsgrad),
- sich ändernde Struktur der MitarbeiterInnen und deren Anforderungen (z. B. Teilzeit, Lebensphasenabschnittskonzepte, Homeoffice),
- Erkenntnis des Datenwerts (s. Kap. 2.8.5).

2.3 Unternehmenspolitik

Die Unternehmenspolitik beinhaltet bereits Maßnahmen und Entscheidungen auf einer Meta-Ebene, die die strategischen Erwägungen unter Einbeziehung von Unternehmensphilosophie, Werten und Visionen sowie aller für die Umsetzung relevanten Unternehmensfunktionen weiter ausführen. Die unternehmenspolitischen Maßnahmen sind eher kurz- bis mittelfristig geprägt und sind auf die Umsetzung der längerfristigen strategischen (s. Kap. 2.2) Ziele ausgerichtet. Leitfragen der Unternehmenspolitik sind daher u. a.:

- Wer sind wir und welcher Nutzen wird gestiftet?
- Wohin wollen wir?
- Wie erreichen wir das Zielbild?
- Was ist uns dabei wichtig und wie verhalten wir uns?

5 Die SWOT-Analyse berücksichtigt Strengths (Stärken), Weaknesses (Schwächen), Opportunities (Chancen) und Threats (Risiken), ist ein Instrument der strategischen Planung und dient der Bestimmung des Ist-Zustandes.

Bestandteile der Maßnahmen können u. a. folgende Themenbereiche betreffen:

- Außendarstellung und Marketingkonzepte,
- Kundenorientierung (»Kunde erhält eine wesentliche Box im eigenen Organigramm«),
- Produkte (Qualität, Vielfältigkeit, Modularisierung),
- Gesundes Wachstum und Wirtschaftlichkeit,
- Mitarbeiterorientierung,
- Arbeits- und Gesundheitsschutz,
- Geschäftspartnerqualität (s. Kap. 12.1),
- Präventive Risikobetrachtungen (s. Kap. 4),
- Nachhaltigkeits- und soziale Themenstellungen (s. Kap. 15.3),
- Flexibilität und Wirksamkeit;
- Qualifikation (s. Kap. 2.8.1), Verfügbarkeit und Zufriedenheit der MitarbeiterInnen.

2.4 Bestimmung der Steuerungselemente

»Leben ist Risiko. Was wir tun, ist riskant. Was wir nicht tun, ist es auch.«[6]

Etwas nicht zu tun, hat Einfluss auf das Wohl und Wehe eines Unternehmens. In diesem Fall würden Risiken, aber auch die Chancen vermieden werden. Unabhängig, ob es sich um die Erschließung neuer Geschäftsfelder, Produktänderungen, (s. Kap. 8) ein neues Image oder Digitalisierungen (s. Kap. 13) handelt, so sind Veränderungen gleichermaßen mit Chancen und Gefahren verbunden. Um die Chancen herauszuarbeiten und die Gefahren im Rahmen von neuen Themenkomplexen zu begrenzen, stehen einem Unternehmen unterschiedliche Steuerungselemente zur Verfügung, die im nächsten Schritt über alle relevanten Funktionen operationalisiert werden:

- Steuerung durch Dokumentation von Weisungen, Handbüchern, Prozessen und Evidenz sowie Durchführung von Schulungen (s. Kap. 3.4.2),
- Zielvereinbarungen (s. Kap. 2.6.3),
- »Neu-Produkt und wesentliche Änderungen«-Prozess (s. Kap. 8);
  - Anforderungen an Produkte und Dienstleistungen (bestehende und neue)
  - Umstrukturierungen;
  - Auslagerungen (s. Kap. 12.1), Joint Ventures, Merger & Acquisitions etc.,
- Projektmanagement und -priorisierung (s. Kap. 9),
- Third-Party Risk Management (s. Kap. 12.1),
- Risikomanagement und -steuerung (s. Kap. 4),
- Ressourcen entwickeln (s. Kap. 2.8),
- Umgang mit neuen Risikoausprägungen und Typologien (s. Kap. 15).

6 Romeike, F./Finke, R. Hrsg. (2003): Erfolgsfaktor Risiko-Management, Chance für Industrie und Handel, Wiesbaden.

2.5 Ableiten der Risikostrategie

Die Risikostrategie wird ein Bestandteil der Unternehmensstrategie und trägt damit zu einer einheitlichen Umsetzung übergeordneter Ziele bei.[7] Hierbei werden sämtliche Risikokategorien in Betracht gezogen. Hierzu zählen auch Markt- und finanzielle Risiken. Die hier im Buch fokussierten operationellen Risiken (s. Kap. 3.1) sind eine weitere Risikokategorie, deren Einfluss auf die Wirtschafts-, Finanz- oder Ertragslage des Unternehmens dargestellt wird. Die Basis bildet ein konsistentes strategisches Rahmenkonzept für das Risikomanagement, in das sämtliche Prozesse, Institutionen und Instrumente des Risikomanagements eingebettet werden.[8] Risikomanagement ist hauptsächlich die »Überwachung und Steuerung aller das Unternehmen bedrohenden Verlustgefahren, die Chancen einschließt«[9].

Die meisten der Steuerungselemente lassen sich im Rahmen einer zielgerichteten Planung und rechtzeitigem Einsatz präventiv einsetzen. Bestandteile des Rahmenkonzepts sind:

Element	P	D	K	Kommentar
Risikokultur	X			Solange nicht auf breiterer Front nachjustiert werden muss.
Umgang mit Ressourcen	X			Sofern rechtzeitig geplant, eingestellt und ausgebildet wird
Übergeordnete Risikosteuerung	X			Gibt im Vorhinein einen Rahmen vor (solange er nicht ausgereizt wird)
Regulierung und Verankerung	X			Solange die Umsetzung vollständig ist und rechtzeitig erfolgt
Prozess und Risk Assessment	X			Solange es sich um keine Ergänzung aus einer Soll-Abweichung handelt
Soll-Abweichungen			X	Soll-Abweichungen werden in den meisten Fällen ex post festgestellt
Werkzeuge (KPI, KRI, KPC)	X	X	X	Je nachdem, zu welchem Zeitpunkt Kontrollen durchgeführt werden oder Indikatoren informieren (ex ante, im Moment der Abweichung oder ex post)
»Neu-Produkt und neue Märkte«-Prozess	X			Die Änderungspläne durchlaufen einen strukturierten Prozess
Self-Identified-Issue-Konzept			X	Dient der verspäteten und transparenten Eigenidentifikation, da sonst bereits eine Implementierung erfolgt wäre

7 Vgl. Vogler, M./Grundert, M. (1998): Einführung von Risikomanagementsystemen, in: Der Betrieb, S. 2377–2383.
8 Burger, A./Buchhart, A. (2002): Risikocontrolling, München/Wien, S. 30.
9 Vgl. Kromschröder, B./Lück, W. (1998): Grundsätze risikoorientierter Unternehmensüberwachung, in: Der Betrieb, S. 1573 f.

Element	P	D	K	Kommentar
Projektmanagement	X		X	Sofern ein Projekt nicht der Aufarbeitung von Soll-Abweichungen dient, ist es als präventiv anzusehen
Business Continuity Management	X			Das Business Continuity Planning ist Bestandteil des BCM und daher bei guter Umsetzung präventiv
Sonstige strafbare Handlungen			X	Durch geeignete Kontrollen können derartige Handlungen in den meisten Fällen nur ex post festgestellt werden
Third Party Management			X	I. d. R. lassen sich im Rahmen des Outsourcing-Controllings nur ex post Feststellungen treffen
Risikomodelle und Kalkulationsschemen	X			Die einwandfreie Funktionsfähigkeit und Bedienung wird ex ante sichergestellt
Neue Risiken und weitere Wirkfaktoren	X			Die meisten Risiken entwickeln sich nicht von heute auf morgen und lassen sich daher durch Beobachtung (Radaring) ex ante und durch Maßnahmen handhaben
P = Präventiv; D = Detektiv; K = Korrektiv				

Tabelle 1: Steuerungselemente im Risikomanagement

2.6 Unternehmenskultur

»Den Zustand einer Unternehmenskultur erkennt man sehr einfach an der Qualität und Übereinstimmung der auf eine bestimmte Frage von unterschiedlicher Seite gegebenen Antworten.«

Der Begriff der Unternehmenskultur umfasst viele relevante beachtenswerte sichtbare und nicht sichtbare Schichten. Hierzu gehören:

- Wertvorstellungen,
- Einstellungen,
- Sprachnormierung,
- Denkweisen,
- Problemlösungsverhalten,
- Erwartungshaltungen,
- Überzeugungen sowie
- Verständnis für den Umgang mit Chancen und Risiken.

Unternehmen sind ein sozio-ökonomisches Gefüge. »Häufig wird von der Unternehmenskultur einer Unternehmung gesprochen, als ob es sich um einen homogenen Monolithen handeln würde. Dies ist nicht unproblematisch, denn in Abhängigkeit vom Aufgabengebiet und den Kontakten zur Außenwelt können beispielsweise Praxis-Gemeinschaften [...] in marktnahen Bereichen ganz andere Überzeugungen und ein höchst unterschiedliches Selbstverständnis entwickeln, was die strategischen Erfolgsfaktoren der Unternehmenstätigkeit oder der Qualität guter Arbeit betrifft, als etwa Mitarbeitende in der Logistik, Produktion oder in der Forschung und Entwicklung.«[10] »Hieraus kann abgeleitet werden, dass in den unterschiedlichen Markt-, Marktfolge- und Backoffice-Bereichen eines Finanzdienstleisters ein ähnlich unterschiedliches Verständnis bei der Setzung von Prioritäten und Umsetzung von Compliance-Zielen besteht.«[11] Dies schließt den Umgang mit Risiken und Chancen ein. Die Ansichten können sogar zwischen Abteilungen und Teams differieren. In diesem Zusammenhang wird von lokalen Theorien[12] gesprochen, die auch durch nicht austarierende Zielvereinbarungen (s. Kap. 2.6.3) zusätzlich verzerrt werden können. Durch die verzerrenden Einflüsse entstehen Reibungsverluste innerhalb von Parallelteams einer Verteidigungslinie und zwischen den drei Verteidigungslinien (s. Kap. 3.4.1.1.3). Eine einheitliche Gesamtausrichtung des Finanzdienstleisters ist notwendig. Dabei kommt der Führungskräftestruktur eine besondere Bedeutung als »Role Model« (Vorbildfunktion) und Agilitätsintelligenz (s. Kap. 2.8.1.2) zu.

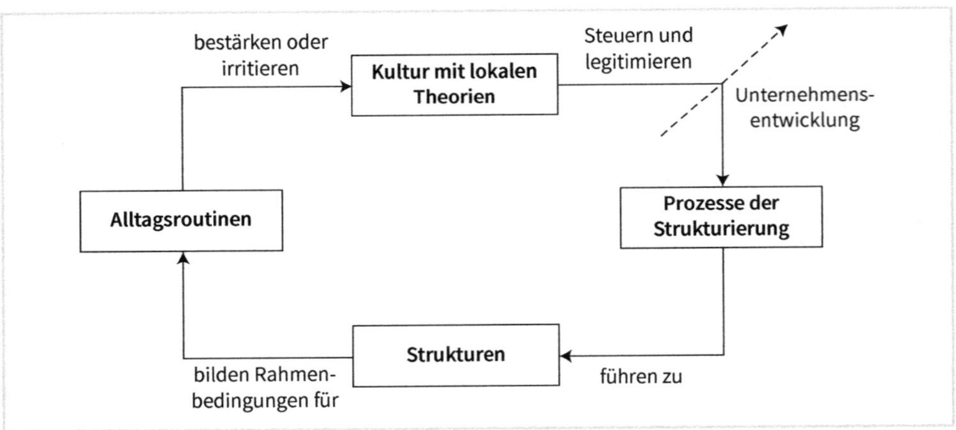

Abbildung 6: Zirkuläre Logik von lokalen Theorien und Strukturentwicklung[13]

Wie in Abbildung 6 dargestellt, wird die Unternehmensentwicklung durch einen kybernetischen Regelkreis bestimmt, der in sich geschlossen ist. In diesem Zusammenhang kann es durch Bestätigung zu einer Verfestigung der Strukturen und Alltagsroutinen kommen, die eine

10 Rüegg-Stürm, J. (2003/2005): Das neue St. Galler Management-Modell, 6. Nachdruck der 2. Aufl., Bern/Stuttgart/Wien, S. 30.

11 Gammelin, K.: Lernende Compliance – Integrativ, in: die bank 04.2013 S. 41.

12 Elden, M. (1983): Democratization and Participative Research in Developing Local Theory, in: Journal of Occupational Behaviour, 4, S. 21–33.

13 Rüegg-Stürm, J. (2003/2005): Das neue St. Galler Management-Modell, 6. Nachdruck der 2. Aufl., Bern/Stuttgart/Wien, S. 60.

Weiterentwicklung des Unternehmens erschwert oder fördert. »Konkret: Menschen gestalten ihr eigenes (oder ein fremdes) Arbeitsumfeld nach den Ideen einer lokalen Theorie, die sich in der kollektiven (diskursiven) Deutung des Alltagsgeschehens herauskristallisiert und immer wieder neu reproduziert.«[14] Die Erfahrungen (strukturell oder fachlich), die Menschen in eine solche Organisation mit einbringen, können sinnvoll zur Weiterentwicklung eines Unternehmens genutzt werden, sofern sie denn gehört und im Rahmen der Unternehmensentwicklung sachdienlich und wirksam einbezogen werden können (s. Kap. 2.7.7.2). Durch verschiedene Maßnahmen und fortwährende Impulse – oder Irritationen – kann ein Unternehmen weiterentwickelt und in einen übereinstimmenden Gleichklang gebracht werden. So kann die Unternehmenskultur durch folgende Rahmenmaßnahmen gefördert werden:

- geeigneter und einheitlicher Tone at the Top (s. Kap. 2.6.2),
- Regulierung und Verankerung sowie Trainings (s. Kap. 3.4.2),
- Auswahl der richtigen MitarbeiterInnen (s. Kap. 2.8.1),
- Befähigung MitarbeiterInnen (s. Kap. 2.8.1.2),
- Changemanagement (s. Kap. 2.6.6),
- Risiko- und chancenorientierte Zielvereinbarungen (s. Kap. 2.6.3),
- Management von Informationen zur Befähigung zur Aufgabenverrichtung im jeweiligen Verantwortungsbereich (s. Kap. 2.8.5).

Zum Schluss bleibt anzumerken, dass auch Veränderung(sbereitschaft) trainiert werden muss. Es ist auch wenig sachdienlich, wenn nur die MitarbeiterInnen zu Agilitäts- oder Change-Seminaren entsandt werden oder diese zur freiwilligen Teilnahme bereitgestellt werden. Hier nehmen nämlich nur bestimmte interessierte Personengruppen teil. Aussagen wie »das haben wir schon immer so gemacht«, »das ist historisch gewachsen«, »die anderen machen es auch so« usw. sind der Tod jeglicher Agilität (s. Kap. 2.8.1.2) und Weiterentwicklung – eine Managementaufgabe.

2.6.1 Risikomanagementkultur

Bestandteil der Unternehmenskultur ist die Risikomanagementkultur. Sie ist verzahnt mit vielen weiteren kulturellen Bestandteilen eines Finanzdienstleisters und nimmt Einfluss auf diese. Grundsätzlich kann eine Neigung zur Unterlassung angenommen werden. »Negative Konsequenzen einer Handlung werden als verursachte Schäden, das heißt als Verluste betrachtet [...], während die (selben) negativen Konsequenzen nach einer Unterlassung als entgangene Gewinne [...] wahrgenommen werden.«[15]

14 Ebenda, S. 59.

15 Wildmann, L. (2010): Einführung in die Volkswirtschaftslehre, Mikroökonomie und Wettbewerbspolitik, 2. Aufl., München, S. 12.

Aus Risiko- und Compliance-Sicht wären zwei Situationen äußerst problematisch, nämlich, wenn alle Mitarbeitenden einheitlich eine fehlerhafte oder falsche Antwort zu entsprechenden Fragestellungen liefern oder die Antworten inhaltlich differieren. Dies kann das Regulierungsverständnis genauso betreffen, wie die fehlerhafte Vorstellung von Unternehmensprozessen, Aufgabenverteilungen sowie Kontrollen, in denen sich ein Bereich auf einen anderen verlässt.

Eine einheitliche Auffassung für eine angemessene sowie offene Fehlerkultur innerhalb eines Unternehmens ist dabei genauso wichtig wie eine »Risiko- und Kontrollkultur, verstanden als gemeinsames, grundlegendes Normen- und Wertegerüst«.[16]

Weitere wesentliche Fachgrundpfeiler einer gesunden Risikokultur sind:

- präventive Identifikation möglicher Risiken durch die Verantwortlichen im Zusammenhang mit der Erschließung neuer Märkte oder Etablierung neuer Produkte (s. Kap. 4),
- Förderung einer offenen Risikokultur mit einer klaren Ansprache und Eskalation der Themenstellungen (s. Kap. 2.6.2),
- Erarbeitung von taktischen und nachhaltigen Lösungen durch den Fachbereich/Verursacher von Fehlern unter Begleitung der zweiten Verteidigungslinie (s. Kap. 3.4.1.1.3),
- Verzicht auf die Suche eines Schuldigen bei »ehrlichen« und einmaligen Fehlern,
- keine Toleranz für grob fahrlässige, vorsätzliche, wiederholt auftretende wesentliche Fehler, wiederholte Verstöße gegen Weisungen oder das Verdecken von Vorfällen sowie unehrliche Fehler (s. Kap. 10),
- gleichzeitiges arbeitsrechtliches Achten auf die Gleichbehandlung von MitarbeiterInnen (keine Willkür, keine Bevorzugung),
- Dokumentation von explizitem Wissen und Weitergabe/Vorleben von implizitem Wissen (s. Kap. 3.4.2)[17].

2.6.2 Tone-at-the-Top

Cuno Pümpin[18] stellte im Rahmen seiner Forschungen fest, dass die Kultur auch führungsseitig zielgerichtet und nachhaltig entwickelt werden kann. Das Leitbild von Führungskräften hat sich in den letzten Jahren maßgeblich geändert. Bspw. haben der Anteil an Regulierungsthemen und der Anspruch an die Flexibilität/Agilität und Reaktionsgeschwindigkeit hinsichtlich der Veränderungen des äußeren Marktumfelds zugenommen. Gleichzeitig nehmen die Entwicklungen des Wettbewerbs hinsichtlich Digitalisierung (s. Kap. 13) und Produktinnovationen an

16 KPMG (1998): Integriertes Risikomanagement, S. 8, Abb. 1–2.

17 Implizites Wissen ist schwer zu kommunizieren und in Worte zu fassen, da es sich in den Wertvorstellungen einzelner Personen befindet. Hierzu zählen u. a. Erfahrungen, Handlungen, Ideale, Werte.

18 Vgl. Pümpin, C. (1983): Management strategischer Erfolgspositionen. Das SEP-Konzept als Grundlage wirkungsvoller Unternehmensführung, 2. Aufl., Bern.

Fahrt auf. Das Geschäft kann zudem durch geopolitische Risiken (s. Kap. 15.1) beeinflusst werden. Auch wenn sich zahlreiche Voraussetzungen an Führungsetagen von Finanzdienstleistern verändert haben, bleibt der Tone at the Top zur einheitlichen Unternehmensausrichtung eine wichtige politische Komponente. Hierzu gehört auch die Vorgabe eines klaren Rahmens sowie einer Linie. Je nach Hierarchielevel verändert sich allerdings sowohl das Aufgabenbild als auch der Anspruch an die Position.

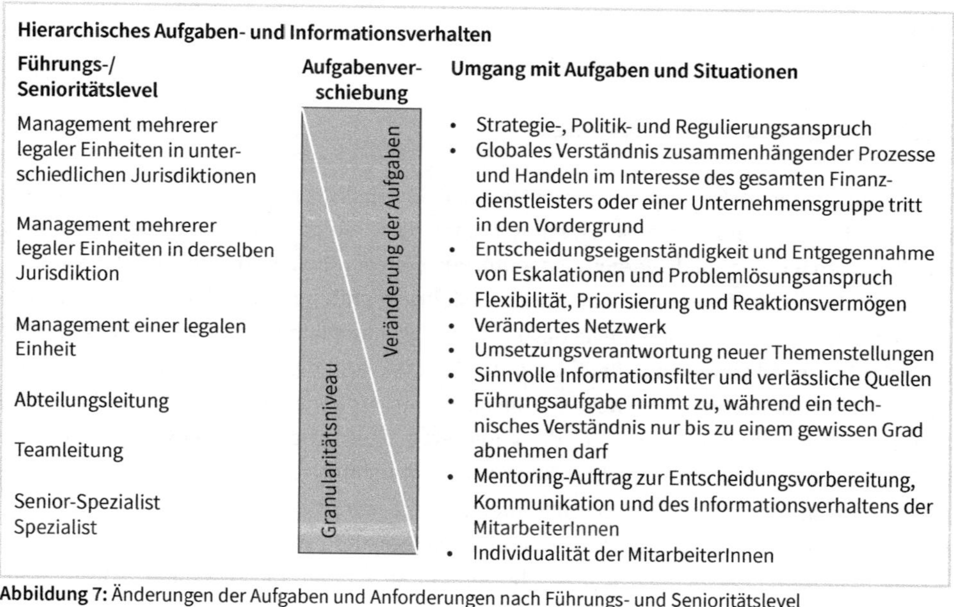

Abbildung 7: Änderungen der Aufgaben und Anforderungen nach Führungs- und Senioritätslevel

Mit dem erforderlichen Tone-at-the-Top geht, wie in Abbildung 7 dargestellt, auch eine Aufgabe der Führungskraft als Role Model einher. Deshalb prüfen überaus erfolgreiche Firmen den Verbesserungsbedarf ihrer Fach- und Führungskräfte und unterstützen sie dabei mögliche Schwächen durch Assessment-Center, 360°-Feedbacks auszutarieren oder wählen für sie geeignete Positionen aus. Allerdings gehören eine gewisse Geeignetheit, ein Basiswissen, Prozesskenntnisse des eigenen Unternehmens sowie der Verbindungen zur Außenwelt und aktuelle profunde Regulierungskenntnisse dazu. Nur so lässt sich ein effizientes, zukunftsgerichtetes Management im Rahmen einer angemessenen Regulierungsarchitektur (s. Kap. 3.3) sicherstellen. Jedenfalls ändert sich das Granularitätsniveau je nach Führungs- und Senioritätslevel und stellt entsprechende Anforderungen an die Fähigkeiten des Funktionsinhabers. Für die jeweiligen Funktionen ist nicht jede/r MitarbeiterIn geeignet. Deshalb kann es problematisch und für die Organisation schädlich sein, Organisationen um Menschen herum zu errichten (s. Kap. 2.8.3, 2.8.6), die für eine Position ungeeignet sind. Ein aktuelles Fachwissen ist auf allen Ebenen erforderlich, um die für das Unternehmen idealen Entscheidungen treffen zu können.

2.6.3 Ziele vereinbaren – aber richtig

Wird die Frage an die Personalabteilung gestellt, wie Ziele zu formulieren sind, wird die Antwort vermutlich lauten: »SMART«[19] Gerade im Umfeld der Finanzdienstleister empfiehlt es sich aber, diese doch sehr eingeschränkte Sichtweise zumindest etwas zu erweitern, um größere Unfälle, nicht besonders nachhaltige Entscheidungen und Fehlsteuerungen zu vermeiden. Insbesondere dann, wenn der Jahresbonus erreicht werden will und der/die MitarbeiterIn ohnehin bereits mit einem Fuß aus der Tür ist.

2.6.3.1 Allgemeine Fehlsteuerungen

Die meisten Zielvereinbarungen der ersten Verteidigungslinie (s. Kap. 3.4.1.1.3) sind fehlerhaft, fehlleitend oder unvollständig. Selbst hier schreiten die EU-Regulierungsbehörde bspw. durch ihre Leitlinien für eine solide Vergütungspolitik und die Vorgaben für die Behandlung von Risk Takern im Bankenumfeld bereits ein.[20] Diese Einführung entbindet allerdings auch nicht vom selbstständigen Denken, unabhängig davon, ob es sich um qualitative oder quantitative Ziele handelt. Was im Allgemeinen auffällt, ist, dass die erste Verteidigungslinie häufig mit den üblichen Zielen bedacht wird, wie »Net Asset Income«, »Assets under Management« und weiteren ähnlichen Zielen. Vielleicht schafft es der Vorgesetzte noch, Themenstellungen wie »Interessenkonfliktmeldungen« und »Risikoprävention« zu erwähnen. Es erfolgt jedoch sehr häufig eine Fehlsteuerung in einem größeren Kontext. Hierzu gehört bspw. die fehlende Incentivierung der ersten Verteidigungslinie für das proaktive Abhalten von Risiken vom Unternehmen und Kunden. Wenn das nämlich nicht erfolgt, können sich daraus die folgenden Fehlsteuerungen ergeben:

- Aussetzung der Funktionalität der ersten Verteidigungslinie,
- aufwendige Reibungsverluste zwischen der ersten und zweiten Verteidigungslinie,
- möglicherweise fehlende und zurückgehaltene Informationen, die zu einem höheren Risiko-Exposure in der Kundenbeziehung führen,
- Schädigungen von Banken und anderen Marktteilnehmern (z. B. Kunden).

Deshalb wäre ein Incentivierungssystem für bspw. folgende nachweislich abgehaltene Risiken denkbar:

- Ablehnung von kritischen Kunden,
- präventives Aufspüren von Geldwäsche, Terrorismusfinanzierung und sonstigen strafbaren Handlungen (s. Kap. 10),
- kritische Prüfung von neuen Produkten und deren Unterlagen (s. Kap. 8).

19 Spezifisch, messbar, akzeptiert, realistisch und terminiert.

20 Leitlinien für eine solide Vergütungspolitik gem. Art. 74 Abs. 3 und Art. 75 Abs. 2 der Richtlinie 2013/36/EU und Angaben gem. Art. 450 der Verordnung (EU) Nr. 575/2013 (EBA/GL/2015/22) vom 27.06.2016.

Gerade hinsichtlich der kritischen Prüfung von neuen Produkten sehen ausgefeilte und fortschrittliche Unternehmen »eine Box an höherer Stelle in ihrem Organigramm für ihre Kundschaft vor«. Die Energie wird nicht nur auf regulatorische Eigenabsicherung gelenkt. Sie verwenden stattdessen sehr viel Zeit darauf, zu eruieren, was der Kunde eigentlich möchte. Dies kann durch eine Einbindung der Kundenbetreuer oder des Kunden selbst in den Produktentwicklungsprozess realisiert werden. Produktbedürfnisse können schnelle Änderungen (z. B. COVID-19, Niedrigzinsphase, geopolitische Einflüsse) erfahren. Die Konzentration auf weniger nachgefragte Produkte bindet zum einen Unternehmensressourcen und geht nicht optimiert auf die Kundennachfrage ein. Zwischen »gut« und »großartig« besteht eben ein wesentlicher Unterschied, der auch wettbewerbsrelevant sein kann.

Den vorstehend bereits erwähnten Risk Takern kommen in einem EU-regulierten Finanzdienstleistungsunternehmen wesentliche Funktionen zu. Übergeordnet kann festgestellt werden, dass es sich um Personen im Unternehmen handelt, deren Kompetenzen, Fähigkeiten, Entscheidungen und Werte einen besonders großen Einfluss auf die Geschicke und die nachhaltige Resilienz des Unternehmens ausüben. Die Auswahl geeigneter Personen für diese Funktionen ist deshalb von noch größerer Relevanz für das Unternehmen. Zu ihren Eigenschaften gehören:

- Position an zentralen Stellen (mindestens Geschäftsleitung inkl. 1 Ebene),
- Vereinbarung von Zielen mit ihren MitarbeiterInnen und somit kulturelle Einflussnahme auf das Unternehmen im größeren Kontext,
- zentrale Funktionen zur Eingabe und Beeinflussung der Kultur.

#RISKHACKS

- In größeren Unternehmensgruppengefügen gibt es Funktionen, die maßgeblichen Einfluss auf den Erfolg und die Prozesse des regulierten Finanzdienstleisters ausüben. Hier sollten entsprechend auch Risk Taker definiert und in die Beurteilung des regulierten Servicenehmers mit einbezogen werden.
- Der Beurteilung von Risk Takern sind klare transparente Prozesse und Beurteilungskriterien zugrunde zu legen, die auch Willkür oder Bevorzugung entgegenwirken.
- Um die Malus-Regelung motivierend und erfolgreich in der Praxis umsetzen zu können, bedarf es einiger formaler, juristischer und prozessualer Voraussetzungen.

2.6.3.2 Konkrete Beispiele

Beispiel

In einem Anlageausschuss eines Immobilienfonds wurde entschieden, dass mehrere Tausend Quadratmeter Mietfläche innerhalb eines Jahres durch ein Team vermietet werden sollen. Auch wenn ein Anlageausschuss regulatorisch nur indikativ tätig werden darf, wurde dies so in den Zielen der KollegInnen verankert. Ob der Anlageausschuss einen Preis von EUR 0,50 je Quadratmeter zwecks Weitervermietung akzeptieren würde, wurde im Rahmen der Zielsetzung nicht vereinbart. Unter diesen Bedingungen wäre ich dem Vermietungsteam gern beigetreten und hätte mich schon insb. in den Ballungsgebieten auf eine schöne Marge gefreut. Nach einem Gespräch wurde klar, dass eine Vermietung um jeden Preis keine so gute Idee ist und sicherlich nicht im Interesse der Investoren sein kann und wird. Die Zielvereinbarung wurde risikoadjustiert. Ab einer bestimmten Quadratmetermenge mussten Vergleichsangebote von kürzlich erfolgten Vermietungen von Wettbewerbsimmobilien vorgelegt werden und die eigenen erzielten Preise mussten mit ihnen belegbar sein.

Beispiel

Portfoliomanager sind vertraglich der Performance ihres Portfolios verpflichtet. Eine Vertriebsverantwortung wäre in diesem Zusammenhang genauso kontraproduktiv, wie eine Einflussnahme des Vertriebs auf den Portfoliomanager. Tatsächlich sind Informationsbarrieren zwischen beiden Bereichen angezeigt. Zudem sollte ein Portfoliomanager zielseitig in die Lage versetzt werden, sein Portfolio ausgewogen und nicht mit einem zu hohen Risiko zu managen.

Als mir das übergeordnete Ziel »Kundenorientierung« mit entsprechender Gewichtung in die Zielvereinbarung geschrieben wurde, erkundigte ich mich, um welche Kunden es sich in meiner Funktion denn handeln mag. Mit einem überlegen-durchdachten Lächeln wurde mir mitgeteilt, dass es sich um interne Kunden handeln würde. Ich sah mich schon in Situationen mit den KollegInnen, in denen ich entgegnete »wenn Du keine Zeit für Dein Risk Assessment hast, dann machen wir es nächstes Jahr« oder »na gut, wenn Du Regulierungsanforderungen nicht magst, dann setzen wir sie eben nicht um« oder »darf es auch etwas weniger Regulierung sein?«. Es ist zu bedenken, dass die Kontrollfunktionen keineswegs gegenüber internen Kunden orientiert sein dürfen.

#RISKHACKS

- Die Komponenten Interessenkonfliktfreiheit, Entgegenwirkung und Sicherheit lassen sich in unterschiedlichen Situationen mit einbringen. Es ergibt sich der Begriff »SMARTIES«. Auch wenn diese Marke bereits vergeben ist, macht dieser Begriff ein Finanzdienstleistungsunternehmen langfristiger froh.

2.6.4 Routinisierung, Standardisierung und Modularisierung

In den vergangenen Jahren habe ich mich mit zwei Extremen beschäftigen und diese auch selbst kennenlernen dürfen. Hierbei handelt es sich um die Schaffung einer komplizierten Finanzdienstleisterwelt durch eine fehlende Normierung von internen Vorgehensweisen sowie die »Systemgastronomie«.[21]

Im Jahre 2019 war ich auf einem Finanzgipfel in München. Dort wurde der Zuhörerschaft ein mutiger Slide einer Landesgesellschaft einer Versicherung präsentiert, der ungefähr wie in Abbildung 8 dargestellt aussah.

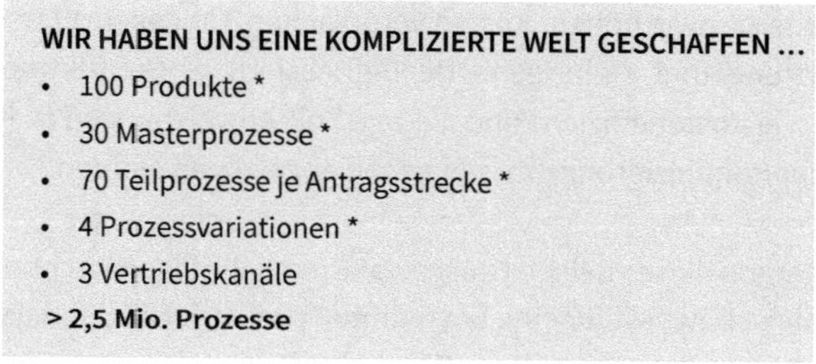

WIR HABEN UNS EINE KOMPLIZIERTE WELT GESCHAFFEN ...

- 100 Produkte *
- 30 Masterprozesse *
- 70 Teilprozesse je Antragsstrecke *
- 4 Prozessvariationen *
- 3 Vertriebskanäle

> 2,5 Mio. Prozesse

Abbildung 8: Schaffung einer komplizierten Welt

Mutig? Nein, eigentlich nicht. Es hat jemand eine Problematik analysiert, erkannt und auf den Punkt gebracht. Dieses Verhalten signalisiert eine gesunde Fehlerkultur sowie das Erkennen von Potenzialen – insb. im Hinblick auf die Öffentlichkeit. Diese Situationen und Fehlbildungen sind leider in vielen mittleren und größeren Unternehmen der Finanzdienstleistungsbranche immanent, vor allem in einer Zeit, in der sich die traditionellen Banken konsolidieren, Regulierung immer größer geschrieben wird, die Cost/Income-Ratio steigt und Digitalisierungspläne (s. Kap. 13) zur Aufrechterhaltung der Wettbewerbsfähigkeit – auch im internationalen Kontext – umgesetzt werden müssen. Derartige Verkomplizierungen und Soll-Abweichungen (s. Kap. 5) sind – sofern sie erkannt sind und Änderungsbereitschaft besteht – wertvolle Geschenke, Katalysatoren, die für eine Organisation den künftigen Erfolg sichern können. In jedem Fall ist es schwierig und kostspielig, viele individuelle Prozesse zu digitalisieren und somit wettbewerbsfähig zu gestalten.

Das produkt- und prozessorientierte Gegenteil der vorstehend beschriebenen Situation ist die »Systemgastronomie«, von der auch Dienstleister viel lernen können. Hierbei handelt es sich um ein Segment, das neben einheitlichen Produkten und Prozessen u. a. auch ein einheitliches Auftreten zum »Wesen« hat. Während die Finanzdienstleistungsindustrie i. d. R. ebenfalls über eine identische Corporate Identity, zentral gesteuerte Marketingmaßnahmen und klare Vorgaben für die Laden- oder »Restaurant«-Einrichtung verfügt, sind die internen Ablaufprozesse und Produkte in der Systemgastronomie standardisierter und modularisierter. Der Herstellungsprozess der einzelnen dem Kunden überreichten Lebensmittelenprodukte ist genau definiert.

21 Systemgastronomien zeichnen sich durch standardisierte Organisationsstrukturen, Prozesse und Produkte aus. Die Modularisierung der Produkte lässt durch unterschiedliche Kombinationen das Angebot unterschiedlicher Produkte zu.

Es ergibt sich eine Spezialisierung. Durch die Kombination unterschiedlicher Bestandteile und vordefinierter Module an ebenfalls standardisierten Zutaten ergeben sich unterschiedliche Zielgruppen, Endprodukte und Geschmacksrichtungen.

Ich bitte, diesen Vergleich nicht falsch zu verstehen. Ebenso wenig möchte ich mich um die Belange in der Betriebskantine bemühen. Es geht um die Verdeutlichung, dass viele individuelle Prozesse fehleranfällig, schwieriger zu beherrschen und weniger leicht digitalisierbar sind, Spezialwissen erfordern sowie höhere Kosten verursachen. Umgekehrt lassen Spezialisierung, Prozessstandardisierung und einhergehende Digitalisierung, Produktmodularisierung und -kombination auf hohe Kosteneffizienz und geringe Soll-Abweichungen (s. Kap. 5) hoffen. Aber auch die Folgen einer Routinisierung müssen genau abgewogen werden.

Dennoch habe ich gerade dieses Beispiel ausgewählt, weil die Finanztechnologieunternehmen (s. Kap. 13) sich zumeist bewusst für eine bestimmte Spezialisierung und umfassende Technologisierung mit oder ohne lizenzpflichtiges Geschäft entscheiden. Das wäre für ein universell arbeitendes Institut undenkbar. Die Systemgastronomiebetriebe überlegen sich in allen Aspekten eine hohe Standardisierung und schaffen es, durch die Verbindung unterschiedlicher (Produkt-)Module, mehrere Endproduktvarianten zu kreieren. Gleich zu Beginn werden Konzepte und Strategien ausgearbeitet, wie mit den unterschiedlichen Modulkombinationen eine möglichst breite oder eine spezielle Zielgruppe angesprochen werden kann (s. Kap. 8).

Natürlich verfügt die Routinisierung über unterschiedliche Abwägungsaspekte.

Vorteile	Nachteile
• Geschwindigkeitsgewinn	• Bewusstseinsverlust und gewohnheitsmäßige Wahrnehmung (durch Routine und somit »blinder Fleck« sowie unhinterfragte Weltbilder und Grundüberzeugungen)
• Soll-Abweichungsreduktion (geringe Fehlerkosten und Qualitätsvorteile)	• Abstimmung von Gewohnheiten einzelner MitarbeiterInnen
• Entlastung der Aufmerksamkeit für die wirklich zentralen Herausforderungen mit hohem Neuigkeitsgehalt	• Beharrungsvermögen komplex gekoppelter Interaktionsroutinen (Unaufgeschlossenheit gegenüber Veränderungen/MitarbeiterInnen mit anderen Verhaltensmustern)
• Normierungen werden auch im Rahmen von Personalwechseln fortgeführt	
• Effizienzsteigerungs- und Digitalisierungsmöglichkeiten	

Tabelle 2: Vor- und Nachteile der Routinisierung[22]

22 Vgl. Bateson, G. (1985): Ökologie des Geistes, Frankfurt; Frost, J. (1998): Die Koordinations- und Orientierungsfunktion der Organisation, Bern.

2.6.5 Auswirkungen einer starken Unternehmenskultur

Routinierte und standardisierte Prozesse haben positive und negative Wirkungen auf die in diesem Kapitel behandelte Unternehmenskultur.

2.6.5.1 Positive Wirkungen

Folgende Kriterien wirken positiv auf das Unternehmen:

- Verhalten der Mitarbeitenden wird ohne bürokratischen oder formalen Aufwand koordiniert (Prozesse befinden sich in den Köpfen).
- Reibungslose Kommunikation: Abstimmungsprozesse laufen einfach ab, es besteht eine geringe Informationsverzerrung.
- Zügige Implementierung von Entscheidungen und Plänen: Durch die gemeinsamen Überzeugungen können Pläne schnell und wirkungsvoll umgesetzt werden.
- Motivation und Teamgeist: Hohe Bereitschaft, sich für das Unternehmen zu engagieren, auch nach außen.
- Stabilität: Fluktuation und Fehlzeiten sinken, die Angst um den Arbeitsplatz ist geringer.

2.6.5.2 Negative Wirkungen

Gerade für die Finanzdienstleistungsindustrie überwiegen die negativen Auswirkungen von verfestigten Strukturen und betrieblichen Routinen. Insbesondere für die Geschäftsleitung wird es schwerer, Neuerungen und kulturelle Änderungen herbeizuführen und somit schnell auf das sich entwickelnde Marktumfeld zu reagieren.

- Tendenz zur Abschottung: Warnsignale aus der Umwelt werden verdrängt, Traditionen und Rituale werden beibehalten.
- Es entsteht ein Silodenken und der Blick für übergreifende Prozesse sowie Endprodukte geht verloren.
- Veränderungen werden abgelehnt: Sobald die Identität des Unternehmens bedroht wird, werden Veränderungen abgelehnt.
- Traditionelle Erfolgsmuster werden wiederholt. Dieses kann je nach vorherrschendem Erfolgsmuster zu einer fortwährenden Verkomplizierung des Systems führen.
- Im Rahmen von Personalfluktuationen bestehen keinerlei Wissensverankerungen in Weisungen oder Handbüchern (s. Kap. 3.4.2).
- Konformität wird »erzwungen«, neue Mitarbeitende müssen sich der vorherrschenden Unternehmenskultur anschließen, ansonsten werden sie rasch zu Außenseitern.
- Kein Nährboden für agile Verhaltensmuster (s. Kap. 2.8.1.2) und schnelle Reaktionen auf Marktveränderungen.

- Es gibt keine dokumentierten Prüfpfade für die internen und externen Revisionen sowie die Regulatoren.
- Sobald interne oder externe Wirkfaktoren von den eingefahrenen Strukturen abweichen, fehlt es an Problemlösungskompetenz.

»Überzeugungen sind oft die gefährlichsten Feinde der Wahrheit.«
Friedrich Nietzsche

Nun stellen Sie sich vor, »das Unternehmen verlangt beim Gewinn die Note 1, ansonsten reicht Note 4.«[23] Mit Note 4 wird in diesem Falle die Risiko- und Compliance-Organisation beurteilt. Weiterhin besteht dieser Zustand schon eine ganze Weile oder bestand schon immer, weil bisher nicht genügend Wert auf diesen Teilbereich gelegt wurde. Dann besteht die Gefahr, dass sich auch Wertvorstellungen gemäß der Erkenntnis von David Hume entwickeln: »The rules of morality … are not conclusions of our reason«.[24]

2.6.6 Changemanagement

»What's more difficult than starting something new in an organization is stopping something old.«
Russel Ackoff (Organizational Theorist und Consultant)

Changemanagement ist ein vielseitig eingesetzter Begriff; Agilität (s. Kap. 2.8.1.2) im Regelfall eine wesentliche Grundvoraussetzung. Das Thema und dessen Umsetzung beherrschen allerdings nur wenige. Es müssen äußerst viele innerbetriebliche, aber auch externe Komponenten einbezogen werden, die im nachfolgenden Abschnitt behandelt werden sollen.

In Unternehmen verhält es sich wie in der Politik. Alan Greenspan beschrieb es wie folgt »für die Bekämpfung von Missständen bekommt man eher politische Unterstützung als für deren Vermeidung. Der Vorteil besteht darin, dass die Kosten von Menschen getragen werden, die auch ihren Nutzen daraus ziehen.«[25] Für Unternehmen kann es dann aber zu spät sein.

Wer hier deshalb eine Standardlösung erwartet, wird enttäuscht sein, denn die Wirkungsgrade von Einflüssen auf ein Unternehmen sind ebenso individuell, wie das Unternehmen selbst. Zu beachtende und miteinander korrelierende Rahmenbedingungen sind u. a.:

23 Dueck, G, (2015): Schwarmdumm, Frankfurt am Main, S. 147.
24 Vgl. Hume, D. (1985): A Treatise of Human Nature, London, S. 509.
25 Vgl. Alan Greenspan – Mein Leben für die Wirtschaft – Die Autobiografie S. 496, Campus Verlag, Frankfurt/Main

- unternehmenskulturelle Situation,
- Dringlichkeit des Änderungsbedarfs (z. B. regulatorische Sanktionen, Markterschließungen, Mittelabflüsse),
- personelle Situationen und Sourcing im Fall von Fluktuationen (MitarbeiterInnen in eingefahrenen Strukturen können schnelle Änderungen ablehnen, während neu hinzugekommene MitarbeiterInnen aktuelle und dynamische Strukturen eher als gegeben hinnehmen),
- Abhängigkeit von Funktionen der Unternehmensgruppe,
- Größe des Unternehmens,
- Art der Kundschaft,
- Sensitivität und Dynamik des bewirtschafteten Geschäftsfelds,
- betroffene Bereiche (falls eine Eingrenzung möglich ist).

In diesem Zusammenhang wird schnell klar, dass es sich um widerstreitende Rahmenbedingungen handeln kann. Bspw. im Falle einer Postmerger-Integration und bei gleichzeitiger Setzung einer knappen Frist durch einen Regulator zur Sicherstellung einer Compliance und eines Risikomanagements können Geschwindigkeit des Implementierungsbedarfs und Kultur der neuen Unternehmensgruppe zu einer merklichen Fluktuation von MitarbeiterInnen führen.

2.6.6.1 Wirkfaktoren

Die Rahmenbedingungen und die in Abbildung 9 dargestellten Wirkfaktoren müssen als Ganzes betrachtet werden, um Reihenfolgen, Kombinationen, Abhängigkeiten und Prioritäten festlegen zu können. Hinzu kommt, dass es in der heutigen Zeit eher unwahrscheinlich ist, dass nur eine Änderung zum selben Zeitpunkt umgesetzt werden muss. Die wesentlichen Wirkfaktoren lassen sich grob in drei Gruppen einteilen:

- **Outside-in-Wirkungen**
  Einflüsse auf das Unternehmen, die von außen auf das Unternehmen einwirken.
- **Restrukturierungen mit Kombinatorik mit externen Unternehmen**
  Geschäftsentwicklungen, in deren Zusammenhang externe Unternehmen und deren Personal involviert werden.
- **Ressource-based View**
  Interne Umstrukturierungen und Veränderungen, gruppendynamische Prozesse sowie verfügbare Ressourcen, um den Veränderungsprozess einzuleiten.

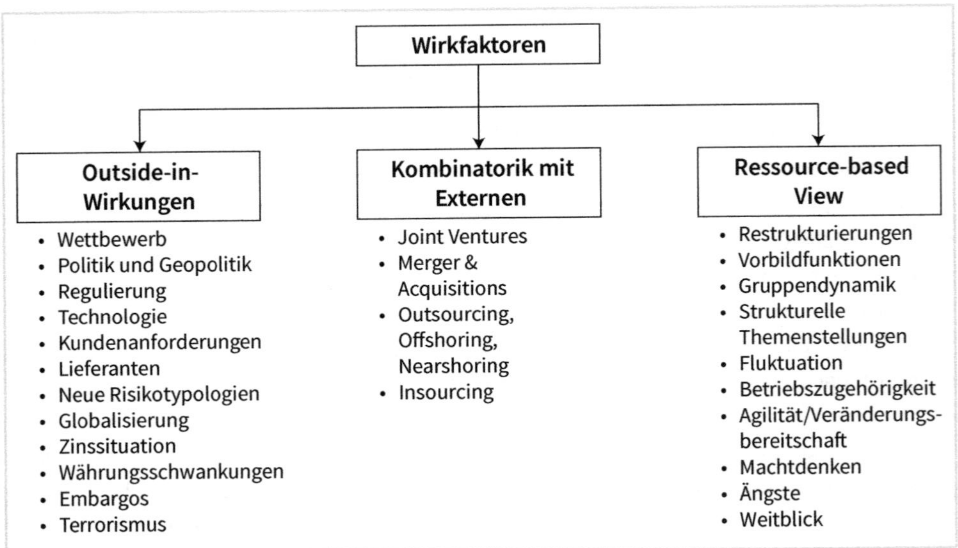

Abbildung 9: Wirkfaktoren auf und in Unternehmen

2.6.6.1.1 Outside-in-Wirkungen

Die unterschiedlichen und zahlreichen externen Einflüsse betreffen die Unternehmen je nach Ausrichtung, Geschäftstätigkeit und Internationalität in unterschiedlicher Weise. Nur die hier im Buch behandelte Nachhaltigkeitsthemenstellung (s. Kap. 15.3), ein sich änderndes Regulierungsumfeld (s. Kap. 3.3), neue Risiken (s. bspw. Kap. 15), Geschäftspartnerrisiken (s. Kap. 12) und weitere Faktoren, wie bspw. Negativzinsen, technologische Entwicklungen, geopolitische Veränderungen und der Wettbewerb beschäftigen die Finanzdienstleister.

Wie in Kapitel 2.7.1 »Proportionalitätsprinzip« dargestellt, kommt es nicht immer auf die Unternehmensgröße an, sondern auch, auf das Geschäftsmodell und wie derartige Einflussfaktoren rechtzeitig festgestellt, systematisiert (s. Kap. 4.1), priorisiert und umgesetzt werden.

Vielerorts werden sich Gedanken über die möglicherweise negativen Auswirkungen der externen Einflüsse gemacht. Selten wird sich die Frage gestellt, »Wie kann von diesen Entwicklungen profitiert werden?« oder «Was kann ich von den Vorgehensweisen anderer Marktteilnehmer lernen und was lieber nicht?«.

2.6.6.1.2 Restrukturierungen mit Kombinatorik mit externen Unternehmen

Hinzu kommen zahlreiche unternehmensinterne Fragestellungen und Veränderungsbedarfe. Umstrukturierungen, »Merger & Acquisitions«-Aktivitäten, Joint Ventures, Auslagerung von bestimmten Verrichtungen oder Geschäftsbereichen sind nur ein paar Beispiele, bei denen es – auch unter Einbeziehung externer Entwicklungen – gewisse Change-Kriterien zu beachten gilt. Die dargestellten Zusammenführungen verfügen über einige Gemeinsamkeiten. Für alle Themenstellungen gibt es umfassende regulatorische Anforderungen, Literatur, Analysen und für die Umsetzung Maßnahmenkataloge. Darüber hinaus sind die hier erwähnten Geschäftsbeziehungsarten in der Regel auf Dauer angelegt. Häufig wird aber nicht darauf geachtet, ob Übereinstimmungen hinsichtlich folgender Kriterien zwischen den Unternehmen bestehen:

- Kultur,
- Regulierung,
- Geschäftsmodell,
- digitaler Entwicklungsstand.

Kommt es hier nämlich zu maßgeblichen Diskrepanzen, können sich kostspielige Zeitverzögerungen, individuelle Managementaufgaben, Arbitrageausgleichserfordernisse, zusätzliche Abstimmungs- bzw. aufwendige Umstellungsbedarfe ergeben. Diesen Einflüssen können wiederum eine Vielzahl von Konsequenzrisiken und Potenziale für Soll-Abweichungen (s. Kap. 5) folgen.

Merger & Acquisitions

Wie bereits vorstehend dargestellt wurde, kann ein Change-Prozess dieser Art, der mit einer zeitlichen Dringlichkeit initiiert wird und eine externe Zeitvorgabe beinhaltet, die eigene Steuerungsmöglichkeit und Einflussnahme aushebeln. Von Reaktionen und Vorstellungen aus der Belegschaft ist auszugehen, die bis zur ungewollten Fluktuation reicht, sofern zuvor keine oder nur unzureichende Involvierungs-, Visions- und Strategieentwicklungsmaßnahmen getroffen werden.

Outsourcing

Die Entscheidung für eine Auslagerung von wesentlichen Prozessen (s. Kap. 12) an einen Drittanbieter kann unterschiedliche Gründe haben. Zu ihnen gehören u.a. Kosteneffizienz und Konzentration auf Kernaktivitäten. Um die sich außerhalb des Unternehmens befindlichen Prozesse unter Kontrolle zu behalten, werden umfangreiche Maßnahmen etabliert, die nicht zuletzt auch von den Regulatoren von Finanzdienstleistern gefordert werden.

Auszulagernde Bereiche werden chirurgisch herausgearbeitet, ein detailliertes Auswahlverfahren wird initiiert, Verträge werden präzise erstellt und ein Überwachungsnetz wird nach Vertragsunterschrift über dem Auslagerungsnehmer ausgebreitet. Nur selten wird der Faktor der kulturellen Eignung überprüft. Interessant werden auch die politischen Anstrengungen, wenn bspw. im Rahmen des Intra-Group-Outsourcings eine Gruppengesellschaft zum überwachten Servicedienstleister wird.

Joint Ventures

Joint Ventures werden zumeist unter dem Vorsatz »gemeinsam Ziele erreichen« gebildet. Aber auch hier gibt es viele Varianten und Transformationsaspekte zu berücksichtigen sowie zu klären, nämlich u. a. Strategie, Kultur, Führung, Kapazitäten, Mitsprache, Zielverständnis, Anteile, Solvabilität und Reputation.

2.6.6.1.3 Ressource-based View

Führungskräfte und Mitarbeitende sind grundsätzlich als »Assets« und Unterstützer von Change-Maßnahmen zu sehen und zu behandeln, auch im Rahmen von Um- und Restrukturierungen. Die Ausstattung mit geeignetem und ausreichendem Personal ist eine andere Facette, um das Unternehmen im aktuellen Umfeld zu flexibilisieren. Alte Denkweisen und strukturelle Themenstellungen müssen abgelegt werden, um übermäßige gruppendynamische Prozesse zu vermeiden.

2.6.6.2 Veränderungsprozess

Im Rahmen des angedachten Veränderungsprozesses müssen die vorstehend dargestellten Komplexitäten und viele weitere der Änderungsinhalte sowie die Dringlichkeit des Änderungsbedarfs berücksichtigt und mögliche Folgen abgewogen und ggf. durch Maßnahmen abgesichert werden. Als Risikobeispiel lassen sich mögliche Personalabgänge und die Sicherung von Key-Personen nennen, um den Geschäftsbetrieb im Nachgang noch aufrechterhalten zu können. In diesem Zusammenhang sind hinsichtlich der Komplexitäten folgende Überlegungen einzubeziehen:

- Gibt es Wechselwirkungen zwischen mehreren bestehenden Themenstellungen?
- Es sollten möglichst viele geeignete Pakete in einem Änderungsprojekt zusammengefasst werden, sofern es die Ressourcen erlauben.
- Es ist wenig sinnvoll, die Mitarbeitenden in einen Dauersprint zu versetzen (Zusatzbelastung, Umstrukturierungen etc.).
- Die Dringlichkeit bestimmt die Implementierungsgeschwindigkeit (z. B. »Burning-Platform«) und daraus resultierende mögliche Konsequenzen (z. B. Fluktuation).

Zur Veranschaulichung eines widerständigen Verlaufs sowie kritischer Phasen existieren unterschiedliche Modelle eines Veränderungsprozesses. Die Phasen werden im nachfolgenden Modell von W. Bridges dargestellt (s. Abbildung 10). Der Change-Prozess besteht nicht nur aus einzelnen Phasen, die es zu planen und umzusetzen gilt.

Verhaltenspsychologisch ist der Veränderungsbedarf zunächst unbewusst. Mit dem Eintreten des Bewusstseins für die Veränderung nimmt auch die Produktivität der Mitarbeitenden ab. In Phase I entstehen Widerstand, Wut und Enttäuschung. Die anstehenden und ggf. unklaren Veränderungen sowie die dadurch entstehenden Mehrbelastungen müssen besprochen und diskutiert werden und füllen den Arbeitstag. Ängste können den Alltag in Phase II außerdem bestimmen. Der Change-Prozess gelangt in die Widerstandszone: ein Scheidepunkt, der über den weiteren Verlauf des Change-Projekts entscheidet. Falsch gesetzte Maßnahmen führen zum (teilweisen) Scheitern.

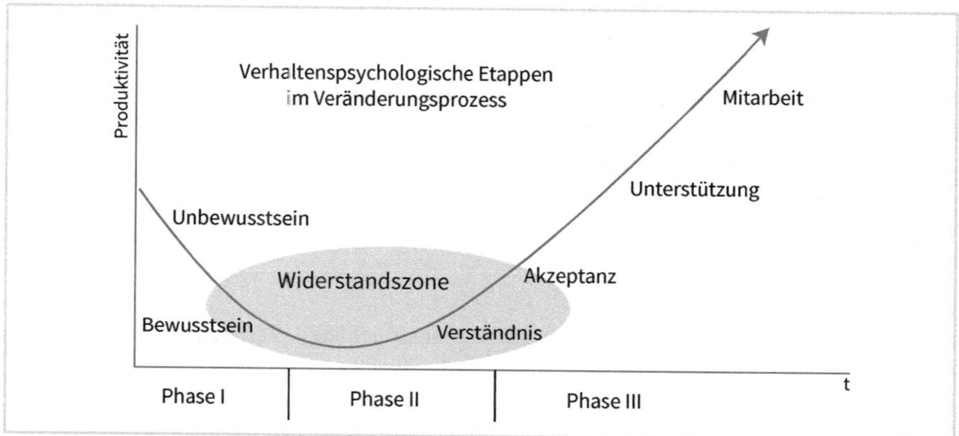

Abbildung 10: Phasen des Veränderungsprozesses nach William Bridges »Managing Transitions«

Jetzt geht es um die dringliche Schaffung von Verständnis und Vertrauen für den Änderungsbedarf. Ist die Akzeptanzphase III erreicht, sind die Phasen der Unterstützung und Mitarbeit im Verhältnis leicht zu nehmen. Mit jedem einzelnen erreichten Schritt steigt auch wieder die Produktivität und das Projekt wird von den Mitarbeitenden getragen. Es ist jedoch darauf zu achten, dass die Spannung so lange aufrechterhalten wird, bis das Transformationsprojekt vollständig abgeschlossen ist.

2.6.6.2.1 Gründe für ein Scheitern

Insbesondere bei der **Unternehmensführung und den Führungskräften** können noch weitere Hindernisse hinzukommen – »der Fisch stinkt stets vom Kopf«. Zu den Hindernissen gehören:

- Überblick fehlt, geht verloren oder stellt nicht die Realität dar,
- Besitzstandswahrung und Ignoranz,
- Top-down-Management,
- Machtdenken und Selbstverständnis,
- um Personen gebaute Organisation (s. Kap. 2.7.6.2),
- politische Motivationen.

Bei der rechtzeitigen Miteinbeziehung und Gewinnung der Mitarbeitenden oder bei fehlendem Verständnis für die Seite der Mitarbeitenden können die meisten Fehler unterlaufen. Die Folgen sind:

- Ignoranz,
- fehlende Veränderungsbereitschaft,

- Ängste,
- fehlender
  - subjektiver oder eigener Nutzen,
  - Gesamtüberblick,
  - Weitblick.

In der Folge geht das Commitment verloren, Wissen und Erfahrungen der Mitarbeitenden kommen nicht zum Einsatz und u. a. folgende Aussagen entfalten ihre Wirkung und bringen die Veränderungsbereitschaft zum Erliegen:

- Das haben wir schon immer so gemacht.
- Die anderen machen das auch so.
- Das sind Altlasten …

Die Gründe für ein Scheitern des **Prozesses** sind ebenso vielfältig. Hierzu zählen:

- Fehleinschätzungen im Vorfeld,
- Transformationen, die am falschen Ende ansetzen oder deren Fokus unklar ist,
- Unterschätzung oder Nichtbeachtung externer und interner Entwicklungen sowie Einflüsse,
- Wechselwirkungen von Einflüssen und Zielen,
- fehlerhafte Umsetzung,
- überhastete Entscheidungen,
- unzureichende Priorisierung oder Fokussierung der zu verändernden Aspekte (was soll wo zuerst verändert werden),
- Kosten und Reibungsverluste gestalten sich höher als erwartet,
- die Organisation wird in einer Weise reduziert (z. B. Outsourcing, Teilverkäufe), dass Kompetenzen verloren gehen und kein Platz für neue Innovationen vorhanden ist,
- Lean-Projekte anstelle von Wachstumsdisziplin,
- wechselnde Projektrichtungen für die Mitarbeitenden, die zu einer sinkenden Motivation und Beteiligungsbereitschaft führen,
- eine schnelle und harsche Umsetzung sowie mangelnde Kommunikation führen ggf. zu einer überdurchschnittlichen Fluktuation.

#RISKHACKS

- Grundsätzlich steht und fällt die Veränderungsbereitschaft mit einer agilen Personalauswahl (s. Kap.2.8.1).
- Es braucht eine detaillierte Planung des Veränderungsbedarfs in den unterschiedlichen Unternehmensbereichen.
- Es wird mindestens ein wichtiger Grund benötigt, der eine Änderung erforderlich macht. Sind es mehrere, ist sich auf die maximal drei wesentlichsten zu fokussieren. Unwichtige Zusatzgründe liefern Potenzial für eine Zerredung.
- An erster Stelle ist es wichtig, Ängste zu nehmen. Restrukturierungen werden sehr schnell mit Verschlankung und Entlassungen in Verbindung gebracht.

- Es ist wichtig, zu erwähnen, dass den Mitarbeitenden nicht nur mitzuteilen ist, dass der Zug bereits fährt, sondern auch in welche Richtung, mit welcher Geschwindigkeit und welchem Ziel. Sie müssen gleichzeitig einbezogen und zum Mitmachen motiviert werden. Auch können Rückmeldungen der MitarbeiterInnen wertvolle Informationen liefern, die bisher keine Berücksichtigung gefunden haben. Der Tone-at-the-Top (s. Kap.2.6.2) kann hier sehr wertvoll sein.

2.6.6.2.2 Der Prozess

Einen guten Weg im Umgang mit projekt- und verhaltenspsychologischen Komponenten veranschaulicht »Kotter's 8 Step Change Model« in Abbildung 11. Wird der Change-Prozess von externer Seite begleitet, gibt es jeweils einen beachtenswerten Vor- und Nachteil. Der Vorteil ist sicherlich, dass das Wort des Externen zumeist über mehr Gewicht verfügt als das eines internen Mitarbeitenden. Dies kann in der Folge aber auch zu ähnlichen negativen Konsequenzen bei Fehlgriffen führen, wie ein nicht ausreichend entstandenes Gefühl für das im Fokus stehende Unternehmen.

»In any moment of decision, the best thing you can do is the right thing, the next best thing is the wrong thing, and the worst thing you can do is nothing.«
Theodore Roosevelt

Es muss klar sein, dass ein Unternehmen – auch wenn es Kontakte zu seiner Umwelt unterhält – ein in sich geschlossenes soziales System ist. Eine solches Gebilde ist im normalen Modus nur bedingt veränderbar. Um die richtigen Prioritäten zu setzen, wird empfohlen, »den Treiber der Transformation, die zugrundeliegende Aufgabe und die Managementfähigkeit«[26] zu berücksichtigen, einzuschätzen und zu steuern. Das damit einhergehende Spannungsfeld zwischen Einstellungen, Selbstreflexionen und inhärenter Stabilität sowie der Komplexität und die notwendige Veränderungsgeschwindigkeit sind abzuwägen und die folgenden Schritte mit einzubeziehen. Inhärente Stabilität und ein einheitliches Führungsbild sind deshalb eine wichtige Grundvoraussetzung für eine gezielte Change-Maßnahme. Diese erkennt man in der Homogenität der zur Fragestellung und Situation passenden übereinstimmenden Antworten. Problematisch könnte bspw. sein, dass beim Gewinn die Note 1, ansonsten die Note 4 genügt (angemerkt: deutsche Schulnotengebung) – aber derartige »Überzeugungen sind oft die gefährlichsten Feinde der Wahrheit«.[27]

26 Narasimhan, A. /Barsoux, J.-L. (2018): Warum Change-Management scheitert, in: Harvard Business Manager, Juni 2018, S. 21.
27 Friedrich Nietzsche.

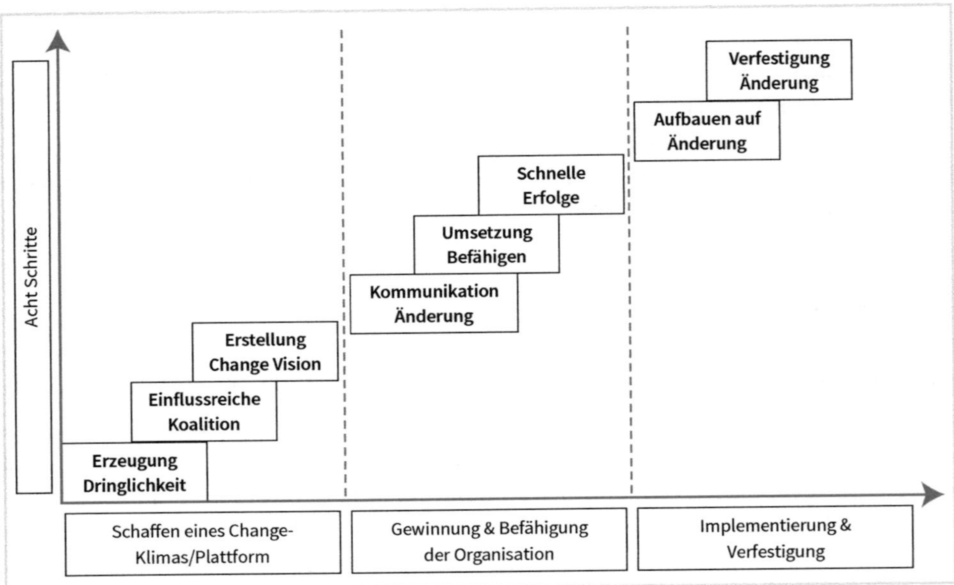

Abbildung 11: Vgl. John Kotter's 8 Step Change Model

Im »Ressource-based View« kommt es auf sechs wesentliche vorbereitende Bausteine an, nämlich den Zeitpunkt, Kultur und Herkunft der Mitarbeitenden, viel Disziplin, einen schneidigen Tone at the Top (s. Kap. 2.6.2), der rechtzeitig ganz klare Erwartungshaltungen kommuniziert, eine Belegschaft, die die Veränderungsbereitschaft mitträgt und ein Veränderungsmoment erzeugt, das solange aufrechterhalten wird, bis der Zielzustand erreicht ist.

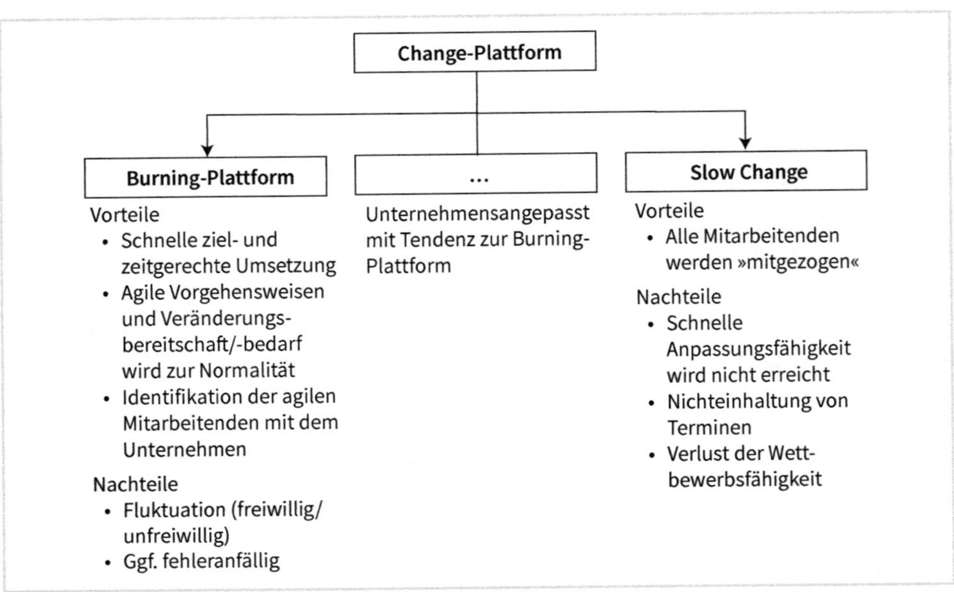

Abbildung 12: Vor- und Nachteile einer (zu) schnellen Umsetzung eines Changes

Im verhaltenspsychologischen Kontext wird zu Beginn von der Selbstgefälligkeit der Organisation und der Mitarbeitenden ausgegangen. Der Änderungsbedarf wird nicht als erforderlich angesehen. Es wird in der ersten Phase »**Schaffen eines Change-Klimas/Plattform**« von einer »Burning-Platform« – der **Erzeugung einer Dringlichkeit** gesprochen. Diese soll die Notwendigkeit darstellen und einen entsprechenden Veränderungsdruck und -sinn schaffen bzw. erzeugen. Um diesen Widerstand zu überwinden, können bspw. regulatorische, wettbewerbsrelevante, mögliche Krisen oder überragende Chancen sehr gute Argumente liefern. Die möglichen Vor- und Nachteile eines zu schnellen oder langsamen Change-Projekts sind der nachfolgenden Abbildung 12 zu entnehmen.

Im Schritt Bildung einer »**Einflussreichen Koalition**« (»Guiding Coalition«) wird der richtige Aufbau eines Führungsteams verstanden, das mit Transformationsprozessen vertraut ist, Guiding Principles beachtet sowie entwickelt und die Mitarbeitenden vom Veränderungsbedarf überzeugt, Widerstände auflöst, Akzeptanz schafft und die Ziele bspw. durch Zielvereinbarungen (s. Kap. 2.6.3) operationalisiert oder mit entsprechenden Wegweisungen durch den Veränderungsprozess führt. Es werden Vorbilder gesucht. Im Folgeschritt geht es um die **Erstellung einer Vision** – eines Zielbildes. Hierbei ist es unbedingt erforderlich, die damit einhergehenden Chancen mit einzubringen. Das Zielbild sollte bereits klare Konturen der Organisation umfassen und den Weg dahin beschreiben. Mit dieser Vorarbeit soll das Commitment der Beteiligten erreicht werden. Es ist daher die wichtigste Vorarbeit des gesamten Prozesses.

»Changing the perspectives leads to perspectives of change!«

Die eher praktische Phase »**Gewinnung und Befähigung der Organisation**« ist die wichtigste. Ihre Umsetzung entscheidet über das Gelingen der Umsetzung. Im Schritt »**Kommunikation Änderung**« geht es um die zielgerichtete und konsistente Kommunikation der zuvor erarbeiteten Vision. Es sollte jedoch darauf geachtet werden, dass zuvor keine Informationen durchsickern. Diese Informationen können zu Gerüchten und Misstrauen führen. Zuträglich kann es in diesem Rahmen auch sein, wenn zumindest an Teilen der Vision mitgearbeitet werden kann. Die Einbeziehung der Mitarbeitenden kann den Blick öffnen und weitere nützliche Beiträge schaffen. Zudem möchten Menschen etwas beitragen. Deshalb werden die Mitarbeitenden im nächsten Schritt zur »**Umsetzung befähigen**« mit entsprechenden Möglichkeiten ausgestattet, um mögliche letzte Barrieren auszuräumen und sich an Tasks oder Projekten des Change-Prozesses zu beteiligen. Die ganze Vision wird in Projekte, Teilprojekte bis zu Tasks heruntergebrochen. In diesem Schritt müssen die »**Schnellen Erfolge**« regelmäßig kommuniziert und somit sichtbar gemacht werden. Wenn Ziele erreicht und Erfolge erzielt werden, beflügelt das den Change-Prozess zusätzlich. Im Idealfall ist sogar mit einer hohen Motiviertheit und einer Implementierungsbeschleunigung zu rechnen.

»**Implementierung und Verfestigung**« heißt die letzte Phase des Change-Prozesses, bevor es von einer »Change the Company«- in die »Run the Company«-Phase übergeht. Der Schritt »**Aufbauen auf Änderung**« segelt auf der Welle der gewonnenen Glaubwürdigkeit, des Änderungsbedarfs und der bisher erzielten Erfolge. Es werden alle notwendigen Änderungen vorgenommen, um das neue Zielbild zu erlangen:

- Strukturen (Verantwortlichkeiten, Zuständigkeiten),
- Weisungen, Handbücher und Prozesse,
- Systeme,
- Personalausstattung, Entwicklungsprogramme, Trainings und passende Stellenbesetzungen.

Change-Agents unter den Mitarbeitenden begleiten auch die letzten Schritte.

Jetzt wird auf den bestehenden Errungenschaften aufgebaut und werden die »**Änderungen verfestigt**«. Der Auftritt gegenüber Kunden, Geschäftspartnern und anderen Stakeholdern wird weiter ausgebaut, die Leistungsfähigkeit verbessert, neue Prozesse werden zur Routine und in der Praxis getestet. Es werden noch vereinzelt Verbesserungspotenziale festgestellt und nachgebessert. Weitere Erfolge werden erzielt und kommuniziert. Ein neues Verhalten der Mitarbeitenden geht damit einher. Die damit verbundene Agilität (s. Kap. 2.8.1.2) kann auch dafür sorgen, dass alte Strukturen und Kulturen künftig hinterfragt und verändert werden.

#RISKHACKS

- Es gibt sehr gute Fachliteratur zum Thema »Changemanagement«, dennoch können diese »Backanleitungen« nur unter optimalen Bedingungen funktionieren, d. h. ein individuelles Entscheiden und Handeln ist stets erforderlich – unter Einbeziehung möglicher Konsequenzen. Auch Kotter räumt ein, dass die Schritte nicht immer in vorgegebener Reihenfolge »abgearbeitet« werden können.
- Rechtzeitig beginnen: Wir befinden uns in einem komplexen Umfeld mit einer hohen Veränderungsgeschwindigkeit. Der überwiegende Teil der Change-Projekte scheitert, weil neue Anforderungen zu spät erkannt oder umgesetzt werden, die Ergebnisse hinter den Erwartungen bleiben, zu viele Aspekte auf einmal die Umsetzung geführt oder die Umsetzung nach einer Zeit eingestellt wird. Im Rahmen eines jeden Changes sollten deshalb nicht nur die Risiken, sondern auch die einhergehenden Chancen herausgearbeitet werden.
- Themenkomplexe miteinander verbinden: Die Fähigkeit sich weiterzuentwickeln, gewinnt an Bedeutung. Meist handelt es sich um eine Kombination und Korrelation verschiedener Themenkomplexe auf ein Unternehmen, die es zusammenzuführen und zu managen gilt. Die Reaktionszeiten werden in der heutigen Zeit aufgrund der Transparenz und der technischen Mittel immer kürzer.
- Die wichtigste Ressource sind die Mitarbeitenden, die zum Bestandteil des Transformationsprozesses werden und ihre Erfahrungen einbringen. Deshalb ist eine

informierte sowie zielgerichtete Kommunikation und Einbindung von größter Bedeutung. Es ist auch klar, dass sich Teile der Belegschaft mit einem Veränderungsprozess schwertun.
- Die Einleitung von zu vielen »Sprints« sollte auch nicht zur Normalität werden.

2.6.7 Die Rolle der Risk-und-Compliance-Officer

Einer der prüfenden Partner der größeren Wirtschaftsprüfungsgesellschaften sagte einmal zu mir, nachdem er das meinerseits vorgestellte Outsourcing-Controlling-Konzept goutiert hatte, »Herr Gammelin, Sie müssen in ihrem Unternehmen richtig beliebt sein«. Natürlich wusste er um die Strukturen im Unternehmen und ich erwiderte politisch korrekt mit einem positiven Vergleich zu meinem vorherigen Arbeitgeber. Ein Risk-und-Compliance-Officer ist dann beliebt, wenn:
- eine einwandfreie und gut austarierte Unternehmenskultur zwischen Risiko und Chancen vorherrscht und die erste Verteidigungslinie intakt ist;
- er frühzeitig in neue Pläne und Umsetzungen als unabhängiger Meinungsgeber mit einbezogen wird, die regulierungsautoritäre Position der zweiten Verteidigungslinie (s. Kap. 3.4.1.1.3) einhalten kann und auf diese Weise Unfälle und mühevolle Nacharbeiten präventiv vermieden werden.[28] Denn »Niemand wird mehr gehasst als derjenige, der die Wahrheit spricht.«[29]

Ausrufe, wie »Augen auf bei der Berufswahl« oder »Popularity in such a job is highly overestimated« sollten daher in gesunden Unternehmenskulturen (s. Kap. 2.6) nur eine Seltenheit sein. Hierzu gehört aber die Anwesenheit einer guten Unternehmenssteuerung und eines Maßnahmenkorsetts[30] – insb. im Fall von Verstößen.

Insbesondere der Compliance-Spezialist hat unterschiedliche miteinander korrelierende Themenstellungen zu bewältigen. Diese sind Organisation, Leitung, Verantwortung und Kompetenz. In einem Obiter Dictum führte der deutsche Bundesgerichtshof im Juli 2009[31] erstmalig aus, dass der Compliance-Officer einer Garantenhaftung aus unechtem Unterlassungsdelikt i. S. d. § 13 StGB[32] (Geschäftsherrenhaftung) unterliegt. Gerade für Berufsanfänger und zartbesaitete Officer bedeutet dieses, immer wieder die Komfortzone zu verlassen (s. Abbildung 13). Die Officer-Funktionen müssen bereits bei Positivwissen handeln. Ist dies nicht möglich, bleibt nur eine lückenlose verschriftlichte Dokumentation gegenüber dem Management oder das Ver-

---

28 In weniger gut aufgestellten Unternehmen kam in derartigen Fällen deshalb immer meine »Habe-ich-Euch-doch-gleich-gesagt-Liste« zur Anwendung. Diese steigerte – wenn nicht gern gesehen – den Lerneffekt.

29 Plato.

30 Achtung: Hier ist allerdings für eine absolute Transparenz und Gleichbehandlung zu sorgen (keine Willkür und keine Bevorzugung).

31 Vgl. Urteil des Bundesgerichtshofs vom 17.07.2009 – Az. 5 StR 394/08.

32 Strafgesetzbuch Deutschland.

lassen des Unternehmens. Ansonsten drohen Abbestellung, zu entrichtende Tagessätze vom eigenen Gehalt (unter Nutzungsausschluss von Versicherungen) bis hin zu Berufsverboten. Unternehmen mit kulturellen Schwächen, positives Wissen, ein oder mehrere Handlungsbedarfe, eine weniger mit dem Thema vertraute Führung und die persönliche Haftung können einen Officer, insbesondere nach längerer Betriebszugehörigkeitszeit, in Schwierigkeiten bringen. Es ist in solchen Fällen immer wieder erforderlich, die Komfortzone zu verlassen, Schwachstellen zu verfolgen und in angemessener Zeit zu schließen.

Abbildung 13: Aus der Komfortzone treten, um Dinge anzugehen oder zu verändern

Diese Funktionen sind von Gesetzes wegen auch mit ausreichend Personal auszustatten. Zur Ressourcenermittlung für derartige Funktionen lassen sich verschiedene Methoden oder Prozessmessungen anwenden. Als lohnend könnte sich auch die Beachtung der Warteschlangentheorie[33] erweisen. »Bei Warteschlangenmodellen geht es um die Dimensionierung von Engpässen, die dann auftreten können, wenn Objekte irgendwelcher Art in regelmäßiger oder zufälliger Folge bei einem Bedienungssystem mit einer oder mehreren Abfertigungsstationen (Kanälen) eintreffen und dort mit unregelmäßiger oder bestimmter Abfertigungszeit bedient werden.«[34]

#RISKHACKS

- Liebe BerufskollegInnen auf allen Ebenen:
  Geschäftsführer, Bei-, Aufsichts- und Verwaltungsräte: Suchen Sie sich erfahrene Risk-und-Compliance-Officer aus den benötigten Regulierungsräumen. Halten Sie Kontakt zu ihnen, unterstützen Sie sie bei der Um- und Durchsetzung von ihren Aufgaben

33 Vgl. Schneeweiß, H. (1960): Zur Theorie der Warteschlangen, in: Zeitschrift für handelswissenschaftliche Forschung, S. 471–507.

34 Wöhe, G. (1996): Einführung in die allgemeine Betriebswirtschaftslehre, München, S. 174.

und lassen Sie sich durch proaktive Einbindung und Beratung die bestmögliche Transparenz von Ihnen geben (Holpflicht). In Fällen wie z. B. bei der Commerzialbank Mattersburg im Burgenland[35] und zahlreichen anderen geschädigten Institutionen erfolgte dies nicht und hatte weiterführend reputationsschädliche Folgen.

- Risk-und-Compliance-Officer: Prüfen Sie bereits in Ihrem Vorstellungsgespräch, ob das Unternehmen die richtigen Voraussetzungen für Ihr Wirken vorhält. Hierzu gehören die über Ihnen vorhandene (i) fachliche Kompetenz, (ii) das Durchsetzungsvermögen und (iii) die Wegbereitung. Ist eine der Eigenschaften nicht vorhanden, sollte Sie den Weg in das Unternehmen nicht beschreiten, da Sie davon ausgehen können, dass die Funktion nicht in der geeigneten Weise vertreten und eine Rückendeckung nicht vorhanden ist.
- Die Einladung zu einem Eingangsgespräch mit der/dem Vorsitzenden des Kontrollgremiums zeichnet das Unternehmen bereits aus, indiziert ein Interesse sowie Professionalität sowie Unterstützung der Position.
- Toxisch wird die Situation, wenn der Officer von Personen in Leitungsfunktionen mit positivem Wissen »betankt« wird. Er muss handeln, während sich der Informationsgeber zurücklehnen und aus der jetzt folgenden Kommunikation negativer Nachrichten und möglicher politischer Themenstellungen heraushalten kann. Ein Zeichen einer problematischen Unternehmenskultur.
- Wenn Sie mit einer haftenden Position betraut werden, aber Ihnen der Zugang zu den benötigten Informationen verwehrt wird, deutet die Situation auf weit mehr als massive strukturelle Probleme und mangelndem Interesse an der Position sowie Sachverhaltsklärungen hin.
- Bereiten Sie gerade wichtige Leitungsmeetings bereits von Beginn an gemeinsam vor, sodass ein Interessenabgleich schon vorher erfolgt und keine Überraschungen oder Widersprüche im Meeting entstehen. Dies vermittelt ein solides geschäftspolitisches Bild nach außen, lässt niemanden auf höherer Ebene fachlich inkompetent erscheinen und verleiht dem Officer eine benötigte Autorität, sodass er die Führungsorgane auch später mit einer gewissen Leichtigkeit durch ein fachkompetentes Advisory unterstützen kann. Gleichzeitig hilft es bei der Weiterentwicklung und beim Abgleich der Denkweise.

2.7 Wesentliche Vorüberlegungen

Nachdem die Unternehmensziele bis zur Ableitung der relevanten Steuerungselemente diskutiert wurden, sollen vor der eigentlichen Risikomanagementmaterie ein paar Vorüberlegungen angestellt werden. Es gibt unterschiedliche Einflussfaktoren, die eine optimale Planung und

35 Eine von mir betreute Studentin schrieb eine Arbeit über dieses Thema. Die Arbeit förderte Fehlbildungen zutage, die einem Lehrbuchinhalt glichen.

die Umsetzung eines resilienten Risikomanagements im negativen Sinne beeinflussen können und eine effiziente Handhabung sowie Regulierungsarchitektur (s. Kap. 3.3) unmöglich machen. Ebenso gibt es immer wieder Missverständnisse hinsichtlich regulatorischer Hinweise, wie bspw. dem »Proportionalitätsprinzip« (s. Kap. 2.7.1). Fehlbearbeitung und -einschätzung von Risiken, psychologisch erklärbare Effekte bei der Interpretation von Informationen und Missmanagement tragen ihren Teil zur Ineffizienz und Ineffektivität bei. Kommt es zu dieser Art von Einflüssen und Fehlbildungen, steigen die Anforderungen an Ressourcen und Eintrittswahrscheinlichkeiten von Soll-Abweichungen (s. Kap. 5).

2.7.1 Proportionalitätsprinzip

Kein Wort führte im Rahmen der Umsetzungen von regulatorischen und risikopräventiven Anforderungen zu mehr »Interpretationsfreiheiten« als die Möglichkeit zur Anwendung eines Proportionalprinzips – in die eine, wie in die andere Richtung. Große Risiken wurden herunterdefiniert, um den Aufwand für die auferlegte Vielzahl der Anforderungen so gering wie möglich zu halten. In Vorbereitung auf einen Fachbeitrag in einer Fachzeitschrift im Jahre 2004[36] wurde in der deutschen Finanzdienstleistungsbranche eine Befragung durchgeführt. Die zahlreichen Rückläufe signalisierten schon damals großes Interesse am Thema sowie die Problematik der Regulierungsflut und der Klassifizierung als Risiko. Insbesondere kleinere Asset Manager gaben schon damals an, dass ihre Kosten- und Ertragsstruktur sowie ihr Fortbestand dadurch gefährdet seien und die Markteintrittshürden höher gelegt wurden.

Um die Regulierung als identifiziertes Risiko ein wenig abzuschwächen, beschreiben die Regulatoren vor der Definition der Anforderungen ein Proportionalitätsprinzip, das eine Rücksichtnahme auf die Unternehmensgröße, geschäftsmodellspezifischer Merkmale und geschäftsinhärente Risiken einbeziehen soll. Genaue Hinweise zu einer Angemessenheit gibt es aber nicht und kann es auch gar nicht geben, da es mehrere Komponenten gibt, die die Proportionalität eines Finanzdienstleisters bestimmen. Es wird eine Angemessenheit der ergriffenen Maßnahmen und Implementierungen erwartet.

»Angemessen« sind dabei solche Maßnahmen, die der jeweiligen Risikosituation des spezifischen Unternehmens entsprechen und diese hinreichend abdecken. Die Maßnahmen haben sich insbesondere an der Größe, Organisation und Gefährdungssituation des Unternehmens, insbesondere dessen Produktportfolio sowie dessen Geschäfts- und Kundenstruktur, auszurichten. Was angemessen ist, beurteilt sich – wie sonst auch im Rahmen der Schaffung von Risikomanagementsystemen – auf der Grundlage der eigenen Gefährdungsanalyse (s. Kap. 10.4) des Finanzdienstleisters. Die Maßnahmen sollten regelmäßig neuen Erkenntnissen und Gefährdungslagen angepasst werden. Die vom Unternehmen getroffenen Maßnahmen sollten sich an

36 Gammelin, K./ Buchhart, A. (3/2004): Die Praxis des Risikomanagement in Finanzdienstleistungsunternehmen, Der Finanzbetrieb, S. 178 ff.

der Schadenseintrittswahrscheinlichkeit und der Höhe des möglichen Schadens für das Institut ausrichten. Hierzu gehören auch solche Maßnahmen, die Bestandteil des Internen Kontrollsystems (IKS) eines jeden Finanzdienstleisters sind.

Wie ein britisches Bonmont sagt, »It's not the size of the boat, it's the motion of the ocean« – also auch eine Frage der Technik. Ich habe bereits in Finanzdienstleistungsunternehmen unterschiedlicher Größe[37] und Art Risiko- und Compliance-Strukturen eingeführt sowie betrieben. Viele der Lösungsansätze für einen schlankfüßigen, aber dennoch resilienten Betrieb von Regulierungsarchitekturen sind in diesem Buch beschrieben:

- kulturelle Prägung des Gesamtunternehmens (s. Kap. 2.6),
- die richtigen Führungskräfte sowie Experten sowie deren Steuerung (s. Kap. 2.8.1),
- klare sowie vollständige Guidelines und Schulungen (s. Kap. 3.4.2),
- eine zum Unternehmen und Geschäftsmodell passende effiziente Regulierungsarchitektur und Compliance (s. Kap. 3.3),
- das Risikomanagement unterstützende Gefährdungsanalysen sie zeigen Gefahrenpotenziale auf, rechtfertigen ggü. Prüfern und Regulatoren die Angemessenheit implementierter Maßnahmen, schützen vor Haftungspotenzialen und lenken die Ressourcen effizient auf die wesentlichen Risiken,
- Vereinfachung des Prozessmodells (s. Kap. 2.6.4), eine sehr gute IT-Infrastruktur, Digitalisierungen und intelligente Auswertungssysteme unterstützen bei Kontrollen, Auswertungen und Prüfungshandlungen (s. Kap. 13).

#RISKHACKS

- Der Fokus sollte auf einer passenden effektiven und effizienten Regulierungsarchitektur (s. Kap. 3.3) liegen und nicht auf der Diskussion, etwas weniger zu machen.
- Besprechen Sie die notwendigen Implementierungen und Flughöhen der Regulierung und des Risikomanagements vorab mit Wirtschaftsprüfern, der internen Revision und den Kontrollfunktionen (s. Kap. 3.4.1.1.3), ohne dass diese ihre Unabhängigkeit verlieren oder ihre eigenen Implementierungen überprüfen müssen. Diese Investition lohnt sich und trägt zu einem resilienten Framework bei. Zudem nützt es niemandem, wenn die Prüfberichte später durch ein unterschiedliches Verständnis belastet sind und sich dadurch Schwierigkeiten im Rahmen von Markterschließungen und Geschäftserweiterungen ergeben.

37 70 bis mehrere Tausend MitarbeiterInnen.

2.7.2 Ein zweiter Blick auf die Risiken

Über 20 Jahre arbeitete ich im Bereich des Risikocontrollings und der Compliance. Teilweise sogar in beiden Bereichen parallel. Als geübter bilingualer Spezialist auf beiden Seiten hätte ich nicht für möglich gehalten, wie schwierig es ist, beide Risikopräventionsfunktionen zusammenzuführen und ineinander zu integrieren. Ich habe sogar außerhalb meiner Teams miterlebt, dass derartige Projekte scheiterten und die KollegInnen getrennt im Team arbeiteten oder sogar Rückorganisationen notwendig waren. Dies war dann erforderlich, wenn die Führungskräfte nur eine Seite beherrschten, sich für diese interessierten oder die MitarbeiterInnen sich mit der anderen Themenstellung nicht anfreunden konnten, in der sie bisher nicht gearbeitet haben. Fehlende oder unzureichende Compliance ist ursächlich auf menschliches Versagen zurückzuführen und somit Teil des übergreifenden Risikomanagements. Auch werden von den Risiko- und Compliance-SpezialistInnen auch dieselben Sachverhalte bearbeitet und analysiert, jedoch unterscheidet sich die Sichtweise auf diese.

»Compliance ist, wenn man nichts mehr weglassen darf«, war die Aussage eines Compliance-Spezialisten. »To comply with« bedeutet für den Spezialisten, im Einklang mit Gesetzen und Regularien zu arbeiten – eine inzwischen präzise Wissenschaft, bei der nichts weggelassen werden darf. Die Compliance-Anforderungen ziehen sich mittlerweile durch fast sämtliche Abteilungen eines Finanzdienstleistungsbetriebs. Der Gesetzgeber bleibt in einigen Fällen vage in der Ausformulierung, da er nicht alle spezifischen Belange eines jeden Finanzdienstleisters, dessen Geschäftsmodell und Prozessstruktur berücksichtigen kann. Es wird die Frage gestellt: »Befindet sich mein Unternehmen in Übereinstimmung mit allen zutreffenden gesetzlichen und regulatorischen Anforderungen?« Ob auch Soll-Abweichungen von den gewählten gesetzlichen und regulatorischen Anforderungen abgehalten werden können, bleibt möglicherweise unbetrachtet.

»Die praktische Umsetzung des Risikomanagements darf nicht auf die Einhaltung der gesetzlichen Vorschriften in der Form einer »Risikobuchhaltung« reduziert werden.«[38] Deshalb ist es über die Compliance hinaus wichtig, sich auch darüber Gedanken zu machen, wie das Unternehmen (präventiv) vor wesentlichen Soll-Abweichungen geschützt werden kann. Es wird die Frage gestellt: »Halte ich mit den getroffenen Maßnahmen alle (wesentlichen) Risiken im Rahmen meines Risikoappetits (s. Kap. 3.2.3) von meinem Unternehmen und damit einhergehend von den Kundenvermögen ab?«

Sehr veranschaulichend ist die in Kap. 11 dargestellte Modell-Governance. Modelle sind in vielen Fällen gesetzlich oder regulatorisch verordnet. Deren Einführung ist also eine Thematik der Compliance. Primäre Aufgabe des Einsatzes dieser Modelle ist das Feststellen oder Simulieren

38 Vgl. Romeike, F. (2003): Gesetzliche Grundlagen, Einordnungen und Trends, in: Romeike, F./Finke, R. B. (Hrsg.): Erfolgsfaktor Risiko-Management, Wiesbaden, S. 78.

von Risikopotenzialen bspw. für das Finanzdienstleistungsunternehmen oder Vermögenswerte. Wie im bezeichneten Abschnitt dargestellt, erfreut sich die Normalverteilung einer außerordentlichen Beliebtheit, ist aber für die Messung aller Risikoarten nicht optimal. Die Auswahl lässt sich aus Risikosicht optimieren. Zudem beinhaltet ein Modell eine Reihe von operationellen Risikopotenzialen, die es zu überwachen gilt.

2.7.3 Risiken der zweiten und dritten Ordnung

Die »Was-passiert-dann-Maschine« wurde für Kinder konzipiert und soll Kettenreaktionen aus einer Handlung oder einem Anstoß von bspw. einem Dominostein verdeutlichen, der wiederum andere Gegenstände in Bewegung versetzt. Einigen Unternehmenslenkern scheint ein derartiges Spielzeug in der Vergangenheit verwehrt geblieben zu sein. Über einen Kfz-Führerschein sollten die meisten aber verfügen, also sprechen wir über »vorausschauendes Fahren« oder – im Risiko-Fachjargon – von Risiken der zweiten, dritten, vierten … Ordnung. Diese entstehen aus vielleicht auch bewusst eingegangenen offensichtlichen Risiken der ersten Ordnung und verursachen einen Dominoeffekt weiterer vielleicht auch größerer Effekte. Eintritte zweiter Ordnung machen den zum Zeitpunkt der Entscheidung vorherrschenden »blinden Fleck« (s. Kap. 2.8.5) sichtbar. Dabei handelt es sich um den Teil zum Zeitpunkt der Entscheidung, der aus der Entscheider-Perspektive nicht wahrgenommen werden konnte oder sollte (s. Kap. 2.7.5.1). So kann bspw. die Nichtimplementierung von gesetzlichen und regulatorischen Anforderungen im Weiteren Ordnungsstrafen und Reputationsrisiken verursachen. Die Reputationsrisiken können zu Mittelabflüssen lenken usw.

Die heutige Informationsflut (s. Kap. 2.8.5) ist Fluch und Segen zugleich. Entscheidungen müssen in der heutigen Zeit nicht mehr auf einer ähnlichen naiven Basis wie früher einmal getroffen werden und sie können dabei unterstützen, sich vom Wettbewerb zu differenzieren. Heute gilt es jedoch, wie im vorherigen Kapitel beschrieben, die wichtigen von den unwichtigen Informationen zu trennen, da auch das menschliche Gehirn nur über eine begrenzte Verarbeitungskapazität verfügt. Problematisch wird es dann, wenn der Entscheidungsträger die Konsequenzen seines Tuns und Handelns nicht richtig einschätzt, zu kurz greift und Risiken sowie die Risiken der zweiten und dritten Ordnung nicht mit einbezieht, das Gesamtrisiko falsch beurteilt, eine fatale Priorisierung im Verhältnis zu anderen Risiken vornimmt und die vorhandenen Ressourcen mit den unwichtigeren Themenstellungen bindet.

Häufig werden die vorstehend gelisteten Fälle sehr isoliert betrachtet und sind eher symptomatisch und daher als Auswirkung der zweiten Ordnung zu betrachten. Den Risiken vorausgegangen sind meist Ursachen wie menschliches Versagen (ehrlich und unehrlich) oder fehlerhafte und unzureichende Kontrollen (s. Kap. 6.1) sowie Systeme – also operationelle Risiken (s. Kap. 3.1) der ersten Ordnung. Deshalb ist es wichtig, Präventionsspezialisten mit langjähriger Erfahrung an den Prozessen und der Front zu beschäftigen. Die hohen Schadenbeträge sind somit Folgeerscheinungen. Damit ist es in der Konsequenz häufig noch nicht getan. Neben den finanziellen Auswirkungen können auch weitreichende Reputationsschäden entstehen, die wiederum Einfluss auf die geschäftlichen Entwicklungen eines Unternehmens haben können. Ein geringeres oder gescheitertes Geschäft wirkt sich dann auch auf sämtliche Stakeholder aus. Hierzu gehören u. a. die Mitarbeitenden, Aktionäre und Geschäftspartner – auch wenn es sich nur um einen sich materialisierenden Vertrauensverlust handelt. Gerade in der heutigen Zeit, in der beispielsweise Nachhaltigkeitsthemen (s. Kap. 15.3) eine immer größere Rolle spielen und von Geschäftspartnern und Aktionären als Basis vorausgesetzt werden. So fließt eine geeignete unternehmensübergreifende Governance zunehmend in den Unternehmenswert ein und kann diesen bei fehlender Beachtung auch zerstören.

Kommt es am Markt zu häufigeren oder größeren Schieflagen dieser Art, treten die regulierenden Behörden zum Finanzmarktschutz auf den Plan und schaffen neue oder geänderte verpflichtende Regularien, deren Implementierung mit hohen Kosten verbunden ist. Damit werden auch Unternehmen mit einem resilienten Kontrollsystem derselben Zielbranche in Sippenhaft genommen. Ein durch fehlende Selbstverantwortung herbeigeführter Teufelskreis, der in sehr stark regulierten Jurisdiktionen auch zu kosten- und aufwandseitigen Wettbewerbsnachteilen führen kann.

#RISKHACKS

- Führen Sie Szenarioanalysen durch und wägen Sie die Risiko- und Maßnahmenkosten (s. Kap. 4.4.6) unter Einbezug der Risiken der zweiten und dritten Ordnung gegeneinander ab.
- Reihen Sie die potenziellen Risiken (s. Kap. 4.3) unter Einbeziehung der Risiken der zweiten und dritten Ordnung (s. Kap. 2.7.3).

2.7.4 Risikodaten und Medienberichte

Leider könnten Beispiele meinerseits an dieser Stelle auf einzelne Stationen eines Arbeitgebers oder eines von mir beratenen Unternehmens in meiner Vergangenheit hindeuten, deshalb wähle ich ein allgemein verständliches Beispiel. Jeder, der sich mit Medienberichterstattung, Risiken und Ängsten beschäftigt, dürfte die Eindimensionalität und meine Beweggründe hinter der Darstellung verstehen. Wir müssen sorgsam mit Informationen und skeptisch mit ihnen umgehen, oder wir werden beeinflusst. Entweder durch die Berichterstattung, durch uns, unsere Erlebnisse oder unsere Ängste.

Beispiel

Von vielen Menschen wird bspw. ein Flugzeugabsturz wesentlich intensiver und schrecklicher wahrgenommen als die Zahl der Verkehrsunfälle mit Todesfolge. Dies wird auch durch den punktuell arbeitenden Sensationsjournalismus und bspw. ganze Sondersendungen im Fernsehen unterstützt. Flugangst und Fehl-

einschätzungen des Flugrisikos (Absturzwahrscheinlichkeit) können eine Konsequenz sein. Es sind sicherlich beide äußerst schreckliche Themen, aber der Mensch fehlbewertet viele Vorkommnisse. Nur ein kurzer Vergleich der durch die WHO veröffentlichten Vorkommnisse aus dem Jahr 2016. In diesem Jahr wurden ca. 40 Mio. kommerzielle Passagierflüge erfolgreich absolviert. Bei 10 Flügen kam es zu Unfällen mit Todesfolgen. Das sind 0,000025 % der Grundgesamtheit aller Flüge. Ein Blick in die Vergangenheit zeigt zudem, dass sich die Verkehrssicherheit im Flugbereich maßgeblich gebessert hat und sich die Anzahl der Flugzeugunfälle reduzierte.
Bei den weltweiten Bodenverkehrstoten sah die Bilanz 2016 ein wenig anders aus. Im selben Jahr starben ca. 1,35 Mio. Menschen im Straßenverkehr – alle 24 Sekunden einer. Zudem stieg die Anzahl der Opfer innerhalb der drei Jahre zuvor um 100.000 Todesopfer. Die Presse berichtet international über Flugzeugabstürze, jedoch selten oder – wenn überhaupt – nur regional über Bodenverkehrstote. Die Phobie, vor die Tür zu gehen, existiert wesentlich seltener. Oder haben Sie bereits häufig etwas von einer »Straßenverkehrsteilnahmephobie« gehört?
Die Berichterstattung beeinflusst uns in einem erheblichen Maße. Sicherlich könnte dieser Vergleich noch präzisiert werden. Es könnten bspw. Fragen nach der Anzahl der Passagiere an Bord eines jeden abgestürzten Flugzeugs oder nach dem Wartungsverhalten der jeweiligen Airline gestellt werden. Im Bodenverkehr könnte z. B. die weiterführende Frage nach der Verkehrssicherheit einzelner Länder aufkommen. Setzen Sie die Zahlen einmal selbst ins Verhältnis. Es sollte jedoch bereits hier klar sein, was Informationen, Wahrnehmungen und Zahlen für den Menschen bedeuten und wie sehr sie uns beeinflussen können. Die Schadenhöhe und Eintrittswahrscheinlichkeit sind daher zwei wesentliche Determinanten, die auch weiter abgeklärt und ggf. in ein Verhältnis gesetzt werden müssen, um Prioritäten setzen und Risiken bewusst eingehen zu können – aber auch Chancen realisieren zu können. Natürlich muss auch die Frage nach dem Nutzen dieser Information gestellt werden. Andernfalls kann es dazu führen, dass wir an falscher Stelle Ängste entwickeln, falsche Prioritäten für uns sowie die Unternehmen setzen und es zu einer Fehlsteuerung oder -einschätzung kommt. Diese Fehlleitungen können alle Bereiche eines Unternehmens betreffen.

Ängste haben zudem einen großen Nachteil. Sie lähmen und blockieren uns. Zuvor Erlerntes ist in einem Angstmoment nicht verfügbar und es kommt zu Handlungsfehlern, die maßgebliche Konsequenzen zur Folge haben können. Deshalb ist es wichtig, für den betrieblichen Ernstfall zu dokumentieren, zu trainieren (s. Kap. 3.4.2) und bei sich selbst zu bleiben. Das bedeutet auch, dass negative Informationen zwar wahrgenommen werden sollten, jedoch selektiert, »abgestreift« und Maßnahmen gesetzt werden müssen, sodass negative Einflüsse nicht weiter blockieren (s. Abbildung 14).

Abbildung 14: Klassifikation von Einflussbereichen zwecks Handlungsfokussierung

Gerade für Führungskräfte ist der Informationsfilter von wesentlicher Bedeutung wie auch der Bedarf einer Zusammenführung sich aneinanderreibender sozialer und ökonomischer Komponenten. Den Beziehungen zwischen dem Unternehmen und dem Ökosystem sowie der Systematisierung und Auswertung relevanter Informationen kommt dabei eine wesentliche Bedeutung zu (s. Kap. 2.7.4 und 2.8.5). »Gerade Führungskräfte, die für die Informationssammlung von potenziellen Chancen und Gefahren verantwortlich sind, müssen eine Beziehung zu einer Vielzahl verschiedener Stakeholder unterhalten und zusammenführen. Es wird außerdem bemerkt, dass die Informationen unstrukturiert sind (s. Kap. 2.8.5.3), ungeplant eintreten und aus sozialen Interaktionen stammen.«[39] Je höher eine Führungskraft in einer Organisation aufsteigt, desto mehr muss sich ihr Netzwerk verändern und genutzt werden (s. Kap. 2.6.2). Sie muss allerdings auf die Informationen vertrauen und sich verlassen können.

Ähnlich sieht es bei innerbetrieblich entstehenden Informationen aus. »Dabei erfordern die notwendigen Maßnahmen ein erhebliches Maß an Kreativität«[40], sowie die Fähigkeit der Führungskräfte Informationsmuster zusammenzuführen. »Sie sind diejenigen, die Frühwarnsignale erhalten und die manchmal in subtiler Form präsentierten Informationen von Stakeholdern geeignet analysieren und verarbeiten können.«[41] Das Aufrechterhalten von Kontakten ist dabei für die Aufnahme von Risiko- und Innovationspotenzialen gleichermaßen erforderlich, wie die Wahl von Informationsgebern mit einem gewissen Überblick und Prozessnähe zugleich ist insb. im Zusammenhang mit Risk Assessments (s. Kap. 4.1) wichtig. In diesem Zusammenhang sind auch Ersteller und Verteiler von Propaganda, Fake News, Fehlinformationen und Desinforma-

39 Vgl. Teece, D. J. (2007): Explicating dynamic capabilities: the nature and microfoundations of (sustainable) enterprise performance, in: Strategic Management Journal, 28(13), S. 1319–1350.

40 Vgl. Nonaka, I/Toyama, R (2007): Strategic management as distributed practical wisdom (phronesis), in: Industrial and Corporate Change, 16(3), S. 371–394.

41 Vgl. Song, J./Lee, K./Khanna, T. (2016): Dynamic capabilities at Samsung, Optimizing internal coopetition, in: California Management Review, 58(4), S. 118–140.

tion zu identifizieren, oder Personen, die die Informationsweitergabe ausschließlich für eigene Zwecke nutzen.

#RISKHACKS

- Die Relevanz der Information für den eigenen Bedarf ist zu klären.
- Einzelne Informationen sowie Zahlen sind zumeist unzureichend, um ein Gefühl für Schadenhöhe, Eintrittswahrscheinlichkeit sowie Relationen entwickeln und geeignete Maßnahmen ableiten zu können.
- Informationen und Zahlen können maßgeblich beeinflussend eingesetzt werden.
- Zahlen und Fakten können veraltet sein. Die Außenwelt kann sich verändern, zum Positiven, wie zum Negativen. Es ist daher wichtig, den Anschluss zu den für das Unternehmen wesentlichen Informationen der Außenwelt aufrechtzuerhalten.
- Dies führt bis zu Fragen der (künftigen) Wettbewerbsfähigkeit und der Erschließung neuer Märkte. Mit welchen Zahlen würden Sie als Versicherungsmakler derzeit »werben«?
- Zukunftsgerichtet könnte die Anzahl der Bodenverkehrstoten auf den Straßen reduziert werden durch die Einführung der 5 G-Technologie[42], die eine Kommunikation zwischen Bodenverkehrsteilnehmern ermöglicht, weiterentwickelte Fahrzeug-Sensorik und Hilfe-Assistenten. Dies aber auch nur in Gebieten, in denen eine entsprechende Netzabdeckung vorhanden ist und sich die Verkehrsteilnehmer durchgehend derartige Fahrzeuge leisten können.

2.7.5 Psychische Effekte und Einstellungen

»Das Auge sieht nur, was der Geist bereit ist, zu begreifen.«
Henri-Louis Bergson

Es gibt Fake News und mit persönlichen Interessen getränkte Informationen, die uns von außen erreichen, aber auch wir sind anfällig für Selbstmanipulationen und daraus entstehende Fehlentscheidungen oder -verhalten. Erwähnenswert ist auch, dass Menschen bereits gemachte negative Erfahrungen aus Entscheidungen anderer Menschen oder sogar eigene Fehler wiederholen.

Grundsätzlich werden die Entscheidungen von Menschen durch eine persönliche Risikopräferenz geprägt und können daher unterschiedlich ausfallen. Der Entscheider kann eine risiko-

42 Fifth Generation; Bezeichnung für den nächsten Standard in der mobilen Kommunikation. Dieser Standard wird den LTE-Standard (4G) ablösen und größere Bandbreiten von bis zu 10 Gigabit pro Sekunde und sehr geringe Reaktionszeiten bieten.

averse, risikoneutrale oder risikosympathische Haltung aufweisen.[43] Aber auch andere Faktoren beeinflussen die menschliche Handlungsweise.

2.7.5.1 Selektive Wahrnehmung

»Die selektive Wahrnehmung ist das psychologische Phänomen, dass bei der Wahrnehmung nur bestimmte Aspekte der Umwelt aufgenommen und andere ausgeblendet werden. Selektive Wahrnehmung kann durch Priming (Bahnung), Framing (Rahmung, Einordnung, Schematisierung) oder vergleichbare Effekte hervorgerufen werden. Selektive Wahrnehmung beruht grundsätzlich auf der Fähigkeit, Muster zu erkennen, einem grundlegenden Mechanismus des menschlichen Gehirns.«[44] Basis ist ein Mechanismus des Gehirns, der eine Bedeutung von Informationen generiert. Hierzu gehört auch die Einordnung von Informationen nach bestimmten Mustern, Übereinstimmungen und Logiken, um die Vielzahl von auf uns einwirkenden Informationen verarbeiten zu können. Hier können z. B. folgende Attribute Einfluss nehmen[45]:

- Stärkere Würdigung von Themenstellungen, die eigene Anschauungen unterstützen, als solche, die sie entkräften.
- Ein Umfeld, das es Menschen erschwert, Bedeutungen zu erkennen und damit zu Verzerrungen führen.
- Selektion erfasst und verarbeitet nur einen Teil des Reizspektrums; somit werden nicht alle Aspekte in die Beurteilung einbezogen.
- Inferenz geht über die tatsächlich vorhandenen Informationen hinaus und beinhaltet das unbewusste Beurteilen von beobachtbaren und nicht beobachtbaren Aspekten sowie das Hinzufügen von Eigenschaften.
- Zudem nimmt jeder Mensch die Welt auf eine subjektive und individuelle Weise wahr (in Ausschnitten, Verzerrungen, Verkleinerungen, Vergrößerungen) und durch Interpretation dieses Ausschnitts werden (Sinnes-)Daten zu Informationen.
- Hinzu kommen beeinflussende Filter, wie Erfahrungen, Erwartungen, Einstellungen, Überzeugungen, Ideologien, Bestrebungen, Vorurteile, Interessen, Werte und Prägungen der Vergangenheit und des Umfelds.

Das Spannungsverhältnis ergibt sich aus Willensbarrieren und motivatorischen Effekten. Wie zuvor beschrieben, kann es auch hier zu einer problematischen Subjektivität kommen. Eine problematische Subjektivität kann sich bspw. bei Mitarbeiterbefragungen zu Risiken ergeben und die Beurteilung maßgeblich verzerren. »Sie steht im Spannungsverhältnis zwischen Willensbarrieren und motivatorischen Effekten.«[46] Hinzu kommen Wahrnehmungs- und Verständnisunterschiede.

43 Vgl. Kuhn, L.(2002):,Risikophasenmodell für Operationelle Risiken im Kontext der Gesamtbanksteuerung, in: Eller, R./Gruber, W./Reif, M. (Hrsg.): Handbuch Operationelle Risiken, S. 155.

44 Stangl, W. (2021): Stichwort:selektive Wahrnehmung, in: Online Lexikon für Psychologie und Pädagogik. Abrufbar unter: https://lexikon.stangl.eu/1708/selektive-wahrnehmung (Zugriff: 23.05.2021).

45 Vgl. ebenda.

46 Burger, A./Buchhart, A. (2002): Risikocontrolling, München/Wien, S. 69.

Bspw. können sich die zuvor beschriebenen Prägungen aber auch auf das Verständnis einer bestimmten Person für die Einschätzung von Bruttorisiken auswirken. Eine häufig festgestellte Problematik ist dabei die Entwicklung der Vorstellungskraft, welche Auswirkungen und Eintrittswahrscheinlichkeiten Risiken entwickeln, wenn keine Kontrollen oder andere risikoreduzierende Maßnahmen bestünden. Auch wenn Systeme bereits automatisierte Kontrollen wahrnehmen, erscheinen diese nicht mehr auf einer Kontrolllandkarte, da der betreffende Mitarbeitende diese Kontrolle nicht mehr seinem Aufgabengebiet oder seinem Verantwortungsbereich zurechnet – sie ist einfach vorhanden. Dabei ist es ebenso wichtig, eine umfassende Kontrolldokumentation zu führen (z. B. geplanter Systemaustausch), als auch einen Prozessverantwortlichen für systemseitige Kontrollen zu bestimmen (z. B. Adjustierungs- oder Austauschbedarf aufgrund neuer Regulierungsanforderungen oder Erkenntnisse).

»Ein weiterer verzerrender Beweggrund ist die Leistungsmotivation in einer spezifischen leistungsorientierten Situation.«[47] Nach dem Risiko-Wahl-Modell von Atkinson handelt es sich um die nachstehende Funktion von überdauerndem Motiv, subjektiver Erfolgs- und Misserfolgserwartung und schwierigkeitsabhängigem Anreiz:

Motivation = Motiv × Anreiz × Erfolgswahrscheinlichkeit.

Motiv und Anreiz entsprechen dabei der Valenz einem Aufforderungscharakter von Kurt Lewin. »Der mit seiner Feldtheorie die Motivationsforschung nicht nur entscheidend angeregt, sondern auch in weiten Bereichen beeinflusst hat.«[48]

2.7.5.2 Die moderne Informationssituation

Es wirken sehr viele weitere beeinflussende Faktoren auf uns ein. Von Natur aus sind wir mit gewissen Urängsten ausgestattet. Diese sollten uns vor gewissen Gefahren bewahren und ein Überleben sichern. Im deutschsprachigen Raum benötigen wir nur noch einen Teil dieser mitgegebenen Urinstinkte, da es viele relevante Bedrohungen in unseren Breitengraden, unserer Generation und in unserem Umfeld nicht (mehr) in diesem Ausmaß gibt.

Auf der anderen Seite besteht die Nachrichtenberichterstattung, die immer globaler, transparenter, reichhaltiger und detaillierter wird. Nur in wenigen Ausnahmefällen sind positive Nachrichten Bestandteil der Berichtserstattung. Zu diesen gehören bspw. Sport (wobei es auf die präferierte Mannschaft oder den Sportler ankommt), gute Quartalsergebnisse von Unternehmen und die positive Konjunktur eines Landes. Im Rahmen einer Analyse des Nachrichtengesamtinhalts ist aber festzustellen, dass die für uns als negativ wahrgenommenen Nachrichten

47 Vgl. Mayer, H. O. (2000): Einführung in die Wahrnehmungs-, Lern- und Werbe-Psychologie, München/Wien/Oldenburg (Edition Psychologie).

48 Vgl. Heckhausen, H. (1989): Motivation und Handeln, Berlin/Heidelberg/New York.

innerhalb der Berichterstattung überwiegen und aufgrund unserer Prägungen und teilweisen Sensationslust von höherem Interesse/Unterhaltungswert sind. Natürlich positionieren die Medien sich entsprechend, um Einschaltquoten, Website-Clicks, Auflagen für sich zu optimieren und sich dadurch Marktanteile zu sichern. Betrachten wir die Medienflut, muss die Welt einfach schlecht sein und die Situation scheint sich zu verschlechtern! Natürlich sind die Inhalte der negativen Nachrichten nicht gut, traurig und auch verabscheuungswürdig, aber wir müssen für uns den Gesamtkontext prüfen und die wesentlichen Informationen herausarbeiten:

- Welche gesamtheitlich positiven Aspekte und Sachverhalte lassen sich der Nachricht entgegenstellen?
- Welche Informationen sind für mich wichtig?
- Passt die Information auf meine Situation und wie wird sie beurteilt (Land, Umfeld, Branche, Unternehmen usw.)?

Leider erhalten wir viel zu wenig Informationen über positive Entwicklungen oder darüber, wo etwas sehr gut funktioniert und warum. Das dürfte die Mehrheit an Informationen ausmachen und wäre für unsere Situation sicherlich auch hilfreich. Die umfangreichen negativen Informationen können jedoch dazu führen, dass die Risiken fehlerhaft gewichtet und die verfügbaren Ressourcen an die falsche Stelle dirigiert werden.

2.7.5.3 Geringster Widerstand und Verdrängung

Den Spezialisten der Finanzdienstleistungsbranche sollten diverse Risiken und Gefahren bereits bekannt sein, dennoch bleiben immer wieder die gleichen Risiken unberücksichtigt oder sie werden zugelassen. Nehmen wir als Beispiel Risiken aus Malversationen im Bilanzmanagement und ohne Aussicht auf Fortbestand des Instituts: Bankhaus I. D. Herstatt KGaA, Köln (1974), Bankhaus Fischer & Co., Hamburg (1995), Hypo Alpe-Adria-Bank International AG, Klagenfurt (2009), Bankhaus Wölbern & Co. (AG & Co. KG), Hamburg (2014), Maple Bank GmbH, Frankfurt am Main (2016), Commerzialbank Mattersburg im Burgenland AG, Mattersburg (2020), Wirecard AG, Aschheim (2021). Die Liste würde sich beliebig fortsetzen lassen; insbesondere, wenn Banken anderer Länder und die Wirtschaftsskandale ohne einhergehende Insolvenz hinzugezogen werden würden. An dieser Stelle ließen sich auch noch größere Banken einreihen (»too big to fail« or »... to jail«?).

Außerdem stößt der geneigte Leser wiederkehrend auf Skandale im Zusammenhang mit strukturierten Produkten. Dabei hätte spätestens im Jahr 2007 die Brisanz rund um die fast alles verpackenden Produkte klar sein müssen. Damals hießen die Produkte CDO (Collateralized Debt Obligation), heute gibt es Déjà-vus bei LBOs (Leveraged Buyout Obligations). Fehler werden wiederholt. Existiert kein Produktdatenblatt, sollten die Produkte nicht gehandelt werden. Andernfalls lassen sich das Risiko-Exposure eines Einzelprodukts und das Risikoaggregat der Einzelkomponenten nicht bestimmen. Im Eigenhandelsbuch oder die ungeprüfte Weiterreichung der Produkte an Geschäftspartner kann ein großes Problem darstellen. Auch heute gibt es noch Spezialisten am Markt, die sich nur unzureichend mit derartigen Produkten auseinandergesetzt haben.

Die Liste der Beispiele, die definitiv nicht zur Kategorie »hinterher ist man immer schlauer« gehören, ist äußerst umfangreich und würde Bücher füllen. Ursächlich sind für diese Fälle menschliche Fehler, die eine Absicht erkennen lassen. Es wird Geschäft betrieben, aber nicht beherrscht – sei es aufgrund mangelnder Fachkenntnisse, der Akzeptanz von Fehlsteuerungen (s. Kap. 2.6.3) oder mangelnder Kontrolle. Im letzten Fall muss angenommen werden, dass ein dezidiertes Risikocontrolling oder die Implementierung eines internen Kontrollsystems wohl als überbewertet eingeschätzt wurde und daher abwesend war. Aufgrund des repetitiven Auftretens dieser Fälle, scheint so, als hätten sie kein Lehrgehalt oder bereits bekannte Fälle würden in Vergessenheit geraten. Wird nicht von fehlendem fachlichen Wissen ausgegangen, obwohl das Endergebnis identisch sein sollte, gibt es Bias, die dieses Verhalten erklären.

2.7.5.4 Kognitive Tiefenursachen: Bias

Der angelsächsische Begriff »Bias« beschreibt ein unverhältnismäßiges Gewicht zugunsten oder gegen eine Idee oder Sache. Ein Bias umfasst Befangenheit, Neigungen, Vorurteile und kognitive Verzerrungen einer Person oder einer bestimmten Personengruppe. Einer der bekanntesten Bias ist der Home Bias. Er umfasst die Anlegerpräferenz für heimische Anlagen und den damit einhergehenden Verzicht auf mögliche Vorteile oder Portfoliobeimischungen in anderen Regionen oder Ländern. Im Zusammenhang mit der Risikoprävention möchte ich auf zwei vermutlich weniger bekannte Bias eingehen, die aber einen wesentlichen Einfluss auf den Erfolg oder Misserfolg einer geeigneten und effizienten Unternehmensresilienz haben.

2.7.5.4.1 Normalcy Bias

In der Einleitung wurde dieses Phänomen als »Ignoritis« bezeichnet. In der Psychologie werden damit Umstände beschrieben, in denen eine potenzielle oder bereits eingetretene Soll-Abweichung möglicherweise noch erkannt, aber nicht oder nur sehr langsam auf diese reagiert wird. Die Soll-Abweichung verbleibt gedanklich und emotional auf ferner Distanz. Bei der Person wird die Situation nur als abstrakte Störung im Rahmen Arbeitsalltagsroutine wahrgenommen. Das Umfeld soll weiter funktionieren, wie wir es gewohnt sind. Es führt bis zum Stadium »es kann nicht sein, was nicht sein darf«. In der Philosophie wird diese Konstellation deshalb auch als »Argument des Unglaubens« bezeichnet. Der Gruppenzwang sorgt u.a. auch sehr dafür, dass sich der Mensch am Verhalten und den Entscheidungen seiner Umgebung orientiert. Werden in diesem Rahmen die Soll-Abweichungen erkannt, verhält sich die Einzelperson in diesem Rahmen dennoch angepasst und das Problem wird nicht in Angriff genommen. Die Person, die sonst mit einer sehr guten Entscheidungsqualität agieren würde, wird durch das Gruppenverhalten »umgedreht«. Ein Kompetenz- oder Intelligenzvorsprung geht verloren, wenn sich die Person nicht gegen die Gruppe »auflehnt«. Die Reaktion kann zur Isolierung und Abseitsstellung dieser Person führen. Wertvolle Hinweise für das Unternehmen und seine Resilienz gehen verloren.

2.7.5.4.2 Optimism Bias

Kommen wir zu einer anderen Form der Igoritis. Der Optimism Bias unterstützt die Sichtweise »mir/uns wird schon nichts passieren«. Hierbei kann es sich insbesondere um Soll-Abweichungen mit einer geringen Eintrittswahrscheinlichkeit und einer hohen Schadenhöhe handeln – beides die beste Zuchtanlage für schwarze Schwäne, deren Nachwuchs und selbst gelegte Eier (s. Kap. 2.7.6).

2.7.5.5 Priming und Framing

In der Psychologie gibt es eine Reihe von Effekten, die uns im Rahmen der Entscheidungsfindung beeinflussen können. So können einige auch Ankereffekte[49] erzeugen, die die Aufgeschlossenheit für Suggestionen[50] erhöhen. In diesen Situationen empfiehlt es sich, für Entscheidungsträger Situationen und sich selbst und die bisher gemachten Erfahrungswerte oder Aussagen genauer zu hinterfragen. Mit beiden »Techniken« werden Urteile und Entscheidungen von Menschen beeinflusst, ohne dass sie sich dieser Situation bewusst sind. Den wirklichen Homo oeconomicus aus der Wirtschaftstheorie gibt es schließlich nicht.

Priming ist zumeist die unbewusste Beeinflussung der Verarbeitung (Kognition) eines Reizes, bei dem ein vorangegangener Reiz implizite Gedächtnisinhalte aktiviert hat. Hierbei erfolgt eine Zusammenführung des Reizes mit spezieller Vorerfahrung im Gedächtnis. Der primende Reiz kann in jeder möglichen Form auftreten. Es kann sich z. B. um eine Situation, Geste, einen Vorfall oder einen Satz handeln. Jetzt stellt sich die Frage, wie souverän, schnell und richtig auf den Reiz reagiert wird. Dies setzt auch eine richtige Interpretation des Reizes voraus. Sie sind bspw. vorweggenommene Formulierungen, wie »stark ansteigende Zahlen« oder »hohe Zahlen« unsere Erwartung zu hohen Zahlen und kann uns bereits am Anfang entsprechend beeinflussen, ein Phänomen, das häufig in Politik und Wirtschaft zur Anwendung gelangt.

Der Framing-Effekt ist ebenfalls eine in der Theorie behandelte mögliche Beeinflussung des Menschen und stellt auf Entscheidungsfelder ab und bewirkt, dass Entscheidungen eines Menschen nicht immer rational und objektiv getroffen werden. Zudem gibt es auch ein emotionales Framing. Entscheidungen werden dadurch steuerbar. Es entsteht ein Handeln auf einen bestimmten Reiz. So wirken bspw. die Formulierungen »70 % der MitarbeiterInnen arbeiten

49 Ankereffekt ist eine Situation aus der Kognitionspsychologie, in der Menschen bei Entscheidungen von Umgebungsinformationen beeinflusst werden, ohne dass ihnen dieser Einfluss bewusst wird.

50 Geistig-seelische Beeinflussung eines Menschen u. U. mit dem Ziel, ihn zu einem bestimmten Verhalten zu veranlassen.

compliance-konform« anders als »30 % der MitarbeiterInnen verstoßen gegen Regeln«. Beide Aussagen sind inhaltlich identisch, lösen aber ggf. unterschiedliche Emotionen und Reaktionen aus. Hier stehen sich die Wörter »konform« (positiv) und »verstoßen« (negativ) gegenüber. Hierbei geht es wieder um die Assoziation, mit der der Mensch das jeweilige Wort verbindet und auch aus welcher Position heraus sie/er agiert und sich für eine der beiden Formulierungen entscheidet. Das Framing wird gern in der Politik, Presse und der Wirtschaft genutzt, um Sachverhalte positiver oder negativer erscheinen zu lassen. Auch in Risikoberichtswesen (s. Kap. 4.7.2 und 13.1.6) kann ein Framing stattfinden, hierbei kommt es aber bspw. darauf an, ob auf etwas aufmerksam gemacht oder schöngeredet werden soll.

#RISKHACKS

Achten Sie bei Einstellungen Ihrer MitarbeiterInnen darauf, dass sie die Voraussetzungen für ihre Tätigkeit bei einem Finanzdienstleister erfüllen. Trennen Sie sich von Personen, die nicht im Sinne des Unternehmens, der Position arbeiten und derartige Bias aufweisen oder fördern (s. Kap. 2.7.5).

2.7.6 Schwarze Schwäne, ihr Nachwuchs und selbst gelegte Eier

In diesem Kapitel geht es ebenfalls um die Überwachung von Risiken, jedoch mehr um die übergreifenden strukturellen Themenstellungen, die zu inhärenten Risikopotenzialen und Intransparenz führen. Gerät ein Finanzdienstleister in Schieflage, wird allzu schnell auf die Regulierungsbehörden und Wirtschaftsprüfer gedeutet. Dabei verfügen diese Kontrollinstanzen (s. Kap. 3.4.1) lediglich über eine Außen- bzw. eingeschränkte Innensicht. Die Jahres- oder auch Sonderprüfungen (regelmäßig oder anlassbezogen) haben meist auch nur einen eingeschränkten Prüfumfang und werden nach speziellen Vorgaben und Kriterien durchgeführt. In diesem Rahmen ist es schwierig, die häufigste Ursache für wesentliche Probleme zu identifizieren: interne sonstige strafbare Handlungen (s. Kap. 10). Auch die Verteidiger der drei internen Verteidigungslinien (s. Kap. 3.4.1.1.3) tun sich schwer, da von Kriminellen immer wieder neue Umgehungsmöglichkeiten identifiziert werden.

Meine Sichtweise auf die Dinge ist ein wenig anders. Sicherlich sollen diese Funktionen ihren Aufgaben nachgehen. Es würde diese Kontrollinstanzen nicht in der Form und in diesem Umfang benötigen, wenn die Finanzdienstleistungsgeschäfte nicht nur betrieben, sondern intern auch beherrscht werden würden. Viele Grundsatzprobleme würden sich schon erledigen, sobald das Unternehmen auch strukturell ideal aufgestellt ist.

2.7.6.1 Es beginnt meist ganz oben

Es beginnt mit branchen-, fach- und regulierungsfremden Besetzungen von Aufsichtsräten, Geschäftsleitungen und steuernden Schlüsselpositionen. Auch profunde Erfahrungen in dem speziellen Geschäftsfeld und Kenntnisse zu erforderlichen Strukturen sind hin und wieder abwesend. Die »Fit & Proper«-Anforderungen der EBA und ESMA[51] an die Wirtschaftslenker werden auch innerhalb identischer Regulierungsräume teilweise länderspezifisch mit unterschiedlicher Intensität umgesetzt.

In unterschiedlichen Regulierungsräumen, wie bspw. EU und Schweiz geht es um unterschiedliche Gesamtregulierungssysteme, Vorgehensweise, eine eigene Sprache, Erwartungshaltungen, Interpretationsspielräume und das Zusammenspiel von einzelnen Regulierungsvorgaben. Nach dem Brexit zeigt sich auch, dass die Regulierungsschere zwischen der EU und dem ausgetretenen Vereinigten Königreich zusehends auseinander gleitet und auch neue Kenntnisse in diesem Zusammenhang aufgebaut und aufrechterhalten werden müssen. Damit wurde aber noch lange nicht das Unternehmen ausgerichtet.

Aus diesen Voraussetzungen lassen sich Fehlentwicklungen ableiten. Diese münden dann in keinen Entscheidungen, falschen Entscheidungen oder durch die MitarbeiterInnen frei interpretierbaren Tautologien[52] des Vorgesetzten, die die Verantwortung somit auf die MitarbeiterInnen übertragen und bei denen die MitarbeiterInnen nur unbehelligt hervortreten, wenn sie stellvertretend die richtige Entscheidung treffen, ohne einen Gesamtüberblick zu haben. Aber: später die Schuld tragen, wenn etwas nicht wunschgemäß läuft.

2.7.6.2 Sich daraus entwickelnde schwarze Schwäne …

Eine Umbauung von Menschen tritt dann ein, wenn Personen bspw. durch Seilschaften oder betrieblicher Zugehörigkeitszeit in Positionen erhoben werden, für die sie noch nicht geeignet oder ungeeignet sind oder für die sie über kein ausreichendes Führungs-, Erfahrungs- und Wissensprofil verfügen. Gleichzeitig werden neue Führungsstrukturen über die Grenzen der legalen Einheit und über Ländergrenzen hinweg geschaffen, um die Person zu stärken. Eine derartige Vorgehensweise kann für eine Organisation u. a. Folgen haben:

- Es wird nicht das passende Profil für die Position besetzt.
- Es entstehen Fehlentscheidungen, -steuerungen und -kommunikationen.
- Interessenkonflikte können entstehen.
- Eine Trennung von Markt und Marktfolge wird aufgeweicht.
- Die benötigte Corporate Governance wird ausgehebelt.
- Kein oder mangelndes Wissen führt zu Steuerung im Rahmen differierender gesetzlicher und regulatorischer Anforderungen.

51 ESMA and EBA Guidelines on the assessment of the suitability of members of the management body and key function holders under Directive 2013/36/EU and Directive 2014/65/EU (ESMA35-36-2319 / EBA/GL/2021/06). Abrufbar unter: https://www.eba.europa.eu/eba-and-esma-publish-final-guidance-fit-and-proper-requirements (Zugriff: 09.05.2022).

52 Eine Tautologie im Sinne der Logik ist immer wahr (unabhängig vom Wahrheitswert der zugrundeliegenden Bestandteile). Beispiel: Kräht der Hahn auf dem Mist, ändert sich das Wetter, oder es bleibt, wie es ist.

- Disziplinare Matrixführungsstrukturen werden implementiert.
- Eine Entkopplung oder unzureichende Einbindung bestimmter Funktionen in fach- und sachgerechte Zielvereinbarungen findet statt (s. Kap. 2.6.3).
- Eine Überlastung einzelner Ressourcen durch mehrere Berichtslinien ist die Folge.
- Es bestehen unklare Verantwortlichkeiten und Zuständigkeiten.
- Berichte werden in unterschiedlichen Formaten/Formen benötigt und deren Inhalte differieren und sorgen für abweichende oder Fehlinformationen.

Die ohne Anspruch auf Vollständigkeit erstellte Liste macht deutlich, welche Schwierigkeiten, welchen Mehraufwand und Nährboden für Soll-Abweichungen diese Art von Fehlkonstruktionen in sich bergen können. Mögliche Ineffizienzen sind das kleinere Problem.

2.7.6.3 ... deren Nachwuchs ...

Diese münden, um beim Thema dieses Buchs zu bleiben, z. B. in:
- fehlender Einbindung der Bereiche in eine Gesamtstrategie,
- nicht vorhandenen oder unangemessenen Einrichtung der kostspieligen zweiten Verteidigungslinie,
- fragwürdiger Personalauswahl,
- Schaffung unnötiger Funktionen und Kostenstrukturen,
- einer Vielzahl organisatorischer Insellösungen (kein integrierter Ansatz),
- mangelnder Kommunikation zwischen den Unternehmensbereichen,
- einer Ansammlung nicht auf- und untereinander abgestimmten Kompetenzordnungen,
- Redundanz oder in Lücken in der Aufgabenverrichtung und -abdeckung,
- abnehmenden oder fehlenden Kontrollmöglichkeit,
- jungen Nachwuchskräften, die denken, dass das durch ihre Vorgesetzten Vorgelebte so richtig ist,
- schwachen Besetzungen, die i. d. R. niemanden einstellen, der stärker ist,
- Nichtbeherrschung der relevanten Regulierungssprache,
- Disziplinarvorgesetzten im Ausland und den Auswirkungen auf die Corporate Governance, das Geschäft und die MitarbeiterInnen-Überwachung,
- Spannungsverhältnissen zwischen den Führungsstrukturen,
- fehlenden Strategien, fehlender Unternehmenspolitik sowie uneinheitlichen Ausrichtungen,
- entgleitender Mitarbeitergewinnung, -incentivierung und -haltemöglichkeiten ,
- bewusstem/unbewusstem Fehlverhalten (immer ein bisschen mehr, was ich mir zurückhole, immerhin habe ich seit Jahren keine Gehaltserhöhung erhalten),
- dem Einfluss der Funktionen der Unternehmensgruppe auf das Wohl und Wehe eines regulierten Unternehmens, ohne die Übertragung von Haftungs- oder Risk-Taker-Anforderungen.

2.7.6.4 ... und weitere selbst gelegte Eier

Die hier aufgezeigten Wirkketten würden sich beliebig weiterführen lassen. Die nachfolgende Liste soll uns aber noch vergönnt sein:

- Durch ein mangelhaftes Kontrollsystem greifen die Kontrollzahnräder durch fehlende Einbindung ins Leere.
- Redundante Insellösungen müssen mit viel Aufwand abgeschafft oder künstlich miteinander verbunden werden.
- Fehlende/unzureichende Compliance.
- Führungsstrukturen aus anderen Unternehmen der Unternehmensgruppe sowie Haftung sowie internationale Strukturen ohne jegliche Kontrolle vor Ort.
- Personalübertritte von einer Kontrollfunktion in einen marktnahen Bereich.
- Druck als Auslöser für Fehlentwicklungen.
- Verlustbeträge der Vergangenheit und Gegenwart.
- Junges Personal denkt »das gehört so« und ahmt das Verhalten der älteren MitarbeiterInnen nach.
- Personal arbeitet nicht mit-, sondern gegeneinander/nicht in eine einheitliche Richtung.
- Hohe Fehlerquoten.
- Haftungs- und Soll-Abweichungspotenziale.
- Fluktuation der Besten.

#RISKHACKS

- Setzen Sie geeignetes, erfahrenes Personal in den Fachbereichen ein.
- Organisieren Sie das Unternehmen in klaren lokalen disziplinarischen Berichtslinien, die auch eine Kontrolle der MitarbeiterInnen zulässt.
- Binden Sie sämtliche Funktionen in die Unternehmensstrategie und -politik mit ein.
- Funktionale Verbindungen sollten nur der Aus- und Weiterbildung von MitarbeiterInnen durch entsprechende Senior-Spezialisten und der Möglichkeit zur Rücksprache dienen.
- Definieren Sie klare Verantwortlichkeiten innerhalb der legalen Unternehmenseinheit und verteilen Sie nicht zu viele Zuständigkeiten zur Aufgabenverrichtung außerhalb.
- Besetzen Sie Positionen mit Fach-, sach- und regulierungskompetenter sowie erfahrener Besetzung.
- Es sollte keine organisatorische Umbauung von einzelnen Personen geben (s. Kap. 2.7.6.2).
- Es herrscht ein geeigneter und ausgewogener Tone at the Top (s. Kap. 2.6.2).
- Der Regulierungs- und Risikomanagementrahmens wird durch Weisungen, Prozesse, Systeme und Schulungen (s. Kap. 3.4.2) im Unternehmen sehr gut umgesetzt.

- Es gibt eine regelmäßige Kommunikation zu Risiko- und Compliance-Themenstellungen und zur Wichtigkeit deren Einhaltung.
- Probleme müssen von MitarbeiterInnen beim Namen genannt werden können.
- Paritäten in beiden Gremien, die eine Ausgewogenheit zwischen Frontoffice sowie Middle- und Backoffice-Funktionen darstellen, sollten sichergestellt sein.
- Die Compliance- und Risikofunktionen sind mit geeigneten Ressourcen, Befugnissen, Umsetzung eines regelmäßigen Austauschs und Berichtswesens (s. Kap. 4.7.2 und 13.1.6) sowie Unterstützung der unabhängigen Funktionen ausreichend ausgestattet.
- Stellen Sie eine ausgewogenen Zielvereinbarung mit allen MitarbeiterInnen zwischen Risiko und Ertrag (s. Kap. 2.6.3) bei gleichzeitiger Aufrechterhaltung der ersten Verteidigungslinie sicher.
- Eine klare funktionale und organisatorische Trennung von Kontrollfunktionen bis zur Ebene der Geschäftsleitung wird eingehalten.
- Verankern Sie eine präsente und richtige Positionierung der Kontrollfunktionen in den Gremien auf beiden Ebenen (Risk und Audit Committee) sowie Einforderung von Informationen.

2.7.7 Top-down und bottom-up

An dieser Stelle soll das Ergebnis vorweggenommen und klargestellt werden, dass eine Kombination aus beiden Verfahren das beste Ergebnis und die bestmögliche Resilienz für den Finanzdienstleister und seine Prozesse liefert. Obwohl diese Fragestellung immer wieder diskutiert wird, würde die Entscheidung für nur eine Variante dafür sorgen, dass wertvolles Wissen im Unternehmen (bottom-up) ungenutzt bleibt oder wichtige Steuerungsimpulse, übergreifende Steuerungen, Implementierungen, Expertenwissen oder Erkenntnisse und Vorgaben nicht zielgerichtet in die Organisation eingebracht werden (top-down). Ein informatives Gegenstromverfahren, das für eine übergreifende Resilienz sorgt.

Die Kontrollfunktionen der zweiten und dritten Verteidigungslinie (s. Kap. 3.4.1.1.3) müssen dabei in der Lage versetzt bleiben, einen objektiven und unabhängigen und dennoch transparenten Überblick wahren zu können.

2.7.7.1 Top-down

Aufbauend auf den zuvor angestellten Vorüberlegungen hat der Top-down-Ansatz unter anderem die Vorteile, dass sowohl der Risikoappetit (s. Kap. 3.2.3), Limits sowie die Steuerungsimpulse (s. Kap. 3.2.1) der Leitungsorgane als auch unternehmensübergreifende Einführungen neuer oder sich ändernder regulatorischer Anforderungen zielgerichtet und unternehmensübergreifend durch Experten an den entsprechenden Stellen gegeben bzw. eingeführt werden. Der Leiter einer Fachabteilung kann in der heutigen Zeit kein Experte mehr in allen für seine Abteilung relevanten Disziplinen sein – wenn es sich bspw. um die Interpretation eines Gesetzestextes durch die Rechts- oder Compliance-Abteilung handelt. Die Compliance mit gesetzlichen und regulatorischen Anforderungen erfordert stellenweise die Interpretation und Umsetzung von Sätzen sowie Teilsätzen in die betriebliche Praxis. Zudem können unternehmensübergreifende Themenstellungen und Prozesse nicht ausreichend abgedeckt werden. Dieser Basis ist die Risikosicht hinzuzufügen (s. Kap. 2.7.2).

Problematisch kann sich eine reine Vorgabe gesetzlicher und regulatorischer sowie Risikopräventionsanforderungen auswirken. Eine vornehmliche Entpflichtung kann zu einem fehlenden Verantwortungsgefühl und einem ungeübten Umgang mit Gesetz und Regulierung sowie den wesentlichen Steuerungswerkzeugen führen. Gegebenenfalls werden dadurch auch Verteidigungslinien außer Kraft gesetzt, deren Wissen und Erfahrung ungenutzt bleiben. Geschäft würde betrieben, aber nicht beherrscht. Fehlende Informationen, Einbeziehung und Identifikation können zu Widerstand und unzureichendem Verständnis für die zu bearbeitenden Themen im eigenen Verantwortungsbereich führen.

Zudem muss es Messverfahren geben, die einen Überblick über das Gesamtrisiko zulassen, Risikotendenzen frühzeitig erkennen lassen und das Einleiten rechtzeitiger übergreifender risikoreduzierender Maßnahmen ermöglichen. Hierzu zählen auch das konsolidierte Betriebsergebnis und Unternehmenskennzahlen, die unternehmensübergreifend und im Zeitverlauf analysiert werden. An den richtigen Stellen positionierte Stellschrauben ermöglichen schnelle Reaktionen und Feinjustierungen. Jedoch müssten diese schnell verfügbaren Werte um strukturell getriebene Soll-Abweichungen und Einflüsse anderer Risikokategorien bereinigt werden. Eine reine kosten- und ertragsorientierte Budgetierung kann es u. U. nicht nur erschweren, Potenziale für Soll-Abweichungen zu erkennen, sondern auch umfangreichere Investitionsbedarfe für die Soll-Abweichungsprävention und Risiken zweiter und dritter Ordnung (s. Kap. 2.7.3) aus Budgetsicht zu begründen und zu ermöglichen.

2.7.7.2 Bottom-up

Eigenverantwortung im eigenen Bereich steht im Vordergrund. Die zumeist langjährige Erfahrung und das Spezialwissen zumindest der Führungskräfte in den Fachbereichen werden genutzt und spiegeln sich in den Risikobetrachtungen, risikoreduzierenden Maßnahmen und fachlich sowie einer prozessual kongruenten praxisnahen Umsetzung wider. Es sind Informationen zur Risikosituation einzelner Prozesse und der zugehörigen Maßnahmen- und Kontrolleffektivität (s. Kap. 6.1.3) verfügbar. Potenziale für Soll-Abweichungen können gezielt identifiziert, durch KRI und KPI (s. Kap. 6.2 und 6.3) indiziert und durch Maßnahmen reduziert werden. Aus den granularen Daten können Risikoaggregate gebildet werden, die vom Management auch für die Grobsteuerung genutzt werden können. Bei Vorherrschen einer vorteilhaften Risikokultur (s. Kap. 2.6.1) und Einbezug der MitarbeiterInnen entsteht auch eine Motivation sich im Rahmen des Risikomanagements, wie in Kap. 5 dargestellt, einzubringen. Je nach Art des Risikomanagementkonzepts kann auch das Verständnis für die gesamtbetrieblichen Zusammenhänge gefördert werden.

Da sich präventive Risiko- und Kontrollbestandsaufnahmen zumeist auf mehrere Personen – mehrheitlich Personen in Leitungsfunktionen – im Unternehmen stützt, ist die Inventarisierung aufwandsintensiv und kann die Aufnahme von subjektiven Sichtweisen und Einflüssen (s. Kap. 2.7.5) geprägt sein. Ohne eine übergreifende auswertende Funktion und übergelagerte Steuerungsimpulse sowie Implementierungsunterstützung können Steuerungssilos entstehen und die Transparenz für das Management kann verloren gehen. Fehlende Unterstützung durch Vorgaben und Experten kann zu Regelungs- oder Steuerungslücken führen.

2.8 Umgang mit Ressourcen

Als Ressource (lat. resurgere »hervorquellen«) werden i.d.R. Mittel, Gegebenheit wie auch Merkmal und Eigenschaft verstanden, um Ziele zu verfolgen, Anforderungen zu bewältigen, spezifische Handlungen durchzuführen oder einen Vorgang fehlerfrei und zeitgerecht ablaufen bzw. abarbeiten zu lassen.

In Betriebswirtschaft, Volkswirtschaft und Organisationsentwicklung werden darunter meist Betriebsmittel, Geldmittel, Boden, Rohstoffe, Energie oder Personen und Arbeitszeit verstanden. In der Psychologie auch Fähigkeiten, persönliche Eigenschaften, geistige Haltung oder Stärke. In der Soziologie auch Bildung, Gesundheit, Prestige und soziale Vernetzung.

In der betriebswirtschaftlichen Theorie taucht auch der Begriff Resource-Based View im Zusammenhang mit Ressourcen und deren Wettbewerbsvorteilen auf. In diesem Zusammenhang steht der Wettbewerbsvorteil des Unternehmens ggü. Mitbewerbern durch seine qualitativ hochwertigen Ressourcen und nicht durch seine Stellung am Produktmarkt im Vordergrund. Michael E. Porters Market-Based View[53] ist eine weitere Betrachtungsweise des Ressourcenthemas.

Der Resource-Based View gliedert die fünf Ressourcenarten in die zwei Kategorien materielle und immaterielle Ressourcen:

- **Materielle Ressourcen**
  - Finanzielle Ressourcen (z. B. Finanzkraft, Cashflow)
  - Physische Ressourcen (z. B. Immobilien, Anlagen)
- **Immaterielle Ressourcen**
  - Humane Ressourcen (z. B. Facharbeiter, Ingenieure, Führungskräfte)
  - Organisatorische Ressourcen (z. B. Informationssysteme, Organisationsabteilungen)
  - Technologische Ressourcen (z. B. Markennamen, Forschung & Entwicklung)

53 Vgl. Porter, M. E. (2010): Wettbewerbsvorteile – Spitzenleistungen erreichen und behaupten, 7. Aufl., S. 86 ff., Campus Verlag, Frankfurt/Main

Nach den Ausführungen von Jay Barney muss eine Ressource, die in seinem Artikel als nachhaltiger Wettbewerbsfaktor behandelt wird, folgende Bedingungen erfüllen:[54]

- wertvoll,
- knapp,
- nicht imitierbar,
- nicht substituierbar.

Aus diesen vier Bedingungen haben sich die sogenannten VRIO-Fragen entwickelt:

- **The Question of Value:** »Is the firm able to exploit an opportunity or neutralize an external threat with the resource/capability?«
- **The Question of Rarity:** »Is control of the resource/capability in the hands of a relative few?«
- **The Question of Imitability:** »Is it difficult to imitate, and will there be significant cost disadvantage to a firm trying to obtain, develop, or duplicate the resource/capability?«
- **The Question of Organization:** »Is the firm organized, ready, and able to exploit the resource/capability?« »Is the firm organized to capture value?«

Wer im folgenden Kap. 3.1 die Definitionen der operationellen Risiken aufmerksam betrachtet, wird feststellen, dass die Ressourcen und die Risikoursachen sowie -konsequenzen über eine sehr große Schnittmenge verfügen. Sie sind somit Chance und Risiko zugleich.

2.8.1 Die wichtigste Ressource »Mensch« …

»Wir sollten uns im Klaren darüber sein,
dass die meisten Talente auf dieser Welt nicht für uns arbeiten.«

Ich habe alle Schattierungen von Unternehmen kennengelernt. Hierzu gehörten äußerst umsetzungsstarke und erfolgreiche, aber auch Unternehmen, die sich sehr lange auf ihrem derzeitigen Geschäftserfolg verließen und dadurch im späteren Verlauf Boden verloren, Unternehmen, die die regulatorischen Anforderungen nicht erfüllten und daher ihre Geschäftstätigkeit per aufsichtlichem Dekret (teilweise) einstellen mussten sowie Unternehmen, die nie eines werden konnten, weil sie Produkte kreierten, die für sie von Interesse waren, aber für die es keinen Markt gab.

Die erfolgreichen Finanzdienstleister, Bereiche, Abteilungen und Teams, für die ich arbeiten durfte, hatten alle etwas gemeinsam:

- eine sehr gute Führung, die eine ausgewogene Kultur (s. Kap. 2.6) vorlebt und hinter den Mitarbeitenden steht (die nicht nur auf einer sehr hohen Metaebene kommunizierte, sondern Mitarbeitende zu Kollegen macht und den Wert der Mitarbeitenden erkennt).

54 Barney, J. (1991): Firm Resources and Sustained Competitive Advantage, in: Journal of Management, Vol. 17, S. 99–120 (15.05.2022).

- sehr gute Mitarbeitende, die aufgrund strategischer Ziele rekrutiert werden, bereits ausgezeichnete Grundvoraussetzungen mit in das Unternehmen bringen und gezielt sowie sukzessive weiterentwickelt werden,
- schnelle Umsetzung von innovativen Problemlösungen für Kunden und das Unternehmen,
- Weiterentwicklung und Optimierung der Organisation,
- klare Prozesse und ein Interesse der Mitarbeitenden für das Große und Ganze,
- eine offene, zielgerichtete und transparente Kommunikation, die auch die Ansprache von Fehlern beinhaltete und Interesse für eine künftige verbesserte Vorgehensweise bot.

Noch einmal anspruchsvoller wird die sich entwickelnde Situation für die Finanzdienstleister, die auch gern als »Arbeitswelt 4.0« bezeichnet wird. Die neuen Determinanten sind – aber nicht abschließend:

- eine fortwährende Transformation,
- Digitalisierung (s. Kap. 13),
- die Berücksichtigung des Generationenwechsels auf Y und Z,
- agile Arbeitsmethoden und neue hybride Arbeitsformen (s. Kap. 2.8.1.2),
- lebenszyklusabhängige Beschäftigungsmodelle,
- flexible Arbeitszeit und -orte,
- Entwicklung und Steigerung von Kunden- und Mitarbeitererlebnissen – nicht nur durch Gamification.

Die wichtigste Ressource »Mensch« ist auch gleichzeitig eines der wesentlichsten operationellen Risiken, aber auch eine Chance. Jedoch müssen wir immer bedenken, dass 99,99999 usw. % der weltweit verfügbaren Talente nicht für uns arbeiten. Deshalb liegt die Aufgabe, das Geld in die besten verfügbaren MitarbeiterInnen zu investieren und das Team weiter zu optimieren, insbesondere in der Verantwortung der Führungskraft. Es lohnt sich, lieber ein wenig zu warten, als den nächstbesten Bewerber aufzunehmen.

Mit 26 Jahren hatte ich meine ersten Führungsaufgaben in der Finanzbranche und auch die ersten Herausforderungen zu bewerkstelligen – angefangen bei Generationenkonflikten. Auf der anderen Seite hatte ich bereits zu Beginn viele Personen um mich herum, die mir verschiedene Wege wiesen und die Führungsrolle beispielhaft vorlebten.

Mir wurden disziplinarische und fachliche Führungsaufgaben in Europa anvertraut. Es waren Wirtschaftswissenschaftler, Bankkaufleute, Juristen und Ingenieure. Projektmanagement betrieb ich auch auf anderen Kontinenten. Zudem rutschte ich immer mehr in die Rolle eines Mentors und Coachs für teamfremde Personen. Die unterschiedlichen Kulturen sind beeindruckend und unterschiedlich zu verstehen, ebenso wie jede einzelne Person. Bei Unzufriedenheiten ging es bei Weitem nicht nur um »Sterne auf der Schulter« oder Geld.

2.8.1.1 Das Team

»Zusammenkunft ist ein Anfang,
Zusammenhalt ist ein Fortschritt,
Zusammenarbeit ist der Erfolg!«
Henry Ford

Mit einem geeigneten Team steht und fällt der Erfolg einer Abteilung. Menschen sind Individuen mit individuellen Ansprüchen, Bedürfnissen und Charakteren. Für eine Führungskraft stellen sich indes einige Fragen hinsichtlich der Teamzusammensetzung (Homogenität vs. Heterogenität) im Hinblick auf u. a. Wissen, Erfahrung, Agilität, Bereitschaft die Komfortzone zu verlassen, Themeninteressen und -neigungen. Schließlich läuft die Arbeitsverrichtung leichter und besser, wenn Leidenschaft und Interesse für eine Sache vorhanden sind.

Natürlich menschelt es auch. In der Fachliteratur werden diese störenden Vorgänge mit dem Begriff »gruppendynamische Prozesse« umschrieben. Bei Aufkommen derartiger Entwicklungen ist der Situation sofort Einhalt zu gebieten, bevor sich Situationen verfestigen und nur unter Inkaufnahme von Unannehmlichkeiten lösbar werden.

2.8.1.2 Agilität

»Agilität ist die Fähigkeit eines Unternehmens und seiner MitarbeiterInnen (einer Universität und ihrer StudentenInnen) schnell, präzise und nachhaltig auf Änderungen der Umwelt oder Situationen zu reagieren.«

Das Wort Agilität hat das Potenzial, das Unwort des Jahres 2022/23 zu werden. Es wird im Management, in der Arbeit, der Lehre und der Mitarbeiterführung gelehrt und genutzt. Genauso wie »Nachhaltigkeit« (s. Kap. 15.3) ist es ein synthetisches Wort (andere nennen es Plastikwort). Synthetische Begriffe haben eines gemeinsam, sie sind grundsätzlich positiv, sie stehen meist für etwas, was es schon gibt, lösen einen Hype aus und sie greifen sich durch häufigen Gebrauch schnell ab. Die einzigen Profiteure sind Zertifizierungsgesellschaften. Dennoch soll nachfolgend ein Erklärungs- und Definitionsversuch gewagt und der Nutzen herausgearbeitet werden. Seien Sie sich aber bewusst, dass die größte Agilität und die besten Schulungen zum Thema verblassen, wenn das Management versagt, die Unternehmenskultur (s. Kap. 2.6) daniederliegt und nicht zu agilen Ansätzen passt. Also, auf zum Agilen Manifest[55] und einen ungestörten Sprint durch das Thema.

Es ist eine Zusammenfassung und Weiterentwicklung von bereits bestehenden Erkenntnissen und Wissen. Wer sich in den vergangenen Jahren u. a. mit den prägenden Managementlehren

55 Vereinbarung, wie im Betrieb agil zu arbeiten ist. Das Manifest kann von Betrieb zu Betrieb unterschiedlich sein.

von Peter Drucker, KAIZEN[56], Produktionsoptimierung unter Ausschussreduktion, Just in Time, Total Quality Management, Kontinuierlicher Verbesserungsprozess (KVP), Kanban, Empowerment, Six-Sigma[57], Scrum[58] sowie Zusammenarbeitstechniken auseinandergesetzt hat, wird eine Vielzahl von agilen Bestandteilen in diesem Buch wiedererkennen. Hierbei geht es um Methodologien, Ziele, Rollenbilder, Mindset oder vorbildliches Management. Dennoch wird es erforderlich sein, auch diese Ausbildungen und deren Kombinationen unter Beimischung neuer Gewichtungskomponenten anzupassen und zu kombinieren, denn unsere Außenwelt verändert sich zusehends und stellt neue Anforderungen an uns, denen es nachhaltig zu begegnen gilt. Die agilen Methoden lassen sich bspw. auch im Rahmen der Implementierung und Hinterfragung von regulatorischen Anforderungen anwenden. Die starke Schwerpunktverschiebung in Richtung Nachhaltigkeit und Digitalisierung sind zwei von vielen weiteren Beispielen, die ein Umdenken, neue Techniken, Technikkombinationen und Ausbildungen erforderlich machen.

Unternehmen mussten sich COVID-19-bedingt vermehrt um digitalisierte Arbeitsplätze bemühen, Mitarbeitende mussten sich auf Homeoffice oder wechselnde Arbeitsplätze einstellen, Projekte mussten online gemanagt und verständlicherweise ermüdete Studierende mussten bei für sie lerntechnisch anstrengenden Online-Seminaren und -Prüfungen abwechslungsreich motiviert und fachübergreifend unterrichtet werden – es musste alles »Agile« sein. Der physische Abteilungs-Agile-Corner hat sich ebenfalls weiterentwickelt und nimmt viel Platz im Büro ein und Agilitätstrainings gab es auch. Was ist also Agilität?

Das Wort »Agilität« abgleitet aus dem Lateinischen »agilis« bedeutet flink, beweglich, lenksam, und rasch. In diesem Arbeitskontext geht es also um eine innere Einstellung und eine Arbeitsweise, Veränderungen als Normalität zu betrachten und mit diesen umgehen zu können. Kein neues Thema, da es in der Vergangenheit bereits Managementansätze gab, die Veränderungen als Bestandteil beinhalteten. Hierzu zählen bspw. Changemanagement, Kontinuierlicher Verbesserungsprozess (KVP) oder KAIZEN. Einigen wir uns in diesem Zusammenhang auf folgende Definition:

Insgesamt ist eine Kombination von mehreren Themenkomplexen von der Agilität betroffen, die auch den Reifegrad eines Unternehmens ausdrücken. Hierzu gehören rahmengebende Komponenten der Kunden- und Mitarbeiterorientierung:

Kundenorientierung	Mitarbeiterorientierung
Strategie (s. Kap. 2.2)	Kultur (s. Kap. 2.6)
Struktur	Führung
Prozess (s. Kap. 4.2.1.7)	HR-Instrumente

Tabelle 3: Themenkomplexe der agilen Organisationsentwicklung »Pioneers-Trafo-Modell«

56 KAI = Change; ZEN = zum Besseren.
57 Managementsystem zur Prozessverbesserung, statistisches Qualitätsziel und Methode des Qualitätsmanagements.
58 Scrum stammt aus der Softwaretechnik und ist ein agiles Vorgehensmodell des Projekt- und Produktmanagements.

Im Zusammenhang mit dem agilen Arbeiten ergeben sich Vor- und Nachteile. Wobei die Vorteile überwiegen, denn die Nachteile lassen sich durch einfache Maßnahmen mitigieren. Das Eintreten der Nachteile ist auch in einem hohen Maße abhängig von den Kernaufgaben sowie der Grüße der jeweiligen Abteilung. Für mein Team bestand immer ein physischer »Agile-Corner« zu Informations-, Arbeits- und Transparenzzwecken.

Vorteile	Nachteile
• Geringe Planungszeit • Schnelle Ergebnisse • Kurzfristige Anpassungen • Starker Teamgeist • Stetige Verbesserung	• Geringe Planbarkeit • Kommunikations- und Abstimmungsaufwand • Eventuelle Spannungen • Anfängliche Unsicherheit Mitarbeitende

Tabelle 4: Vor- und Nachteile des agilen Arbeitens

Meine Teams waren immer mit Konzeptentwicklungen betraut und erhielten Aufträge vom Senior Management der Gruppe, den Aufsichtsräten und Geschäftsleitungen vor Ort sowie aus dem Tagesgeschäft. Hieraus ergaben sich zumeist schnell umzusetzende Abklärungen, Maßnahmen und Konzepte. Der geringen Planbarkeit kann durch Schaffung von festen Freiräumen begegnet werden. Montags haben wir uns deshalb 30 bis 45 Min. (von 1,5 Stunden) fest für Konzeptentwicklung, Brainstorming und vergleichbare Aktivitäten eingeplant. Wurde dieser Termin nicht benötigt, konnte das Teammeeting verkürzt werden und die Mitglieder konnten dem Tagesgeschäft nachgehen. Wurde die Zeit für Entwicklungen genutzt, lieferte das Kernteam Informationen, Ansätze, Gliederungen und Konzepte. So floss von Anbeginn sehr viel Erfahrung in die jeweiligen Ansätze. Dann wurde die Aufgabe abhängig vom Schwierigkeits- oder Komplexitätsgrad an einen Spezialisten oder Senior-Mitarbeitenden übertragen, der für deren weitere Bearbeitung die Verantwortung übernahm (Ownership for Results). Für weitere Kommunikationen innerhalb des Teams standen zwei weitere Online-update-Calls je 30 Min. pro Woche zur Verfügung. Bei Bedarf von Abteilungsexternen wurden diese zusätzlich jedoch zielgerichtet an den (virtuellen) Tisch gebeten. Auf diese Weise ließen sich innerhalb von 14 Tagen fundierte Konzepte entwickeln und auf spezifische Personen konzentrieren. Hierdurch wurde verhindert, dass der Abstimmungs- und Kommunikationsaufwand nur ausladend wurde, wenn zu viele weitere (nicht arbeitende und nicht fachlich involvierte) KollegInnen involviert und informiert sein wollten. Die optimale Teamgröße zur Bearbeitung derartiger Themenstellung liegt bei maximal fünf Personen. Andernfalls kommt es zu Fehlkommunikationen, Missverständnissen, fehlenden Antworten und schließlich Zeitverzögerungen.

Spannungen außerhalb des Teams können immer entstehen. Dies passiert auch, wenn das Team eine andere Schlagzahl vorlegt, als es die anderen zu leisten bereit sind oder es vielleicht auch vermögen. Agilität und die daraus resultierenden Erfolge machen Spaß und sind motivierend.

Innerhalb des Teams können Spannungen durch folgende Maßnahmen vermieden werden:

- Ein Geschäftsverteilungsplan sollte entwickelt werden, der größtenteils den Interessen und Neigungen der Teammitglieder Rechnung trägt (»Jeder bekommt seinen eigenen Garten.«).
- Stellvertreterregelungen sichern eine Erledigung der Aufgaben während Abwesenheiten und ermöglichen eine komfortable Wiederkehr.
- Neue Aufgaben werden zunächst gem. Geschäftsverteilungsplan verteilt.
- Beispielsweise ein Kanban Board zeigt die Auslastung der einzelnen Teammitglieder, die Inbox und die Transparenz über die Aufgaben. Außerdem lässt das Board Umpriorisierungen und -verteilungen zu.
- Die gemeinschaftliche Einsichtnahme in Situation und Themenstellungen lässt das Team zusammenwachsen und Unterstützung wird proaktiv angeboten, es wird improvisiert oder Ziele werden gemeinsam erreicht.

2.8.1.2.1 Führungskräfte

Wird davon ausgegangen, dass sich das Wort »Management« aus dem Lateinischen aus »manus« (Hand) und »agere« (tätig sein, handeln) ableitet und zusammensetzt, kann daraus die Bedeutung »in die Hand nehmen« oder »an der Hand führen« entwickelt werden. Zusammen mit der Definition von Agilität verändern sich die Anforderungen an eine moderne Führungskraft gem. Abbildung 15 noch ein wenig, damit sie ihre Vorbildfunktion wahrnehmen kann.

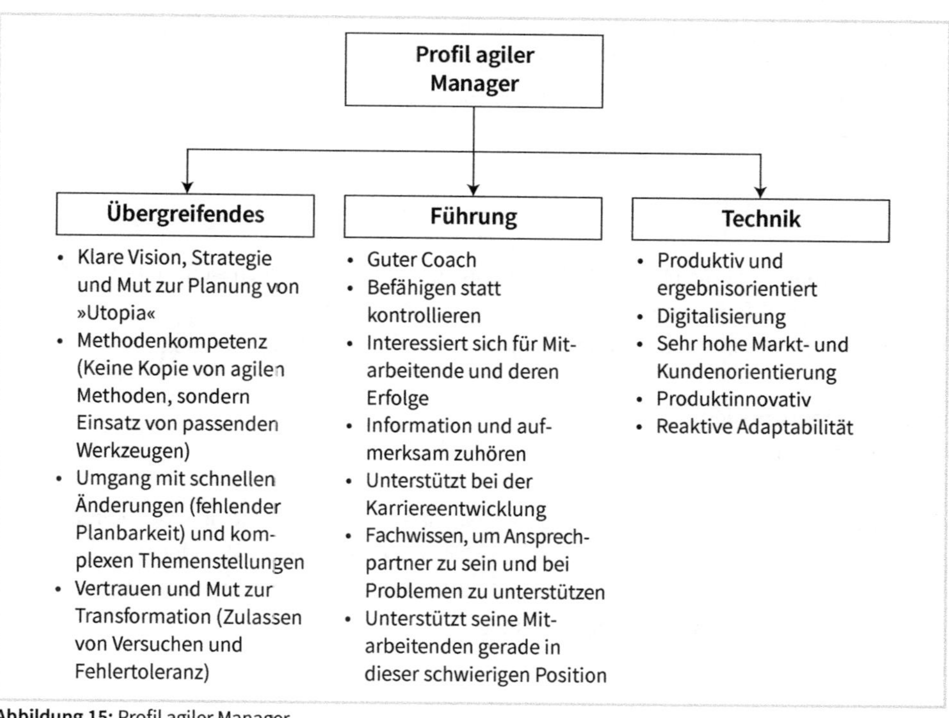

Abbildung 15: Profil agiler Manager

In diesem Rahmen müssen die Führungskräfte auch befähigt werden und fähig sein, die Organisation beidhändig zu führen (Ambidextrous Organization)[59]. Dies bedeutet erfolgreiche und bewährte Märkte, Prozesse, Produkte und Dienstleistungen anzubieten (Exploitation) und diese Themenstellungen immer wieder zu hinterfragen und ggf. zu ändern, weiterzuentwickeln oder ggf. abzuschaffen. Neue oder geänderte Anforderungen sind dann einem »Neu-Produkt und wesentliche Änderungen«-Prozess zuzuführen (s. Kap. 8). Ist ein komplexerer Rückbau von Bestehendem erforderlich, kann es auch sinnvoll sein, ihn einem ebenfalls geordneten Prozess zuzuführen. Ob gleich ein vollständiger Change-Prozess (s. Kap. 2.6.6) umgesetzt werden muss, ist weiterführend zu prüfen und hängt von der benötigten Umsetzungsgeschwindigkeit und dem -umfang ab. Es gibt zwei wesentliche Dinge, die einer Führungskraft in ihrer Funktion nicht passieren dürfen:

- Es ist kein Problem, wenn sich eine Führungskraft im Rahmen eines Einstellungsprozesses für den/die falsche MitarbeiterIn entscheidet, jedoch sollte sie in der Lage sein, diesen im Nachgang durch unterschiedliche mögliche Maßnahmen zu korrigieren. Hier war Konfliktscheue ein häufig zu beobachtender Grund, der sich nachteilig auf das Unternehmen auswirkte.
- Es darf nicht vorkommen, dass dem/der MitarbeiterIn nicht richtig zugehört wird, ihm/ihr kein Vertrauen geschenkt wird und Sie ihn/sie nicht kennen.

In diesem Rahmen haben einige Führungskräfte auch noch nicht verstanden, dass sehr gute MitarbeiterInnen nicht für die aktuelle Verrichtung, sondern für die zuvor erworbene Erfahrung und das Wissen bezahlt werden, sowie an das Unternehmen zu binden sind und auch Impulse von außen erforderlich sind. So sind externe Weiterbildungen essenziell und Fluktuationen, in einem gewissen Maß, als nutzenstiftend und förderlich für die Weiterentwicklung des Unternehmens einzustufen.

2.8.1.2.2 MitarbeiterInnen

Die Anforderungen an die MitarbeiterInnen und deren Auswahl lassen sich weitgehend in die folgenden Hauptanforderungen fassen:

- Offenheit für Veränderungen und Neues (wie oben im Leitsatz dargestellt),
- Vertrauen,
- Eigenverantwortung,
- Serviceorientierung,
- Fokus,
- Kooperationsbereitschaft auch entgegen eigenen Belangen zum Wohle des Kunden- und im Gesamtunternehmensinteresse (keine »Gärtlewirtschaft« oder »Silodenken«),
- Adaption der positiven Unternehmenskultur und entsprechende Mitgestaltung,
- Lern- und Weiterentwicklungsbereitschaft.

59 Rosing, K.et al. (2011): Explaining the heterogeneity of the leadership-innovation relationship: Ambidextrous leadership, in: The Leadership Quarterly, 22/5. https://doi.org/10.1016/j.leaqua.2011.07.014 (Zugriff: 10.12.2021).

2.8.1.2.3 Projektmanagement

Agiles Projektmanagement ist eine angepasste, innovativere Form der projektorientierten Arbeitsorganisation. Hierbei geht es um eine Prozessoptimierung, Vereinfachung und Zusammenlegung von ähnlichen Themenstellungen. Langfristig sollen mit dieser neuen Form der Agilität benötigte Ressourcen reduziert und eine effizientere Arbeitsweise ermöglicht werden. Die Vorgehensweise stammt aus dem Software- und Systementwicklungsbereich, in dem mehrere Komponenten koordiniert und parallel entwickelt werden. Neue und alte Techniken und Begrifflichkeiten tauchen auf oder werden miteinander kombiniert. Hierzu zählen Scrum[60], KanBan[61], ScrumBan[62] uvm., um schlanke Prozesse, kurze Iterationszyklen und die Fokussierung auf kurzfristige Ziele zu forcieren. Im Rahmen der Regulierung und des Risikomanagements ist jedoch darauf zu achten, dass Implementierungen zeitgerecht bzw. nach Priorität für das Unternehmen umgesetzt werden.

#RISKHACKS

- Bei der Umsetzung von agilen Verschlankungsprogrammen und Prozessoptimierungen ist darauf zu achten, dass keine wesentlichen Prozessschritte entfernt werden (s. Kap. 2.8.4). Diese sollten entsprechend gekennzeichnet sein.

2.8.2 Risikocontrolling und Compliance als Wettbewerbsfaktor

Für viele Führungskräfte in der Finanzwirtschaft sind Risikocontrolling- und Compliance-Angelegenheiten ein notwendiges Übel oder ein Kostenfaktor. Natürlich hat das auch etwas mit dem bewirtschafteten Geschäftsfeld und seinem inhärenten Risiko zu tun – aber auch mit Einstellungen, Unternehmenssteuerung und Werten.

Dabei wird häufig vernachlässigt, dass diese Themenkomplexe zwischenzeitlich eine präzise Wissenschaft geworden sind, ineinandergreifen und in sehr vielen Bereichen nutzbringend sein können. Der Nutzen kann sich auf unterschiedliche Weise materialisieren. Einige dieser Themenstellungen sollen nachfolgend aufgegriffen und behandelt werden. Glauben Sie mir, eine Investition in Compliance- und Risikofunktionen mit entsprechenden erfahrenen MitarbeiternInnen, die sich mit effizienter Regulierungsarchitektur (s. Kap. 3.3) auskennen, lohnt sich. Diese Spezialisten wissen, wann die Implementierung fertig ist und nichts mehr weglassen werden kann. Weiterführend können Soll-Abweichungen (s. Kap. 5) und folgende Risiken der zweiten und dritten Ordnung (s. Kap. 2.7.3) begrenzt werden.

---

60 Im Sprint zum Ziel: Iteration, kurze Feedbackzyklen und eine klare Rollenverteilung im Team.

61 Workflows werden auf dem Kanban Board visualisiert und das Projekt in kleine Teilaufgaben zerlegt.

62 Scrum: Förderung eines agilen Prozessmanagements; Kanban: Schwachstellen innerhalb der Unternehmensorganisation werden visualisiert und einzelne Teilschritte bestehender Prozesse optimiert.

2.8.2.1 Unternehmensschutz und Regulierung

Risikocontrolling und Compliance sind im Idealfall fest in die Geschäftsprozesse verankerte Funktionen, deren Antwortzeiten und -qualität ebenfalls zu einem Wettbewerbsfaktor werden können. Sei es bspw. im Rahmen der Kundenaufnahme, Outsourcing-Controlling (s. Kap. 12.1) oder (rechtzeitigen) Vermeidung von Soll-Abweichungen (s. Kap. 5) oder ihrer Begrenzung (s. Kap. 4.4). Während es im Bereich von Regulierungsverstößen – ausgenommen sind von vornherein Geldwäschedelikte – zumeist nur zu Ordnungsstrafen kommt, können sich operationelle Risiken in hohen Schadensummen materialisieren. Darüber hinaus steigen aufgrund der zunehmenden Komplexität auch die Ansatzpunkte für Fehler sowie durch das zukunftsbestimmende und unkontrollierte Fehlverhalten von Einzelpersonen oder kleinen Personengruppen:

• USD 3.200.000.000	2021	Wirecard Skandal
• USD 78.000.000.000	2016	VW »Diesel-Gate« Abgasbetrug[63]
• USD 2.300.000.000	2012	UBS Kweku Adoboli, mangelhafte Kontrollen, strafbare Handlungen
• USD 4.000.000.000.000	2007	Sub-Prime Krise
• USD 2.500.000.000	2006	Siemens, »Schmiergeldskandal«
• USD 11.000.000.000	2002	WorldCom
• USD 30.000.000.000	2001	Enron, Bilanzfälschungen (führte zum Sarbanes Oxley Act)
• USD 20.000.000.000	2001	Terroranschläge, WTC
• USD 4.000.000.000	1998	LTCM durch inadäquate Kontrollen
• USD 2.857.000.000	1996	Sumitomo durch Kupfer Trading
• USD 1.000.000.000	1995	Barings, unzureichende Kontrollen
• USD 17.000.000.000	1991	BCCI, Betrugsfall
• USD 2.850.000.000	1985–1998	Cendant Betrugsfall, Aktienkurspflege
• USD 1.800.000.000	1991–1993	Metallgesellschaft, Ölgeschäfte
• USD 3.000.000.000	1984	Texaco, Gerichtsverfahren wg. Getty

Die Liste wäre beliebig fortführbar und würde nur hinsichtlich der Unternehmensgrößen und der Beträge variieren. Sonstige strafbare Handlungen (s. Kap. 10) sind insb. bei neuen Typologien im Vergleich immer schwerer präventiv identifizierbar. Feststellbar ist auch, dass die Schadenbeträge eher steigen.

63 Das wird noch nicht der Endbetrag sein. Noch immer ist mit größeren Klagen und Entschädigungen zu rechnen.

2.8.2.2 Haftungsschutz

Wie im vorherigen Kapitel dargestellt, können sich aus der Materialisierung von operationellen Risiken diverse Folgerisiken ergeben, die bis zur finanziellen, regulatorischen und strafrechtlichen Haftung führen und Reputationsschäden bedeuten. Die beste Lösung ist grundsätzlich, wenn ein resilientes Framework vorliegt und keine Soll-Abweichungen eintreten. Sollte es dennoch zu einer Soll-Abweichung mit signifikanten Konsequenzen kommen, können zumindest risikoreduzierende Maßnahmen vorgewiesen werden. Dies kann im Zusammenhang mit Straf-, Zivil-, Amtsenthebungsverfahren, Berufsverbote oder bei der Festsetzung einer Ordnungsstrafe einen wesentlichen vorteilhaften Einfluss auf die Urteilsfindung bzw. die Entscheidung des Regulators oder eines Gerichts mit sich bringen. Im Bereich des Reputationsschutzes spielen eine nachweislich sonst solide resiliente Compliance und ein Risikomanagement i. d. R. keine besonders große Rolle, denn selten steht in der Presse »obwohl die Anforderungen an die Geschäftsorganisation vorbildlich bewerkstelligt wurden, ging leider dennoch etwas schief«. Die Klaviatur der Regulierungsbehörden ist auch auf Ebene des Finanzdienstleisters ebenfalls breiter geworden. Einstellung oder Reduktion der Geschäftstätigkeit und Wachstumsbeschränkungen sind Bestandteile.

2.8.2.3 Erschließung von Märkten und Lizenzerweiterungen

Für die Erschließung von Märkten oder die Beantragung von Lizenzen (z. B. Portfolioverwaltung, Immobilienfonds, Wertpapierhandelslizenz, Aufbau Zweigniederlassung) kann es erforderlich sein, im Beantragungsprozesses ein Risikomanagement- und Compliance-Konzept auf Einzelrisikobasis und im Falle von Risikoaggregaten vorzulegen. Die in diesem Buch erwähnten übergreifenden und zusammenhängenden Maßnahmen zum operationellen Risikomanagement sollten dieses Verfahren und die Geschäftserweiterungen in diesem Themengebiet unterstützen und erleichtern. Die detaillierte und prozessuale Ausgestaltung ist jedoch unternehmensspezifisch zu implementieren und zu beschreiben und kann durch das Buch nicht ersetzt werden. Ähnlich sieht es im folgenden Kapitel aus, der das Thema im Zusammenhang mit der erfolgreichen Akquisition von Vermögenswerten behandelt.

2.8.2.4 Pitch-Perfect und Ausschreibungen

Je nachdem, welches Geschäftsmodell ein Finanzdienstleister betreibt und welche Dienstleistungen er am Markt anbietet, können Risiko- und Compliance-Themenstellungen sehr schnell 50 % des Kunden- und Geschäftspartneranforderungskatalogs ausmachen und damit determinierend für weitere Kunden und den Geschäftserfolg sein.

2.8.2.4.1 Assets under Management und Assets under Administration

Wie in der Einleitung erwähnt, war ich dabei und habe mich für meine Arbeitgeber im Rahmen meiner Tätigkeit um Kapitaleinlagen von mittleren und großen Investoren beworben. Die übersandten Questionnaires, Requests for Proposals und Ausschreibungen sowie Vor-Ort-Besuche beinhalten zunehmend mehr Fragestellungen zu Compliance und Risikocontrolling-Themenstellungen. Diese liegen meist über 50% der gesamten Fragestellungen und Gesprächsinhalte. Die übrigen Fragen zielen auf Unternehmensstrukturen, Performanceinformationen, Track Record und Kompetenznachweise von Schlüsselfunktionen ab. Somit wird eine aktuelle und dynamische Risikocontrolling- und Compliance-Funktion zu einem nachhaltigen Wettbewerbsfaktor, die als Repräsentant für eine Basishygiene eintritt und diese vermittelt. Problematische Ausmaße kann die Situation annehmen, wenn diese Vermittlung scheitert und sogar landes- oder länderweit agierende Berater für diese Unternehmen anwesend sind, und ihre Interessen vertreten. Die Berater werden das Unternehmen im Falle fragwürdiger Performance nicht mehr weiterempfehlen und auch die ausschreibenden Unternehmen sind gut untereinander vernetzt.

Hinzu kommen weitere wesentliche Teilaspekte. Bspw. ist aus Sicht der AIFMD die Vergabe des Portfolio- oder Risikomanagements unter Finanzdienstleistern als wesentliche und ggü. der Regulierungsbehörde zumindest als meldepflichtige Auslagerung zu verstehen. Zeitpunkt und Begrifflichkeiten können hier länderspezifisch variieren. Wichtig ist, zu beachten, dass nur eine der beiden genannten Funktionen ausgelagert werden darf. Nicht selten kommt es aber vor, dass das auslagernde Unternehmen zusätzlich sog. Risikomanagement-Hilfsdienstleistungen mitdelegiert. Die Anforderung an diese Mandate ist, dass diese vom Auslagernden einem Outsourcing-Controlling (s. Kap. 12.1) zugeführt werden müssen und die Einsichts-, Prüf- und Kontrollrechte der Regulierungsbehörde, dem Wirtschaftsprüfer und dem auslagernden Unternehmen vertraglich gesichert werden müssen. Vor-Ort-Prüfungen sind hier keine Seltenheit und dann müssen das Risikomanagement des Portfoliomanagements, die Überwachungsleistungen der zweiten Verteidigungslinie hinsichtlich des Portfoliomanagements und die Umsetzung etwaiger Risikomanagement-Hilfsdienstleistungen prozessintegriert nachgewiesen werden können. Ist dies nicht der Fall, ist ein Prüfbericht zu erstellen, der vom Wirtschaftsprüfer – sofern er ihn nicht selbst erstellt hat – aufgegriffen und der lokalen Regulierungsbehörde übersandt wird. Einmal auf der »Name-and-Shame«-Liste angelangt, ist es für viele Regulatoren im Rahmen einer elektronischen Erfassung wesentlicher Auslagerungen einfach, weitere Aktivitäten des gelisteten Dienstleisters zu identifizieren und zu unterbinden. Die Bundesanstalt für Finanzdienstleistungsaufsicht (BaFin) führt zudem noch weitere Register, die Verstöße von Unternehmen und Personen beinhalten, und sorgt in einigen Fällen auch für ihre öffentliche Bekanntmachung.

2.8.2.4.2 Finanzdienstleister als Dienstleistungserbringer

Aber die Hygienefaktoren Risikomanagement und Compliance sind nicht nur zur Entgegennahme von Assets teildeterminierend. Alle Arten einer Betätigung als Serviceprovider und Insourcer (s. Kap. 12) mit einem gesetzlichen, regulatorischen oder risikoseitigen Hintergrund erfordern ein resilientes Framework, um am Markt bestehen zu können. Beispielhaft lassen sich hier Risikomanagement(hilfs)dienstleistungen, regulatorisches Berichts- oder Meldewesen anführen.

2.8.2.5 Rating

Je nachdem, welches Rating betrachtet oder angestrebt wird, kann es sich aus der Beurteilung von sog. Hard-, Soft- und Tech-Facts zusammensetzen. Ebenso können Sondervermögen und ihr finanzielles und operationelles Risikomanagement sowie -controlling Gegenstand eines Ratings sein. Wie auch im vorangegangenen Kapitel dargestellt, können somit auch das Risiko- und Compliance-Konzept als wesentlicher Bestandteil Einfluss auf das Ratingergebnis haben. Eine seriöse Ratingagentur sowie ein seriöses geratetes Unternehmen müssen ihr Rating veröffentlichen, ein weiterer nicht zu unterschätzender Wettbewerbsfaktor.

2.8.2.6 Lenkung von und Umgang mit Ressourcen

Die Lenkung von Ressourcen auf die wesentlichen Themenstellungen ist in Zeiten schwindender Margen und in der voranschreitenden Digitalisierung (s. Kap. 13) ein wesentlicher Wettbewerbsfaktor. Regulatorisch sind die Funktionen zudem mit ausreichenden Ressourcen auszustatten. Das Risikomanagement kann dazu beitragen, dass Initiativen gereiht, die Ressourcen zu den wesentlichen Themenkomplexen dirigiert werden und weniger relevante Aspekte nicht unbeachtet bleiben. Außerdem können verkomplizierte Prozesse sowie übermäßige Maßnahmen- und Kontrollaktivitäten identifiziert und abgeschafft werden.

Die KAIZEN-Mu-Prinzipien liefern hier drei wesentliche Grundprinzipien zum Umgang mit Ressourcen:[64]

- Keine Verschwendung (Muda),
- Keine Überlastung von Mitarbeitern und Maschinen (Muri),
- Keine Unregelmäßigkeiten in den Prozessabläufen (Mura).

Die zu berücksichtigenden zumeist elf Verbesserungsmöglichkeiten nach der KAIZEN-Methode bleiben innerhalb der drei »Mu« immer die dieselben:

1. Mitarbeiter
2. Technik
3. Methode
4. Zeit
5. Möglichkeit
6. Vorrichtung und Werkzeuge

64 Imai, M.(1996): KAIZEN – Der Schlüssel zum Erfolg der Japaner im Wettbewerb, Frankfurt am Main, S. 273.

7. Material
8. Produktionsvolumen
9. Umlauf
10. Platz
11. Art zu denken.

2.8.2.6.1 Keine Verschwendung (Muda)

Zu den Überlegungen, keine Verschwendung zu betreiben, gehört auch der Einsatz und die Wahl der geeigneten Ressourcen. Daher sollten die Digitalisierungsmöglichkeiten (s. Kap. 13) unter Beachtung ethischer Grundsätze Aufgaben verrichten, die Menschen nicht (mehr) verrichten müssen. Das Personal eines Unternehmens ist immer noch der höchste Kostentreiber und die häufigste Ursache für Soll-Abweichungen. Was beim ersten Lesen vielleicht etwas anteillos zu scheinen vermag, ist leider bereits Realität und stellt noch eine der wenigen Möglichkeiten dar, Standorte, Arbeitsplätze sowie die Wettbewerbsfähigkeit von Unternehmen zu sichern.

Sehr gute und erfahrene Risiko- und Compliance-Spezialisten sind versiert im präventiven Bewerten und Beurteilen von möglicherweise eintretenden Soll-Abweichungen (sichten, ordnen und gewichten – SOG-Prinzip) und unter Einbezug der Risiken der zweiten und dritten Ordnung (s. Kap. 2.7.3), erkennen neue Risikotypologien (s. Kap. 15) rechtzeitig und hinterfragen die Prozesse des Unternehmens hinsichtlich dieser neuen Typologien. Objektiv erstellte Gefährdungsanalysen (s. Kap. 10.4) liefern daher Anhaltspunkte für den gezielten Einsatz von Ressourcen, ohne dabei natürlich derzeit weniger relevante Risiken außer Acht zu lassen. In der Konsequenz bedeutet diese Vorgehensweise eine geringere Verzettelungsgefahr, geringere Kosten im Hinblick auf Soll-Abweichungen sowie Reparaturaufgaben, weniger benötigte Ressourcen, mehr Transparenz und somit eine verbesserte Kostenstruktur auf allen drei Verteidigungsebenen (s. Kap. 3.4.1.1.3) des Unternehmens.

Im Zusammenhang mit dem Risikomanagement und der Regulierungskonformität ist ein Self-Identified-Issue-Konzept (s. Kap. 7) zu empfehlen. Es priorisiert die bekannten Schwachstellen und verhindert, dass an einem Thema von zwei unterschiedlichen Abteilungen oder Funktionen gearbeitet wird.

Das Umsetzen von Projekten (s. Kap. 9) ist zur zielgerichteten Implementierung von größeren risikoreduzierenden Maßnahmen und Regulierungen (s. Kap. 3.3) äußerst wichtig. Projekte können äußerst agil gehandhabt und in die Hände von Fachabteilungen gelegt werden (Enabling/Empowerment).

2.8.2.6.2 Keine Überlastung von Mitarbeitern und Maschinen (Muri)

In der Finanzdienstleistungsbranche gibt es Proportionalitätsprinzipien (s. Kap. 2.7.1), die es durch eine entsprechend kompakte Regulierungsarchitektur zu implementieren gilt. Zudem sind Kontrollfunktionen – regulatorisch gefordert – mit ausreichenden Ressourcen auszustatten. Umgekehrt müssen auch wiederum die Fragen nach der Wahl der für die Aufgabe geeigneten Ressourcen sowie der Qualität dieser gestellt werden (s. vorfolgendes Kapitel). Eingangs hängt alles von der Qualität der Führungskräfte und MitarbeiterInnen ab, da im Zusammenhang mit allen 33 Kombinationsmöglichkeiten (3 Mu × 11 Kriterien) die richtigen Schwachstellen identifiziert und die bestmöglichen Entscheidungen zur Weiterentwicklung des Finanzdienstleisters getroffen werden sollten. In diesem Zusammenhang darf auch nicht vergessen werden, dass schwache[65] MitarbeiterInnen zu einem Transfer der Aufgaben auf die fähigen MitarbeiterInnen beitragen, was an dieser Stelle wiederum zu Überlastungen oder zumindest Qualitätseinbußen bei Human-sammelnden (s. Kap. 2.8.3) Organisationen führt.

2.8.2.6.3 Keine Unregelmäßigkeiten in den Prozessabläufen (Mura)

Unregelmäßigkeiten in den Prozessabläufen werden exakt durch die gesamte Bandbreite der operationellen Risiken (s. Kap. 3.1) verursacht. Es gibt unterschiedliche Techniken, um Prozesse präventiv gegen operationelle Risiken abzusichern:

- unternehmensseitige rahmende Verankerung (s. Kap. 3.4.2),
- Risikomanagement (s. Kap. 4),
- Soll-Abweichungsdaten (s. Kap. 5) zur Ex-post-Analyse,
- Ex-ante-Werkzeuge (s. Kap. 6).

Es gibt derart viele Techniken, die Fehler in Prozessen reduzieren sollen, wie z. B. Business Process Management, Kontinuierlicher Verbesserungsprozess (KVP) und Six-Sigma. Aber auch hier sind verkomplizierende Faktoren, wie bspw. Prozessindividualitäten gering zu halten, da auch zahlreiche Prozessvarianten das Gesamtgefüge fragiler gestalten. Bei einem problematisch definierten, zu stark individualisierten und komplizierten Prozessgefüge ist auch anzunehmen, dass die digitale Umsetzung sich eher schwierig gestaltet.

2.8.2.7 Prävention sonstiger strafbarer Handlungen

Strafbare Handlungen führen für Unternehmen zu hohen Verlusten und reichen bis zum Insolvenzgrund. Durch Vorhandensein geeigneter Spezialisten wird die Hürde zur Begehung bereits höher gelegt und es können präventiv strukturierte Maßnahmen gesetzt werden. Diese Maßnahmen beinhalten in erster Linie die Integration eines resilienten Kontrollframeworks, aber auch die Höherlegung der Hürde psychologischer Maßnahmen, eine entsprechende Unternehmenskultur und der Durchführung entsprechender Trainings.

65 Will nicht, wenig einsatzbereit oder ungeeignet für die Position.

2.8.2.8 Third-Party Risk Management

Das im Kapitel 12 beschriebene Third-Party Risk Management beinhaltet weitere Effizienzpotenziale. Durch Dialoge und gemeinsame Prozessoptimierungen zwischen Dienstleister und auslagerndem Unternehmen können bereits Effektivitäts- und Effizienzgewinne erzielt sowie Erwartungshaltungen spezifiziert werden. Eine effiziente Regulierungsarchitektur (s. Kap. 3.3), integriert zudem die Überwachung gem. den Anforderungen des EU-Lieferkettengesetzes (s. Kap. 15.3.3.2.1) in diesen Themenkomplex.

Durch die Einbindung des Dienstleisters in das digitale Framework (s. Kap. 13) des auslagernden Unternehmens können weitere Effizienzen gewonnen werden. Ein First Mover in diesem Kontext zu sein, zahlt sich in der Regel aus, da davon auszugehen ist, dass andere Unternehmen auf Sicht vergleichbare Ideen entwickeln und mit individuellen Lösungen auf den Serviceprovider zugehen. Der Einsatz einer solchen Third-Party Management Plattform macht sich bereits im Ausschreibungsverfahren bezahlt. Die potenziellen Serviceprovider können sich anhand vorher festgelegter Kriterien um die Tätigkeit bewerben. Ideal ist es, wenn die Daten maschinenlesbar sind und gleich gegeneinander analysiert werden können. Zu hinterlegende Unterlagen, wie bspw. ISAE 3402- oder ISO-Reports (s. Kap. 12.3), Organigramme oder Versicherungsnachweise, werden ebenfalls gespeichert. Ist eine Entscheidung getroffen, wird der übernehmende Anbieter in einen laufenden Überwachungsprozess überführt. Das System fordert den Serviceprovider in regelmäßigen oder anhand hinterlegter Abstände dazu auf, die gemachten Angaben zu aktualisieren. Verändern sich Angaben, werden Schwellenwerte überschritten oder Unterlagen nicht aktualisiert, informiert das System den verantwortlichen Bereich. Gleiches gilt, sobald neue Informationen eingehen, damit eine vollständige Statusprüfung erfolgen kann. Endet eine Geschäftsbeziehung, können die Unterlagen und Informationen ebenfalls auditkonform archiviert werden.

#RISKHACKS

- Derartige Datenbanken können von datenschutzrechtlicher (s. Kap. 15.4) Relevanz sein. Die enthaltenen Informationen sind also entsprechend zu behandeln.
- Aus Gründen der IT-Security (s. Kap. 3.1.3) sollte der Serviceprovider im Rahmen der Informationshinterlegung keinen Zugriff auf den Unternehmensserver erhalten. Vielmehr sollte hier eine externe Lösung gewählt werden, die eine virenfreie Prüfung und Übernahme der Informationen zulässt. Ein für eine IT-Lösung extern ausgewählter Serviceprovider (s. Kap. 12) ist ebenfalls sorgfältig auszuwählen und zu überwachen.

2.8.2.9 Prozessdesign, -effizienz und Digitalisierung

In einer gut geführten Risiko- oder Compliance-Funktion sind äußerst viele wertvolle Daten (s. Kap. 2.8.5) verfügbar, die unternehmensweit nutzbar gemacht werden können und Risikopotenziale reduzieren sowie betriebswirtschaftliche Vorteile generieren, wie u. a.:

- Prävention von Soll-Abweichungen (s. Kap. 5),
- Feststellung von nicht hilfreichen jedoch kostspieligen risikoreduzierenden Maßnahmen (s. Kap. 4.4),
- Feststellung von Soll-Abweichungen und gezielte Maßnahmenimplementierung,
- Sparringspartner für präventive Soll-Abweichungsprävention,
- Abwägungen von Risiko- vs. Maßnahmenkosten (s. Kap. 4.4.6),
- Identifikation von repetitiven routinierten Kontrollen oder Arbeitsvorbereitungen zwecks Digitalisierung durch bspw. Robotic Process Automation (s. Kap. 13.1.2),
- Entwicklung von Datenanalysesystemen zur Einführung von Lösungen künstlicher Intelligenz (s. Kap. 13.1.5).

2.8.2.10 Werbewirksamkeit

Ein Finanzdienstleistungsunternehmen verkauft sich, sein Verantwortungsbewusstsein und seine Reputation jeden Tag erneut – intern wie extern. Es ist nicht immer leicht, der Innen- und Außenwelt gleichermaßen gerecht zu werden. Sofern jedoch in einem Unternehmen keine Fehlsteuerungen oder Anreize vorliegen, sind sich Kunden, Geschäftspartner, Aktionäre und MitarbeiterInnen, was das solides Risikomanagement angeht, einig:

- feste Erträge,
- sichere Geldanlagen,
- ein verlässlicher, stabiler Partner,
- sehr gute und transparente Beratung,
- Selbstidentifikation und
- auf keinen Fall Reputationsverluste.

2.8.2.10.1 Selbstverständnis

Jeder Aktionär, jedes Organmitglied und – besonders wichtig – jede/r MitarbeiterIn ist stolz auf das eigene Unternehmen, wenn die Prozesse einwandfrei funktionieren, wenig Soll-Abweichungen entstehen, die Produkte durchdacht sind und das Unternehmen ein hohes Maß an Reputation genießt. »Es ist ein erstklassiges Gefühl, wenn alles läuft.« Derartige Situationen können u. a. maßgeblich zur Selbstidentifikation, Motivation und Leistungssteigerung beitragen.

2.8.2.10.2 Risk Appetite Statement

Das Risk Appetite Statement beinhaltet das Selbstverständnis der Organe eines Finanzdienstleistungsunternehmens im Umgang mit Risiken und ist auch für die Veröffentlichung gedacht. Erfolgt der Umgang mit Risiken, wie in Kapitel 4 dargestellt, verantwortungsvoll und ganzheitlich souverän, so kann ein gut entwickeltes Statement werbewirksam sein, ohne dass es aufgesetzt oder »werbetrommlerisch« wahrgenommen wird. In diesem Zusammenhang lassen sich sehr gut altbekannte und neue Themenstellungen über eine andere Plattform kommunizieren, um Innovation, ein positives Selbstverständnis und Verantwortungsbewusstsein darzustellen. Dies auch ohne derzeit vielerorts inflationär gestartete Kampagnen oder Worte weiter überzubelasten und somit im Nachhaltigkeitsgrundrauschen unbemerkt zu bleiben. Hierzu zählen bspw. ESG (s. Kap. 15.3), Ergebnisse von Revisionen (s. Kap. 3.4.1), Soll-Abweichungsfreiheit (s. Kap. 5) und Digitalisierungseffektivität (s. Kap. 13).

2.8.2.11 Versicherungen

Das Abschließen von Versicherungen ist aus Sicht des Risikocontrollers lediglich ein wirkungsbezogenes Risikomanagement und sollte deshalb nicht als probates Mittel zur Einschätzung eines Netto- oder Restrisikos (s. Kap. 4.2.3) herangezogen werden. Dennoch sind sie als doppeltes Netz in Krisenfällen, bei der Erschließung neuer Märkte oder bei der Einwerbung neuer Gelder in vielen Fällen unentbehrlich. Heutzutage lassen sich alle fast operationellen Risiken absichern – es ist eine Frage des Preises und diese steigt sukzessive. Beispielsweise im Bereich der Cybersicherheit (s. Kap. 15.2) kann nie genau vorhergesehen werden, ob und ggf. wann das eigene Unternehmen einmal betroffen sein könnte. D&O-Versicherungen und Mitarbeiter-Indemnification sind weitere Beispiele für Versicherungsbedarfe.

Hierbei wird häufig vergessen, dass Versicherungen auf Ebene des Finanzdienstleisters, aber auch auf Ebene von bspw. Sondervermögen äußerst teuer sein können und natürlich auch die Rentabilität bzw. Performance belasten. Wird die Entscheidung getroffen, dass das Risikomanagement ernsthaft betrieben werden soll – was jedem Unternehmen nur empfehlen ist – lassen sich u. U. dreierlei Ansätze zur Einsparung von unnötigen Kosten erzielen.

2.8.2.11.1 Reduktion oder Stabilisierung von Versicherungsprämien

Während meiner Laufbahn war ich bei verschiedenen Versicherungsausschreibungen anwesend und habe das Risiko- und Compliance-System des Unternehmens präsentiert. Hierbei legte ich äußerst viel Wert auf die Governance, die Risikopräventionsmaßnahmen, erfahrenes Personal innerhalb der Organisation, Systeme, aber auch auf die Nutzung von wertvollen Lerneffekten (Soll-Abweichungen) – die sich in keinem Unternehmen gänzlich vermeiden lassen. Eingegangen bin ich dabei auch auf das Risikomanagement von bspw. in den Sondervermögen befindlichen Immobilien oder anderen Assetklassen. Dies wurde zumeist vom Versicherungsmakler und Versicherer durch Prämiennachlässe, stabile Beiträge oder Rückvergütungen bei Nichtbeanspruchung goutiert. Ein gutes sowie auch kundenwirksames Teilrating für Risiko und Compliance unterstützte unsere Aktivitäten außerdem.

2.8.2.11.2 Optimierung des Versicherungsprogramms

Anhand eines umfassenden Risikomanagementsystems kann das Risikoprofil eines Unternehmens nebst potenziellen Risiken detailliert erarbeitet werden. Hierbei können Einflüsse der

Portfoliotheorie sowie Wahrscheinlichkeiten und Schadenhöhen einbezogen werden. Hieraus ergeben sich mögliche benötigte Volumen, Ein- und Ausschlüsse hinsichtlich der benötigten Versicherungen.

2.8.2.11.3 Vergleich von Versicherungspaketen

Überlappungen von Versicherungsdeckungen würden ggf. zusätzliche Absicherungskosten und wesentliche fehlende Absicherungskomponenten im Eintrittsfall hohe Schadenkosten für das Unternehmen bedeuten. Hinzu kommt der Vergleich zwischen einzelnen Versicherungsanbietern (z. B. Zahlungsfähigkeit und -bereitschaft) und der infrage kommenden Produkte (z. B. Deckungen, Preise, Ausschlüsse, Einschlüsse) im Vergleich zum Risikoprofil des Unternehmens.

#RISKHACKS

- Der Einsatz eines sehr erfahrenen und im Thema leidenschaftlichen Experten in diesem Zusammenhang ist sehr zu empfehlen. Umfeld, Systeme, Framework und Ressourcen sollten in diesem Zusammenhang auch stimmen. Schließlich fällt es leichter ein Tortenstück zu verkaufen, das auch dem Experten schmeckt.
- Es ist eine Aufwärtsspirale. Wird nicht nur ein gutes Rating im Zusammenhang mit Risiko- und Compliance-Themenstellungen erzielt, sondern materialisieren sich auch die anderen Erfolge, ist die äußerst kunden- und geschäftspartnerwirksam.

2.8.2.12 Risikoportfolio als Einstieg für neue Mitarbeitende

In meiner Vorstellung erfolgt das präventive Risikomanagement gut dokumentiert entlang der Unternehmensprozesse. Für mögliche Ursachen eines Risikos werden entsprechende ursachenbezogene Maßnahmen (s. Kap. 4.4) entwickelt und implementiert. Die Maßnahmen werden nicht nur durch Prozessbeschreibungen gestützt, sondern auch ein verbindliches für den Arbeitsplatz zutreffendes Weisungswesen. Sind all diese Informationen in einem System oder Dokument zusammengefasst, ergibt sich ein hervorragendes Einweisungshandbuch für neue Führungskräfte und MitarbeiterInnen mit integrierter Risiko- und Risikomanagementschulung.

#RISKHACKS

- Neue Mitarbeitende bringen auch wertvolle Erfahrungen »frischen Wind« mit in das Unternehmen. Ich bitte die neuen KollegInnen in meiner Abteilung immer, das bestehende Prozess- und Risikomanagementsystem zu lesen und kritisch zu hinterfragen. Dadurch wird die Einarbeitung unterstützt. Zudem werden Unklarheiten beseitigt, die Dokumentationen weiterentwickelt und es entstehen Ideen für Verbesserungen.

2.8.3 Organisationen als Human-Sammler

Ob ein ganzes Unternehmen, eine Abteilung oder ein Team – immer wieder musste ich feststellen, dass die Qualität von Neueinstellungen meistens von den Führungsqualitäten und fachlichen Fähigkeiten der Führungskraft abhängt. Dabei kommt mir der Satz eines ehemaligen Kollegen in den Sinn. Dieser lautete: »Alles, was sich paart und schart, gehört zu einer Art.« Führungskräfte scheuen sich meistens davor, stärkere Mitarbeitende einzustellen. Geschieht dieses doch einmal, werden diese unterdrückt, aus Themenstellungen oder dem Unternehmen ausgeklammert. Bei den MitarbeiterInnen führt das zu Frust und abschließend zu Fluktuationen. Übrig bleiben wieder die Gleichgesinnten.

Ist es so weit, werden Organisationen zu Menschensammlern und – je nach Jurisdiktion – es wird auch wieder kompliziert, sich von diesen Mitarbeitenden zu trennen. Zudem fällt es vielen Führungskräften schwer, harte Entscheidungen zu treffen und Probezeiten oder problematische Arbeitsergebnisse verfristen ungenutzt. Das kann insbesondere in Unternehmen geschehen, die sich hochgradig der Philanthropie verschrieben haben. Hier schwimmt auch eine Führungskraft ggf. gegen den Kulturstrom. Ein Arbeiten in Unternehmen mit regelmäßigen Kündigungswellen ist hingegen ein anderes Extrem und führt für das Unternehmen und seine Mitarbeitenden ebenfalls zu keinem guten, aber einem identischen Ergebnis »leaving of the best, merger of the rest«.

Hier ist sicherlich ein für das Unternehmen und seine Mitarbeitenden gesunder Mittelweg zu wählen. Dafür sind Probezeiten da. Es besteht auch die Möglichkeit, Probezeiten zu verlängern. Wenn nämlich nur ein problematischer Mitarbeitender in einem Team beginnt, können gruppendynamische Prozesse und Reibungen entstehen. Dies kann auch der Fall sein, wenn Ränge und Entlohnungen nicht fair verteilt werden oder aufgrund von Leistung schwer vermittelbar sind. Zudem ist »das Verwehren von Energie Resistenz genug«[66], und muss von den anderen Teammitgliedern kompensiert werden, was zu weiterem Unmut führen kann.

#RISKHACKS

- Meiden Sie – sofern es Ihnen möglich ist – als verantwortungsvoller und einsatzbereite/r MitarbeiterIn menschensammelnde Organisationen, fachlich problematische und unprofessionelle Umfelder, die keine Bereitschaft zur Änderung aufweisen. Die Alternative wäre die eigene vollständige Anpassung und ggf. das Überbordwerfen von Tugenden und Ihrer Innovationskraft.

66 Vgl. Dueck, G. (2013): Das Neue und seine Feinde, Frankfurt am Main, S. 58.

2.8.4 Desinvestition – aber mit Augenmaß und -kontakt

Das Entschlacken von Prozessen, Produkten und Bereichen ist ebenso wichtig, wie die deren Stabilisierung. Acht-Augen-Prinzipien benötigt schließlich auch niemand. Allzu oft kommt es im Großen und Kleinen zu strategischen Einsparungen, deren Systematiken bereits im Vorwege schwer nachzuvollziehen sind. Die zwei Extreme sind:

- Rien ne va plus – nichts geht mehr: Es werden Einsparungen im Gießkannenverfahren durchgeführt (Anzahl der Head-Counts/FTE ist dabei entscheidend):
  - Erfahrungen und Kompetenzen gehen verloren,
  - Prozesse werden nicht mehr in dem Maße bewirtschaftet, werden fehleranfällig oder kommen zum Erliegen oder
  - Wurden die Positionen vielleicht auch zuvor nicht benötigt?
- Die Kontrollen/die Prozesse sind nur aufwendig und kosten Geld: Bevor ein chirurgischer Eingriff erfolgt, sollte zunächst mit den Kontrollfunkunktionen der zweiten Verteidigungslinie geklärt werden, ob die Implementierungen nicht doch über einen gesetzlichen, regulatorischen oder gar risikomindernden Sinn verfügen. Die Konsequenz der Entfernung kann auch teuer und die Risiken der zweiten und dritten Ordnung (s. Kap. 2.7.3) tragen ihr Übriges bei.

Ebenso ist es kein guter Ratgeber, als gering eingeschätzte Risiken durch Maßnahmen zu überbewirtschaften oder an kostengünstigen Maßnahmen für potenziell hoch einzuschätzende Risiken zu sparen.

2.8.5 Daten als wertvolle Basis

Daten sind in allen Bereichen eines Finanzdienstleisters von wesentlicher Bedeutung. Sie werden von externen Parteien geliefert, entstehen durch interne Erhebung von externen Sachverhalten im Unternehmen oder gleich im Unternehmen (s. Abbildung 16). Grundsätzlich gilt es, die Vertraulichkeit, Integrität, Verfügbarkeit, und Authentizität der Daten sicherzustellen. Abhängig von der Möglichkeit der Einflussnahme sind unterschiedliche Soll-Abweichungspotenziale zu beachten, die weit über das Datenschutzrecht (s. Kap. 15.4) hinausgehen. Auch den EU und lokalen Regulierungsbehörden ist die Wesentlichkeit von Daten bewusst und sie fand ihren Eingang im Bereich der IT-Sicherheits- (s. Kap. 3.1.3) und der Finanzaufsichtsregulierung.

Bevor die Daten in- und extern für wesentliche Entscheidungen, Beratungen, Überwachungen, Berichts- und Meldewesen genutzt werden können, muss sichergestellt werden, dass sie von hoher Qualität, integer, authentisch, unverfälschbar und verfügbar sind. Um eine hohe Verfügbarkeit sicherzustellen, empfiehlt sich eine golde Source in einer On-Premises-Cloud. Geeignete Datensicherheits-, Zugriffs- und Rechtemanagementkonzepte sind entsprechend vorzusehen. Fällt die Entscheidnung für eine Off-Premises-Cloud (s. Kap. 12.1.1.4), sind weitere Vorkehrungen zu treffen. Die Cloud und deren Anbieter sind, je nach Datensensitivität, unter

Berücksichtigung des Datenschutzgesetzes (s. Kap. 15.4) und der Cybersecurity-Vorkehrungen (s. Kap. 15.2) auszuwählen.

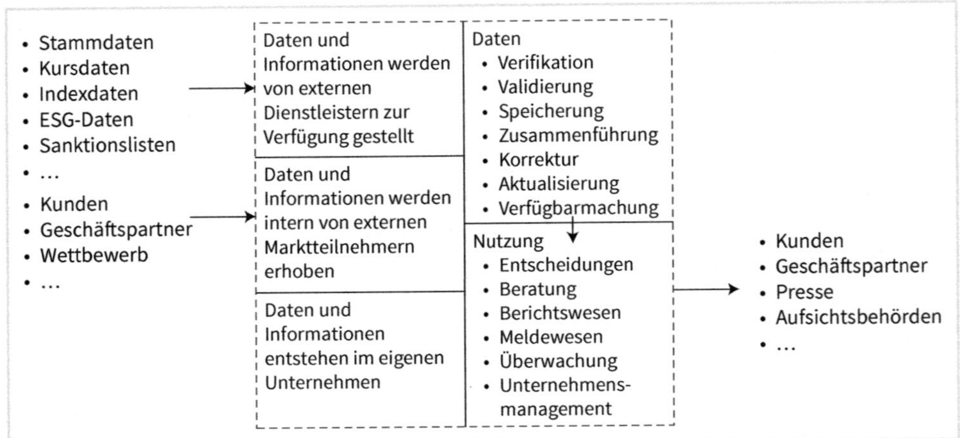

Abbildung 16: Datenentstehungsarten, -qualifizierung und Nutzung

Für den Risikocontroller und natürlich alle weiteren Berufsgruppen, die mit vielen Daten arbeiten, ist der Erhalt sowie die Beschaffung richtiger Informationen und ggf. von den richtigen »Bias-freien« (s. Kap. 2.7.5) Personen ein wesentliches Werkzeug für den Erfolg seines Tuns und Handelns. Mit diesen Herausforderungen haben sich bereits die Entwickler des in Abbildung 17 dargestellten Informationsflussmodells auseinandergesetzt.

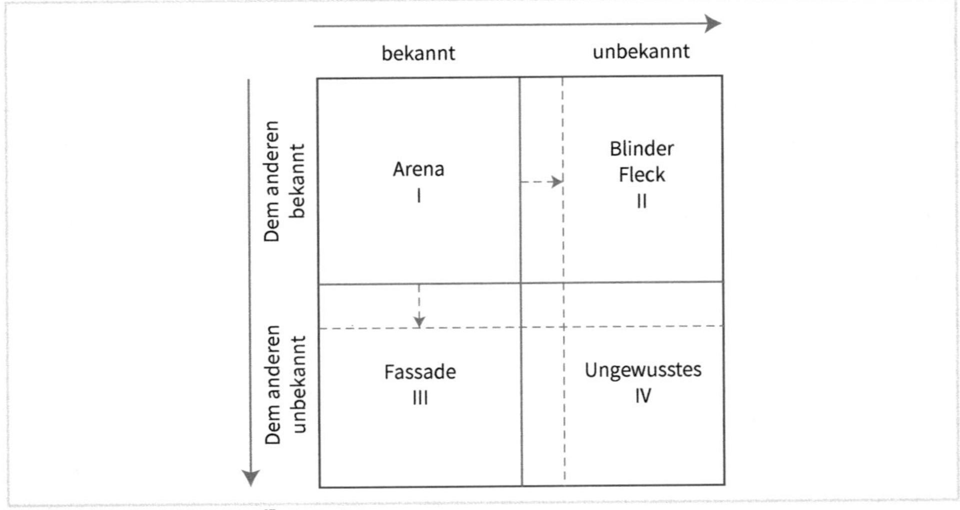

Abbildung 17: JOHARI-Fenster[67]

67 Benannt nach seinen Entwicklern Josef Luft und Harry Ingham.

Die Vier-Quadranten-Matrix stellt den Informationsfluss zwischen den Kontrollfunktionen und seinen Informationsgebern dar. Je nach Informationsaustausch und Kommunikationsverhalten der Beteiligten werden folgende vier Fensterflügel unterschieden:[68]

- Das Feld »Arena« steht dabei für den Informationsaustausch und das Kommunikationsverhalten aller Seiten, das zur gemeinschaftlichen Informationserzeugung führt.
- Was auf beiden Seiten nicht bekannt ist, wird dem Quadranten des »Ungewussten« zugeordnet.
- Informationen, die die Kontrollfunktion nicht von seinen Kontaktpartnern erfährt oder einholt, sind dem »Blinden Fleck« zuzuordnen.
- Informationen, die die Kontrollfunktion sammelt und nutzt, jedoch für sich behält, verbleiben hinter der »Fassade«.

Im letzten Fall muss die Kontrollfunktion jedoch darauf achten, dass positives Wissen zum Handeln anleitet (s. Kap. 2.6.7). Die Größe und die Gestalt der vier Quadranten können aktiv von der Kontrollfunktion beeinflusst werden. Ein erfolgreiches und vertrauensvolles durch die Kontrollfunktion betriebenes Informationsmanagement und die sich daraus ergebende Transparenz führen zu einer Vergrößerung der Arena und einer Verkleinerung der anderen drei Quadranten. Basierend auf dieser Transparenz setzt die Kontrollfunktion – sofern erforderlich und sinnvoll – entsprechende Maßnahmen.

2.8.5.1 Daten externer Parteien

Daten externer Anbieter – und seien sie noch so namhaft und die Daten noch so teuer – ist ebenso viel Aufmerksamkeit zu widmen, wie denen, die innerhalb des Unternehmens entstehen. Die Verantwortung für deren Qualität liegt in beiden Fällen beim verwendenden Finanzdienstleister selbst. Zwischenzeitlich gibt es auch zahlreiche regulatorische Anforderungen, die auf den Bedarf von Datenvalidierungen und -verifikationen und mögliche Konsequenzen hinweisen, wenn das datennutzende Finanzdienstleistungsunternehmen den Anforderungen nicht nachkommt. Dies gilt insbesondere, wenn die Daten bspw. für Kundenberatungszwecke oder im Rahmen der anderweitigen Erfüllung gesetzlicher und regulatorischer Anforderungen einen wesentlichen Zweck oder eine Grundlage für Entscheidungen erfüllen. Weitere Konsequenzrisiken (s. Kap. 2.7.3) können sich außerdem aus fehlerhaften Daten ergeben. Deshalb empfehlen sich interne Datenvalidierungs- und -verifikationsprozesse sowie Meldeverfahren. Hier ist es hilfreich, die Daten u. a.:

- zum selben Objekt von unterschiedlichen Anbietern abzugleichen,
- auf Lücken und Nichtlieferungen zu untersuchen,
- auf fehlende Aktualisierungen, hinsichtlich Peaks oder anderen unwahrscheinlichen Schwankungen abzugleichen.

68 Luft, J. (1986): Einführung in die Gruppendynamik, 6. Aufl., München.

Dieser Aufwand ist nur durch digitale regelbasierte Unterstützung (s. Kap. 13) oder ggf. manuelle Nachbearbeitung möglich. Insbesondere für die beiden letztgenannten Punkte ist außerdem eine Zeitreihenspeicherung notwendig, um die Basis für einen Differenzabgleich oder Korrekturmöglichkeiten zu schaffen. Die Historisierung von Daten kann auch im Rahmen des Insourcings von bspw. Portfoliomandaten sowie den damit verbundenen Pflichten des Nachweises der Einhaltung von Anlagegrenzen einhergehen. Hier spielen bspw. auch die in Kapitel 15.3 erwähnten ESG-Daten eine wesentliche Rolle. Im Rahmen dieser besteht jedoch – im Vergleich zu Aktienkursdaten – die Herausforderung einer aktuell fehlenden allgemeinen Datennormierung, sodass die Option eines Datenabgleichs zwischen unterschiedlichen Anbietern weitgehend noch nicht möglich ist.

Eine weitere und auf Dauer aufwendigere Maßnahme ist die Überprüfung der Arbeitsweise und der Datenqualität des Datenlieferanten über ein Outsourcing-Controlling (s. Kap. 12). Hierbei können u.a. ISAE-3402- und ISO-27001-Zertifizierungen (s. Kap. 12.3) einen zusätzlichen Einblick gewähren. Weiterführend können weitere Outsourcing-Controlling-Maßnahmen erforderlich sein.

2.8.5.2 Intern entstehende Daten

Sobald intern zur Datenentstehung beigetragen wird, ergeben sich Chancen, aber auch Potenziale für Abweichungen. Ideal ist es, wenn die richtige Unternehmenskultur (s. Kap. 2.6), Verständnis für die Wichtigkeit von Daten, ein einheitliches Erfassungs- und Datenbankkonzept sowie verifizierende und gut strukturierte Erfassungs-, Auslese- und Verarbeitungssysteme implementiert wurden. Der Unterschied zwischen den beiden vorstehend genannten Szenarien besteht dann noch aus den Informationen, die auf Basis der externen Seite intern erhoben werden, denn hier kommt es bis zur Erhebung auch auf die Richtigkeit der Angaben an (z.B. korrekte (ausgefüllte) Kunden- und Geschäftspartnerunterlagen).

#RISKHACKS

- Gerade bei eingekauften Daten oder Datenterminals sind die Lizenz- und Datenverwendungsrechte eingehend zu prüfen. Diese können nach Zugriffslizenzen, Unternehmensstandorten sowie Verarbeitung und Weiterreichung variieren. Datenprovider sehen empfindliche finanzielle Strafen bei fehlerhafter Nutzung vor, die auch rückwirkend berechnet werden. Auch Konsequenzrisiken, wie Datenabschaltungen oder Reputationsverluste sind mögliche Folgen.
- Achten Sie auf ein für die Situation und das inhärente Risiko angemessenes jedoch umfassendes Datenrisikomanagement.
- Formulieren Sie Anforderungen und Maßnahmen (s. Kap. 3.4.2) an die Strategie (s. Kap. 2.2), Risikoappetit (s. Kap. 3.2.3), Daten-Governance, -haltung, -verarbeitung und -sicherheit (s. Kap. 2.8.5). Ein begründetes Proportionalitätsprinzip (s. Kap. 2.7.1) kann auch hier zur Anwendung gebracht werden.

- Daten sollten nicht manipulierbar sein und Änderungen sollten durch eine Änderungshistorie protokolliert werden.
- Berücksichtigen Sie mögliche Datenverluste und blockierte Zugriffe auf Daten auch in Ihrem Business Continuity und Resumption Management (s. Kap. 14).

2.8.5.3 Analytische Anforderungen und Einschränkungen

Gütekriterien gewährleisten die Qualität in der Datenanalyse sowie hinsichtlich der Ergebnisse. Sie lassen sich in quantitative und qualitative Gütekriterien unterscheiden. Eine oder wenige Datenerhebungen lassen sich leicht und vielseitig interpretieren, liefern jedoch keine ausreichend fundierten Ableitungen für Ergebnisse und Interpretationen.Grundsätzlich gilt deshalb, dass sich durch eine **ausreichende Grundgesamtheit** nach umfassender Analyse belegbarere Schlussfolgerungen treffen lassen.

2.8.5.3.1 Quantitative Gütekriterien

Im Risikocontrolling verhält es sich mit den Datenanforderungen und -einschränkungen wie mit den Daten, die auch für wissenschaftliche Arbeiten herangezogen und verarbeitet werden. Mittels der quantitativen Forschung sollen bestehende Thesen überprüft werden. Die Gütekriterien lauten wie folgt:

- Die **Validität** steht für die Gültigkeit von Untersuchungen sowie Ergebnissen und ist erreicht, wenn das Messziel erreicht wurde und die erhobenen Daten die Forschungsfrage beschreiben. Einflussfaktoren auf die Validität sind:
  - Neigungen/Voreingenommenheit bei Auswahl Untersuchungsgegenstand,
  - Verlauf des Forschungsprojekts,
  - Datenerhebungsprozess,
  - Verlust von Untersuchungsgegenständen (insb. bei Längsschnittstudien),
  - klarer Zusammenhang zwischen der gemessenen Ursache und Wirkung.
- **Reliabilität**[69] ist die Zuverlässigkeit der Untersuchung. Unter gleichen Bedingungen lässt sich die Untersuchung reproduzieren. Hierzu gehört auch die Nachvollziehbarkeit von der Datenerhebung bis zu den Interpretationen. Folgende Faktoren können beeinflussend wirken:
  - Soziale Anerkennung als Interviewpartner zu gefallen,
  - Situation hinsichtlich des Orts und Zeitpunkts,
  - Art und Formulierung der Fragestellung,
  - die Auswertungsmethode und Interpretation.

69 Wenn Instrumente konsequent das Falsche messen, sind sie reliable, aber nicht valide.

- Bei **Objektivität** gelangt die Methode zur Datenerhebung unabhängig vom Anwender immer zum gleichen Ergebnis (ohne Einfluss des Forschenden). Einflussfaktoren sind:
  - Die Erhebung muss in einem ähnlichen Umfeld durchgeführt werden.
  - Das äußere Erscheinungsbild der fragenden Person kann einen erheblichen Einfluss auf die Antworten des Teilnehmenden haben.
  - Im Hinblick auf die individuellen Einstellungen muss sichergestellt werden, dass auswertende Person in keiner Beziehung zu den Teilnehmenden steht und persönliche Meinungen unberücksichtigt bleiben.

2.8.5.3.2 Qualitative Gütekriterien

Grundsätzlich gibt es, anders als bei den vorstehenden quantitativen Kriterien, keine abschließend hilfreichen qualitativen Gütekriterien, die die Subjektivität der Forschungsarbeit abschließend ausklammert. Die qualitative Forschung dient in erster Linie auch der Aufstellung neuer Thesen. Die Ergebnisse (z. B. Interview) gelten als stärker vom Forschenden beeinflussbar. Mit den folgenden Gütekriterien soll daher erreicht werden, dass die Subjektivität vom Forschenden nicht zu stark beeinflusst wird:

- Das **Transparenzkriterium** fordert eine detaillierte Prozessdokumentation der Messung und überschneidet sich mit der vorstehend genannten Validität.
- Um die eigene Subjektivität aus der Untersuchung zu reduzieren, werden verschiedene mögliche Interpretationen des Ergebnisses entwickelt. Hierdurch entsteht **Intersubjektivität**. In diesem Zusammenhang gibt es Parallelen zur vorstehenden Objektivität.
- Die **Reichweite** ist angelehnt an die Reliabilität und beschreibt die i. d. R. mengenmäßig begrenzte Befragung der Teilnehmenden. Deshalb ist es wichtig darzulegen, welche allgemeingültigen Aussagen sich aus den Ergebnissen überhaupt ableiten lassen.

2.8.5.4 Big Data

Big Data ist eine weitere Thematik, mit der es sich auseinanderzusetzen lohnt. Dabei ist Big Data nicht einfach die Bezeichnung für »viele Daten«, sondern beinhaltet auch den Wert und die Bedeutung, den die Daten beinhalten und der aus ihnen herausgearbeitet werden kann. In der heutigen Zeit muss eine stark zunehmende Menge von verschiedenen Daten verarbeitet werden können (s. Kap. 2.7.4). Datenwissenschaftler von IBM teilten Big Data deshalb in vier wesentliche Dimensionen auf. Die vier »Vs«: Volume, Velocity, Variety und Veracity[70]. Die Liste wurde im Zeitverlauf um drei weitere sinnvolle V's ergänzt, nämlich um Variability, Value und Visualization. Zwar ist der letzte Faktor für alle Daten allgemeingültig, jedoch nimmt die Bedeutung im Zusammenhang mit zunehmenden Datenvolumen und der Einsatz von Dashboards oder Heat-Maps (s. Kap. 13.1.6.3) zu.

70 https://www.ibmbigdatahub.com/infographic/four-vs-big-data (Zugriff: 28.12.2021).

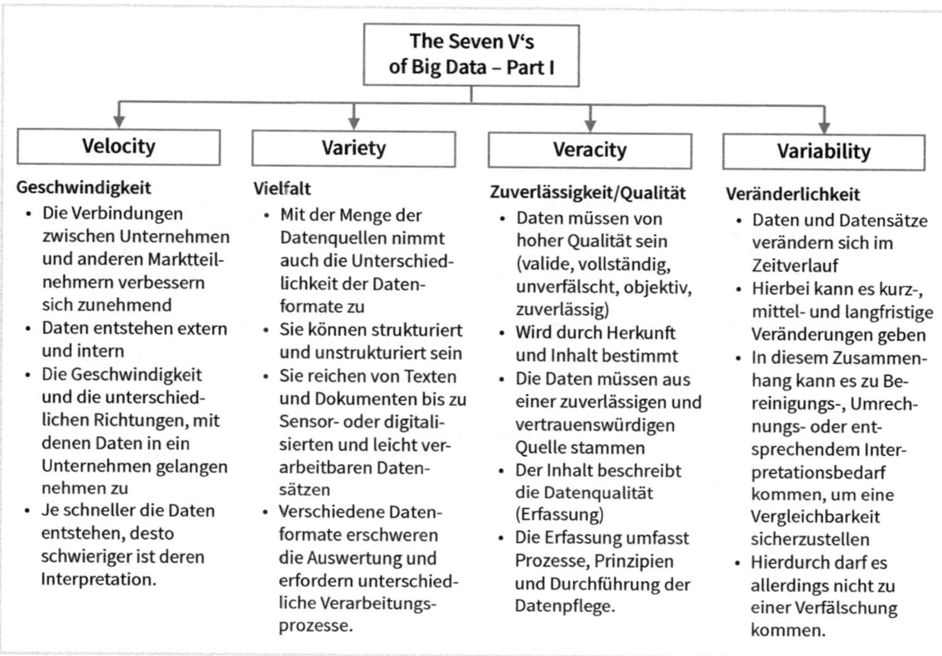

Abbildung 18: The first Four V's of Big Data

Die Bedeutung der Seven V's wird in den Abbildungen 18 und 19 weiter ausgeführt. Bei »Volume« geht es in erster Linie um die Verarbeitungsfähigkeit der Datenmasse. »Velocity« umfasst die Verarbeitungsgeschwindigkeit und Verfügbarmachung. Die Fähigkeit, Daten in einem unterschiedlichen Format zu verarbeiten, wird mit »Variety« umfasst. Die inhaltliche Datenqualität beschreibt die »Veracity«. Dabei ist es unerheblich, ob die Daten selbst generiert oder von einem externen Anbieter zugekauft werden. Auf die Veränderlichkeit von Daten und deren damit einhergehende Aussage geht die »Variability« ein. Hier können bspw. auch saisonale Effekte im Rahmen der Dateninterpretation eine wesentliche Rolle spielen. Der Wert »Value« der Daten ergibt sich deren Nutzenstiftung und der Sinnhaftigkeit ihrer Erhebung. Wertlose Daten kosten Speicherplatz, müssen verwaltet und sollten daher nicht erhoben werden.

Als Beispiel lässt sich der Deutsche Aktienindex (DAX) nennen. Es müssen viele Daten (Volume) von unterschiedlichen Aktienkursen an einem Börsenhandelstag erhoben werden. Die im DAX ihm abgebildeten Werte ändern sich hin- und wieder (Variability). Innerhalb des Index findet eine Gewichtung der Einzelwerte statt. Der Wert des DAX muss unverzüglich (Velocity) bei Kursänderungen der einzelnen Titel und in hoher Qualität (Veracity) zur Verfügung stehen überdies über Jahre repräsentativ und eine Entwicklung abbildend fortgeschrieben werden. Einzig der Faktor »Variety« fällt aufgrund der einheitlichen und strukturierten Datenverfügbarkeit nicht ins Gewicht.

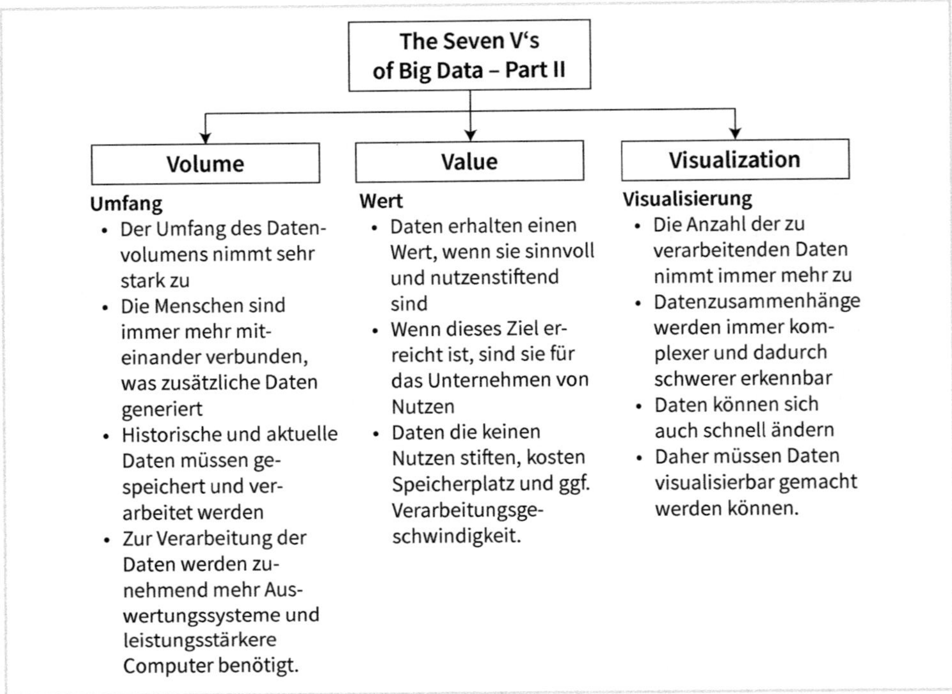

Abbildung 19: Die später hinzugekommenen 3 V's of Big Data

Jeden Tag verlassen sich die Marktteilnehmer weltweit auf Daten und treffen auf deren Basis u. a. wesentliche, nachhaltige und konsequenzreiche Entscheidungen. Deren Interpretation und die Gewichtung deren Bedeutung ist genauso wichtig, wie der Filter von wenig aussagekräftigen oder für den eigenen Zweck wenig dienlichen Daten. Die neuen Technologien (s. Kap. 13) und verhältnismäßig neuen Themenfelder (s. Kap. 15.3) begünstigen die Zunahme der Datengenerierung und des ganzheitlich zu verarbeitenden Datenvolumens. Wird innerhalb eines Unternehmens verantwortungsvoll mit den beschriebenen Kriterien umgegangen, können sich für ein Unternehmen in der heutigen Zeit maßgebliche Vorteile ergeben. Hierzu zählen u. a.:

- Strategieweiterentwicklung,
- Reaktionsfähigkeit,
- Kundenorientierung,
- Optimierung der betrieblichen operativen Prozesse und Infrastruktur,
- Entwicklung neuer Möglichkeiten zur Ergebnisgenerierung und
- Verminderung von Soll-Abweichungen (s. Kap. 5).

Inzwischen gibt es diverse erfolgreiche Unternehmensmodelle, deren (zusätzliches) Ziel es ist, entsprechend mit Daten umzugehen, diese für sich nutzbar zu machen, zu verkaufen und ihren Datenpool fortwährend zu erweitern:

- Finanzdienstleister werden zu Beratern,
- Mobiltelefongesellschaften unterstützen bei der Personentransportplanung, im Rahmen von Umzügen oder bei der Emissionsreduktion durch Verkehrsplanung,
- Anbieter sozialer Netzwerke verbinden Menschen, ohne digitalen Inhalt zu generieren.

Je nach Geschäftsmodell entstehen Unternehmen mit mehreren Milliarden Marktwert, die nur wenig betrieblichen substanziellen Wert aufweisen. In den Rechnungslegungsstandards werden deshalb auch digitale Werte eines Unternehmens ermittelt. Datenanonymisierung und Datenschutz (s. Kap. 15.4), Cybersicherheit (s. Kap. 15.2), Anforderungen an die Personalplanung und -entwicklung gewinnen noch mehr an Bedeutung (s. Kap. 2.8.1).

Die zunehmende Daten- und Informationsflut macht die Gemengelage auch unübersichtlicher. Deshalb werden Daten und Digitalisierungsstrategien (s. Kap. 13) auch zur Prävention und Identifikation sonstiger strafbarer Handlungen (s. Kap. 10) eingesetzt. Bei traditionellen regelbasierten Ansätzen kommt es allerdings zu einer hohen Anzahl von Fehlalarmen (False Positives). Durch Machine-Learning-Systeme können die False Positives jedoch reduziert werden. Sie arbeiten:

- datengestützt,
- komplexer,
- selbstaktualisierend und
- vereinen in sich die Vorteile von Geschwindigkeit, Effizienz und Umfang.

Hierbei geht es um die Verbindung und das Erkennen von Datensystematiken, die für einen Menschen nur schwierig, zweitaufwendig oder gar nicht erkennbar sind. Hier ein paar systemische und endemische Beispiele für bereits erschlossene Einsatzgebiete im Finanzdienstleistungssektor:

- Übernahme und Missbrauch von Konten,
- Identitätsdiebstahl,
- Kreditantragsbetrug,
- Kreditkartenbetrug,
- Wertpapier- und Commodity-Betrug,
- Gemeinschaftsbetrug,
- Insiderhandelsgeschäfte,
- Geldwäsche,
- Bilanz- und Steuerbetrug und
- regulatorisches Meldewesen.

2.8.6 Glaubwürdigkeitspunkte als Indikator

In der Praxis habe ich mir angewöhnt, berufliche Profilkarten von Personen zu pflegen und abzuspeichern. Diese Datensammlung habe ich im Laufe der Jahre verfeinert. Sie erfordert präzises Zuhören, eine Beobachtung der Situation der jeweils geführten Abteilung und die Fähigkeit, in den Schuhen des Anderen zu gehen. Werden diese Informationen zusammengeführt, ergibt sich meistens ein äußerst verlässliches Bild, das nur in den seltensten Fällen fehlleitend ist. RisikocontrollerInnen sind im Übrigen bestens dafür geeignet, da sie per beruflicher Definition mit allen Abteilungen des Unternehmens mindestens einmal im Jahr im Kontakt stehen sollten. Das ist keineswegs ein abschätziges Verfahren, denn jeder Mensch kreiert sich hoffentlich sein eigenes Bild über andere Menschen. Nur ist es in meinem Fall stark systematisiert, dient der Einhaltung von Gesetzen und Regularien sowie dem Schutz des Unternehmens, der Kunden, anderer Stakeholder und schlussendlich der Personen, die Risk Taker sind, Fit & Proper sein müssen oder in anderer Weise eine von Regulierungsseite definierte Garantenstellung einnehmen. Gerade wenn die Organisationen größer sind, wird es für zumeist kleiner ausgelegte Kontrollfunktionen schwierig, eine adäquate Überwachung sicherzustellen und mögliche Kontrollen dem Risikoprofil einer Abteilung anzupassen. Das Risikoprofil ergibt sich jedoch hauptsächlich nicht aus dem inhärenten Geschäftsrisiko, sondern wie verantwortungsvoll Organisationen, Führungskräfte und Mitarbeitende als Risikomanager mit ihrem Bereich umgehen. Gelernt habe ich in diesem Zusammenhang auch, dass bestimmte Personen nur bis zu einem bestimmten Grad vor sich selbst geschützt werden können (s. Kap. 2.8.3).

2.8.6.1 Organisatorische Verortung eines Bereichs

Wie in Kap. 2.7.6.2 erwähnt, kann die Umbauung von Menschen zu einem massiven Problem für die Organisation werden. Ich selbst hatte zeitweilig sechs Fachvorgesetzte und eine disziplinarische Führungskraft. Hierbei geht es aber nicht um die Überlastung von Ressourcen, die durchaus auch ein Thema werden kann, sondern um die Pflege der zugeordneten Bereiche sowie Kontrolle von Mitarbeitenden. Werden Bereiche bspw. aus einem anderen Regulierungsraum herausgeführt, kann es sein, dass die Vorgesetzten – wenn überhaupt – ihre eigenen Anforderungen annehmen. Zudem wird es schwierig, die grenzüberschreitende Kontrolle über die Mitarbeitenden auszuüben (z. B. Reisezwecke, Spesen, Geschäftsgebaren). Diese Situationen treten meistens bei international entwickelten Matrix-Organisationen ein. Hierbei handelt es sich um Governance-Probleme.

2.8.6.2 Zuhören und Aussagen prüfen

Die Aussagen von Führungskräften und Mitarbeitenden geben Aufschluss über ihre Einstellungen. Geben insbesondere Führungskräfte wiederholt Phrasen im Zusammenhang mit wesentlichen Kernthemen von sich wie z. B. »Rom ist auch nicht an einem Tag erbaut worden«, deutet das auf eine repetitive Aufschieberitis, eine Verkennung der Lage oder mangelndes Interesse hin. Jedenfalls ist die Diskussion dann meistens für sie beendet. Die Aussage dient dann auch nicht der Entwicklung der Mitarbeitenden und der Fisch stinkt ja bekanntlich und zumeist vom Kopf. Ähnlich sieht es bei Aussagen aus, wie »Das muss man erstmal verstehen«. Folgen auf diese Aussage keine Fragen, gibt es unterschiedliche Möglichkeiten, die aber immer zu vergleichbaren Ergebnissen führen, denn der Vortragende hat das Problem schließlich erkannt. Bei dem »man« handelt es sich um eine Entpersonalisierung und Passivierung und bedeutet eigentlich, dass »ich« es nicht verstanden habe. Folgen keine Fragen, besteht auch kein Interesse an dem Thema, denn das könnte sehr schnell durch den Vortragenden geändert werden. Außerdem ist es unklar für den Vortragenden, was nicht verstanden wurde, es erfolgt schließlich auch keine Präzisierung des Unverstandenen. Derartige Plattitüden und ein Pacing[71] – im Sinne des Wiederholens von bereits Gesagtem, um die eigene fehlende Fach- und Sachkompetenz zu überdecken – helfen wenig, Problemstellungen zu lösen. Kompetenz ist gerade in der heutigen Zeit dringend erforderlich – auch für die Führungsmannschaft (s. Kap. 2.8.1.2).

Aussagen, wie »Compliance prüft den Sachverhalt ohnehin nochmal«, »Wenn ich das in mein Handbuch schreibe, dann muss ich es ja auch machen« oder »Die EBA Guidelines sind ja nur Guidelines und müssen nicht angewandt werden«, liefern vergleichbare, aber eher fachliche Indikatoren und deuten auf Inkompetenz oder Ignoritis hin.

2.8.6.3 Verhaltensweisen analysieren

Es gibt viele Verhaltensweisen, die auf Probleme mit einem Mitarbeitenden hindeuten. Diese können aber nur überwacht werden, wenn sich der Vorgesetzte vor Ort befindet und Interesse für seine Mitarbeitenden hat, eine Vertrauensbasis besteht sowie Anerkennung entgegengebracht wird. Hierzu gehören bspw.:

- Gesundheit,
- überschwänglicher Lebensstil,
- Abschottung und abnehmende Transparenz der Abteilung,
- Führung eines Angstregimes hinsichtlich seiner Mitarbeitenden,
- Urlaub wird nur tageweise genommen, der Mitarbeitende kommt als Erster ins Büro und geht als Letzter,
- der Mitarbeitende hält sich bei reisender Tätigkeit ohne erkennbaren Reisegrund lieber außerhalb des kontrollierbaren Büros auf (sofern der Vorgesetzte vor Ort ist).

Diese und weitere Kriterien habe ich im Rahmen meiner Karriere einmal für äußerst sensitive und anfällige Tätigkeitsbereiche auf ein Blatt schreiben lassen und bat die Führungskräfte um Unterzeichnung in ihrer Kapazität als Vorgesetzte und für ihre direkt unterstellten Mitarbeitenden. Die Reaktionen und Antworten, das Dokument nicht unterzeichnen zu müssen, waren verblüffend. »Ich habe zu viele direkt unterstellte Mitarbeitende, die kann ich nicht alle überblicken«, »Woher soll ich wissen, was meine Mitarbeitenden im Land X den ganzen Tag machen«

71 Pacing (den Schritt eines Anderen übernehmen, mit ihm Schritt halten) ist eine Technik, um Rapport herzustellen. Bei diesen Neurolinguistischen Programmierungen (NLP) wird das Verhalten des Gesprächspartners verbal und nonverbal auf natürliche Weise im eigenen Verhalten gespiegelt.

oder »Ich habe Herrn X/Frau X in meiner Abteilung, der/die verhält sich merkwürdig« bis hin zu »Es ist nicht meine Aufgabe, meine Mitarbeitenden zu überwachen«.

Der Reihenfolge nach:
- Governance-Problem einer zu großen Führungsspanne,
- grenzüberschreitende Kontrollschwierigkeiten ohne Vorgesetzte und informierte Kontrollfunktionen vor Ort,
- Untätigkeit der Führungskraft in unangenehmen Situationen , obwohl sie sehr viele Indikatoren für mögliche Probleme vorliegen hat,
- fehlende Wahrnehmung der Führungsverantwortung.

Beispiel
Der interessanteste und auch einfachste Fall für mich begann mit einem routinierten Auftrag, einen Mitarbeitenden aufgrund von Indikatoren zu überprüfen. Ich erarbeitete eine Befragungsliste mit Personen, die mit ihm zusammenarbeiten und von denen ich aber überzeugt war, dass sie den hohen Wertvorstellungen für sich und das Unternehmen gerecht werden. Es war erstaunlich, ich brauchte mir von den Personen verfügbare Unterlagen nur abholen. Es hatte sich zuvor niemand gemeldet oder die Initiative ergriffen – auch sein Vorgesetzter nicht.

2.8.6.4 Entwicklungsstand einer Abteilung

Ein/e RisikocontrollerIn verfügt von Berufs wegen bereits über viele Indikatoren, um Abteilungen und deren Sachkompetenz einschätzen zu können, ohne dass ein Wort mit der Führungskraft oder den Mitarbeitenden gewechselt werden muss. Hierzu gehören:
- Qualität der Dokumentationen (z. B. Weisungen, Handbücher, Prozessdokumentationen, Risk Assessments) unter Berücksichtigung von Compliance- und Risikomanagement-Aspekten,
- Soll-Abweichungen und
- Einbeziehung der Kontrollfunktionen im Falle von Vorkommnissen.

2.8.6.5 Motivationen feststellen

In der Vorbereitungsphase eines Projekts müssen teilnehmerbezogene Motivationsaspekte gefunden werden, die Vorgesetzte dazu motivieren, Mitarbeitende zur Verfügung zu stellen und die interdisziplinär zur Verfügung gestellten KollegInnen zur Mitarbeit zu animieren. In diesem Zusammenhang ist die Situation etwas anders und es gilt, das Verhalten in Projekten zu beobachten. Personen, die nicht im Sinne der Regulierung oder des Unternehmens agieren und in erster Linie Eigen- oder nur Ertragsinteressen verfolgen, sind in der heutigen Zeit fehl am Platze und liefern einen zusätzlichen Beitrag zum Gesamtindikator.

2.8.7 Drill Down

»Wo Rauch ist, ist meist auch Feuer.«

Der Drill Down beginnt zunächst mit einer oberflächlichen Durchsicht eines bestimmten Bereichs unter Einbeziehung unterschiedlicher Facetten. Er ist dann besonders wichtig, wenn:

- der angehäufte Glaubwürdigkeitsindikator (s. Kap. 2.8.6) Hinweise liefert,
- es anlassbezogene Feststellungen gibt.

Hierbei konnten erfolgreich folgende Vorgehensweisen operationalisiert werden:

- Eingrenzung der Prozesse, Tätigkeiten, Märkte, Risiken und Kontrollen des jeweiligen Bereichs anhand des Risk Assessments (s. Kap. 4.1),
- grobe Einsichtnahme in die für die betrachtete Jurisdiktion und die Abteilung anwendbaren regulatorischen Anforderungen (s. Kap. 3.3), hier war zumeist wenig erforderlich, da das Beherrschen der Regulierungssprache auch Kenntnisse über die erwartete Regulierungsarchitektur (s. Kap. 3.3) beinhaltet,
- Betrachtung der wesentlichen Prozesse, Tätigkeiten, Märkte, Risiken und Kontrollen in Verbindung mit den zugehörigen regulatorischen Anforderungen und bisher gemachten Risikoerfahrungen,
- Dokumentation der groben Verbesserungspotenziale in den jeweiligen festgestellten Facetten,
- je nach Umfang und Bedarf Entscheidung über die Initiierung einzelner Verbesserungsmaßnahmen oder eines umfassenden »Reparaturprojekts« durch Projekte (s. Kap. 9) sowie die priorisierte Abarbeitung.

#RISKHACKS

- Hilfreich kann diese Vorgehensweise auch sein, um sich einen ersten Überblick zu verschaffen. Dies ist der Fall, wenn man neu in ein Unternehmen eintritt, für mehrere Lokationen oder Abteilungen verantwortlich zeichnet oder sich viele von außen auf das Unternehmen einwirkende Änderungen ergeben.

3 Risiko, Regulierung und effiziente Verankerung im Unternehmen

Eine Herkunftsdarlegung des Risikobegriffs lässt sich in die frühitalienische Zeit zurückverfolgen, von dem Wort »risicare« stammend, was in etwa mit dem Wort »Wagnis« gleichzusetzen ist,[1] wobei unternehmerische Aktivitäten, aber auch Aktivitätsunterlassungen Risiken beinhalten können. Insofern stehen Risiken im unmittelbaren Zusammenhang mit Chancen und Gefahren. Eine Abwägung beider Größen sowie ein Einbezug vorhandener oder neu zu entwickelnder präventiver Maßnahmen (s. Kap. 4.4), um Gefahren zu begrenzen, wird deshalb erforderlich sein, um ein Risiko und seine möglichen Ausprägungen einschätzen und bewusst eingehen zu können.

Der Risikobegriff wird in der betriebswirtschaftlichen Literatur unterschiedlich hergeleitet, dargestellt und definiert. Eine Vielzahl der Definitionen bringen das eingegangene Risiko lediglich mit Verlustgefahren in Verbindung. Das ist jedoch zu kurz gegriffen, da sich aus dem Eingehen von Risiken auch Chancen realisieren lassen. Selbst die Ausprägungsseite der »Gefahr« lässt sich nicht nur durch Verluste definieren. Es kommt jedoch statistisch seltener vor, dass sich bspw. aus menschlichen Fehlern auch Gewinne erzielen lassen. Hier sei als Beispiel der Handelsfehler angeführt, der durch eine für die Handelsposition positive Marktvolatilität bis zu Glattstellung des fehlerhaften Anteils zu einem Gewinn führen kann. Natürlich ist auch dieser Gewinn ursprünglich nicht beabsichtigt gewesen und muss datenbanktechnisch als menschlicher Fehler erfasst werden. In diesem Buch wird sich deshalb auf der Gefahrenseite mit dem Begriff »Soll-Abweichungen« beschäftigt.

Risiken lassen sich zur besseren Analyse übergreifend auf unterschiedliche Weise systematisieren. Das Gesamtrisiko wird durch eine Vielzahl gesamtwirtschaftlicher (systematischer) und einzelwirtschaftlicher (unsystematischer) Risiken bestimmt.[2] Eine weitere Unterscheidung lässt sich im Zusammenhang mit der Risikosteuerung treffen. Endogene Risiken entstehen aus der unternehmerischen Entscheidung. Exogene Risiken entziehen sich einer Beeinflussbarkeit durch einen Entscheider.[3] Zudem lassen sich Risiken, die von außen auf ein Unternehmen einwirken, und Risiken, die innerhalb eines Unternehmens entstehen, einordnen. Abschließend lassen sich Risiken in unterschiedliche Risikokategorien differenzieren. Hierzu zählen bspw. die in weitere Unterkategorien differenzierbare Markt-, finanzielle und operationelle Risiken. Die operationellen Risiken, oder in der moderneren Bezeichnung geführten »Non-Financial Risks«, und deren Management sollen in diesem Buch behandelt werden.

1 Vgl. Ehrmann, H. (2005): Kompakt-Training, in: Olfert, Klaus (Hrsg.): Risikomanagement Rating-Basel II, Ludwigshafen, S. 29.
2 Vgl. Maier, K.M. (2004): Risikomanagement im Immobilien- und Finanzwesen, 2. Aufl., Frankfurt/Main, S. 183.
3 Vgl. Reichmann, T./Form, S. (2000): Balanced Chance- and Risk-Management, in: Controlling, S. 192.

3.1 Begriffseingrenzung »operationelle Risiken«

Bis zum Jahre 1999 fristete die Kategorie der operationellen Risiken[4] ein unklares Dasein, dabei gab es schon zu den damaligen Zeitpunkten unheimlich hohe und sich auf Unternehmen existenziell auswirkende Schadenfälle. Die Definition, die bis zum Begriff »sonstige Risiken« oder »Restrisiken« reichte, war weder präzise noch wissenschaftlich und meinte alle Risiken, ausgenommen Kredit-[5] und Marktrisiken[6].

Eine Definition von operationellen Risiken wurde erstmalig im Juni 1999 vom Basler Ausschuss für Bankenaufsicht diskutiert. Die damals als sonstige Risiken bezeichnete Kategorie wurde erstmals im Januar 2001 konsultativ definiert[7] und im September finalisiert. Dadurch entstand eine neue Risikokategorie, die von den anderen Risikokategorien abgegrenzt und definiert ist und eine Basis für die Eigenkapitalunterlegung darstellt:

> »Das operationelle Risiko ist definiert als die Gefahr von Verlusten infolge unzulänglicher oder fehlgeschlagener interner Prozesse, Systeme oder Menschen sowie von externen Ereignissen. Diese Definition beinhaltet das Rechtsrisiko, schließt aber strategisches -und Reputationsrisiko aus.«

Im Rahmen der Definition war es dem Baseler Ausschuss ein Anliegen, auf die Ursache eines (potenziellen) Risikos einzugehen. Die Neufassung der Richtlinie der Europäischen Kommission 2000/12/EG definiert das operationelle Risiko wie folgt in einer abgewandelten Form:

> »[...] das Risiko von Verlusten, die durch die Unangemessenheit oder das Versagen von internen Verfahren, Menschen und Systemen oder durch externe Ereignisse verursacht werden, einschließlich Rechtsrisiken.«

Mit Datum vom 26.06.2013[8] hat die Kapitaladäquanzverordnung (CRR) diese regulatorischen Vorschriften übernommen. Daher existiert die Legaldefinition des operationellen Risikos nunmehr in Art. 4 Abs. 1 Nr. 52 CRR.

4 Nicht zu verwechseln mit dem Begriff »operatives Risiko« (Operations Risk). Die Fachliteratur definiert dieses als Fehlerrisiko in Prozessen und Systemen. Damit stellt es nur eine Teilmenge des operationellen Risikos dar.

5 Risiko der Bonitätsverschlechterung, des Teil- oder vollständigen Ausfalls eines Schuldners.

6 Risiko der marktbedingten Wertverringerung eingegangener Positionen aufgrund negativ korrelierender Marktbewegungen (ausgen. sind ursächliche menschliche Fehlentscheidungen, Prozess- oder Systemfehler).

7 Basler Ausschuss für Bankenaufsicht, Consultative Document: Operational Risk, 2001 (a2. Konsultationspapier).

8 Verordnung (EU) Nr. 575/2013 des Europäischen Parlaments und des Rates.

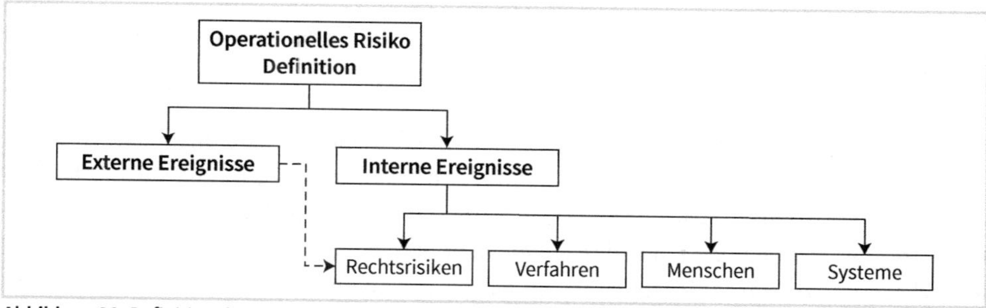

Abbildung 20: Definition des operationellen Risikos gem. Kapitaladäquanzverordnung

Interessant in diesem Zusammenhang ist, dass strategische Risiken und Reputationsrisiken seit einigen Jahren nicht mehr explizit ausgenommen werden. »Als strategisches Risiko wird die Gefahr bezeichnet, dass eine verfolgte Geschäftsstrategie nicht den optimalen Ertrag auf das eingesetzte Kapital erzielt. Hierbei kann es sich beispielsweise um die Gefahr fehlerhafter Entscheidungen hinsichtlich des Auf- und Abbaus von Geschäftsfeldern oder Produkten handeln.«[9] »Unter einem Reputationsrisiko versteht man die Gefahr, dass eine Bank ihre Reputation infolge einer negativen Wahrnehmung in der Öffentlichkeit beschädigt.«[10] Werden beide Risikodefinitionen im Zusammenhang mit der Ursachenbezogenheit der Definition des Basler Ausschusses näher analysiert, liegt der Schluss nah, dass es sich bei strategischen Risiken in ihrer negativen Ausprägung ursächlich auch um menschliche Fehler handeln kann. Keine (umfassende) Strategie erarbeitet, Fehlentscheidungen des Managements, eine unzureichend durchgeführte Marktsondierung, die Eingehung eines unzureichend abgeprüften Risikos, die Anschaffung einer unzureichenden Software, fehlende regulatorische Implementierungen oder ein nicht valider Business Case können ursächlich sein. Bei einem Reputationsrisiko handelt es sich um ein Konsequenzrisiko oder ein Risiko der zweiten oder dritten Ordnung (s. Kap. 2.7.3), das ein operationelles Risiko zur Ursache hat. Dies lässt den Schluss zu, dass sich die Prozesse des operationellen Risikomanagements auch auf strategische und Reputationsrisiken – als Konsequenz – beziehen. Zudem kann es sich problematisch auswirken, wenn die Risikostrategie nicht als Teil der Unternehmensstrategie gesehen und auf diese abgestimmt wird.

Natürlich ist es für ein Management »schwierig«, die Risikofachabteilung in derartige Unterfangen mit einzubeziehen oder gar später einen derartigen Fehler einzugestehen. Ein Risikocontroller, der bereits profunde Erfahrungen aus anderen Unternehmen mit einbringt, die Prozesse und Verantwortlichkeiten des Unternehmens im Überblick behält und auch Schutzmaßnahmen hinsichtlich externer Parteien führt, sollte idealerweise präventiv mit einbezogen werden. Das gleiche gilt auch für die Einbindung der Compliance-Vertreter zur gesetzlichen und regulatorischen Absicherung des Vorhabens. Dies ist bspw. auch und aus gutem Grund im Rahmen des regulatorisch definierten »Neu-Produkt und wesentliche Änderungen«-Prozesses

9 Romeike, F. (2003): Gesetzliche Grundlagen, Einordnungen und Trends, in: Romeike, F./Finke, R. B. (Hrsg.): Erfolgsfaktor Risiko-Management, Wiesbaden, S. 169.

10 PWC, Mindestanforderungen an das Risikomanagement bei Versicherungen (MaRisk VA), Newsletter 04.01.2009, S. 3.

(s. Kap. 8) so vorgesehen und sollte auch in Projekten (s. Kap. 9) jeglicher Art ein fester Bestandteil sein.

Um die eigentliche Ursache für den Eintritt einer Soll-Abweichung zuordnen zu können, ist zwischen menschlichem Versagen, Verfahrens- und Prozessrisiken, Systemrisiken, Rechtsrisiken und externen Risiken ursächlich zu differenzieren. Beispielsweise ist die fehlerhafte Umprogrammierung und fehlendes Testen einer Software kein Systemfehler, sondern auf menschliches Versagen zurückzuführen. Für die genannten unterschiedlichen Kategorien des operationellen Risikos existieren entsprechende gesetzliche und regulatorische direkte oder indirekte Anforderungen.

3.1.1 Aufbau- und Ablauforganisation sowie Prozesse

Prozessrisiken können unterschiedliche Arten von Fehlern aufweisen und bergen deshalb einen Nährboden für Soll-Abweichungen. Ursächlich kann auch sein, dass Prozesse und Tasks den verantwortlichen Funktionen der Aufbauorganisation nicht oder unzureichend zugeordnet sind. In diesem Zusammenhang ist es besonders wichtig, die Ursachen der Soll-Abweichungen zu ergründen. Sind die Ursachen in einzelnen oder mehreren Personen begründet, sind die Soll-Abweichungen der Kategorie menschlichen Versagens dem folgenden Kap. 3.1.2 zuzuordnen. Handelt es sich ursächlich um Systemausfälle oder -unterbrüche, sind sie in Kap. 3.1.3 zu verorten. Wenn es jedoch Fehler aus der Ablauforganisation (Prozessversagen) des Unternehmens, sind sie in dieser Kategorie einzubeziehen. Die ursächlich richtige Zuordnung ist wichtig, um analytisch an der richtigen Stelle anzusetzen und im nächsten Schritt geeignete Maßnahmen zur Risikoreduktion (s. Kap. 4.4) zu entwickeln. Prozesse, Prozessschritte und Tasks (z. B. Kontrollen) lassen sich nach folgenden Kriterien systematisieren:

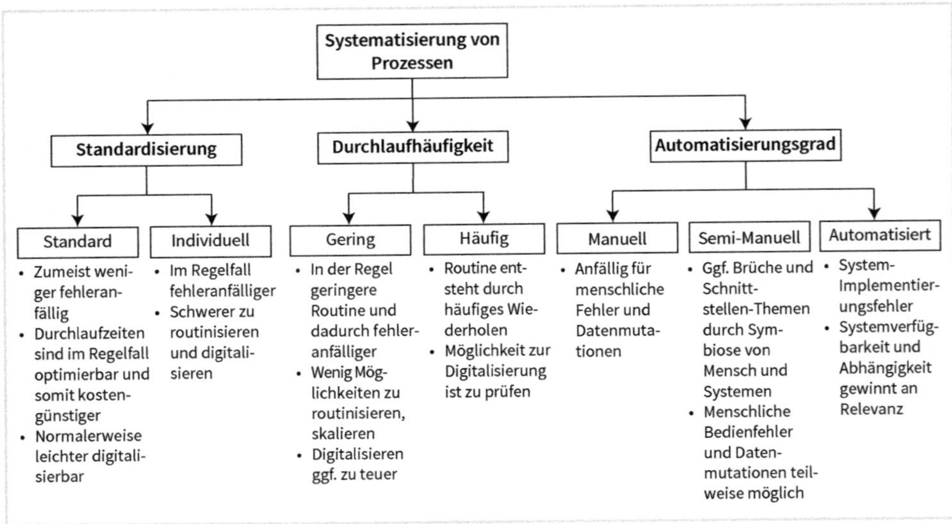

Abbildung 21: Systematisierung von Prozessen und deren Risiken

Fehlerhaft konzipierte Prozesse sind ebenso fehleranfällig für Soll-Abweichungen, wie Prozesse, die historisch gewachsen sind und nie in eine dokumentierte oder kommunizierte Ablauforganisation überführt wurden. Historisch herausgebildete Prozesse entstehen meist durch betriebliche Übung und können schon im Fall von geringen Fluktuationen fragil werden, wenn nämlich das Wissen um die betriebliche Übung verloren geht. Improvisationen können sich ebenfalls aus hoher Dynamik (s. Kap. 2.6.6), Zeitnot, Ressourcenknappheit, neuen Produkten und wesentlichen Änderungen (s. Kap. 8) sowie raschem betrieblichem Wachstum ergeben. Der Erfolg und der schnelle Aufnahmebedarf des Tagesgeschäfts lassen das »Nachziehen« der Formalisierungen (s. Kap. 3.4.2) meist vergessen, da die vorhandenen Ressourcen für die tägliche Abarbeitung benötigt werden. Diese Vorgehensweisen sind allerdings auch eine Frage der in Kap. 2.6.1 dargestellten Risikokultur sowie der Anforderungen des Managements an den Umgang mit Risiken (s. Kap. 2.6.2).

Wie in vorstehender Abbildung 21 dargestellt, können Prozessfehler aber auch auf andere Ursachen zurückzuführen sein. Unternehmen mit vielen individuellen Services sind aufgrund der daraus entstehenden Prozessvielfalt anfälliger für Soll-Abweichungen. Eine fehlende Standardisierung von Prozessen hat zudem den Nachteil, dass sich die Prozesse weniger modularisieren und somit digitalisieren (s. Kap. 13) lassen. Eine Durchlaufhäufigkeit von Prozessen kann bei fehlender Dokumentation von Prozessen ebenfalls Rückschlüsse auf Soll-Abweichungen zulassen. So sind seltener durchgeführte Prozesse weniger durch betriebliche Übung verankert als Prozesse, die in der täglichen Routine mehrfach durchlaufen werden. Ist ein Prozess eher manuell getrieben, ist er allerdings aufgrund des Faktors »Mensch« u. U. anfälliger für Soll-Abweichungen, wobei die von Menschen verursachten Soll-Abweichungen wiederum der Kategorie »Menschliches Versagen« zuzuordnen sind. In den vorstehend genannten Fällen ist zudem zu vermuten, dass spezielles Expertenwissen benötigt wird.

Weitere mögliche Ursachen, die u. U. auch auf Führungsschwächen oder menschliches Versagen zurückzuführen sind, sind:

- Prozesse wurden nicht dokumentiert oder die Prozessdokumentationen sind veraltet, sind unklar, beinhalten Fehler oder sind für die MitarbeiterInnen nicht zugänglich/auffindbar,
- unklare Aufgabenabgrenzung zwischen einzelnen Funktionen sowie unpräzise Definitionen von Schnittstellen,
- unklare Schnittstellen von Auslagerungsprozessen an Drittparteien,
- das Unternehmen und seine Produkte haben sich verändert oder es sind neue hinzugekommen,
- Regularien und Risikomanagementmaßnahmen wurden nicht oder nicht vollständig in die Prozesse integriert,
- im Rahmen von Lean- oder Six-Sigma-Initiativen werden Prozesse derart verschlankt, dass Arbeitsschritte zur Berücksichtigung regulatorischer Anforderungen und Risikomanagementmaßnahmen verloren gehen können,

- Wesentliche Kontrollschritte werden ausgelassen oder den falschen Bereichen zugeordnet,
- Medienbrüche,
- die Aufgaben werden den drei Verteidigungslinien (s. Kap. 3.4.1.1.3) unzureichend oder sortenfremd übertragen,
- Medienbrüche innerhalb des Finanzdienstleisters, manuelle Übertragungen und fehlerhafte elektronische Übertragung von Daten,
- richtige Implementierung und Stabilisierung der Abhängigkeit von Systemen und Risikomodellen,
- Aufwand und Kosten erhöhen sich durch Redundanzen und folgendes lenken der vorhandenen Ressourcen auf die falschen Risikopotenziale,
- mögliche Ausnahmesituationen wurden zu wenig geplant und geübt (s. Kap. 14).

Die Wichtigkeit der Basis der Prozessdokumentation (s. Kap. 3.4.2) und -befolgung sollte bereits auf oberster Führungsebene kommuniziert, vorgelebt und in die Zielvereinbarung (s. Kap. 2.6.3) der MitarbeiterInnen integriert werden. Darüber hinaus sind Verantwortlichkeiten für die Prozesse (Process Owner) und deren Aktualität und Funktionalität klar zuzuordnen. Eine risikoorientierte Analyse der Aufbau- und Ablauforganisation sowie Aktualisierung der zugehörigen Dokumentationen ist wesentlich.

#RISKHACKS

- Ursachen zwischen Soll-Abweichungen aus Prozess-, System- und menschlichem Versagen sind klar zu trennen und entsprechend zuzuordnen. So ist bspw. ein gut dokumentierter, aber falsch ausgeführter Prozess auf menschliches Versagen zurückzuführen.
- Sämtliche Anweisungen und Prozesse sind in verständlicher Weise und an passender Stelle zu dokumentieren und zugänglich zu machen. Komplexe sowie neue Sachverhalte sind passend zur Kenntnis zu bringen und ggf. zu schulen. Dies gilt auch für Prozess- und Ursachenanalysen[11] sowie Prozess- und Qualitätsmanagement-Methoden[12].
- Ressourcen müssen nicht nur für die Bewirtschaftung der Prozesse vorhanden sein, sondern auch für die Nachbearbeitung und Aktualisierung von Prozessen.
- Sortengerechte Integration und Zuordnung der Kontrollaufgaben hinsichtlich der drei Verteidigungslinien (s. Kap. 3.4.1.1.3).
- Integration von Ergebnissen aus dem regulatorischen Radaring (s. Kap. 3.3) in die Prozesse sowie eine gesonderte Kennzeichnung von regulatorisch oder risikorelevanten Prozessschritten verhindert eine unbedachte Entfernung.

11 Z. B. Failure Mode Effect Analysis (FMEA) sollte bei den Soll-Abweichungen auf Ebene einer Dienstleistung oder Produkts analysiert werden. Zudem werden Fehler-Wirkketten (Soll-Abweichungen der zweiten und dritten Ordnung) mit einbezogen. Hierbei handelt es sich um ein Werkzeug zur präventiven Vermeidung von Soll-Abweichungen.

12 Hier sind bspw. Total Quality Management, KAIZEN, Just-in-Time und Six-Sigma zu nennen (s. Kap. 2.8.1.2).

- Vermeidung von Medienbrüchen durch Digitalisierung, Automatisierung und entsprechende Schnittstellen. Dabei sind solide Schnittstellen bspw. Robotics-Lösungen (s. Kap. 13.1.2) vorzuziehen.
- Vermeidung von redundanten Maßnahmen (s. Kap. 2.8.2.10), um längere Durchlaufzeiten, höheren Aufwand und Fehllenkungen von Ressourcen zu vermeiden.
- Ausarbeitung von Detailverträgen im Falle der Auslagerung Prozessen (s. Kap. 12).
- Etablierung geeigneter Kontrollen (s. Kap. 6.1) an fragilen Stellen, unvermeidlichen Medienbrüchen und Potenzialen hoher Soll-abweichungen.
- Den neuartigen und einmaligen Projekten ist aufgrund ihrer Komplexität und Fehleranfälligkeit ein eigenes Kapitel gewidmet (s. Kap. 9).
- Regelmäßige Planung und Übung von Ausnahmesituationen (s. Kap. 14).

3.1.2 Menschliches Versagen

Diese Kategorie beinhaltet alle Soll-Abweichungen, bei denen menschliches Versagen ursächlich ist. Im Verhältnis zu den nachstehend aufgeführten weiteren Ursachen ist es die häufigste Ursache für Soll-Abweichungen. Die rahmengebende kulturelle geeignete Basis, diesen Abweichungen grundsätzlich zu begegnen, ist in Kap. 2.6 ausgeführt.

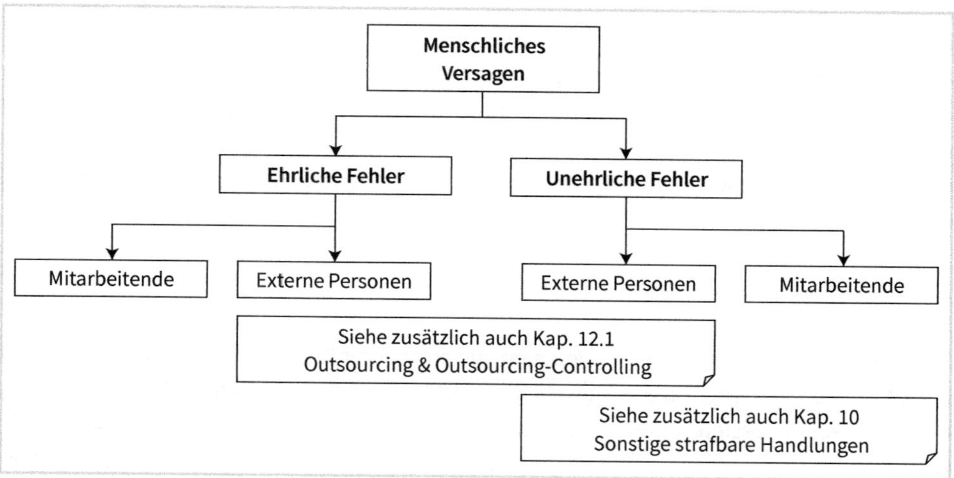

Abbildung 22: Systematisierung des menschlichen Versagens

Es zwischen ehrlichen und unehrlichen Fehlern zu unterscheiden. Unehrliche Fehler (Dishonest Mistakes) werden vorsätzlich herbeigeführt und stellen sonstige strafbare Handlungen (s. Kap. 10) dar. Die sonstigen strafbaren Handlungen können von Mitarbeitenden, durch externe Beteiligte oder in Kombination von internen und externen Parteien begangen werden. Sie sind als sehr relevant anzusehen, lassen sich schwerer durch präventives Risikomanagement abwenden und werden deshalb gesondert und ausführlich behandelt.

Externe Dienstleister und deren Mitarbeitende sind zudem im Rahmen eines gezielten Outsourcings und Outsourcing-Controllings (s. Kap. 12) auszuwählen bzw. zu überwachen. Gleichwohl sollten externe, aber im Betrieb tätige Personen vertraglich denselben relevanten Anforderungen wie die Mitarbeitenden unterworfen werden. Ausnahmen können hier Berufsträger[13] sein, da diese weitergehenden Verpflichtungen unterliegen und in der Lage sein müssen, uneingeschränkt für ihre Mandaten tätig zu werden.

Ehrliche Fehler (Honest Mistakes) entstehen ungewollt durch interne oder externe Personen im Rahmen des Tagesgeschäfts und können unterschiedliche Gründe aufweisen. Ihnen ist verhältnismäßig leicht zu begegnen, da der Wille einer einwandfreien Arbeitserfüllung grundsätzlich vorhanden ist. Nennen lassen sich verständliche betriebliche Verankerungen (s. Kap. 3.4.2), Vermeidung von Ressourcenengpässen, risikoreduzierende Maßnahmen (Vier-Augen-Prinzipien) sowie Funktionstrennungen.

3.1.2.1 Allgemeine Risiken

Die Gründe lassen sich ideal am »Life-Cycle-Prozess« eines Mitarbeitenden aus Unternehmenssicht erklären. Diese resultieren aus der anfänglichen Mitarbeiterauswahl (s. Kap. 2.8.1), dem fortwährenden Einsatz und der abschließenden Trennung. Bei den ehrlichen Fehlern dürfen die Gründe nicht nur im Mitarbeitenden selbst gesucht werden, es sind ebenso Unternehmen und Vorgesetzte gefordert. Für Vorgesetzte kann diese Situation zu einem Drahtseilakt werden, da sich viele Mitarbeitende Empowerment und motivierendes Vertrauen wünschen.

3.1.2.1.1 MitarbeiterInnen

Abgesehen von den eingangs beschriebenen und an anderer Stelle aufgegriffenen unehrlichen Fehlern, lassen sich Ignoranz, das Aufschieben von Problemen, fehlerhafte Aufgabenerfüllung, Nachlässigkeiten, Desinteresse für das Thema und Pflichtverletzungen nennen. Gründe hierfür wiederum können fehlende Qualifikationen (Führung und Fachlichkeit), Überforderung (fehlende Bewältigung) und Verweigerung sein. Letzterer Grund sollte sicherlich zu personellen Konsequenzen führen, während die theoretische Basis der anderen Ursachen nachgearbeitet wird, jedoch Erfahrung nicht ersetzen kann.

13 Hierzu zählen Rechtsanwälte, Wirtschaftsprüfer, Steuerberater, vereidigte Buchprüfer.

3.1.2.1.2 Unternehmen und Vorgesetzte

Auch an dieser Stelle hat sich der Regulator bereits durch detaillierte »**Fit & Proper«-Anforderungen** eingebracht, die Anforderungen an die Qualifikationen bzw. die makellose Vergangenheit von Mitarbeitenden in bestimmten Schlüsselpositionen stellen. Gleichwohl kann es sein, dass die betroffenen Mitarbeitenden zusätzlich zu einem Einführungsgespräch beim zuständigen Regulator erscheinen müssen. Kompetenzdefizite können zu Aufenthalten bei anderen Finanzdienstleistern oder Ablehnung der Einzelperson führen. Die Einhaltung der Anforderungen ist bereits durch die Finanzdienstleister sicherzustellen (s. Kap. 2.7.3).

Zuerst geht es seitens des Arbeitgebers darum, eine **Stellenausschreibung** auf den Weg zu bringen, die die exakten Anforderungen an den künftigen Mitarbeitenden reflektiert. Zudem ist es immer gut, wenn der direkte Vorgesetzte seine Anforderungen im Vorstellungsgespräch erneut näherbringt. Ein ehemaliger Vorgesetzter findet es immer noch erwähnenswert, dass ich vor Beginn »den Tarif noch einmal klar und direkt durchgegeben habe« (natürlich sachlich und klar). Ich wurde selten enttäuscht und fand hervorragende Mitarbeitende, mit denen ich noch heute im Kontakt stehe. Schließlich haben weder Mitarbeitende noch das Unternehmen etwas davon, wenn ein Mitarbeitender **über- oder unterfordert** ist. Im letztgenannten Fall kann es passieren, dass der Mitarbeitende die Sinnstiftung seiner Tätigkeit nicht mehr erkennt. Im Fall der Überforderung muss grundsätzlich klar sein, dass jede menschlich ausgeführte Tätigkeit einem Fehlerpotenzial unterliegt. Je komplexer die Aufgabe, desto höher ist die Wahrscheinlichkeit eines Fehlers. Kündigungen, Krankheit und folgende Ressourcenengpässe können Konsequenzrisiken (s. Kap. 2.7.3) sein.

In einigen Unternehmen wurde dazu übergegangen, keine Personen mehr ab einem bestimmten Alter einzustellen. Ich persönlich halte diese Vorgehensweise für fahrlässig, da positionsbezogene **Berufserfahrung** nicht vollständig nur durch theoretisches – ggf. neues – Basiswissen und neue Profile ersetzt werden kann. Eine Durchmischung ist hier anzuraten.

Ebenso obliegt es dem Unternehmen und den Vorgesetzten, eine gute und **ausreichende Ressourcenplanung** umzusetzen. Eine Überforderung der vorhandenen Mitarbeitenden, negativer Stress, zu weitreichende Überstunden führen ebenso zu qualitativen und quantitativen Fehlerquellen, wie krankheitsbedingten Ausfällen, die der Mitarbeitende nicht (allein) zu vertreten hat (s. Kap. 2.8). Konzentrations- und Motivationsprobleme bis hin zu Kündigungen können folgen. Darüber hinaus ist anzuraten, dass die jeweiligen Bereiche immer über eine ausreichende Schwungmasse verfügen, um unvorbereitete Abgänge und kurzfristige Ausfälle abfangen zu können.

Kündigungen können ebenso folgen, wenn das Unternehmen nicht ausreichend qualifizierte und/oder erfahrene **Mitarbeitende an sich binden** kann, um alle Aufgaben zu bewältigen, um die Unternehmensziele und Strategien zu erreichen.[14] Dies gilt für Führungskräfte ebenso wie für Spezialisten. In diesem Zusammenhang geht es nicht nur um die Identifikation mit dem eigenen Unternehmen, sondern auch um die Konzentration von zahlreichen und komplexeren Aufgaben auf die wenigen qualifizierten sowie erfahrenen Mitarbeitenden.

Der Vorgesetzte hat nicht nur eine Sorgfalts-, sondern auch eine **Fürsorgepflicht**. D. h., er sollte einen guten Kontakt zu seinen Mitarbeitenden unterhalten und es sollte ihm auffallen, wenn Mitarbeitende ihr Verhalten aufgrund nicht-unternehmensindizierten Gründen ändern.

Abschließend ist zu berücksichtigen, dass Mitarbeitende sehr gute Spezialisten in ihrem Fachgebiet sein können. In den **darüber hinausgehenden Themen** benötigen sie allerdings **übersichtliche und klare Guidelines** (Weisungen, Handbücher, Prozessbeschreibungen) sowie – im Falle von komplexeren Themenstellungen – Schulungen. Diese Maßnahmen idealerweise in einer für sie einwandfrei verständlichen Sprache.

3.1.2.2 Spezielle Risiken

Es gibt MitarbeiterInnen, die aufgrund ihrer Position oder ihrer Aufgabe besondere Schäden verursachen können. Auch hier hat der Regulator bereits eingegriffen und innerhalb der EU die Funktion des **Risk Takers** definiert. Die klaren Guidelines geben u. a. vor, dass ein Risk Taker auch nennenswert langfristig zu kompensieren ist, um zu verhindern, dass kurzfristige Entscheidungen getroffen werden, die den Eigeninteressen des Risk Takers kurzfristig nützlich sind, aber dem Unternehmen mittel- bis langfristig schaden können. In der Praxis gab es für diese Fehlentwicklungen bereits zahlreiche Beispiele.

Eine andere Form ist das **Key Person Risk**. Hierbei handelt es sich um spezielle Leistungsträger oder Mitarbeitende mit einem bestimmten Erfahrungsschatz, Wissen oder Kenntnisse, deren Abwanderung oder Ausfall für das Unternehmen einen wesentlichen Einschnitt für den Finanzdienstleister bedeuten kann.

Mitarbeitende, die aufgrund ihrer Funktion **Zugang zu besonderen Informationen** haben, sind besonders zu verpflichten und ggf. zu überwachen. Um den Überwachungsaufwand und die Möglichkeit der Weitergabe von Informationen zu begrenzen, sollte die Anzahl der involvierten Mitarbeitenden von vornherein eingeschränkt werden. Besondere Informationen entstehen für Mitarbeitende, die über bestimmte Handelsaktivitäten des Unternehmens oder von Großkunden Kenntnis erlangen und diese für sich weiterverwenden oder weitergeben können. Diese Mitarbeitenden sind »**Behind the Barriers**« zu führen und gesondert zu überwachen.

14 Hussain, A. (2000): Managing Operational Risk in Financial Market, Oxford, S. 80 f.

Personal, das in »**Merger & Acqusitions«- und strategischen Projekten** eingebunden ist, sollte spezielle Stillschweigensvereinbarungen unterzeichnen und eine Liste der anderen involvierten Personen erhalten, damit direkte Kontaktaufnahmen und ein Austausch möglich ist. Ferner sollten die Projekte mit Namen versehen werden, die keine Rückschlüsse auf den Inhalt oder Standort des Projekts zulassen. Die Weitergabe von Informationen ist strafbar und könnte ggf. eine kursbeeinflussende Wirkung auf den Kurs der eigenen oder der Aktien des Zielunternehmens haben.

3.1.3 Systemrisiken (IT)

Eine funktionierende, flexible, verfügbare und leistungsfähige Informationstechnologie (IT) ist für Finanzdienstleister eine wesentliche Grundvoraussetzung für:

- reibungslose sowie schnelle Geschäftsabläufe,
- fehlervermeidende Plausibilisierungen und Abgleiche,
- Informationsverarbeitung und -verfügbarkeit (s. Kap. 2.8.5),
- Frontend Usability auf Mitarbeiterseite,
- Unterstützung von Compliance- und Risikothemenstellungen, wie bspw. die IT-gestützte Prävention sonstiger strafbarer Handlungen (s. Kap. 10) oder die Dokumentation von Risk Assessments,
- Frontend Usability, Erlebnis und Time-to-Market auf Kunden- und Geschäftspartnerseite,
- weiterführende Digitalisierung (s. Kap. 13).

»Die operationellen Risiken, die mit der IT-Infrastruktur eines Finanzdienstleisters zusammenhängen, können unterschieden werden in allgemeine Risiken, anwendungs- und anwenderbezogene Risiken.«[15] Wobei die anwendungs- und anwenderbezogenen Risiken als spezielle Risiken klassifiziert werden sollten.

3.1.3.1 Allgemeine Risiken

Zu den allgemeinen Risiken zählt in diesem Zusammenhang vor allem eine ungenügende Zugangssicherheit zur der IT-Hardware eines Finanzdienstleistungsunternehmens und dessen Rechenzentrum.[16] Hinzu kommen virtuelle Cyberrisiken (s. Kap. 15.2). Folgende weitere allgemeine Risiken lassen sich nennen:

- fehlende Verankerung (s. Kap. 3.4.2), kulturelle Voraussetzungen (s. Kap. 2.6) und Zuordnung von Verantwortlichkeit und Zuständigkeit (z. B. IT-Sicherheitsrichtlinien),
- Ressourcenknappheit,

15 Vgl. Brink, J. G. van den (2001): Operational Risk: the new challenge for banks, New York, S. 6 f.
16 Vgl. Brink, J. G. van den (2001): Operational Risk: Wie Banken das Betriebsrisiko beherrschen, Stuttgart, S. 7.

- unzureichende Überwachungsmöglichkeiten,
- Ausfälle (Hardware/Software),
- End-of-Life-Technologie (Hardware/Software),
- langsame Abarbeitung von Prozessen (Netzwerk, Rechenleistung),
- nicht kompatible Systeme oder Software,
- fehlende Inventarisierung und Klassifikation der Systemkomponenten,
- fehlende strukturierte Einführungs- und Testverfahren für Hard- und Software (s. Kap. 8 und 11.2.2),
- unbefugte physische Zugänge zur ICT (s. Kap. 15.2.3.1),
- Angewiesenheit auf Servicedienstleister (s. Kap. 12.1),
- mangelnde Verwaltung von Zugriffsrechten,
- Schnittstellenprobleme (interne/externe Datenanbindungen),
- Unter- (mangelnder Speicherplatz) und Überkapazitäten (Leerkosten),
- Datenschutz (s. Kap. 15.4), -qualitäts- und -sicherheitsrisiken,
- kein Betriebsunterbrechungsmanagement (s. Kap. 14).

3.1.3.1.1 Anwendungsbezogene Risiken

Die anwendungsbezogenen Risiken hinsichtlich der Verarbeitung von Informationen beinhalten bspw.:

- fehlende Qualität,
- nicht oder verspätete Verfügbarkeit,
- Integritäts- (korrekt, vollständig und vertrauenswürdig) und Gültigkeitsverlust,
- Deadly Embrace (zeitgleicher mehrfacher Zugriff auf den gleichen Datensatz ohne Schutz- oder Zusammenführungsvorkehrung aller Eingaben – letzte Speicherung wird berücksichtigt).

3.1.3.1.2 Anwenderbezogene Risiken

Anwenderbezogene Risiken entstehen aus der Symbiose von Mensch und System. Je nach ultimativer Ursache können sie auch der Definition des »menschlichen Versagens« (s. Kap. 3.1.2) zugeordnet werden.

3.1.3.2 Regulatorische Anforderungen und Risiken

Die Regulatoren schaffen in allen Bereichen der IT, Digitalisierung, im Zusammenhang mit Cyberrisiken, Informations- und Kommunikationstechnologien (IKT) Regulierungen und beschäftigen in weiten Teilen eigene Teams, die die Resilienz der von Ihnen beaufsichtigten Unternehmen sicherstellen und testen sollen. Wie in Abbildung 23 dargestellt, förderten die Prüfungen in Deutschland einige Schwachstellen zutage:

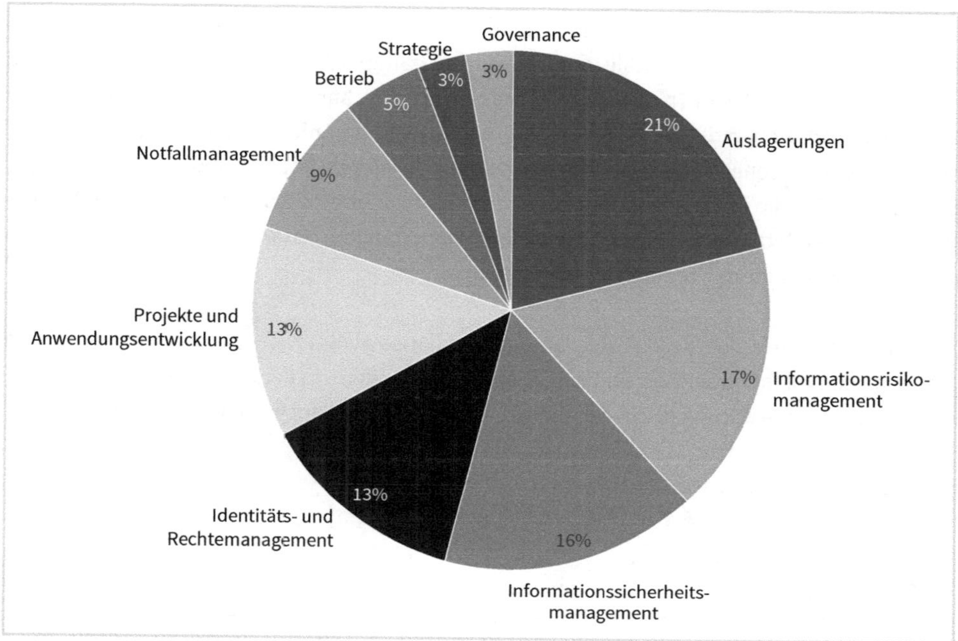

Abbildung 23: Wesentliche Mängel aus IT-Prüfungen der letzten 10 Jahre[17]

Gem. Bericht der Deutschen Bundesbank ist das Informationsrisikomanagement mit 17% der zweitgrößte Feststellungsbereich. Erwähnt werden u.a. eine mit Intransparenz einhergehende Steuerung von Risiken, ein fehlender Gesamtüberblick über IT-Komponenten und deren Abhängigkeiten, unvollständige und inkonsistente Beurteilung der Schutzbedarfe der Schutzobjekte sowie Sollmaßnahmen, unvollständige und unspezifische Risikoerfassung, unzureichende Nachvollziehbarkeit der Risikobeurteilungen und Risikoakzeptanzregelungen, mangelhafte Überwachung sonstiger risikomindernder Maßnahmen und Berücksichtigung im operationellen Risikomanagement. Im Zusammenhang mit diesen Risiken werden auch Auslagerungen (s. Kap. 12) zu wenig überwacht (unzureichende Vereinbarungen, Steuerung, Soll/Ist-Abgleiche). Mit 16% folgt das Informationssicherheitsmanagement. Hauptkritikpunkt sind Schwächen, die ein angemessenes und durchgängiges Schutzniveau verhindern. Ergänzt werden Themen wie Auslagerung, Interessenkonflikte, Strategieziele, fehlende Standards, unzureichende Vorfallinformationen und fehlende Notfallorganisationsprozesse. Auch im Zusammenhang mit dem Identitäts- und Rechtemanagement wird das Auslagerungsthema wieder präsent mit unterschiedlichen Mängeln erwähnt.

3.1.3.2.1 IT-Compliance

Anhand der Regulierungsfrequenz wird deutlich, wie schwer es für die Regulatoren, die Fin-Tech-Labore und Sandboxes ist, mit der Entwicklung der Digitalisierungsentwicklungen und

17 Deutsche Bundesbank, Monatsbericht (Juli 2021), S. 64.

Lösungsvielfalt Schritt zu halten. Aber nicht nur die allgemeinen IT-Themenstellungen sind betroffen, sondern auch neue Digitalisierungslösungen (s. Kap. 13), Cyberrisiken (s. Kap. 15.2) und die Anforderungen, die im Third-Party Risk Management (s. Kap. 12.1) an externe Dienstleister zu richten sind. Neben die gesetzlichen und regulatorischen Anforderungen treten Industrie-spezifische, auf eigene Prozesse angepasste selbstregulierende Bedarfe und IT-Zertifizierungs-standards.[18] Für die Finanzdienstleister werden ein regulatorisches Radaring, eine effiziente Regulierungsarchitektur (s. Kap. 3.3) sowie eine handhabbare Verankerung im Unternehmen (s. Kap. 3.4.2) in diesem Themenfeld unerlässlich.

Dabei ist zu beachten, dass die IT-relevanten Compliance-Maßnahmen, aber auch die Systeme ihrerseits compliant entwickelt und eingerichtet sein müssen. In diesem Zusammenhang entstehen wiederum – aber nicht abschließend – folgende Compliance-relevante Themenstellungen:

- Allgemeine Governance,
- Datenschutz (s. Kap. 15.4),
- E-Mail- und Internetnutzung,
- Risikosteuerungs- und -früherkennungssystem-Anforderungen,
- Kennzeichnung und elektronische Archivierung von Dateien und Daten,
- Business Continuity und Resumption Management (s. Kap. 14),
- Steuerrecht,
- Anlegerschutz,
- Funktionstrennungen und Zugriffsberechtigungsmanagement,
- Daten- und IT-Sicherheit und
- Cloud-Einrichtungen »On Premise« und Cybersicherheit (s. Kap. 15.2).

3.1.3.2.2 Regulierungsvorgaben

Auf europäischer Ebene entstanden und entstehen für die unterschiedlichen Finanzdienstleistungsbereiche geschäftskonforme regulatorische Anforderungen, wie die Solvency II[19] sowie das ICT/IKT[20]. Die europäische ICT befindet sich aktuell in einer Novellierung, womit ein einheitlicher Ansatz für Kreditinstitute, Wertpapierfirmen und Zahlungsdienstleister und eine Antwort auf den FinTech-Aktionsplan geschaffen wird. Zudem sind auch nicht eindeutig auf IT ausgerichtete Regulierungen, wie bspw. die MiFID II[21] mit einzubeziehen, die sich mit Archivierungsanforderungen vorgibt. Einen vergleichbaren Ansatz hat die BaFin bereits mit der Formulierung weitgehend harmonisierter Anforderungen an die IT für die einzelnen Sektoren

18 ISO 27001/2 (s. Kap. 12.3.2.4); COBIT (Control Objectives for Information and Related Technology); IT-Grundschutz-Kompendium des Bundesamts für Sicherheit in der Informationstechnik BSI usw.

19 Richtlinie 2009/138/EG des Europäischen Parlaments und des Rates vom 25.11.2009 betreffend die Aufnahme und Ausübung der Versicherungs- und der Rückversicherungstätigkeit (Solvabilität II).

20 EBA Guidelines on ICT and security risk management (EBA/GL/2019/04).

21 Richtlinie 2014/65/EU des Europäischen Parlaments und des Rates vom 15.05.2014 über Märkte für Finanzinstrumente sowie zur Änderung der Richtlinien 2002/92/EG und 2011/61/EU Text von Bedeutung für den EWR.

verfolgt. Hierzu zählen u.a. VAIT[22] (Versicherer), ZAIT[23] (Zahlungsdienstleister), KAIT[24] (Kapitalverwaltungsgesellschaften) sowie weitere Orientierungshilfen. Auf lokaler Ebene werden zudem Regelungen geschaffen. In Deutschland bspw. wurde die auf Grundlage des § 25a Kreditwesengesetz entwickelte BAIT[25] (Banken) für verbindlich erklärt. Zudem werden Zahlungsdienstnutzer umfasst und Erfahrungen aus der Aufsichtspraxis fließen ein. Auch die MaRisk für Banken und zugehörige Erläuterungen[26] umfassen den IT-Bereich, u.a. im Zusammenhang mit der Risikosteuerung (s. Kap. 3.2), Datenmanagement (s. Kap. 2.8.5), Notfallmanagement (s. Kap. 14), Third-Party Management (s. Kap. 12.1) und Funktionstrennung.

Die neue ICT ist ein Governance- und Risikomanagement-Rahmenwerk, das sich am NIST[27]-Framework orientiert. Die ICT sind eine übergansfristenlose, risikoorientierte und vereinheitlichende Umsetzung, die auch den Informationsaustausch durch Einbindung der NCA[28] intensivieren soll, mit dem Ziel der Resilienz, Aufrechterhaltung und Wiederherstellung (s. Kap. 14) der Funktionsfähigkeit der Finanzunternehmen. Die Risikomanagementelemente des IKT sind Abbildung 24 zu entnehmen.

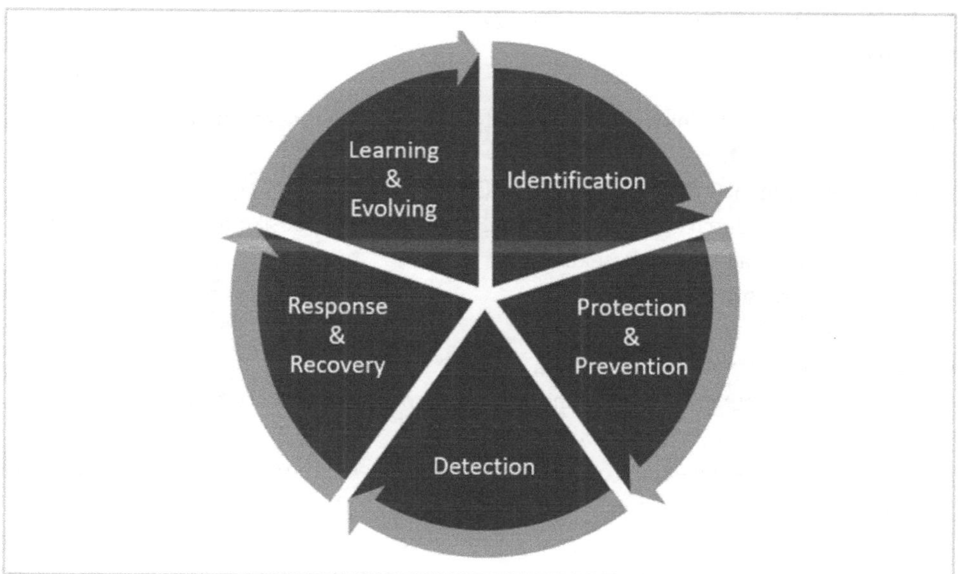

Abbildung 24: Elemente des IKT-Risikomanagements

22 Rundschreiben 10/2018 – Versicherungsaufsichtliche Anforderungen an die IT (VAIT) in der Fassung vom 03.03.2022 (EIOPA-BoS-20/600).

23 Rundschreiben 11/2021 (BA) – Zahlungsdiensteaufsichtliche Anforderungen an die IT (ZAIT).

24 Rundschreiben 11/2019 (WA) in der Fassung vom 01.10.2019 – Kapitalverwaltungsaufsichtliche Anforderungen an die IT (KAIT).

25 BaFin Rundschreiben 10/2017 (BA) – Bankaufsichtliche Anforderungen an die IT (BAIT).

26 Rundschreiben 10/2021 (BA) – Mindestanforderungen an das Risikomanagement – MaRisk.

27 National Institute of Standards and Technology (NIST): Framework für Improving Critical Infrastructure Cybersecurity, U.S. Department of Commerce.

28 National Competent Authority ist für die Führung des Informationsregisters verantwortlich (Deutschland: Bundesanstalt für Finanzdienstleistungsaufsicht).

Den ESA[29] werden Informations-, Kontroll- und Prüfrechte eingeräumt, die Prüfungen und das sog. Oversight Forum werden außerdem von den NCA unterstützt. Im Einzelnen beinhalten die IKT folgende Themenfelder:

- Einbettung der Strategie und Governance (s. Kap. 2.2),
- Informationsrisikomanagement,
- Informationssicherheitsmanagement,
- Operative Informationssicherheit,
- Identitäts- und Rechtemanagement,
- Change: Projekt- und Anwendungsentwicklung,
- Run: Betrieb,
- Auslagerung und sonstiger Fremdbezug von Dienstleistungen (s. Kap. 12.1), deren Anzeigepflicht[30][31] (Absicht, Vollzug, wesentliche Änderungen und schwerwiegende Vorfälle) und fordert Risikoanalyse, -orientierung und die Sicherstellung wesentlicher Vertragsbestandteile (z. B. Verpflichtung des Vertragspartners bei Vorfällen Unterstützung zu leisten),
- Notfallmanagement (s. Kap. 14),
- Management der Beziehungen zu Zahlungsdienstnutzern,
- kritische Infrastrukturen.

Darüber hinaus wurden einige weitere regulatorische Anforderungen im Zusammenhang mit Digitalisierung initiiert:

- Directive on Digital Operational Resilience (DORA)[32] mit dem Ziel der Stärkung der operationellen Resilienz, durch ein einheitliches IKT-Governance und Risikomanagement-Rahmenwerk für den gesamten Finanzsektor[33],
- Data Governance Act (s. Kap. 15.4.2.1.1),
- Digital Service Act (s. Kap. 15.4.2.2.1),
- Digital Markets Act (s. Kap. 15.4.2.2.2),
- sowie die auf bestimmte Kryptowährungen ausgerichteten Markets in Crypto Assets Regulation (MiCA),
- ggf. lokale Regulierungen, wie bspw. das Liechtensteiner Token und VT-Dienstleister Gesetz (TVTG).

»The ability to continue important business operations whilst withstanding (a) cyber-attack(s).«

29 European Supervisory Authorities (ESA): European Banking Authority (EBA) European Insurance and Occupational Pensions Authority (EIOPA), European Securities and Markets Authority (ESMA).

30 Normierung in Deutschland erfolgte im Finanzmarktintegritätsstärkungsgesetz (am 10.06.2021 verkündet).

31 Online-Meldeverfahren orientiert sich an den EBA Guidelines on outsourcing arrangements (EBA/GL/2019/02).

32 https://oeil.secure.europarl.europa.eu/oeil/popups/ficheprocedure.do?reference=2020/0266(COD)&l=en (Zugriff: 25.07.2022).

33 Erst- und Rückversicherungsunternehmen, Einrichtungen betrieblicher, Altersvorsorge, Versicherungs- und Rückversicherungsvermittler (bis hier gibt es auch Ausnahmen), Kreditinstitute, Zahlungsdienstleister, Wertpapierfirmen, Kryptoverwahrer usw.

Die DORA ist Bestandteil des Pakets zur Digitalisierung im Finanzsektor und nimmt entsprechenden Einfluss an die einschlägigen Leitlinien der ESA, die ein wesentlicher Bestandteil des ESFS[34] sind. Zudem werden derzeit auch Anforderungen entwickelt, die auf Artificial Intelligence und Machine Learning (s. Kap. 13.1.5) Lösungen abzielen (z. B. EBA Discussion Paper on Machine Learning for IRB Models oder Ausarbeitungen der Europäischen Kommission »Künstliche Intelligenz für Europa«). Die acht Hauptsäulen der DORA sind:

- Digital Operational Resilience Testing,
- ICT Third-Party Risk Management (s. Kap. 12.1),
- Meldepflichten von schwerwiegenden ICT-Vorfällen an den eigenen Regulator mit »Lex Specialis«-Klausel – Verhältnis zur Richtlinie zur Gewährleistung einer hohen Netzwerk- und Informationssicherheit (NIS-Richtlinie),
- EU-Überwachungsbestrebungen für kritische ICT Drittdienstleister,
- Business Continuity und Resumption-Management (s. Kap. 14),
- Basis- und fortgeschrittene Tests (Threat Led Penetration Testing (TLPT), Anforderung nur für bedeutende Finanzunternehmen, Orientierung am Rahmenwerk TIBER-EU (Threat Intelligence-based Ethical Red Teaming),
- risikoadjustiertes Third-Party Risk Management und Verpflichtung zur Meldung der wichtigsten Informationen über das Informationsregister,
- Information and Intelligence Sharing zwischen den Regulierungsbehörden.

Auch im Zusammenhang mit den zunehmenden Cyberrisiken (s. Kap. 15.2) wird die Aufmerksamkeit der Regulierungsbehörden hinsichtlich der IT-Resilienz der Finanzdienstleistungsunternehmen weiter zunehmen. Wesentliche Mängel oder eine unzureichende Mängelbeseitigungen werden sich jedenfalls für den Finanzdienstleister auswirken. Als wesentlich zählen bspw. fehlende:

- Ziele (s. Kap. 2.1),
- Strategie (s. Kap. 2.2) und Konzeption des Security Information and Event Management (SIEM)[35],
- Risikosteuerung hinsichtlich Risikoappetit und -steuerung (s. Kap. 3.2),
- aktuelle relevante Inhalte, Richtlinien und Dokumentationen (s. Kap. 3.4.2),
- oder veraltete Inventare zum Informationsverbund, kritischer IT-Einrichtungen und Integrationen in das Third-Party Risk Management (s. Kap. 12.1),
- Sicherheitsmaßnahmen und Bearbeitung von Vorfällen,
- Abstände zwischen Rechenzentren und deren Überwachung,
- personelle Ausstattung des Informationssicherheitsbeauftragten,
- Überwachung kritischer Verzeichnisse, Dateien Daten, -flüsse und der Individuellen Datenverarbeitung (IDV) (s. Kap. 15.4),
- Berechtigungs- und Datenzugriffsverwaltung,
- Regulatorische Überwachung,
- Ausstattung von Projektmanagement und NPP bei Neuentwicklung und -einführung.

34 European System of Financial Supervision.

35 Kombination der Legacy-Tools SIM (Security Information Management) und SEM (Security Event Management) und verschafft einen übergreifenden Überblick über den Sicherheitsstatus einer IT-Infrastruktur.

#RISKHACKS

- Im Zuge des Identitäts- und Rechtemanagements ist zu beachten, dass nicht jedes Recht einzeln zu betrachten ist, sondern auch toxische Rechtekombinationen (z. B. Administratorenrechte zur Kundendatenbank in Kombination mit Schreibzugriffen auf externe Speichermedien). Gerade bei größeren Unternehmen kann sich in diesem Zusammenhang eine Artificial-Intelligence-Lösung lohnen (s. Kap. 13.1.5).
- Es gibt Unternehmen, die administrative Rechte automatisiert im Hintergrund auf Serverebenen, Servern und Applikationen ausführen lassen. Diese zumeist unbeachteten und -dokumentierten Routinen bieten mögliche weitere Angriffspunkte.
- Im Zusammenhang mit schwerwiegenden Betriebs- und Sicherheitsvorfällen sind je nach Jurisdiktion regulatorische Meldeverfahren[36] sicherzustellen.
- Als Leitlinie oder zur unabhängigen Prüfung existieren unterschiedliche Zertifizierungsmöglichkeiten, die durch einen Wirtschaftsprüfer oder eine Zertifizierungsstelle abgenommen werden können.

3.1.4 Rechtsrisiken

Das Rechtsrisiko ist in vielen Quellen nicht oder nicht einheitlich definiert und sorgt vielerorts für Fehlinterpretationen und Missverständnisse. Deshalb sollen an dieser Stelle zwei Interpretationsmöglichkeiten diskutiert werden. Ein Finanzdienstleistungsunternehmen ist einer Vielzahl von gesetzlichen und regulatorischen Anforderungen unterlegen. Diese Einflüsse und damit einhergehende Verletzungen von Normen wären jedoch Kap. 3.1.2 zuzuordnen, da ein unzureichendes Radaring (s. Kap. 3.3) oder eine mangelhafte Implementierung ursächlich auf menschliches Versagen zurückzuführen wäre. Werden Anforderungen bspw. in einer eigenen Regulierungsdatenbank nicht richtig dargestellt, handelt es sich ggf. um das Problem des Systems (s. Kap. 3.1.3). Wird die Datenbank von einem externen Provider gemietet, sind Provider und Datenbank einer Überwachung (s. Kap. 12) zuzuführen. Diese doppelte Kategorisierung wäre jedoch nicht zielführend und würde keinen Mehrwert schaffen. Somit kann es sich nur um Risiken einer unklaren Rechtslage, mangelnder Rechtssicherheit, eine anderweitige Gesetzesauslegung oder Praxisumsetzung handeln. Hierzu würden bspw. zählen:

- fehlende oder unzureichende Rechtssicherheit,
- Unklarheiten in der Anwendung und Auslegung von Gesetz und Regulierung,
- unerwartete außergerichtliche Vergleiche,
- Probleme bei der Anspruchsdurchsetzung von Versicherungen,
- undurchsetzbare Verträge,

36 Zahlungsdienstleistern wurde unter der Aufsicht der BaFin gem. Rundschreiben 03/2022 (BA) ein elektronisches Meldeverfahren über die Melde- und Veröffentlichungsplattform (MVP) zur Verfügung gestellt.

- Kunde wurde regulierungskonform beraten, klagt und erhält dennoch gerichtlich zugesprochene Entschädigung,
- bei einer Depotbank verwahrte Wertpapiere werden im Bankinsolvenzfall nicht ausgesondert, sondern gehen in die Insolvenzmasse über,
- Gesetzes- und Regulierungsauslegungen sowie folgende gerichtliche Entscheidungen, die sich nicht aus den vorhandenen Vorgaben entnehmen ließen oder von diesen abweichen,
- Erlass von Gesetzen und Regulierungen, die rückwirkend ihre Wirksamkeit entfalten,
- Abweichungen in der Verwaltungspraxis, die sich nachteilig auf die Geschäftstätigkeiten auswirken (z. B. Verzögerung in der Lizenz- oder Zulassungsvergabe).

Rückblickend wird diese Sichtweise des bereits länger angewandten Begriffs durch unterschiedliche belastbare Quellen des Basler Ausschusses bestätigt. »Das Rechtsrisiko ist die Möglichkeit, dass Prozesse, Gerichtsurteile gegen die Bank oder Verträge, die sich als undurchsetzbar erweisen, die Geschäfte oder die Verfassung der Bank beeinträchtigen.«[37] Mit Verweis auf die ursprüngliche Begründung muss es sich um rechtliche einflussnehmende Sachverhalte handeln, die nicht im (eindeutigen) Ermessen oder eindeutigem Verschulden des Finanzdienstleisters liegen. Eine ähnliche Interpretation lässt die Definition aus dem Jahr 2004 zu: »Rechtsrisiken beinhalten unter anderen die potenzielle Verpflichtung zu Bußgeldern, Geldstrafen oder Strafzahlungen resultierend aus aufsichtlichen Maßnahmen oder außergerichtlichen Vergleichen.«[38] Die Befolgung gesetzlicher und regulatorischer Anforderungen kann im Regelfall angenommen werden und stellt bei sachgemäßer Implementierung kein Risiko dar. Zudem sind die Definitionen und Kategorisierungen aller anderen operationellen Risiken ursachenbezogen. Daher können die hier aufgeführten Strafzahlungen nur Risiken der zweiten oder dritten Ordnung (s. Kap. 2.7.3) darstellen. Im Falle einer anderen Interpretation wäre das Rechtsrisiko nicht ursachenbezogen, sondern als Querschnittskategorie über alle operationellen Risikokategorien zu sehen und könnte bei größeren Finanzdienstleistern in einer Doppelzuordnung und Zählung resultieren. Erfolgt die Zuordnung zu den Rechtsrisiken als Sammelbecken, kann es ohne zusätzliche Dokumentationen auch zu Einschränkungen in der Ursachenanalyse kommen. Zudem blieben die vorstehend als Beispiele angeführten besonderen Risiken ggf. unbeachtet und geeignete Maßnahmen könnten nicht entwickelt werden.

In diesem Buch soll von dieser Interpretation der Rechtsrisiken ausgegangen werden, die sich als von Unternehmensseite nicht beeinflussbar (exogen) kategorisieren lassen. Die Entwicklung von Präventionsmaßnahmen wird in diesen Fällen jedoch komplexer, weicht von den üblichen Maßnahmen ab und trägt zur Begrenzung von Gefahren bei, die andernfalls unbeachtet blieben. Das würde ebenfalls für eine Segregierung dieser Unterkategorie sprechen. Die besonderen Maßnahmen könnten u. a. folgende sein:

---

37 Basler Ausschuss für Bankenaufsicht (2001): Sorgfaltspflicht der Banken bei der Feststellung der Kundenidentität, S. 3.

38 Basler Ausschuss für Bankenaufsicht (2004): Internationale Konvergenz der Eigenkapitalmessung und der Eigenkapitalanforderungen, Z. 644.

- Überwachung der Rechtssicherheit und -situation im eigenen oder einem anderen Rechtsstaat (gesondertes regulatorisches Radaring (s. Kap.3.3), Country Manuals im Cross-Border-Geschäft),
- Beobachtung von Präzedenzfällen,
- Verstärktes Monitoring von Vertragsinhalten und -partnern,
- Planung von Pufferzeiten im Rahmen von Geschäftserweiterungen und Lizenzbeantragungen,
- engmaschigerer Kontakt zur jeweils zuständigen Regulierungsbehörde, Wirtschaftsprüfer oder Berufsverband, um rückwirkend gültig werdende Gesetze frühzeitig zu identifizieren.

3.1.5 Externe Risiken

Ein Finanzdienstleister ist kein in sich geschlossener sozio-ökonomischer Monolith, sondern vielfältig und mit unterschiedlichen Stakeholdern vernetzter Marktteilnehmer mit Lieferverpflichtungen und Lieferangewiesenheiten (s. Kap. 12). Diese Angewiesenheit können ihn selbst oder seine Lieferketten treffen.

»Charakteristisch für diese externe Komponente operationeller Risiken ist die Tatsache, dass Finanzdienstleister in diesem Bereich nur wenig bis gar keine Möglichkeiten der Einflussnahme auf die Risikoquelle haben.«[39] In dieser Risikosubkategorie geht es um die Vorbereitung und des Schutzes des eigenen Finanzdienstleistungsunternehmens hinsichtlich externer auf das Unternehmen einwirkender potenzieller Gefahren. Zu den allgemeinen externen Risiken, die einen Finanzdienstleister, seine und die von ihm verwalteten Vermögenswerte treffen können, gehören:

- Elementargewalten (Erdbeben, Überflutungen, Blitzschlag, Stürme, Vulkanausbrüche),
- geopolitische Risiken, Krieg, Sanktionen und Embargos (s. Kap. 15.1),
- Ausfall von Versorgungsunternehmen (Strom, Telefon, Gas),
- Pandemien,
- Geldwäsche und Terrorismus(-finanzierung),
- Cyberangriffe,
- externe sonstige strafbare Handlungen,
- Ausfall von Geschäfts- und Auslagerungspartnern und
- gesetzliche und regulatorische Änderungen.

Während für die gesetzlichen und regulatorischen Änderungen das regulatorische Radaring (s. Kap. 3.3) ein probates Mittel ist, können die Geschäfts- und Auslagerungspartner durch ein Third-Party Risk Management (s. Kap. 12.1) und die externen strafbaren Handlungen durch eine Gefährdungsanalyse (s. Kap. 10.4) und entsprechende Präventivmaßnahmen (s. Kap. 4.4)

39 Vgl. Rachlin, C. (1998): Operational Risk in Retail Banking – Promoting and Embedding Risk Awareness Across Diverse Banking Groups, in: Andersen, A. (Hrsg.): Operational Risk and Financial Institutions, London, S. 117.

eingedämmt und überwacht (s. Kap. 6) werden. Geopolitische Risiken müssen ebenfalls eine Überwachung und einen Einbezug in die geschäftsstrategischen Überlegungen erfordern (s. Kap. 2.2). Die übrigen Risiken werden einem szenarienbasierten Business Continuity und Resumption Management (s. Kap. 14) zugeführt und von Cybersicherheitsmaßnahmen (s. Kap. 15.2) abgedeckt.

3.2 Übergeordnete Risikosteuerung

Die übergeordnete Risikosteuerung operationeller Risiken setzt viel zeitnahe Bottom-up-Transparenz voraus, damit ein steuerungsgeeigneter Überblick über Unternehmen und Geschäftspartner besteht. In diesem Zusammenhang ist es wichtig, dass steuerungsfähige Daten (s. Kap. 13.1.6.1) und Risikodaten von hoher Qualität (s. Kap. 2.8.5) zur Verfügung stehen sowie keine Fehlallokationen von Ressourcen aufgrund von Fehlsteuerungen durch bspw. Mehrfacherhebungen (s. Kap. 4.3.1.3.2) entstehen. Die Integration von Digitalisierungslösungen (s. Kap. 13) kann hier hilfreiche Dienste leisten. Es bestehen nämlich viele Abhängigkeiten von äußeren und inneren Wirkfaktoren sowie innerhalb der einzelnen Disziplinen des operationellen Risikomanagements.

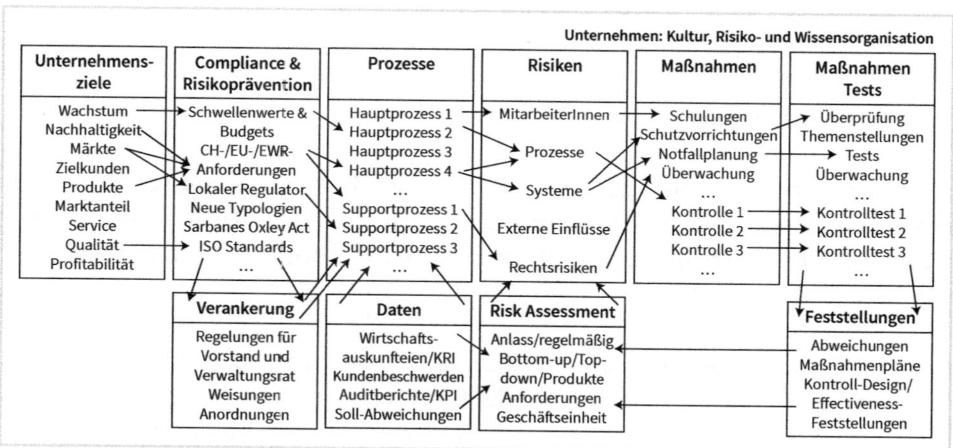

Abbildung 25: Integriertes resilientes Risikomodell[40]

In Abbildung 25 sind einige dieser Wirkabhängigkeiten skizziert. Deren Komplexität und Vielzahl hängt von Größe, Internationalität, Produktvielfalt, Kundensegmentierung, inhärentem Risiko und Kundenindividualität des Finanzdienstleisters ab. Diese sollen im weiteren Verlauf dieses Buches durch entsprechende Verweise weiter herausgearbeitet werden. Gelingt es,

40 Vgl. Boultwood, B./ Girling, P (08.04.2014): Global Association of Risk Professionals, Framework for a Successful Operational Risk Program, S. 6.

einen solchen Ansatz auf der ersten und zweiten Verteidigungslinie (s. Kap. 3.4.1.1.3) zu etablieren, erhält der Architekt eine sehr effiziente, selbstwartende sowie resiliente Plattform, die Anforderungen von Prüfern und des Markts gerecht wird und eine Transparenz bietet, die mögliche Abweichungen innerhalb von Minuten erkennen lässt und eine frühzeitige und effiziente Adjustierung des Unternehmens auf künftige Ziele ermöglicht.

Umrahmt wird das Unternehmen von einer gesunden Unternehmensstrategie, -kultur und Risikomanagementkultur (s. Kap. 2.6.1). Von links nach rechts vorgehend spielen die Unternehmensziele (s. Kap. 2.1) eine gewichtige Rolle und determinieren die Compliance- und Risikopräventionsbedarfe, die in entsprechenden übersichtlichen Dokumenten verankert werden und der einheitlichen Ausrichtung des Unternehmens dienen. Die verständlich ausgeführten verbindlichen Anleitungen beeinflussen, zusammen mit vielen weiteren nützlichen Daten und den Faktoren aus Compliance- (Mussimplementierung) und Risikopräventionsanforderungen (Implementierung unter Berücksichtigung des Risikoappetits) das Design und den Ablauf resilienter Haupt- und Supportprozesse. Beide Prozessarten enthalten Risiken, die durch Risk Assessments überprüft werden. In diese werden unterschiedliche Top-down- und Bottom-up-Daten, Feststellungen und Anforderungen mit einbezogen. Aus den identifizierten Risiken und Steuerungsvorgaben werden Maßnahmen zur Risikoprävention entwickelt. Die Maßnahmen werden einem Test unterzogen, die wiederum zu Feststellungen führen können, die in die Risk Assessments – ggf. auch anlassbezogen – einbezogen werden.

3.2.1 Risikosteuerung

Sind die vorstehenden Voraussetzungen gegeben, erfolgt die Risikosteuerung durch die Organe top-down (s. Kap. 2.7.7.1). Hierbei geht es darum, den Risikoklassen und -kategorien sowie unterschiedlichen Geschäftsbereichen Risikobudgets zuzuteilen und deren Auslastung zur überwachen.

Die nachstehende Steuerungselemente stehen zur Unternehmens- oder zur zweckdienlichen Abteilungsausrichtung zur Verfügung. Mit der Gliederung wurde eine Kategorisierung nach Wirkzeitpunkt versucht. Diese kann jedoch bspw. nach Einsatz von Indikatoren und Kontrollen variieren. So wird zwischen präventiven (vor Eintritt einer Soll-Abweichung), detektiven (wird rechtzeitig festgestellt) und korrektiven (Soll-Abweichung ist eingetreten) Maßnahmen unterschieden. In diesem Rahmen steht ein vielseitiges Potpourri an Steuerungselementen zur Verfügung, um Fehlentwicklungen zu vermeiden oder zu nutzen sowie ein resilientes Unternehmensrisikomanagement zu schaffen.

Zu den präventiven unternehmensübergreifenden Steuerungselementen gehören:

- Entwicklung von Risikozielen, -strategien und -politik (s. Kap. 2.1 bis 2.5),
- Unternehmenskulturbeeinflussende Maßnahmen sind ebenfalls zu berücksichtigen und umzusetzen (s. Kap. 2.6).

3.2.1.1 Präventiv

Weitere geeignete Steuerungselemente zur präventiven Risikoreduktion sind:
- Schaffung einer wirksamen Risikocontrolling- und Compliance-Funktion (s. Kap. 2.6.7),
- flankierendes aktuelles Weisungs- und Prozesswesen sowie Trainings (s. Kap. 3.4.2),
- zeitgerechte Implementierung von Gesetzen und Regularien (s. Kap. 3.3),
- Beobachtung neuer Risikoarten und -typologien (s. Kap. 15),
- Risk Assessment und Risikomanagementprozess (s. Kap. 4),
- Zielvereinbarungen inkl. Positivzielen (s. Kap. 2.6.3),
- »Neu-Produkt und wesentliche Änderungen«-Prozess (s. Kap. 8),
- Projektmanagement unter Einbeziehung von Risiko- und Regulierungsaspekten (s. Kap. 3.3),
- Key Procedural Controls (s. Kap. 6.1),
- Key Risk Indicators (s. Kap. 6.2),
- Key Performance Indicators (s. Kap. 6.3),
- Self-Identified-Issue-Konzept (s. Kap. 7) und
- Business Continuity Management (s. Kap.14).

3.2.1.2 Detektiv

Detektive Steuerungselemente zeigen eine mögliche Fehlentwicklung rechtzeitig an, wirken jedoch nicht präventiv, sodass keine Maßnahmen mehr erforderlich sind:
- rechtzeitige Risk-, Procedural- und Performance-Indicators (s. Kap.6) und
- Third-Party Risk Management (s. Kap. 12).

3.2.1.3 Korrektiv

Da der Schaden bereits eingetreten ist, lassen sich folgende Informationen korrektiv zur Verbesserung der bestehenden Prozesse heranziehen:
- späte Risk-, Procedural- und Performance-Indicators (s. Kap.6),
- Analyse von Soll-Abweichungen (s. Kap. 5),
- Eingetretene sonstige strafbare Handlungen (s. Kap. 10),
- Rechtsfälle und
- Kundenbeschwerden.

3.2.2 Risk Committee

Das Risk Committee gem. Abbildung 26 ist das Entscheider- und Expertengremium. Hier laufen über alle Risikokategorien die wesentlichen Informationen über ein konzertiertes Berichtswesen (s. Kap. 4.7.2 und 13.1.6) zusammen. Die operationellen Risiken sind ein Teil davon. Die Konzertierung ist deshalb wichtig, damit im Risk Committee auch Risikokorrelationen, -aggregate und -wechselwirkungen in die Analyse und Entscheidungsfindung einbezogen werden können.

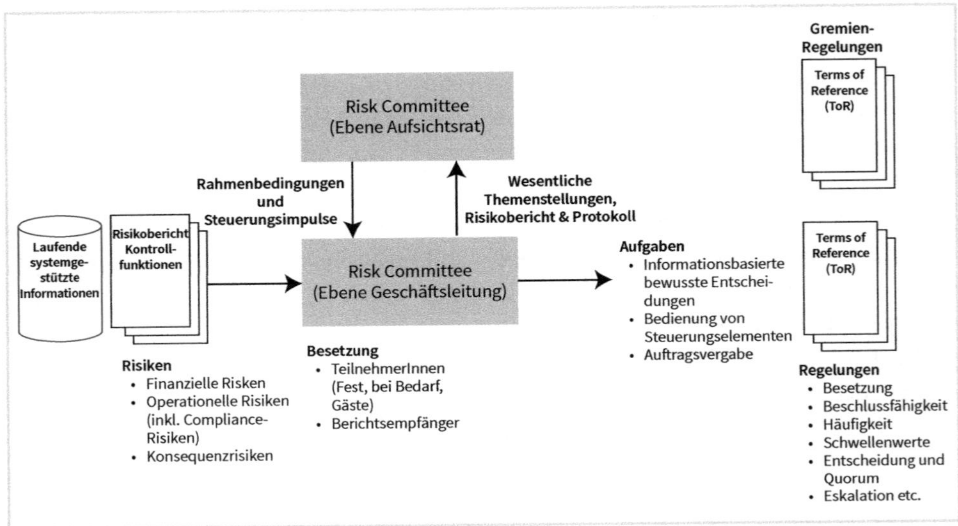

Abbildung 26: Struktur eines Risk Committees

Auf Basis der eingebrachten Informationen werden Entscheidungen und die Steuerungselemente implementiert oder optimiert.

Terms of Reference (ToR)

Die Terms of Reference (ToR) eines Risk Committees definieren die Aufbau- und Ablauforganisation. Da ein Risk Committee mit sehr sensiblen und wesentlichen Informationen sowie dringlichen Themenstellungen umgeht, sollten folgende Voraussetzungen stringent geregelt sein:

- regelmäßige Tagung (z. B. quartalsweise Frequenz) und Einberufung im Falle von Ad-hoc-Themenstellungen,
- Teilnehmer mit Begrenzung (feste Teilnehmer, themenspezifische Teilnehmer und Gäste),
- Berichtsempfänger mit Begrenzung,
- Beschlussfähigkeit, Abstimmungsverfahren, -berechtigung und Quorum,
- Eskalationsprozess bei Uneinigkeit und
- Einbeziehungsbedarf des Aufsichtsrats (Gründe, Geschwindigkeit).

3.2.3 Risk Appetite

Der Risikoappetit legt die Schwellenwerte für Soll-Abweichungen bspw. je Risikokategorie und Subkategorie sowie die unterschiedlichen Bereiche des Finanzdienstleisters fest. In diesem Zusammenhang sind ggf. auch Vorgaben und Budgetzuteilungen im Unternehmensgruppenkontext zu beachten. Der Aufsichtsrat sollte hierbei das Gesamtbudget und übergeordnete Risikoziele in Zusammenarbeit mit der Geschäftsleitung definieren. Die Geschäftsleitung budgetiert die Beträge für das Eingehen von geschäftsinhärenten Risiken und dem Eingehen von neuen Risiken auf granularem Niveau. Dies kann bspw. risikokategorie- und im nächsten Schritt abteilungsbezogen sein. Eine Verankerung des Risikobudgets in den Zielvereinbarungen (s. Kap. 2.6.3) der jeweiligen Führungskräfte könnte eine weitere Steuerungsmaßnahme sein. Plant das Unternehmen oder ein Teilbereich des Unternehmens, das Risikoprofil zu verändern, sind Gesamt- und Teilbudgets entsprechend im Rahmen des »Neu-Produkt und wesentliche Änderungen«-Prozesses (s. Kap. 8) anzupassen. Diese Anpassung muss begründet erfolgen und vom Aufsichtsrat bestätigt werden.

Gleichzeitig werden sog. Warning- und Danger-Level für jedes Teilbudget definiert (s. Beispiel in 6.2.3), die nachteilige Entwicklungen von KRI und KPI (s. Kap. 6) kenntlich machen und ab einem bestimmten Schwellenwert einen Ad-hoc-Eskalationsprozess einleiten sollen. Systeme und Berichte können dann die Schwellenwerte und zugehörigen Auslastungsgrade der unterschiedlichen Indikatoren darstellen. Wird ein Warning-Level erreicht, muss die Risikoakzeptanz enden und bereits vordefinierte Maßnahmen werden eingeleitet. Die vordefinierten Maßnahmen sollten verbindlich vom Aufsichtsrat vorgegeben werden, da es im Tagesgeschäft zu Interessenkonflikten kommen kann: »Der Hochrisikokunde generiert so gute Erträge. Den nehmen wir noch auf. Das Überschreiten des Schwellenwerts ist nicht so dramatisch.«

Wie soll bitte eine Grenze gezogen werden?!

Das zugehörige Risk Appetite Statement ist eine verbale Beschreibung der wesentlichen Risikokategorien und eine Aussage zu deren Akzeptanz und des zugehörigen Selbstverständnisses der Organe des Finanzdienstleisters. Das Statement ist so zu fassen und zu leben, dass es die Einstellung zum jeweiligen Risiko wiedergibt und auch jederzeit Kunden, Aktionären und anderen Geschäftspartnern und dem Regulator ausgehändigt werden könnte. Bei der Formulierung ist darauf zu achten, dass es Risiken gibt, für die eine »Zero-Tolerance«-Politik bestehen sollte:

> »Interne sowie externe sonstige strafbare Handlungen werden von der XYZ AG nicht toleriert und straf- sowie zivilrechtlich zur Anzeige gebracht bzw. verfolgt.«

Auf der anderen Seite gibt es Risiken, die geschäftsinhärent sind und sich nicht vollständig ausschließen lassen, um das Geschäft weiterhin betreiben zu können:

> »Die XYZ AG erschließt neue Geschäftsfelder strukturiert, verantwortungsvoll und unter Einbeziehung der notwendigen Ressourcen. Die Erschließung erfolgt unter vorheriger Abwägung von Chancen und Gefahren sowie Ergreifung von gefahrenreduzierenden Maßnahmen, um den nachhaltigen Unternehmenserfolg in den Mittelpunkt ihrer Aktivitäten zu stellen und Kunden sowie Geschäftspartnern als stabiler Partner zur Verfügung zu stehen.«

Der Werbeeffekt eines sehr guten und bewussten Umgangs mit Risiken sowie die Bekanntmachung des Selbstverständnisses ist nicht zu unterschätzen und schafft Vertrauen (s. Kap. 2.8.2). Natürlich muss es auch so gelebt werden. Dass dies nicht immer der Fall ist, wird spätestens in der Presse sichtbar.

3.3 Effiziente und effektive Regulierungsarchitektur

Die Regulierungswelle rangiert nach wie vor unter den Top-Risiken in der Finanzdienstleistungsindustrie.[41] Ursächlich steht hier die Non-Compliance durch mangelnde Identifikation, Verankerung und damit einhergehende Konsequenzrisiken (s. Kap. 2.7.3) im Vordergrund, also menschliches Versagen (s. Kap. 3.1.2):

- regulatorisches Radaring (s. Kap. 3.3),
- Dokumentationen in Weisungen, Handbüchern und Prozessen sowie Durchführung von Trainings (s. Kap. 3.4.2),
- die in Kap. 2.7.3 dargestellten Risiken der zweiten und dritten Ordnung (Strafen, Regulierung, Haftung und Reputation).

»Im Durchschnitt sehen sich international präsente und agierende Finanzdienstleister mit rund 60 regulatorischen Änderungen pro Tag konfrontiert.«[42] Insbesondere nach negativen markt- oder finanzdienstleisterbezogenen Ereignissen werden neue gesetzliche und regulatorische Anforderungen erlassen oder bestehende Anforderungen angepasst. Im EU-Kontext wird zunehmend an einer Vereinheitlichung der Regulierung gearbeitet. Die Umsetzung auf nationalstaatlicher Ebene lässt jedoch Raum für Interpretationen und Goldplating[43,44]

Zunächst ist zu klären, wer das Finanzdienstleistungsunternehmen und sein Geschäftsmodell (Bank, Kapitalverwaltungsgesellschaft, Versicherung) reguliert. Es existieren nationalstaatliche, EU und internationale Regularien, die zur Anwendung gelangen müssen. Insb. der angelsächsische Raum hält, je nach Situation des betrachteten Unternehmens ein umfassendes Potpourri bereit (US Sarbanes Oxley Act, US/UK Foreign Account Tax Compliance Act (FATCA) usw.). Die Anforderungen sind dann, zusammen mit den Anforderungen der einschlägigen Berufsverbände, in ein verlässliches regulatorisches Radaring (s. Kap. 3.3) zu überführen. Zudem kann es angezeigt sein, anspruchsvolle Marktstandards mit in die Überwachungs- und Implementierungsbemühungen miteinzubeziehen.

---

41 Baker, M. (2020): Risk Risk management, Derivatives, Regulation, Top 10 op risks 2020 (#8 Regulatory Risk), S. 11.

42 Vgl. Masters, B. (2011): Financial Groups Hit by Flood of New Rules, in: Financial Times, 08.12.2011.

43 »Im EU-Kontext bezieht sich ›Goldplating‹ auf die Umsetzung der EU-Gesetzgebung unter Hinzufügung nationalstaatlicher Regeln, die über den Vorschriftsrahmen hinausgehen, aber dennoch rechtmäßig bleiben. Die Mitgliedstaaten haben bei der Umsetzung von EG-Richtlinien einen großen Ermessenspielraum. […]« Abrufbar unter: https://ec.europa.eu/growth/policies/smart-regulation/glossary/index_de.htm#g (Zugriff: 22.01.2013).

44 Gammelin, K. (2013): Lernende Risiko- und Wissensorganisation, in: die bank 04.2013, S. 40.

Die Regulierungswelt ist äußerst komplex und erfasst nahezu alle am Wertschöpfungsprozess beteiligten Bereiche eines Finanzdienstleistungsbetriebs. Hierbei gibt es unterschiedliche Regulierungsperspektiven auf das Management von Regularien und Risiken (s. Abbildung 27).

Abbildung 27: Regulierungen aus unterschiedlichen Perspektiven auf das Risikomanagement

- Abhängigkeit vom Standort und der Art des Finanzdienstleisters, ist die Frage nach dem »Wer ist für mich regulierungsgebend?«. Hier existieren EU-/EWR-relevante, lokale und internationale regulatorische Vorgaben. Die internationalen Vorgaben verfügen über eine Ausstrahlungswirkung auf die eigene Jurisdiktion oder es wird in einer anderen Jurisdiktion Geschäft betrieben. Von Interesse sind hierbei auch die Verschachtelungen und die Überführung von EU-Anforderungen in internationales Recht. So fanden bspw. das Banking-Package (CRR/CRD[45]), die EBA Guidelines on internal governance und diverse Empfehlungen des European Systemic Risk Board (ESRB) Eingang in die deutsche MaRisk[46] und das Kreditwesengesetz (KWG).
- Berufsverbände und Marktteilnehmer formulieren weitere determinierende Anforderungen bzw. Anspruchshaltungen zum Risikomanagement. Letztere gehen sogar teilweise über die regulatorischen Anspruchshaltungen hinaus und reichen bis zu einem erwarteten, etablierten und geprüften Fachbegriffscode.
- So formulieren die Regulatoren auch Anforderungen an das Vorhandensein von Strategien und Politik (Wann?) sowie die Risikosteuerung (Wie viel?). Das »Wann« ist dabei keineswegs ein vom Finanzdienstleister frei wählbarer Zeitpunkt einer regulatorischen Implementierung, sondern richtet sich nach Expansions- und Geschäftserweiterungsplänen des

45 Capital Requirements Regulation (CRR)/Capital Requirements Directive (CRD).
46 Mindestanforderungen an das Risikomanagement (BA) (MaRisk BA) der Bundesanstalt für Finanzdienstleistungsaufsicht (BaFin).

Unternehmens. Das für das neue Geschäft geforderte Framework muss vor der Geschäftsaufnahme verfügbar sein und auch den Umfang der neuen Risiken steuern können. Auch neue und geänderte Regularien erhalten vom Regulator einen Zeitpunkt, zu dem die Implementierung erfolgt sein muss:
  - Verordnungen bedürfen einer sofortigen Umsetzung,
  - Festsetzung einer Übergangsfrist,
  - Zu beachten ist, dass vereinzelt Regularien lanciert werden, die ihre Anwendbarkeit rückwirkend entfalten.
- Es wird auch reguliert, was (fachliches Thema) genau und wo (Fachabteilung) innerhalb eines Finanzdienstleistungsunternehmens implementiert und gemanagt werden muss. Hier gibt es auch Unterscheidungen und Zuordnungen hinsichtlich der drei Verteidigungslinien (s. Kap. 3.4.1.1.3).
- So bestehen auch Vorgaben, wie und wodurch Risiken zu managen sind (z. B. Betrieb eines Risikomanagements, Internes Kontrollsystems und Kontrollvorgaben).
- Womit die Vorgaben für die MitarbeiterInnen zu verankern sind (Weisungen, Handbücher, Prozesse, Schulungen und Systeme), sind weitere Vorgaben.

Die Regulierungsflut treibt uns um. Je internationaler gearbeitet wird, desto mehr Anforderungen von unterschiedlicher Seite sind zu beachten. Die von unterschiedlichen Regulatoren auf internationaler, EU- oder lokaler Ebene anwendbaren Anforderungen überschneiden sich, betreffen die gleichen oder andere Unternehmensprozesse und Funktionen. Auch im Rahmen der Implementierung und einer regelmäßigen Hinterfragung bereits erfolgter Implementierungen lassen sich Komponenten agiler Arbeitsmethoden (s. Kap. 2.8.1.2) anwenden.

3.3.1 Zusammenfassung von Anforderungen

Es lässt sich feststellen, dass unabhängig davon, welchen Regulierungsraum eine Anforderung in der heutigen Zeit abdeckt, größtenteils folgende Komponenten in jeder Regulierung zu finden sind:

1. Unternehmensstrategische, -politische und steuernde Komponenten (top-down)
   a) Verankerungsvorgaben
   b) Wann muss ein Framework vorhanden sein?
   c) Wie viel Risiko darf eingegangen werden (solange nicht bereits regulatorisch limitiert)?
2. Die Ausführungen zu den fachspezifischen Risiken beantworten die Frage: Was muss wo im Unternehmen implementiert werden?
3. Hinweise wie und wodurch diese risikoreduzierenden Maßnahmen umzusetzen sind.
4. Verantwortlichkeiten und Zuständigkeiten.
5. Zudem gibt es Hinweise, wodurch und wie die Maßnahmen zu verankern sind.
6. Betroffene Funktionen.
7. Kontroll- und Überwachungsvorgaben.

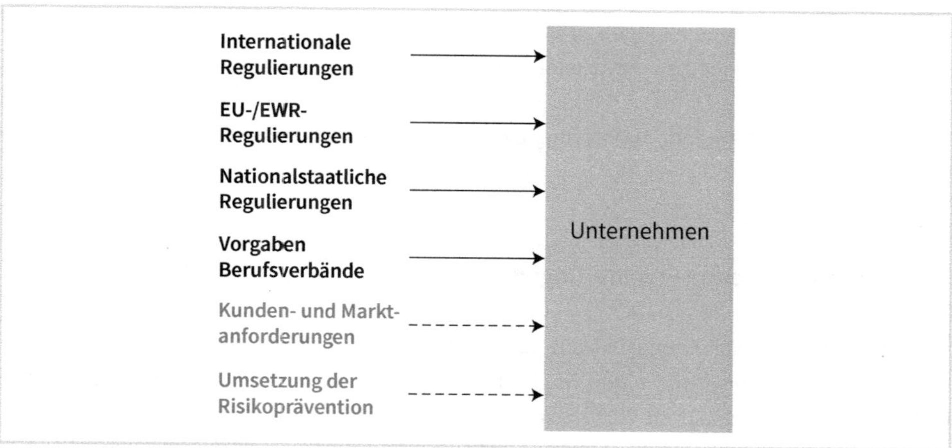

Abbildung 28: Regulierungen auf unterschiedlichen Ebenen

Wie in Abbildung 28 dargestellt, kommen über die internationalen, EU-relevanten und nationalstaatlichen Anforderungen prüffähig zu implementierende Regelwerke von Berufsverbänden sowie Kunden- und Marktanforderungen hinzu.

All diese Anforderungen sollen eigentlich die Sicherheit für das Unternehmen und die Kunden des Finanzdienstleisters erhöhen und natürlich in der Folge auch das Vertrauen in den Finanzstandort sichern. Konzentrieren wir uns also auf die Prozesse und Schlüsselfunktionen des Unternehmens, deren sichere Ausgestaltung all dieser Anforderungen vollständig gerecht werden können und müssen. Hierbei handelt es sich um die erste Vereinfachung.

Die meisten Regulierungen und Anforderungen sind gleichartig aufgebaut, etwa wie die vorstehende Liste konzipiert ist. Zudem existieren auch viele sich überschneidende Anforderungen, die mit ähnlichen Themenkomplexen auf die gleichen Prozesse eines Finanzdienstleisters ausgerichtet sind. Erfolgt eine Zusammenfassung von Anforderungskomplexen und Anforderungen zur gleichen Themenstellung und Prozesslinie, können sie verhältnismäßig zügig gegeneinander abgeglichen und zusammengefasst oder angeglichen und bei Bedarf implementiert werden. Die Implementierung erfolgt durch die Weiterentwicklung des in Kap. 2.2 behandelten betrieblichen Strategiepapiers und der in Kap. 3.4.2 dargestellten Kodifizierung und Verankerung (zweite Vereinfachung).

Da es immer wieder zu Änderungen in den Anforderungen kommen kann, können diese genutzt werden, um (dritte Vereinfachung):

- bestehende Implementierungen zu hinterfragen,
- die Umsetzung der bisherigen Anforderungen zu überprüfen,
- nicht mehr notwendige Verfahren und Kontrollen abzubauen,

- gleichartige Themenstellungen zu kombinieren und
- mögliche Trainingsbedarfe festzustellen (s. Kap. 3.4.2.5).

Die überdies nutzenstiftende Umsetzung der Risikoprävention wird im folgenden Kapitel behandelt.

3.3.2 Nutzenstiftende Erweiterungen

Für vorstehenden Ansatz bedarf es auf der zweiten Verteidigungslinie lediglich einer konzertierten Vorgehensweise und einer vergleichsweise geringen Menge von Ressourcen (erste Nutzenstiftung), dies senkt die Haftungspotenziale von Unternehmen und Organen signifikant (zweite Nutzenstiftung) und vermittelt Kunden und Investoren ein Sicherheitsgefühl (dritte Nutzenstiftung).

Die ganzen vorstehend auf ein Unternehmen anwendbaren Anforderungen haben folgende Nachteile:
- Sie sind nicht für die individuellen Prozesse aller Unternehmen geeignet.
- Sie decken spezielle Produktanforderungen nicht ab.
- Die Implementierung der Anforderungen schützt vor Non-Compliance, aber das Unternehmen nicht vor ungewollten Soll-Abweichungen.

In diesen Fällen muss eine nutzenstiftende Anpassung oder Erweiterung erfolgen, um den Spezifika des Unternehmens und der Produkte gerecht zu werden und auch die Eintrittswahrscheinlichkeit von Soll-Abweichungen reduzieren zu können. Dies, kombiniert mit dem im Kap. 2.7.2 beschriebenen zweiten Blick auf die Risiken und die damit einhergehenden integrativen Präventionen von Soll-Abweichungen, schafft eine unternehmensweite Resilienz. Um dieses zu erreichen, sind zumeist nur einige wenige Adjustierungen erforderlich. Um diese möglichen Soll-Abweichungen zu eruieren, empfiehlt sich die Umsetzung einer Gefährdungsanalyse, die eine sehr gute Transparenz für Ansatzpunkte liefert (vierte Nutzenstiftung).

3.3.3 Digitalisierte Umsetzung

Sind die Prozesse entsprechend aufbereitet, kann von einem stabilen Prozess und einer Compliance- und Soll-Abweichungsresilienz gesprochen werden. Der Prozess wäre jetzt geeignet für eine Digitalisierung, sofern er nicht zu kompliziert ist. Artificial Intelligence, Regulierungs- und Risikotechnologie, maschinelle Abarbeitungen, Algorithmen und entsprechende Regelwerke machen es möglich. Sie schließen menschliche Fehler aus, verkürzen die Durchlaufzeiten und sorgen gleich für die notwendige Dokumentation (vierte Vereinfachung und fünfte Nutzenstiftung).

Investitionen in und Implementierung der neuen Technologien wird sicherlich einigen Aufwand bedeuten. Diese Art der Investitionen amortisiert sich jedoch – je nach Digitalisierungsfall – kurz- bis mittelfristig. Ausgenommen sind hier ggf. RPA-Lösungen, da diesen nur eine begrenzte Einsatzzeit zugesprochen wird und diese nur dann zum Einsatz gelangen sollten, wenn sich keine geeigneteren Lösungen finden lassen.

3.4 Überwachung und Verankerung

Die Überwachung und Verankerung von Risiken und deren Präventionsmaßnahmen bzw. Regulierung wird komplexer und stellt eine immer größere Herausforderung an die Kontroll- und Überwachungsfunktionen dar. Eine klare Verteilung der Verantwortlichkeiten und eine strategische Verankerung zur Unternehmensausrichtung sind dabei ebenso wichtig, wie eine übergeordnete Risikosteuerung sowie eine effiziente und effektive Regulierungsarchitektur.

3.4.1 Prüf- und Überwachungsfunktionen

Die Geschäftstätigkeit eines Finanzdienstleisters ist, wie in Kap. 3.4.1 dargestellt, umgeben von einem Netz von Prüf- und Überwachungsfunktionen, um die Resilienz des Unternehmens nachhaltig sicherzustellen. Zwar bestehen diverse regulatorische Vorgaben[47] und jurisdiktionenabhängige Marktstandards zur Aufgabenverteilung der unterschiedlichen Funktionen, dennoch sollte unter Berücksichtigung der Regulierung eine detaillierte Aufgabenverteilung schriftlich festgelegt werden, die gleichermaßen Lückenlosigkeit und Überschneidungsfreiheit gewährleistet. Im Fall von Feststellungen und Optimierungspotenzialen empfiehlt sich zur Vermeidung von Doppelspurigkeit, aber Sicherstellung von Transparenz und klarer Zuordnung von Verantwortlichkeiten, das in Kap. 7 beschriebene Self-Identified-Issue-Konzept. Obwohl es eine Reihe von Prüf- und Überwachungsfunktionen gibt, geht das Konstrukt an einigen Stellen mit einer übergeordneten Hegemonie einher, die zu Schwachstellen führen kann:

- Die Geschäftsleitungen können den Umfang der an den Aufsichtsrat weitergereichten Informationen beeinflussen.
- Die Geschäftsleitungen sind den drei Verteidigungslinien teilweise oder vollständig vorgesetzt.
- Der Wirtschaftsprüfer wird von den Organen der Gesellschaft bestellt und bezahlt.

47 Leitlinien zur internen Governance (EBA/GL/2017/11) für die unternehmensnahen Organe und Funktionen.

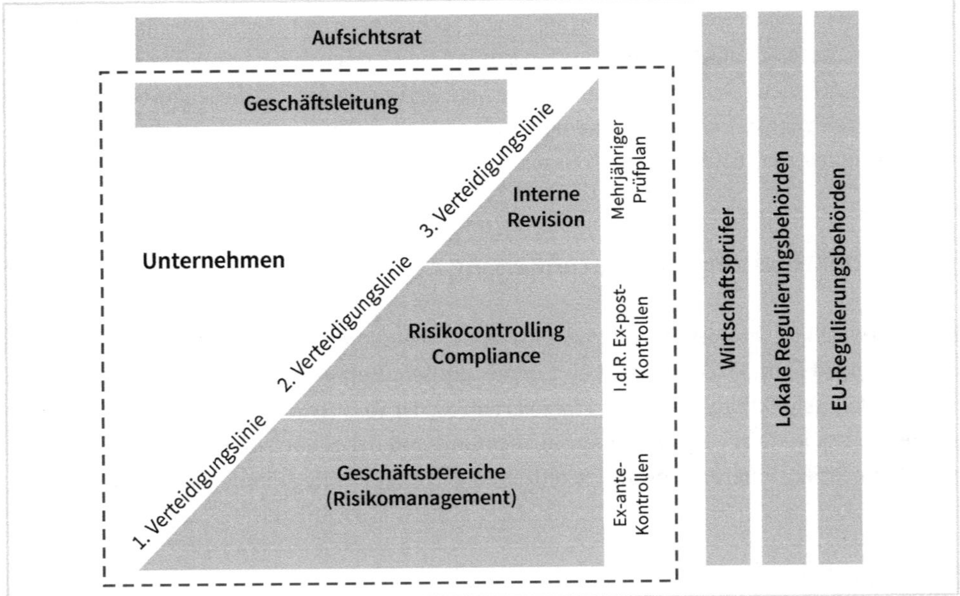

Abbildung 29: Die Kontrollinstanzen eines Finanzdienstleisters

3.4.1.1 Unternehmenszugehörige Überwachungsfunktionen

Die unternehmenszugehörigen Überwachungsfunktionen werden vom Unternehmen entgolten. Zu ihnen gehören:

- Aufsichtsrat,
- Geschäftsleitung und
- die drei Verteidigungslinien.

3.4.1.1.1 Aufsichtsrat

Der Aufsichtsrat als Organ ist nicht in das operative Geschäft eines Finanzdienstleisters eingebunden und setzt sich daher aus unternehmensexternen Personen zusammen. Das Organ beaufsichtigt die Tätigkeiten der Geschäftsleitung und verfügt damit eher über eine externe Sichtweise auf die Tätigkeiten des Unternehmens, durch welche Informationsasymmetrien entstehen können – eine Lücke, die es zu schließen gilt, damit der Aufsichtsrat seinen Aufgaben gerecht werden kann. Einige Geschäfte sind nur mit seiner Zustimmung durchführbar. Er verfügt über Einsichts-, Prüf- und Kontrollrechte. Zudem kann er eine Berichterstattung verlangen und berät die Geschäftsleitung. Er tritt i. d. R. quartalsweise und im Falle besonderer Vorkommnisse häufiger zusammen. Auf Ebene des Aufsichtsrats gibt es weitere Gremien, die eine strukturierte Diskussion und Plattform von bestimmten Themenstellungen bspw. durch ein Audit and Risk Committee schaffen sollen. Je nach Jurisdiktion, Regulierung, Gesellschaftsform und Ausgestaltung der Statuten kommen dem Aufsichtsrat weitere Aufgaben zu. Der Aufsichtsrat unterliegt einer Organhaftung, muss den im Europäischen Wirtschaftsraum verankerten »Fit & Proper«-Anforderungen genügen und sich regelmäßig weiterbilden.

3.4.1.1.2 Geschäftsleitung

Neben der Gesamtverantwortung, Leitung und Vertretung der Gesellschaft gehören u. a. die laufende Berichtserstattung an den Aufsichtsrat über die Lage der Gesellschaft, das Rechnungswesen und das Betreiben eines angemessenen Risikomanagements, internen Kontrollsystems und einer Compliance zu den Aufgaben der Geschäftsleitung. Im Gegensatz zum Aufsichtsrat ist die Geschäftsleitung, je nach Jurisdiktion bspw. als Vorstand oder Geschäftsführer, fortwährend in das Tagesgeschäft des Unternehmens involviert. An die Geschäftsleitung bestehen ansonsten die gleichen Anforderungen, wie an den Aufsichtsrat.

3.4.1.1.3 Die drei Verteidigungslinien

Die drei Verteidigungslinien sind mit dem Schutz und der Resilienz des Finanzdienstleisters beauftragte Kontrollebenen, deren Auftrag sich im Unternehmenskontext voneinander unterscheidet. Sie bestehen aus der internen Revision (dritte Verteidigungslinie), den Kontrollfunktionen Compliance und Risikocontrolling (zweite Verteidigungslinie) und den Geschäftsbereichen, die der zweiten und dritten Verteidigungslinie nicht zuzurechnen sind (erste Verteidigungslinie). Die zweite und dritte Verteidigungslinie sind regulierte Funktionen[48] (s. Kap. 3.4.1.1.3).

Um die Resilienz für das Unternehmen in Bezug auf das gesamte Spektrum der ganzheitlichen Unternehmensführung sicherzustellen, ist insbesondere drei Themenbereichen sehr viel Aufmerksamkeit zu widmen. Die wichtigste Kategorie, von der nicht abgewichen werden darf, ist die Governance-, Risiko- und Kontrollumgebung für ein umfassendes Risikomanagement zur Begrenzung von operationellen (s. Kap. 3.1) und Konsequenzrisiken (s. Kap. 2.7.3). Es folgt die über einen längeren Zeitraum anzusetzende Effektivitätsoptimierung. Diese beinhaltet die Verbesserung des Risikomanagements, von Standards und der Kontrollen (s. Kap. 6.1) sowie deren Abstimmung aufeinander. Dies auch, um Soll-Abweichungen möglichst früh identifizieren zu können und sich im Zeitverlauf einer Best Practice weiter anzunähern. Die dritte Kategorie ist die Effizienz. Hierbei geht es gleichermaßen um klare Antworten, Schnelligkeit und Flexibilität, sofortige Eskalation von Soll-Abweichungen, Umsetzung von Maßnahmen sowie Kosteneffizienz.

Dritte Verteidigungslinie

Als dritte Verteidigungslinie wird die Interne Revision als prozess- und weisungsunabhängige Instanz bezeichnet. Die Funktion kann im eigenen Unternehmen angesiedelt oder, unter Be-

48 Z. B. EBA Guidelines on internal governance (EBA/GL/2017/11).

achtung ihrer Wesentlichkeit, an eine externe Fachstelle ausgelagert (s. Kap. 12.1) sein. Ihr obliegt die unternehmensweite Prüfung sämtlicher Funktionen und Prozesse eines Finanzdienstleisters. Sie verfügt über ein uneingeschränktes Informationsrecht und darf im Rahmen von Projekten nur begleitend tätigt werden, um Interessenkonflikte zu vermeiden. Im Hinblick auf die Prüfungsdurchführung ist keinen Weisungen unterlegen. In diesem Rahmen kommen ihr die folgenden wichtigen Aufgaben zu:

- Erstellung und Umsetzung eines risikoorientierten mehrjährigen Revisions- oder Prüfplans,
- Prüfung und Beurteilung der Wirksamkeit und Angemessenheit der Systeme und Kontrollmechanismen,
- Darstellung von Feststellungen und Empfehlungen auf Grundlage der Ergebnisse des Prüfplans sowie die Überprüfung der fristgerechten Abarbeitung und spätere Einhaltung der Empfehlungen,
- Durchführen von Post-Implementation-Reviews (PIR)[49] und anlassbezogenen Prüfungen,
- Erstellung von Prüfberichten.

Die Prüftätigkeiten der internen Revision im Themenbereich der operationellen Risiken fußen gewöhnlich auf sechs Themenbereichssäulen, die in allen Fällen prozessual orientiert sind. Geprüft werden in diesem Zusammenhang u. a.:

- Einhaltung von Strategien (s. Kap. 2.2)
  - Entscheidungsprozesse hinsichtlich ihrer Zielerreichung
  - Umsetzung von Managementkonzepten
- Wirtschaftlichkeit
  - Unbekannte Wirkzusammenhänge
  - Entscheidungswirtschaftlichkeit
  - Entscheidungsgrundlagen
  - Einsparungspotenziale
- Ordnungsmäßigkeit der Prozesse
  - Gesetzes- und Regulierungskonformität (s. Kap. 3.3)
  - Nachvollziehbarkeit und -einhaltung
  - Nachweis der Einhaltung
- Identifikation von sonstigen strafbaren Handlungen (s. Kap.10)
- Risikomanagement (4) und Internes Kontrollsystem (s. Kap. 6.1)
  - Angemessenheit und Wirksamkeit

Anhand der Haupttätigkeiten der internen Revision wird deutlich, dass die Prüftätigkeiten ex post durchgeführt werden und daher nur ein eingeschränkter Beitrag hinsichtlich Präventivmaßnahmen geleistet werden kann. Hinzu kommt, dass der von der Revision zu erstellende Prüfplan auf mehrere Jahre ausgelegt ist und so einzelne Themen- oder Fachgebiete abgegrenzt (Prüfscope) und risikoadjustiert nach inhärentem Risiko in zeitlichen Abständen über-

49 Nachgelagerte Überprüfung von z. B. erfolgten systemseitigen, regulatorischen oder prozessualen Implementierungen.

prüft werden. Ebenfalls leiten sich aus Vorgaben der EBA verstärkte Eignungsanforderungen an die Leiter der internen Revision ab, die auch mit entsprechenden Anzeigepflichten an den Regulator verbunden sind.

Auf dieser Basis wird sehr schnell ersichtlich, dass ein Auditbericht als Angemessenheitsnachweis bspw. ggü. Geschäftspartnern bei wesentlichen Einlagerungen nur bedingt geeignet ist, da bspw. ein jährlicher Nachweis oder ein derzeit passender Prüfscope nicht gegeben ist. Zudem wird die Interne Revision von externer Seite zumeist dem Unternehmen zugerechnet. Aus diesen Gründen kann es erforderlich werden, dass eine jährliche Zertifizierung erfolgen muss. Je nach Einlagerungsgegenstand eigenen sich dann ISAE 3402-Berichte oder ISO-Berichte (s. Kap. 12.3). Diese werden i. d. R. jährlich durch einen Wirtschaftsprüfer erstellt und beinhalten einen frei definierbaren Prüfscope bzw. ein durch die ISO-Norm klar umfasstes Themen- und Prüfgebiet.

Zweite Verteidigungslinie

Die zweite Verteidigungslinie besteht aus einer unabhängigen Risikocontrolling- und Compliance-Funktion, die jedoch in die operativen Prozesse eingebunden sind. Primäre Aufgabe beider Funktionen ist die Überwachung und Begrenzung von Soll-Abweichungen der ersten Verteidigungslinie, dies schließt die ausgelagerten Funktionen mit ein. Hinzu kommt ein umfassendes Berichtswesen (s. Kap. 4.7.2 und 13.1.6) an die Geschäftsleitung und den Verwaltungsrat. »Das Berichtswesen muss inhaltlich aufeinander abgestimmt sein, damit der Vorstand ein vollständiges und widerspruchfreies Bild der Risikosituation des Unternehmens erhält.«[50] Der Verwaltungsrat dient für diese Funktionen auch als erweiterte sowie höher gelagerte Eskalationsinstanz. Die beiden Kontrollfunktionen sind selbst reguliert und unterliegen somit hohen Anforderungen hinsichtlich Qualifikation und auch Haftung (s. Kap. 2.6.7). Sie sind verpflichtet, im Fall von positivem Wissen bereits Maßnahmen zu setzen. Insbesondere der Compliance-Funktion wird in diesem Zusammenhang eine hohe Verantwortung zugesprochen. Im Regelfall sind die Kontrollfunktionen personell weniger stark ausgestattet als die erste Verteidigungslinie, weil diese Funktionen sich vornehmlich auf Ex-post-Kontrollen und die Überprüfung deren Effektivität (s. Kap. 6.1) konzentrieren. Im Fall von besonders hohen Risikopotenzialen oder komplexen Sachverhalten ist es auch möglich, die Kontrollfunktionen ex ante jedoch in zweiter Linie in den Kontrollprozesse mit einzubinden, da eine Überwachung der eigenen Kontrollergebnisse zu unterbleiben hat. Hier ist jedoch seitens der Geschäfts- und der Abteilungsleitung immer die Balance zwischen Ressourcen, regulatorischen Aufgabenstellungen und Reaktionsfähigkeit zu beachten. Der Gesetzgeber schreibt hier eine ausreichende Personalausstattung vor. Weiter sind die Kontrollfunktionen für folgende Tätigkeiten über alle Risikokategorien verantwortlich:

- Erstellung von verbindlichen Richtlinien und Prozessen (s. Kap. 3.4.2),
- kontinuierliches Training der MitarbeiterInnen der ersten Verteidigungslinie (s. Kap. 3.4.1.1.3),

50 Hey, A. (2016): Das Modell der drei Verteidigungslinien zur Steuerung des Risikomanagements im Unternehmen. Abrufbar unter: https://www.3grc.de/risikomanagement/three-lines-of-defense-modell/ (Zugriff: 30.12.2021).

- Weiterentwicklung des IKS, Risikomanagements und -controllings,
- Überwachung von Risikoauslastungsgraden (s. Kap. 6.2.3),
- Aufnahme und Analyse von Soll-Abweichungen sowie deren Nachverfolgung (s. Kap. 5),
- Durchführung von Prüfungen (s. Kap. 2.8.7),
- beratende Tätigkeit bei der Einführung von neuen Produkten und Services (s. Kap. 8),
- Durchführung eines regulatorischen Radarings, Einschätzung des Einflusses auf das Unternehmen sowie Überwachung von Implementierung und Einhaltung (s. Kap. 3.3),
- Sicherstellung von internen und externen regelmäßigen Berichtspflichten (s. Kap. 4.7.2),
- Vermeidung von Haftungs- und Konsequenzrisiken jeglicher Art (s. Kap. 2.7.3),
- Betonung einer »Null-Toleranz-Politik« im Falle von (wesentlichen) Verstößen.

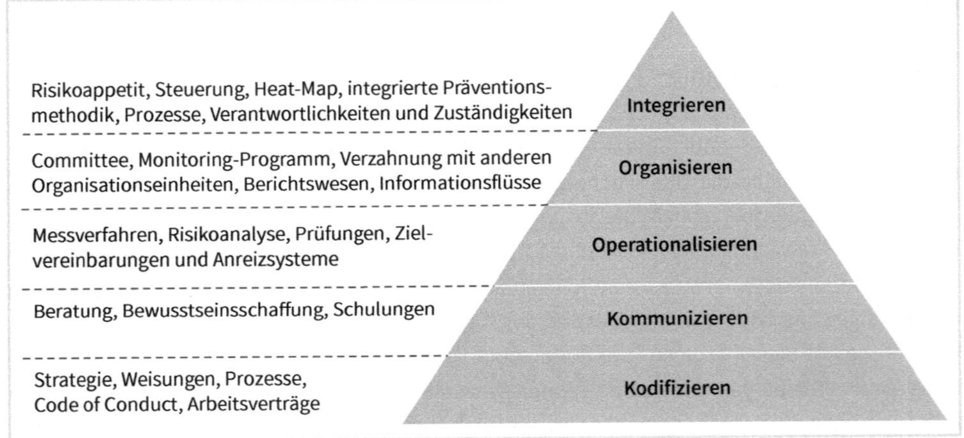

Abbildung 30: Zielbild einer Kontrollfunktion

Die Aufgaben zwischen der Compliance- und Risikocontrolling-Funktion sind ebenfalls interpretationsfrei voneinander abzugrenzen. Eine sehr grobe Abgrenzung könnte wie in Tabelle 5 dargestellt aussehen. Diese müsste jedoch redundanz- und lückenfrei sowie detailliert ausgeführt werden.

Compliance	Risikocontrolling
Alle organisatorischen Vorkehrungen zur Einhaltung gesetzlicher, regulatorischer und ethischer Rahmenbedingungen zur Sicherstellung einer regelkonformen Unternehmensführung in wesentlichen Prozessen.	Strukturierte, planmäßige und priorisierte Bottom-up- und Top-down-Vorgehensweise zum Management von Risiken gem. Kap. 4 Risikomanagementprozess.

Tabelle 5: Übergreifende Aufgabenabgrenzung zwischen Compliance und Risikocontrolling

Erste Verteidigungslinie

Grundsätzlich gilt: Jede/r MitarbeiterIn ist ein Risikomanager und für das Management der in seinem Aufgabenbereich vorhandenen Risiken verantwortlich. Die erste Verteidigungslinie arbeitet damit an vorderster Linie daran, das Finanzdienstleistungsunternehmen vor Soll-Abweichungen zu schützen. Die hier durchgeführten prozessintegrierten Kontrollen werden im Regelfall – je nach inhärentem Risiko – ex ante durchgeführt. Zu ihren Aufgaben gehört außerdem die:

- Einhaltung von Weisungen, Prozessen und Handbüchern (s. Kap. 3.4.2),
- präventive Identifikation und Meldung von Soll-Abweichungen (s. Kap. 5),
- Weiterentwicklung der Prozessstabilität im Tätigkeitsbereich,
- Durchführung von Risk Assessments (s. Kap. 4),
- Durchführung von Business Impact Analysen (BIA) sowie Pflege von Krisen- und Notfallplänen (s. Kap. 14).

#RISKHACKS

- Verwaltungsrat und die Kontrollfunktionen der zweiten Verteidigungslinie sollten in einem engen und regelmäßigen Austausch miteinander stehen. Ein unterstützender Nutzen, der sich für beide Seiten nur positiv auswirken kann. Dies sollte nicht als Umgehung der Geschäftsleitung verstanden werden, sondern eher als Austausch zwischen zwei regulierten und mit der Überwachung des Unternehmens beauftragten Funktionen sowie zur Klärung spezifischer Fragestellung.
- Es ist darauf zu achten, dass die durch die Interne Revision durchzuführenden risikoorientierten Prüfungen und die möglichen Beratungen der zweiten Verteidigungslinie im Rahmen der ständigen Verbesserung, nicht die Gefahr des Verlusts der Unabhängigkeit der internen Revision eintritt.
- Eine intensivierte Zusammenarbeit zwischen der zweiten und dritten Verteidigungslinie darf nicht zu einer »Aushöhlung« der zweiten Verteidigungslinie führen.
- Redundanz- und Lückenvermeidung zwischen allen Kontrollfunktionen sollten durch klare schriftliche Aufgabenabgrenzungen und unter Berücksichtigung des jeweiligen Auftrags vermieden werden (z. B. Kontrollen, Prüfungen) und somit Sicherstellung von Synergien bei der Überwachung organisatorischer präventiver und detektiver Vorkehrungen.
- Etablierung einer integrierten zweiten Verteidigungslinie 4.0 als überwachender Berater zur Förderung der Kultur, mit hohem Ansehen und Akzeptanz und entsprechender Wirkung auf Ebene der Geschäftsleitung und des Verwaltungsrats. Diese Positionierung hat den Vorteil, dass Probleme eher präventiv an die zweite Verteidigungslinie herangetragen werden.

3.4.1.2 Unternehmensexterne Prüf- und Aufsichtsinstanzen

Während die vorstehend beschriebenen drei Verteidigungslinien über eine Unternehmensinnensicht auf die Prozesse verfügen und in diese involviert sind, haben externe Prüf- und Aufsichtsinstanzen lediglich eine Außensicht und nur einen begrenzten Prüfzeitraum sich einen Überblick über Soll-Abweichungen zu verschaffen. Es besteht die Gefahr von Informationsasymmetrien. Insb. im Fall von Abweichungen besteht die Gefahr, dass das Unternehmen, das über eine tiefere Einsicht verfügt, opportunistische Verhaltensweisen an den Tag legt und auf seinen eigenen Vorteil bedacht ist. Speziell die staatlich beeideten Wirtschaftsprüfer beurteilen mit ihrem Testat die Angemessenheit des Risikomanagements und unterliegen einer Haftung sowie weiteren aus dieser resultierenden Konsequenzrisiken. Regelmäßig geraten Aufsichtsbehörden und Wirtschaftsprüfer insb. bei vorliegenden sonstigen strafbaren Handlungen (s. Kap. 10) in die Kritik.[51] Diese sind innerhalb des Unternehmens bereits schwer zu identifizieren, wenn sie auf höchster Ebene betrieben werden und der zumeist eingeschränkte mit der Prüfinstanz im Kontakt stehende Personenkreis zusätzlich gegen den Prüfer arbeitet. Hinzu kommt bereits langfristig in der Kritik stehende Tatsache, dass die Prüfer vom geprüften Unternehmen bezahlt werden und natürlich große und namhafte Mandanten nicht verlieren möchten. Hier wird auch in Zukunft zu überlegen sein, ob ein an der Aufsichtsbehörde angegliederter »Fonds« einzurichten ist, in den die Unternehmen die Prüfkosten zu entrichten haben, und die Aufsichtsbehörde entscheidet über die Auswahl sowie Rotationsfrequenz der Prüfer und bezahlt diese, damit diesem Kritikpunkt entgegengetreten werden kann. Auch könnte das Modell der sog. 44er-Prüfung[52] unter Beachtung des Einarbeitungsaufwands des Prüfenden durch das geprüfte Unternehmen weiter ausgebaut werden – sei es mit erhöhter Frequenz oder anlassbezogen.

3.4.1.2.1 Wirtschaftsprüfung

WirtschaftsprüferInnen sind staatlich beeidet (Berufsträger) und stellen die erste externe Kontrollinstanz dar. In diesem Rahmen übernimmt der Wirtschaftsprüfer folgende Berufspflichten: berufswürdiges Verhalten, Eigenverantwortung, Gewissenhaftigkeit, Unabhängigkeit, Unbefangenheit, Unparteilichkeit und Verschwiegenheit. Sie prüfen jährlich den Jahresabschluss von Finanzdienstleistungsgruppen, des Finanzdienstleistungsunternehmens und denen der Sondervermögen. Die Prüfung hat zum Gegenstand:

- die sachliche Richtigkeit und Bewertung der Jahresabschlusspositionen sowie des Konzernabschlusses und -lageberichts,
- Einhaltung zentraler gesetzlicher und regulatorischer Anforderungen sowie möglicher Vorgaben von Berufsorganisationen, wie bspw. dem Prüfkriterienkatalog des Instituts der Wirtschaftsprüfer (IDW)[53] in Deutschland.

51 Siehe z. B. Fälle wie Wirecard, der Flowtex-Skandal, WorldCom.

52 Siehe § 44 Kreditwesengesetz (KWG): Auskünfte und Prüfungen von Instituten, Anbietern von Nebendienstleistungen, Finanzholding-Gesellschaften, gemischten Finanzholding-Gesellschaften und anderen Unternehmen.

53 www.idw.de/idw.

Das Prüfergebnis wird im Prüfbericht niedergeschrieben und etwaige Feststellungen werden aufgezeigt. Durch den jährlichen Turnus erfolgt die Prüfung ex post. Im Finanzdienstleistungssektor wird der Prüfbericht den Organen des Finanzdienstleistungsunternehmens und zuständigen Aufsichtsbehörden zugestellt.

3.4.1.2.2 Aufsichtsbehörden

Die Aufsichtsbehörden stehen am Ende einer Reihe von Kontrollinstanzen und haben die Aufgabe den Finanzdienstleistungssektor im Rahmen ihres Verantwortungsbereichs zu regulieren und zu überwachen.

Lokale Aufsichtsbehörden

Die lokalen Aufsichtsbehörden haben die Pflicht:

- gesetzliche und regulatorische Anforderungen der EU-Regulierungsbehörden um- und durchzusetzen (sofern es sich um EU zugehörige Länder handelt),
- regelmäßigen Kontrollen und Managementgespräche durchzuführen,
- Vor-Ort-Prüfungen zu veranlassen oder durchzuführen (turnusmäßig oder anlassbezogen).

Aufsichtsbehörden der Europäischen Union (EU)

Das Europäische Finanzaufsichtssystem (ESFS) ist ein mehrstufiges System[54] aus Behörden für die Finanzaufsicht auf Mikro- und Makroebene, das für eine konsistente und kohärente Finanzaufsicht in der EU sorgen soll. Es umfasst den Europäischen Ausschuss für Systemrisiken (ESRB), die drei EU-Aufsichtsbehörden (EBA, ESMA und EIOPA) und die nationalen Aufsichtsbehörden. Ziel war insbesondere die Einführung der Bankenunion, die Entwicklung einer Kapitalmarktunion und der Austritt des Vereinigten Königreichs aus der EU (s. Kap. 15.1.2.2). Beiträge sind u. a.:[55]

- Schutz des Allgemeininteresses, durch Stabilität und Wirksamkeit des Finanzsystems,
- Erleichterung des reibungslosen Funktionierens des Binnenmarkts, insb. mittels einer soliden, wirksamen, einheitlichen und kohärenten Regulierung und Aufsicht,
- Sicherstellung der Integrität, Transparenz, Effizienz und des ordnungsgemäßen Funktionierens der Finanzmärkte,
- Verbesserung der internationalen Koordinierung der Aufsicht und des Verbraucherschutzes,
- Verhinderung von Aufsichtsarbitrage und der Förderung gleicher Wettbewerbsbedingungen,
- Sicherstellung einer angemessenen Regulierung und Beaufsichtigung der Übernahme von Risiken.

54 Rechtsgrundlage: Art. 114 und Art. 127 Abs. 6 des Vertrags über die Arbeitsweise der Europäischen Union (AEUV).

55 Vgl. Kurzdarstellungen über die Europäische Union, 2021. Abrufbar unter https://www.europarl.europa.eu/ftu/pdf/de/FTU_2.6.14.pdf (Zugriff: 31.12.2021).

Aktuell ist zu beobachten, dass die EU-Regulierungsbehörden zunehmend mehr Aufgabenstellungen übernehmen und Vorgaben zur verpflichtenden Umsetzung von regulatorischen Anforderungen sowie Prüfschwerpunkte vorgeben. Zudem erstellen sie transparenzverschaffende Berichte über die lokalen Aufsichtsbehörden.

3.4.2 Kodifizierung und Verankerung

»Wir ertrinken in einer Informationsflut und hungern trotzdem nach Wissen.«
Rutherford D. Rogers, Vorstand der Bibliothek der Yale University, New Haven

Wissen ist die Kombination von internen und externen Daten und Informationen unter Einbeziehung von Expertenmeinungen, Fähigkeiten und Erfahrungen mit dem Ergebnis einer verbesserten Entscheidungsfindung und Risikoprävention (s. Kap. 4). »Bevor das Wissen generiert wird, führen Zeichen und deren Syntax zu Daten und Bedeutungen. Hieraus entstehen Informationen und Vernetzungen. Erst aus diesem Kontext, diesen Erfahrungen und Erwartungen entsteht schließlich Wissen.«[56]

Dieses Wissen wird zielgruppengerecht in die betrieblichen Dokumentationen mit dem Ziel der Herstellung der Compliance sowie des Risiko- und Chancenmanagements integriert und zur Verfügung gestellt. Das damit einhergehende »Wissensmanagement bezeichnet den bewussten und systematischen Umgang mit der Ressource Wissen und den zielgerichteten Einsatz von Wissen in der Organisation. Damit umfasst Wissensmanagement die Gesamtheit aller Konzepte, Strategien und Methoden zur Schaffung einer intelligenten also lernenden Organisation.«[57] Die Vorgehensweise beinhaltet auch die einheitliche Ausrichtung des Unternehmens.

»Wissensverteilung stößt auf individuell und kulturell verankerte Barrieren. Diese betreffen vor allem Macht- und Vertrauensfragen.«[58] Zeitmangel und Überlastung sind weitere Gründe. Derartige Barrieren sind durch eine entsprechende Kultur (s. Kap. 2.6) zu beseitigen. Ebenso ist darauf zu achten, dass die Wissensverteilung so erfolgt, dass sie:

- für alle zutreffenden MitarbeiterInnen leicht auffindbar,
- aus sprachlicher und formulierungs-technischer Sicht verständlich,
- für die jeweilige Leistungsverrichtung notwendig,
- als vertrauenswürdig angesehen wird und
- in die Praxis umsetzbar ist.

56 Gammelin, K. (2016): Lernende Risiko- und Wissensorganisation, in: die bank 07.2016, S. 43.

57 Vgl. Reinmann-Rothmeier, G./Mandl, H./Erlach, C./Neubauer, A. (2001): Wissensmanagement lernen, Basel, S. 18.

58 Vgl. Probst, G./Raub, S./Romhard, K. (2013): Wissen managen: Wie Unternehmen ihre wertvollste Ressource optimal nutzen, Wiesbaden, S. 179.

Wissen kann durch das gesprochene oder geschriebene Wort transferiert werden. Jedoch ist nur das geschriebene Wort zur Verankerung und zum Aufbau einer lernenden Risiko- und Wissensorganisation im Unternehmen geeignet. In vielerlei Hinsicht wird die Formalisierung unterschätzt und eher als aufwendige Bürde angesehen. Sie dient aber auch als aktives Wissensmanagement und zum Auf- und Ausbau der Innovationsfähigkeit (Weiterentwicklung und Veränderung):

- aktuelles Wissen wird festgehalten,
- neue Attribute und Erfahrungen können in die Unternehmensprozesse eingearbeitet werden,
- geänderte oder nicht mehr existente Sachverhalte werden zielgerichtet angepasst bzw. entfernt,
- Fehlerquellen können nachverfolgt und mitigiert werden,
- eine Basis für disziplinarische Maßnahmen und Fehlverhalten wird geschaffen,
- der regelmäßige Umgang mit neuen Informationen routiniert sich,
- Fachabteilungen können sich mit der zielgruppengerechten Aufbereitung der Informationen beschäftigen und entsprechend einbringen.

Diese Aufbereitung wird auch als Kodifizierung bezeichnet. Kodifizierung wird treffend beschrieben als »die Schaffung und Verwendung von Wissensobjekten oder -ressourcen wie [...] Richtlinien, Checklisten oder Handbücher, um in zukünftigen [...] Situationen [...] das Handeln oder die Entscheidungsfindung zu unterstützen«[59] und zu normieren. Um eine gewisse Agilität und Veränderungsmöglichkeit sicherstellen zu können, ist bei der Kodifizierung der jeweils geeignete Informationsträger auszuwählen (s. Kap. 3.4.2) und ein umfassendes Informationsframework sicherzustellen.

Dabei ist darauf zu achten, dass das Weisungswesen und etwaige weitere ausführende Dokumentationen den Eigenschaften und dem Risikopotenzial des Unternehmens präventiv Rechnung tragen. Weisungen sind die Basis für die betriebliche Umsetzung von externen Anforderungen und innerbetrieblichen Regeln.

3.4.2.1 Weisungswesen

Als Basis für die einheitliche Ausrichtung des Unternehmens und zur Sicherstellung einer guten Organisation dient das verbindliche Weisungswesen mit klaren Aufgaben-, Kompetenz- und Verhaltensregeln. In einer Weisung werden Rahmenvorgaben definiert, welche unbedingt einzuhalten sind.[60] Dazu zählen, über gesetzliche und regulatorische Anforderungen hinaus, u. a. Nachhaltigkeits-, Diversitäts-, ethische und schützende Grundsätze. Konsequenzen bei Missachtung sind den MitarbeiterInnen ebenfalls darzulegen. Über die vom Markt geforder-

59 Kale, P./Singh, H. (2007): Building firm capabilities through learning: the role of the alliance learning process in alliance capability and firm-level alliance success, in: Strategic Management Journal, 28(10), S. 981–1000.

60 Vgl. Roth, M. (2010): Compliance – Voraussetzung für nachhaltige Unternehmensführung. Ein branchenübergreifendes und interdisziplinäres Handbuch mit Fallstudien, Zürich/St. Gallen, S. 117.

ten Anforderungen hinaus, sollte das Finanzdienstleistungsunternehmen das Weisungswesen auch dafür nutzen, um seinen Sorgfalts- und Fürsorgepflichten gegenüber den Arbeitnehmern nachzukommen und Verhaltenserwartungen mit- und untereinander zu regeln, sofern sie betriebsspezifisch notwendig sind oder über die gesetzlichen und regulatorischen Erfordernisse hinausgehen.[61] Prozessbeschreibungen sind jedoch, schon zur Wahrung der Übersichtlichkeit des Weisungswesens, bereichs- und nutzerbezogen sowie komplexitätsreduzierend in Handbüchern und Prozessbeschreibungen auszuführen.

3.4.2.1.1 Weisungen einer Unternehmensgruppe

Gruppenweisungen sind verbindliche Minimalanforderungen, die zutreffend für alle zugehörigen Gruppengesellschaften sein müssen. Eine Überregulierung durch eine Übertragung von länderspezifischem Goldplating führt für die minderregulierten Gruppengesellschaften zu Mehraufwand bei Implementierung und fortlaufender Bewirtschaftung. Je nach Geschäftsmodell kann es auch zu fehlerhaften und unvollständigen Vorgaben kommen. Zudem besteht im Regelfall keine Einflussmöglichkeit im Zusammenhang mit Änderungsbedarfen seitens einzelner Gruppengesellschaften. Deshalb kann es angezeigt sein, auf Ebene einer Jurisdiktion, der Regulierung oder eines einzelnen Unternehmens strengere und detailliertere Regelungen zu verfassen.

3.4.2.1.2 Weisungswesen eines Finanzdienstleisters

Weisungen eines Finanzdienstleisters basieren auf gesetzlichen und regulatorischen Anforderungen und berücksichtigen die Anforderungen des spezifischen Geschäftsmodells und sind verbindlich umzusetzen.

Weisungen sind Bestandteil der Unternehmenspolitik (s. Kap. 2.3), Steuerelemente (s. Kap. 2.6.2 und 3.2) und Ethik eines Unternehmens. Sie erfüllen folgende Aufgaben:

- Integration gesetzlicher und regulatorischer sowie risikopräventions- und Gruppenanforderungen in die Aufbau- und Ablauforganisation,
- Dokumentation von Information, Wissen und Erfahrungen,
- Vorgabe einer unternehmensübergreifenden Richtung für das Gesamtunternehmen,
- Vereinheitlichung sonst eher individueller Wertvorstellungen und Verhaltensweisen durch klare Vorgaben,
- Sensibilisierung zu wesentlichen Themenstellungen,
- Referenzdokument zur Feststellung von Abweichungen,
- Revisionspfad,
- Basis für die Einarbeitung neuen Personals und Sanktionierungen im Falle von Fehlverhalten.

61 Vgl. Roth, M. (2005): Compliance, Integrität und Regulierung. Ein wirtschaftsethischer Ansatz in 10 Thesen, Zürich., S. 63.

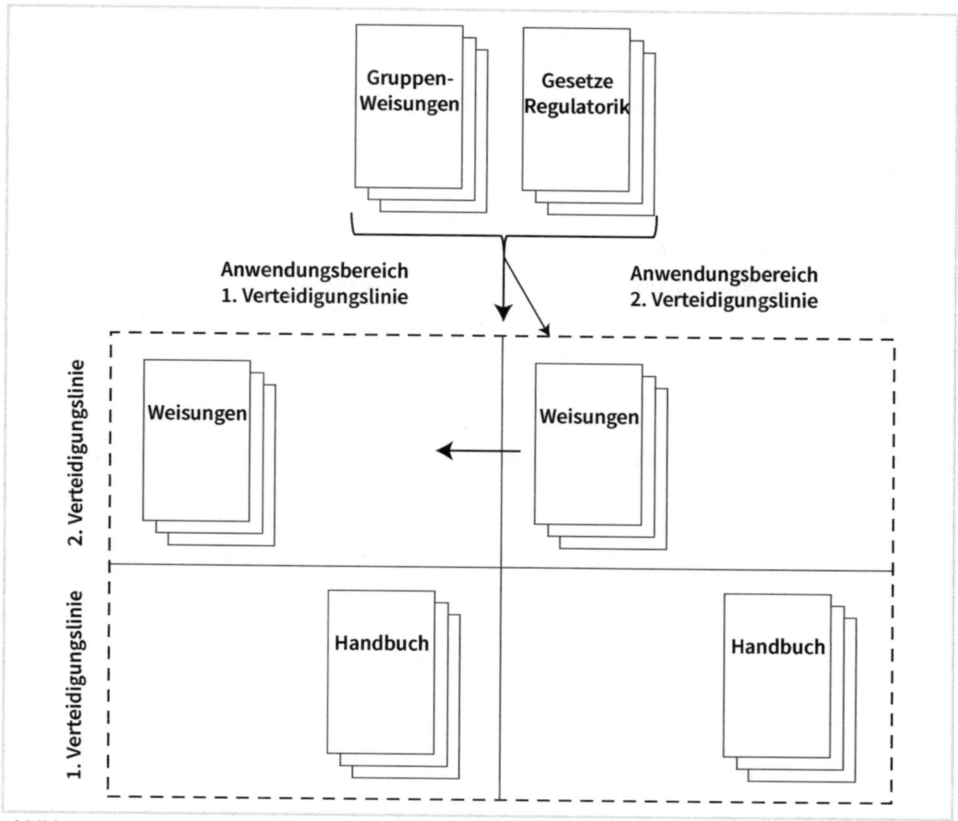

Abbildung 31: Fachwerkstruktur des Weisungswesens

Wie aus Abbildung 31 zu entnehmen ist, sind viele gesetzliche und regulatorische Vorgaben sowie ggf. Gruppenweisungen, die zumeist Mindestanforderungen festlegen, in den Weisungen der ersten und zweiten Verteidigungslinie (s. Kap. 3.4.1.1.3) einzubeziehen. Um eine effektive, effiziente und in einer regulierungsintensiven Zeit sehr gute Übersicht zu behalten, sollte das Weisungsfachwerk so ausgestaltet werden, dass jede Funktion nur die relevanten Weisungen oder Inhalte lesen muss, die für allgemeines Verhalten und die speziellen Verrichtungen maßgeblich ist. Hier empfiehlt sich eine Aufteilung sowohl zwischen der ersten und zweiten Verteidigungslinie als auch zwischen den einzelnen Funktionen. Wobei die zweite Verteidigungslinie wesentliche Steuerungsrahmenbedingungen in die für die erste Verteidigungslinie bestimmten Weisungen mit einbringt. Dennoch behalten diese Dokumente einen wesentlichen Weisungscharakter. Detailausführungen erfolgen in den von den unterschiedlichen Geschäftsbereichen erstellten Handbüchern und Prozessbeschreibungen. Die Weisungen sind zumeist nicht agil anpassbar, da sie in einem jährlichen Abstimmungsprozess überarbeitet und genehmigt werden. Um den Mitarbeitern eine übersichtliche Gesamtquelle zur Verfügung zu stellen, ist es überlegenswert, Gruppenanforderungen mit zu integrieren.

3.4.2.2 Handbücher und Prozessbeschreibungen

Handbücher und Prozessdokumentationen (s. Kap. 3.4.2) führen die Weisungsvorgaben zur Umsetzung des Tagesgeschäfts auf Fachbereichsebene sehr detailliert aus. Viele der unter dem vorherigen Kapitel gelisteten Anordnungen der Weisungen lassen sich auch hier ebenfalls anführen. Jedoch sind diese Dokumentationen aufgrund ihrer Detailliertheit noch besser geeignet, um Wissen und Erfahrung zu speichern, sowie als Auditpfad zu dienen. Darüber hinaus beinhalten die Detaildokumentationen die Ausführungen einzelner Tasks sowie eine Beschreibung deren Relevanz im Zusammenhang mit der Risikoprävention und Compliance-Aufgaben. Die entsprechende Kennzeichnung ihrer Wesentlichkeit verhindert, dass vermeidlich arbeitsaufwendige oder überflüssige Prozessschritte im Rahmen der Umsetzung eines nächsten agilen Lean-Management-, Six-Sigma- oder KAIZEN-Verschlankungsprogramms wegrationalisiert werden (s. Kap. 2.8.1.2). Darüber hinaus dienen Prozesse und Beschreibungen auch der präventiven Analyse und Dokumentation möglicher Risiken (s. Kap. 3.4.2) sowie der Einarbeitung notwendiger Kontrollen und weiterer risikoreduzierender Maßnahmen. Sämtliche Maßnahmen sind so zu dokumentieren, dass sie die wichtigsten »W-Fragen« beantworten: »Wer macht Was, Wann, Wo, Wie, Wie häufig und ggf. innerhalb welcher Zeit?« (s. Kap. 6.1). Sie sind die wesentlichsten Wissensspeicher und lassen sich äußerst dynamisch anpassen, erweitern und präzisieren. Auch die prozessuale Durchführung von Kontrollen lässt sich in dieser Form darstellen.

3.4.2.3 Checklisten

Checklisten ordnen und speichern die zu prüfenden Sachverhalte. Sie sorgen dafür, dass keine zu prüfenden Attribute vergessen werden, und können mit dokumentierten Kontrollergebnissen als Evidenz hinterlegt werden. Sie lassen sich hinsichtlich neuer Erkenntnisse und zu prüfender Attribute jederzeit anpassen und erweitern.

3.4.2.4 Evidenz

Nachdem es im vorherigen Kapitel hauptsächlich um die Beschreibung und Dokumentation von prozessualen Verfahren gegangen ist, geht es im vorliegenden Kapitel um den dokumentierten und somit auditierfähigen Nachweis bspw. der Umsetzung von Prozessen, Kontrollhandlungen (s. Kap. 6.1), Projekten (s. Kap. 9), Tests und risikoreduzierenden Maßnahmen (s. Kap. 4.4).

3.4.2.5 Schulungen und Trainings

Unter der Voraussetzung, dass die richtigen MitarbeiterInnen eingestellt wurden (s. Kap. 2.8.1), sind Schulungen die beste Maßnahme, insbesondere komplexe sowie neue Themenstellungen in das Unternehmen zu transportieren und zusätzlich zu verankern. Zur Verankerung wird ein risikoadjustiertes repetitives Schulungsprogramm empfohlen, das folgende Aspekte berücksichtigt:

- Komplexität des Sachverhalts,
- inhärentes Risiko bei fehlender Berücksichtigung,
- neue, bereits geschulte und alte Themenstellungen,
- einmalig- und fortlaufend benötigtes Wissen,
- Fluktuation, Personal- und Funktionswechsel,
- Wiederholungsfrequenz, abgeleitet aus den vorstehend genannten Determinanten,
- fehlende Wissenskomponenten (bei neu eintretendem Personal) oder im Rahmen von neuen Typologien und aktuelle Themenstellungen.

Schulungsbedarfe können aus einer Vielzahl von Informationen abgleitet werden. Hierzu zählen insb., aber nicht abschließend:

- unzureichendes Ergebnis von Glaubwürdigkeitspunkten (s. Kap. 2.8.6),
- Ergebnisse aus einem Drill Down (s. Kap. 2.8.7),
- Erkenntnisse aus dem Risikomanagementprozess (s. Kap. 4),
- Soll-Abweichungen (s. Kap. 5),
- Messungs- und Kontrollergebnisse (s. Kap. 6),
- Durchführung des »Neu-Produkt und wesentliche Änderungen«-Prozesses (s. Kap. 8),
- Projektmanagement (s. Kap. 9),
- Prävention und Detektion sonstiger strafbarer Handlungen (s. Kap. 10),
- Third-Party Risk Management (s. Kap. 12.1).

3.4.2.6 Fokus auf Ausbildungstechnik und Themenstellungen

Aus- und Weiterbildung sind wichtige Themenstellungen. Diese lassen sich in zwei Hauptbereiche gliedern. Die erste Säule ist die Ausbildungstechnik. Hierzu gehört u. a. lernen zu lernen, Wissen zu festigen, Wissen praxistauglich einzusetzen, komplexe Sachverhalte zu erfassen, übergreifendes Denken und somit Reaktionsvermögen. Die zweite Säule fordert die fortlaufende Auseinandersetzung mit aktuellen Themenstellungen und den Aufbau aktuellen Wissens mit dem Ziel, dieses in der Säule 1 umzusetzen. Gerade in der heutigen Zeit sollten Bildungseinrichtungen und Unternehmen diese Gebiete fortwährend weiterentwickeln. Es wird nämlich immer schwieriger, Talente zu finden und an sich zu binden.

3.4.2.6.1 Ausbildungstechnik

Viele der heute in der Wirtschaft relevanter werdenden Themenstellungen finden keine Berücksichtigung im Bildungskonzept vieler Länder. Der vom World Economic Forum erhobene

Global Competiteveness Index[62] reiht Deutschland mit Rang 6 zur Bildung und zum Bildungssystem im globalen Vergleich an eine hoffnungsvolle Position. Der Schweiz wird mit Platz 3 ein hochwertiges Bildungssystem attestiert. Steigt der Leser tiefer in die Materie, gelangt er im Vergleich zu anderen Staaten an Potenziale, die es sich lohnt aufzugreifen. Schließlich bedeutet »from good to great«, dass sich mit den Besseren verglichen werden sollte – nicht mit den Schlechteren. Norwegen schneidet in allen betrachteten Teildisziplinen gut ab und nimmt in Hinblick auf die Verfügbarkeit von Fachkräften den ersten Platz ein. Auch in der Disziplin »Einsatz des Human Capital Index« (aktive Beteiligung der Bevölkerung an der Erwerbstätigkeit) ergibt sich ein gutes Ergebnis aufgrund hoher Qualifikationen und geringer Arbeitslosenquote. Finnland verfügt über u. a. auch über gute Ergebnisse in den Disziplinen und »Know-how« und »Kapazität«. Diese stellen dar, wie gut die an Breite der am Arbeitsplatz genutzten Fähigkeiten beinhaltet bzw. die Bevölkerung über Generationen ausgebildet wurde. Den Deutschen wird im letzteren Fall eine abnehmende Entwicklung attestiert. Die OECD führt ebenfalls eine Ausbildungsqualitätsreihung[63] durch. Deutschland befindet sich hier auf dem 9. Platz. Zu Beginn reihen sich Südkorea, Finnland, Kanada, Neuseeland, Japan, Australien, Niederlande, Belgien, Norwegen und Estland ein. Die Länder, die die Spitze anführen, verfügen zugleich auch über einen hohen Grad an Digitalisierung in Wirtschaft und Gesellschaft (s. Kap. 13). In einem weiteren Bericht[64] stellt die OECD zudem den Schulungsbedarf der MINT-Fächer[65] in Deutschland klar und unterstreicht damit den digitalen Wissensbedarf.

Aus Erfahrung ist das fächerübergreifende Lernen vielerorts zu vermissen, obwohl es als besonders effektiv und verfestigend eingestuft wird. Fallstudien reichen häufig nicht aus, um die Komplexität des heutigen Umfelds eines Unternehmens zu vermitteln. »Lernbulimie«[66] und die spätere fehlende Fähigkeit, Modelle, Anhängigkeiten und Informationen miteinander zu verknüpfen sowie ein Unternehmen und seine Umwelt als Ganzes zu verstehen, sind mögliche Konsequenzen. Ein Konsumentenverhalten ist jedenfalls in der heutigen Zeit nicht mehr ausreichend.

3.4.2.6.2 Wichtige Themenstellungen

Es gibt viele Informationen in der heutigen Zeit zu berücksichtigen. Im Hinblick auf die Non-Financial Risks sind die wichtigsten Themenstellungen die folgenden:

- Business Continuity & Resumption Management im Zusammenhang mit IT-Unterbrechungen (s. Kap. 14),
- Geopolitische Risiken (s. Kap. 15.1): In einer globalen Welt mit diversen geopolitischen Risiken sollten zudem Vorgehensweisen anderer Kulturen vermittelt werden, um diese ver-

62 World Economic Forum (2019): The Global Competiteveness Report 2019, Geneva.
63 OECD (2020): Bildung auf einen Blick 2020; OECD-Indikatoren, Berlin.
64 OECD (2021): OECD Skills Outlook. Learning for Life, Berlin.
65 Mathematik, Informatik, Naturwissenschaften und Technik.
66 Kurzfristiges Wissen, welches nur für die Prüfung zur Verfügung steht und nicht im Langzeitgedächtnis verankert wird.

stehen, einordnen und von ihnen profitieren zu können. Nur mit einer erprobten Kultur am Markt überzeugen zu können reicht heutzutage nicht mehr aus.
- sonstige strafbare Handlungen (s. Kap. 10),
- Datenprobleme,
- Third-Party Risk Management (s. Kap. 12.1),
- Resilience Risk,
- wesentliche organisatorische Änderungen (s. Kap. 8 und 9),
- Leitungs- oder Governance-Risiken (s. Kap. 2),
- Regulatorische Risiken (s. Kap. 3.3),
- Talent Risk (s. Kap. 2.8.1),
- Finanztechnologie und Digitalisierung im Wettbewerb (s. Kap. 13): Der Blick auf die weltweite Unternehmenslandkarte von bspw. Technologie-Einhörnern[67] lässt deren Marktmacht, gesellschaftsimmanente Finanzkraft sowie deren mögliches Schadenpotenzial im schlimmsten Fall nur erahnen. Momentan sind die größten Unternehmen im amerikanischen und im asiatisch-pazifischen Raum zu finden, nicht jedoch in Europa oder Afrika.

#RISKHACKS

- Gerade bei größeren und komplexeren Unternehmen sowie umfassenden, aber zielgruppengerechten Anforderungen kann es sich empfehlen, Systeme anzuschaffen oder einzurichten, die die sach- und fachkompetenten Autoren bei der Erstellung von Dokumenten unterstützen (s. Abbildung 32).

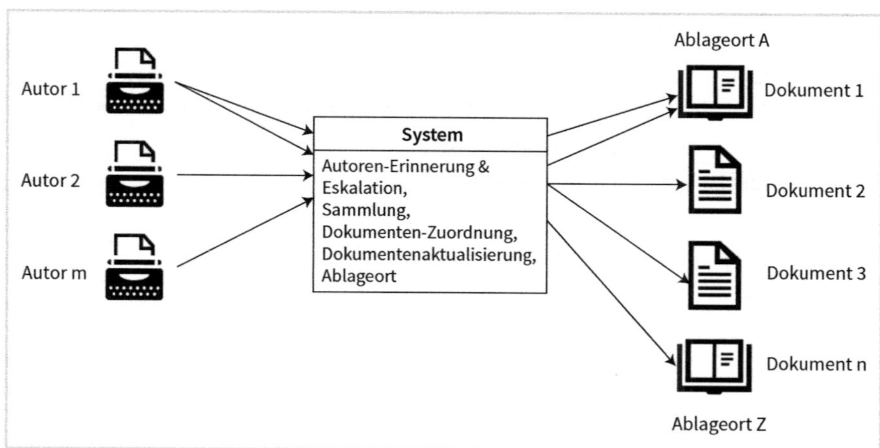

Abbildung 32: Autoren- und Dokumentenmanagementsystem

67 Schmidt, H. (o.J.): Plattform-Ökonomie. Abrufbar unter: https://www.netzoekonom.de/plattform-oekonomie/ (Zugriff: 05.02.2022).

Dabei werden bestimmte Themenstellungen einzelnen Experten und deren Stellvertretern zugeordnet. Ist eine Überarbeitung fällig, erinnert das System die Autoren und bittet um Update. Ein Eskalationsprozess nach einer bestimmten Zeit ist anzuraten. Wurde das Update erstellt und gespeichert, erfolgt ein unverzügliches Update der jeweils zugeordneten Dokumente, in der vorgegebenen Gliederungsreihenfolge und an den vorgegebenen Speicherplätzen (z. B. Laufwerk, Intra- oder Internet). Die Leserzielgruppen für die Anforderungen erhalten eine entsprechende Nachricht mit gekennzeichneten Neuerungen, deren Kenntnisnahme und Umsetzung sie dokumentiert im System bestätigen müssen. Gleichzeitig können derartige Systeme für regelmäßige Auffrischungen eingesetzt werden, indem nach bestimmten zeitlichen Abständen nochmals eine Bestätigung durch die Leserzielgruppen erfolgen muss (gelesen, verstanden und umgesetzt).

- Ideal ist es zudem, wenn die zusätzlich prozessual absichernden Dokumente den Prozessen zugeordnet werden.
- Es ist darauf zu achten, dass Rahmenwerke zur Prävention wesentlicher Risiken und Regulierungen nach einem Jahr aktualisiert oder zumindest überprüft werden müssen. Außerhalb oder innerhalb des Finanzdienstleisters sollte so viel Bewegung bestehen, dass alles andere unwahrscheinlich ist und ggf. zu Regelungslücken und Soll-Abweichungen führt. Zudem haben Prüfer und Regulatoren hier eine klare Meinung. Eine nachvollziehbare Kategorisierung ist deshalb anzuraten. Nur so können auch mögliche Haftungspotenziale und weitere Risiken der zweiten und dritten Ordnung (s. Kap. 2.7.3) reduziert werden. Ressourcen werden nur mit niedrigerer Frequenz auf die weniger wichtigen Themenstellungen gelenkt.
- Sensitive Unterlagen und auch Unterlagen der zweiten Verteidigungslinie (s. Kap. 3.4.1.1.3) sollten nur dem anwendenden Personal auf ihren Systemen und Laufwerken zugänglich gemacht werden.

4 Der Risikomanagementprozess bzw. das Risk Assessment

Für das Management von Risiken müssen externe Informationen und alle Funktionen des Unternehmens mit einbezogen werden. »Hierfür wird ein in verschiedene Phasen gegliederter kybernetischer Regelkreis vorgeschlagen, der in einen strategischen Kontext eingebettet ist. Der Risikomanagementprozess ist wiederkehrend umzusetzen. Die im Rahmen des Prozesses gewonnenen Erfahrungen werden weiterhin genutzt, adjustiert, optimiert, angewandt und dokumentiert. [...] Dafür sind sämtliche Informationspotenziale zu nutzen.«[1] Der Risikomanagementprozess ist zugleich das Herzstück des Risikomanagements. Er bezieht interne Daten und Bedeutungen aus der Unternehmensumwelt mit ein und zeigt Vernetzungen auf, die zu Wissen führen. »Damit umfasst Wissensmanagement die Gesamtheit aller Konzepte, Strategien und Methoden zur Schaffung einer intelligenten also lernenden Organisation«.[2] »Wissen ist die Kombination von Daten und Informationen unter Einbeziehung von Expertenmeinungen, Fähigkeiten und Erfahrungen mit dem Ergebnis einer verbesserten Entscheidungsfindung und Risikoprävention.«[3] Deshalb ist es genauso wichtig, wesentliche von unwesentlichen Informationen zu unterscheiden und priorisieren. Eine lernende Risiko- und Wissensorganisation entsteht, sofern die gemachten Erfahrungswerte im Unternehmen verankert, dokumentiert, trainiert und den MitarbeiterInnen zur Verfügung gestellt werden.

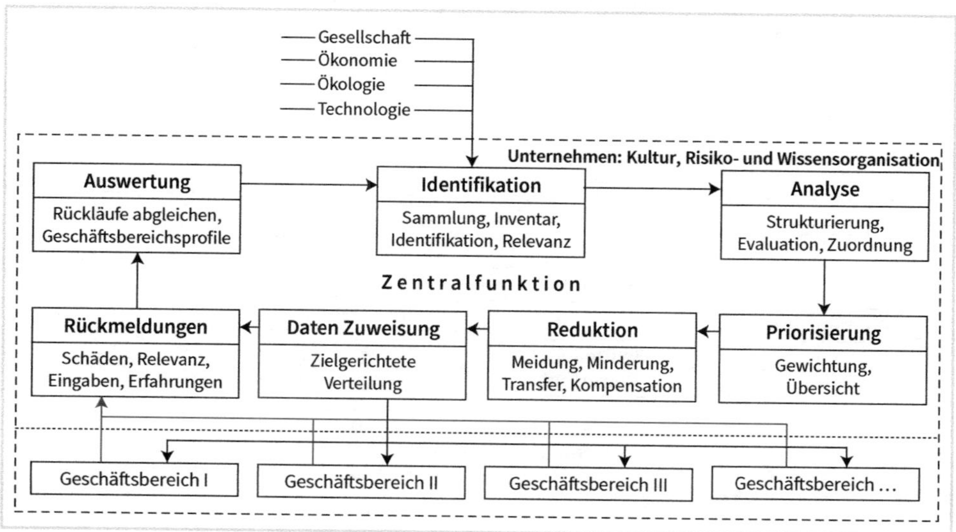

Abbildung 33: Lernende Risiko- und Wissensorganisation[4]

1 Vgl. Gammelin, K./Buchhart, A. (2004): Die Praxis des Risikomanagements in Finanzdienstleistungsbetrieben, in: Der Finanzbetrieb, S. 178–184.

2 Vgl. Reinmann-Rothmeier, G./Mandl, H./Erlach, C./Neubauer, A. (2001): Wissensmanagement lernen, Basel, S. 18.

3 Gammelin, K.: Lernende Risiko- und Wissensorganisation, in: die bank 07.2016 S. 43.

4 Gammelin, K.: Lernende Risiko- und Wissensorganisation, in: die bank 07.2016, S. 42.

Die Market-based- oder die Outside-in-Perspektive hält eine Vielzahl wertvoller Informationen unterschiedlichster Anspruchsteller für ein Unternehmen bereit. Hinter dem Druck der Wissensgewinnung stehen Motive wie Haftungsbegrenzung, Opportunitäten, Wettbewerb, Reputation sowie Weiterentwicklung. Für den Zweck des Risikomanagements können die Sammlung externer Risikodaten und Vorfälle anderer Unternehmen sowie deren Abgleich mit der eigenen betrieblichen Resilienz einen zusätzlichen Nutzen generieren. Voraussetzung ist allerdings, dass die Informationen einem vergleichbaren Geschäfts- und ähnlichen Prozessmodell entstammen. Die Informationen werden entsprechend selektiert, in die Identifikationsphase des Risikomanagementprozesses eingespeist und zur Weiterentwicklung der Unternehmensresilienz genutzt.

Den unabhängigen kontrollierenden Zentral- oder Stabsfunktionen – wie Risikocontrolling und Compliance – kommt dabei eine wesentliche Bedeutung zu. Sie fungieren als unternehmensübergreifendes Bindeglied zwischen den zahlreichen Fachbereichen – den Risikomanagern – und der Geschäftsleitung sowie dem Aufsichtsrat. Sie stellen sicher, dass Informationen in diesem Zusammenhang aufbereitet und berichtet werden. Nach Entscheidungsfindung durch die Organe werden diese in Steuerungsmaßnahmen transformiert und umgesetzt. Zudem werden unternehmens- und prozessübergreifende Anforderungen und Maßnahmen in den Regelkreis eingebracht und deren Umsetzung auf der zweiten Verteidigungslinie (s. Kap. 3.4.1.1.3) überwacht. Für die Umsetzung des Risikomanagements und des internen Kontroll- und Maßnahmensystems auf Fachbereichsebene ist jedoch die erste Verteidigungslinie verantwortlich. Hinzu kommt die Koordination von übergreifenden Impulsen und Implementierungsvorgaben von spezialisierten Abteilungen, wie bspw. Rechts- oder Steuerabteilung, die in die Prozesse der Fachabteilungen zu integrieren sind.

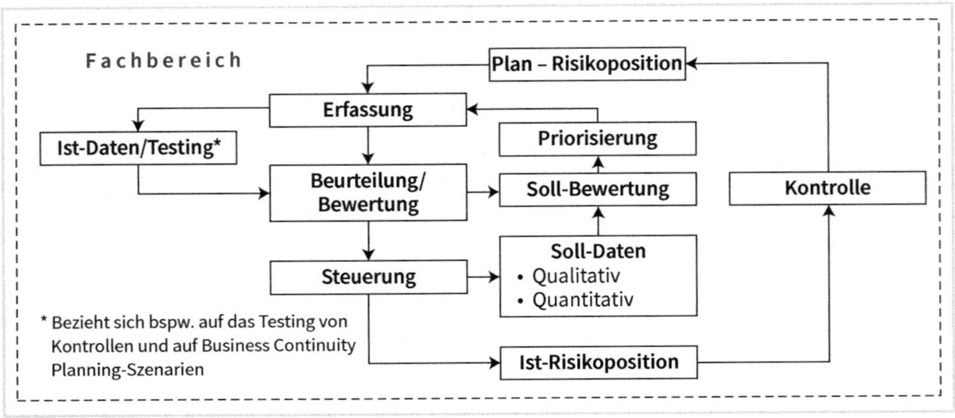

Abbildung 34: Mikroregelkreis des Risikocontrollings[5]

5 Vgl. Burger, A./Buchhart, A. (2002): Risikocontrolling, München/Wien, S. 62.

Jede Abteilung verfügt über ein eigenes Risikoprofil mit Limiten und Kontrollen. Dieses kann abhängig sein von dem jeweiligen geschäftsinhärenten Risiko, wie bspw. Zielmärkten, Volumen, Kundenkategorie, Prozess- und Kontrollverantwortung. Durch die dort vorhandenen Experten stehen im Rahmen der Inside-out-Perspektive oder dem Ressource-based View sehr viel nutzbare Erfahrung und Risikopräventionswissen zur Verfügung. Gerade bei prozessual ähnlichen Geschäftsbereichen oder Abteilungen lässt sich das Risikomanagement hervorragend vergleichen und zielgerichtet sowie zügig weiterentwickeln. Auf diese Weise werden die Vorteile aus den Top-down- und Bottom-up-Ansätzen (s. Kap. 2.7.7) genutzt.

Für die Weiterentwicklung des Risikomanagements auf Abteilungsebene können Mikroregelkreise eingesetzt werden, die gem. Abbildung 34 für ein Detailmanagement und einen Informationstransfer in den übergeordneten Risikomanagementprozess sorgen.

Störgrößen für die Ist-Risikoposition sind bspw. neue Risiken, nicht (ausreichend) wirksame Kontrollen, ausgereizte oder überschrittene Limite. Zeigen sich Abweichungen in den Informationsbedürfnissen des Mikroregelkreises mit den bereitgestellten Informationen des übergeordneten Risikomanagementprozesses, kann durch eine Modifikation bestehender oder eine Verwendung neuer Instrumente diese Diskrepanz beseitigt werden.[6] Diese Mikrosteuerung kann auch für risikoadjustierte Zielvereinbarungen (s. Kap. 2.6.3), Kontrolltesting (s. Kap. 6.1.3) und das Business Continuity Planning (s. Kap. 14) genutzt werden.

#RISKHACKS

- Der Risikomanagementprozess ist auf die Unternehmensgröße und -komplexität hin zu modifizieren (s. hierzu Kap. 2.7.1).
- Unabhängig davon sollte der Risikomanagementprozess einer regelmäßigen Überprüfung unterzogen werden, da sich viele Parameter im und um den Prozess fortwährend ändern können. Hierzu gehören u. a. neue mögliche Werkzeuge, Verantwortlichkeiten, Prozesse, Informationsquellen, Produkte, Märkte, Gesetze und Regularien zum Prozess selbst. Hierfür empfiehlt es sich, ein entsprechendes Verfahren im Weisungswesen zu verankern, das auch der jeweiligen Komplexität Rechnung trägt.
- Die Risikoanalyse basiert auf Daten. Deshalb ist es wichtig, den für sich den geeigneten Ansatz (Risk Assessment, Prozessanalyse) und Dokumentationsstandard (Taxonomie, Erhebungshöhe) auszuwählen sowie Rahmenbedingungen und Writing Guidelines zu schaffen, die Einheitlichkeit und Interpretationsfreiheit gewährleisten.

6 Ebenda, S. 61.

4.1 Identifikation

4.1.1 Erfassung aller Risiken

Wesentliches Ziel dieser Phase des Prozesses ist die strukturierte, vollständige und idealerweise präventive Identifikation aller relevanten und möglicherweise relevant werdenden Einzelrisiken. Basis für die Datenanalyse sind daher immer das Unternehmensumfeld, die aktuellen Betätigungsfelder und Prozesse des eigenen Unternehmens sowie vorausschauend die taktischen und strategischen Unternehmensziele (s. Kap. 2.1).

Idealerweise erfolgt die Erfassung auch unter Berücksichtigung von wirtschaftlichen Aspekten, um auch die Chancenbetrachtung einzubeziehen und gegenüberstellen zu können. Sich hierbei nur auf die wesentlichen Risiken zu konzentrieren, ist in der heutigen Zeit nicht mehr angezeigt und kann auch zu unvollständigen Betrachtungen im Rahmen von Korrelationen und Prozessabläufen führen.

Hierbei geht es in erster Linie auch darum, die intern und extern vorhandenen Risikoinformationen zielgerichtet und strukturiert heranzuziehen und zusammenzuführen sowie für die Unternehmung nutzbringend weiterzuverwenden.

»Um ein möglichst fundiertes Bild zur Risikosituation zu erhalten, können – neben den extern gestellten Anforderungen – unsystematische und systematische Basismethoden[7] zur Informationsgewinnung herangezogen werden.«[8]

Erfassung	Einzelrisiken	Aggregierte Risiken
Unsystematisch	• Brainstorming	
Systematisch	• Frühwarnsysteme • Checklisten • Risikodatenbanken	• Risikoinventar • Szenarioanalyse

Tabelle 6: Systematisierung von Erfassungsinstrumenten[9]

7 Burger, A./Buchhart, A. (2002): Risikocontrolling, München/Wien, S. 30 (zit. nach: Brebeck, F./Herrmann, D. (1997): Zur Forderung des KonTraG-Entwurfs nach einem Frühwarnsystem und zu den Konsequenzen für die Jahres- und Konzernabschlussprüfung, in: Die Wirtschaftsprüfung, S. 385).

8 Gammelin, K.: Dem unbekannten Unwissen auf der Spur, in: die bank, 03.2016 S. 27.

9 Vgl. Burger, A./Buchhart, A. (2002): Risikocontrolling, München/Wien, S. 68.

4.1.2 Wirkfaktoren und Informationen

Um die Risiken zu verstehen und systematisch analysieren zu können, werden unterschiedliche externe und interne Daten benötigt:

- Ordnungsdaten.
- Die Risikodefinition sollte möglichst präzise sein und genau darstellen, welche Themenbereiche abgedeckt und ggf. abgegrenzt werden. Die Definition kann durch Fließtext, Funktionen und/oder Formeln erfolgen.
- Je nach Erfassungshöhe des Risikos müssen ggf. vollständige und detaillierte Informationen zu den Ursachen erhoben werden. Je vollständiger und präziser mögliche Ursachen für die Entstehung eines Risikos erhoben werden, desto besser können Risiko und Ursachen durch ein zielgerichtetes Risikomanagement reduziert werden. Sollte das Risiko bereits der Ursache entsprechen, ist dies nicht erforderlich.
- U.a. die im Unternehmen vorhandenen Berichte der Revisionen (s. Kap. 3.4), Versicherungsunterlagen (s. Kap. 4.4.2), Verträge, Verankerungs- (s. Kap. 3.4.2) und Systemdokumentationen können einen guten Ausgangspunkt liefern und sind auch gleichzeitig der dokumentierte Ansatzpunkt für die Realisierung von Verbesserungspotenzialen.

#RISKHACKS

- Im Sinne des Proportionalitätsprinzips (s. Kap. 2.7.1) und zur Vorbereitung der späteren Beurteilung/Bewertung der Risiken, sollte die Dokumentationstiefe und Behandlung der Risiken bereits zu Beginn definiert werden. Beispielsweise könnte eine granulare Dokumentation »Serverausfall durch Überhitzung« eine zahlenmäßig geringere Ursachenbetrachtung und -beurteilung/-bewertung erfordern, als bei einer Risikodefinition auf höherer Ebene, z. B. »Serverausfall«, erstellt werden würde. Bei der Wahl dieser Definition gäbe es zahlreiche Ursachen, die einzeln in die Gesamtrisikobeurteilung einbezogen werden müssten.

4.1.2.1 Extern

»Komplexe und gleichzeitig dynamische Märkte führen zu immer und vielfältigeren Risiken.«[10] Das Umfeld eines Unternehmens hält daher zahlreiche wertvolle Informationen für das Unternehmen bereit. Diese reichen bis hin zu geopolitischen Risiken (s. Kap. 15.1).

10 Vgl. Romeike, F. (2003): Gesetzliche Grundlagen, Einordnungen und Trends, in: Romeike, F./Finke, Robert, B. (Hrsg.): Erfolgsfaktor Risiko-Management, Wiesbaden, S. 65.

Was im übergreifenden Risikomanagementprozess so einfach mit Gesellschaft, Ökonomie, Ökologie und Technologie bezeichnet wird, bedarf einer sehr umfangreichen Informationsverarbeitung und -systematisierung.

Political	Economic	Social	Technological	Environmental	Legal
• Wirtschaftsordnung • Außenpolitik • Stabilität des politischen Systems • Steuerpolitik • Infrastruktur	• Wirtschaftswachstum • Inflation • Bevölkerungszahl • Geldpolitik • Wechselkurse • Arbeitslosigkeit • Zinsniveau • Investments • Import/Export	Einkommensverteilung Demografie Bildungswesen Lebensstil Kulturelle Ausprägungen	• Internatioale Einflüsse • Technologie Transfer • Information und Kommunikation • Digitalisierung • Entwicklungsstand • Forschung & Entwicklung	• Standort • Klimawandel • Natürliche Ressourcen • Emissionen • Energieeffizienz	• Staatsverfassung • Gesetze und Regulierung • Rechtssystem • Rechtsbewusstsein und -durchsetzung • Rechtsgebiete • Gesundheit und Sicherheit

Tabelle 7: PESTEL-Analyse[11]

Beispielsweise mithilfe der PESTEL-Analyse in Tabelle 7 ist es möglich, die Informationen des Makro-Unternehmensumfelds oder einer Markterschließung zu systematisieren und in Implementierungsvorhaben und das Risikomanagement einfließen zu lassen. PESTEL steht für die politischen, ökonomischen, sozialen, technologischen, ökologisch-geografischen und rechtlichen auf ein Unternehmen wirkenden Einflussfaktoren. Das Modell der PEST-Analyse reicht jedoch in der heutigen Zeit oft nicht mehr aus, weil die ökologisch-geografischen und rechtlichen Determinanten immer wichtiger werden bzw. es bereits sind.

Für die Abtastung des Mikroumfelds sind ähnliche Kriterien anzuwenden. Als Basismodell dienen bspw. die in Kap. 2.1 dargestellten sowie erweiterten Five Forces von Porter. Es ist bei derartigen Analysen jedoch zu beachten, dass sich die einzelnen Branchen und Geschäftsmodelle innerhalb der Finanzdienstleistungsindustrie maßgeblich unterscheiden und deshalb eine gezielte Auswahl von vergleichbaren Geschäftsausprägungen erforderlich machen. Deshalb wurde das Modell in Abbildung 3 um vier weitere determinierende Komponenten erweitert, das auch die Einbeziehung der Makroanalyse aus dem PESTEL-Modell ermöglicht. In diesem Zu-

11 Die PESTEL-Analyse entstammt der PEST-Analyse: 1967 veröffentlichte Francis J. Aguilar, Professor an der Harvard Business School, das Buch »Scanning the Business Environment«, das die ETPS-Analyse der wirtschaftlichen, technischen, politischen, sozialen Einflüsse begründete.

sammenhang sind Gesetzen und Regularien (s. Kap. 3.3), der zunehmend wettbewerbsbestimmenden Digitalisierung des immer margenschwacher werdenden Geschäfts, dem Marktumfeld und den immer neu auftretenden Risiken (s. Kap. 15) sowie einer klaren und dynamischen Unternehmensstrategie (s. Kap. 2.2) sehr viel Aufmerksamkeit zu widmen. Einzubeziehen sind auch Erfahrungswerte aus dem Third-Party Risk Management (s. Kap. 12.1) und dem Einkauf von Daten von Drittanbietern (s. Kap. 2.8.5, 11.2.1 und 15.3.3.1.5).

4.1.2.2 Intern

Die erfolgreichsten und nachhaltigsten Geschäftsmodelle unserer Zeit zeichnen sich durch folgende Schwerpunkte aus:

1. Es existiert eine klare, vorausschauende und umsichtige Managementlinie. Bei eigentümergeführten Unternehmen lassen sich die Eigentümer durch ideal besetzte Gremien kontrollieren. Gleiches gilt bei der Besetzung von Steering Committees und anderen Gremien. Alles beginnt mit einer idealen Personalauswahl und fortwährender Beschäftigung.
2. Das Marktumfeld wird im Rahmen der Dienstleistungs- und Produktentwicklung miteinbezogen und das dort vorhandene zusätzliche Wissen genutzt.
3. Compliance und Risikocontrolling 5.0 wird nicht als notwendiges Übel, sondern als Wettbewerbsfaktor sowie Wegbereiter angesehen (s. Kap. 2.8.2).
4. Digitalisierung wird an geeigneten Stellen eingesetzt und entsprechende Systeme werden entwickelt oder zugekauft.
5. Neuen Risikotypologien wird frühzeitig gebührende Beachtung geschenkt und präventive Maßnahmen werden umgesetzt.
6. Das Management dieser Unternehmen verfügt über hohe Werte, lebt diese vor und verfügt über ein gewisses Maß an Akribie (nicht zu verwechseln mit Mikromanagement).

Wer diese sechs Punkte aufmerksam liest, wird feststellen, dass sie eng miteinander verwoben sind – das sind sie immer. Genauso wenig kann das Risikomanagement vom Geschäft getrennt werden.

»[…] But there are also unknown unknowns – there are things we do not know we don't know«[12] – so endete einer der wohl bekanntesten Sätze einer Rede von Donald Rumsfeld auf einer Pressekonferenz am 12.02.2002. Um dem ungewussten Unwissen noch ein wenig mehr zu entgehen, kann Nutzung interner Informationen hilfreich sein.

12 DoD News Briefing – Secretary Rumsfeld and Gen. Myers, Defense.gov News Transcript, United States Department of Defense. Abrufbar unter: http://www.defense.gov/News (Zugriff: 14.10.2022).

Was im Risikomanagementprozess zu trivial aussieht, ist aber eine nennenswerte Herausforderung, die eine effiziente und effektive Systematisierung, Klassifizierung und Zusammenführung der zahlreichen intern vorhandenen und ständig neu hinzukommenden Risikoinformationen voraussetzt. Gleichzeitig gilt es, diese Informationen mit den externen Informationen und Wirkfaktoren (s. Kap. 4.1.2) zusammenzuführen, abzugleichen und für das Unternehmen zu nutzen. Durch Geschäftsum- und -einstellungen obsolet gewordene Informationen sind zu archivieren, denn es kann immer sein, dass diese Informationen zu einem späteren Zeitpunkt wieder benötigt werden oder Revisionen nachgewiesen werden müssen.

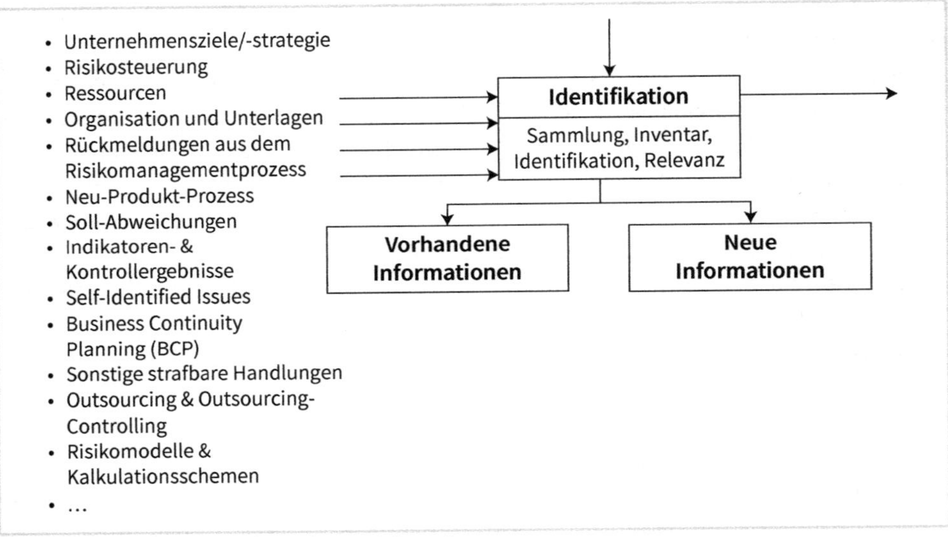

Abbildung 35: Vorhandene und neue interne Informationen

- Unternehmensziele/-strategie (s. Kap. 2.1 und 2.2)
- Risikosteuerung (s. Kap. 3.2)
- Ressourcen (s. Kap. 2.8)
- Organisation und Unterlagen (s. Kap. 3.4)
- Rückmeldungen aus dem Risikomanagementprozess (s. Kap. 4.6)
- »Neu-Produkt und wesentliche Änderungen«-Prozess (s. Kap. 8)
- Projekte (s. Kap. 9)
- Soll-Abweichungen (s. Kap. 5)
- Indikatoren- und Kontrollergebnisse (s. Kap. 6)
- Self-Identified Issues (s. Kap. 7)
- Business Continuity Planning (BCP) (s. Kap. 14)
- Sonstige strafbare Handlungen (s. Kap. 10)
- Risikomodelle und Kalkulationsschemen (s. Kap. 11).

4.2 Beurteilung und Bewertung

Die Beurteilung oder Bewertung von Risiken basiert auf den Ergebnissen der Risikoidentifikation (s. Kap. 4.1). »Ziel der Bewertung ist insbesondere der Vergleich und die Priorisierung der Risiken verschiedener Risikokategorien und Geschäftseinheiten, um so die knappen Ressourcen des Risikomanagements auf die wesentlichen Risiken konzentrieren sowie Kalkulations- und Diversifikationseffekte über die Grenzen verschiedener Geschäftseinheiten hinweg analysieren zu können.«[13] Gerade im operationellen Risikomanagement sollte strikt zwischen einer Beurteilung und einer Bewertung[14] der Risiken unterschieden werden, da sich nicht alle Risiken bewerten lassen.

Bei der Erfassung von Ursachen und möglicher Risiken sowie deren Auswirkungen, die durch die jeweiligen Ursachen getriggert werden können, ist darauf zu achten, dass bestimmte Komponenten im Rahmen der Bruttobewertung/-beurteilung nicht miterfasst werden:[15]

- Die mit dem Risiko einhergehenden Ertragschancen sind von dieser Betrachtungsweise zu trennen. Durch das fehlende Netting werden kompensatorische Effekte vermieden und es wird das vollständige Schadenpotenzial dargestellt.
- Das Schadenpotenzial ist ohne möglicherweise bereits vorhandene oder geplante reduzierende Risikomanagementmaßnahmen (s. Kap. 4.4) darzustellen.

Im Fachjargon wird unter der Ausblendung von Geschäftsfällen und Risikomanagementmaßnahmen vom sog. Bruttorisiko gesprochen. Die Gegenüberstellung mit dem korrespondierenden Geschäftsfall sollte zu einem späteren Zeitpunkt erfolgen, um ein Risiko-/Ertrags- oder Chancenverhältnis ermitteln und darstellen zu können. Zudem sind dann auch die Risikomanagementmaßnahmen, die schlussendlich zum Nettorisiko führen, mit zu berücksichtigen. Auch der durch das Risikomanagement entstehende Aufwand kann dann näher betrachtet werden.

13 Pfennig, M. (2000): Shareholder Value durch unternehmensweites Risikomanagement, in: Johannig, L./Rudolph, B. (Hrsg.): Handbuch Risikomanagement, Bad Soden, S. 1295–1332.

14 Beurteilung ist eine qualitative Meinung/Schätzung; die Bewertung liefert als Ergebnis einen quantifizierten Wert.

15 Vgl. Hornung, K./Reichmann, T./Diederichs, M. (1999): Risikomanagement, in: Controlling 1999, S. 31–325.

Es existieren unterschiedliche Beurteilungs- und Bewertungsmethoden:

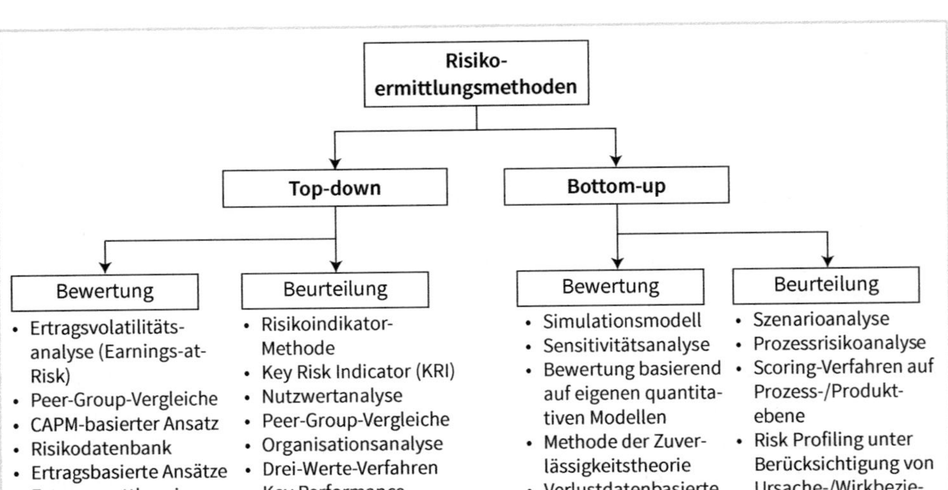

Abbildung 36: Risikobeurteilungen und -bewertungen top-down und bottom-up[16]

4.2.1 Kritische Würdigung einiger Bewertungs- und Beurteilungsansätze

»Um eine gute Grundlage für die Priorisierung und Steuerung von Risiken zu schaffen, sollte die Beurteilung und Bewertung von Risiken verschiedene Anforderungen beinhalten.«[17] Im Regelfall setzt sich das sog. Risiko-Exposure je Risiko aus der Schadenhöhe und Eintrittswahrscheinlichkeit zusammen. Eine Ermittlung beider Größen kann jeweils objektiv oder subjektiv erfolgen.

Die meisten Verfahren sind kritisch zu betrachten. Je nach Situation, Voraussetzung, theoretischer Eignung, Datenverfügbarkeit, Aufwand, Aussagekraft, unternehmens- und risikoklassenübergreifende Managementtauglichkeit und Umfeld ist das beste Verfahren auszuwählen.

16 Romeike, F. (2003): Bewertung und Aggregation von Risiken, in: Romeike, F./Finke, R. (Hrsg.): Erfolgsfaktor Risikomanagement, Wiebaden, S. 185.

17 Vgl. Holst, J./Holtkamp, W. (2000): Risikoquantifizierung und Frühwarnsystem auf Basis der Value-at-Risk-Konzeption, in: BB 2000, S. 815–820.

4.2.1.1 Peer-Vergleiche

Es können externe Erfahrungswerte anderer Marktteilnehmer herangezogen werden, um die dort bereits identifizierten Risiken und entstandenen Soll-Abweichungen nicht selbst zu replizieren bzw. die Daten für eigene Analysen nutzen zu können. Mögliche Ansätze liefern bspw.:

- Datenkonsortien, die von Beratern und Berufsverbänden angeboten werden,
- Branchenstatistiken,
- pressewirksame Vorfälle, die fortwährend transparenter werden und ggf. auch in Detailberichten von Untersuchungsausschüssen münden.

»Es sind jedoch Attribute zu beachten, die die Verwendung derartiger Daten einschränken.«[18] Um eine Vergleichbarkeit der Unternehmen einigermaßen sicherstellen zu können, sollten folgende Attribute vergleichbar sein:

- Finanzdienstleistungsbranche und Geschäftsfelder,
- Marktsegment,
- Produktportfolio,
- Prozesse.

Geht es auch um Soll-Abweichungsdaten, können auch Geschäftsvolumina (z. B. Bilanzpositionen, Umsatz, Mitarbeiterzahl, Portfoliovolumina, Ertragsgrößen) ein wesentliches Vergleichbarkeitskriterium werden. Unabhängig davon ist stets zu beachten, dass es sich um eine externe Sichtweise auf ein Unternehmen handelt, ohne die internen Weisungen, Verantwortlichkeiten und Prozesse einsehen zu können. Es besteht eine Informationsasymmetrie, die zusätzlich zu Fehlleitungen von Ressourcen oder Fehleinschätzungen von Risikopotenzialen führen kann. Entstehungsdaten lassen zudem Rückschlüsse auf die zu dem Zeitpunkt vorherrschenden Umstände zu. Gegebenenfalls müssen – je nach erfasstem Risiko – inflationäre Faktoren korrigiert oder Aufzinsungen vorgenommen werden. Abschließend funktioniert so ein Datenkonsortium aber nur, wenn die Datensätze vollständig gemeldet werden. Immerhin kann es sich um Vorfälle handeln, die eine gewisse Presse- und Reputationswirksamkeit entfalten.

Eine entsprechende Datenqualität und Vollständigkeit ist natürlich Grundvoraussetzung. Ggf. sind die Daten außerdem an der eigenen Unternehmensgröße auszurichten. In der Regel besteht aber auch nur dann eine externe Sichtweise mit wenigen Hintergrundinformationen. Der Beurteilung der Effektivität (s. Kap. 6.1.3) des Datenspenders wäre nämlich ebenso viel Aufmerksamkeit zu widmen.

Sind Vergleichbarkeit und Datenqualität vorhanden, kann versucht werden, die Erfahrungswerte auf die eigene Situation anzuwenden und präventive Maßnahmen zu implementieren.

18 Vgl. Ehrmann, H. (2005): Kompakt-Training, in: Olfert, K. (Hrsg.): Risikomanagement Rating-Basel II, Ludwigshafen 2005, S. 78.

4.2.1.2 Statistische Methoden

Für valide untermauerte Aussagen benötigen statistische Methoden in der Regel eine Vielzahl von qualitativ hochwertigen Datensätzen. Die grundlegenden Details zur objektiven Bewertung von Schadenhöhe und Eintrittswahrscheinlichkeit sind Kapitel 5 »Wertvolle Soll-Abweichungen« zu entnehmen.

»Die **objektive Bewertung** einer **Schadenhöhe** kann nur dann erfolgen, wenn auf Datenbanken und Unterlagen mit umfangreichen Daten zu diesen Ereignissen zugegriffen werden kann. Dabei ist es wichtig zu beachten, dass die Schadenstatistiken vergleichbare Vorfälle beinhalten«[19] und demselben Risiko zugeordnet werden.

»Dem Argument der **Bewertung** der **Eintrittswahrscheinlichkeit** stehen komplexe Verfahren sowie die Tendenz zur Fortschreibung von Vergangenheitsdaten gegenüber.«[20] In diesem Zusammenhang ist auch der Eintrittshäufigkeit viel Aufmerksamkeit zu widmen.

4.2.1.3 CAPM-Ansatz

Der Capital-Asset-Pricing-Modell-Ansatz[21] (CAPM-Ansatz) basiert auf einer Markteinschätzung des Instituts oder einer Gruppe von Unternehmen. Die Markteinschätzung kann verzerrt sein, da im Hinblick auf andere Unternehmen eine Informationsasymmetrie aufgrund einer externen Sichtweise bestehen kann. Der Börsenkurs eines vergleichbaren Drittunternehmens kann zudem aus nicht identifizierbaren Gründen volatil sein. Das Unternehmen kann nur als Gesamtkomplex betrachtet werden und lässt keine Schlüsse auf einzelne Bereiche oder Prozesse zu. Zudem können Vorfälle von existenziellem Ausmaß zu einer Insolvenz anstelle einer Reduktion des Firmenwerts führen.

4.2.1.4 Scoring-Verfahren

Ein Scoring-Verfahren ist äußerst zeitaufwendig, da eine Analyse über alle Produkte und Prozesse durchgeführt werden müsste.

4.2.1.5 Earnings Volatility

In diesem Zusammenhang werden eigene Ertragszeitreihen genutzt, die nur eingetretene Verluste im eigenen Unternehmen beinhalten. Dabei bleiben hohe und seltene, Near Misses, Zero

---

19 Vgl. Ehrmann, H. (2005): Kompakt-Training, in: Olfert, Klaus (Hrsg.): Risikomanagement Rating-Basel II, Ludwigshafen, S. 78.

20 Ebenda, S. 78.

21 Der Ansatz baut auf der Portfoliotheorie von Harry M. Markowitz auf und wurde von William F. Sharpe, John Lintner und Jan Mossin in den 1960er-Jahren unabhängig voneinander entwickelt.

Events sowie bisher nicht aufgetretene Soll-Abweichungen unberücksichtigt (s. Kap. 5). Darüber hinaus kann sich die Verbesserung von Verfahren auf Basis von Schadenfällen kontraindiziert auf die operationelle Resilienz und Compliance-Konformität auswirken.

4.2.1.6 Organisations- und Unterlagenanalyse

Die folgenden sehr zeitaufwendigen Basismethoden können zur Informationsgewinnung, Erfassung und Dokumentation von Risiken eingesetzt werden[22]:

- Die Besichtigung ist in erster Linie bei innerbetrieblichen und technischen Risiken zu bevorzugen, aber auch bei Überprüfung von Outsourcing-Nehmern anzuraten.
- Eine Dokumentenanalyse kann weiteren Aufschluss über mögliche Risiken liefern. Hilfreich können z. B. folgende Unterlagen sein:
  - Prozesse
  - Weisungen
  - Systemdokumentationen
  - gesetzliche und regulatorische Anforderungen.
- Die Organisationsanalyse liefert Details im Hinblick auf Aufbau- und Ablauforganisation.
- Eine Mitarbeiter- oder Expertenbefragung kann unterschiedliche Informationen ergeben.

Abschließend ist aber festzuhalten, dass die Unterlagen – wenn sie denn gut gepflegt sind – nur das vorhandene Wissen beinhalten. Dieses ließe sich allerdings sehr gut mit den extern erhobenen Informationen kombinieren (s. Kap. 4.1.2.1).

4.2.1.7 Prozessorientierter Ansatz

Der prozessorientierte Ansatz ermöglicht eine detaillierte Ursachenanalyse entlang der analysierten und dokumentierten Prozesse sowie deren einzelnen Tasks und Schnittstellen. Auf dieser Basis der lassen sich zuordenbare Risikomanagementmaßnahmen (s. Kap. 4.4) definieren und implementieren. Darüber hinaus sind unternehmensübergreifende Prozessdokumentationen für ein übergreifendes Prozessverständnis, Effizienzsteigerungen und Fehlersuchen äußerst vorteilhaft. Zudem lassen sich Begründungen für die einzelnen Prozessschritte erheben, um eine spätere Entfernung von durchdachten oder begründbaren Maßnahmen zu vermerken. Neben der klassischen Prozessdokumentation und -messung durch entsprechende Systeme lassen sich auch »Neuronale oder Bayes-Netze als Lösungsmöglichkeiten für Ursachen-Wirkungs-Analysen nutzen. Diese ermöglichen zudem eine Ermittlung von Zukunftsszenarien«.[23]

---

22 Brebeck, F./Herrmann, D. (1997): Zur Forderung des KonTraG-Entwurfs nach einem Frühwarnsystem und zu den Konsequenzen für die Jahres- und Konzernabschlussprüfung, in: Die Wirtschaftsprüfung, S. 381–391.

23 Vgl. Beeck, H./Kaiser, T. (2000): Quantifizierung von Operational Risk mit Value-at-Risk, in: Johannig, L./Rudolph, B. (Hrsg.): Handbuch Risikomanagement, Bad Soden, S. 642.

Wie auch im vorstehenden Kapitel erwähnt, ließe sich dieser Ansatz sehr gut mit den extern erhobenen Informationen kombinieren (s. Kap. 4.1.2.1).

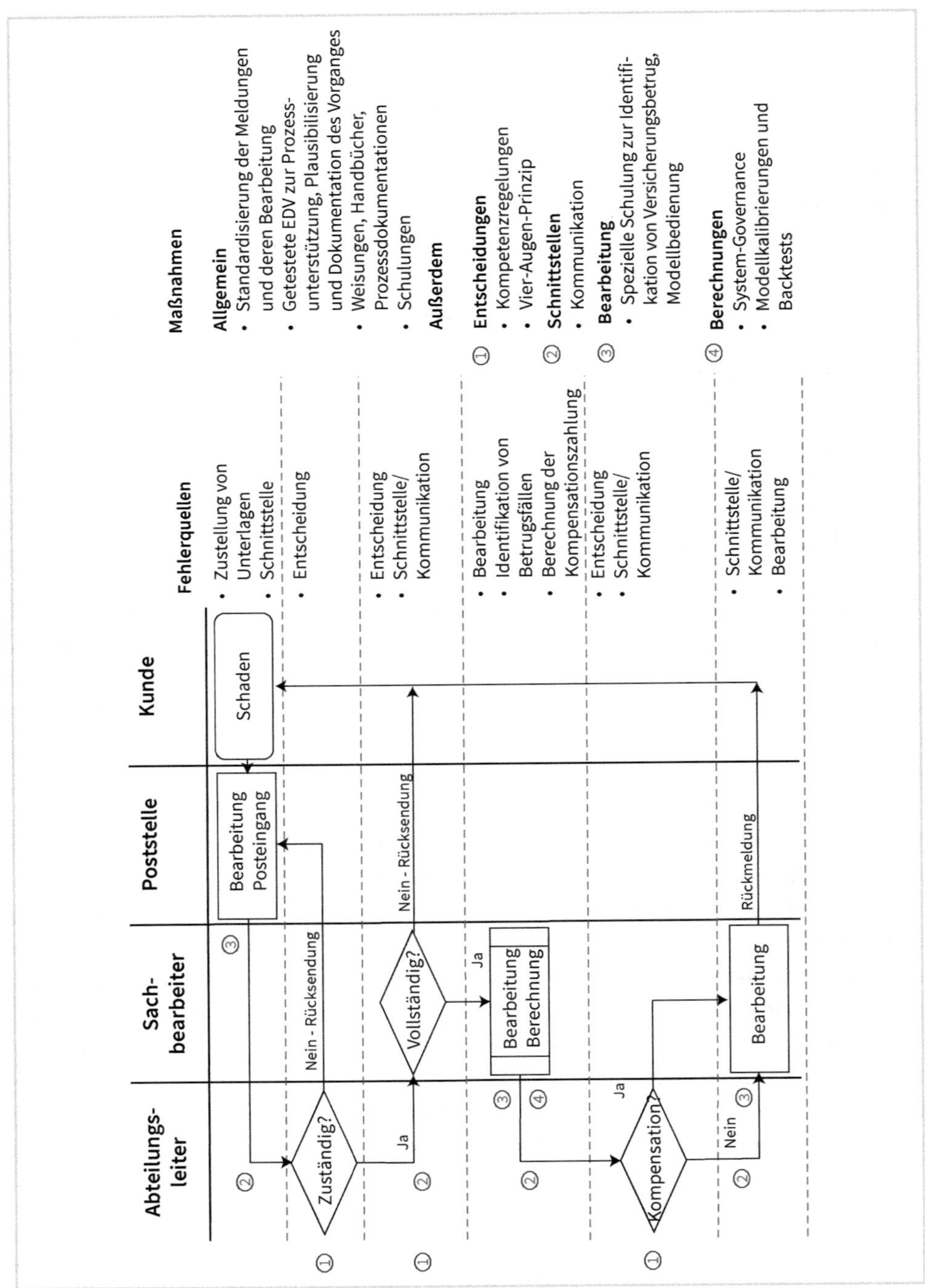

Abbildung 37: Prozessdokumentation zum Risikomanagement und zur Fehlersuche

4.2.1.8 Subjektivität von Beurteilungen

Die **subjektiven Beurteilungen** basieren auf Expertenmeinungen. Einzelmeinungen können einem bereits zuvor behandelten personenbedingten Einfluss und somit einer Unschärfe unterliegen. Im Regelfall handelt es sich aber um das häufiger in der Praxis angewandte Verfahren. Dazu werden internes Wissen und vorhandene Erfahrungen genutzt. Im Idealfall sollte die Meinung durch Dokumentationen belegt werden können oder mehrere Expertenmeinungen zum gleichen Risiko bestehen.

Diese Beurteilungsart kann auch eingesetzt werden, wenn bspw. neue Geschäftsfelder erschlossen oder Unternehmensbereiche umstrukturiert werden, um diese durch geeignete Maßnahmen von Beginn an absichern zu können. Beispielsweise fordern viele Regulatoren im Rahmen der Erschließung eines Markts oder der Beantragung eines neuen Geschäftsfelds Risikoinventare und -einschätzungen ein. Damit wird die Bestandsaufnahme zur wichtigen Grundvoraussetzung noch bevor ein Geschäftsbetrieb aufgenommen werden kann.

Die Beurteilung der **Schadenhöhe** erfolgt vergleichbar zum Vorgehen zur Beurteilung der **Eintrittswahrscheinlichkeit**. In diesem Zusammenhang kann auch die Delphi-Methode[24] zur Anwendung gebracht werden. Die Expertenbeurteilung zusammen mit diesen beiden Kategorien der Risikobeurteilung soll im folgenden Abschnitt weiter ausgeführt werden.

4.2.2 Beurteilung durch Experten

Die klassische und häufig angewandte Risikobeurteilung ist die Beurteilung des Risikos durch einen Experten. Hierbei werden die Kategorien Schadenhöhe und Eintrittswahrscheinlichkeit unterschieden.

Bevor jedoch mit einer erstmaligen Erfassung oder erneuten Beurteilung der Risiken begonnen werden kann, sind Vorüberlegungen ratsam.

Die Anzahl der Skalierungskategorien sind festzulegen. Werden bspw. drei oder fünf Skalen genutzt, ist die Wahrscheinlichkeit hoch, dass vom Experten vorsichtshalber »die goldene Mitte« ausgewählt wird und Tendenzen nicht herausgearbeitet werden. Wird eine gerade Anzahlen von Skalen genutzt, muss sich der Experte zumindest für eine Seite um die Mitte entscheiden.

24 Bei der Delphi-Methode handelt es sich um ein Entscheidungsverfahren. Hier werden die Experten in mehreren Befragungszyklen um ihre Beurteilung gebeten. Es wird versucht, zukünftige Ereignisse, Eintrittswahrscheinlichkeiten, Trends, Lösungen für komplexe Probleme zu erarbeiten, neue Ideen zu generieren oder einfach Meinungen über einen unklaren Sachverhalt zu ermitteln. Das Ergebnis jeden Durchgangs wird dabei zu Beginn des folgenden Durchgangs den teilnehmenden Experten zur Kenntnis gebracht.

Werden zu wenig Skaleneinteilungen vorgenommen, ist es möglich, dass eine wesentliche Unterscheidung in der Priorisierung nicht möglich ist. Bei zu vielen Abstufungen könnte eine Unübersichtlichkeit entstehen. In den Tabellen 8 und 9 wurde deshalb jeweils eine Einteilung in sechs Stufen gewählt.

Level	Schadenhöhe	Definition (Beispiel)
1	Sehr hoch	Schadenausmaß von > EUR 50 Mio. ist möglich (existenzbedrohender Eintritt)
2	Hoch	Schadenausmaß > EUR 1 Mio. und < EUR 50 Mio.
3	Mittel	Schadenausmaß > EUR 0,5 Mio. und < EUR 1 Mio.
4	Gering	Schadenausmaß > 0,1 Mio. und < EUR 0,5 Mio.
5	Sehr gering	Schadenausmaß > 0 Mio. und < EUR 0,1 Mio.
6	Unwahrscheinlich	Bisher hat sich kein Schaden materialisiert. Ein Eintritt kann aber auch nicht ausgeschlossen werden.

Tabelle 8: Skalierung der Schadenhöhe

Um den Größenverhältnissen des Unternehmens Rechnung tragen zu können, sind die Skalen mit entsprechenden realistischen Werten zu versehen: im Bereich der Schadenhöhe mit einer Skalierung von Betragsspannen, in der Eintrittswahrscheinlichkeit mit Häufigkeitsspannen. Dies ist sicherlich der Punkt, in den am meisten Zeit investiert werden muss, da für jedes Risiko ein Gesamtrisiko ermittelt werden sollte, das eine klare Priorisierung der einzelnen Themenstellungen ermöglicht.

Level	Eintrittswahrscheinlichkeit	Definition (Beispiel)
1	Sehr hoch	Eintritt ist innerhalb eines Jahres > 5 Ereignisse
2	Hoch	Eintritt ist innerhalb eines Jahres > 1 und < 5 Ereignisse
3	Mittel	Eintritt ist innerhalb eines Jahres 1 Ereignis
4	Gering	Eintritt alle 3 Jahre zu erwarten
5	Sehr gering	Eintritt alle 10 Jahre zu erwarten
6	Unwahrscheinlich	Risiko ist bisher nicht eingetreten. Ein Eintritt kann aber auch nicht ausgeschlossen werden.

Tabelle 9: Skalierung der Eintrittswahrscheinlichkeit

Werden die Schadenhöhe und Eintrittswahrscheinlichkeit im jeweiligen Spannenanfang multipliziert, ergibt sich eine geschätzte Gesamtrisikobetrachtung je Skalenteil, die die gewünschte Priorisierung ermöglicht. Die Risiken können dann nach Priorität analysiert und einem Risikomanagement unterzogen werden. Der Literatur sind häufig Darstellungen wie in Abbildung 38 zu entnehmen.

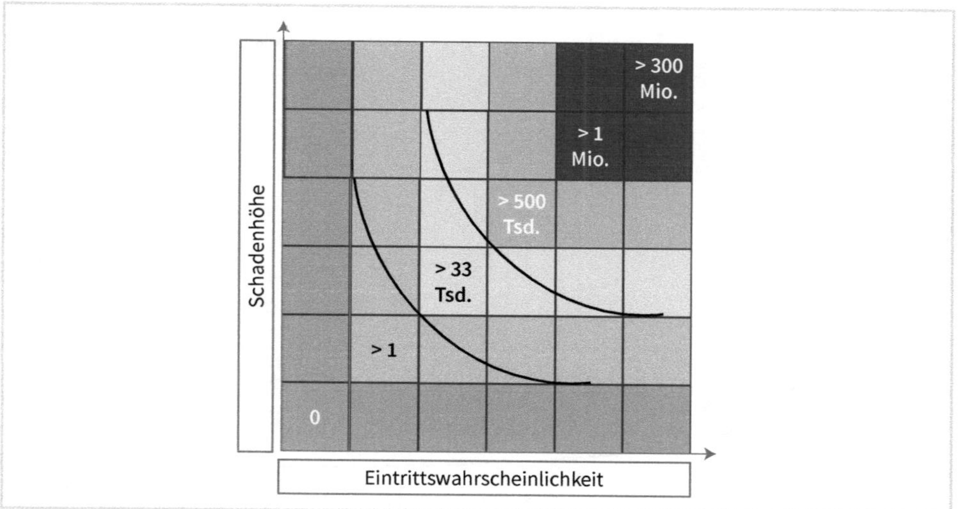

Abbildung 38: Ermittlung des Gesamtrisikos

Durch sie werden auch Herausforderungen und Probleme bei der Wahl der richtigen Skalen und der priorisierten Darstellung deutlich:

- Die Anwendbarkeit der Gesamtrisikoeinstufungen für das im Fokus stehende Unternehmen (Akzeptanz der Betragsgrößen).
- Die beschrifteten Gesamtrisikoergebnisse wurden durch eine Multiplikation von Schadenhöhe und Eintrittswahrscheinlichkeit gebildet. Werden alle Kombinationen durchgerechnet, kommt es hier zu Abweichungen und somit Fehlkategorisierungen in der farblich dargestellten Gesamtrisikoabstufung.
- Die ursprüngliche statische Kategorisierung von Schadenhöhe und Eintrittswahrscheinlichkeit ermöglicht keine feinere Differenzierung.
- Die betraglichen Abstände zwischen den einzelnen Gesamtrisikokategorien sind unterschiedlich. Hier stellt sich die Frage nach einer linearen Skalierung, da eine logarithmische Skala die Qualität der Ablesung verzerren kann.
- Das Ergebnis »Gesamtrisiko« verläuft weder stufenweise noch linear zwischen den beeinflussenden Faktoren Schadenhöhe und Eintrittswahrscheinlichkeit. Der Kombination beschreibt eine Kurve, wie in schwarzer Farbe beispielhaft eingezeichnet.

Daher empfiehlt es sich, die Risikokategorisierung rückwärts zu planen. Die übergeordnete Skalierung des Gesamtrisikos ist dabei auf den Risikoappetit der Organe (Aufsichtsrat sowie Geschäftsleitung) abzustimmen. Diese Einteilung setzt die Kombinationsmöglichkeiten zwischen Schadenhöhe und Eintrittswahrscheinlichkeit fest, die linear dargestellt zu einem bestimmten Betrag führen. Ferner sollten die Erfassungsmöglichkeiten für Risiken flexibilisiert werden. Zur feineren Priorisierung könnte zudem ein Q-Q-Plot[25] herangezogen werden.

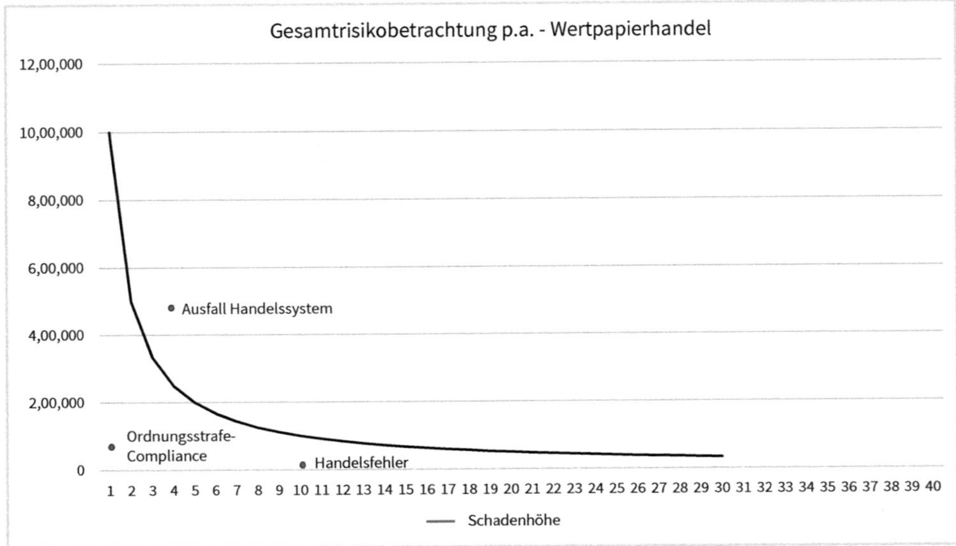

Abbildung 39: Q-Q-Plot mit EUR-1-Mio.-Kurve aus Schadenhöhe und Eintrittswahrscheinlichkeit

Der Grafik in Abbildung 39 sind nun mehrere Informationen zu entnehmen. Die Schadenhöhe wird linear auf der Ordinate, die Eintrittswahrscheinlichkeit p. a. auf der Abszisse abgetragen. Die Kurve skaliert EUR 1 Mio. Gesamtrisiko als Multiplikation aus Schadenhöhe und Eintrittswahrscheinlichkeit. Das Einzeichnen mehrerer Kurven in für das jeweilige Unternehmen angemessenen Größenordnungen ist in der Praxis anzuraten.

Die Übersichtlichkeit der gegebenen Einschätzungen gibt nun sehr viel Aufschluss über die weitere Vorgehensweise. Handelsfehler resultieren zumeist aus fehlerhafter Kommunikation, Auftragserfassungen oder Missverständnissen (10 Handelsfehler á EUR 50.000). Hier kann zumeist nur mit viel Awareness oder einem Vier-Augen-Prinzip unterstützt werden. Eine Nicht-Compliance ist natürlich nicht akzeptabel. Hier ist eine Ordnungsstrafe in Höhe von EUR 100.000 zu erwarten. Da es hier auch um Außenwirksamkeit und weitere Konsequenzrisiken gehen kann, ist die Angelegenheit, auch wenn sie ein geringeres Gesamtrisiko aufweist, sehr hoch zu priorisieren. Die Ursachen für die vier prognostizierten Handelssystemausfälle á EUR 500.000 sind unbedingt zu überprüfen. Diese liegen insgesamt über der EUR-1-Mio.-Marke. Je nach festgestellter Ursache kann davon ausgegangen werden, dass das Problem eher zunimmt. Die Zunahme kann dabei durch Determinanten wie End-of-Life-Technologie, Inkompatibilitäten

25 Ein Quantil-Quantil-Diagramm ist ein grafisches Werkzeug, in dem die Quantile zweier statistischer Variablen gegeneinander abgetragen werden, um ihre Verteilungen zu vergleichen.

zwischen Systemen, zunehmendes Handelsvolumen und Marktverwerfungen maßgeblich beeinflusst werden.

4.2.3 Die Beurteilung und Bewertung des Brutto- (Inherent) und Nettorisikos (Residual)

Die Beurteilung und Bewertung des Brutto- und Nettorisikos ist ein wesentlicher Zwischenschritt zur Priorisierung und zum Management der Risiken. Sofern belastbares Zahlenmaterial und entsprechende Erfahrungswerte vorhanden sind, kann die Bewertung auch durch stochastische Rechnungen (s. Kap. 5.4) erfolgen. Ist das Zahlenmaterial nicht vorhanden, können Bewertung und Beurteilung auf Basis einer Expertenmeinung erfolgen. Das Bruttorisiko entspricht der aktuellen Situation ohne alle vorhandenen risikoreduzierenden Maßnahmen. Das Nettorisiko stellt den aktuellen Ist-Zustand nach Kontrollen (s. Kap. 6.1) und risikomitigierenden Maßnahmen (s. Kap. 4.4) einer möglichen Schadenhöhe und Eintrittswahrscheinlichkeit dar. Hier ist es aufgrund der aktuellen Erfahrungswerte noch relativ einfach, eine Einschätzung abzugeben.

Ist das Verständnis für die Einschätzung des Brutto- und Nettorisikos grundsätzlich vorhanden, ist der Grundstein für eine geeignete Priorisierung gelegt.

4.3 Priorisierung

4.3.1 Kontinuierliche Bewertung von Risiken

Die Beurteilung oder Bewertung von Risiken ist von zentraler Bedeutung, damit die Erarbeitung risikoreduzierender Maßnahmen (s. Kap. 4.4) entlang eindeutiger Prioritäten und Prozessen erfolgt. Dadurch wird verhindert, dass Ressourcen auf weniger relevante Risiken fehlgelenkt werden und wesentliche Risiken eine gebührende Beachtung und ein entsprechendes Management erfahren. Im Rahmen des Regelkreises ist jedoch darauf zu achten, dass die zuvor herangezogenen Daten sich im Zeitverlauf ändern können und vormals unbedeutende Risiken, bspw. durch Geschäftsausweitung in einem Bereich, an Bedeutung gewinnen können. Deshalb ist es wichtig, auch aktuell geringen Risiken in gewissen Zeitabständen wieder Aufmerksamkeit zu widmen sowie deren Kategorisierungen neu zu überprüfen. Ebenso sollten Risiken, die aufgrund von Geschäftseinstellungen nicht mehr existent sind, archiviert werden, um auch an dieser Stelle keine Ressourcen aufzuwenden. Sollten die zuvor eingestellten Geschäftsfelder zu einem späteren Zeitpunkt oder bspw. in einem anderen Land wieder aktiviert werden, können die archivierten Risikodaten wertvolle Erfahrungswerte darstellen, sofern die Rahmenbedingungen (z. B. Regulierungen, Art) nicht wesentlich abweichen. Es ist zwischen einer objektiven Bewertung und einer subjektiven Beurteilung der Soll-Abweichungen zu unterscheiden.

4.3.2 Verzerrungen und Abhängigkeiten

Wenn es sich nicht um eindeutige und einem Risiko zuordenbare Solldatenabweichungen, sondern eher um Expertenmeinungen handelt, sollten die Daten auf mögliche Verzerrungen, persönliche Ziele sowie Fehleinschätzungen hin überprüft werden.

4.3.2.1 Persönliche subjektive Sichtweisen

Über die in Kap. 2.7 bereits im Rahmen der Vorüberlegungen beschriebenen, eine Risikobestandsaufnahme beeinflussenden Faktoren, gibt es einige weitere:

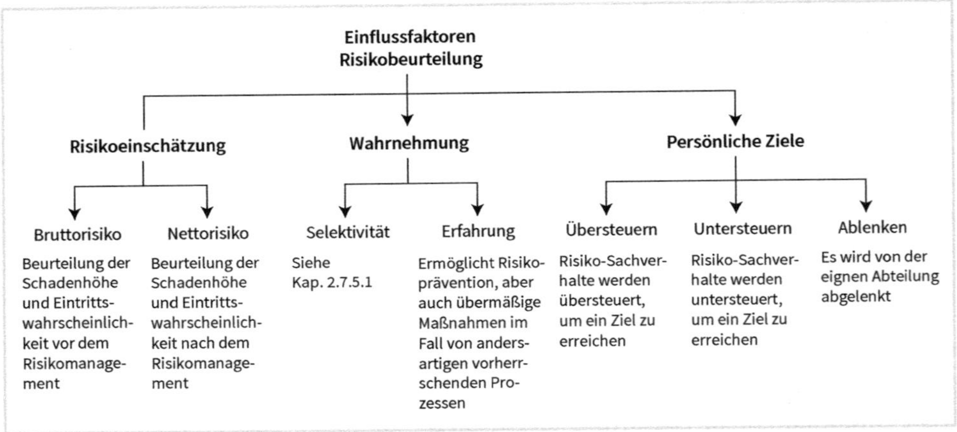

Abbildung 40: Menschliche Einflussfaktoren im Rahmen der Risikobeurteilung

Im Rahmen der Beurteilung des **Bruttorisikos** fällt es den Experten meistens schwer, sich vorzustellen, wie hoch die Schadenhöhe und die Eintrittswahrscheinlichkeit ohne die Risikomanagementmaßnahmen eines Risikos einzustufen wären. Das Bruttorisiko stellt in diesem Zusammenhang die mögliche Schadenhöhe und Eintrittswahrscheinlichkeit vor der Implementierung von risikoreduzierenden Maßnahmen (s. Kap. 4.4) dar. Dies wird auch dadurch erschwert, dass meistens – anders als bei einer Unternehmensneugründung oder Erschließung eines neuen Geschäftsbereichs – bereits implementierte risikoreduzierende Maßnahmen vorhanden sind. Hier ist eine nicht zu unterschätzende Vorstellungskraft des Experten gefordert, um eine einigermaßen realistische Einschätzung abgeben zu können, da sehr häufig:

- das Nettorisiko in den Fokus der Beurteilung rückt (Wie sieht es aktuell aus?);
- bestimmte risikoreduzierende Maßnahmen, die bspw. von einem System durchgeführt werden, vom Experten unberücksichtigt bleiben, da sie von ihm persönlich im Tagesgeschäft nicht angewandt werden;
- das Zuständigkeitsgefühl für nicht selbst durchgeführte Maßnahmen fehlt.

Bei den vorhandenen Maßnahmen ist auch die Frage, ob und inwiefern sich der Risikomanager für die Maßnahmen verantwortlich fühlt, wenn es sich bspw. um systemseitig vorgesehene Plausibilisierungen oder Berechnungen handelt und diese als gegeben angenommen werden könnten.

Das **Nettorisiko** ist hingegen der aktuelle Zustand oder das Bruttorisiko abzüglich aller risikoreduzierenden Maßnahmen. Wenn jedoch das Nettorisiko dem Risikoappetit (s. Kap. 3.2.3) nicht entspricht, sind weitere risikoreduzierende Maßnahmen in Erwägung zu ziehen. Somit handelt es sich im Rahmen der späteren Priorisierung auch um die wichtigste Größe. Um die Risikomanagement-Eigenleistung messbar machen zu können, sollte die Versicherungen von operationellen Risiken stets außer Acht gelassen und eher als »Fall-Back-Absicherung« betrachtet werden. Je nach Dokumentationslevel des Risikos (siehe unterschiedliche Dokumentationsverfahren und -level im Abschnitt 4.4), sollten auch die Ursachen, die zu dem Risiko führen, aufgenommen und beurteilt werden. Die Beurteilung der Ursache sollte widerspiegeln, mit welcher Wahrscheinlichkeit sie für den Eintritt des Risikos sorgen kann. Die identifizierten Ursachen sind dann durch ein entsprechendes sowie gezieltes Risikomanagement zu begrenzen.

Die **selektive Wahrnehmung** von Risiken wurde bereits übergreifend in Kap. 2.7.5.1 behandelt. Die **Erfahrung** ist im Regelfall ein großer Vorteil, kann aber auch zum Nachteil gereichen. Der Vorteil tritt ein, sobald es sich um die uneigennützige Einschätzung eines Experten handelt, der bereits seit mehreren Jahren im Unternehmen tätig ist. Er kann seine Erfahrungen im Rahmen der aktuellen Situation über bisherige Schadenhöhen und Häufigkeiten in die Bestandsaufnahmen einfließen lassen, muss aber auch die aktuelle Situation im Hinblick auf die bisher ergriffenen Maßnahmen beurteilen. Handelt es sich um einen Experten, der noch nicht so lange im Unternehmen tätig und mit dem Umfeld sowie seiner Historie vertraut ist, kann es zu einer importierten Einschätzung des Risikos kommen. D. h., es kann zu einer ähnlichen Situation kommen, wie bei einer Hinzuziehung externer Risikodaten; die Daten würden aus den Erfahrungen bisheriger Unternehmen stammen und nicht die Situation des im Fokus stehenden Unternehmens widerspiegeln.

Nun kommen wir zu den gewollten Verzerrungen von Risikomanagern – den Experten. Eine **Übersteuerung** tritt dann ein, wenn der Experte sich bspw. über Führungsspannen definiert und das Risiko »Ressourcenknappheit« auch in der Nettobetrachtung als hoch einstuft, obwohl der Bedarf gar nicht gegeben ist. Eine ähnliche Situation kann auch erreicht werden, wenn ein Risikoportfolio mit überdurchschnittlich hohen Risikoeinschätzungen dargestellt wird. In solchen Fällen und bei fehlender Filterung werden Ressourcen fehlalloziert und übertragen sich auf die Kostenstruktur des Unternehmens. Ebenso problematisch verhält es sich mit dem **Untersteuern** von Risiken. »Noli turbare circulos meos!«[26], so lautet daher die Strategie einiger Spezialisten, die von ihrem Verantwortungsbereich durch geringes Risikopotenzial

26 Übersetzt: Störe meine Kreise nicht! Der Ausspruch soll von Archimedes von Syrakus (um 287–212 v. Chr.), einem griechischen Mathematiker, Physiker und Ingenieur, stammen.

ablenken wollen. Die Motivationen können unterschiedlich sein, so lassen sich einfache Ungestörtheit, über den Wunsch, »die vollständige Kontrolle zu behalten«, bis hin zu einer vernachlässigten Dokumentation von Weisungen, Risiken, Prozessen und Kontrollen oder sogar das Verbergen von Schäden als mögliche Gründe anführen. Diese Verhaltensweisen führen dann zu einer **Ablenkung** der zweiten Verteidigungslinie (s. Kap. 3.4.1.1.3) auf höher priorisierte Risiken.

#RISKHACKS

Als »Lackmustest«[27] und zur Verhinderung derartiger Fehlbildungen und -einschätzungen werden deshalb folgende Maßnahmen empfohlen:

- Unterstreichung der Wichtigkeit durch das Management durch Kommunikation/Weisung/Zielvereinbarung (s. Kap. 2.6.2 und 2.6.3),
- Einbeziehung des Glaubwürdigkeitspunktes (s. Kap. 2.8.6),
- Heranziehung der Soll-Abweichungen (s. Kap. 5),
- Abweichungen zwischen prozessual vergleichbaren Abteilungen in Risikoeinschätzung und im Hinblick auf identifizierte Kontrollen (s. Kap. 4.5 und 4.6). Sollten die Risiken in der betrachteten Abteilung tatsächlich niedrig einzuschätzen sein, lohnt sich ein Blick in die Abteilung ohnehin, um auch die anderen Bereiche von den dort vorherrschenden Implementierungen profitieren zu lassen.
- Es sollte beachtet werden, dass nur rudimentär dokumentierte Bereiche mit einer geringen Mitarbeiterfluktuation spätestens dann fehleranfällig werden, sobald die Fluktuation zunimmt und die Prozesse von den eingespielten Mitarbeitenden nicht mehr stabilisiert werden können.
- Versuchen Sie dem schätzenden Experten ein Bespiel an die Hand zu geben, das seine bildliche Vorstellungskraft fordert: Stellen Sie sich vor, sie fahren ohne Tacho und Tempomat Auto. Wie hoch schätzen Sie Schadenhöhe und Eintrittswahrscheinlichkeit ein, dass Sie wegen zu schnellen Fahrens einen Strafzettel erhalten (Bruttorisiko)? Geben Sie die risikoreduzierenden Maßnahmen und Tacho und Tempomat wieder hinzu (Nettorisiko).

4.3.2.2 Eintritt von Risiken

Bei der Analyse von Risiken ist geschäftsübergreifend auch zu berücksichtigen, dass es unwahrscheinlich ist, dass sich mehrere Risiken gleichzeitig in mehreren Abteilungen materialisieren und dadurch hohe Verluste realisiert werden müssen. Ebenso ist es unwahrscheinlich, dass sich mehrere nicht miteinander korrelierende Risiken in einer Abteilung gleichzeitig materialisieren.

27 In der Chemie wird Lackmuspapier zur Bestimmung des pH-Werts von Flüssigkeiten eingesetzt. Färbt sich das Lackmus rot, zeigt es eine saure Umgebung an. Blau weist auf eine basische Flüssigkeit hin.

4.3.2.3 Korrelationen

Einzelne operationelle Risiken können korrelieren mit oder abhängig sein von:

- anderen operationellen Risiken derselben oder einer anderen Kategorie,
- Konsequenzrisiken (finanziellen Auswirkungen, regulatorischen oder Reputationsrisiken),
- anderen Risikokategorien (z. B. Marktrisiken).

Auch wenn im Hinblick auf den letzten Fall eine Korrelation mit anderen Risikokategorien in der allgemeinen Fachliteratur häufig als vernachlässigbar bezeichnet wird, so kann ein:

- ursächlich operationelles Risiko ausschlaggebend für eine fehlende Marktbeherrschung sein (z. B. fehlerhafte Daten, Systemfehlfunktionen),
- Marktrisiko sowie die vorherrschende Volatilität maßgeblich die Höhe einer Soll-Abweichung eines ursächlichen operationellen Risikos determinieren (z. B. Handelsfehler, Fehlentscheidungen bei aktiv gemanagten Mandaten).

Bei der Priorisierung von operationellen Risiken ist eine Betrachtung möglicher Konsequenzrisiken (s. Kap. 2.7.3) bei Eintritt unerlässlich. Erst die Betrachtung dieser Dominoeffekte gibt Aufschluss über die Brisanz der Risiken.

Operationelle Risiken können genauso untereinander korrelieren. Deshalb ist es wichtig, die Ursache und mögliche Folgen zu eruieren, um ein übergreifendes Schadenausmaß ermitteln zu können. Andererseits sollten durch die Betroffenheit unterschiedlicher erhobener operationeller Risiken keine Mehrfachaufnahmen und damit Bewertungen oder Beurteilungen erfolgen. Dies könnte ein falsches Bild über das gesamte Risiko-Exposure eines Unternehmens vermitteln.

Beispiel

Ein verantwortlicher Mitarbeitender der IT wird zum Thema »End-of-Life-Technologie« nicht geschult, deshalb wechselt er nach einer bestimmten Zeit die Hardware des Servers nicht aus, dies führt zu einem Ausfall des Servers und der darauf befindlichen Handelssoftware, der Handel kann keine Orders am Markt platzieren und die Volatilität des Markts sorgt für nennenswerte ungünstige Entwicklungen der Wertpapierkurse und Compliance-Verstöße, weil die regulatorisch geforderten Best-Execution-Anforderungen nicht eingehalten werden können, der realisierte Kurs führt zu einer Kundenbeschwerde. Abschließend verhängt die Regulierungsbehörde eine Ordnungsstrafe wegen eines unzureichenden Business-Continuity-Plans sowie IKS[28], IT-Managements[29] und Verstößen gegen die MiFID-II-Richtlinie[30]. Der Kunde muss zudem für die entstandene Kursdifferenz entschädigt werden.

28 EBA Guidelines on internal governance under Directive 2013/36/EU (EBA/GL/2017/11).
29 EBA Guidelines on ICT and security risk management (EBA/GL/2019/04).
30 Markets in Financial Instruments Directive – MiFID II (2014/65/EU).

4.3.2.3.1 Risikoerhebung: Ansatz des Committee of Sponsoring Organizations of the Treadway Commission (COSO)[31]

COSO hat gem. Aufzeichnungen in den frühen 1990er-Jahren erstmalig einen Standard für die Ausgestaltung eines Internen Kontrollsystems (IKS) entwickelt und publiziert. Grundsätzlich gliedert es sich in die drei Zielkategorien:[32]

- operationelle Risiken,
- Finanzberichterstattung,
- Compliance.

Die Komponenten des COSO-Ansatzes beinhalten das Kontrollumfeld, die Risikobeurteilung, Kontrollaktivitäten sowie die Information und Kommunikation. Der Ansatz wurde im Jahre 2004 in einer weiterentwickelten Form veröffentlicht. Hier wurde folgende Definition erarbeitet:

> »Enterprise Risk Management (ERM) ist ein Prozess, der von der Unternehmensführung, den Führungskräften und anderen Mitarbeitern durchgeführt wird. Er wird in der strategischen Planung und im gesamten Unternehmen eingesetzt und dient dazu, potenzielle Soll-Abweichungen zu identifizieren, die das Unternehmen beeinflussen können, das Risiko eines Unternehmens innerhalb dessen ›Risikoappetits‹ zu halten sowie eine relative Sicherheit bzgl. der Erreichung der Unternehmensziele zu gewährleisten.«

Der nachstehend dargestellte COSO-Würfel veranschaulicht die drei Dimensionen des Ansatzes sowie dessen Multidimensionalität. So gibt es einen direkten Zusammenhang zwischen den Zielen sowie der Strategie einer Organisation und den Vorgaben eines unternehmensweiten Risikomanagements (s. Kap. 2). Die Darstellung führt die Gesamtheit des unternehmensweiten Risikomanagements einer Organisation und die Zielkategorien, Komponenten, Organisationseinheiten oder jede Untermenge davon zusammen.

Im Jahr 2013 wurde dann eine weitere Fassung veröffentlicht. Sie wurde noch um die 17 in Tabelle 10 dargestellte Prinzipien ergänzt, die den fünf schon genannten Komponenten des COSO-Modells zugeordnet wurden und diese weiter ausführt:

COSO-Prinzipien effektiver Kontrolle	
Kontrollumfeld (Control Environment)	1. Bekennt sich zu Integrität und ethischen Werten 2. Nimmt Aufsichtspflicht wahr 3. Schafft Strukturen, legt Verantwortung und Zuständigkeiten fest 4. Bekennt sich zu Kompetenz 5. Fordert Verantwortung und Rechenschaftspflicht ein

31 https://www.coso.org/SitePages/Home.aspx (Zugriff: 23.02.2022).

32 Vgl. Moeller, R. R. (2007): COSO Enterprise Risk Management, Preface, John Wiley & Sons, Inc., New Jersey

COSO-Prinzipien effektiver Kontrolle	
Risikobeurteilung (Risk Assessment)	6. Legt angemessene Ziele fest 7. Identifiziert und analysiert bestehende Risiken 8. Bewertet Betrugsrisiken 9. Identifiziert und analysiert wesentliche Veränderungen
Kontrollaktivitäten (Control Activities)	10. Legt fest und entwickelt Kontrollaktivitäten 11. Legt fest und entwickelt allgemeine IT-Kontrollen 12. Setzt Richtlinien und Verfahren ein
Information & Kommunikation (Information & Communication)	13. Verwendet relevante Informationen 14. Kommuniziert intern 15. Kommuniziert extern
Überwachung (Monitoring Activities)	16. Führt laufende (prozessintegrierte) und/oder getrennte Überprüfungen durch 17. Beurteilt und kommuniziert Mängel

Tabelle 10: Die 17 COSO-Prinzipien (2013)[33]

Anhand der spezifizierten Komponenten kann das Management eines Finanzdienstleisters prüfen, ob das IKS vollständig, effizient und effektiv umgesetzt wird. Mit dieser Erweiterung wurde der Finanzberichterstattung auch die Berichterstattung von nicht-finanziellen Komponenten hinzugefügt. Faktoren wie Governance und externe Themenstellungen (Auslagerungen, Kooperationen) werden wie in Abbildung 41 dargestellt zusätzlicher Bestandteil des Konzepts.

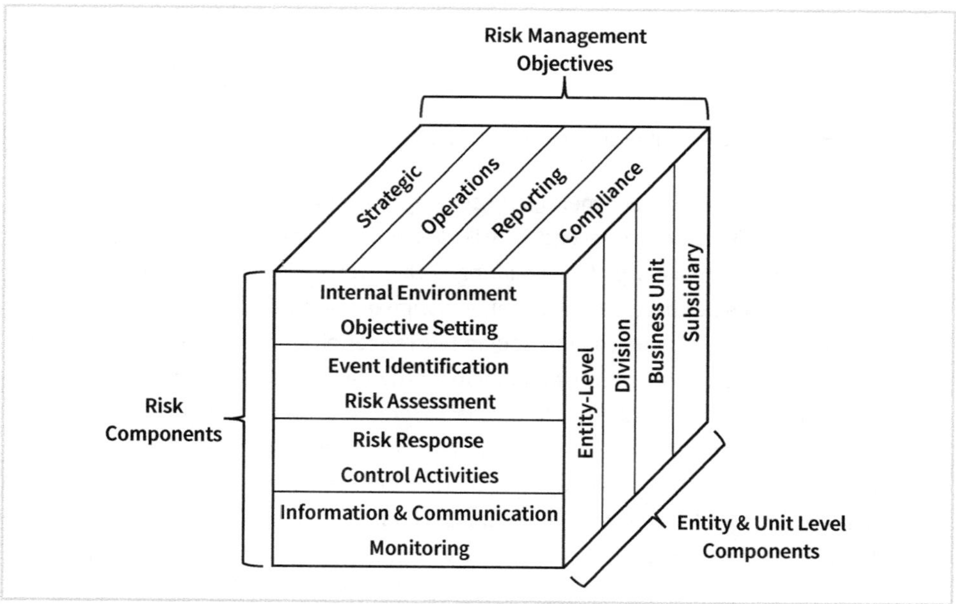

Abbildung 41: COSO-Würfel – Enterprise Risk Management Framework[34]

33 https://www.coso.org/Shared%20Documents/CROWE-COSO-Internal-Control-Integrated-Framework.pdf (Zugriff: 22.02.2022).

34 Vgl. Moeller, R.R. (2007): COSO Enterprise Risk Management, S. 53.

Anfang September 2017 hat COSO ein aktualisiertes Konzept herausgebracht, das:

- Strategie-, Entscheidungs- und Performance-Komponenten berücksichtigt,
- die Zusammenhänge zwischen Strategie, Risikomanagement und Unternehmenserfolg ausführt,
- den COSO-»Würfel« durch ein dreistufiges Prozessmodel ablöst,
- Risikomanagement verstärkt als repetitiven kybernetischen Regelkreis versteht.

Beispiel

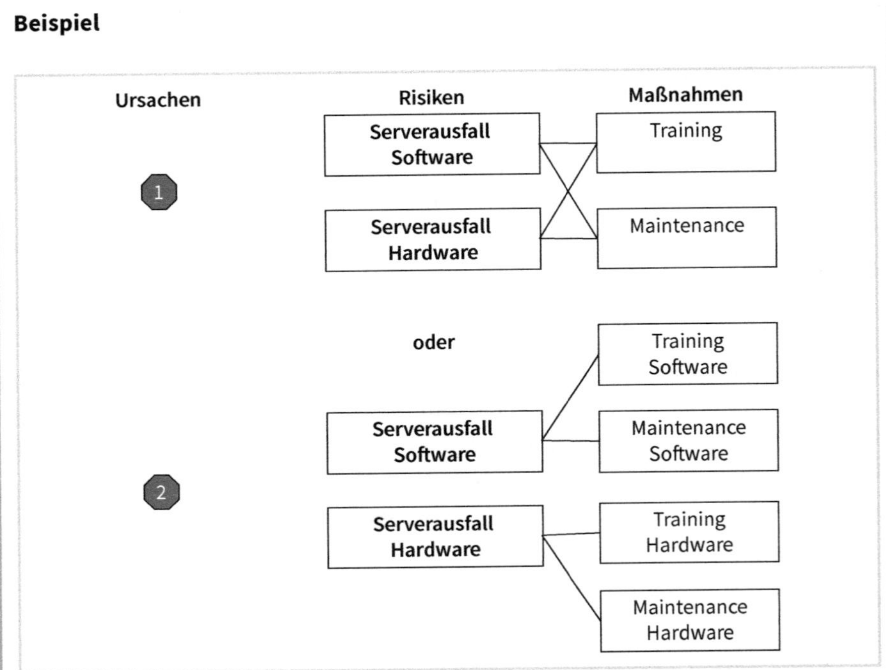

Abbildung 42: Beispiel Risikomanagement COSO-Ansatz

Im COSO-Ansatz und seinen meisten Umsetzungen wird im Regelfall zunächst die Frage nach dem Risiko gestellt (präventive Risikobestandsaufnahme zur Erstellung eines Inventars). In unserem Beispiel in Abbildung 42 Nr. 1 wurde ein Serverausfallrisiko durch Software und eines durch Hardware aufgenommen, da je Risiko eine umfassende Risikodefinition und Abgrenzung zu anderen Risiken erfolgen muss, um es im nächsten Schritt angemessen managen zu können. Würde das allgemeine Risiko »Serverausfall« definiert werden, würde textuell eine äußerst lange Definition entstehen, um im nächsten Schritt risikoreduzierende Maßnahmen berücksichtigen zu können. Auf dieser Basis stellt sich dann die Frage nach den risikoreduzierenden Maßnahmen. Wie aus den Ansätzen Nr. 1 und 2. ersichtlich sind auch hier verschiedene Lösungen denkbar. Die Lösung 2 kann jedoch themenspezifischer und granularer ausgestaltet werden. Bestehen hinsichtlich der beiden Risiken unterschiedliche Fachbereichsverantwortlichkeiten, können sie und die Maßnahmen bei Nr. 2 eindeutig und klar zugeordnet werden, während es bei Nr. 1 zu einer Vermischung käme. Der Vorteil des COSO-Ansatzes liegt in seiner Flexibilität, die aber auch gleichzeitig ein Nachteil sein kann.

So sind die Definitionshöhen frei wählbar, was über das gesamte Risiko Assessment zu unterschiedlichen Granularitätsebenen führen kann. In unserem vorstehenden Beispiel würde ein mit Sicherheit hohes Bruttorisiko im Rahmen der Risikobeurteilung doppelt gemessen werden.

Risikoerhebung

Bruttorisiko	**Nettorisiko**
H	?
----------------	----------------
Gewichtetes Gesamtrisiko 2*H	Gewichtetes Gesamtrisiko 2*?

Abbildung 43: Mehrfacherhebung eines Risikos und Übergewichtung des Gesamtrisikos

Gerade bei diesem Beispiel kann es noch sehr viel mehr Risiken geben, die auf ein Ursachenniveau gehoben werden und dadurch, wie in Abbildung 43 dargestellt, mehrfach erhoben sowie aggregiert werden und somit die Gesamtrisikosicht, -steuerung und Auslastungsgrade bspw. eines Indikatorensystems zur Messung des Risikoappetits verzerren. Hierdurch kann es zu Fehlentscheidungen und -allokationen von Ressourcen kommen.

In Abbildung 44 bedeutet das fünfmal ein hohes Bruttorisiko, obwohl der Server nur einmal ausfallen kann. Nach Maßnahmen würde das Nettorisiko auch entsprechend häufig gezählt und somit aggregiert werden. Hier kann es im Verhältnis zu anderen wesentlichen Themenstellungen zu einer Fehlleitung der Aufmerksamkeit und von Ressourcen kommen.

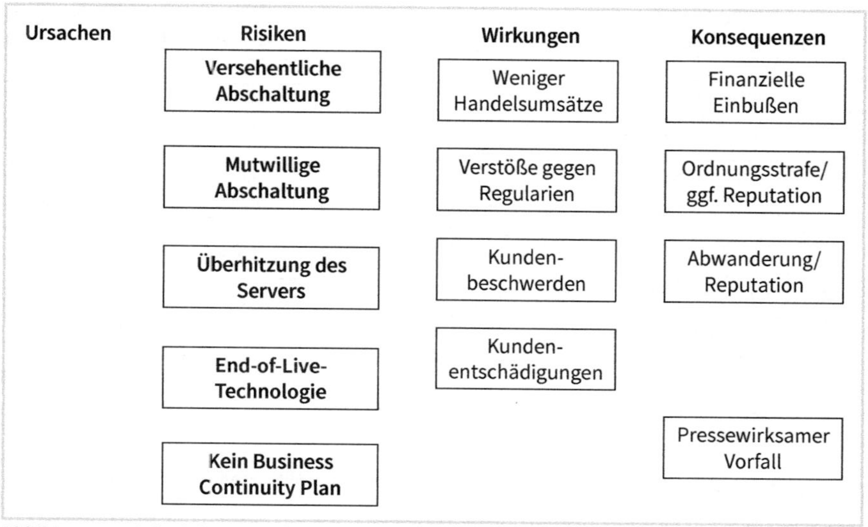

Abbildung 44: Risikodefinition ggf. mit hoher Granularität und Auswirkungen

> Die hier mit Wirkungen und Konsequenzen ausgeführten Risiken wären die Folgen eines Serverausfalls, wenn es keinen Spiegelserver mit entsprechenden Umschaltvorrichtungen, unterbrechungsfreier Stromversorgung und Notstromlösungen gäbe (s. Kap. 14).

Auch wenn es sich um eine weiterentwickelte Fassung des vorherigen Standards handelt, ist er doch für Unternehmen in den USA entwickelt worden und berücksichtigt die spezifischen und hohen Anforderungen an einen Finanzdienstleister und die EU-Regulierungsanforderungen nicht im ausreichenden Maß. Die Finanzindustrie sieht sich mit einem hohen Maß an zusätzlichen Risiken und Herausforderungen konfrontiert. Zudem werden ihr weiterführende Aufgaben auferlegt, die u. a. Geldwäscheprävention und die Umsetzung von ESG-Anforderungen (s. Kap. 15.3) beinhalten.

4.3.2.3.2 Risikoerhebung: Ansatz der Operational Riskdata eXchange Association (ORX)[35]

Aufgrund der Marktrelevanz sollten geringe Soll-Abweichungen bei geringer Marktvolatilität auch entsprechend gewürdigt werden und die Risikoanalysehöhe richtig gewählt werden. Hier empfiehlt sich der ORX-Ansatz in Abbildung 45. Der Standard gibt sog. Events vor, die auch gleichzeitig die Flughöhe determinieren und die Zuordnung ebenfalls vorgegebener Ursachen ermöglichen.

Beispiel

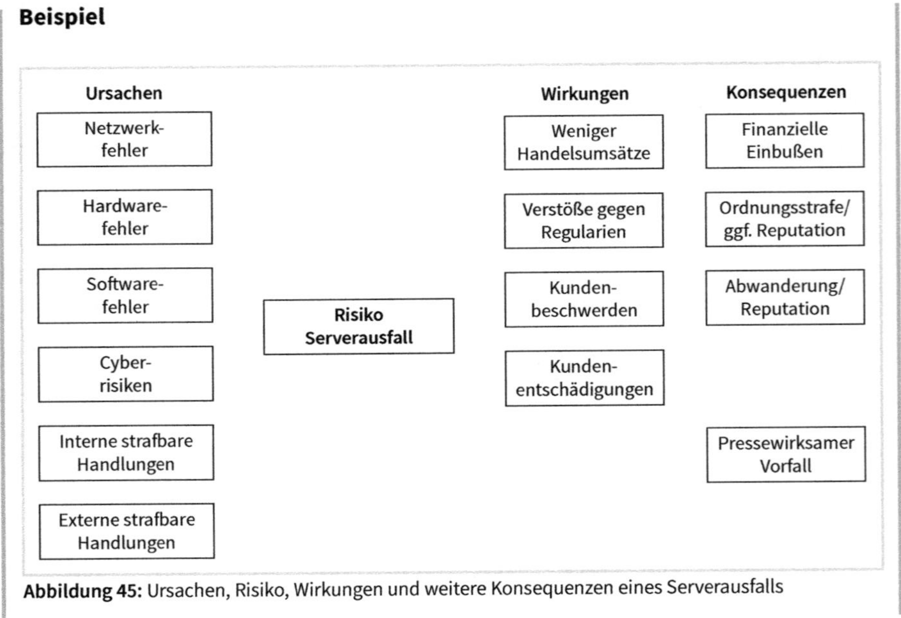

Abbildung 45: Ursachen, Risiko, Wirkungen und weitere Konsequenzen eines Serverausfalls

35 https://managingrisktogether.orx.org/ (Zugriff: 22.02.2022).

In diesem Zusammenhang soll darauf hingewiesen sein, dass die vorstehende Abbildung nur zur vergleichenden Veranschaulichung gewählt wurde. Sicherlich kann die Wirkkette der Konsequenzen, wie im vorherigen Beispiel auch, noch weitreichender gezeichnet werden. Erfolgen nach Kundenbeschwerden oder resultierender Pressewirksamkeit Kundenabwanderungen, kann dieses im weiteren Verlauf zu Mindererträgen führen.

Wichtig ist es hier, zu erkennen, dass das Risiko »Serverausfall« sich bei Eintritt gleichermaßen problematisch auswirken kann, unabhängig davon, welche Ursache für den Ausfall ausschlaggebend gewesen ist. Über die Relevanz der Aufnahme der einzelnen unterschiedlichen sowie vorgegebenen Ursachen und deren Management wird in Kap. 4.4 detailliert eingegangen.

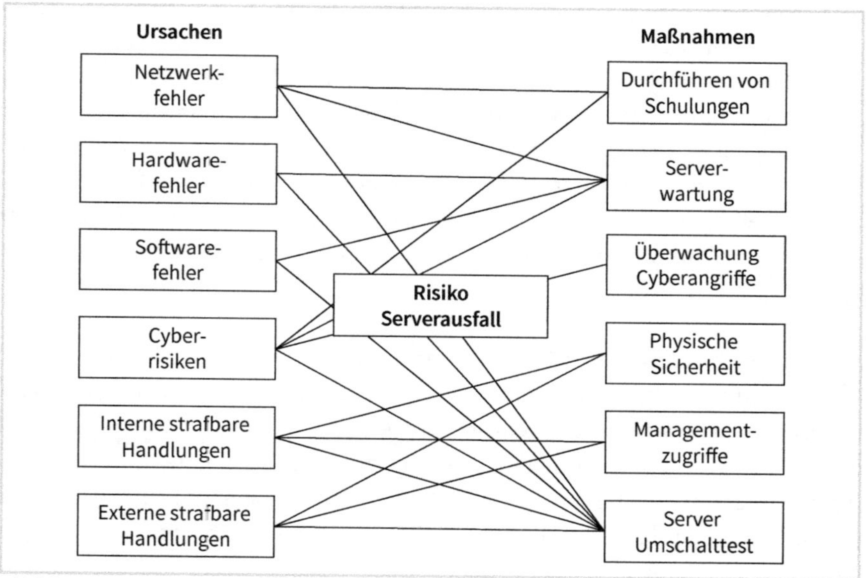

Abbildung 46: Ursachen und Maßnahmen

Beim ORX-Ansatz steht daher der sog. Event im Mittelpunkt. Der Event wird anhand einer vorgegebenen Taxonomie auf einer verhältnismäßig hohen Ebene (z. B. »Serverausfall«) ausgewählt und lässt sich daher von der Granularitätsebene nicht variieren. Im Vergleich zum COSO-Ansatz wird daher das Risiko (Event), wie in Abbildung 46 dargestellt, nur einmal erhoben. Der Server kann schließlich auch nur einmal ausfallen. Welche Ursache zugrunde liegt, ist unerheblich, da das sich materialisierende Risiko gleich hoch ist.

Risikoerhebung

Bruttorisiko	**Nettorisiko**
H	?
----------------	----------------
Gewichtetes Gesamtrisiko 1*H	Gewichtetes Gesamtrisiko 1*?

Abbildung 47: Einfacherhebung eines Risikos und realistische Darstellung des Gesamtrisikos (ORX)

Im nächsten Schritt ist die Frage nach den möglichen Ursachen für einen möglichen Event zu stellen. Hier sind beispielhaft sechs verschiedene Ursachen aufgeführt. Für jede einzelne Ursache ist nun zu überlegen, welche geeigneten Maßnahmen sich anwenden lassen, um die Eintrittswahrscheinlichkeit oder die Schadenhöhe der Ursachen des Events zu reduzieren. Dabei besteht zwischen den Ursachen und den Maßnahmen eine Beziehung m zu n. D.h., eine Maßnahme kann bei der Reduktion von mehreren Ursachen wirken. Beispielsweise kann eine regelmäßige Serverwartung zur Prävention von End-of-Life-Technologie (Hard- und Software) beitragen. Genauso können mehrere Maßnahmen erforderlich sein, um eine Ursache zu reduzieren. Hier käme bspw. der Betrieb eines Spiegelservers und Umschaltung in Betracht, um einer Software- und Hardwarefehlfunktion entgegenzuwirken.

Werden die Verbindungen zwischen Ursachen und Maßnahmen in Abbildung 47 grafisch durch den Event geführt, entsteht das Bild eines als Fliege bekannten Bekleidungsstücks, weshalb der Ansatz auch Bow-Tie-Modell genannt wird. Mit dem ORX-Ansatz wird in jedem Fall sichergestellt, dass das Risiko (der Event) nur einmal beurteilt oder bewertet wird und keine Verzerrungen hinsichtlich des Gesamtrisikos und der Auslastungsgrenzen (s. Kap. 6.3) entstehen. Risikoappetit (s. Kap. 3.2.3) und Ressourcenallokation können so präziser auf einer Erhebungsebene gesteuert werden.

4.3.2.4 Reihung von Risiken

Wird eine Aufgabe in einem neuen, was Compliance und Risikomanagement betrifft unterbewirtschafteten Unternehmen angenommen, neue Geschäftsfelder erschlossen oder ergeben sich mehrere neuartige Risiken und Risikotypologien (s. Kap. 15) gleichzeitig, gilt es sich zunächst einen Überblick zu verschaffen. Nachdem auch Verzerrungen und Unschärfen herausgearbeitet und weitgehend beseitigt und Korrelationen festgestellt wurden, können die Risiken (Events) nach Wesentlichkeit gereiht und Priorisierung gemanagt werden (s. Kap. 4.3). Hierbei gilt es aber, nicht nur eine Betrachtung auf Einzelrisikobasis, sondern auch auf Bereichsebene durchzuführen.

4.3.2.4.1 Einzelrisiken

Nach der Korrektur von Verzerrungen sowie der Bewertung oder Beurteilung offensichtlich nicht zusammenhängender Risiken ist es leicht, eine Priorisierung durchzuführen. Die Risiken werden entsprechend durch einen Maßnahmenmix (s. Kap. 4.4) gemanagt.

4.3.2.4.2 Bereiche

Handelt es sich hingegen um mehrere Risiken, die einen bestimmten Bereich betreffen, sind andere Maßstäbe im Rahmen der Priorisierung anzusetzen. Die Menge nicht oder unzureichend gemanagter Risiken erfordert u. U. weitreichender Entscheidungen, wie bspw. die Durchführung eines Drill Downs (s, Kap. 2.8.7), um sich ein vollständiges Bild über den Bereich zu verschaffen.

4.4 Risikomanagement

Während Markt- und Kreditrisiken fester Bestandteil des Finanzdienstleistungsgeschäfts sind und von Kunden und Unternehmen bewusst gesucht und eingegangen werden, gilt es, operationelle Risiken zu minimieren. Das Risikomanagement ist in erster Linie die »Überwachung und Steuerung aller das Unternehmen bedrohenden Verlustgefahren, die Chancen einschließt.«[36] Dies bedeutet bspw., dass potenzielle Soll-Abweichungen möglichen Ertragschancen gegenübergestellt werden können. »Dabei bestehen fünf Möglichkeiten, den operationellen Risiken zu begegnen, wobei die ersten beiden als wirkungsbezogen und die drei folgenden als ursachenbezogen bezeichnet werden können.«[37] Wirkungsbezogen heißt, dass ein mögliches Schadenpotenzial auf eine andere Partei übergeht und nicht die Ursache präventiv behandelt wird. Ein resilientes Risikomanagement sieht daher eine frühzeitige Risikovermeidung, -minderung oder Kompensation vor. Hier wird dann von ursachenbezogenen Maßnahmen gesprochen. Zudem werden auch nur finanzielle Schäden ausgeglichen. Ereignisse, die auch gegenüber Regulierung, Geschäftspartnern sichtbar werden, können auch in der Konsequenz zu nicht auf Dritte übertragbare Reputationsschäden führen. Aus diesen Gründen sollten wirkungsbezogene Maßnahmen keineswegs in das Risikomanagement und die -einschätzung einbezogen werden. Zudem kann die Übertragung von potenziellen Schadenfällen zu Wettbewerbsnachteilen führen (s. Kap. 2.8.2).

36 Vgl. Kromschröder, B./Lück, W. (1998): Grundsätze risikoorientierter Unternehmensüberwachung, in: Der Betrieb, S. 1573 f.

37 Vgl. Baetge, J. /Jerschensky, A. (1999): Controlling-Special – Frühwarnsysteme als Instrumente eines effizienten Risikomanagement und -Controlling, S. 172.

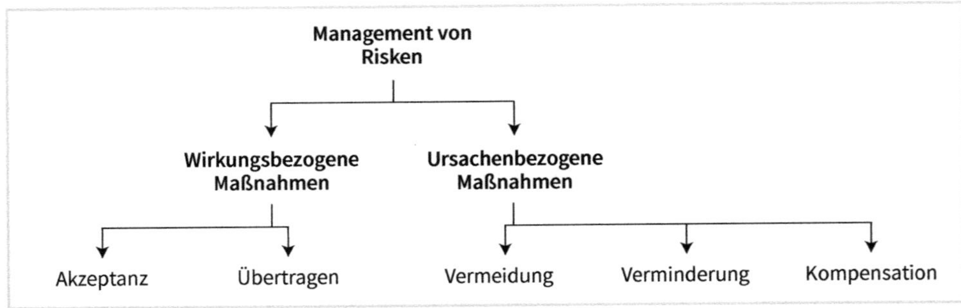

Abbildung 48: Wirk- und ursachenbezogenes Management von Risiken

Die Regulatoren innerhalb des Europäischen Wirtschaftsraums fordern zum Schutz des Gesellschafts- und somit auch Kundenvermögens vom Finanzdienstleistungsunternehmen angemessene Sicherungsmaßnahmen.[38] Diese beinhalten neben allgemeinen Sicherungsmaßnahmen auch konkrete Sicherungsmaßnahmen, die im Zusammenhang mit den abstrakten Gefahren von sonstigen strafbaren Handlungen durch Mitarbeiter, Kunden oder konkreten Geschäftsbereichen stehen (s. Kap. 10). Unabhängig davon, welche Ansätze ein Institut anwendet, müssen sich die getroffenen Sicherungsmaßnahmen sowohl für das einzelne identifizierte Risiko als auch für die Risikosituation des Finanzdienstleistungsunternehmens insgesamt als angemessen darstellen. Damit verbunden sind die Bestimmungen zur Proportionalität (s. Kap. 2.7.1) zu beachten.

4.4.1 Akzeptanz

Die Akzeptanz ist eine **wirkungsbezogene** Maßnahme und beinhaltet das bewusste Eingehen eines Risikos, ohne weitere risikoreduzierende Maßnahmen einzuleiten. Voraussetzung für eine derartige Entscheidung sollte eine ausreichende Entscheidungsbasis über die Risikolage sein, auch unter Beachtung möglicher Konsequenzrisiken der zweiten und dritten Ordnung (s. Kap. 2.7.3).

Im Regelfall handelt es sich um Risiken, deren Schadenhöhe und Eintrittswahrscheinlichkeit als sehr gering einzustufen sind, oder um Situationen, in denen eine Steuerung durch verhältnismäßig kostspielige Maßnahmen nicht lohnend erscheint (s. Kap. 4.4.4). Dass ein Risiko in der aktuellen Situation als niedrig eingeschätzt wird, bedeutet jedoch nicht, dass sich die Eigenschaften künftig nicht verändern können. Das Risiko sollte regelmäßig risikoadjustiert im Hinblick auf externe (z. B. Änderung von regulatorischen Anforderungen, neue Kundenanforderungen, Entwicklungen bei Outsourcing-Nehmern) oder interne (z. B. Prozessänderungen, neue Zuständigkeiten, Produkteinführungen) Entwicklungen in den kybernetischen Regelkreis einbezogen und überprüft werden. Sofern möglich und angezeigt, wäre ein entsprechend regelmäßig überprüftes Indikatorensystem (s. Kap. 6.2) eine weitere Lösung.

38 Siehe bspw. § 25 h Interne Sicherungsmaßnahmen, Kreditwesengesetz

Beispiel

Im Jahre 2006 arbeitete ich in München in unmittelbarer Nähe des Hauptsitzes der Siemens AG. Am 15.11.2006 wurde dort eine groß angelegte Razzia durchgeführt. Polizeibeamte, Staatsanwälte und Steuerfahnder durchsuchten die Büros des Hauptsitzes. Die Korruptionshandlungen im internationalen Geschäftsverkehr wurden mit über EUR 1 Mrd. beziffert, Personen sowie Unternehmen wurden angeklagt und Vorstände traten zurück – zudem entstand ein unheimlicher Reputationsschaden. Die Korrumpierung ausländischer Geschäftspartner durch deutsche Firmen wurde im September 2002 gesetzlich für strafbar erklärt. Zuvor waren derartige »Zuwendungen im Geschäftsverkehr« in Deutschland zulässig und sogar steuerlich absetzbar.
Unabhängig davon, ob ursächlich die Überwachung gesetzlicher und regulatorischer Anforderungen nicht funktioniert hat, die neuen Anforderungen ignoriert wurden oder der Konzern zu komplex (Größe, Kultur) für eine Umsetzung war, es handelte sich um ein eingetretenes operationelles Risiko mit unheimlichem Schadenausmaß.
Es ist in jedem Fall wichtig, Änderungen zu überwachen, einzubeziehen und im Hinblick auf das Unternehmen regelmäßig neu zu beurteilen. Umgekehrt kann es auch angezeigt sein, Präventionsmaßnahmen für abnehmende Risiken zu reduzieren (s. Kap. 2.8.2).

4.4.2 Übertragen und Transferieren

Das Übertragen von Risiken ist die zweite **wirkungsbezogene** Vorgehensweise, da hier ebenfalls keine Maßnahmen an der Ursache ansetzen.

Die generelle **vertragliche Gestaltung** kann Zuständigkeiten und finanzielle Risiken an einen Vertragspartner übertragen. Dies kann bspw. im Rahmen eines Outsourcings von Betriebsteilen und Prozessen an ein anderes Unternehmen erfolgen. Denkbar ist auch, dass mehrere Unternehmen gemeinschaftlich ein Gesamtrisiko übernehmen. In diesem Fall wird von einer Risikoteilung gesprochen. Dies ist bspw. bei einem Joint-Venture-Unternehmen der Fall.

Eine weitere Möglichkeit ist der Abschluss geeigneter **Versicherungen**. Hier lassen sich bspw. folgende relevante Versicherungen aufführen:

- Directors and Officers Insurance (Führungskräfte),
- Professional Indemnification (Mitarbeitende),
- Fidelity and Crime Insurance (Vertrauensschadenversicherung),
- Betriebshaftpflicht,
- Cybersecurity,
- Gebäudeversicherung (Immobilien-Sondervermögen).

Eine ausreichende Versicherungsdeckung ist auch im Rahmen von Markterschließungen und Sales Pitches eine wesentliche Grundvoraussetzung. Anhängig vom Geschäftsvolumen bzw.

der Assets-under-Management-Größenordnungen sind die Deckungsvolumen anzupassen. Ein Wettbewerbsvergleich kann hier weiteren Aufschluss geben.

Die Darstellung eines resilienten Compliance- und umfassenden Risikomanagements gegenüber den Versicherern kann sich prämienreduzierend auswirken und weitere Kosteneinsparungspotenziale bereithalten (s. Kap. 2.8.2.11).

Risiken lassen sich durch eine **risikoadjustierte Preisgestaltung** von Produkten übertragen. In diesem Fall übernimmt der Käufer einen Teil oder die gesamten gemessenen Schadenfälle durch einen Risikoaufschlag im Produkt. Diese Vorgehensweise ist bspw. im Kreditgeschäft üblich. Hier übernimmt der Kreditnehmer einen Teil des Risikos des Instituts oder eines Sondervermögens durch Risikoaufschläge.

4.4.3 Vermeidung

Die Vermeidung ist eine **ursachenbezogene** Maßnahme und das stärkste Mittel, um Risiken auszuschließen. Dieses umfasst die Ablehnung eines Geschäfts, Zielmarkts oder die Umsetzung eines neuen Produkts oder Prozesses. Gleichzeitig ist dieses Mittel aber auch ein Garant dafür, keine Chancen nutzen und das Unternehmen weiterentwickeln zu können.

Zumeist zeichnen sich die hinter einer solchen Entscheidung stehenden Risiken durch eine potenzielle hohe Schadenhöhe und Eintrittswahrscheinlichkeit aus. Ein sich materialisierendes Risiko kann den Fortbestand des Unternehmens gefährden. In vielen Fällen handelt es sich um Situationen, in denen mit den anderen hier aufgeführten Maßnahmen nicht gearbeitet werden kann oder die Etablierung von Maßnahmen unverhältnismäßig teurer wären als der Eintritt des Risikos (s. Kap. 4.4.4).

Beispiel

In jungen Bankerjahren wurde ich damit beauftragt, mich mit der Markterschließung in den USA für ein bestimmtes Geschäft auseinanderzusetzen. Ich beschaffte mir Unterlagen zu Rechtsordnungen, Unternehmenskapitalisierungen, Rechtsfällen und möglichen Geschäftsszenarien.

Auf Interesse stieß bei mir insbesondere die unterschiedliche Rechtsordnung zwischen den meisten Ländern der EU und den USA. In Deutschland gilt bspw. das Vorsorgeprinzip. Regulierungen werden vorab erstellt, Waren und Dienstleistungen geprüft, Verbraucher geschützt. Je nach Entscheidung der Regulierungsbehörde werden keine Zulassungen erteilt oder Anbieter werden gesperrt. Sollte sich ein Marktteilnehmer über diese Situation hinwegsetzen, kann es zu Ordnungsstrafen oder sogar Strafdelikten kommen. In den USA hingegen besteht ein Nachsorgeprinzip, auch im Zusammenhang mit dem Schutz der eignen Anbieter und des eigenen Markts. Vorab

wird entsprechend weniger geprüft. Sollte es zu einem Verstoß in diesem Rahmen kommen, werden sog. »Punitive Damages«[39] geltend gemacht.
Im Ländervergleich sind die Klagesummen in den USA wesentlich höher und stehen zumeist in keinem Verhältnis zur Unternehmenskapitalisierung sowie den Ertragserwartungen der in der EU befindlichen Unternehmen. Hinzu kamen datenschutzrechtliche und spezielle regulierungstechnische Erwägungen, deren Überwachung zu weiteren Bewirtschaftungskosten geführt hätte.
Die Entscheidung hinsichtlich der Markterschließung der USA erfolgte zum damaligen Zeitpunkt nicht, daher wurde auch bewusst auf die dort möglicherweise erwirtschafteten Erträge verzichtet.

4.4.4 Verminderung

Schadenhöhe und/oder Eintrittswahrscheinlichkeit werden durch das Ergreifen von organisatorischen, technischen und personellen Maßnahmen **ursachenbezogen** gemindert. Allgemein bekannte und häufig genutzte Maßnahmen sind z. B.:

- übersichtliches, verständliches und klares Weisungswesen, Prozesse und Mitarbeiterschulungen (s. Kap. 3.4.2);
- Kontrollen (s. Kap. 6.1), wie z. B. 4-Augen-Prinzip;
- Limitierung risikobehafteter Geschäftspositionen nach Art und Umfang (s. Kap. 6.2);
- Messung von Abweichungen;
- Überwachen von Vertragspartnern/Third-Party Risk Management (s. Kap. 12.1);
- Digitalisierung (s. Kap. 13).

In diesem Zusammenhang ist zu beachten, dass bei Anwendung dieser Maßnahmen in den meisten Fällen nur eine Reduktion der Eintrittswahrscheinlichkeit erfolgt. Sollte trotz der definierten Maßnahmen dennoch ein Fehler unterlaufen oder etwas übersehen werden, wird sich die Schadenhöhe dennoch im gleichen Umfang materialisieren.

4.4.5 Kompensation

Kompensierend und als **ursachenbezogen** wirkt die Kombination verschiedener geschäftlicher Positionen unter Rendite- und Risikoüberlegungen. Hierdurch entsteht eine Diversifikation. Nicht vollständig positiv korrelierte Risiken der einzelnen Geschäfts- und Betätigungsfel-

39 Punitive Damages sind unkalkulierbare Entschädigungen mit Strafcharakter. Im Common Law gibt es keine strikte Trennung zwischen Straf- und Zivilprozess. Über den tatsächlich vorhandenen Schaden hinaus kann eine zusätzliche Ersatzleistung zugesprochen werden, welche den tatsächlichen Schaden um ein Vielfaches übersteigen kann.
Hinzu kommen Verhaltensbestrafung, Spezialprävention und Generalprävention. Sie werden grundsätzlich nur für außergewöhnlich grob schuldhaftes und vorsätzliches Verhalten wie große Umweltvergehen zuerkannt (nicht bei bloßer Fahrlässigkeit). Haftpflichtversicherungen schließen diese Schadensart i. d. R. aus.

der reduzieren dabei das Gesamtunternehmensrisiko.[40] Aus Risikosicht bedeutet das, dass es unwahrscheinlich ist, dass sich größere Soll-Abweichungen in einem gut diversifizierten Unternehmen und in unterschiedlichen Unternehmensbereichen gleichzeitig materialisieren. Vielmehr wird davon ausgegangen, dass ein betroffener von einem gut laufenden Bereich kompensiert wird. In diesem Zusammenhang ist auch zu überlegen, ob die Berücksichtigung derartiger Portfolioeffekte nach einer Korrelationsanalyse nicht von vornherein in die Betrachtung des Gesamtrisikos eines Unternehmens einbezogen werden sollte. Auf diese Weise können auch einzelne riskantere Geschäfte eingegangen werden.

Beispiel

Dies sei kurz an einer ABS-Transaktion veranschaulicht. Jede Position steht dabei für die unterschiedlichen Risiken der verschiedenen Geschäftsbereiche:

Tranche	Rating	Volumen (Mio. EUR)	Zinssatz (EURIBOR+)
Senior (meist größte Tranche mit geringster Rendite)	AAA	650	2%
Mezzanine (mittlere Rendite)	A	190	3%
Junior (hohe Rendite)	BB	40	4%
1st Loss (sehr hohe Rendite)	Kein Rating – hohe Ausfallwahrscheinlichkeit	20	8%
Summe		900	

Tabelle 11: Beispiel für eine Risikostreuung anhand von Asset-Backed Securities

Die Wertpapiere einer ABS-Transaktion werden gewöhnlich in verschiedene Ratingklassen aufgeteilt. Die Senior- und Mezzanine-Tranche wird platziert, auch für die Junior-Tranche besteht ein Markt. Insgesamt werden 98% der Forderungen liquidiert. Das »1st-Loss-Piece« kann durchaus beim Produktersteller verbleiben. Es generiert eine sehr gute Rendite und selbst wenn es hier zu Ausfällen kommen sollte, ist die Gesamttransaktion immer noch rentabel.

Das Bilden von Rücklagen gem. der Baseler Anforderungen oder das Eingehen negativ korrelierender Position (Hedging) kann ebenfalls unter den kompensierenden Maßnahmen subsumiert werden.

40 Vgl. zur Portfolio Selection Theory als theoretische Basis Markowitz, H. M. (1959): Portfolio Selection: Efficient Diversification of Investments, New Haven/CT.

#RISKHACKS

- Wie an anderer Stelle bereits erwähnt, sind die wirkungsbezogenen Maßnahmen anders zu behandeln als die ursachenbezogenen. Die Übertragung von Risiken, bspw. durch Versicherungen, sollte nicht in die Risikomanagementbetrachtung einbezogen werden, da die Resilienz des eignen Risikomanagements andernfalls nicht widergespiegelt wird. Versicherungen sind als »Fall-back-Lösungen« zu betrachten. Versichert werden können heute fast alle Risiken. Versicherungsverträge können aber auch gekündigt und Prämien erhöht werden. Akzeptierte Risiken sollten weiterhin einem laufenden Monitoring unterzogen werden, weil sich äußere Einflüsse, Unternehmensstrukturen und Volumen jederzeit ändern und ein Unternehmen hinsichtlich Eintrittswahrscheinlichkeit und Schadenhöhe anfälliger machen können.
- Im Rahmen des Risikomanagements kann auch ein ursachenbezogener Maßnahmen-Mix angewandt werden.
- Durch die Aufnahme von inhärenten Risiken und Maßnahmen kann der eigentliche Versicherungsbedarf festgestellt und optimiert werden (s. Kap. 2.8.2.11).

4.4.6 Wirtschaftlichkeit der Maßnahmen

Bei allen wirkungs- und ursachenbezogenen Risikomanagementmaßnahmen muss geprüft werden, ob sich die Umsetzung der jeweiligen Maßnahme oder eines Maßnahmen-Mixes im Vergleich zur potenziellen Soll-Abweichung lohnt. In diesem Zusammenhang sind die potenziellen Soll-Abweichungskosten den Maßnahmenkosten gegenüberzustellen.

4.4.6.1 Soll-Abweichungskosten

Die potenziellen Soll-Abweichungskosten werden durch vorhandene Erfahrungswerte oder durch eine Schätzung bestimmt. Hierbei spielen die potenzielle Schadenhöhe und Eintrittswahrscheinlichkeit eine wesentliche Rolle. In die Betrachtung müssen aber auch die Risiken der zweiten und dritten Ordnung (s. Kap. 2.7.3) einbezogen werden, damit sich ein Gesamtbild und eine sehr gute Entscheidungsgrundlage ergeben. Kann sich als Konsequenzrisiko bspw. mit hoher Wahrscheinlichkeit ein Reputationsrisiko ergeben, sollte die Investitionsbereitschaft in risikoreduzierende Maßnahmen über den festgestellten potenziellen Schadenbetrag nochmals steigen.

4.4.6.2 Maßnahmenkosten

Während die potenziellen Soll-Abweichungskosten normalerweise nur geschätzt werden können, ist es im Regelfall möglich, die Maßnahmen zur Reduktion von Schadenhöhe und Eintrittswahrscheinlichkeit mit einem konkreteren Preisschild zu versehen.

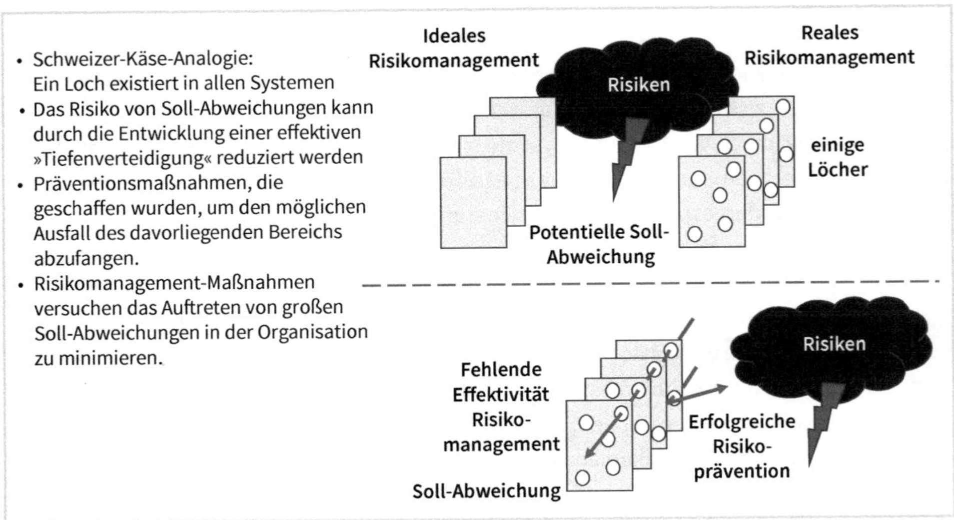

Abbildung 49: Schweizer-Käse-Modell-Analogie

Wie in der Schweizer-Käse-Analogie in Abbildung 49 dargestellt, kann jede Risikopräventionsmaßnahme wie eine Käsescheibe gesehen werden. Jede Scheibe soll den Eintritt einer Soll-Abweichung verhindern. Das Problem ist aber, dass jede Käsescheibe Löcher hat, durch die sich eine Soll-Abweichung materialisieren kann. Ebenso wenig sind die möglichen Maßnahmen mehr oder weniger zuverlässig, um den Eintritt einer möglicher Soll-Abweichung zu reduzieren. Es ist also ggf. erforderlich, mehrere Maßnahmen oder ein Maßnahmen-Mix zu etablieren bzw. Käsescheiben hintereinander zu positionieren. Das Problem ist nur, dass jede Käsescheibe/Maßnahme Geld kostet.

4.4.6.3 Entscheidungsfindung

Sind beide Kosten- und Ausprägungsfaktoren ermittelt, können diese gegenübergestellt werden:

Soll-Abweichungskosten	Maßnahmenkosten
Eintrittswahrscheinlichkeit x (Schadenhöhe + Risiken der zweiten und dritten Ordnung) (inkl. finanziellen, regulatorischen und Reputationsrisiken)	Aufwand für Soll-Abweichungsreduzierende Maßnahmen + Kompensationskosten + Übertragungskosten

Tabelle 12: Gegenüberstellung von Soll-Abweichungs- und Maßnahmenkosten

Es gibt aber noch eine zweite Abwägung, die ggf. losgelöst vom obigen Rechenverfahren zu treffen ist. Diese kommt bspw. im Rahmen der Erschließung neuer Märkte oder der Einführung neuer Produkte (s. Kap. 8) zur Anwendung. Die in Tabelle 12 dargestellten Soll-Abweichungs- und Maßnahmenkosten betreffen somit die Vermeidung von Risiken, aber auch die mit ihnen nicht realisierbaren Chancen.

Soll-Abweichungskosten	Chancenkosten
Eintrittswahrscheinlichkeit x (Schadenhöhe + Risiken der zweiten und dritten Ordnung) (inkl. finanziellen und Reputationsrisiken) bei bspw. Einführung neuer Produkte/Erschließung neuer Märkte + Einführungs-/Errichtungskosten + Änderungskosten + Bewirtschaftungskosten	Opportunitätsverluste durch unrealisierte Chancen gem. Market Sounding, Business Case, Ertragserfahrungen oder Wettbewerbsvergleich

Tabelle 13: Untersuchung von Vermeidungsstrategien

Eine neue oder zu ändernde Geschäftsidee beginnt im Regelfall mit einem Businessplan, in dem Chancen und Risiken gegeneinander abgewogen werden. Während die Chancen zumeist mit einem Market Sounding, Business Case oder Wettbewerbsvergleich eingeschätzt werden, gibt es auf der Soll-Abweichungskosten-Seite auch noch die Errichtungs-/Einführungskosten (Change the Company) und späteren Bewirtschaftungskosten (Run the Company) zu taxieren (s. Tabelle 13). Die Betrachtung der Soll-Abweichungskosten bleibt identisch zur Tabelle 12. Natürlich gibt es auch strategische Komponenten zu beachten, wenn es bspw. für das Geschäftsfeld opportun ist, ein bestimmtes Produkt anzubieten oder in einem bestimmten Markt präsent zu sein.

Aus den beiden Tabellen wir deutlich, dass es gerade in der heutigen Zeit mehr abzuwägen gibt als nur eine betriebswirtschaftliche Kosten- und Ertragsbetrachtung. Wichtig ist, dass auch Risiko- und Chancenfaktoren in die Betrachtung einbezogen werden sowie schlussendlich zu einer bewussten Entscheidungsfindung beitragen – dies auch, um die vorhandenen Ressourcen mit den ertragreichsten Vorhaben zu belegen.

Diese Vorgehensweise kann auch hilfreich sein, um zwischen mehreren Projekten die idealen auszuwählen und die Ressourcen auf die für das Unternehmen wichtigsten Themenstellungen zu lenken. In die üblichen betriebswirtschaftlich ausgerichteten statischen und dynamischen Vergleichsrechnungen werden Themenstellungen zur Soll-Abweichung, Änderungsbedarfe und deren Bewirtschaftungskosten im Regelfall selten mit einbezogen.

#RISKHACKS

- Beziehen Sie alle Faktoren in Ihre Unternehmenssteuerung mit ein. Auch die Bewertung oder Beurteilung möglicher Risiko- und Compliance-Faktoren sowie deren Risiken der zweiten und dritten Ordnung. Wie unter Risikovermeidung (s. Kap. 4.4.3) ausgeführt wird, ist bspw. das Haftungsexposure für Fehlleistungen ggü. Kunden in den USA sehr viel höher als in der EU. Hier geht es dann um erheblich größere Haftungssummen und ggf. um Marktverweise mit negativen Auswirkungen auf die Reputation.

4.5 Datenzuweisung

Wissensverteilung stößt auf individuell und kulturell verankerte Barrieren. Diese betreffen vor allem Macht- und Vertrauensfragen.[41]

Die Datenzuweisungsmöglichkeit setzt eine gewisse Unternehmenskultur voraus und die Bereitschaft, Vorschläge und Bedarfe bspw. im Rahmen der Risk Assessments und den damit verbundenen Kontrollerfordernissen zu behandeln und ggf. fach- und sachgerecht an die Zentralfunktionen auf der zweiten Verteidigungslinie (s. Kap. 3.4.1.1.3) mit entsprechender Begründung zurückzuspiegeln. Für die Schaffung der kulturellen Voraussetzungen (s. Kap. 2.6) ist jedoch das Senior-Management (Geschäftsleitung und Verwaltungsrat) verantwortlich und federführend.

Im Rahmen des Risikomanagementprozesses werden sehr viele Daten und Impulse generiert, die durch die zweite Verteidigungslinie – über das dort vorhandene Wissen hinaus – herangetragen werden. Dieser Top-down-Ansatz ist erforderlich, da es nicht nur fachspezifische Risiken zu mitigieren gilt, sondern auch:

- **Unternehmensübergreifende Erfordernisse** (selten beginnt ein Prozess in einer Abteilung und hört dort auf)
  - Bedarfe anderer Abteilungen
  - Feststellung zu weniger (Soll-Abweichungspotenzial) und zu vieler Kontrollen (Bindung zu vieler Ressourcen und Trugschluss des Verlassens auf einen anderen Fachbereich)
- **Gesetzliche und regulatorische Entwicklungen**, die von entsprechenden Spezialisten festgestellt (z. B. Legal, Compliance, Risikocontrolling) und von den Fachbereichen auf der ersten Verteidigungslinie (s. Kap. 3.4.1.1.3) implementiert werden müssen
- **Risikodaten** und deren Ursachen aus Quellen anderer Abteilungen, wie z. B.
  - Kundenbeschwerden
  - Prüfberichte der externen und internen Revision
  - Prozessuale Erkenntnisse aus der Arbeit der Compliance und des Risikocontrollings
  - Vergleiche mit Abteilungen, die ähnliche Prozesse bewirtschaften
  - Steuerungsimpulse des Managements.

Die Datenzuweisung setzt voraus, dass die zweite Verteidigungslinie (s. Kap. 3.4.1.1.3) über ein Bedarfsprofil oder zumindest -verständnis einer jeden einzelnen Abteilung verfügt oder Wissensträger zumindest in die Datenversorgung und die Definition von Zielabteilungen mit einbezieht. Die Ziel- oder Fachabteilungen nehmen die Daten entgegen und müssen deren Adaption/ Nicht-Adaption begründen. Der zweiten Verteidigungslinie ist anzuraten, sich über die jeweiligen Rückmeldungen Notizen anzufertigen, diese ggf. auch zu hinterfragen und – im Fall von

41 Vgl. Probst, G./Raub, S./Romhard, K. (2013): Wissen managen: Wie Unternehmen ihre wertvollste Ressource optimal nutzen, Wiesbaden, S. 179.

Differenzen – mit dem Management aufzunehmen. Anhand der Notizen entstehen jedenfalls ein Abteilungsrisikoprofil und eine Kenntnis über die dort verrichteten Tätigkeiten.

4.6 Rückmeldung

Die Fachabteilungen haben nach der Datenzuweisung für eine nachvollziehbare Rückmeldung zu sorgen, wenn eine Rückmeldung in Richtung Nicht-Adaption ergeht. Beispiele für Rückmeldungen könnten wie folgt aussehen:

1. Passt nicht zu unserem Regulierungsraum.
2. Ist nicht relevant/passend für den Markt, den wir bewirtschaften.
3. Wir verfügen bereits über Risikodokumentationen und Kontrollmechanismen.
4. Wir haben bereits digitalisierte Lösungen.
5. Benötigen wir nicht.

4.7 Auswertung und Datennutzung

4.7.1 Qualität der Daten

Nachdem die unterschiedlichen Antworten aus den Fachbereichen erfolgt sind, liegt der Ball wieder bei den zentralen überblickenden Kontrollfunktionen der zweiten Verteidigungslinie (s. Kap. 3.4.1.1.3). Wie in Kap. 2.8.5 dargestellt, müssen zahlreiche Daten erhoben, systematisiert, verarbeitet und verfügbar gemacht werden. Diese werden dann für zielgerichtete Auswertungen, das Monitoring und das Berichtswesen (s. Kap. 4.7.22 und 13.1.6) herangezogen. Es ist ebenfalls zu beachten, dass die Daten auch als Entscheidungsgrundlage dienen und dementsprechend über eine hohe Qualität verfügen müssen. Aber nicht jede Verfügbarkeit von Daten ist datenschutzrechtlich (s. Kap. 15.4) zulässig.

Zurückkehrend zu unseren Antwortbeispielen in Kap. 4.6 »Rückmeldung« sind positive Rückmeldungen einer Adaption je nach Wichtigkeit durch die zweite Verteidigungslinie im Rahmen eines anlassbezogenen oder des regelmäßigen Risk Assessments im Unternehmen zu verankern und zu dokumentieren. Ggf. ist ein Post-Implementation-Review anzuraten.

Erfolgen Rückmeldungen der ersten Verteidigungslinie zu einer Nicht-Adaption, sind diese in jedem Fall durch die zweite Verteidigungslinie zu hinterfragen und nachzuvollziehen. Während Antwort 1 leicht zu überprüfen ist, kann diese, sofern keine strategischen oder weiterführenden risikoreduzierenden Überlegungen hinter der Maßnahme stehen, so aufgenommen werden. Antwort 2 kann vergleichbar mit Antwort 1 untersucht werden. Hier sind aber u. U. die Marktgegebenheiten zu überprüfen. Antworten 3 und 4 können äußerst gewinnbringende Rückmeldungen sein. Die dort vorhandenen Lösungen können ggf. zu mehr Effektivität und Effizienz in anderen ähnlich arbeitenden Unternehmensbereichen führen. Es lohnt sich für die zweite Verteidigungslinie, Vergleiche anzustellen. Je nach Ergebnis kann es sein, dass die Bereiche aufgrund ihrer Situation unterschiedliche Ansätze anstreben müssen, der rückmeldende Bereich zum Standardsetzer wird oder vielleicht noch den einen oder anderen Hinweis aufgrund neuer Erkenntnisse gewinnen kann. Antwort 5 kann auf Destruktivität, Unverständnis oder das tatsächliche Vorhandensein eines entsprechenden Ansatzes zurückzuführen sein. Im dritten Fall wäre zu klären, weshalb die bereits vorhandene Maßnahme zur Reduzierung der Soll-Abweichungen nicht dokumentiert zu sein scheint. Im ersten und zweiten Fall sind ggf. weitere Gespräche oder eine Eskalation erforderlich.

Die so neu gewonnenen Erkenntnisse sind wieder in den Identifikationsprozessschritt des Risikomanagementprozesses sowie in das nachstehend weiter ausgeführte Auswertungs-, Monitoring- und Berichtswesen zu integrieren.

4.7.2 Auswertung, Entwickeln, Monitoring und Berichtswesen

Zunächst ist es wichtig, dass die gewonnenen und ausgewerteten Daten auf den üblichen Qualitätskriterien basieren. In vielerlei Hinsicht ist zwischen einer internen und externen Sichtweise hinsichtlich des Unternehmens zu unterscheiden, um auch ungewollte Informationsasymmetrien, wie bspw. bei externen Aufsichtsratsmitgliedern, zu nivellieren.

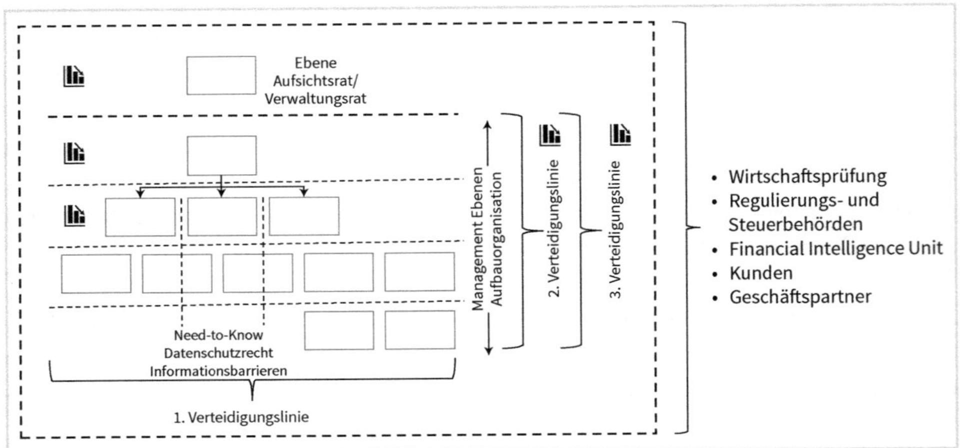

Abbildung 50: Berichtswesen, Monitoring und Unternehmenssteuerung

4.7.2.1 Maßnahmenentwicklung

Neue im Risikomanagementprozess gewonnene Erkenntnisse haben meistens auch einen mehr oder weniger ausgeprägten Maßnahmenplan zur Folge. Diese Maßnahmen sollten wie Feststellungen in der internen und externen Revision behandelt werden und in Abhängigkeit ihrer Wesentlichkeit und Komplexität in Projekten abgearbeitet werden. Die Verantwortung der Abarbeitung obliegt der jeweiligen Fachabteilung auf der ersten Verteidigungslinie (s. Kap. 3.4.1.1.3).

Die aus den präventiv festgestellten oder eingetretenen Soll-Abweichungen zu entwickelnden Maßnahmen sollten nach bestimmten Kriterien geprüft werden.

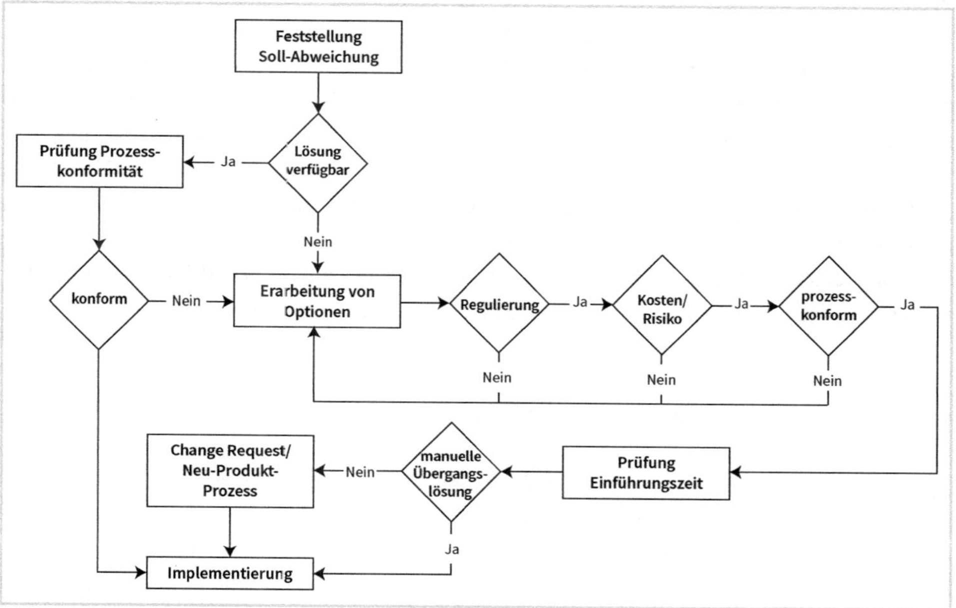

Abbildung 51: Determinanten im Rahmen der Maßnahmenentwicklung

Wie in Abbildung 51 dargestellt, sollte mehr als eine mögliche Option geprüft werden und auch die im Unternehmen vorherrschenden Rahmenbedingungen in den Auswahlprozess einer möglichen Lösung mit einbezogen werden. Diese können – sofern machbar – auch kulturelle Akzeptanz-Themenstellungen sein und die Fragestellung beinhalten, welche Lösung am besten zur Situation des Unternehmens passt. Es kann auch geprüft werden, ob bereits geeignete Lösungen für das Problem in einem vergleichbaren Bereich oder innerhalb der Unternehmensgruppe bestehen. Vorhandene und neue Lösungsansätze sind jedoch auf die notwendigen Kriterien hin zu überprüfen. Diese sind:

- Regulierungskonformität,
- Kosten-/soll-abweichungsrelevante Erwägungen (s. Kap. 4.4.6),
- Prozesskonformität.

Sind eine oder mehrere Optionen zur künftigen Prävention von Soll-Abweichungen erarbeitet, stellt sich die Frage nach ihrer Implementierungszeit und der Dringlichkeit der zu ergreifenden Maßnahmen. Ist die Dringlichkeit zu Priorisieren, muss die Frage nach einem taktischen, vielleicht auch manuellen Workaround gestellt werden, bis die nachhaltige Lösung implementiert und hinlänglich getestet wurde.

4.7.2.2 Monitoring

Das Monitoring und die Überwachung einer risikoadäquaten Implementierung sollte jedoch auch durch die Kontrollfunktionen der zweiten Verteidigungslinie (s. Kap. 3.4.1.1.3) in einem geeigneten Tracking-System erfolgen. Das Tracking sollte risikoadjustiert erfolgen und auch die Verbindungen zwischen taktischen und nachhaltigen Maßnahmen sollten dargestellt werden. Eine Zuordnung zur Prozesslandkarte des Unternehmens würde sich ebenfalls anbieten.

Anbieten würde sich hier das in Kapitel 7 dargestellte Self-Identified-Issue-Konzept, um auch diese Feststellungen und die daraus resultierenden Aktivitäten mir der internen und externen Revision zielgerichtet koordinieren zu können und die Ressourcen und Prüfungshandlungen auf bisher ungeprüfte Bereiche, Prozesse und Tasks lenken zu können.

4.7.2.3 Zielgruppenorientierte Information

Das u. a. mit den Feststellungen und Maßnahmen verbundene Berichtswesen ist eine hohe Kunst und basiert auf den Bedürfnissen unterschiedlicher Empfänger, unterschiedlicher Hierarchiestufen, Aggregationszuständen, Involvierungsgrade, Funktionen und Einschränkungen. Deshalb ist ein flexibles Berichtsstruktursystem eine wesentliche Grundvoraussetzung. Die herangezogenen Informationen müssen jedoch unterschiedlichen Anforderungen genügen:

- Datenqualität,
- klare Abgrenzung der Verantwortlichkeiten, sodass kein doppeltes Berichtswesen und damit ein fehlerhaftes Risikoaggregat die Folge ist,
- Herausfilterung von psychischen Effekten (s. Kap. 2.7.5),
- fortlaufende funktionsabhängige Informationsversorgung,
- formalisierte Einbringung eines vollständigen Berichtswesens in das Risk Committee (s. Kap. 3.2.2).

4.7.2.3.1 Innerhalb des Unternehmens

Erfahrenen Risikocontrollern dürften solche Aussagen nicht nur einmal in ihrer Karriere begegnet sein: »You can't write it this way – it is too alarming!«

Meistens sind sie ein Zeichen dafür, dass etwas übersehen, nicht richtig oder unzureichend implementiert wurde. Meistens stammt eine derartige Aussage auch von Personen, denen die Fehler zu verdanken sind, die den Sachverhalt nicht verstehen oder die in einträchtiger Seilschaft mit demjenigen leben, der für das Desaster verantwortlich zeichnet. Jedenfalls sollten klare Absprachen darüber bestehen, wie welche Sachverhalte zu kennzeichnen und zu berichten sind. Wie eindrucksvoll wesentliche Sachverhalte im Finanzdienstleistungssektor in der Vergangenheit herunterdiskutiert worden sein müssen (bis sie nicht mehr existierten oder nie entdeckt wurden), zeigen die Pressemitteilungen über zahlreiche Altlasten (sog. Legacies). Die Nivellierung hat jedenfalls zur Folge, dass wesentliche Sachverhalte falsch priorisiert werden oder gar nicht in die Umsetzung gelangen.

Im Hinblick auf die Aufsichts- und Verwaltungsratsfunktion sind die Daten so aufzubereiten, dass die Kontrollinstanz ihren Aufgaben nachkommen kann und auch für externe Mitglieder verständlich und ausreichend sind sowie eine Eskalation – auch im Falle eines Ad-hoc-Berichtswesens – ermöglichen. Ein Executive Summary oder eine mit der Farbenlehre ausgestattete Übersicht der wichtigsten Themenstellungen sind hierbei unerlässlich. Hierbei handelt es sich allerdings auch um eine Holpflicht seitens des Kontrollorgans. Auf Ebene der Geschäftsleitung gibt es zumeist Geschäftsverteilungspläne. Dennoch müssen die Mitglieder gleichermaßen übergreifend informiert werden. Geht es um fachbereichsspezifische Themenstellungen, sollte das jeweils verantwortliche Geschäftsleistungsmitglied von vornherein mit einbezogen werden. Das bedeutet jedoch nicht, dass ein Risikobericht (s. Kap. 4.72 und 13.1.6) durch Nichtkontrollfunktionen adjustiert werden darf. Dieser muss auf Basis der Meinungen aller Beteiligten im Rahmen des Risk Committee (s. Kap. 3.2.2) besprochen werden. Der Gesprächsverlauf und ggf. unterschiedliche Meinungen werden in einem Protokoll dokumentiert. Sämtliche Unterlagen werden dem Verwaltungsrat zur Verfügung gestellt. Der für den Bereich verantwortliche Geschäftsleiter benötigt zudem einige tiefgreifendere Steuerungstools – dies auch im Hinblick auf seine MitarbeiterInnen.

Die nachfolgenden Unternehmensebenen müssen – je nach Sensitivität der Informationen – nach dem »Need-to-know-Prinzip« abgestuft werden und dürfen nur zweckgebundene Informationen erhalten, die zur Ausübung ihrer Tätigkeit erforderlich sind. Entsprechend kann es notwendig sein, Informationsbarrieren einzuhalten. Im Falle von Daten natürlicher Personen und bspw. anzunehmenden Leistungsmessungen von Mitarbeitenden gelten weitere Anforderungen sowie Einschränkungen innerhalb des EWR durch Datenschutzanforderungen (s. Kap. 15.4). Auch der Umgang mit Kundendaten sollte mit maßgeblicher Vorsicht erfolgen und auf den Bedarf des Arbeitsplatzes zugeschnitten sein.

Auf der zweiten Verteidigungslinie (s. Kap. 3.4.1.1.3) sind ebenfalls funktions- und aufgabenbezogene Daten zur Verfügung zu stellen. Je nach Wesentlichkeit der Kontrollhandlungen sind die Daten ex ante oder ex post verfügbar zu machen. Die zweite Verteidigungslinie muss zudem auf den Basisdaten arbeiten können und Einblick in die Aktivitäten der ersten Verteidigungslinie haben. Umgekehrt sollten die Kontrollhandlungen der zweiten Verteidigungslinie der ersten im Zusammenhang mit der Prävention von sonstigen strafbaren Handlungen (s. Kap. 10) verborgen bleiben. Für die dritte Verteidigungslinie kann ein übergreifender Zugriff auf Information nicht nur im Rahmen der geplanten und außerordentlichen Prüfungshandlungen vorteilhaft sein. Bestimmte Parameter lassen sich dauerhaft überwachen, Informationen stehen im Rahmen einer Prüfungsvorbereitung bereits zur Verfügung und das Zusammenspiel zwischen der ersten und zweiten Verteidigungslinie kann risikoadjustiert hinsichtlich Informations- und Überwachungslücken überprüft werden.

4.7.2.3.2 Externe Parteien

Externe Parteien können heutzutage bereits mit für sie zugeschnittenen Informationen und Berichten versorgt werden. Es existieren inzwischen auch schon Lösungen bspw. für externe Prüfer (z. B. Wirtschaftsprüfer und Regulierungsbehörden), die automatisiert Auswertungen, Informationen, Vollständigkeitsinformationen und Kontrollergebnisse zur Verfügung stellen, ohne dass ein Vorortbesuch erforderlich ist. Dies ist nicht nur in Pandemiezeiten ein kostenreduzierender Ansatz. Stellen Prüfer und Regulierungsbehörden ihren Mandanten bzw. beaufsichtigten Unternehmen derartigen Systeme zur Verfügung, kann durch die Informations- und Schnittstellenstandardisierung auch eine automatisierte Verarbeitung und Auswertung und ggf. eine Teilberichtserstellung im Hause externer Prüfungsinstanzen erfolgen. Mit der Übertragung über gesicherte Leitungen sollten die Daten ausreichend geschützt sein und Auffälligkeiten könnten in Einzelfällen vielleicht bereits vor Durchführung eines Prüfungszyklus identifiziert werden.

Während die externen Prüfer über ein unternehmensumfassendes Einsichts-, Prüf- und Kontrollrecht verfügen, gibt es auch externe Stakeholder, die nachweislich und nur im Rahmen der betroffenen Geschäftsbeziehung informiert werden dürfen. Insbesondere bei diesen Berichtskanälen ist darauf zu achten, dass weder ein Data Leakage noch ein Data Loss eintritt und ggf. zu viele Informationen das Unternehmen verlassen bzw. nicht nachweislich verfügbar gemacht wurden. Das Thema beginnt bereits im Zusammenspiel und dem Datenaustausch mit anderen Gesellschaften der Unternehmensgruppe.

Die für den Kunden bestimmten Informationen werden über eine Omnichannel-Strategie zur Verfügung gestellt, deren Kanäle und Varianten der Informationsaufbereitung er selbst wählen kann. Je nach genutztem Produktspektrum werden die Informationen übersichtlich und aggregiert dargestellt.

Geschäftspartner, die bspw. wesentliche oder regulierte Themenstellungen in das eigene Unternehmen einlagern und selbst regulatorisch beaufsichtigt sind, benötigen Informationen sowie Risiko- und Compliance-Berichte.

4.7.2.4 Datennutzung und Entscheidungen

Solange die Daten den üblichen Qualitätskriterien entsprechen und auf der ursprünglichen Quelle basieren, sind sie zur Unternehmenssteuerung äußerst wertvoll. Hierbei sind externe sowie interne Daten von hoher Relevanz. Die Unternehmenssteuerung nur auf Ertragsdaten abzustellen, wäre zu kurz gegriffen, da insbesondere die von außen auf ein Unternehmen wirkenden Faktoren einbezogen werden müssen, um ein Unternehmen verantwortungsvoll auszurichten und zu optimieren.

4.7.2.4.1 Personalplanung

Es gibt zwei Ansätze für eine gezielte Personalplanung. Die eine ist vorausschauend und im Zusammenhang mit neuen Aufgaben durchzuführen (s. Kap. 8). Hier lassen sich Aufwandsschätzungen für bspw. neue Tätigkeiten Regularien frühzeitig adressieren. Der zusätzliche Personalbedarf wird zu einer Voraussetzung für den Genehmigungsprozess. Anders verhält es sich im Zusammenhang mit der Bearbeitung steigender Stückzahlen oder anderer Messgrößen. KRIs (s. Kap. 6.2) können aus den Datenbeständen gebildet werden und für die Personalplanung genutzt werden. Auch Krankheitsdaten, Fluktuation und Geschäftsentwicklungsdaten sind wesentliche Informationen für Personalbedarf oder – wenn sie gehäuft auftreten – andere verbesserungsbedürftige Situationen (z. B. Führungsdefizite).

4.7.2.4.2 Schulungspläne

Ausbildungen und Schulungen von Mitarbeitenden sowie Geschäftspartnern sind ein wesentliches Werkzeug der Risikoprävention, um Soll-Abweichungen jeglicher Art zu vermindern. Die Komplexität des Finanzdienstleistungsgeschäfts lässt es jedoch nicht zu, dass alle Mitarbeitenden aller Bereiche in allen Themenbereichen (repetitiv) geschult werden können. Aus dem Data Lake lassen sich deshalb folgende Daten ideal verwenden, um bereichs- und prozessbezogene Schulungsbedarfe zu ermitteln:

- neue Regulierungen und Einführungen von risikoreduzierenden Maßnahmen,
- Anzahl und Beträge von Soll-Abweichungen,
- hoch oder unterschiedlich beurteilte/bewertete Risiken in den Risk Assessments,
- Qualitätsdefizite und Regulierungsverstöße,
- sich aus Kontrollen und Kombinationskontrollen (6.1.1) ergebende Abweichungen,
- Ursachen für Rechtsfälle und Kundenbeschwerden.

4.7.2.4.3 Prozessverbesserungen

Prozesse werden zumeist von unterschiedlichen Abteilungen sowie Parteien bewirtschaftet. Sie können manuell, semi-manuell und vollautomatisiert ablaufen. Ebenso kann sich herausstellen, dass zu wenig Kontrollen oder zu viele Kontrollen innerhalb eines Prozesses durchgeführt werden. Kontrollen können ggf. wenig effektiv sein und somit Risiken nicht oder nicht rechtzeitig identifizieren. Die Gefahr von Medienbrüchen soll abschließend noch genannt werden.

Der umfassende Data Lake hält, wie im vorherigen Kapitel bereits erwähnt, auch Daten für Prozessverbesserungspotenziale bereit. Maßgeblich für die Feststellung von Prozessdefiziten sind ebenfalls die im vorstehenden Abschnitt aufgeführten Datenbasen.

4.7.2.4.4 IT-Entwicklung

Der Ausfall der IT muss nicht in einem menschlichen Versagen begründet sein (z. B. Softwareentwicklung, Versäumnisse), sondern kann auch auf folgende Ursachen zurückzuführen sein:

- unvorhersehbare End-of-Life-Technologie (Soft- und Hardware),
- Unverträglichkeiten zwischen Systemen,
- Instabilitäten von Applikationen,
- Einfrieren von End-user-Applikationen.

Die in diesem Zusammenhang nutzbaren Daten weichen von den vorherigen Ursachen ab. Hier können Daten aus IT-Incidents, Soll-Abweichungen, Cyber-relevanten Vorfälle und Risk Assessments nutzbar gemacht werden.

4.7.2.4.5 Dokumentationen

Abschließend sind über alle erlangten Erkenntnisse mögliche Dokumentationen anzufertigen, die zu einer Reduktion künftiger Zwischenfälle beitragen. Hierbei kann es sich um folgende Umsetzungen handeln:

- Verbesserung von Weisungen, Handbüchern und Prozessen (s. Kap. 3.4),
- Erstellung von Informations- und Schulungsunterlagen (s. Kap. 3.4.2.5),
- Verbesserung der für Kunden bestimmten Unterlagen und Produkte (s. Kap. 8),
- Neu- oder Weiterentwicklung von Risiken, Kontrollen, Kombinationskontrollen (s. Kap. 6.1.1) und risikoreduzierenden Maßnahmen (s. Kap. 4),
- Entwicklung oder Adjustierung von Key Risk Indicators (s. Kap. 6.2),
- Pflichtenhefte für neue Systeme oder Digitalisierungen (s. Kap. 13),
- Vertragsnachverhandlungen,
- Weiterentwicklung des Third-Party Risk Managements (s. Kap. 12),
- Anpassung von strategischen Komponenten des Risikoappetits (s. Kap. 2.2 und s. Kap. 3.2.3).

4.7.2.4.6 Auswahl und Überwachung von Servicepartnern

Die Due Diligence im Hinblick auf die Auswahl eines neuen Servicepartners (Know Your Counterpart) kann noch so detailliert und umfassend sein, dennoch kann es im Zeitverlauf zu Performanceverlusten beim Geschäftspartner kommen. Die Ursachen dafür können in unterschiedlichen Themenbereichen zu finden sein (s. Kap. 12). Je nach Wesentlichkeit der für das eigene Unternehmen erbrachten Tätigkeit kann der eigene Geschäftsbetrieb darunter leiden oder sogar massiven Schaden nehmen. Deshalb ist es wichtig, die Performance auch hier im Zeitverlauf und im Hinblick auf unterschiedliche Themenstellungen zu messen und zu überwachen. Hier können Service Level Agreements, KPIs und KRIs (s. Kap. 6) von erheblichem Nutzen sein. Vergessen werden darf hier nicht, dass aus der Perspektive des eigenen Unternehmens lediglich eine Außensicht (Outside-in) auf den Geschäftspartner besteht, weshalb dieser Angelegenheit eine hohe Aufmerksamkeit zu widmen ist.

4.7.2.4.7 Auswahl und Überwachung von Kunden

Wie bei Geschäftspartnern besteht auch hier eine Outside-in-Sichtweise und innerhalb beider Beziehungsarten können künftig Nachhaltigkeitskriterien (s. Kap. 15.3) bei der Geschäftspartnerauswahl eine wesentlichere Rolle spielen. Die Know-your-Customer-Relevanz ist allgemein aus der Geldwäscheprävention bekannt und lässt regulatorisch kein Spielraum. Es gibt aber noch eine Reihe weiterer Indikatoren, die herangezogen werden können. Hierzu zählen bspw. der Aufwand bei der Bearbeitung einer riskanteren Geschäftsbeziehung (ohne Potenzial), sprungfixe Kosten bei der Erschließung riskanterer/nicht äquivalent regulierter Märkte oder Sektoren, besondere Anfälligkeiten und somit ein erhöhter Überwachungsbedarf hinsichtlich sonstiger strafbarer Handlungen (s. Kap. 10). Auch hier lassen sich Schwellen- und Vergleichswerte sowie Auslastungswerte hervorragend nutzen. In der Konsequenz haben somit bewusste Entscheidungen zur Erschließung riskanterer Märkte und damit einhergehende umfassendere Überwachungskonzepte bspw. auch einen Einfluss auf Personalbedarf, IT und Prozesse (s. Kap. 8).

5 Wertvolle Soll-Abweichungen

In vielen Fachbüchern sind Soll-Abweichungen unbeachtet oder nur am Rande behandelt. Häufig werden sie auch als Schäden und die zu befüllenden Datenbanken als Schadendatenbanken bezeichnet. Dies ist von der Bezeichnung her aber unzureichend, da nicht jede Soll-Abweichung einen (finanziellen) Schaden verursacht. Auch neutrale Ausprägungen, die einen Aufwand verursachen, oder Gewinne aus Soll-Abweichungen sind möglich. Die Soll-Abweichungen können alle Arten von operationellen Risiken (s. Kap. 3.1) zur Ursache haben. Sie sind unangenehm und statistisch meist auf menschliches Versagen zurückzuführen. In Unternehmen – je nach Kultur (s. Kap. 2.6) – werden sie aus diesem Grund zumeist nicht übergreifend angesprochen und nachverfolgt. Ihnen können wesentliche Konsequenzrisiken oder Risiken der zweiten und dritten Ordnung (s. Kap. 2.7.3) folgen. Im Gegensatz zum Risk Assessment (s. Kap. 4.1) stellen sie keine präventive Maßnahme zur Gefahrenreduktion dar. Sie sind bereits eingetreten. Ihre Informationen liefern aber wichtige Indikationen für Verbesserungspotenziale.

Über die vorstehend aufgeführten Soll-Abweichungen hinaus gibt es noch einige »wertvolle« Datenquellen, die für gewöhnlich ursächlich auf operationelle Risiken zurückzuführen sind. In der Datenbank erfasst, geraten diese Erfahrungswerte auch in Zukunft nicht in Vergessenheit:

- Kundenbeschwerden,
- Rechtsfälle (nicht zu verwechseln mit den Rechtsrisiken in s. Kap. 3.1.4),
- Verstöße gegen Gesetze und Regularien (s. Kap. 3.3),
- sonstige strafbare Handlungen (s. Kap. 10) / Versuche und erfolgreiche Durchführungen von Angriffen (s. Kap. 15.2),
- Projektfehlplanungen und -implementierungen (s. Kap. 9),
- Datenschutzverstöße (s. Kap. 15.4),
- IT-Ausfälle und identifizierte Sicherheitslücken,
- Fehler in Auslagerungsbeziehungen und -schnittstellen (s. Kap. 12),
- der »Neu-Produkt und wesentliche Änderungen«-Prozess (s. Kap. 8) in der Produktentwicklung und im Hinblick auf ESG-Themenkomplexe (s. Kap. 15.3),
- Business-Continuity-Management-Tests (s. Kap. 14).

Gehen wir davon aus, dass Soll-Abweichungen eine Unternehmung nicht existenziell gefährden, so sind sie eine wesentliche – wenn hin und wieder auch teure – Gelegenheit, um Erfahrungen zu sammeln und die operationelle Resilienz des Unternehmens weiterzuentwickeln. Dies erfolgt im Zusammenhang mit der:

- Erfüllung gesetzlicher und regulatorischer Anforderungen (z. B. Standardansatz) und – je nach Jurisdiktion – von Anforderungen and das Berichtswesen,
- Präzisierung des Weisungswesens, der Handbücher und von Prozessbeschreibungen (s. Kap. 3.4.2),
- Präzisierung von Risikodefinitionen (s. Kap. 4.1)
- Überprüfung der Operating- und Design-Effektivität von Kontrollen zur Steigerung der Unternehmensresilienz (s. Kap. 6.1),

- Bewertung und Beurteilung von Risiken und Risikopotenzialen im Hinblick auf Schadenhöhe und Eintrittswahrscheinlichkeit (s. Kap. 4.2),
- Grundlage für eine risikoadjustierte Bewusstseinsförderung, Ausbildung und Sensibilisierung der Mitarbeitenden (s. Kap. 3.4.2.5),
- Einspeisung der gewonnenen Informationen in den Risikomanagementprozess und deren Zuordnung zu den jeweiligen Risiken (s. Kap. 4.1) sowie das Risikoüberwachungssystem (s. Kap. 6),
- Entwicklung von Wahrscheinlichkeitsrechnungen und Stressszenarien,
- Managementinformation zu neuen Risikoprofilen und -entwicklungen (s. Kap. 15 und 4),
- risikoadjustierten Unternehmenssteuerung (Investition oder Desinvestition in risikoreduzierende Maßnahmen, produktorientierte Preisgestaltung, Versicherungsdeckung, Engpässe, Qualität externer Geschäftspartner, Personalwechsel),
- Basis für die Steuerung des Finanzdienstleisters über Risikoindikatoren (s. Kap. 6.2) und Risikoappetit (s. Kap. 3.2.3).

5.1 Voraussetzungen

Um eine vollständige Datenkollektion zum Erkennen und Auswerten von Schwachstellen und Konzentrationen erzielen zu können, sind verschiedene kulturelle, technische und systematisierende Voraussetzungen zu schaffen. Ein entsprechendes kulturelles Umfeld (s. Kap. 2.6) ist determinierend für den Erfolg eines verlässlichen Berichtswesens zu Soll-Abweichungen (s. Kap. 4.7.2 und 13.1.6). Zwar wird es nie eine Freude sein, eine Soll-Abweichung zu melden, jedoch sollte das unternehmerische Umfeld einen Reifegrad erlangen, der eine offene Kommunikation und somit einen breiten Lerneffekt aus Soll-Abweichungen ermöglicht und ggf. Impulse aus unterschiedlichen Unternehmensbereichen zur künftigen Prävention einfließen können. Folgende weitere Fragestellungen sollten bearbeitet werden:

- regulatorische Basis zur Datenerhebung und zum -berichtswesen,
- Art und Gestaltung der Datenbank,
- Workflow zur Bearbeitung der Soll-Abweichungen,
- Verknüpfung der Datenbank und Daten mit anderen Komponenten des operationellen Risikomanagements,
- Daten, die im Rahmen einer Soll-Abweichung erhoben werden sollen.

5.1.1 Soll-Abweichungsdatenbanken

Die Soll-Abweichungsdatenbank sollte unternehmensweit und divisionsübergreifend ihren Einsatz finden, um Transparenz und übergreifende Lerneffekte zu erzielen. Datenanforderungen und -systematisierungen, Writing Guidelines, Verantwortlichkeiten müssen abgegrenzt[1] und

1 Es muss unbedingt vermieden werden, dass Soll-Abweichungen mehrfach berichtet werden, da sonst fehlerhaft priorisierte Maßnahmen gesetzt, Ressourcen fehlallokiert und ggf. Risikounterlegungen erhöht werden.

viele weitere Vorgaben müssen eingangs geschaffen werden. Auch im Rahmen der Zusammenarbeit und einer Auslagerung (s. Kap. 12) innerhalb und außerhalb der Unternehmensgruppe können so relevante Schwachstellen identifiziert und gemeinsam bearbeitet werden. Es sind geeignete Maßnahmen zu setzen und Trainings anzubieten, um eine hohe Dokumentationsqualität sicherstellen zu können. Etwaige weitere benötigte Datenquellen sind zu identifizieren und zusammenzuführen. Der Workflow sollte, nachdem die Entscheider der ersten und zweiten Verteidigungslinie (s. Kap. 3.4.1.1.3) sowie des verantwortlichen Managements über die Abweichung informiert wurden, bei Abweichungen mit negativen finanziellen Auswirkungen über die Buchhaltung zur Auslösung der Zahlung geleitet werden. Gleichzeitig könnte die Transaktion durch eine Bestätigung in die Unternehmensbuchführung überführt werden.

In der allgemeinen Literatur wird es häufig als schwierig bezeichnet, eine vollständige Soll-Abweichungsdatenbank zu erstellen. Voraussetzungen für eine umfassende Nutzung und Befüllung sind, dass:

- der Anspruch besteht, dass jeder Verursacher die benötigten Daten zeitnah (nach Entdeckung/Verursachung) und in hoher Qualität erfasst (s. Kap. 2.8.5);
- weitere Quellen, wie z.B. Beschwerderegister, Revisionsberichte, Rechnungswesen, Rechtsabteilung, Besprechungsprotokolle keine zusätzlichen Informationen mehr liefern können oder als zusätzliche Informationsquelle herangezogen werden;
- eine Trennschärfe bspw. zwischen Schadenfallinformationen und kulanterweise entrichteten Beträgen besteht (keine Vermischung); weiterhin können sich hinter Einzelwertberichtigungen, Kreditausfällen, Prozesskosten und Entschädigungszahlungen Soll-Abweichungen aus ursächlichen operationellen Risiken verbergen;
- die Kategoriengranularität der Soll-Abweichungen prozessual (s. Kap. 5.1) und ursachen- und abteilungsbezogen so eingerichtet wird, dass eine schnelle Konzentrationsmodellierung sowie Identifikation von Ursache und Ort ermöglicht werden;
- datenschutzrelevante Aspekte (15.4) beachtet und entsprechende Zugriffsrechte vorgesehen werden, wenn Soll-Abweichungen bestimmten Personen oder personenidentifizierenden Funktionen zugeordnet werden können;
- Schadendaten nur über bestimmte Aufwandskonten zu buchen sind, sodass die Vollständigkeit abgeglichen werden kann (CpD-Konten[2] sollten zur Vermeidung von Zweckentfremdungen ohnehin einer laufenden Überwachung unterliegen);
- Kompensationen zu einem Schadenfall erst durchgeführt werden, sobald die zugehörigen Daten vollständig erfasst und an die Buchhaltung übermittelt wurden:
- die Höhe der zu erfassenden Soll-Abweichungen festgelegt wird;
- das Unternehmen idealerweise über eigene Prozess- und Taskdokumentationen (s. Kap. 3.4.2.2) verfügt, denen die Soll-Abweichungen zugeordnet werden.

2 Lat. Conto pro Diverse (Konto für verschiedene Zwecke): Sind Zwischenkonten oder Hilfskonten in der Buchführung und im Rechnungswesen, die einer kurzfristigen Verrechnung dienen. Sie sind bis zum Bilanzstichtag auf Bestands- oder Erfolgskonten zu übertragen.

#RISKHACKS

- Hinsichtlich der Festlegung der Höhe der Soll-Abweichungen wird grundsätzlich empfohlen, den Erfassungsschwellenwert auf »0« festzulegen. Das vereinfacht auch die Identifikation von Near Misses (s. Kap. 5.2.4.1) und Zero Events (s. Kap. 5.2.4.2) und führt zu keinerlei Trennschärfen. Zudem können bspw. Handelsfehler in weniger volatilen Märken bei Marktverwerfungen höhere Verluste verursachen und würden andernfalls außer Acht bleiben.
- Innerhalb komplexer Systeme oder Berechnungen wären bspw. auch Korrelationen zwischen Soll-Abweichungen und erhobenen KRI oder KPI (s. Kap. 6.2 und 6.3) eine interessante Größe. Auch Fluktuationsdaten, Stornobuchungen, Erfassungsqualität, Settlement-Qualität, Systemausfälle u.ä. Größen könnte ein Preisschild zugeordnet werden und wäre für eine Analyse von Belang. Aus den Daten könnten auch indikatorbasierende Schwellenwerte entwickelt und in ein Berichtswesen (s. Kap. 4.7.2 und 13.1.6) integriert werden.

5.1.2 Datenqualität

Um Soll-Abweichungen und Revisionen für Dritte nachvollziehbar zu dokumentieren und gezielt nachverfolgen zu können, ist die Erfassungsqualität auf hohem Niveau sicherzustellen.

- Sämtliche definierte Soll-Abweichungen werden mit identisch hoher Qualität erfasst.
- Genauigkeit in einer idealerweise genormten allgemein definierten Schreibweise durch die Etablierung von »Issue writing Guidelines«.
- Ein bestehendes Qualitätsmanagement, das die Daten auf der zweiten Verteidigungslinie (s. Kap. 3.4.1.1.3) erneut auf Qualität, Plausibilität und Vollständigkeit überprüft.
- Die Beschreibung der Soll-Abweichungen ermöglicht eine Zuordnung unterschiedlicher Kategorisierungen (z. B. Prozess(schritt)zuordnung, Produkt, verursachende Abteilung, Risikokategorie, Kundenart oder -gruppe), die eine spätere Analyse von bspw. Häufungen zulässt. Je Kategorie ist darauf zu achten, dass die Soll-Abweichung nur einer Subkategorie je Hauptkategorie zugeordnet wird. Andernfalls wären bspw. Ursachen, Entstehungsort oder Prozess nicht eindeutig.

5.2 Soll-Abweichungen (Gain, Neutral und Loss)

»Verlustdaten geben die historische Erfahrung eines Finanzinstituts hinsichtlich eingetretener Ereignisse aus operationellen Risiken und den damit verbundenen finanziellen Konsequenzen wieder und reflektieren somit das bislang realisierte Risikopotenzial.«[3] Diese Daten können wie in Kap. 5.4.1 beschrieben für Prognosen künftiger Soll-Abweichungsgefahren genutzt

3 Kaiser, T./Köhne, M. (2004): Operationelle Risiken in Finanzinstituten, Wiesbaden, S. 74.

werden. Wie einleitend erwähnt, bleiben wir bei dem Begriff »Soll-Abweichungen«, da auch »finanzneutrale« Vorfälle (s. Kap. 5.2.4.1 und 5.2.4.2) und Gewinne wichtige Informationen bereithalten. Häufig wird aber vergessen, dass die Maßnahmenentwicklung und -implementierung für die Vorfälle auch mit Kosten verbunden ist. Diese müssten der Soll-Abweichung im Grundsatz zugerechnet werden. Gewinne entstehen bspw. im Rahmen von Handelsfehlern, wenn sich der Markt positiv bis zur Umsetzung der taktischen Maßnahme (s. Kap. 5.3.1) und Korrektur des Handelsfehlers entwickelt.

5.2.1 Ursachenanalyse (Root Cause)

Ursachen sind relevant für die Analyse eines operationellen Risikos. Um die Ursache eines eingetretenen Schadens verstehen zu können, muss die Frage nach dem »Warum« so lange gestellt werden, bis keine weitere Antwort mehr möglich ist.

Beispiel

Nehmen wir als Beispiel den Ausfall eines Servers. Der Serverausfall stellt nicht die Ursache dar und die Antworten auf die Fragen können vielfältig sein, z. B. könnten die finalen Antworten auf die Warum-Fragen lauten:

- **Menschliches Versagen:**
  - Server wurde von einem Mitarbeitenden ausgeschaltet
    - der keinen Zutritt zum Serverraum hatte (ehrlicher oder unehrlicher Fehler),
    - der im Umgang mit dem Server und der Interpretation möglicher Indikatoren (Überhitzung) unzureichend/nicht geschult war;
- **Technisches Versagen:**
  - Server überhitzte aufgrund einer ausgefallenen Klimaanlage und den damit einhergehenden hohen Temperaturen,
  - unterbrechungsfreie Umschaltung auf einen Spiegelserver hat nicht funktioniert;
- **Versagen interner Verfahren/Prozesse:**
  - End-of-Life-Technologie (Soft- und/oder Hardware) wurde aufgrund unklarer Zuordnung von Verantwortlichkeiten nicht rechtzeitig ausgetauscht;
- **Externe Ursachen:**
  - Ein Wirbelsturm beschädigte das Dach, Wasser drang in den Serverraum ein und der folgende Kurzschluss führte zu einem Ausfall.
  - Eine Baggerschaufel hat bei gebäudeexternen Bauarbeiten in eine Telefonleitung gegriffen und damit den Kontakt zum Server in der Zentrale unterbrochen.
  - Ein Geschäftspartner verursacht eine Prozessunterbrechung mit Auswirkung auf das eigene Unternehmen (s. Kap. 12) und ein Übertrag (s. Kap. 4.4.2) der finanziellen Soll-Abweichung ist vertraglich nicht vorgesehen.

Gelangt der Risikomanager zu den jeweiligen finalen ursachenerklärenden Antworten, wird klar, dass die zu ergreifenden risikoreduzierenden Maßnahmen äußerst unterschiedlich ausfallen können. Einführung von Sicherheitsräumen, Zutrittskontrollen, Ausbildungsbedarf (Achtung: diese Entdeckung kann auch den Vorgesetzten mit belasten), Einführung von Temperaturkontrollen (Risikoindikatoren), Umschalttests, Aufgabenabgrenzung, Zuordnung klarer Verantwortlichkeiten sowie ein geeignetes Business Continuity Management (s. Kap. 14) wären Beispiele für risikoreduzierende Maßnahmen zu den jeweils bereits eingetretenen Ursachen.

5.2.2 Weitere Zuordnungen der Soll-Abweichungen

Um die Soll-Abweichungen weiterführend zuordnen und zu einem späteren Zeitpunkt problematische Entwicklungen erheben zu können, sollten weitere Einordnungen der Soll-Abweichungen vorgenommen werden. Dies ermöglicht im Bedarfsfall einen zielgerichteten sowie priorisierten durch Maßnahmen unterlegten Eingriff an den richtigen Stellen. Zudem können Risiko- und Maßnahmenkosten (s. Kap. 4.4.6) betriebswirtschaftlich abgewogen werden. Die Zusatzinformationen unterstützen dabei, zielgerichtete Investitionen in Maßnahmen zu tätigen oder wenig nutzbringende Investitionen in Maßnahmen zu vermeiden.

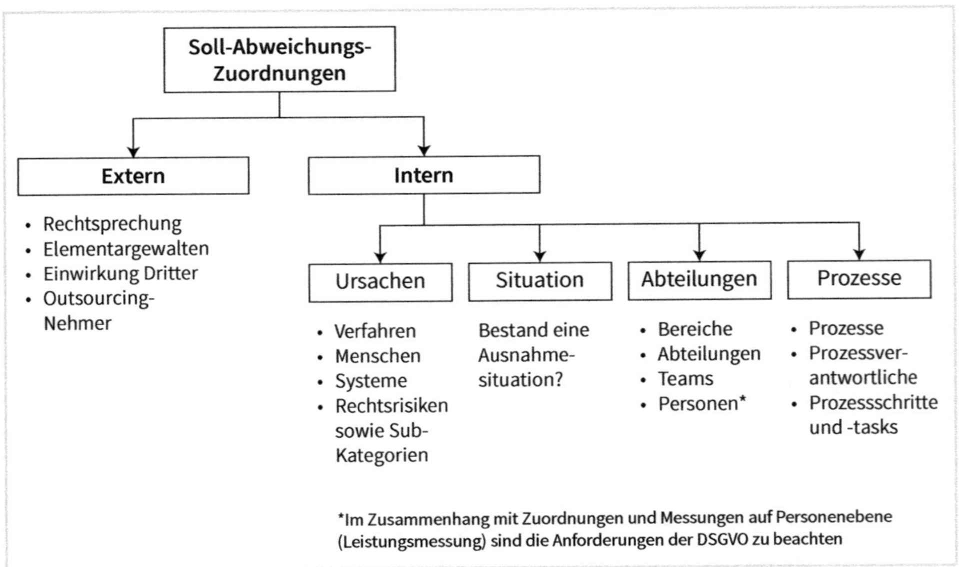

Abbildung 52: Mögliche weitere Zuordnungen von Soll-Abweichungen

Über die Zuordnung der Soll-Abweichungen zu den vorstehend genannten übergreifenden Ursachenkategorien, empfiehlt es sich, weitere Soll-Abweichungszuordnungen vorzunehmen. Zunächst sollten die **Ursachenkategorien in weitere Subkategorien** unterteilt werden. Alternativ zu eigenen Prozess- und Taskdokumentationen können bspw. Risiko- und Prozesskategorien des Basler Committee oder der ORX-Schemata herangezogen werden.

Eine Beschreibung der zum Zeitpunkt des Eintritts **vorherrschenden Situation** könnte später ermöglichen, besondere Maßnahmen in Ausnahmesituation zu definieren oder Rückschlüsse darauf zulassen, ob es sich um eine einmalige Ist-Abweichung oder vielleicht, um eine neue Risikoausprägung handelt, die es generell zu überprüfen gilt und durch mitigierende Maßnahmen zu behandeln ist.

Eine Zuordnung zum jeweiligen **organisatorischen Bereich** gibt Aufschluss über mögliche Defizite und mögliche Absicherungen durch Kontrollen (s. Kap. 6.1) oder andere risikoreduzierende Maßnahmen (s. Kap. 4.4).

Auch wenn die Bestimmung des organisatorischen Bereichs in den meisten Fällen bereits richtungsweisend ist, sind Angaben zum jeweiligen **Prozess, Verfahren** oder sogar Task äußerst hilfreich, um die Absicherung und die Resilienz des Prozesses zu hinterfragen und bei Bedarf zu verbessern. Im Hinblick auf Prozesse können auch Durchlaufzeiten – wenn ggü. dem Kunden bspw. eine bestimmte Time-to-Market eingehalten werden muss, diese aus wettbewerbstechnischen Gründen erforderlich ist oder zugesichert wurde – eine Relevanz haben.

5.2.3 Wesentliche Daten und deren Interpretation

Die Daten zum Zeitpunkt der Entstehung und der Tag der Identifikation sowie der Tag der taktischen und nachhaltigen Behebung einer Soll-Abweichung liefern wesentliche Information zur Qualität des Kontrollframeworks bzw. des Reaktionsvermögens eines Finanzdienstleisters. Im letzteren Fall können auch Haftungsthemenstellungen und Ordnungsstrafen relevant werden.

5.2.3.1 Tag der Soll-Abweichung

Hierbei handelt es sich um den Entstehungstag der Soll-Abweichung. Dies kann bspw. der Tag der Umsetzung einer fehlerbehafteten Handelsentscheidung sein (Menge, falsche Seite hinsichtlich Kauf/Verkauf, Titel usw.).

Die Überprüfung des Entstehungstags kann Aufschluss über die jeweils vorherrschenden Umstände geben und lässt Rückschlüsse auf die Ursache zu. Gab es zu diesem Zeitpunkt Marktverwerfungen, so können erhöhte Handelsaufkommen und eine übermäßige Belastung des Handels die Folge sein. War es ein ruhiger Markt, so kann eine ansteigende Zahl von Fehlern ggf. einen Rückschluss auf generelle Ressourcenprobleme zulassen. Von geringen und daher augenscheinlich unwichtigeren Schadenereignissen sollte in einer solchen Situation nicht abgesehen werden, denn diese Abweichungen können bei einer höheren Volatilität des Markts ansteigen. Je nachdem, ob diese Abweichungen in einem volatilen oder ruhigen Umfeld entstanden sind, können unterschiedliche Maßnahmen ergriffen werden. Während für den Fall einer Marktverwerfung geschultes Personal im Rahmen eines Notfallplans zum Abfangen von

Lastspitzen hinzugezogen werden könnte, sollte in einem gewöhnlichen Geschäftsbetrieb bspw. über Personalaufstockungen oder eine weiterführende Prozessdigitalisierung nachgedacht werden. Sollte eine Analyse auf Einzelhändlerbasis angestrebt werden, sind auch hier verschiedene Themenstellungen zu beachten. Zum einen gibt es Vorgaben der DSGVO[4] (s. Kap. 15.4) und zum anderen müssen die Abweichungen ins Verhältnis mit der Abwicklung der Gesamtaufträge gestellt werden, um sich ein abschließendes Bild machen zu können. Wickelt der Händler verhältnismäßig wenig Aufträge bei vielen Fehlern ab, kann dies auf ein personenspezifisches Problem hindeutet und es ist vielleicht eine Bewusstseinsschaffung erforderlich. Ist es umgekehrt, ist ggf. eine Personalaufstockung ratsam.

5.2.3.2 Tag der Identifikation

Wird der Tag der Soll-Abweichung mit dem Tag der eigenständigen Identifikation abgeglichen, so kann die Zeitspanne zwischen diesen beiden Daten auch im Nachgang Aufschluss über die Effektivität des IKS und der Kontrollen (s. Kap. 6.1.3) geben. Im Grundsatz gehört es zwar zur Resilienz eines IKS dazu, Soll-Abweichungen zu verhindern, im Eintrittsfall sollten diese aber zeitnah identifiziert und Maßnahmen ergriffen werden können.

5.2.3.3 Tag der taktischen Behebung

Jedoch ist es auch wichtig, eingetretene Abweichungen unverzüglich nach ihrer Materialisierung zu identifizieren und zu korrigieren, bevor eine Ansprache bspw. unvorbereitet durch die Regulierungsbehörde oder kundenseitig erfolgt. Natürlich ist auch die unverzügliche Schadenbegrenzung ein wesentlicher Aspekt. Denn auch hier sind weitreichendere Konsequenzrisiken nicht unwahrscheinlich. Die operationellen Risiken verhalten sich im Zeitverlauf zumeist konvex, d. h. die potenzielle Schadenhöhe oder die Anzahl der Soll-Abweichungen nehmen eher zu als ab. In unserem konkreten Fall der Umsetzung einer fehlerbehafteten Handelsentscheidung wären unverzüglich nach Feststellung eine Glattstellung und eine Eindeckung gemäß dem ursprünglichen Auftrag sicherzustellen.

5.2.3.4 Tag der nachhaltigen Lösungsentwicklung

Nicht für alle Soll-Abweichungen ist es möglich und sinnvoll, nachhaltige Lösungen zu entwickeln. Entsteht wie oben beschrieben ein Handelsfehler, so lassen sich in den seltensten Fällen Maßnahmen definieren und umsetzen. Denkbar wäre beispielsweise ein Handelsbuch, das ab einer bestimmten betraglichen Größe ein Vier-Augen-Prinzip ermöglicht, bevor eine Order

4 Die Datenschutzgrundverordnung (DSGVO) sieht einige Einschränkungen bei der Leistungsmessung von Mitarbeitenden vor, die unbedingt zu beachten sind.

an den Markt übertragen wird. Würde jede Order in einem Vier-Augen-Prinzip bearbeitet werden, könnte es passieren, dass die definierte Maßnahme in ihrer Umsetzung teurer wird als das möglicherweise eintretende Risiko. In unserem Beispiel der Umsetzung einer fehlerbehafteten Handelsentscheidung sollten Fat Tails im Rahmen von Marktverwerfungen nicht außer Acht gelassen werden, da diese erheblichen Einfluss auf den definierten Risikoappetit der Geschäftsleitung und des Aufsichtsrats, definierte Schwellenwerte und mögliche Risiko- und Maßnahmenkostenvergleiche (s. Kap. 4.4.6) haben können.

Ist eine Maßnahme erforderlich, sollte diese projektiert werden (s. Kap. 5.3). Ist eine zeitnahe Umsetzung nicht möglich, kann überlegt werden, bis zur Implementierung der Maßnahme einen manuellen oder aufwendigeren Workaround zu etablieren, um die Wahrscheinlichkeit von Soll-Abweichungen zu reduzieren. Zum Risikomanagement wird eine Kontrolle, ein KRI oder eine anderweitige risikoreduzierende Maßnahme implementiert werden, die in die Identifikationsphase des Risikomanagementprozesses (s. Kap. 4) einfließt und im Rahmen des Regelkreises weiterentwickelt sowie dokumentiert wird oder auch anderen, ähnlich arbeitenden Bereichen von großem Nutzen sein kann.

#RISKHACKS

Einer der ersten Schritte, die ich grundsätzlich initiiere, wenn ich in ein neues Unternehmen komme, ist die Integration der Anforderung, dass ein Verursacher oder der Prozessverantwortliche einer Soll-Abweichung nicht nur für die taktische Maßnahme zu Bereinigung des aktuellen Falls, sondern auch für die Entwicklung von Vorschlägen nachhaltiger Maßnahmen verantwortlich ist. Hierdurch:

- werden Mitarbeitende zu Risikomanagern und übernehmen Verantwortung für die Verbesserung ihrer Prozesse und Dokumentationen;
- wird das wertvolle Wissen der direkt am Prozess beteiligten Spezialisten der ersten Verteidigungslinie (s. Kap. 3.4.1.1.3) genutzt, um die betriebliche Resilienz zu verbessern;
- entsteht eine zusätzliche Bewusstseinsschaffung zur Vermeidung repetitiver Wiederholungen.

5.2.4 Soll-Abweichungen ohne finanzielle Auswirkungen

Beinaheverluste (Near Misses) und Null-Ereigniss (Zero-Events) sind – im Gegensatz zu den zuvor besprochenen Soll-Abweichungen – nicht mit finanziellen Auswirkungen verbunden. Sie können daher wertvolle Erfahrungswerte und kostenlose Grundlage für Schulungsprogramme (s. Kap. 3.4.2.5) darstellen. Wie auch bei den Soll-Abweichungen mit finanziellem Einfluss wird häufig vergessen, dass es noch nachgelagerte Kosten zur Aufarbeitung der Fälle geben kann, damit ebendiese Vorfälle sich nicht wiederholen. Da sich die Höhe der Soll-Abweichung in diesen potenziellen Fällen nur schwer bestimmen lässt (fehlende Möglichkeit zur Beobachtung), muss sie eingeschätzt werden. Die Eintrittswahrscheinlichkeit muss ebenfalls zu Beginn taxiert werden. Wenn nicht gleich Maßnahmen entwickelt werden, kann eine generelle Aufzeichnung dieser Fälle Aufschluss geben. Es wird dringend empfohlen, diese Vorfälle ebenfalls in die Soll-Abweichungsdatenbank zwecks Einschätzung und weiterer Bearbeitung aufzunehmen. Ein heutiger noch schadenfreier Vorfall kann morgen bereits Geld und Risiken der zweiten und dritten Ordnung (s. Kap. 2.7.3) kosten. Es ist jedoch eine Herausforderung, diese Vorfälle im Eifer des Tagesgeschäfts wahr- und aufzunehmen sowie zu dokumentierten. Es darf jedoch nicht vergessen werden, dass beide Kategorien bei Wiedereintritt auch Kosten und weitere Konsequenzrisiken (s. Kap. 2.7.3) verursachen können.

5.2.4.1 Beinaheverluste (Near Misses)

Ein Beinaheunfall (Near Miss) ist ein plötzlich eintretendes, ungeplantes Ereignis, das nicht zu einer finanziellen Soll-Abweichung oder einem physischen oder virtuellen Schaden führt, aber das Potenzial hatte, dies im Hinblick auf das Unternehmen, seine Kunden oder andere Stakeholder zu tun. Beinaheunfälle sind nicht auf ein Kontrollversagen zurückzuführen, werden durch Zufall entdeckt und liefern deshalb wertvolle Informationen für eventuelle weitere zu etablierende Kontrollmaßnahmen.

5.2.4.2 Null-Ereignisse (Zero-Events)

Null-Ereignis (Zero-Events) sind eingetretene Soll-Abweichungen, die zu keinem finanziellen Verlust (finanzielle Soll-Abweichung) führen. Nach ihrem Eintritt ist zu prüfen, ob sich im Wiederholungsfall finanzielle oder weitere Konsequenzrisiken aus ihnen ergeben können. Auch bei ihnen lohnt sich eine strukturierte Erhebung, um Erfahrungen aufzubauen und mögliche künftige Wirkpotenziale ableiten zu können.

#RISKHACKS

- Die Dokumentation und gleichzeitige Hinterfragung der eigenen Prozesse kann zu Effizienzgewinnen und Prozessstabilität führen; gleichzeitig kann eine Kontrolllandkarte entlang der Prozesse erstellt werden.
- Nehmen Sie alle der vorstehenden Soll-Abweichungsarten in eine Datenbank auf und achten Sie auf die richtige Kategorisierung der Ursachen.
- Die Soll-Abweichungen können dann klar dem Prozess zugeordnet werden, in dem sie sich materialisiert haben. So lassen sich Hinweise auf Konzentrationen, Instabilitäten und Schwachstellen ideal zusammenführen und bis zum Verrichtungstask zuordnen. Diese Vorgehensweise ist wesentlich präziser als die Nutzung vorgegebener Prozesskategorien.

5.3 Maßnahmenentwicklung

Tritt eine der vorstehend genannten Soll-Abweichungen ein:

- Soll-Abweichung mit finanziellen Auswirkungen (Gewinn/Verlust),
- Beinaheunfall,
- Null-Event,

ist über geeignete Maßnahmen nachzudenken. Dies gilt insbesondere auch, wenn sich Häufungen in einem bestimmten Zusammenhang (Prozess, Abteilung etc.) feststellen lassen. Womöglich kann es auch hilfreich sein, die Design- und Operating-Effektivität bereits bestehender Kontrollen (s. Kap. 6.1.3) oder Maßnahmen zu überprüfen und sie ggf. zu optimieren oder gänzlich zu überarbeiten. Müssen Maßnahmen neu geschaffen oder überarbeitet werden, ist es wichtig, Maßnahmen- und potenzielle Risikokosten gegeneinander abzuwägen (s. Kap. 4.4.6). Schließlich soll nicht mehr für eine Maßnahme aufgewandt werden, als das potenzielle Risiko an Soll-Abweichung verursachen kann. Umgekehrt können uneffektive oder zu geringe Maßnahmen hohe Soll-Abweichungskosten und Konsequenzrisiken verursachen. Deshalb sollten auch Konsequenzrisiken, wie mögliche Reputationsschäden, regulatorische Verstöße und resultierende weitere finanzielle Verluste (s. Kap. 2.7.3) in die Erwägungen einbezogen werden.

5.3.1 Taktische Maßnahmen

Die sog. taktischen Maßnahmen werden ergriffen, um eine konkrete Soll-Abweichung abzuwenden oder auszubessern. Wenn sich bspw. ein Wertpapierhändler in einer großen oder stark gehebelten Position verhandelt (z. B. falsche Seite oder »Fat Finger«[5]) und eine hohe Volatilität am Markt vorherrscht, kann die Soll-Abweichung durch einen menschlichen Versagensfehler (s. Kap. 3.1.2) für den Finanzdienstleister sehr teuer werden. Die taktische Maßnahme wäre hier eine Handelskorrektur im abweichenden Umfang.

5.3.2 Nachhaltige Maßnahmen

Das Einfordern nachhaltiger Maßnahmen von den verursachenden Fachspezialisten kann als ein verpflichtendes betriebliches risikoorientiertes Vorschlagswesen gesehen werden, durch das die Erfahrungen und das Wissen bottom-up (s. Kap. 2.7.7.2 und 4) im höchsten Maße nutzbar gemacht wird. Das setzt allerdings voraus, dass eine entsprechende Risikokultur (s. Kap. 2.6.1) vorhanden ist und Soll-Abweichungen als geschäftsinhärenter Bestandteil des Tagesgeschäfts

5 Der Begriff »Fat-Finger-Fehler« (»Dicker-Finger-Fehler«) wird allgemein genutzt, wenn sich ein Wertpapierhändler auf der Computertastatur vertippt und dadurch wesentlich höhere Beträge realisiert werden, als es beabsichtigt war.

gesehen werden – natürlich mit dem Ziel eines jeden, die Risikoresilienz des Unternehmens weiterzuentwickeln, schließlich ist jede/r MitarbeiterIn RisikomanagerIn.

Wenn die Entscheidung zugunsten der Umsetzung des Vorschlags ausfällt, wird er vom Vorschlagenden (erste Verteidigungslinie) erarbeitet, in Auftrag gegeben und die Implementierung auch von der zweiten Verteidigungslinie (s. Kap. 3.4.1.1.3) begleitet. Den Risikopräventionsfunktionen kommen dabei zentrale Aufgaben zu, sie:

- nehmen den Maßnahmenvorschlag entgegen, beurteilen/bewerten ihn zusammen mit dem einbringenden Fachbereich:
  - Risiko- vs. Maßnamenkosten,
  - Kontroll-Design- und Operating-Effektivität.
- prüfen, ob eine Umsetzung betriebsübergreifend an anderer Stelle kontraindiziert sein kann (Korrelation);
- stellen fest, ob diese Maßnahmen auch für prozessual ähnliche Bereiche geeignet sein können und weisen dort auf möglichen Implementierungsbedarf hin oder bessere Alternativen;
- stimmen das Kontrollframework auf der zweiten Verteidigungslinie auf den neu implementierten Maßnahmen ab und führen auf dieser Basis eigene Kontrollen durch;
- stellen eine angemessene Dokumentation der Maßnahmenframeworks sicher (s. Kap. 4 und 3.4.2).

Im Falle unseres Beispiels könnte ein Handelsbuch eine mögliche Lösung sein, das ab einer bestimmten Handelspositionsgröße, gehebelten Produkten und auch in einem volatilen Markt ein Vier-Augen-Prinzip vorsieht. In diesem Zusammenhang wäre allerdings zu prüfen, ob der Finanzdienstleister seinen Best-Execution-Verpflichtungen[6] durch mögliche Kontrollverzögerungen im Handelsgeschäft nachkommen kann.

#RISKHACKS

- Ideal ist es, wenn die erfassten Soll-Abweichungen per Default in einen monitorisierbaren »Neu-Produkt und wesentliche Änderungen«-Prozess (s. Kap. 8) oder ein Projekt (s. Kap. 9) überführt werden. Hier ist gleich ein Projektplan für die Aufarbeitung des Vorfalls anzulegen. Ist eine Aufarbeitung oder Maßnahmenentwicklung aufwendiger als die potenziellen Soll-Abweichungskosten, kann der Vorgang durch den Verantwortlichen begründet abgeschlossen und archiviert werden. Die zweite Verteidigungslinie (s. Kap. 3.4.1.1.3) überprüft Vorgang und Begründung nochmals.

6 Gemäß den Vorschriften der Delegierten Verordnung Nr. 231/2013 sowie der Markets in Financial Instruments Directive (MiFID/MiFID II), insbesondere der Richtlinie 2014/65/EU und der Delegierten Verordnung (EU) 2017/565 müssen Wertpapierfirmen angemessene Regelungen schaffen und anwenden, um im Handelsgeschäft das bestmögliche Ergebnis für ihre Kunden zu erzielen sowie ihre Kunden in geeigneter Form über ihre Ausführungspolitik informieren.

5.4 Analyse und Quantifizierung

In diesem Zusammenhang ist es wichtig, zu erwähnen, dass sowohl Schadenpotenzialen mit großer Soll-Abweichung und geringer Eintrittswahrscheinlichkeit als auch solchen mit geringer Soll-Abweichung und hoher Eintrittswahrscheinlichkeit Beachtung geschenkt werden sollte. Im ersten Fall handelt es sich dabei um schwer zu beobachtende und damit analysierende Fälle, die aber für eine Analyse der Fat Tails und eine Überprüfung der unternehmensseitigen Maßnahmenentwicklung und Resilienz erforderlich sind.

Für eine quantitative Analyse von Soll-Abweichungen mit einer gewissen Aussagekraft ist es jedoch erforderlich, dass genügend Daten mit einer längeren Historie zur Verfügung stehen. Andererseits müssen die erhobenen länger zurückliegenden Daten oder Daten von Ereignissen überprüft werden, die in dieser Form nicht mehr eintreten werden – also, ob die in der Vergangenheit eingetretenen Ereignisse auch repräsentativ für die Zukunft sein können.

Hilfreiche Daten können bspw. aus Abschreibungen, Beträgen aus Handelsfehlern, Wertberichtigungen, Sonderaufwänden für Pandemien, Prozesskosten, verhängten Ordnungsstrafen, Entschädigungszahlungen und ggf. Rückstellungen gewonnen werden. Regelungen für die Erfassung von nicht eindeutig messbaren materialisierten Soll-Abweichungen müssen ebenfalls in folgenden beispielhaften Fällen getroffen werden:

- Betriebsunterbrechungen (z. B. Systemausfälle),
- Berechnung von internen Soll-Abweichungen, die von externen Parteien verursacht werden (z. B. Outsourcing-Partner),
- Korrekturaufwand von Soll-Abweichungen,
- Verfahren (z. B. unklare Prozesse und Schnittstellen),
- Einfluss von Rechtsrisiken auf den Finanzdienstleister.

»Da das Risiko in den meisten Kategorien von Operational Risk durch seltene, aber hohe Verluste getrieben wird, ist es insbesondere erforderlich, solche Verluste in die Analyse mit einzubeziehen.«[7]

Die internen Verlustdaten können von weiteren Determinanten und zum Zeitpunkt ihres Eintritts vorherrschenden Umständen abhängen.

7 Beeck, H./Kaiser, T. (2000): Quantifizierung von Operational Risk mit Value-at-Risk, in: Johannig, L./Rudolph, B. (Hrsg.): Handbuch Risikomanagement, Bad Soden, S. 647.

Beispiel

Nehmen wir als Beispiel den Wertpapierhandel. Ein Händler erwirbt versehentlich mehr Aktien, als in Auftrag gegeben wurden (»Fat Finger«) und korrigiert seinen mittlerweile festgestellten Fehler ein paar Minuten später durch einen die Differenz betreffenden Verkaufsauftrag. In diesem Zeitraum können – abhängig von der Entwicklung des Markts – drei verschiedene Szenarien eingetreten sein:

1. Kurs gefallen: Korrektur verursacht einen Verlust.
2. Kurs gestiegen: Korrektur verursacht einen Gewinn.
3. Ruhiger unbeweglicher Markt: Kurs in etwa gleich geblieben.

Festzuhalten ist zunächst, dass die Ursache »menschlicher Handelsfehler« eine Abweichung vom gewollten Soll-Zustand ist. Unabhängig von der jeweiligen Bewertung der Abweichung, handelt es sich um eine **Soll-Abweichung**. Selbst Profis vernachlässigen häufig Auswirkungen wie in den Punkten zwei und drei dargestellt. Ein Netting (Aufrechnung) von Gewinnen (Gains) und Verlusten (Losses) ist auf jeden Fall nicht angezeigt. Hinsichtlich Punkt zwei ist es deshalb wichtig, bei der Darstellung der Prozessabweichung auf das Vorzeichen zu verzichten, denn die Auswirkung hätte auch negativ sein können. Punkt drei sollte ebenfalls weiterhin Beachtung geschenkt werden, denn im Fall eines volatileren Markts oder sogar einer Marktverwerfung, können die Bewertungen von Prozessabweichungen sehr hoch ausfallen. Auch wenn die Eintrittswahrscheinlichkeit geringer ist, kann die Schadenhöhe – je nach Größe der gehandelten Position – sehr hoch ausfallen. Werden in diesem Zusammenhang Schadenfallstatistiken von unterschiedlichen Finanzdienstleistungsunternehmen analysiert, ist festzustellen, dass die meisten Prozessabweichungen einen Verlust (Loss) verursachen. Ergebnisbildend ist deshalb festzuhalten, dass Gewinne und Verluste ohne Vorzeichen zu addieren sind, um die Soll-Abweichung sichtbar zu machen.

5.4.1 Periodisierung

Die Periodisierung von Soll-Abweichungen kann in zwei Zusammenhängen äußerst hilfreich sein. Diese sind die Darstellung eines geschätzten Erwartungswerts oder die zeitlich systematisierte Kategorisierung bereits gemessener Soll-Abweichungen. In beiden Fällen werden Eintrittswahrscheinlichkeiten und Werte der Soll-Abweichungen tabellarisch gegenübergestellt.

5.4.1.1 Schätzung von Erwartungswerten

Um eine Periodisierung zu erstellen, sind die erwarteten/geschätzten Eintrittswahrscheinlichkeiten und Werte der Soll-Abweichungen tabellarisch gegenüberzustellen. Aus der Gegenüberstellung lassen sich bspw. annualisierte Werte errechnen. Als Bezugsgrößen können hier bspw. Umsatz oder Gewinn dienen.

Der folgenden Tabelle kann beispielhaft die Ermittlung einer auf eine Jahresperiode bezogener Schadenerwartungswert entnommen werden:[8]

Schäden in EUR	Täglich	Monatlich	Jährlich	Alle fünf Jahre	Alle 100 Jahre	Schaden pro Jahr (Erwartung)
High			1 Mio.	5 Mio.	100 Mio.	
Medium		6.000				
Low	400					
Wert p. a.	120.000[9]	72.000	1 Mio.	1 Mio.	1 Mio.	3,192 Mio.

Tabelle 14: Annualisierte Soll-Abweichung

In der o. g. Tabelle wurden dafür beispielhaft drei Schadenhöhenkategorien herangezogen, um eine grobe Schätzung zu ermöglichen. Die Eintrittswahrscheinlichkeiten werden ebenso geschätzt. Aus beiden Größen ergibt sich der Gesamtschadenerwartungswert.

5.4.1.2 Nutzung von Erfahrungswerten

Im Falle von vorhandenen Erfahrungswerten kann eine derartige Darstellung auf Einzelrisikobasis verzerrte Wahrnehmungen korrigieren. Findet vielleicht die tägliche Soll-Abweichung aufgrund des geringen täglichen Abweichungsbetrags im Jahresverlauf wenig Beachtung, stellt die Annualisierung bspw. im Zusammenhang mit der später durchzuführenden Priorisierung klar, dass der Risikowert des Risikos der Spalte 1 höher ist als der Wert des Risikos der Spalte 2. Hohe Soll-Abweichungen mit einer geringen Eintrittswahrscheinlichkeit erhalten dadurch einen geringeren annualisierten Wert und lassen Planungsmöglichkeiten und Budgetierungen für Folgejahre zu.

5.4.2 Faltung

Vorzeichenrelevant sind jedoch mathematische Untersuchungen. Aus dem vorstehend genannten Beispiel lässt sich ableiten, dass eine auf dem Geschäftsmodell basierende und aus den gesammelten Daten entwickelte Eintrittswahrscheinlichkeit und (potenzielle) Soll-Abweichung existiert. Es ist also mit zwei Verteilungen zu arbeiten, nämlich mit einer Schadenhöhenverteilung (Severity Distribution) und einer Eintrittswahrscheinlichkeitsverteilung (Frequency

8 Vgl. Füser, K./Gleißner, W./Meier, G. (1999): Risikomanagement (KonTraG) – Erfahrungen aus der Praxis, in: DB 1999, S. 753–758.

9 Angenommen wurden 300 anrechenbare Bankarbeitstage, an denen sich die Abweichung materialisiert.

Distribution). Im Rahmen einer Kombination dieser beiden Größen ist jedoch darauf zu achten, dass eine mögliche gemeinsame Betrachtung oder Kombination z. B. »der beiden Mittelwerte zu einem verzerrten Ergebnis führen«[10] und somit eine falsche Sicherheit darstellen kann. Beispielsweise könnte eine signifikante Schadenhöhe durch die damit einhergehende niedrigere Eintrittswahrscheinlichkeit kompensiert werden. Gleichwohl könnten bei stabilen Märkten über längere Zeiträume geringe Schadenhöhen bei einer hohen Eintrittswahrscheinlichkeit bestehen, die keinen Anlass zum Risikomanagement geben.

Um hier belastbare Ergebnisse erzielen zu können, müssen die in beiden Verteilungen enthaltenen Daten gegenübergestellt werden. Die aus der Stochastik bekannte Faltung[11] wäre »hier aktuell ein möglicher probater statistisch-versicherungsmathematischer Ansatz«.[12,13]

Der Messansatz basiert ebenfalls auf der einschlägigen Meinung, dass Vergangenheitsdaten sich auch für eine Abbildung der Zukunft nutzen lassen. So werden die beobachteten Daten von Soll-Abweichung für eine Value-at-Risk-Quantifizierung genutzt, die auch für eine risikoadjustierte Preisgestaltung (s. Kap. 4.4.2) oder für externe (Datenbanken des Berufsverbands) und interne (Abteilungen/Teams) Vergleiche herangezogen werden kann. Es ist aber zu beachten, dass dieser Ansatz auch über ein inhärentes Risiko verfügt. So verhindert eine sich signifikant veränderte Risikostruktur hinsichtlich des Markts, Unternehmens oder Produktportfolios eine simulierbare Vorausschau.

Der Value at Risk gestattet die Messung und Bewertung von Risiken in einer Gesamtkennzahl. Voraussetzungen sind eine ausreichende Datengrundgesamtheit über einen repräsentativen Zeitraum. Die Daten sind dann durch Szenarioanalysen und mögliche Soll-Abweichungen aus neuen Technologien, Menschen, Verfahren sowie Volumen zu ergänzen, um auch gegenwärtige und künftige Risikopotenziale im Rahmen der Analyse abbilden zu können.

Der Value at Risk wird dabei als derjenige Verlust bezeichnet, der mit einer bestimmten Wahrscheinlichkeit innerhalb eines vorgegebenen Zeitraums nicht überschritten wird. Anders formuliert ist der Value at Risk der maximale Verlust, der sich bei einer gegebenen Wahrscheinlichkeit innerhalb eines bestimmten Zeitraums ergibt. Diese Wahrscheinlichkeit ist das Konfidenzniveau. Im Regelfall wird ein Konfidenzniveau oder eine Wahrscheinlichkeit von 95 oder 99 % gewählt.

10 Vgl. Österreichische Nationalbank (2005): Leitfaden Management des operationellen Risikos, S. 14.

11 Bei einer Faltung werden zwei Wahrscheinlichkeitsmaße zu einem neuen Wahrscheinlichkeitsmaß kombiniert. Hierdurch wird zufälligen Werten eine repräsentativere Wahrscheinlichkeit zugeordnet.

12 Vgl. Samad-Khan, A./Gittleson, D. (1998): Pricewaterhouse-Coopers: Measuring Operational Risk, in: Global Trading, No. 4.

13 Vgl. Beeck, H./Kaiser, T. (2000): Quantifizierung von Operational Risk mit Value-at-Risk, in: Johannig, L./Rudolph, B. (Hrsg.): Handbuch Risikomanagement, Bad Soden, S. 642–645.

Zur Ermittlung des Value at Risk wird mit der Standardabweichung gerechnet. Sie zeigt, in welchem Ausmaß Einzelwerte um den Erwartungswert schwanken.

Standardabweichung

$$\sigma(X) = \sqrt{\frac{1}{n}} \cdot \sum_{i=1}^{N}(X_i - E)^2$$

n = Anzahl der Beobachtungswerte

X_i = Beobachtungswert zum Zeitpunkt $_i$

E = Erwartungswert (Mittelwert $= \frac{1}{n} \cdot \sum_{i=1}^{n} Xi$)

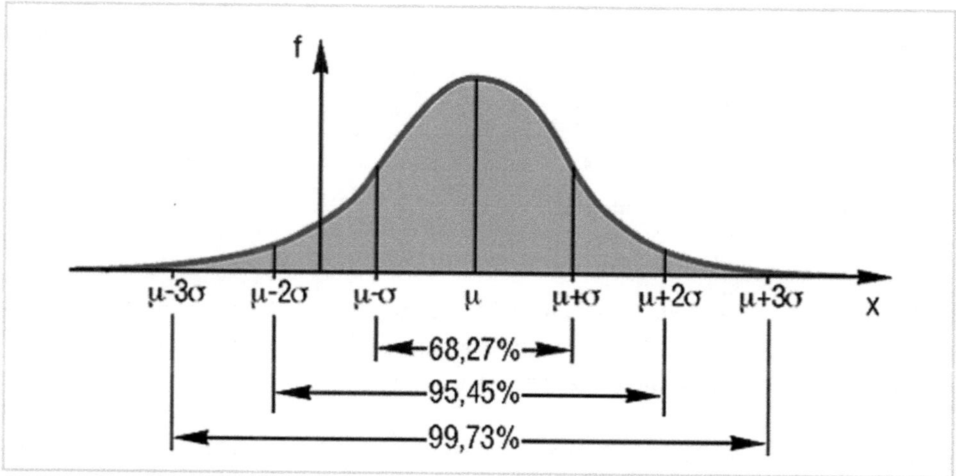

Abbildung 53: Wahrscheinlichkeitsverteilung

Zur Erstellung der beiden bereits erwähnten Verteilungen ist darauf zu achten, dass die Soll-Abweichungen innerhalb eines definierten Betrachtungszeitraums und über einem bestimmten Schwellenwert in die Analyse mit einbezogen werden. Im ersten Schritt wird die Häufigkeitsverteilung (Frequency Distribution) auf Basis der Anzahl der Soll-Abweichungen nach Poisson[14] entwickelt.

14 Auch Poisson-Approximation (Siméon Denis Poisson) beschreibt die Annäherung an eine Binomialverteilung. Erwartungswert und Varianz müssen nahezu gleich sein. Das tritt dann ein, wenn Erfolgswahrscheinlichkeit sehr klein und der Stichprobenumfang recht groß ist, sodass die Komplementärwahrscheinlichkeit (Gegenwahrscheinlichkeit) fast 1 ist und somit die Differenz vernachlässigbar klein ist.

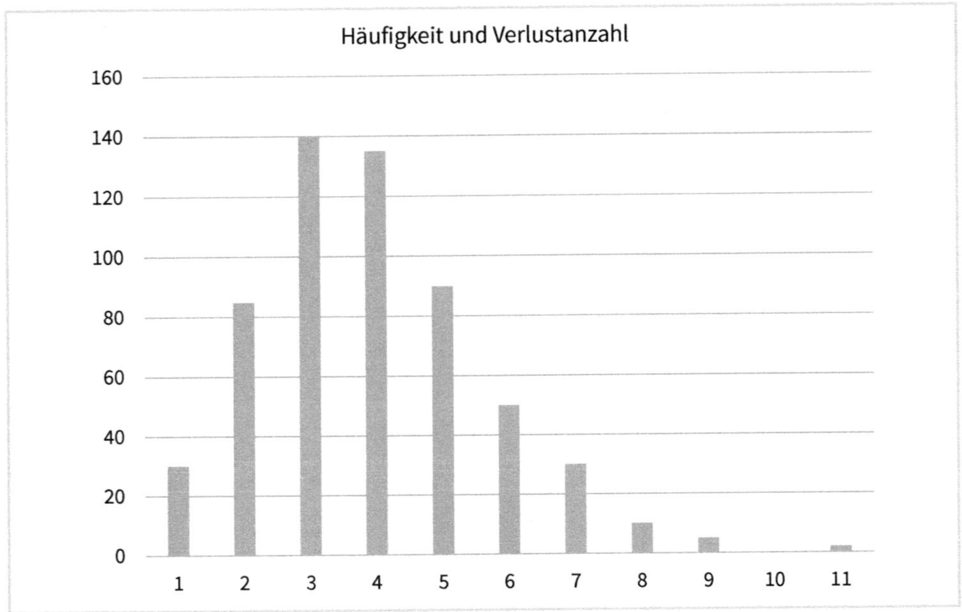

Abbildung 54: Beispiel einer Poisson-Verteilung

Die Höhe der Soll-Abweichungen wird durch die Verlusthöhenverteilung (Severity Distribution) dargestellt. Die allgemeine Anwendung und Erfahrung belegt, dass die Nutzung der Log-Normalverteilung in diesem Zusammenhang heranzuziehen ist.

In der Berechnung und Betrachtung gelten beide Verteilungen als unabhängig voneinander. Damit steht die Höhe auch nicht im Zusammenhang mit der Anzahl der Soll-Abweichungen.

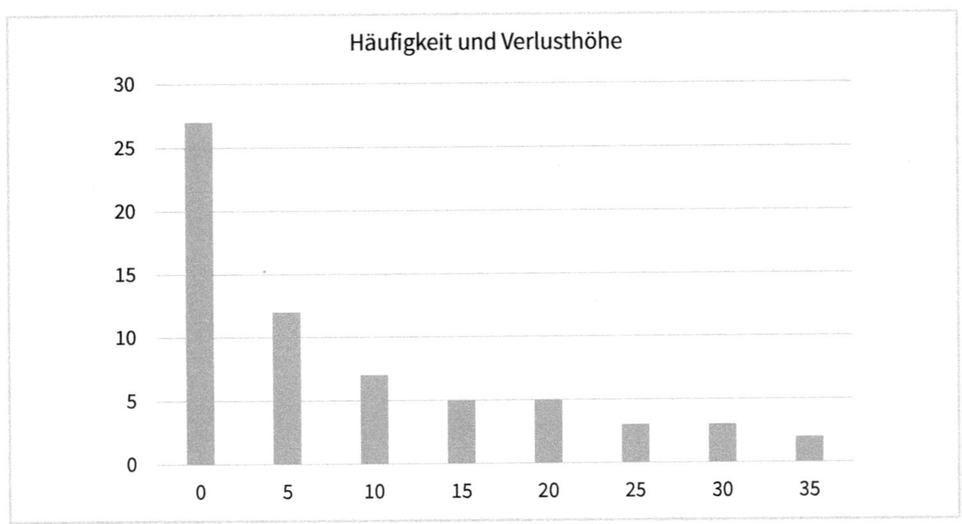

Abbildung 55: Verlusthöhenverteilung als gestutzte Log-Normalverteilung

Die Verteilung (S) basiert auf den Kategorien der Soll-Abweichungen und ist eine stochastische Summe aus unabhängig identisch log-normalverteilten Zufallsvariablen (L_i), wobei die Anzahl der Summanden (N) Poisson-verteilt ist.[15]

$$S = \sum_{i=0}^{N} Li$$

$$N \sim Po(\lambda)$$

$$\ln Li \sim iidN(\mu, \sigma).$$

Dabei stellt λ die mittlere Verlusthäufigkeit je Zeiteinheit, μ die mittlere Verlusthöhe und σ die Streuung der Verlusthöhe dar.

5.5 Risikoaggregation

Für Aufsichtsräte und Geschäftsleiter ist es sehr wichtig, feststellen zu können, wie viele (potenzielle) Risiken das Unternehmen bereits trägt, wie hoch die Auslastungsgrade und die noch vorhandene Risikotragfähigkeit ihres Unternehmens sind. Hierfür sind die bereits eingetretenen Soll-Abweichungen, aber auch die Risikoeinschätzungen aus den Risk Assessments relevant. Bestandsgefährdende Einzelrisiken und Risikoaggregate müssen identifiziert werden, wobei im Hinblick auf das Aggregat eine einfache Addition kontraindiziert sein kann.

5.5.1 Risikoportfolio

Voraussetzung für die Erstellung von Risikoaggregaten ist die Quantifizierung der einzelnen Risiken. Während die finanziellen Soll-Abweichungen bereits über ein Preisschild verfügen, müssen die im Rahmen des Risk Assessments (s. Kap. 4.1) erhobenen Risiken geschätzt werden. Bevor eine Risikoaggregation erfolgen kann, sind jedoch folgende Hinweise zu beachten:

- Es gibt Risiken der zweiten und dritten Ordnung (s. Kap. 2.7.3), die in die Aggregation mit einbezogen werden müssen.
- Voneinander unabhängige einzelne Risiken beeinflussen sich nicht untereinander, sie können einer Addition zugeführt werden.
- Sind einzelne Risiken voneinander abhängig (interdependent), korrelieren sie auf unterschiedliche Weise miteinander. Ihre Abhängigkeit kann durch Stochastik und die Ermittlung eines Korrelationskoeffizienten festgestellt werden. Je höher der Korrelationskoeffizient,

15 Beeck, H./Kaiser, T. (2000): Quantifizierung von Operational Risk mit Value-at-Risk, in: Johannig, L./Rudolph, B. (Hrsg.): Handbuch Risikomanagement, Bad Soden, S. 643–645.

umso mehr verstärken sich voneinander abhängige Einzelrisiken oder schwächen sich gegenseitig ab:

- Negativ miteinander korrelierende Risiken schwächen einander ab (Absicherung einer Devisenposition mit einem Derivat).
- Positiv miteinander korrelierende Risiken verstärken einander.

Weiterhin kann die mögliche statistische oder empirische Interdependenz einzelner Risiken untereinander auf etwaige gemeinsame Ursachen hinweisen, die übergreifend zur Neutralisierung oder Verstärkung führen können oder anderweitig Ketteneffekte (Einritt zweier oder mehrerer Risiken nacheinander) hervorrufen.

Hierzu weist Werner Gleißner in seinem Buch auf drei heuristische Risikoaggregationsansätze hin:[16]

- **Ursachenaggregation:** Risiken mit gleicher Ursache werden zusammengefasst und ihre Wirkung aggregiert.
- **Wirkungsaggregation:** Bei Risiken mit gleicher Auswirkung werden die Wahrscheinlichkeiten der Ursachen aggregiert.
- **Ausschlussregel:** Risiken, die nicht zusammen eintreten können, werden bei der Risikoquantifizierung nicht gleichzeitig zugelassen.

Im Grundsatz kann die vorstehende Risikoaggregation dem Prozessschritt »Analyse des Risikomanagementprozesses« (s. Kap. 4.2) zugeordnet werden. Im nächsten Schritt würde die Phase »Beurteilung und Bewertung« folgen, bevor ggf. Steuerungsmaßnahmen an die verschiedenen Fachbereiche weitergeleitet werden, weil das Gesamtrisiko nicht mehr dem Risikoappetit (s. Kap. 3.2.3) entspricht.

#RISKHACKS

- Hilfreich ist es, wenn die Soll-Abweichungen den im Risk Assessment (s. Kap. 4.2) erhobenen zutreffenden Risiken zugeordnet und zusammen mit der Datumsangabe summiert werden. Dies kann über einen längeren Zeitverlauf wichtige Erkenntnisse liefern und die Darstellung der Realität und Einschätzung der Risikolage zusätzlich unterstützen.
- Ideal ist es zudem, wenn die Soll-Abweichungen einzelnen Prozessschritten zugeordnet werden.
- Sind die eingetretenen Soll-Abweichungen keinem Risiko im Risk Assessment zuordenbar, muss das Assessmentinventar hinterfragt werden.

16 Gleißner, W. (2011): Grundlagen des Risikomanagements im Unternehmen, Controlling, Unternehmensstrategie und wertorientiertes Management, 2. Auftrage, Vahlen, S. 159.

5.5.2 Berechnungsansätze

Die detaillierte Ausführung unterschiedlicher Berechnungsansätze würde den Rahmen dieses Buches überschreiten. Zwei Berechnungsansätze und zugehörige Hinweise zu den Methoden RAROC, RORAC und Monte-Carlo-Simulation sollen diesen Kapitel noch abschließen.

5.5.2.1 Risk-Adjusted Return on Capital (RAROC), Return on Risk-Adjusted Capital (RORAC)

Ist es vorgesehen die gewonnenen Value-at-Risk-Daten verschiedener Risiken zu einem Gesamtrisikokapital zu aggregieren und im Rahmen einer risikoadjustierten Unternehmenssteuerung (RAROC, RORAC) zu nutzen, empfehlen sich die Methoden Risk-Adjusted Return on Capital (RAROC), Return on Risk-Adjusted Capital (RORAC):

- **RAROC:** Variante des Return on Equity (RoE) und gehört – wie RORAC auch – zum Risk Adjusted Performance Measurement (RAPM). Hierbei wird das (Brutto-)Ergebnis um die Standardrisikokosten vermindert und zum (bilanziellen) Eigenkapital in Beziehung gesetzt. Wird im Nenner die Bezugsgröße vom bilanziellen auf das ökonomische (Eigen-)Kapital geändert, sind auch unerwartete Verluste berücksichtigt. Wird diese Vorgehensweise gewählt, müsste sie RARORAC (Risk-Adjusted Return on Risk-Adjusted Capital) heißen.
- **RORAC:** Kapitalrückfluss (Return) wird ins Verhältnis zum Risikokapital gesetzt. Die Eigenkapitalunterlegung zur Deckung möglicher Verluste ist das Risikokapital.

Bei der Anwendung der Verfahren sind folgende Themenstellungen zu beachten:[17]

- Über alle Risikokategorien hinweg soll eine gleichartige Nutzung von Konfidenzniveau und Halteperiode erfolgen.
- Abhängig von der Verteilungsannahme und weiterer statistischer Eigenschaften der angewandten Modelle sind Transformationen von Konfidenzniveau und Halteperiode von einem Ansatz auf einen anderen möglich. Alternativ wird eine Neuberechnung erforderlich.

5.5.2.2 Monte-Carlo-Simulation

Bei der auf dem Gesetz der großen Zahlen basierenden Monte-Carlo-Simulation werden Zufallsstichproben durch einen mathematischen Algorithmus durchgeführt. Der Ansatz ist besonders geeignet, um statistische Mittelwerte einer Größe zu ermitteln. Aus den Stichproben werden aggregierte Häufigkeitsverteilungen entwickelt. Durch diese Vorgehensweise wird bspw. die Wirkung von Einzelrisiken auf Cashflow, Einzelpositionen einer Bilanz oder Gewinn- und Ver-

17 Vgl. Beeck, H./Kaiser, T. (2000): Quantifizierung von Operational Risk mit Value-at-Risk, in: Johannig, L./Rudolph, B. (Hrsg.): Handbuch Risikomanagement, Bad Soden, S. 649.

lustrechnung analysiert. Aus den Informationen können Erwartungswerte des potenziellen kleinsten Verlusts simuliert werden, der mit einer Wahrscheinlichkeit von 95 % oder 99 % nicht überschritten wird. Es ist besonders darauf zu achten, dass es nicht um den maximalen Verlust geht, der mit einer Wahrscheinlichkeit nicht überschritten wird.[18] Die Monte-Carlo-Simulation bietet dabei folgende Vorteile:

- Aggregation von Risiken mit Bezug auf die Unternehmensplanung, wenn einzelne Risiken durch unterschiedliche Wahrscheinlichkeitsverteilungen beschrieben werden können.
- Flexibilität Modellierung zur Erzielung einer Näherungslösung.

#RISKHACKS

- Wichtig ist, dass Soll-Abweichungen nicht nur in einer Datenbank eingegeben werden und dann ungenutzt bleiben.
- Werden all diese Informationen zusammengeführt, ausgewertet, Häufungen festgestellt und geeignete Maßnahmen entwickelt, lassen sich die Soll-Abweichungen wirtschaftlich sinnvoll senken.
- Die Darstellung einer niedrigen Fehlerquote, -anzahl oder eines -betrags kann auf Geschäftspartner vertrauens- und komfortsteigernd wirken, MitarbeiterInnen stolz machen und motivierend im Hinblick auf die Weiterentwicklung des Risikopräventionsvorschlagswesens wirken.

18 Vgl. Romeike, F. (2003): in: Romeike, F./Finke, R. (Hrsg.): Erfolgsfaktor Risiko-Management, Chance für Industrie und Handel, Methoden der Risikobewertung, Wiesbaden, S. 194.

6 Werkzeuge des Risikomanagements

Es gibt drei Hauptwerkzeuge des Risikomanagements. Hierbei handelt es sich um:

- (Key) Procedure Controls (KPC),
- (Key) Risk Indicators (KRI),
- (Key) Performance Indicators (KPI).

Wirken die Hauptwerkzeuge präventiv oder schützen das Unternehmen vor wesentlichen Risiken, werden sie als »Key« bezeichnet. Hierbei kann es um die Eindämmung hoher finanzieller Verluste, die Einhaltung gesetzlicher und regulatorischer Anforderungen sowie die Eindämmung möglicher Risiken der zweiten und dritten Ordnung (s. Kap. 2.7.3) gehen. In diesem Fall ist zu überlegen, ob deren Bedeutung eine häufigere Überprüfung der Kontrollen oder Indikatoren erforderlich macht.

6.1 (Key) Procedure Controls (KPC)

Kontrollen oder Schlüsselkontrollen (Key Controls) sind ein wichtiges Werkzeug des Risikomanagements, um wesentliche Soll-Abweichungen ex ante festzustellen.

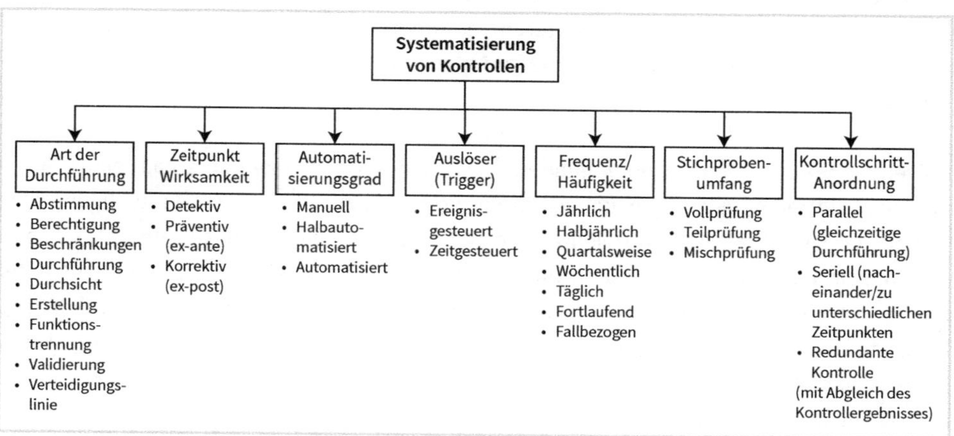

Abbildung 56: Systematisierung von Kontrollen

Kontrollen lassen sich nach verschiedenen Kriterien kategorisieren, klassifizieren und beschreiben. Eine Kontrolle kann nach ihrer **Art** beschrieben werden. Hierzu zählen u. a. Abstimmung, Berechtigung, Durchführung, Durchsicht, Erstellung, Funktionstrennung, Validierung und Zuordnung zur jeweiligen Verteidigungslinie. Die Abstimmung einer Vorgehensweise oder eines Dokuments kann ein einfaches, aber effektives Vier-Augen-Prinzip beinhalten. Diese kann bspw. durch eine Vertragsprüfung und Unterschrift durch zwei Personen sichergestellt werden. Berechtigungskonzepte stellen sicher, dass keine unberechtigten Zugriffe auf Applikationen, Stamm- und Bewegungsdaten stattfinden können. Die Berechtigungen werden aufgrund der Tätigkeiten der Mitarbeitenden nach dem Need-to-know-Prinzip vergeben. Damit erhält jeder Mitarbeitende die Zugriffsrechte, die für die Ausübung der Tätigkeiten benötigt werden. Beschränkungen sind bspw. Zutrittskontrollen an Personenvereinzelungsanlagen oder zu Dokumenten. Die Aufgabentrennung kann durch eine automatisierte Kontrolle sichergestellt werden. Unter Aufgabentrennung kann bspw. die Trennung von Verantwortlichkeiten für die Erfassung und Freigabe von Transaktionen verstanden werden. Bei einer Erfassung von Daten in einer Systemmaske kann bspw. systemseitig eine Validierung der eingegebenen Daten stattfinden. Hier werden Wertbereiche, Befüllung von Pflichtfeldern, Formate oder andere Werteregeln sowie Prüfziffern und Unstimmigkeiten abgeglichen und der Anwender wird auf Abweichungen hingewiesen.

Eine weitere Klassifikation ist der **Zeitpunkt** ihrer Wirksamkeit. Präventive (preventative) Kontrollen dienen der Verhinderung unerwünschter Ereignisse. Erfolgt die Kontrolldurchführung nachgelagert und trägt zur Erkennung unerwünschter Soll-Abweichungen bei, wird von detektiven (detective) Kontrollen gesprochen. Detektive Kontrollen dienen beispielsweise dazu, Mängel im Betrieb durch Untersuchungen oder Inspektionen aufzudecken und in der Konsequenz zu beseitigen. Hierzu können auch initiierte Untersuchungen von einer der drei Verteidigungslinien (s. Kap. 3.4.1.1.3) gezählt werden. Korrektive (corrective) Kontrollen dienen schließlich der weiteren Verhinderung der Auswirkungen einer Soll-Abweichung. Die anzuwendende Kategorie gibt also Aufschluss auf den Zeitpunkt ihrer Wirksamkeit.

Präventive (ex ante) Kontrollen verhindern, dass Soll-Abweichungen innerhalb eines Unternehmens auftreten, und liegen zumeist in der Verantwortung der ersten Verteidigungslinie (s. Kap. 3.4.1.1.3). Ex-post-Kontrollen wirken erst, nachdem die Soll-Abweichung bereits eingetreten ist, und haben weniger den Unternehmensschutz als den Prüfungshandlungen der zweiten Verteidigungslinie zum Gegenstand, um mögliche Handlungs- und Kontrolldefizite festzustellen. Weitere Anhaltspunkte zu Handlungsbedarfen liefern bspw. Glaubwürdigkeitsindex (s. Kap. 2.8.6), Indikatorensysteme (s. Kap. 6.2) oder andere Anlässe, die eine mögliche Soll-Abweichung rechtzeitig indizieren.

Der **Automatisierungsgrad** ist eine weitere Klassifikationsgruppe. Manuelle Kontrollen werden durch Mitarbeitende ohne Beteiligung von IT-Anwendungen durchgeführt. Halbautomatisierte Kontrollen basieren auf einer Symbiose zwischen Menschen und IT-Anwendung, bspw. bereitet die IT-Anwendung eine Entscheidungsgrundlage vor und der jeweilige Mitarbeitende trifft auf Basis der zur Verfügung stehenden Informationen eine Entscheidung. Eine automatisierte Kontrolle wird stets von einer IT-Anwendung ausgeführt. Automatisierte Kontrollen sind oft aktiv, ohne dass ein Mitarbeitender an ihr beteiligt ist oder diese wahrnimmt.

Kontrollen können von zweierlei **Auslösern** getriggert werden. Es tritt ein Ereignis ein, das die Durchführung einer Kontrolle erfordert. Hierbei kann es sich bspw. um geldwäscherelevante Hintergrundüberprüfungen im Rahmen einer Kundenkontoeröffnung handeln. Die zeitgesteuerten Kontrollen hingegen werden zu einem bestimmten Zeitpunkt oder in bestimmten zeitlich definierten Frequenzen durchgeführt. Ein Beispiel ist die tägliche Überprüfung von kundenseitigen Überziehungen auf Kontokorrentkonten.

In diesem Zusammenhang gibt es aber auch andere **Frequenzen**, nach denen sich Kontrollen kategorisieren lassen. Diese können von fortlaufend über fallbezogen bis jährlich reichen, wobei klar sein muss, dass hohe Risiken eher präventive Kontrollen erfordern (s. o.). Kontrollen mit geringer Frequenz können den Zustand einer Soll-Abweichung über einen längeren Zeitraum begünstigen oder zu unentdeckten repetitiven Soll-Abweichungen beitragen.

Die Auswahl und Durchführung einer geeigneten **Stichprobe** ist eine der wichtigsten, aber auch schwierigsten Komponenten der Kontrolldefinition. Gehen wir jeweils von einer effektiven Kontrolle aus, dann ist eine Vollprüfung (100 % der Vorfälle werden geprüft) ein Garant für eine vollständige Sicherheit, dass alle Soll-Abweichungen identifiziert werden (sofern es nicht zu menschlichen Fehlern oder einer fehlerhaften IT-Implementierung gekommen ist). Eine Teilprüfung bedeutet, dass bspw. 50 % oder jeder zweite Geschäftsvorfall einer Grundgesamtheit geprüft werden. Wird dieser Weg gewählt, sollte die Grundgesamtheit weitgehend als homogen bezeichnet werden können. Ist dies nicht der Fall, wie bspw. bei der Klassifizierung von Risiken und den zugehörigen Kontrollen, empfiehlt sich eine klar dokumentierte Mischprüfung.

Beispiel

Nehmen wir hierzu an, dass die Kontrollen Risiken von Geschäftsvorgängen managen sollen, die gesamtheitlich mit High, Medium und Low beurteilt wurden. Nehmen wir weiter an, dass je Kategorie 100 zu überprüfende Kontrollen bestehen, aber nur begrenzte Ressourcen für den Test zur Verfügung stehen. Es gäbe hier unterschiedliche Möglichkeiten, eine risikoadjustierte Mischkontrolle zu definieren und dem inhärenten Risiko gerecht zu werden. Hierzu drei Beispiele:

- Teilung der Stichprobengrundgesamtheit in Risikoklassen und Festsetzung des Umfangs über alle Risikoklassen
  High-Risk: 70 %
  Medium-Risk: 20 %
  Low-Risk: 10 %.
- Teilung der Stichprobengrundgesamtheit in Risikoklassen und Festsetzung des Umfangs je Risikoklasse
  High-Risk: 100 %
  Medium-Risk: 50 %
  Low-Risk: 25 %.

- Weitere Parameter können zur Risikoadjustierung herangezogen werden. Bspw. wäre eine jährliche Überprüfung aller (100 %) Kontrollen mit dem Risikoattribut »High« denkbar, während die mit »Medium« beurteilten zugeordneten Kontrollen vollständig alle zwei Jahre überprüft werden usw. Dies hätte allerdings eine höhere Auslastung der Prüfkapazitäten alle zwei Jahre zur Folge.

Hinsichtlich der **Kontrollschrittanordnung** kann zwischen parallelen Kontrollen und seriellen Kontrollen unterschieden werden. Bei der parallelen Kontrolle erfolgen die Bearbeitungsschritte gleichzeitig. Die Ergebnisse können sofort miteinander abgeglichen werden, was zu einem prozessualen Geschwindigkeitsgewinn im Vergleich zur seriellen Kontrolle führen kann. Bei der seriellen Kontrolle erfolgen die Kontrollhandlungen nacheinander und die Ergebnisse entstehen dadurch zu unterschiedlichen Zeitpunkten. Der Zeitversatz kann zu einem prozessualen Geschwindigkeitsverlust führen. Zudem sollte geklärt werden, ob ein Zeitversatz auch Einfluss auf das Kontrollergebnis haben kann und ob dieses gewünscht oder sogar beabsichtigt ist. Redundante Kontrollen machen möglicherweise eine Wiederholung der Kontrolle erforderlich, um festzustellen, ob das korrekte Ergebnis erzielt wurde. Die redundante oder Plausibilitätskontrolle kann parallel oder seriell erfolgen.

6.1.1 Aufbau eines Kontrollframeworks

Es gibt unterschiedliche Möglichkeiten, ein Kontrollsystem aufzubauen. Um es resilient zu gestalten, sind folgende Aspekte hinsichtlich der Kontrollen zu berücksichtigen:

- Nachvollziehbarkeit der zu kontrollierenden Angaben,
- Ursprünglichkeit, Verlässlichkeit, Unverfälschbarkeit und Unabhängigkeit der genutzten Datenquellen,
- Erfordernis zur Abwehr von ehrlichen und unehrlichen Fehlern,
- Positionierung innerhalb der betrieblichen Prozesse,
- Systematisierung der Kontrolle (s. Abbildung 56),
- Überprüfbarkeit und Nachweis der Kontrolldurchführung,
- Prüfung der Kontroll-Design- und Operating-Effektivität (s. Kap. 6.1.3),
- Verlässlichkeit der kontrolldurchführenden Personen.

Die Verlässlichkeit der kontrolldurchführenden Personen ergibt sich aus folgenden Voraussetzungen:

- unabhängige Sichtweise,
- keine Interessenkonflikte,
- Kenntnisse über den Prozess und die Kontrolldurchführung (Training),
- Stellvertretung,
- Gewissenhaftigkeit.

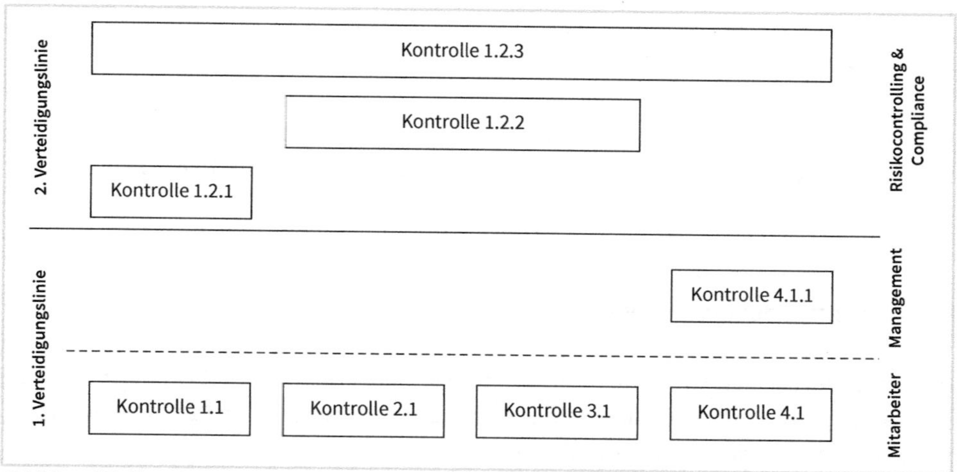

Abbildung 57: Abgestimmtes Kontrollframework zwischen erster und zweiter Verteidigungslinie

Wie in Abbildung 57 dargestellt, erfolgt die meistgenutzte Kontrolldurchführung in einem Zusammenspiel zwischen der ersten (Kontrolle 1.1) und zweiten Verteidigungslinie (s. Kap. 3.4.1.1.3). Ein klassisches Beispiel ist die Eröffnung neuer Kundenkonten. Die Kundenbetreuung erstellt mit dem Kunden die Unterlagen und führt bspw. die Geldwäscheprävention- und Know-your-Customer-Prüfung vor Kontoeröffnung durch. Die Compliance-Abteilung vollzieht die Kontrolle der Geschäftsbeziehung nach und reklamiert oder eskaliert bei Bedarf. Die Kontrollen 2.1 und 3.1 werden in Verantwortung der ersten Verteidigungslinie durchgeführt. Auf Basis dieser beiden Kontrollen wird auf der zweiten Verteidigungslinie die Kombinationskontrolle 1.2.2 durchgeführt. Wird angenommen, dass es sich bei Kontrolle 2.1 um die Meldung von Mandaten und Direktorraten durch MitarbeiterInnen sowie bei der Kontrolle 3.1 um den Abschluss von Verträgen mit externen Geschäftspartnern handelt. Die Kontrollfunktion der zweiten Verteidigungslinie kann durch einen Vergleich der Datenbestände prüfen, ob es Interessenkonflikte im Rahmen des Engagements eines Geschäftspartners zugunsten einer Mitarbeiterin oder eines Mitarbeiters und zum Nachteil des Unternehmens geben könnte. Weiter angereichert werden könnte die Kontrolle durch Kombinatorik folgender weiterer Datenquellen:

- entgegengenommene und gewährte Geschenke,
- Geschenklisten von Geschäftspartnern zwecks Abgleichs,
- Handelsregister- und Wirtschaftsauskunftei-Datenbanken,
- eigenes Interessenkonfliktmelderegister.

Bei der Kontrolle 4.1 handelt es sich um eine Kontrolle der MitarbeiterInnen in Kombination mit einer Kontrolle des jeweiligen Vorgesetzten (s. Kap. 4.1.2). Diese Art der Kontrolle wird dann eingesetzt, wenn es sich um Sachverhalte handelt, die aufgrund der Nähe zu Prozessen und MitarbeiterInnen nur der Vorgesetzte beurteilen kann und ein Aufbau eines Datenbestands für die zweite Verteidigungslinie nicht nachvollziehbar, unzureichend oder manipulierbar wäre (z. B. Kontrolle von Spesenabrechnungen).

Die Kontrolle 1.2.3 beschäftigt sich mit der Prüfung der Effektivität von Kontrollen (s. Kap. 6.1.3) und die Vermeidung der Manipulierbarkeit durch interessenkonfliktbelastete Funktionen oder unehrliche Verhaltensweisen der MitarbeiterInnen.

6.1.2 Kontrolldokumentation

Die Kontrolldokumentation ist determinierend für den Erfolg einer Kontrolle. Bei ihrer Entwicklung geht es um das Kontrollziel und die Kontrollbeschreibung, im Rahmen ihrer Durchführung um:

- Dokumentation des Kontrollergebnisses,
- Nachweis ihrer Durchführung (Evidenz),
- Feststellung ihrer Effektivität,
- ggf. Hinweise zu ihrer Weiterentwicklung gem. der in Abbildung 56 genannten Systematisierungen.

6.1.2.1 Kontrollziel

Der Begriff Kontrollziel wird insbesondere im Zusammenhang mit der ISAE-3402-Zertifizierung (s. Kap. 12.3.1) erwähnt. Die Definition eines übergeordneten Kontrollziels bringt nachfolgende Vorteile und Eigenschaften mit sich:

- Die klare Definition eines Kontrollziels hilft langfristig dabei, das Ziel zu verstehen und weiter verfolgen zu können.
- Es kann die Umsetzung mehrerer Kontrollen beinhalten. Deshalb ist es ratsam, das Kontrollziel übergreifend festzulegen.
- Das Kontrollziel kann dennoch erreicht werden, selbst wenn eine Kontrolle oder ein Bestandteil einer Kontrolle versagt.

Ein Beispiel für ein übergeordnetes Kontrollziel wäre etwa: »Sicherstellung der Complience der MitarbeiterInnen«

6.1.2.2 Kontrollbeschreibung

Die Kontrollbeschreibung wird äußerst ausführlich definiert und beantwortet alle »W-Fragen«. D.h., die in Abbildung 56 »Systematisierung von Kontrollen« beschriebenen Kontrolleigenschaften werden ausformuliert. Wer führt welche Kontrolle wann, wie und wo durch? Ideal ist es, wenn der Beschreibung ein Flowchart beigefügt wird, der Trigger und Vorgehensreihenfolge näher ausführt. Die Kontrolle wird dem Prozessschritt eines Prozesses zugeordnet.

Beispiel für eine Kontrollbeschreibung

Diese Kontrolle stellt sicher, dass neue, geänderte oder nicht mehr gültige gesetzliche und regulatorische Anforderungen rechtzeitig identifiziert und in den innerbetrieblichen Prozessen umgesetzt werden. Zu diesem Zweck werden folgende Quellen monatlich zum Monatsende (Erscheinungsdatum der Newsletter) durch die Funktion XY vollständig überprüft:

- Regulatorische Datenbank
- Newsletter/Webseiten der Regulatoren ABC
- EUR-Lex-Datenbank
- ...

Sämtliche Anforderungen der genannten Quellen werden detailliert im Hinblick auf die bereits erfolgten Implementierungen im Unternehmen geprüft. Der Ablauf der Kontrolle stellt sich wie folgt dar ...
Das Kontrollergebnis, der Maßnahmenplan und das Implementierungsergebnis werden bei der Kontrolle im System gespeichert, sodass ein nachvollziehbarer Auditpfad hinterlegt ist.

6.1.2.2.1 Kontrollfunktionalität

Diese Dokumentation unterstützt auch in Fällen, in denen bereits erfolgte Implementierungen zurückgebaut werden müssen, um die Organisation von überflüssige gewordenen Prozessen und -schritten zu entlasten. Die Kontrolle ist dann ebenfalls anzupassen. Natürlich können auch Geschäftserweiterung und -einschränkung, neue Produkte, Beiträge von Berufsverbänden und Spezialgesetze Einzug halten. Diese führen regelmäßig zu einem Kontrollanpassungsbedarf. Dieser sollte innerhalb einer Checkliste im Rahmen des »Neu-Produkt und wesentliche Änderungen«-Prozesses gem. Kap. 8 präventiv erfolgen und nicht erst, sobald die Kontrolle durchgeführt wird.

Auch die Kontrollfunktionalität als Ganzes ist regelmäßig zu hinterfragen. Wäre die Kontrollfrequenz bspw. mit »jährlich« definiert, könnten die Reaktionszeiten auf Regulierungsänderungen nicht ausreichen, um Übergangsfristen einzuhalten und Verordnungen zeitgerecht zu implementieren. Auch muss die durchführende Person mit Regulierungssprache und -architektur sowie den bestehenden Unternehmensprozessen vertraut sein. Auch der Bedarf eines Vier-Augen-Prinzips könnte bei derart zentralen Themenstellungen angedacht werden.

6.1.2.2.2 Kontrollergebnis

Natürlich muss auch auf das Kontrollergebnis entsprechend eingegangen und dieses der Kontrollbeschreibung beigefügt werden (Evidenz).

Wird keine Abweichung im Vergleich zum implementierten Framework identifiziert, so wird dieser Sachverhalt der Kontrolle beiliegend dokumentiert. Wird eine Abweichung im Rahmen der Durchsicht festgestellt, so wird der Implementierungsbedarf definiert, projektiert (s. Kap. 8 und 9) und im Unternehmen verankert (s. Kap. 3.4). Nach Verankerung durch den Fachbereich erfolgt ein Post-Implementation-Review durch eine der Kontrollfunktionen. Hierbei kann es sich um die zweite oder dritte Verteidigungslinie handeln. Die jeweiligen Dokumente werden der Kontrolle in beiden Fällen im System beigefügt.

6.1.3 Kontrolltest

Kontrollen müssen die Eigenschaft erfüllen, dass sie ohne Ausnahme konsistent funktionieren – also effektiv sind. Ob eine Kontrolle effektiv ist, kann mittels eines Kontrolltests überprüft werden. Der Test umfasst Anforderungen an die Design- und betriebliche (Operating-)Effektivität. Sind eines oder zwei der Kriterien nicht oder nur unzureichend erfüllt, gilt die Kontrolle als »Failed«. Die heranzuziehenden Kriterien werden in den nachstehenden zwei Abschnitten weiterführend erläutert.

Ideal ist es, wenn die Kontrollen entlang eines unternehmensübergreifenden Prozesses definiert wurden. Bereits hier können sich erste wertvolle Erkenntnisse ergeben, nämlich ob die Kontrollen:

- geeignet sind, das durch sie gemanagte Risiko frühzeitig zu identifizieren und zu managen,
- noch in einem angemessenen Verhältnis zum Risiko stehen,
- eine zu große Vielfalt entlang des Prozesses aufweisen, so dass sich womöglich die Kontrollverantwortlichen auf andere Kontrollverantwortliche verlassen
- vom Aufwand noch in einem angemessenen Verhältnis zur Soll-Abweichung eines möglicherweise eintretenden Risikos stehen,
- in der Verantwortung des betrachteten Unternehmens oder in der Zuständigkeit einer Drittpartei (s. Kap. 12) liegen.

6.1.3.1 Design-Effektivität

Zu Beginn des Beurteilungsprozesses ist es wichtig, die Kontrollen auf Gesellschaftsebene zu identifizieren und sie hinsichtlich ihrer Design-Effektivität zu beurteilen. Diese Beurteilung umfasst folgende Kriterien:

- Ausrichtung und Nützlichkeit, das betrachtete Risiko zu reduzieren,
- Überwachung und Umsetzung der Compliance-Anforderungen,
- Häufigkeit und Zeitpunkt ihrer Anwendung (können die zugehörigen Risiken rechtzeitig erkannt und gemanagt werden),
- ausreichende Kenntnisse und Erfahrungen der mit der Kontrolle betrauten Personen,

- Aufgabentrennung in Bezug auf den kontrollierten Prozess,
- zeitnahe Identifikation von Feststellungen und Ausnahmen,
- Zuverlässigkeit der gewonnenen Informationen,
- abgedeckte Periode.

6.1.3.2 Operating-Effektivität

Die Operating-Effektivität wird durch die Auswahl einer Stichprobe von zu prüfenden Attributen über einen festgelegten Zeitraum und der vorgesehenen Frequenz durchgeführt. In den zu entwickelnden Testplänen sollten u. a. folgende Kriterien enthalten sein:

- Eigenschaft und Beschreibung des Tests,
- Stichprobenstrategie,
- Stichprobenauswahlstrategie (abhängig von der Gesamtpopulation und Kotrollhäufigkeit),
- Umfang und Dauer des Tests,
- umfasste zeitliche Periode,
- wichtige administrative Aspekte (wer, wann, wo und genutzte Dokumentation),
- sich daraus ergebende Dokumentationen, um die Tests nachzuweisen.

6.1.3.3 Klassifikation eines Testergebnisses

Sollte der Test zeigen, dass eine Kontrolle nicht wie erwartet funktioniert oder das Design ungenügend festgelegt wurde, ist die Kontrolle als fehlerhaft zu beurteilen. Wenn ein Fehler festgestellt wird und eine nachvollziehbare Erklärung dafür existiert, sollte die Stichprobe erweitert werden. Werden in dieser Stichprobe keine weiteren Fehler festgestellt, kann die Kontrolle als effektiv angenommen werden. Es sollte jedoch geprüft werden, weshalb es in der ersten Stichprobe zu Abweichungen kam.

Sollten sich aus der Stichprobe weitere Fehler ergeben und eine nachvollziehbare Erklärung ist nicht verfügbar, wird die Kontrolle als nicht effektiv gekennzeichnet und muss grundlegend überarbeitet werden.

Das Ergebnis einer Kontrollüberprüfung ist einem der folgenden Status zuzuordnen und zu dokumentieren:[1]

1 Anforderungen des Sarbanes-Oxlex Act (SOX) zur Beurteilung der Kontroll-Design- und Operating-Effektivität.

Ergebnis	Definition
Keine Kontrolle vorhanden (Gap)	Es wurde keine Kontrollaktivität festgestellt.
Eine Kontrolle wurde definiert, aber nicht implementiert	Kontrollaktivität wurde definiert, aber wurde noch nicht implementiert.
Ineffektivität (keine Operating-Effektivität vorhanden oder »failed«)	Kontrollaktivität wurde definiert, aber die Operating-Effektivität über den Zeitverlauf ist nicht gegeben.
Operating-Effektivität	Kontrollaktivität wurde definiert und – basierend auf einem Test –die Operating-Effektivität ist gegeben.
Keine Beurteilung möglich	Kontrollaktivität wurde definiert und implementiert, aber es ist nicht möglich, Evidenz zur Verfügung zu stellen, mit der die Operating-Effektivität untermauert werden kann.
Potenzial für Verbesserungen	Es wurde kein Mangel festgestellt. Dennoch ist es möglich, die Kontrolleigenschaften zu verbessern.
Effektiv	Kein Mangel wurde festgestellt.

Tabelle 15: Beurteilungskriterien für die Kontrolleffektivität

#RISKHACKS

- Es ist darauf zu achten, dass auch vollautomatisierte Kontrollen dokumentiert werden und IT-Systemdokumentationen aktuell gehalten werden. Häufig fühlen sich Mitarbeitende für vollautomatische Kontrollen nicht zuständig, da sie nicht von ihnen durchgeführt werden. Deshalb ist es wichtig, einen Prozessverantwortlichen zu bestimmen, der die sein Risikoportfolio betreffenden Kontrollen kennt und deren Funktionalität ihm zugeordnet ist.
- Der Mensch neigt häufig dazu (i) erst nach negativen Erfahrungen tätig zu werden und (ii) sich auf hohe Risiken zu fokussieren. Das Unternehmensumfeld und das Unternehmen ändern sich jedoch ständig. So kann es sein, dass zunächst als »Low« angenommene Risiken aufgrund von Änderungen ein hohes Risiko darstellen (s. Kap. 15) oder durch Prozessänderungen (s. Kap. 8 und 9) und neue Zuständigkeiten zugehörige Kontrollen ihre Effektivität verlieren.
- Bei der Kontrolldefinition ist darauf zu achten, dass bspw. Zusammensetzung einer kombinierten Stichprobenkontrolle erklärbar und dem jeweiligen Risiko angemessen ist. Mitunter empfiehlt es sich, eine Handlungsanweisung zur Kontrolladjustierung erstellen.
- Zudem wird empfohlen, Maßnahmen zur Korrektur im Vorfeld zu vereinbaren. Hierzu gehören auch Eskalationsprozesse an die wesentlichen Bereiche der ersten und zweiten Verteidigungslinie. Eine Aufnahme der Feststellungen in das Berichtswesen (s. Kap. 4.7.2 und 13.1.6) und Information an die Organe runden die Transparenzbemühungen ab. Zudem wird die künftige Auseinandersetzung mit Soll-Abweichungen durch Vergleiche routinierter und für Dritte nachvollziehbarer.

- Kommt es hinsichtlich der Effektivität von Kontrollen zu Zweifeln oder nachweislichen Schwachstellen, sollte die dokumentierte Aufarbeitung im Sinne des Risikomanagement-Prozesses (s. Kap. 4) und im Falle von komplexeren Themenstellungen, gleich projektiert oder dem »Neu-Produkt und wesentliche Änderungen«-Prozess zugeführt (s. Kap. 8 und 9) und umgesetzt werden. Natürlich sollte die Kontrollentwicklung unter Beachtung von Wirtschaftlichkeitsaspekten (s. Kap. 4.4.6) und Risiken der zweiten und dritten Ordnung erfolgen (s. Kap. 2.7.3).

6.2 (Key) Risk Indicators (KRI)

KRI sind Kennzahlen, die der frühzeitigen Erkennung von Fehlentwicklungen/Risiken dienen sollen und die rechtzeitige Möglichkeit zur Ergreifung von Risikomanagementmaßnahmen ermöglichen. Die Kennzahlen können sich dabei u. a. auf Prozesse, Personen, Abteilungen, Systeme oder externe Risiken beziehen.

6.2.1 Entwicklungskriterien

Damit ein starker KRI entsteht, müssen folgende Voraussetzungen erfüllt sein. Er:

- muss in einem kausalen Zusammenhang mit dem zu messenden Risiko stehen (ein Risiko kann auch von mehreren KRI beeinflusst werden),
- muss über eine Relevanz hinsichtlich des zu überwachenden Risikos verfügen,
- überwacht wesentliche Risiken (Key Risks),
- verfügt über frühzeitige Warngrenzwerte/Frühindikation,
- lässt das rechtzeitige Ergreifen von Maßnahmen zu.

Eine der Hauptfunktionen ist die Messung eines sich entwickelnden Risikos. Deshalb muss der KRI in diesem Zusammenhang folgende weitere Kriterien erfüllen:

- fortlaufende oder frühzeitige Information (Ad-hoc-Berichtswesen),
- präzise, validierte, ausreichende und eindeutige Kennzahlen (Sicherstellung der Datenqualität der Inputdaten),
- Vergleichbarkeit im Zeitverlauf (keine Änderung der Datenbasis),
- Quantifizierbarkeit und Ausdruck in messbaren und bekannten Größen,
- kein Interpretationsspielraum möglich (Aussagekraft),
- Verdichtungsmöglichkeit zu aussagekräftigen Managementinformationen,
- Aussagekraft in sich (es sind keine Vergleiche oder Verweise mit bzw. auf andere Quellen erforderlich),
- Funktionsfähigkeit des zugrunde liegenden Datenmodells (s. Kap. 11.2.1).

6.2.2 Review und Überprüfung

»Ein wesentlicher Bestandteil des kontinuierlichen Reporting- und Frühwarnsystems ist die regelmäßige Überprüfung der Aussagekraft der überwachten Indikatoren.«[2] Risiken, Relevanz, Schwellenwerte und die daraus resultierenden Maßnahmen können sich im Zeitverlauf ändern, deshalb sollten KRI einem jährlichen Review unterzogen werden. In den Review sollten außerdem folgende Themenstellungen einbezogen werden:

- Qualität interner und externer Inputdaten,
- Stimmigkeit des Datenmodells,
- Beeinflussungsintensität im Hinblick auf das zugeordnete Risiko.

6.2.3 Eskalationslevel (RAG-Status)

Um einen KRI und seine Entwicklung schneller zu erfassen, zu überwachen und ggf. Maßnahmen einleiten zu können, empfiehlt sich seine Visualisierung.

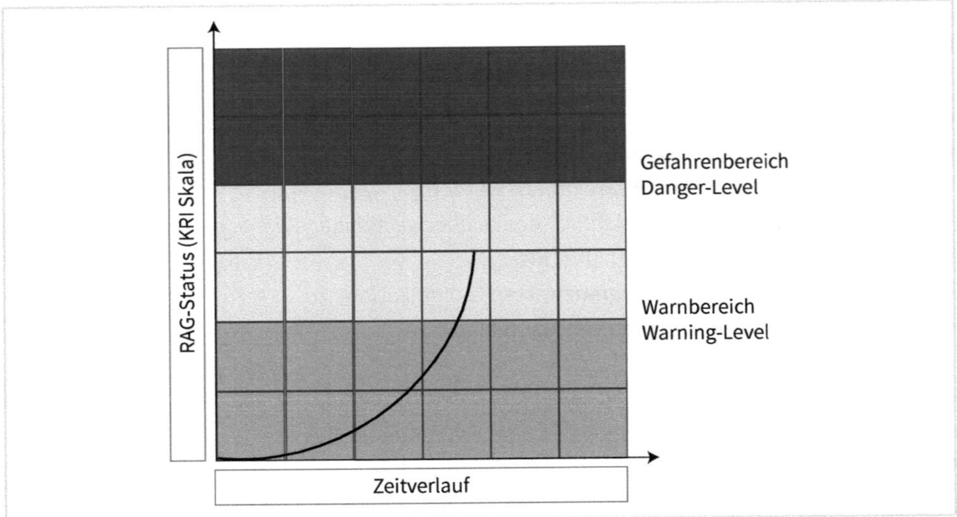

Abbildung 58: Messung und Visualisierung von Key Risk Indicators

Dies auch, weil es in größeren Finanzdienstleistern und Finanzdienstleistern mit unterschiedlichen Geschäftssparten zumeist mehrere Risikoindikatoren zu überwachen gilt. Wie beispielhaft in Abbildung 58 dargestellt, werden im Regelfall die drei Eskalationsstatus (RAG-Status) angenommen:

2 Peter, A./Vogt, H.-J./Kraß, V. (2000): Management von operationellen Risiken bei Finanzdienstleistern, in Johannig, L./ Rudolph, B. (Hrsg.): Handbuch Risikomanagement, Bad Soden, S. 670.

- **Red** = Gefahrenbereich (Danger-Level)
- **Amber** = Warnbereich (Warning-Level)
- **Green** = Toleranzbereich (Range of Tolerance).

Die einzelnen Schwellenwerte sind fest zu vereinbaren. Sobald die hier schwarz eingezeichnete Indikatorlinie den Toleranzbereich verlässt, sind entsprechende Eskalationsverfahren und Maßnahmen zu Reduktion und Rückführung des Indikators in den Toleranzbereich einzuleiten. Der Warnbereich sollte so definiert sein, dass ausreichend Zeit für die Einleitung von Maßnahmen verbleibt. Der Gefahrenbereich stellt bereits das Spektrum der Skalierung dar, der sich außerhalb des Risikoappetits des Unternehmens oder eines bestimmten Bereichs befindet.

#RISKHACKS

- Die Vereinbarung von akzeptablen Schwellenwerten und eine Liste von situationsabhängigen adäquaten Steuerungsmaßnahmen sollten vorab verbindlich ggf. auch unter Einbezug der Organe und unter Berücksichtigung des übergreifenden Risikoappetits vereinbart werden. Bereits bei Erreichung eines Warning-Levels:
  - können – je nach Geschwindigkeit der Indikatorenentwicklung – erheblicher Handlungsbedarf und operative Hektik bestehen. Eine Szenario-basierte Checkliste ist eine ausgezeichnete Vorbereitung.
  - kann es Tendenzen geben, den (dringenden) Bedarf einer Risikoreduktion, vielleicht auch zur Realisierung möglicher Ertragskomponenten, herunterzuspielen.
- Nicht nur im Hinblick auf den letzten genannten Fall ist es anzuraten, einen verbindlichen Eskalations- und Maßnahmenprozess zu vereinbaren und umzusetzen.
- Ebenso sind die Indikatoren in einen Berichtsprozess zu überführen, in wesentlichen und dringlichen Fällen ad hoc oder im Rahmen eines Risikogremiums.
- Es ist zu beachten, dass Indikatorenbilder sehr veranschaulichend sind, jedoch ohne Beschreibungen zu Messverfahren und Ursache für den Ausschlag über wenig Aussagekraft verfügen.
- Zudem sollten die Messverfahren möglichst nicht verändert werden, da andernfalls im Zeitverlauf eine verfälschte Darstellung die Folge sein kann. Eine Anpassung sollte daher gekennzeichnet und berichtet werden.

6.3 (Key) Performance Indicators (KPI)

Die Schlüsselperformanceindikatoren (KPI) sind Leistungskennzahlen, die im Rahmen der Betriebswirtschaft und des Risikocontrollings in fast allen Unternehmensbereichen eingesetzt werden können. Sie lassen Rückschlüsse über den Erfüllungsgrad einer Leistungserbringung zu. Die Darstellung der entgegengenommenen Anrufe in einem Callcenter im Vergleich zu Anrufern, die zu lange in der Warteschleife wartend entnervt wieder auflegen, kann eine wertvolle Kennzahl sein, die bspw. Aussagen über Anruferaufkommen, Callcenter-Besetzung, Produktkomplexität, Ressourcen- und Mitarbeiterausbildungsbedarfe zulässt.

Weitere Anwendungsbereiche lassen sich in der IT-Auslastung oder in der Messung auf Antwortzeiten finden. Aber auch im Third-Party Risk Management (s. Kap. 12.1) können Performanceindikatoren zur Messung der laufenden Vertragseinhaltung oder zur Überwachung von Prozessdurchlaufzeiten eingesetzt werden.

6.3.1 Entwicklungskriterien

Bei der Entwicklung von KPI werden zunächst die kritischen internen oder ausgelagerten Geschäftsprozesse bestimmt, die oder deren Bestandteile aufgrund ihrer Kritikalität als wesentlich erachtet werden. Je nachdem wie granular die Messung erfolgen soll, kann es auch erforderlich sein, Prozesse in ihre Bestandteile zu zerlegen sowie Messungen für einzelne Arbeitsschritte oder einzelne Tasks zu etablieren. Gerade im Rahmen von Just-in-Time-Produktionen oder im Falle einer Angewiesenheit auf eine Drittpartei im Rahmen einer wesentlichen Leistungserstellung sind KPI ein empfehlenswertes Mittel zu Überwachung.

Welche Werte eingehalten werden müssen, sollte entweder unternehmens- oder gruppenintern durch Service Level Agreements oder durch Verträge mit Drittparteien vereinbart werden, um einen eigenen reibungslosen Ablauf zu gewährleisten.

6.3.2 Eskalationslevel (RAG-Status)

Der Eskalationslevel von KPIs kann ebenso wie der von KRIs definiert und visualisiert werden. Die Schwellenwerte des Warnbereichs können unterhalb bspw. vertraglich vereinbarter Leistungsversprechen festgelegt werden, sodass eine frühzeitige Indikation einer vorgelagerten Funktion bzw. dem Dienstleister möglich ist, um Performanceverluste vorausschauend zu adjustieren und auszugleichen.

#RISKHACKS

- Die Bekanntgabe von KPIs während Ausschreibungsverfahren für externe Dienstleister ermöglichen bereits Performancevergleiche. Ein einziges Heranziehen von Kostendaten ist in der heutigen Zeit ohnehin nicht mehr angezeigt.
- KPIs sollten im Zusammenhang mit dem Third-Party Risk Management (s. Kap. 12.1) vertraglich mit dem Geschäftspartner vereinbart und der Geschäftspartner anhand dieser überwacht werden.

- Gelingt es einem, der Benchmarkdaten von souveränen Mitbewerbern habhaft zu werden, können diese gleich an mehreren Stellen nützlich sein:
  - zur Auswahl und zum Vergleich des eigenen Unternehmens und/oder externer am Prozess beteiligter Dienstleister;
  - als vertragliche Basis, sofern eine Vergleichbarkeit der Rahmenbedingungen und prozessualen Handlungen möglich ist;
  - als Prozessvergleichsdaten, die das Identifizieren möglicher Optimierungs- und Transparenzpotenziale zulassen. Zudem könnten Maßnahmen in Betracht gezogen, diese Daten im eigenen Hause und ggf. unter Einbeziehung eines externen Dienstleisters zu übertreffen, um sich dadurch Wettbewerbsvorteile im Haupt- oder Subprozess zu sichern.

7 Self-Identified-Issue-Konzept (SII)

Das Self-Identified-Issue-Konzept (SII) ist ein Verfahren, in dem selbst identifizierte Schwachstellen innerhalb des Unternehmens transparent dargelegt und geplant abgearbeitet werden. Zu den Schwachstellen gehören u. a. fehlende gesetzliche und regulatorische Implementierungen sowie Prozess- und Kontrollschwachstellen – im Grunde genommen alle Schwachstellen, die auch übergreifend durch die dritte Verteidigungslinie (s. Kap. 3.4.1.1.3) zu überwachen sind. Bei einem Aufbau eines SII-Konzepts sollten klare Absprachen zwischen den unterschiedlichen Beteiligten bestehen, damit Ressourcen effektiv und effizient zur Steigerung der Resilienz des Unternehmens eingesetzt werden.

7.1 Vorteile des Konzepts

Beteiligte können Wirtschaftsprüfer, sämtliche Verteidigungslinien und Organe sein. Für sie ergeben sich im Falle einer Übereinkunft vielfältige Vorteile. Gleichzeitig werden Effektivität, Effizienz und Transparenz des Unternehmens erhöht sowie die selbstständige Abarbeitung von Schwachstellen gefördert. Durch den dadurch entstehenden Überblick können ggf. auch zusammenhängende Themenstellungen in einem Projekt zusammengefasst werden, die zuvor einzeln bearbeitet worden wären. Zudem erfolgt eine Förderung der Eigenverantwortung (Ownership for Results), einer proaktiven Fehlerkultur, des Risikomanagements und des transparenten Umgangs mit Schwachstellen sowie eine Prävention von Konsequenzrisiken.

Multiple Entitäten und Zweigniederlassungen:

- Erfahrungen können ausgetauscht und abgeglichen werden,
- bessere Lösungen können übernommen werden,
- Entstehung einer lernenden übergreifenden Risikoorganisation mit der Förderung eines ›One Entity‹-Gedankens,
- bei multiplen Implementierungsbedarfen können effektive und effiziente Lösungen parallel implementiert und Ressourcen zielgerichtet eingesetzt werden.

Wirtschaftsprüfer:

- Transparenz über offene Flanken, Aufnahme in den Bericht (aktiv gemanagt) und Konzentration auf andere Prüfungshandlungen.

Organe:

- ganzheitliche Transparenz über offene Themenstellungen und Steuerungsmöglichkeit,
- ggf. Vorgabe von Priorisierungen und Fristenüberwachung,
- Unterstützung durch Ressourcen und Budgets,
- Förderung der Risikokultur, des Risikobewusstseins und Tone-at-the-Top,
- Argumentation hinsichtlich Ressourcenplanung.

Dritte Verteidigungslinie:

- es werden keine Themenstellungen geprüft, an denen bereits oder noch gearbeitet wird,
- prüfende Ressourcen werden auf andere Themenkomplexe gelenkt,
- Ansätze für Post-Implementation-Reviews,
- Transparenz über die zeitgerechte Abarbeitung durch die Verantwortlichen.

Zweite Verteidigungslinie:

- proaktive Meldung und strukturierte Abarbeitung von Themen, die den eigenen Verantwortungsbereich betreffen, zu möglichen und im Rahmen befindlichen eigenen Konditionsvorgaben,
- dargelegte, den eigenen Bereich betreffende Themenkomplexe werden von Wirtschaftsprüfung und der dritten Verteidigungslinie lediglich als proaktiv gemanagte Projekte erwähnt,
- prüfende Ressourcen werden auf andere Themenkomplexe gelenkt,
- strukturierte Übergabe von Feststellungen an die verantwortlichen Fachbereiche.

Erste Verteidigungslinie:

- proaktive Meldung und strukturierte Abarbeitung von Themen, die den eigenen Verantwortungsbereich betreffen, zu möglichen und im Rahmen befindlichen eigenen Konditionsvorgaben,
- dargelegte, den eigenen Bereich betreffende Themenkomplexe werden von Wirtschaftsprüfung und der dritten Verteidigungslinie lediglich als proaktiv gemanagte Projekte erwähnt.

Am Ende hinterlässt ein Unternehmen, das erfolgreich auf diese Art arbeitet, auch bei Aktionären und Kunden einen hervorragenden Eindruck (s. Kap. 2.8.2) und stellt koordiniert und kosteneffizient ein hohes Maß an Compliance sowie eine geringe Anzahl von Soll-Abweichungen sicher.

7.2 Ein klarer Rahmen determiniert den Erfolg

Um das SII-Konzept erfolgreich im Unternehmen verankern zu können, gehören neben dem kulturellen Risikopräventionsverständnis (s. Kap. 2.6.1) bspw. auch entsprechende Zielvereinbarungen (s. Kap. 2.6.3). Honoriert werden dabei Transparenz, Identifikation und eine Beseitigung von Schwachstellen. Umgekehrt könnten Malus-Regeln zur Anwendung kommen.

7.2.1 Definition der Eingangsvoraussetzungen

Ein solches Konzept ist nur für die künftige Beseitigung von komplexeren wesentlichen gesetzlichen, regulatorischen oder finanziellen Risiken geeignet. Die Dauer des Projekts muss mindestens drei Monate betragen sowie eine oder mehrere Abteilungen betreffen. Die Festlegung einer Aufwandsbetragsgrenze sind ebenso möglich wie die Fixierung einer möglichen Schadenbetragsgrenze bei Eintritt der Soll-Abweichung.

Im weiteren Verlauf müssen aussagekräftige Beschreibungen und Informationen sowie die Mindestanforderungen an benötigten Daten zwecks Zuordnung definiert werden (z. B. Kurz- und Detailbeschreibung, betroffener Prozess, Bereich(e), Risikogruppe, RAG-Status zwecks Priorisierung, Zieltermine). Mit diesen Daten kann der Themenkomplex dann in ein Projektmanagement (s. Kap. 9) überführt werden.

7.2.2 Ablauf des Prozesses

Das SII-Konzept sollte nach einem geordneten und transparenten Prozess erfolgen. Der Prozesstrigger entsteht im Rahmen der Identifikation von Soll-Abweichung und der Projektierung (s. Abbildung 59).

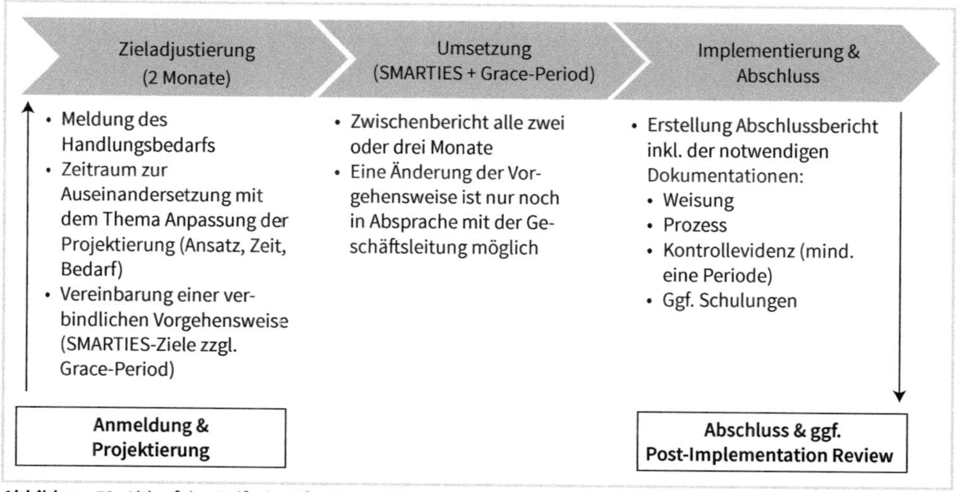

Abbildung 59: Ablauf des Self-Identified-Issue-Prozesses

Der Meldende erhält nach seiner Meldung bspw. einen Zeitraum von zwei Monaten, um sich mit der Soll-Abweichung und den Handlungsoptionen auseinanderzusetzen. Nach Ablauf der Frist wird je nach Komplexität ein angemessener verbindlicher Zeitraum vereinbart, dem eine Grace Period zugerechnet wird, um eine saubere Abarbeitung neben dem Tagesgeschäft und möglichen weiteren Zielen priorisiert sicherzustellen. Die Schließung eines Punkts ist rechtzeitig zu melden. Ob ein Post-Implementation-Review erforderlich ist, kann nach Wesentlichkeit des Themas und Aktenlage entschieden werden.

Um auch die vorstehenden übergreifenden Vorteile realisieren zu können, empfiehlt sich die Einrichtung einer zentralen Stelle, die den Überblick über die eingereichten, laufenden und abgeschlossenen Projekte behält. Bei größeren Unternehmen oder Unternehmensgruppen ist es ideal, wenn die SII-Komplexe zusammen mit den Anmerkungen der internen und externen Revisionen zusammengeführt und thematisch geordnet werden. Außerdem sollten die Projekte mit dem jeweiligen Status im Risikobericht Eingang finden (s. Kap. 4.7.2 und 13.1.6). Weitere interessante Daten können bspw. sein: Gesamtübersicht über alle neuen und bestehenden Projektierungen, Auslastungsübersicht, Schließungen, Zeitüberschreitungen, kritische Implementierungspfade und Verschiebung von Zielterminen.

8 »Neu-Produkt und wesentliche Änderungen«-Prozess (NPP)

Der Neu-Produkt-Prozess (NPP) ist ein strukturiertes, dokumentiertes (Weisung, Richtlinie) und transparentes Verfahren zur zielgerichteten, geordneten und dokumentierten Einführung neuer oder geänderter Strukturen sowie Verfahren. Hierzu gehören:[1]

- Märkte,
- Produkte,
- Dienstleistungen,
- Durchführung außergewöhnlicher Transaktionen und wesentlicher Änderungen (z. B. Fusionen, Übernahmen, Abspaltungen, neue Tochtergesellschaften, Umstrukturierungen),
- verbundene Prozesse (z. B. neue Outsourcing-Regelungen),
- Systeme (z. B. IT-Änderungsprozesse).

Der NPP soll sicherstellen, dass neue Produkte und wesentliche Änderungen mit der Risikostrategie (s. Kap. 2.5) und dem Risikoappetit (s. Kap. 3.2.3) des Finanzdienstleisters sowie den festgelegten Grenzwerten im Einklang stehen und erforderliche Korrekturen vorgenommen werden. In den NPP müssen alle Funktionen (Front Office, Middle Office, Back Office) und Überlegungen, die an der Einführung oder Änderung beteiligt sind bzw. die zur Umsetzung erforderlich sind, einbezogen werden. Die rechtzeitige Einbeziehung der Risiko- und Compliance-Funktionen ist zwingend erforderlich, um mögliche K.O.-Kriterien rechtzeitig zu identifizieren und die Integration wesentlicher risikorelevanter und gesetzlicher Komponenten sicherzustellen. Ihren Stellungnahmen ist entsprechend Aufmerksamkeit zu widmen und in den weiteren Prozess einzubeziehen.

Dies sollte die Einhaltung von Rechtsvorschriften, IT-Umsetzungsbedarfe sowie anderweitige Möglichkeiten zur Digitalisierung (s. Kap. 13) und Reduktion von Soll-Abweichungen (s. Kap. 4.4) genauso umfassen, wie Rechnungslegung, Preisgestaltungsmodelle, die Auswirkungen auf das Risikoprofil, eine angemessene Eigenkapitalausstattung und Rentabilität sowie die Verfügbarkeit angemessener Ressourcen. Es ist zudem sicherzustellen, dass angemessene interne Instrumente und Fachkenntnisse für das Verständnis und die Überwachung der damit verbundenen Risiken vorhanden sind (s. Kap. 2.8.1). Diese Anforderung betrifft alle drei Verteidigungslinien des Unternehmens (s. Kap. 3.4.1.1.3). Die Entscheidung, eine neue Geschäftsaktivität aufzunehmen, sollte auch die hierfür verantwortliche Geschäftseinheit sowie die

1 Guidelines on internal governance under Directive 2013/36/EU (EBA/GL/2017/11) vom 26.09.2017; ebenso zu beachten sind ggf. die Guidelines on product oversight and governance arrangements for retail banking products (EBA/GL/2015/18) vom 15.07.2015.

Geschäftsleitung treffen und die neue Aktivität erst aufgenommen werden, wenn die hier beschriebenen Voraussetzungen gegeben sind.

Um das Aufwands-/Ertragsverhältnis sowie die Auswirkungen auf das Finanzdienstleistungsunternehmen abschätzen zu können, sollte vor Einleitung des Prozesses auch ein Chancenmanagement erfolgen. Von einer Marktsondierung und einer Erfolgsplanung angefangen, sollte das Potenzial der Einführung neuer oder geänderter Strukturen abgewogen werden können. Hierzu gehören u. a.:

- anlassbezogene Anpassung des Risk Assessments (s. Kap. 4) sowie neue Überwachungs-, Maßnahmen- (s. Kap. 4.4) und Kontrollbedarfe (s. Kap. 6.1),
- Prüfung von Desinvestitionsmöglichkeiten aus Risikopräventionssicht (s. Kap. 2.8.4),
- Veränderung des Risikoprofils des Unternehmens (s. Kap. 3.2.3),
- Kostenaufwand und Ertrag (Business Case, Market Sounding),
- mögliche Haftungs- und regulatorische Risiken,
- Compliance-relevante Themenstellung,
- Berücksichtigung der Kosten von Risikopräventionsmaßnahmen im Verhältnis zu den Kosten möglicher eintretender Risiken (s. Kap. 4.4.6),
- die vorausschauende und rechtzeitige Einbettung in einem geeigneten risikoreduzierenden Framework (s. Kap. 4),
- Berücksichtigung geopolitischer Risiken (s. Kap. 15) im Rahmen von Geschäftserweiterungen (s. Kap. 8),
- Relevanz im Zusammenhang mit Environmental-, Social- und Governance-Themenstellungen (s. Kap. 15.3),
- Möglichkeiten einer effektiven und effizienten Digitalisierung von Abläufen, die idealerweise auf bestehenden Verfahren aufsetzen (s. Kap. 13),
- Gefahren externer und interner Angriffspunkte hinsichtlich sonstiger strafbarer Handlungen (s. Kap. 10),
- Einflüsse auf und Bedarfe hinsichtlich des Third-Party Risk Managements (s. Kap. 12.1).

Viele Neuerungen und Änderungen innerhalb eines Unternehmens werden zumeist monolithisch betrachtet. Hieraus können dem Finanzdienstleister wesentliche Chancen entgehen oder sie können nicht oder nur unzureichend umgesetzt werden:

- Die Neuerungen schaffen viele neue Einzelprozesse, die nicht auf den bestehenden Verfahren aufsetzen. Hierdurch können keine Standardisierungen erreicht werden und zusätzliche Kosten entstehen (s. Kap. 2.6.4). Gleichzeitig können Potenziale für Soll-Abweichungen entstehen.
- Die fehlende Routinisierung, Standardisierung und Modularisierung (s. Kap. 2.6.4) erschwert eine zielgerichtete Digitalisierung (s. Kap. 13) von Prozessen oder macht diese unmöglich.
- Es entstehen möglicherweise neue unbeachtete Risikokorrelationen.
- Anforderungen der später mit den Neuerungen arbeitenden Bereiche werden nicht oder unzureichend beachtet (z. B. Usability, Vertrieb im Kundenkontakt).

8.1 Neue und bestehende Produkte

Neue oder bestehende Produkte müssen für die Zielkundschaft zugeschnitten sein bzw. dürfen im Zeitverlauf aufgrund neuer Anforderungen des Markts nicht an Attraktivität verlieren. In diesem Zusammenhang geht es darum, auch den Vertriebserfolg zu optimieren und die internen Ressourcen nicht auf die attraktiven Produkte oder Dienstleistungen zu konzentrieren, sondern auf die sehr attraktiven (z. B. Transparenz, Verständlichkeit, inhaltliche Schärfe). Die Initiativen werden darüber hinaus nicht nur zu Beginn einer Prüfung unterzogen, sondern durchlaufen einem regelmäßigen Review. Zielgruppenkonformität und der zugehörige Komfort durch Informationsgestaltung und Compliance sind nur ein paar Beispiele und markieren den Unterschied zwischen problematischem Vertrieb oder einer professionellen, transparenten Beratung. So ist es für die meisten Kunden auch wichtig, zu erfahren, welches Risiko- und welche Beimischung sie sich einkaufen.

8.1.1 Produktentwicklung für Kunden

Sehr erfolgreiche und bekannte Finanzdienstleistungsunternehmen binden ihren Vertrieb und/oder sogar ihre Kunden fortwährend in die Produktentwicklung ein, denn die Anforderungen der Zielkundschaften können sich in diesem volatilen Umfeld plötzlich und unregelmäßig ändern. Hierbei sind nicht nur Bedarfsveränderungen der Kundschaft, die Berücksichtigung unterschiedlicher Kundengruppen und die Bedarfe der Kunden selbst relevant, sondern auch mögliche Wirkgrößen, die der Kunde selbst nicht beeinflussen kann. Eine Sondierung der jeweiligen Zielgruppe sowie des jeweiligen Umfelds kann hier aufschlussreiche Informationen liefern:

- Arbeitnehmer und Unternehmer bestimmter Branchen müssen aufgrund der COVID-Pandemie vielleicht in der Lage sein, Erspartes zu im Rahmen von möglicherweise vorhandenen Gleichbehandlungskriterien zu liquidieren oder sich situationskonform zu finanzieren.
- Versicherer waren schon immer ein willkommener und stabiler Investor für Asset Manager in der Immobilien-Assetklasse. Vor der Subprimekrise im Jahr 2007 hatten einige Immobilienfonds eine tägliche Rückgabemöglichkeit für Anteilscheine vorgesehen. In den nachgelagerten Auswirkungen mussten einige Immobilienfonds die Rücknahme von Anteilscheinen aussetzen, weil sie sonst in die Illiquidität geraten wären. Nach der Krise im Jahre 2009 wurden die Regulierungen für Asset Manager (AIFMD[2]) und Versicherer (Solvency II[3]) angepasst. Während die AIFMD die Rücknahme von Anteilen langfristiger gestaltete, forderte die Solvency II ein hohes Maß an Liquidierbarkeit. Zwei Geschäftspartner wurden

2 Directive 2011/61/EU of the European Parliament and of the Council of 08.06.2011 on Alternative Investment Fund Managers and amending Directives 2003/41/EC and 2009/65/EC and Regulations (EC) No 1060/2009 and (EU) No 1095/2010 Text with EEA relevance.

3 Richtlinie 2009/138/EG des Europäischen Parlaments und des Rates vom 25. November 2009 betreffend die Aufnahme und Ausübung der Versicherungs- und der Rückversicherungstätigkeit (Solvabilität II).

aus regulatorischer Sicht getrennt und die Zusammenarbeit aufgrund hoher Kapitalunterlegungsanforderungen für die Versicherer erschwert. Es war ein vorhersehbares und sich lange Zeit vorher abzeichnendes Szenario.

Es ist auch zu beachten, dass eine Einführung von nicht (mehr) benötigten oder für die Zielkundschaft unpassenden Produkten vorab und bis zur Einführung viele Kapazitäten bindet und vorhandene Ressourcen mit erfolgversprechenderen Initiativen beschäftigen könnte.

8.1.2 Bestehende Produkte

Negativzinsen, neue Regulierungen, die aktuelle Pandemie oder ein sich veränderndes Kundeninteresse machen es u. a. erforderlich, bestehende Produkte regelmäßig zu überprüfen. Auch hier gilt es, nicht nur die Frage zu stellen, ob sich ein Produkt noch rechnet oder ›compliant‹ ist. Vielmehr geht es auch darum, erfolgreiche von noch erfolgversprechenderen Produkten zu unterscheiden, um hier die Zusammenarbeit mit den Kunden zu verbessern, ohne die eigenen Unternehmensinteressen außer Acht zu lassen.

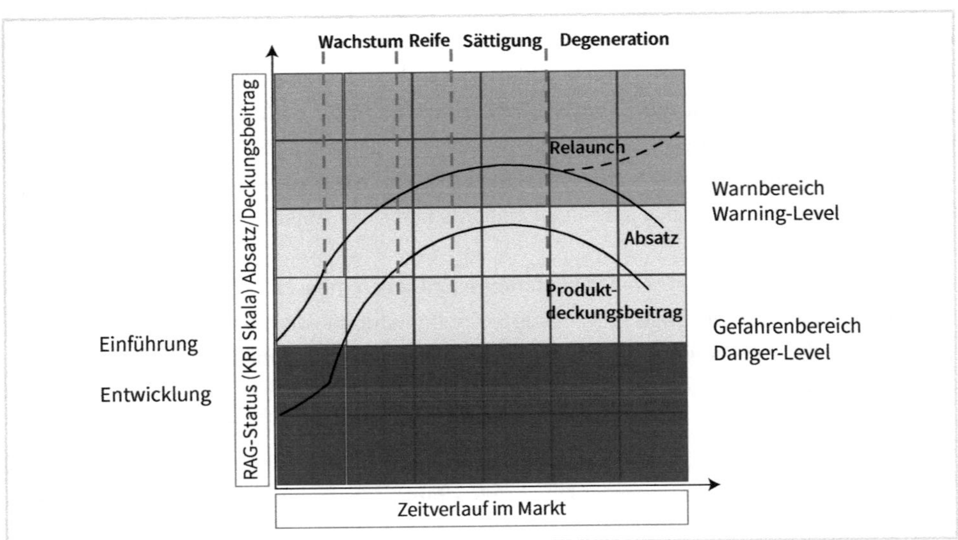

Abbildung 60: Von der Produktentwicklung bis zum Relaunch oder Einstellung

In Abbildung 60 sind die möglichen Produktphasen dargestellt. Diese können von der zeitlichen Dauer und Entwicklung variieren. Eine sich aufgrund neuer Marktgegebenheiten ändernde Nachfrage oder der zusätzliche Einführungsbedarf von komplexen regulatorischen Anforderungen kann den Produktanpassungsbedarf sowie Deckungsbeitrag massiv beeinflussen oder sogar eine Alternative erfordern. Eine regelmäßige, vorausschauende und umfassende Überprüfung ist daher dringend erforderlich.

8.2 Regulierungsanforderungen

Unabhängig davon, ob es sich um einen »Neu-Produkt und wesentliche Änderungen«-Prozess handelt oder es um Projektmanagement (s. Kap. 9) geht, ist es im Finanzdienstleistungssektor in der heutigen Zeit kaum noch möglich, Anpassungen von Produkten, Märkten und Prozessen ohne Berücksichtigung von regulatorischen Einflüssen und Implementierungsbedarfen durchzuführen. Eine schlanke Regulierungsarchitektur (s. Kap. 3.3) sollte aus Effizienz- und Effektivitätsgründen Berücksichtigung finden.

8.3 Neue Märkte

Andere Länder, andere Sitten – die lokale Hausordnung ist anzuerkennen und einzuhalten. Andere Regulierungssprache, Prozessvorgaben und Haftungspotenziale verändern das Risikoprofil des expandierenden Finanzdienstleisters. Prozesse und Risikosteuerung sowie deren Aggregation müssen angepasst werden. Werden grenzüberschreitende Dienstleistungen von anderen legalen Einheiten der eigenen Unternehmensgruppe oder externen Drittparteien erbracht, sind auch Third-Party-Risk-Management-Anforderungen zu beachten und zu implementieren (s. Kap. 12.1). Diese beginnen bei den länderübergreifenden Memoranda of Understanding der involvierten Regulierungsbehörden und führen, bei wesentlicheren Auslagerungen, zur fortwährenden Überwachung des Servicepartners.

8.4 Wesentliche Prozessänderungen

Wesentliche Prozessänderungen haben, je nach betroffenem Level, unterschiedliche Einflussfaktoren, die zu Maßnahmen führen müssen. Handelt es sich bspw. um eine betriebliche Umstrukturierung und einem Geschäftsleiter werden neue Bereiche zugeordnet, muss geprüft werden, on die verantwortliche Person über ausreichende Kenntnisse (regulatorische Fitkriterien) verfügt, um diesen Geschäftsbereich leiten zu können und zu dürfen. Im Zweifel sollte der Kontakt mit dem zuständigen Regulator gesucht werden. Ggf. sind Weiterbildungen oder Praktika bei Mitbewerbern für diesen Bereich zu absolvieren oder ein/e GeschäftsleiterIn mit entsprechender Erfahrung ist zu engagieren, bis das Wissen an die bestehende Geschäftsleitung als transferiert gilt. Kontrollprozesse des Managements sind ebenfalls anzupassen. Risikoüberwachungs- und Kontrollprozesse müssen auch überarbeitet werden, wenn die operativeren Bereiche durch Aufgabentransfer betroffen sind oder neue Verantwortlichkeiten an diese übertragen werden. Während sich bei einem Aufgabentransfer das übergreifende Risikoprofil nicht ändern dürfte, können bspw. mit neuen Produktarten einhergehende Übertragungen von Verantwortlichkeiten ein Risikounternehmensprofil maßgeblich verändern. Risk Assessments (s. Kap. 4), Weisungen und Prozesshandbücher (s. Kap. 3.4.2) sind ebenfalls zu übertragen. Mögliche Schulungsbedarfe sind nicht zu unterschätzen. Änderungen im Rahmen von Merger & Acquisitions, Joint Ventures und Auslagerungen an andere legale Einheiten oder externe Dritte führen ebenfalls zu einer Veränderung der Risikoprofils und einer neuen Allokation des Risikobudgets.

#RISKHACKS

- Wichtigste Grundlage im Rahmen des NPP ist die Einbindung aller wesentlichen und erforderlichen Funktionen. Die Compliance- und die Risikocontrolling-Funktionen sind in jedem Fall beizuziehen. Ihren Anmerkungen ist im gesamten Prozess ein besonderes Gewicht zuzuordnen.
- Die Typologien sowie die Risiken eines NPP sind vergleichbar mit denen des Projektmanagements in Kap. 9.
- Das klassische Projektmanagement dürfte es aufgrund der Regulierungslastigkeit im Finanzdienstleistungssektor und der Veränderungen des Risikoprofils nur noch zur Implementierung der im NPP eingereichten Vorgaben geben. Die Gefahr ist zu groß, dass regulatorische Komponenten und Risiken nicht oder nur unzureichend beachtet werden.
- Erfolgt nach dem NPP eine Übergabe an das Projektmanagement, ist eine fortwährende begleitende Überwachung durch die zweite Verteidigungslinie ratsam. Ideal ist eine Kombination der Vorteile von NPP und Projektmanagement. Da die Ansätze unterschiedlich sind, sollen die mit ihnen einhergehenden Risiken in diesem Buch auch entsprechend herausgearbeitet werden.
- Viele Unternehmen verfügen für die Umsetzung von NPP bereits workflowbasierte Systeme, in denen auch Konditionen und Fragen gestellt und beantwortet werden können. Gerade bei größeren oder komplexeren Unternehmen ist diese Vorgehensweise definitiv eine Überlegung wert.
- Geht es bspw. nur um die Kopie eines bereits etablierten Produkts, wäre der Durchlauf eines erleichterten zuvor definierten Verfahrens (NPP-Light) anzuraten. Das würde aber bedeuten, dass die vorherige Implementierung gewissenhaft erfolgt ist, um Kopierfehler zu vermeiden und sich zwischenzeitlich keine Änderungen ergeben haben.
- Gleiche Ansätze können auch im Rahmen der Überprüfung bereits bestehender gleichartiger Verfahren und Produkte sinnvoll zusammengefasst werden.
- In den NPP sollten auch Abwägungen hinsichtlich »gut« und »besser« einfließen. Wieso soll etwas eingeführt werden, wenn es eine bessere/erfolgversprechendere Alternative gibt?

9 Projektmanagement

Anders als es beim fortwährenden Risikomanagement der Fall ist, wird ein Projekt von folgenden Eigenschaften ausgezeichnet:

- einzigartig/neuartig,
- befristet,
- Bildung spezifischer Organisation mit eigenen Ressourcen,
- größerer Umfang und Komplexität,
- zielorientiert.

In diesem Buch sind diverse komplexere Themenstellungen erwähnt, die im Rahmen eines strukturierten, zusammengeführten und priorisierten Projektmanagements abgearbeitet und implementiert werden sollten (Abbildung 61). In diesem Zusammenhang sind auch die Ausführungen des vorherigen Kap. 8 zu beachten und mit diesem Kapitel gesamtheitlich zu betrachten. Zudem können agile Arbeitsmethoden sehr hilfreich sein – sofern Kultur (s. Kap. 2.6) und unternehmensübergreifende agile Voraussetzungen (s. Kap. 2.8.1.2) dafür vorhanden sind und stimmen. Auch ist nicht zu vernachlässigen, dass es gute und bessere Projekte gibt, auf die die Ressourcen gelenkt werden sollten. Zudem entstehen in einem Projektportfolio auch Opportunitäten, die es ermöglichen, Themenstellungen effizient zu clustern und in die Umsetzung zu bringen.

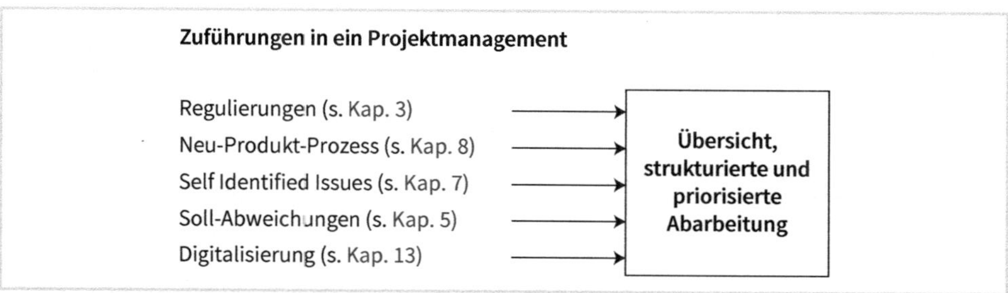

Abbildung 61: Themenstellungen für ein strukturiertes Projektmanagement

Gerade die Neuartigkeit eines jeden Projekts birgt viele unterschiedliche Risiken (s. Abbildung 62) und erfordert bereits eingangs zum verantwortungsvollen Umgang mit Ressourcen (s. Kap. 2.8) die Durchführung folgender Prüfungen:

- Machbarkeit,
- Market-Sounding/Business Case,
- Erwartungshaltungen,
- Lebensdauer eines positiven Implementierungsergebnisses,
- Abweichung von bisher ähnlichen Projekten.

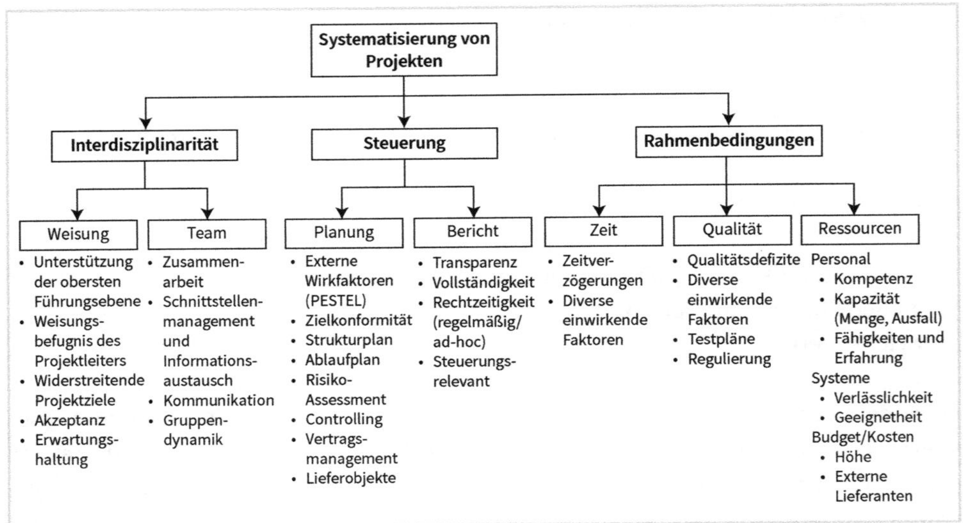

Abbildung 62: Systematisierung der Projektmanagementrisiken

Aufgrund der Neuartigkeit und Unterschiedlichkeit von Projekten ist es äußerst wichtig, sich mit möglichen Risiken auseinanderzusetzen und systematisch vorzugehen. Grundsätzlich ist es notwendig, dass Compliance- und Risikofunktionen in derartige Vorhaben von der Initiierungsphase an mit eingebunden werden, um präventiv auf regulatorische Anforderungen bzw. mögliche Risiken hinzuweisen.

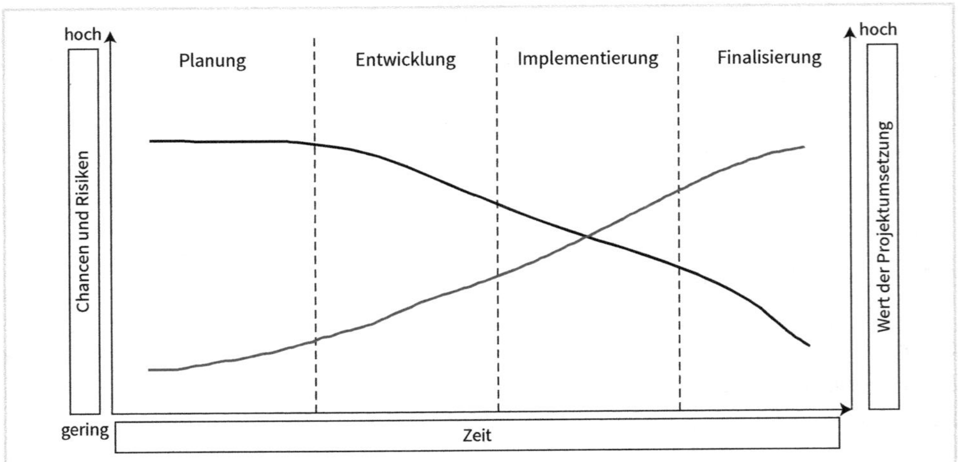

Abbildung 63: Projektlebenszyklus

Bei jedem Projekt wird eine fortwährende Überwachung des Verlaufs und der Einhaltung der wichtigsten Determinanten (Budget, Ziele, Soll-Abweichungen usw.) vorausgesetzt. Wie in Abbildung 63 dargestellt, gibt es zu Beginn ein hohes Chancen- und Risikopotenzial (schwarze Linie) und gegen Ende einen hoffentlich hohen Wert des Umsetzungserfolgs (untere Linie). Wenn sich bereits zu Beginn eines Projekts beide Größen abschätzen lassen, kann auch überprüft werden, ob das Projekt überhaupt lohnend ist und nicht vielleicht das Soll-Abweichungsrisiko und der Aufwand überwiegen. Aus Risikosicht kann festgehalten werden, dass zwischen den Phasen Planung und Entwicklung das höchste Soll-Abweichungsrisiko eingegangen wird. In den Phasen der Implementierung und Finalisierung besteht der höchste Soll-Abweichungsimpact. Wie in Kap. 8 beschrieben, sind Änderungen jeglicher Art hinsichtlich unterschiedlicher operationeller Risiken zu überprüfen.

9.1 Interdisziplinarität

Eine interdisziplinäre oder abteilungsübergreifende Arbeitsweise umfasst mehrere voneinander unabhängige Themenfelder und Mitarbeitende, die in einem Team zwecks Erreichung eines Projektziels zusammengeführt werden.

Wie in allen Bereichen eines Finanzdienstleisters steht und fällt der Erfolg mit einer geeigneten Auswahl der Verantwortlichen und der Projektteammitglieder (s. Kap. 2.8.1).

Unabhängig davon, ob es sich um die Mitglieder eines SteeringCommittees, den Projektsponsor, Leiter oder die zugehörigen Teammitglieder handelt, muss sich der Personenkreis im Rahmen der neuen Aktivitäten aufeinander einstellen und ist aufeinander angewiesen (soziale Interdependenz). Neben möglicherweise entstehenden Abstimmungs- und Schnittstellenproblematiken ist nicht zu vernachlässigen, dass unterschiedliche Fachsprachen, Denkweisen, Sichtweisen, Methodenansätze und Zielverständnisse zusammenkommen. Deshalb ist einmal mehr ein hohes Maß an Flexibilität sowie eine kollektive Steuerung und Verfolgung der Ziele erforderlich. Hinzu kommen einige Themenstellungen, die einzelne Mitglieder betreffen können, wie individuelle Denkweisen, Werte, Vorurteile, Motive, Übergewichtung der eigenen Disziplin und Karriereerwartungen.

9.1.1 Weisung

Um einen reibungslosen Projektablauf zu gewährleisten und kostspielige Verzögerungen, kompromissvolle Implementierungen oder ein Scheitern zu verhindern, sind unterschiedliche Voraussetzungen zu schaffen.

Der/die allseits akzeptierte ProjektleiterIn sollte durch einen Sponsor auf der obersten Managementebene unterstützt werden und es ist darauf zu achten, dass er/sie keine konfliktbehafteten Projektaufträge erhält. Konflikte können entstehen, wenn die Aufträge bspw.

widerstreitend zu seiner sonst ausgeübten Funktion, zu anderen Projektaufträgen oder zum Gesamtprojektportfolio des Finanzdienstleisters sind. Der/die ProjektleiterIn ist mit entsprechenden Kompetenzen, aber auch entsprechenden sowie fest zugeordneten Ressourcen auszustatten. Hierzu gehören auch die notwendigen Weisungs-, Prüfungs- und Kontrollrechte, um in einer späteren Phase eine geeignete und transparente Projektsteuerung gewährleisten zu können.

9.1.2 Team

Ohne die Ressourcen und die erklärten Freiräume für die Projektmitglieder durch die meist außerhalb der Projektorganisation befindliche disziplinarische Führung wird es zu Konflikten zwischen beiden Organisationen kommen und die Umsetzung des Projekts wäre gefährdet.

So könnte es zu gruppendynamischen Prozessen zwischen dem/der ProjektleiterIn und den Teammitgliedern bzw. mangelnder Einsichtnahme und Berichtsvollständigkeit kommen. Ferner wird es der/die ProjektleiterIn schwer haben, eine adäquate und zuverlässige Projektplanung und ein entsprechendes Berichtswesen umzusetzen. Ebenso gruppendynamisch kann es werden, wenn die Teammitglieder nicht untereinander harmonieren und deren Aufgaben nicht klar voneinander abgegrenzt sind.

9.2 Steuerung

Zur Projektsteuerung gehören eine geeignete Planung sowie ein transparentes sowie vollständiges Berichtswesen (s. Kap. 4.7.2 und 13.1.6). Sind die Voraussetzungen von Kap. 9.1 nicht gegeben, wird es schwierig, ein vollständiges sowie transparentes Reporting in die Entscheidungsgremien einzubringen. Andernfalls besteht die Gefahr, dass Entscheidungen der Gremien auf naiver Basis erfolgen. Die Entscheidungen haben dann maßgeblichen Einfluss auf den weiteren Projektverlauf sowie den Gesamterfolg.

9.2.1 Planung

Ähnlich wie bei den externen Wirkfaktoren, die den Risikomanagementprozess informativ ergänzen, verhält es sich bei der Umsetzung eines Projekts. Gerade bei länger andauernden Projekten sollten die extern benötigten relevanten Informationen ggf. nach dem PESTEL-Verfahren systematisiert werden (s. Kap. 4.1.2.1). Hier empfiehlt sich ein anfänglicher und fortwährender Abgleich, um die Aktualität und mögliche bessere Alternativen bei der sich rasch und fortlaufenden entwickelnden Umwelt (z. B. Technologie, ESG) auszuwählen sowie mit den Inhalten des Projekts abzugleichen. Solange keine Investitionen getätigt sind, können weitere korrigierende Steuerungsmaßnahmen vorgenommen werden. Andernfalls könnte sich das Projekt zu einem »Moving Target« entwickeln oder mit der Nachbesserung müsste zu einem späteren Zeitpunkt erneut begonnen werden.

Allein über die Planungstechniken von Projekten kann bereits ein ganzes Buch geschrieben werden, deshalb soll an dieser Stelle nur näher auf wesentliche mögliche Risiken eingegangen werden. Bei der Betrachtung dieses Abschnitts wird schnell klar, dass die hier behandelten unterschiedlichen Themenstellungen größtenteils miteinander korrelieren und sich gegenseitig beeinflussen können. Deshalb ist es wichtig, alle Faktoren in ein erstes Risk Assessment mit einzubeziehen, abzuwägen und bereits zu Beginn risikoreduzierende Maßnahmen vorzusehen. Ebenso sollten gesetzliche und regulatorische Anforderungen bereits jetzt mit Eingang finden, damit zu einem späteren Zeitpunkt keine Show Stopper ersichtlich oder Umplanungen erforderlich werden. Problematisch wird es insbesondere dann, wenn sich nach Implementierung durch eine Gesetzeswidrigkeit Risiken der zweiten und dritten Ordnung materialisieren (s. Kap. 2.7.3). Deshalb ist es erforderlich auch hier ein fortlaufendes Monitoring einzuführen und vollzogene Veränderungen und eingeführte Produkte auch zu einem späteren Zeitpunkt immer wieder zu hinterfragen (s. Kap. 8).

Stehen die Risiken fest, werden u. a. die Ziele, Zeit und Qualität klar formuliert und in Projektstruktur und -ablaufplänen zusammengefasst. Diese geben dann – neben Prozessschritten und Meilensteinen – bspw. kritische Pfade und Angewiesenheiten wieder. Diesen Themenstellungen ist im späteren Verlauf und während der fortlaufenden Überwachung viel Aufmerksamkeit zu widmen. Im Sinne der späteren Risikoüberwachung und Sicherstellung der Compliance sollten mit dem Projekt einhergehende neue Risiken und risikomitigierende Maßnahmen während der Projektphase jedoch vor Einführung sichergestellt werden. Hierzu gehören die Integration in das Risk Assessment (s. Kap. 4) und die Einbindung in das Interne Kontrollsystem (s. Kap. 6.1) sowie die zielgerichtete Verortung und Dokumentation der Kontrollen auf der ersten und zweiten Verteidigungslinie (s. Kap. 3.4.1.1.3).

9.2.2 Bericht

Wie in Kap. 9.1 dargestellt, sind Bottom-up-Transparenz, die Unterstützung des Gesamtteams und die Informationsweitergabe an den/die TeamleiterIn wichtige Voraussetzungen für einen vollständigen Bericht als Basis für das Steering Committee und die Entscheidungsträger. Wie in jedem Berichtswesen (s. Kap. 4.7.2 und 13.1.6) empfiehlt sich eine Übersichtlichkeit und Regelmäßigkeit, die es den Entscheidungsträgern ermöglicht, die wesentlichen Themenstellungen zu erfassen und mit der Top-down-Steuerung zu beginnen. Bei bspw. wesentlichen Abweichungen, neuen Anforderungen oder Risiken, ist ein Ad-hoc-Berichtswesen anzuraten. Schnelle und präzise Entscheidungen sind dem Projektteam idealerweise schriftlich zu kommunizieren.

9.3 Rahmenbedingungen mit Risiken

Im Kontext des Projektmanagements gibt es zumeist Rahmenbedingungen, die zu den üblichen bekannten Risiken führen können. Hierbei helfen auch Agilität (s. Kap. 2.8.1.2) und die beste Planung nicht weiter. Die üblichen operationellen Risiken begleiten die Umsetzungen und können sie negativ beeinflussen. Die Faktoren Zeit, Qualität, Auftrag und Ressourcen können sogar in einem Spannungsverhältnis zueinanderstehen. Im Rahmen eines größeren Projektportfolios oder eines Multi-Projektmanagements kann es aufgrund von Prioritäten sogar zu einer neuen Reihung der verschiedenen Projekte und innerbetrieblichen Konflikten kommen.

9.3.1 Zeit

Der betriebsübergreifende Implementierungsbedarf neuer Regularien, um ein Beispiel zu nennen, kündigt sich zumeist lange vorher an. Auftrag und Qualität sind an sich klar. Nur der Ressourcenbedarf hält hin und wieder Überraschungen bereit. Der rechtzeitige Beginn bei Klarheit des Auftrags, die Planung der entsprechenden sachkundigen Ressourcen und Pufferzeiten sind wesentliche Präventionsmaßnahmen. Zudem darf auch nicht vergessen werden, dass Zeit gleich Geld ist und die Einbindung des Stammpersonals keine »Ebenda-Kosten« sind. Diese Sichtweise wird häufig, wie auch bei der Abarbeitung von Soll-Abweichungen (s. Kap. 5), vernachlässigt und deshalb nicht eingerechnet.

9.3.2 Qualität

Hin und wieder ist es ein Spagat bei vielen Projekten, mangelnden oder unzureichenden personellen Ressourcen und Zeitdruck eine probate Qualität umzusetzen. Sofern es sich irgendwie einrichten lässt, lohnt es sich jedoch, Umsetzungen nicht mehr überarbeiten zu müssen. Zunächst als fehlend akzeptierte Teilaspekte geraten in Vergessenheit, MitarbeiterInnen fluktuieren oder müssen sich erneut in den Sachverhalt einarbeiten – eine Ressourcenverschwendung. Zudem kommt der nächste interne oder externe Änderungsbedarf bestimmt und vermischt noch ausstehende mit neuen Anforderungen. Die Situation wird unnötig komplex.

9.3.3 Auftrag

Projekte werden recht komplex aufgesetzt. Es gibt Sponsoren und Steering Committees, Projektpipelines und umfassenden Kommunikationsbedarf. Im letzten Themenkomplex kann es zu Fehlkommunikation zwischen der Auftraggeber- und -nehmerseite kommen. Selbst wenn der Projektrahmen klar abgesteckt und definiert ist, können sich zudem Rahmenbedingungen und Anforderungen aufgrund neuer Erkenntnisse ändern. Zeitverzug, Mehrbedarf von Ressourcen und Qualitätseinbußen können mögliche Folgen sein.

9.3.4 Ressourcen

Mit Ressourcen ist das ganze Potpourri an Inputfaktoren gemeint, die für die Umsetzung eines erfolgreichen Projekts benötigt werden:

- finanzielles Budget:
  - Geld (Liquidität),
  - Finanzierung (Bank, Kapitalgeber),
- Technik und Systeme,
- Materialien,
- externe Personalressourcen (Berater, Auslagerungspartner),
- interne Personalressourcen (MitarbeiterInnen).

Anhand der obenstehenden Liste wird deutlich, dass u. U. viele Einzelfaktoren zu einem bestimmten Zeitpunkt, in ausreichendem Maße und an entsprechender Stelle vorhanden sein müssen. Gerade der letzte Punkt wird problematisch, wenn:

- MitarbeiterInnen in den Zwiespalt zwischen Tagesgeschäft und Projekt geraten,
- die Arbeitsleistung zusätzlich durch das Projekt beansprucht wird und dadurch Fehler auf einer der beiden Seiten entstehen,
- Konflikte zwischen Projektleitung und Linienvorgesetzten entstehen (Reibungsverluste).

#RISKHACKS

- Führen Sie den in Kap. 8 erläuterten NPP mit dem Projektmanagement zusammen. Beides sind keine Monolithen. Auf den NPP kann nur dann verzichtet werden, wenn die Änderung oder Neueinführung keine Konsequenzen hinsichtlich Compliance und Risikoprofil hat. Die in diesem Buch dargestellten Themenstellungen müssen – sofern zutreffend – strukturiert implementiert werden und in der Run-Phase zur Verfügung stehen.
- Sollte das Projektmanagement nachgelagert zum NPP erfolgen, stellen Sie eine entsprechende Begleitung durch die zweite Verteidigungslinie sicher.

10 Sonstige strafbare Handlungen

Finanzdienstleister, die zur Entgegennahme von Geldern und Vermögenswerten berechtigt sind, haben sehr viel von dem, was andere gern hätten: Geld. Dies macht sie unweigerlich zu einem begehrten Ziel für sonstige strafbare Handlungen. Der durchschnittliche und zumeist nicht erkannte Ertragsverlust durch Wirtschaftsstraftaten wird auf ca. 5% p.a.[1] geschätzt. Ähnlich sieht es mit den bekannt gewordenen strafbaren Handlungen aus. Zwar vereint Westeuropa »nur 7%« der bekannt gewordenen Vorfälle innerhalb der Region, jedoch ist die Anzahl steigend.[2] Der Bericht der ACFE beschränkt sich nicht auf Finanzdienstleister, gibt aber Aufschluss darüber, dass sich die Angriffspunkte nicht auf einzelne Branchen, Geschäftsbereiche oder Hierarchieebenen konzentrieren. Dies stellt eine Herausforderung an das Management von Überwachungsmaßnahmen und digitalen detektiven Lösungen dar. Der Begriff »sonstige strafbare Handlungen« und seine Definition wurde für die folgenden weiteren Erklärungen aus §25 h des deutschen Kreditwesengesetzes (KWG) übernommen (vorm. 25 c KWG). Der deutsche Gesetzgeber hat hier im Rahmen seines »All-Crime-Ansatzes« eine sehr sinnvolle und meist gar nicht oder nur unstrukturiert aufgearbeitete Lücke definiert und geschlossen sowie zur Vortat zur Geldwäsche erklärt.[3] Die Bundesanstalt für Finanzdienstleistungsaufsicht hat hilfreiche Auslegungs- und Anwendungshinweise[4] in Bezug auf den damaligen §25 c KWG veröffentlicht, deren Inhalte nachstehend teilweise übernommen oder ergänzt wurden.

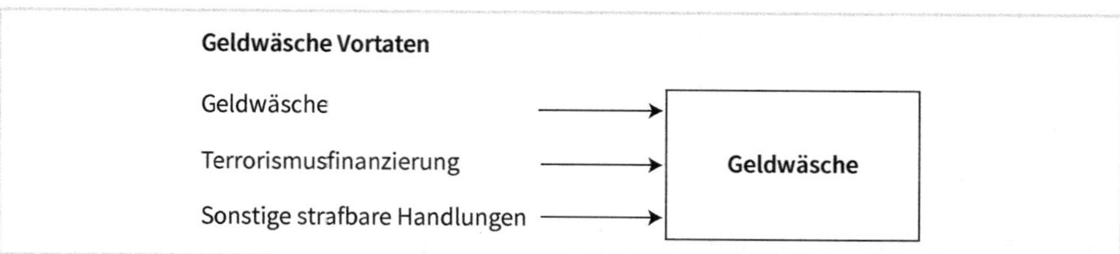

Abbildung 64: Geldwäschevortaten in All-Crime-Jurisdiktionen

Der Begriff ist vom Gesetzgeber bewusst nicht abschließend definiert, er umfasst:

- alle vorsätzlich begangenen strafbaren Handlungen im Inland oder in einem anderen Rechtskreis, in dem das Kreditinstitut durch Tochtergesellschaften, Filialen oder Niederlassungen vertreten ist oder in sonstiger Weise seine Dienstleistungen aktiv erbringt,
- strafbare Handlung »von außen« durch einen Dritten (Kunde, Nicht-Kunde),
- strafbare Handlung »von innen« durch mindestens eine interne Partei (Mitarbeiter oder Mitglieder der Organe des Instituts als Täter),

1 Vgl. ACFE Association of Certified Fraud Examiners (2016): Fraud examiners manual, international edition, Austin.
2 Vgl. ACFE Association of Certified Fraud Examiners (2020): Report to the Nations, 2020 Global Study on Occupational Fraud and Abuse, S. 4 ff.
3 § 25c Kreditwesengesetz (»sonstige strafbare Handlungen«) Stand: 01.06.2011 (aktuell § 25 h KWG).
4 Vgl. Auslegungs- und Anwendungshinweise zu § 25c KWG (»sonstige strafbare Handlungen«) Stand: 01.06.2011.

- u. a. Betrugs- und Untreuetatbestände, Diebstahl, Unterschlagung, Raub und räuberische Erpressung, sonstige Delikte des Wirtschaftsstrafrechts, die Allgemeininteressen in Wirtschaft und Verwaltung schützen (wie die Funktionsfähigkeit des bargeldlosen Zahlungsverkehrs oder den Schutz des Vertrauens der Allgemeinheit in den Kapitalmarkt), Korruption, Insolvenzstraftaten, Steuerstraftaten, sowie Begünstigung und Straftaten gegen den Wettbewerb, Ausspähen und Abfangen von Daten, Identitätsdiebstahl, etc.

Nicht umfasst von den sonstigen strafbaren Handlungen sind Geldwäsche, Terrorismusfinanzierung, Insiderhandel und Marktmanipulation. Diese Abgrenzung ist äußerst sinnvoll, da:

- sich die Thematik auf diese Weise sehr gut in das Framework eines typischen Finanzdienstleisters einpasst,
- andere Erfahrungen und Fähigkeiten benötigt werden,
- diesen Themenkomplexen prozessual abweichend begegnet werden muss,
- sonstige strafbare Handlungen alle Bereiche eines Finanzdienstleisters betreffen können.

»Institute müssen über ein angemessenes Risikomanagement sowie über Verfahren und Grundsätze verfügen, die der Verhinderung von Geldwäsche, Terrorismusfinanzierung oder sonstiger strafbarer Handlungen[5], die zu einer wesentlichen Gefährdung des Vermögens des Instituts führen können, dienen. Sie haben dafür angemessene geschäfts- und kundenbezogene Sicherungssysteme zu schaffen und zu aktualisieren sowie Kontrollen durchzuführen«[6]. Hier ist vorgelagert der Schutz der Kundenvermögen mit einzubeziehen, da die Bank eine Mitverantwortung für bestimmte kriminelle Bedrohungen trifft und ein mögliches Verfahrensversäumnis auch zu einer Entschädigung des Kunden und damit wiederum zu einer Gefährdung des Institutsvermögens führt.[7]

10.1 Motivationsfaktoren und Denkweisen

Nach Dr. Donald R. Cressey müssen die drei Faktoren Gelegenheit, Motivation und Rechtfertigung zusammen eintreten, damit eine strafbare Handlung begangen wird. Er entwickelte in den 1950er-Jahren das sogenannte Betrugsdreieck.[8] Anhand dieses Modells demonstrierte er, dass bei der Entstehung von Wirtschaftsdelikten diese Faktoren üblicherweise zusammentreffen. In der Literatur gibt es unterschiedliche Sichtweisen und Erklärungen hinsichtlich des Auftretens der drei Faktoren. Wichtig ist es, allen drei Motivationsfaktoren eines Wirt-

5 Das angemessene Risikomanagement und die dafür angemessenen geschäfts- und kundenbezogenen Sicherungssysteme müssen geschaffen werden. In den Fällen, in denen prüfungsseitig festgestellt wird, dass diese Systeme nicht oder nicht vollständig geschaffen wurden, wird die BaFin bis zum 31.03.2012 von aufsichtlichen Maßnahmen absehen (vgl. BGBl. 2011, S. 288 ff., 301 vom 08.03.2011 i. V. m. Gesetzesmaterialien des Finanzausschusses).

6 § 25c Abs. 1 Kreditwesengesetz (Deutschland).

7 Die Mitverantwortung muss nicht auf die Räumlichkeiten der Bank begrenzt sein (Urteil Oberster Gerichtshof in Österreich vom 23.06.2002, 6 Ob 77/05z),

8 https://criminologia.de/2009/11/donald-r-cressey-1919-1987/ (20.05.2022)

schaftsstraftäters bestmöglich entgegenzuwirken. Deshalb werden siein der nachfolgenden Abbildung 65 in die Bereiche »Aufbau- und Ablauforganisation« und die »Personenebene« unterteilt. Beiden Bereichen kann durch unterschiedliche Maßnahmenkonzepte begegnet werden.

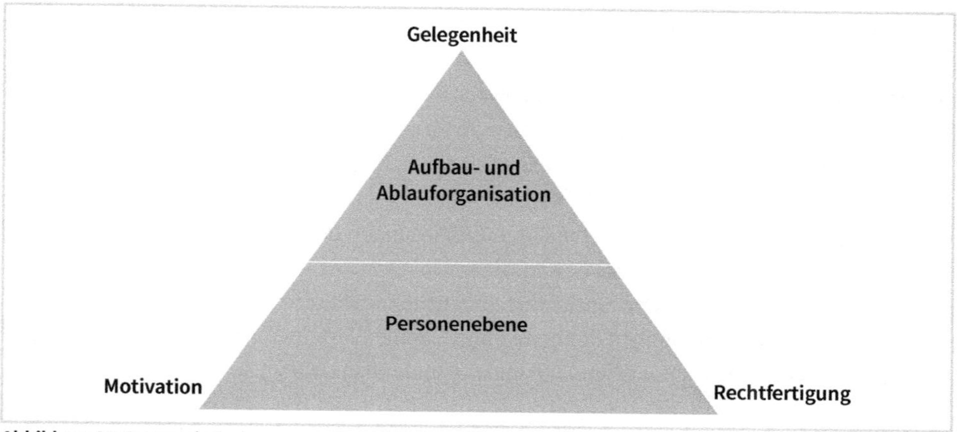

Abbildung 65: Betrugsdreieck mit organisatorischen und Personenebenen

10.1.1 Schwachstellen in der Aufbau- und Ablauforganisation

Die **Gelegenheit** tritt ein, wenn Lücken in der Aufbau- und Ablauforganisation vorhanden sind. Über die nachstehenden Themenstellungen hinaus finden sich weitere hilfreiche Hinweise im Kap. 6:

- organisatorische Intransparenz, unklare selbstverursachte Governance sowie Verantwortlich- und Zuständigkeiten (s. Kap. 2.7.6),
- Schwachstellen im Risikocontrolling (s. Kap. 4) und internen Kontrollsystem (s. Kap. 6.1),
- unzureichende Dokumentationen (s. Kap. 3.4.2),
- Offenlegung von Kontrollhandlungen der zweiten Verteidigungslinie (s. Kap. 3.4.1.1.3),
- Interessenkonflikte in der Führung oder zwischen MitarbeiterInnen (s. Kap. 2.7.6),
- unzureichende Schulungen (s. Kap. 3.4.2.5).

Unternehmen müssen sich in der heutigen Zeit stetig verändern. Externe Wirkfaktoren fordern Anpassungen der Strukturen, neue Produkte, Prozesse, Abteilungen, bieten aber durch den Veränderungsprozess auch potenzielle Gelegenheiten für sonstige strafbare Handlungen. Auf der anderen Seite entwickeln StraftäterInnen neue Ansätze zur Durchführung von Angriffen. Zudem verlagern sich deren Aktivitäten zunehmend von der physischen in die digitale Welt. Somit bestehende offene Flanken, die um weitere mögliche Angriffspunkte ergänzt werden. Insgesamt ist daher unklar, an welchen Stellen sich eine Gelegenheit ergibt. Zudem verändern sich Unternehmen durch externe und interne Einflüsse und bieten dadurch ggf. neue Angriffspunkte.

Wie bereits vorstehend erwähnt, können Gefährdungen innerhalb des Unternehmens entstehen oder von externen Parteien auf den Finanzdienstleister einwirken. Möglich ist es auch, dass sich ein/e MitarbeiterIn mit einer externen Partei zur Durchführung einer strafbaren Handlung zusammenschließt. Selten kommt es vor, dass sich mehrere MitarbeiterInnen innerhalb eines Unternehmens verbünden, da die Gefahr einer Identifikation über mehrere Abteilungen und Personen wahrscheinlicher wird – aber auch hier gibt es Ausnahmen.

Mögliche Maßnahmen, um prozessualen Schwachstellen zu begegnen, sind:

- Integration von Absicherungsmaßnahmen im Rahmen von Änderungen und Implementierungen, hierzu gehören das Projektmanagement (s. Kap. 9) und der »Neu-Produkt und wesentliche Änderungen«-Prozess (s. Kap. 8),
- präventive systematische Aufnahme von Gefährdungen und Angriffspunkten je Abteilung durch eine Gefährdungsanalyse (s. Kap. 10.4),
- Schulung der Führungskräfte hinsichtlich möglicher Indikatoren,
- Integration von Kontrollen auf der ersten und zweiten Verteidigungslinie (s. Kap. 3.4.1.1.3) und ggf. Digitalisierung der Überwachungsmaßnahmen (s. Kap. 13).

10.1.2 Personenebene

Rechtfertigung und **Motivation** basieren beide auf der Personenebene. Allgemein lässt sich in beiden Bereichen die Schwachstelle in der Personalauswahl (s. Kap. 2.8.1) nennen:

- fehlender oder unzureichender »Tone at the Top« (s. Kap. 2.6.2)
- keine Malus-Regelungen und Konsequenzen bei Fehlverhalten.

Im Hinblick auf die **Rechtfertigung** neutralisiert, verleugnet oder begründet die Person ihre Tat vor sich selbst. Der Täter ist dann bspw. unverschuldet in eine prekäre Lage gekommen und hätte das Geld sicher zurückgezahlt. Die Begründung kann auch dadurch erfolgen, dass sich die Person »nur das nimmt, was ihr zusteht«. Gegenüber Personen im Unternehmen und im privaten Umfeld erfolgt hinsichtlich der Tat außerdem eine Neutralisierung oder Verleugnung.

Die **Motivation** ergibt sich aus dem Hintergrund der Person selbst. Auslöser sind zumeist finanzielle oder tätigkeitsbezogene Faktoren der Einzelperson. Ein finanzieller Bedarf kann sich aus einer Notlage oder aus Prestigedenken ergeben. Auch anderweitiger interner und externer Druck kann hier angeführt werden.

In verschiedenen Quellen wird auch noch die **Fähigkeit** als weiteres Kriterium genannt. Sie würde zu einem Betrugsviereck führen und wäre ebenfalls der Personenebene zuzuordnen. Hierbei handelt es sich um die Eigenschaft der Person:

- seine Position im Unternehmen auszunutzen,
- Lücken im Kontrollsystem zu identifizieren (siehe vorstehender Abschnitt),
- andere Menschen zu manipulieren.

Durch folgende Komponenten wird die psychologische Hürde auf Personenebene zur Begehung einer strafbaren Handlung zumindest höhergelegt:

- »Zero-Tolerance« und Downside-Verdeutlichung (die Upside einer strafbaren Handlung ist im Regelfall geringer) im Rahmen der Unternehmenspolitik (s. Kap. 2.3),
- Vorhandensein von Fachabteilungen, die sich präventiv und detektiv mit dem Thema beschäftigen,
- eindrücklicher Name eines digitalen Projekts oder Systems zur Detektion von Abweichungen (z. B. Spider, Lion, Castle),
- keine Offenlegung von Funktionalitäten oder enthaltenen Kontrollen,
- keine internen Wechsel von MitarbeiterInnen aus der zweiten in die erste Verteidigungslinie,
- Durchführung von Managementkontrollen.

»Selbst bei der besten Abwehr bestehen weiterhin unzählige Gelegenheiten, die glücklicherweise nicht alle für dolose Zwecke missbraucht werden. Dass nur die wenigsten für wirtschaftskriminelle Handlungen wahrgenommen werden, ist auf die unternehmensinternen – mehr oder weniger bewusst – gesteuerte Vorbeugung zurückzuführen.«[9]

Natürlich wird sich nicht jeder Delinquent von diesen Gebärden beeindrucken lassen. Hier treten die spezialisierten Kontrollfunktionen auf den Plan und sollten die Schwachstellen »Gelegenheit« (siehe oben) auf Ebene der Aufbau- und Ablauforganisation identifizieren und schließen.

10.1.3 Sicht- und Denkweise eines Straftäters

»Die weit verbreitete Annahme, dass Wirtschaftskriminalität erst auftritt, wenn alle drei Faktoren des vorstehenden Dreiecks vorhanden sind, wurde im Rahmen von dokumentierten Täterbefragungen widerlegt.«[10] »Gemäß der Aussagen der rechtskräftig verurteilten Wirtschaftsstraftäter, sind weder Motivation noch die Rechtfertigung unbedingt erforderlich. So bleibt lediglich die Gelegenheit eine einzig zwingend erforderliche, aber meistens nicht ausreichende Voraussetzung zur Tatausübung.«[11]

Diese Erkenntnis ist eine wichtige Information für Finanzdienstleistungsunternehmen, stellt aber insb. komplexere, prozessintensive und international agierende Organisationen vor große Herausforderungen, die einmal mehr ein besonderes Gewicht auf die in Kap. 10.4 dargestellte Absicherung von Schwachstellen (s. Kap. 6.1) in der Aufbau- und Ablauforganisation legen müssen.

9 Vgl. Schuchter, A./Levi M. (2013): Compliance & Integrity: Strategien für konformes Verhalten in Unternehmen, in: Kuhn, A. et al. (Hrsg.): Kriminologie, Kriminalpolitik und Strafrecht aus internationaler Perspektive, Bern, S. 411–423.

10 Vgl. Schuchter, A. (2012): Perspektiven verurteilter Wirtschaftsstraftäter: Gründe ihrer Handlungen und Prävention im Unternehmen, Wiesbaden.

11 Vgl. Schuchter, A. (2018): Wirtschaftskriminalität und Prävention: Wie Führungskräfte Täterwissen einsetzen können, Wiesbaden, S. 28.

10.1.4 White-Collar-Crime-Profil

Der Begriff »White Collar Crime« wurde 1940 von dem US-amerikanischen Soziologen Edwin H. Sutherland geprägt. Er wies darauf hin, dass Straftaten nicht nur von Personen der Unterschicht begangen würden, sondern auch von Mittel- und Oberschichtangehörigen – also von Personen mit einem »weißen Kragen«. Jedenfalls in der Finanzdienstleistungsbranche wurde diese Theorie auch statistisch untermauert. Das typische Profil eines White Collar Criminals stellt sich wie folgt dar:

- männlich (Frauen machen ca. 15–18 % aus),[12]
- im mittleren bis oberen Management tätig,
- in ca. 90 % der Straftaten handelt es sich um eine interne Straftat,
- Alter: 36 bis 55 Jahre,
- zumeist vertraut mit internen Abläufen (längere Betriebszugehörigkeit),
- Einzeltäter,
- verfügt zumeist über »The Dark Triad«-Eigenschaften.

Die »The Dark Triad«-Eigenschaften sind:

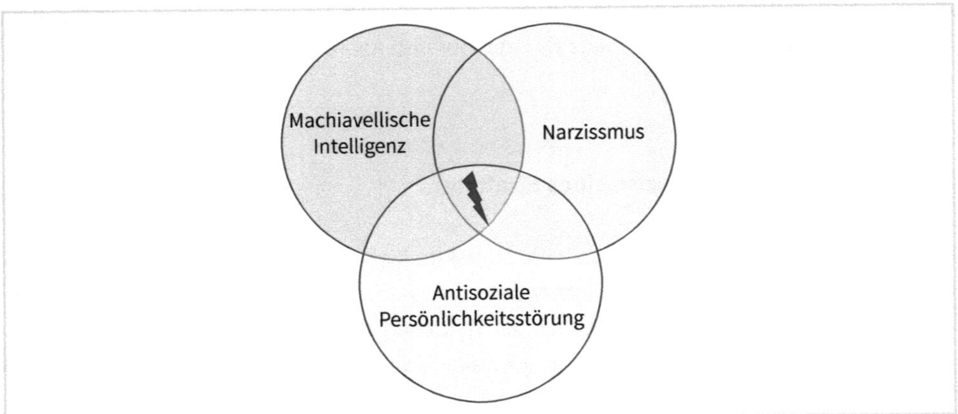

Abbildung 66: The Dark Triad[13]

- **Antisoziale Persönlichkeitsstörungen**
  Dazu gehören Gefühlskälte, Skrupellosigkeit, kein Lernen aus Bestrafung und die Tendenz, andere für die eigenen Vergehen verantwortlich zu machen.
  Sichtweise: »Ich habe nichts getan, was nicht auch in jeder anderen Bank stattfinden würde.«

12 Vgl. ACFE Association of Certified Fraud Examiners (2020): Report to the Nations, 2020 Global Study on Occupational Fraud and Abuse, S. 5.

13 Entwickelt von den kanadischen Psychologen Delroy L. Paulhus und Kevin M. Williams im Jahr 2002 The Dark Triad: The 3 Dark Personality Types, Explained | mindbodygreen (22.05.2022)

- **Narzissmus**
  Hierzu gehört u. a. ein Gefühl der Großartigkeit, Fantasien über unbegrenzten Erfolg, Macht, Schönheit, ein Gefühl der Einzigartigkeit, das Bedürfnis nach übermäßiger Bewunderung, ein ungerechtfertigtes Gefühl der Anspruchsrechte, häufige Gefühle von Neid oder der feste Glaube, von anderen beneidet zu werden, sowie arrogantes und anmaßendes Verhalten.
  Sichtweise: »Mit Geld kann man alles kaufen, sogar Freunde.«
- **Machiavellische Intelligenz**
  Bewertung von Herrschaftsbeziehungen und hierarchischer Macht in Gruppen, manipulative Fähigkeiten, Fähigkeit, den eigenen Willen durchzusetzen, Fähigkeit zur Koalitionsbildung, Fähigkeit, Kontrolle über andere auszuüben.
  Sichtweise: »Ich kann genau die Menschen um mich versammeln, die mich anbeten und mich über alle anderen heben.«

10.2 Umgang mit Vorfällen

Vorfälle von sonstigen strafbaren Handlungen sind in der Branche von Finanzdienstleistern leider als gewöhnlich zu bezeichnen. Dennoch treten bei derartigen Vorkommnissen auch bei Managern immer wieder Überforderungszustände auf und die Lage wird lediglich aus der aktuellen Situation heraus beurteilt – die Abarbeitung erfolgt nicht zukunftsgerichtet. Mögliche Konsequenzrisiken (s. Kap. 2.7.3) bleiben in einem solchen Stress- oder gar Angstmoment unbeachtet. Geradlinigkeit ist jederzeit vor, während und nach einer solchen Situation angezeigt. Sind die Werte des Unternehmens von vornherein nicht fest in den geschäftsstrategischen und -politischen Grundfesten (s. Kap. 2.2 und 2.3) des Unternehmens verankert, wird das Unternehmen angreif- und erpressbar. Um dieses zu vermeiden, gilt immer und zu jeder Zeit:

- Regulierungskonformität,
- Fair Play,
- Wahrheit und Klarheit,
- keine Lösungen im Graubereich, um Geschäftspartnern zu gefallen oder unangenehmen Situationen aus dem Weg zu gehen.[14]

Unabhängig davon, ob es um interne oder externe strafbare Handlungen geht, sind diese Offizialdelikte und deshalb mittels eines Strafantrags und abhängig von der Jurisdiktion den jeweils zuständigen Ermittlungsbehörden umgehend anzuzeigen. Je nach Aktenlage sind unverzüglich weitere Maßnahmen einzuleiten, die die Erpressbarkeit sowie regulatorische Angreifbarkeit des Unternehmens vermeiden und mögliche Befragungen von Staatsanwaltschaften, der Financial Intelligence Unit und Gerichten jederzeit mit souveränen Antworten versehen.

14 Sollte Leib und Leben bedroht sein, sind die exekutiven Ermittlungsbehörden unverzüglich zu informieren und ggf. auch arbeitgeberseitig weitere Maßnahmen einzuleiten (siehe folgende #RiskHacks).

#RISKHACKS

- Dokumentieren Sie jede im Zusammenhang stehende neue sowie relevante Information sowie jeden daraus abgeleiteten einzelnen Schritt, involvierte Parteien und relevante Schriftwechsel.
- Überlegen Sie sich die Art und den Umfang der Einbeziehung eines ebenfalls geldwäscheregulierten Geschäftspartners gründlich.[15] Ein umfassender Informationsaustausch kann zu Schwierigkeiten und Missverständnissen im Hinblick auf die Tätigkeiten der ermittelnden Behörden führen – insbesondere, wenn der Geschäftspartner doch nicht so sauber arbeitet oder gearbeitet hat (Involvierungsunklarheit, Dokumentations- und Abklärungspflichten).
- Halten Sie den internen Kreis der involvierten Personen so klein wie möglich, um auf keinen Fall ein »Tipping-off« zu riskieren.[16]
- Jegliches Handeln gegen Wahrheit, Klarheit oder im Graubereich führt in den meisten Fällen zum späteren Zeitpunkt zu Widersprüchen und zu einer Angreifbarkeit des Unternehmens und seiner Organe.
- Ist es erforderlich, involvierte Personen zu schützen, kann der Arbeitgeber zumindest in Deutschland die Sperrung der Privatanschrift per Brief gegenüber der Einwohnermeldestelle zur Verbesserung des Schutzes beantragen. In derartigen Fällen müssen Auskunftsersuchen immer an die Einwohnermeldestelle erfolgen, die wiederum Rücksprache mit den zu schützenden Personen halten und die nächsten Schritte abklären muss. Missbräuchliche Nutzung oder Fehlverhalten des/der Schutzbedürftigen haben strafrechtliche Konsequenzen.
- Zur Vermeidung von hohen finanziellen und reputationsschädlichen Risiken ist zu beachten, dass im Zusammenhang mit investigativen Maßnahmen stehende Datenerhebungen, -verarbeitungen und -sammlungen unter Beachtung des Datenschutzgesetzes (s. Kap. 15.4) erfolgen müssen. Das gilt auch für die Weitergabe von Daten innerhalb einer Unternehmensgruppe (Datenverarbeitungsvereinbarung) und an Dritte. Noch komplizierter wird es, wenn es zu grenzüberschreitende Investigationen geht. Deshalb ist es wichtig, gut ausgearbeitete konzernweit gültige Notfallpläne, Weisungen und Schulungen (s. Kap. 3.4.2) für derartige Fälle und den möglichen zugehörigen Datenübermittlungsbedarf vorzuhalten.

---

15 Richtlinie (EU) 2015/849 Art. 39.

16 Ein Geldwäscheverpflichteter darf den Vertragspartner, den Auftraggeber der Transaktion und sonstige Dritte hinsichtlich Geldwäscheverdachtsmitteilungen oder Ermittlungsstände nicht in Kenntnis setzen, da Verschleierungsgefahr besteht.

10.3 Wirkrichtungen auf das Unternehmen

Die Angriffe auf ein Unternehmen können durch externe und interne Beteiligte erfolgen, oder aus einer Kombination:

- externe, nicht mit dem Unternehmen verbundene Beteiligte,
- externe, mit dem Unternehmen verbundene Beteiligte,
- eine Kombination aus internen und externen Beteiligten,
- interne Einzelpersonen,
- interne miteinander verbundene Personen in horizontaler oder vertikaler Verrichtungsanordnung.

Abhängig von der Involvierungssituation müssen unterschiedliche Präventivmaßnamen zum Schutz des Unternehmens etabliert werden. Diese lassen sich in drei unterschiedliche Kategorien einteilen, wobei die Implementierung von Präventionsmaßnahmen komplexer wird, sobald MitarbeiterInnen involviert sind.

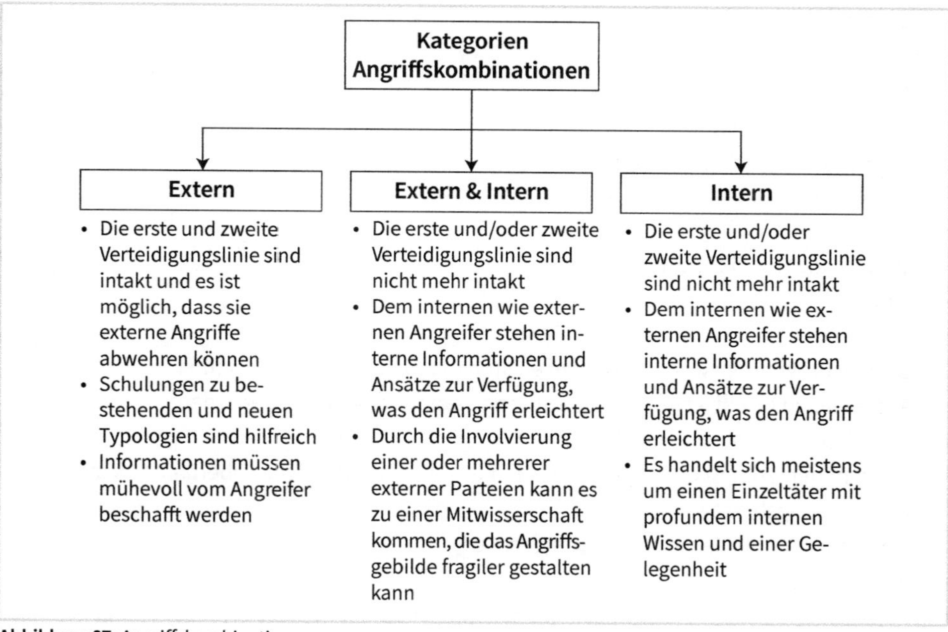

Abbildung 67: Angriffskombinationen

Sobald interne Parteien involviert sind (meistens ist es eine), ist die erste und/oder zweite Verteidigungslinie nicht mehr intakt und es liegen fundiertere Informationen über das interne Kontrollsystem und mehr mögliche Gelegenheiten vor, als es der Fall bei einem rein externen Angriff wäre. Die Kombination zwischen internen und externen Angreifern ist lediglich darin zu sehen, dass ein Gebilde aus mehreren Parteien fragiler wird und auch von anderer Seite aufgedeckt werden kann (andere Kontrollfunktionen, wenn Unternehmen beteiligt sind oder ein Mittäter alles für sich beansprucht oder sein Gewissen erleichtern möchte).

10.3.1 Externe strafbare Handlungen

Sind gem. § 324, Tabelle 3 CRR[17] definiert als:

- Verluste aufgrund von Handlungen mit betrügerischer Absicht,
- Veruntreuung von Eigentum sowie
- Umgehung von Rechtsvorschriften durch Dritte.

D. h., dass jeglicher Akt, der jemandem einen rechtswidrigen Vermögensvorteil verschafft, als Teil der sonstigen strafbaren Handlungen anzusehen ist.

Externe sonstige strafbare Handlungen können u. a. vorbereitet oder durchgeführt durch:

- Identitätsdiebstahl und -missbrauch (Social Engineering),
- Cybercrime,
- Vorschussbetrug,
- Zahlungsverkehrsbetrug,
- Hypothekenbetrug,
- Greenwashing (s. Kap. 15.3.3.1.4),
- Kapitalanlagebetrug,
- Urheberrechtsbetrug,
- Steuer- oder Beihilfedelikte,
- Raub.

Zur Betrugspräventionswahrscheinlichkeit stehen u. a. folgende Maßnahmen zur Verfügung:

- Austausch mit Fachverbänden, spezifischen Datenbanken und Behörden,
- Versicherungen (s. Kap. 4.4.2),
- Maßnahmen zum Schutz vor Identitätsdiebstahl/-missbrauch, Cybercrime, Scheck- und Überweisungsbetrug,
- Einsatz von Kontrollsoftware und -systemen,
- Datensicherheit,
- Hinsichtlich der kundenspezifischen Sicherungsmaßnahmen, z. B.:
  - EDV-Maßnahmen (z. B. Abgleich von Kundennamen mit Warndateien),
  - Berücksichtigung von Länderrisiken in Bezug auf den Sitz bzw. Wohnsitz des Kunden,
  - Durchführung von Schufa-Anfragen o. ä.,

17 Verordnung (EU) Nr. 575/2013 des Europäischen Parlaments und des Rates vom 26.06.2013 über Aufsichtsanforderungen an Kreditinstitute und Wertpapierfirmen und zur Änderung der Verordnung (EU) Nr. 646/2012 Text von Bedeutung für den EWR »Capital Requirements Regulation«.

- Information von Kunden über Maßnahmen zur Verhinderung von strafbaren Handlungen (Schutzmaßnahmen, die die Kunden selbst ergreifen können, um Schäden zu verhindern),
- Klassifizierung von Kunden in spezifische Risikogruppen,
- »Know Your Customer«/Kundenannahmeprozess,
- Monitoring von Geschäftsbeziehungen/Transaktionen,

- Geschäftsbezogene Sicherungsmaßnahmen: Diese sind abhängig von dem Risiko des jeweiligen Geschäftsbereichs, für sonstige strafbare Handlungen missbraucht zu werden, auszugestalten und können, soweit nach Arbeits- oder Datenschutzrecht zulässig,
- Statistische Überprüfungen.

Eine dritte Partei, die mit den Sicherheitsvorkehrungen eines Finanzdienstleisters nicht vertraut ist, muss diese erste eruieren. Parteien, die bereits im Kontakt mit dem Finanzdienstleister stehen, erhalten einen ersten Einblick bspw. im Rahmen der Aufnahme einer Geschäftsbeziehung. In beiden Fällen wird die Einsichtnahme zumeist durch Social Engineering (siehe nachstehende Ausführungen) erweitert.

10.3.2 Interne strafbare Handlungen

- Sobald eine interne Person beteiligt ist, wird die Angelegenheit problematischer, da die erste Verteidigungslinie (s. Kap. 3.4.1.1.3) brüchig oder bereits ausgefallen ist und nicht mehr zum Unternehmensschutz beiträgt. Es bestehen Detailkenntnisse über interne Strukturen, Prozesse und Sicherheitsvorkehrungen.

Dadurch können bereits implementierte Präventivmaßnahmen unterlaufen werden. In derartigen Fällen sind die Kontrollhandlungen der zweiten Verteidigungslinie (s. Kap. 3.4.1.1.3) besonders wichtig und sollten niemals innerbetrieblich offengelegt werden. Im Regelfall wird eine interne Person aktiv, da die Involvierung mehrerer interner Beteiligter das Vorhaben fragiler und fehleranfälliger werden lässt. Handelt es sich um zwei interne Beteiligte, stehen sie zumeist in enger Verbindung zueinander und können die Prozesse des Finanzdienstleisters gemeinsam zu ihren Gunsten beeinflussen (z. B. Ein- und Freigabe von Zahlungsströmen, erhöhte Bonuszuteilung, Beauftragung von Geschäftspartnern zum Nachteil des Unternehmens). Bei internen involvierten Personen gilt es zu beachten, dass der oder die Täter nicht immer einen offensichtlichen eigenen Vorteil erlangen müssen. Es kann bspw. auch um die Einschleusung, Entgegennahme oder den Transfer von Geldern gehen. Die Incentivierung für geleistete Dienste erfolgt dann außerhalb des Wirkungskreises des Finanzdienstleisters (Bargeld, Sachzuwendungen) und ist in solchen Fällen weder transparent noch nachvollziehbar. Auch Leistungen für die »Familie« sind denkbar. In derartigen Fällen müssen noch nicht einmal Gegenleistungen fließen.

Strafbare Handlungen sind gem. §324, Tabelle 3 CRR[18] definiert als:

- Verluste aufgrund von Handlungen mit betrügerischer Absicht,
- Veruntreuung von Eigentum,
- Umgehung von Verwaltungs-, Rechts- und internen Vorschriften, wenn mindestens eine interne Partei beteiligt ist (mit Ausnahme von Verlusten aufgrund von Diskriminierung oder sozialer und kultureller Verschiedenheit).

D. h., dass jeglicher Akt, an dem mindestens eine interne Partei (MitarbeiterIn) beteiligt ist, als interne sonstige strafbare Handlung anzusehen ist. Hierzu zählen u. a.:

- Korruption,
- Manipulation von Geschäftsberichten,
- Veruntreuung von Vermögenswerten,
- Missbrauch/Treuebruch,
- Unterschlagung,
- Passwortsicherheit sowie sachgerechte Telefon-, Internet- und E-Mail-Nutzung,
- Verletzung des Bankgeheimnisses, des Datenschutzes und der Informationssicherheit,
- Absprachen mit Dritten (Kollusion).

Interne sonstige strafbare Handlungen werden u. a. verschleiert durch:

- Erstellen von gefälschten physischen Dokumenten (ca. 40%),
- Verändern von physischen Dokumenten (ca. 36%),
- Verändern von elektronischen Dokumenten (ca. 27%),
- Erstellen von gefälschten elektronischen Dokumenten (ca. 26%).

In ca. 12% der Fälle unternimmt der/die TäterIn keine Maßnahmen zur Verschleierung der strafbaren Handlungen.

Zur Betrugspräventionswahrscheinlichkeit stehen u. a. folgende Maßnahmen zur Verfügung:

- Zuverlässigkeitsprüfungen (bei Einstellung, ggf. auch anlassbezogen) von MitarbeiterInnen im Rahmen der Einstellung, die mit der Durchführung von Geschäften oder Transaktionen befasst sind, diese kontrollieren oder auf ihre Durchführung Einfluss nehmen können,
- »Know your Employee«-Maßnahmen, z. B. Erkennen von auffälligen Zuverlässigkeitsprüfungen (bei Einstellung, ggf. auch anlassbezogen) von MitarbeiterInnen, die mit der Durchführung von Geschäften oder Transaktionen befasst sind, diese kontrollieren oder auf ihre Durchführung Einfluss nehmen können,
- Register, die die interne Verbindung von MitarbeiterInnen registrierten und ihren interessenkonfliktfreien Einsatz sicherstellen,

18 Verordnung (EU) Nr. 575/2013 des Europäischen Parlaments und des Rates vom 26.06.2013 über Aufsichtsanforderungen an Kreditinstitute und Wertpapierfirmen und zur Änderung der Verordnung (EU) Nr. 646/2012 Text von Bedeutung für den EWR »Capital Requirements Regulation«.

- integritätsfördernde Unternehmenskultur (»Corporate Integrity«) und »gelebte« Ethik- und Verhaltens-Codices (z. B. »Code of Conduct«),
- Richtlinien für Geschenke, Einladungen, etc.,
- Schulungen von MitarbeiternInnen (s. Kap. 3.4.2.5), Kunden und Geschäftspartnern,
- Veränderungen im Umfeld und im Verhalten von MitarbeiterInnen, die Auswirkungen auf ihre Zuverlässigkeit haben können,
- Implementierung eines abgesicherten Ausstellungsverfahrens,
- regelmäßige Aktualisierung der verbindlichen Aufgabenbeschreibung,
- Überprüfung der Systemzugriffe, Berechtigungen und Handlungsspielräume,
- Vier-Augen-Prinzipien,
- strikte Abwesenheitsplanung (Block Leave) von mindestens 14 Tagen ohne Zugriff auf betriebliche Geräte, Netzwerk oder betriebliche Kontaktdaten,
- Prüfen von Originalrechnungen,
- unabhängige und vertrauenswürdige Whistleblowing-Hotline,
- Clear Desk Policy,
- Vermeidung von Personalwechseln aus der zweiten in die erste Verteidigungslinie, aufgrund vorhandener Kenntnisse über die Risikopräventionsmaßnahmen,
- Need-to-know-Prinzipien und Informationsbarrieren,
- Mitarbeiterrotation,
- Versicherungen (Vertrauensschadenhaftpflicht),
- Unbekannte Kontrollaktivitäten und Datenanalysen der zweiten Verteidigungslinie sowie Überprüfung von Red Flags.

Mögliche Red Flags – aber nicht abschließend – sind:

- ausschweifender und nicht zur Position passender Lebensstil,
- Stress ohne übermäßige Belastung am Arbeitsplatz,
- Überstunden (ohne Anwesenheit von KollegInnen) sowie Urlaubsverzicht und ständige Erreichbarkeit,
- teure Hobbys, außereheliche zusätzliche Beziehungen und hoher Geldbedarf,
- ängstliche Reaktionen im Fall von Routinefragen,
- hohe Personalfluktuation,
- keine oder mindere Anzeichen für Compliance- und Risiko-Konformität,
- Einschüchterung der MitarbeiterInnen.

10.4 Gefährdungsanalyse

Die Forderung des deutschen Gesetzgebers, eine Gefährdungsanalyse zur Verhinderung sonstiger strafbarer Handlungen zu erstellen, kann allgemein empfohlen werden. Hierbei geht es als Bestandteil des Risikomanagements um die strukturierte präventive Aufarbeitung möglicher Gefährdungen auf Basis eines risikobasierten Ansatzes. Die Analyse der tatsächlichen Risikosituation stellt die Grundlage für die Erstellung und Aktualisierung von internen Grundsätzen und angemessenen geschäfts- und kundenbezogenen Sicherungssystemen sowie die Durchführung von Kontrollen dar. Hierbei ist es erforderlich, nicht nur präventive Maßnahmen zu erarbeiten, sondern auch Kenntnisse und Erfahrungen zu berücksichtigen. Die Gefährdungsanalyse umfasst die Erhebung folgender Risiken, die für sonstige strafbare Handlungen relevant sein können:

- Geschäfts-, Bereichs- oder Teamspezifika,
- Verrichtungstypologien,
- Produkte,
- Transaktionen,
- Länder,
- Kunden und andere risikoträchtige Geschäftspartner,
- Vertriebswege,
- sonstige Risiken.

Die Entwicklung der Analyse umfasst u. a. die:

- vollständige Bestandsaufnahme der institutsspezifischen Situation (Geschäft, Geschäftsbereiche, Produkte, Zielgruppen),
- Erfassung und Identifizierung der abstrakten oben genannten Risiken,
- Bewertung/Beurteilung der identifizierten Risiken,
- Entwicklung geeigneter Maßnahmen zur Risikoprävention/-reduktion,
- regelmäßige Aktualisierung des Risikoprofils sowie die Überprüfung und Weiterentwicklung der getroffenen Präventionsmaßnahmen.

Die institutsinterne Gefährdungsanalyse muss für Dritte, insbesondere für die interne und externe Revision, nachvollziehbar schriftlich fixiert werden.

Die Kategorisierung bzw. Gewichtung der identifizierten Risiken soll sich einerseits an der Wahrscheinlichkeit der Vermögensgefährdung durch eine strafbare Handlung und andererseits am Risiko, dass die Vermögensgefährdung in einen Schaden beim Institut umschlägt, sowie der Höhe dieses Schadens im untersuchten Geschäftsbereich orientieren.

Neben dem Erfahrungswissen der eigenen MitarbeiterInnen (s. Kap. 4.6) des Instituts können beispielsweise auch öffentlich verfügbare Informationen über strafbare Handlungen im Finanzsektor, Typologienpapiere, Berichte der Strafverfolgungsbehörden und anderer nationaler und internationaler Stellen einbezogen werden. Empfehlenswert ist hier auch der Report to the Nations der ACFE.[19] Eine weitere wertvolle Hilfe für eine Bewertung stellen zudem die in vielen Instituten vorhandenen Schadensfalldatenbanken oder die Analyse von Schadenfällen der Mitbewerber dar (s. Kap. 5).

19 ACFE Association of Certified Fraud Examiners – Global Study on occupational Fraud and Abuse.

Basierend auf den Risikobeurteilungen und -bewertungen ist ein angemessenes Risikomanagement gem. den Ausführungen in Kap. 4 umzusetzen. Zu den allgemeinen Sicherungsmaßnahmen gegen sonstige strafbare Handlungen zählen ergänzend zu den vorstehenden Maßnahmen insb. folgende risikobasiert auszuführende Maßnahmen:

- klare Berichtspflichten,
- klare Regelung der Verantwortlichkeiten und Genehmigungsbefugnisse im Rahmen der Aufbau- und Ablauforganisation,
- Einbindung der für die Verhinderung strafbarer Handlungen zuständigen zentralen Stelle in die Organisation der relevanten Geschäftsprozesse,
- konsequente Untersuchung aufgedeckter strafbarer Handlungen. Abhängig von der Größe und Organisationsstruktur des Instituts kann die Schaffung eines internen oder externen niedrigschwelligen Informationsweges, der die Anonymität von MitarbeiterInnen sicherstellt (z. B. Hinweisgebersystem bzw. »Whistleblowing«), bei der Aufdeckung strafbarer Handlungen hilfreich sein,
- Strukturierte Abläufe und Ad-hoc-Maßnahmen zum Umgang mit aufgedeckten strafbaren Handlungen,
- Einbindung der Internen Revision bei der Untersuchung und Aufarbeitung strafbarer Handlungen,
- die Durchführung interner Prüfungen (inkl. keiner Duldung von Ausnahmen durch »Management-Override«),
- Informationen zum Gefährdungspotenzial.

Die allgemeinen Sicherungsmaßnahmen zur Verhinderung von strafbaren Handlungen sollten auch gruppenweit im In- und Ausland implementiert werden. Die genannten Institute und Unternehmen als übergeordnete Unternehmen sollten in Bezug auf ihre nachgeordneten Unternehmen, Zweigstellen und Zweigniederlassungen u. a. gruppenweite interne Sicherungsmaßnahmen zur Verhinderung von strafbaren Handlungen schaffen.

Zu den gruppenweiten internen Sicherungsmaßnahmen zählen insoweit insbesondere die Erstellung einer gruppenweiten Analyse zur Gefährdung in Bezug auf sonstige strafbare Handlungen, die Schaffung von Verfahren und Leitlinien sowie konkrete Sicherungsmaßnahmen in Bezug auf MitarbeiterInnen, Geschäftspartner, Kunden und Geschäftsbereiche.

#RISKHACKS

- Definieren Sie für Notfälle eindeutige Prozesse, Verfahrensweisen und zu involvierende Personen, um unverzüglich reaktionsfähig zu sein, notwendige Daten zu sichern und auszuwerten.
- Hinsichtlich des Arbeitsrechts sind bei einem Verdacht im Hinblick auf interne Beteiligung an dem Vorfall je nach Jurisdiktion arbeitsrechtliche Anforderungen zu beachten. Die wichtigsten »Dos & Don'ts« sollten in das vorstehend beschriebene Notfallkonzept einbezogen werden.

- Planen Sie auch für mögliche Hausdurchsuchungen als Konsequenz aus strafbaren Handlungen.
- Involvierte interne Personen sind sofort und unter Beachtung des vorherigen Hinweises vom Arbeitsplatz zum Schutz der betreffenden Personen, des Unternehmens und möglicherweise weiterer Beteiligter zu entfernen. Hinsichtlich der Vorgesetzten der betreffenden Personen ist unverzüglich zu klären, ob eine (i) Involvierung, (ii) ein Schock oder (iii) eine andere möglicherweise nicht sachdienliche Reaktion vorliegt. Im Fall (i) ist zunächst ebenfalls aus Schutzgründen eine (vorübergehende) Suspendierung ratsam, bis die Sachlage klar ist. In den anderen beiden Fällen ist Unterstützung gefordert, da sich Lähmungen und Selbstvorwürfe eher kontraproduktiv auf den Geschäftsbetrieb und Abklärungen auswirken können. In jedem Fall sollte der Vorgesetzte – soweit möglich – nicht in die Abklärungen involviert werden – auch zu seinem eigenen Schutz.

10.4.1 Typologien und Beispiele

Ich habe im Rahmen meiner investigativen Tätigkeiten viel erleben dürfen und müssen. Hier möchte ich gern ein paar Beispiele aus der Praxis darstellen, die den Bedarf einer Abwehr von internen und extern motivierten sonstigen strafbaren Handlungen verdeutlichen. Die Vergangenheit hat auch gezeigt, dass sich nicht alle Typologien von kriminellen Machenschaften durch ein resilientes Kontrollframework (s. Kap. 6.1) abhalten lassen.

Beispiel

Aufgrund eines anonymen Whistleblower-Schreibens reiste ich in den mittleren Teil Deutschlands. Bei einer verspäteten Mittagspause lernte ich den Restaurantinhaber kennen. Wir kamen ins Gespräch und er fragte mich nach meinem Beruf und wir kamen schließlich zum Thema Geldwäsche. Ich fragte ihn, wie es mit der Mafia in dieser Region aussehen würde. Er berichtete mir, dass er zum Glück nicht betroffen sei, aber ein guter Freund von ihm. Mit diesem Freund hatte ich schließlich ein Treffen in einer Hotellobby und dieser berichtete mir, dass die Mafia bei ihm viel Einfluss ausübe. Anders als in den mir bekannten Filmen besäße sie Lebensmittelhandelsunternehmen und ihm würde »empfohlen«, dort einzukaufen. Natürlich sind die Lebensmittel teuer, da die Schutzgebühr enthalten ist. Es würde nur noch geprüft werden, ob die Flaschen und Lebensmittel in seinem Restaurant mit den entsprechenden Etiketten versehen sind. Die Repressalien seien aber die aus dem Fernsehen bekannten. Ähnliche Modelle gäbe es mit Sicherheitsdiensten. Ich wunderte mich zwar, dass er mir diese Informationen anvertraute, mir wurde aber auch klar, dass nach außen ein legales Handelsgeschäft zustande kommt und regelmäßig überwiesenes Geld gegen Ware bzw. Dienstleistungen getauscht wird. Durch die bargeldlose Zahlung brauchen die Beträge nicht einmal mehr in den bargeldlosen Zahlungsverkehr – sog. Layering –

eingeschleust zu werden. Eine Situation, die durch eine Financial Intelligence Unit, die Kriminalpolizei und für jeden Geldwäschebeauftragten ohne nachweisliche Anhaltspunkte nicht zu ermitteln ist.
Es ist zu erkennen, dass sich auch Kriminelle immer neue und intelligentere Ansätze einfallen lassen.

10.4.1.1 Externe Angreifer

Immer wieder versuchen Individuen sich extern in die Tätigkeiten eines Finanzdienstleistungsunternehmens zu inkriminieren, um wertvolle Informationen und Gelder zu erlangen. Um diese Vorhaben vorzubereiten, erfolgen durch die externen Angreifer zunächst ein Social Engineering sowie Identitätsdiebstähle.

10.4.1.1.1 Social Engineering und Identitätsdiebstahl

Die Vorgehensweise erfolgt in vier Phasen und kann Mitarbeitende eines Finanzdienstleisters im Hinblick auf ihren Arbeitgeber genauso betreffen, wie die Kunden eines Finanzdienstleisters. Bevor aber ein paar Beispiele behandelt werden, soll ein kurzer Blick auf die Systematisierung der allgemeinen Vorgehensweise der kriminellen Subjekte (Abbildung 68) geworfen werden.

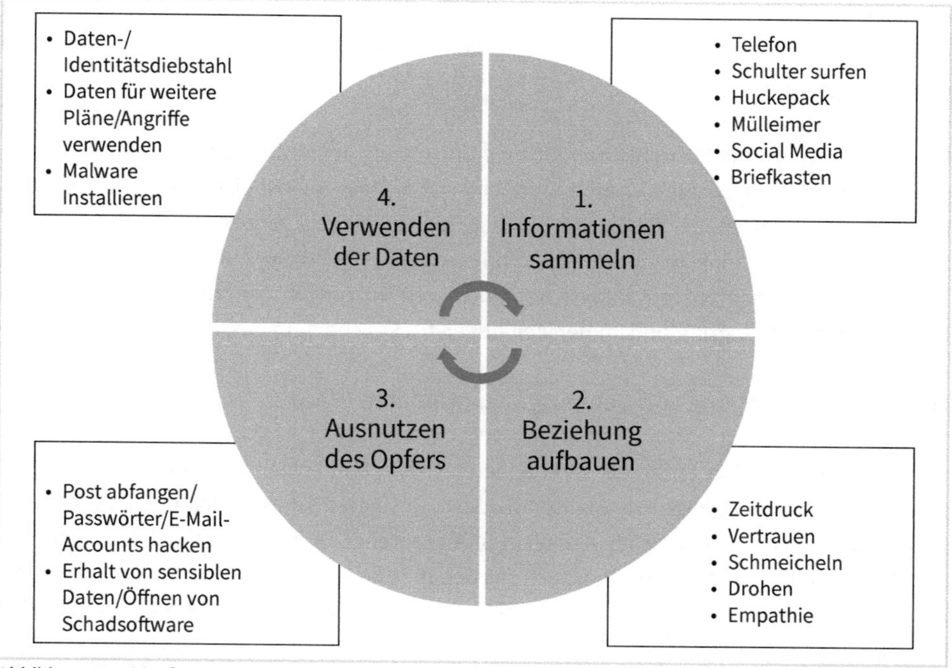

Abbildung 68: Ablauf Social Engineering

In der ersten Phase geht es meistens um das Sammeln von Informationen. Hierbei kann es sich um das Ausspähen ganzer Unternehmensstrukturen und -hierarchien bzw. solventer Privatkunden und Unternehmen handeln. Das Mithören von Telefonaten, Mitlesen von Unterlagen, Durchsuchen von Mülleimern, Abzweigen von Bank-Post oder die Untersuchung ausführlich beschriebener multimedialer und allgemein zugänglicher Profile sind hier äußerst sachdienlich.

Hat sich der Inkriminierte genügend Einblick und Daten verschafft, beginnt die zweite Phase. Hier gibt es unterschiedliche Spielrichtungen. Im Hinblick auf MitarbeiterInnen von Unternehmen werden zumeist Personen angerufen, die in der Hierarchie weiter unten angesiedelt sind. Der Anrufer gibt sich als Manager in einer Gruppen- oder Unternehmensstruktur aus und versucht, die Person durch Druck, Empathie oder auch Belohnung (z. B. Äußerungen ggü. dem Vorgesetzten oder Beförderung) zur Herausgabe weiterer Informationen oder zu Handlungen zu bewegen, die dem Unternehmen im nächsten Schritt bereits beträchtlichen Schaden zufügen können. »Guten Tag Frau/Herr X, mein Name ist Herr Y, ich befinde mich gerade am Flughafen und das Boarding beginnt gerade. Ich benötige dringend ...«. Schaut der/die MitarbeiterIn im internen Telefonbuch nach, wird er/die den Namen und die Funktion von Herrn Y dort übereinstimmend vorfinden. Bei Kunden verhält es sich ähnlich. Ein vermeintlicher Berater der Bank, einer Aufsichtsbehörde oder der Kriminalpolizei ruft bei den Kunden an, um mit erschlichenen internen Informationen und der Vortäuschung einer Sachverhaltsvertrautheit in einem dritten Schritt weitere noch detailliertere Informationen zu erlangen. Möglich ist es auch, dass Post weiterhin gezielt abgefangen wird, bis sich aus den Unterlagen ein Ansatzpunkt ergibt. In beiden Fällen könnte es auch sein, dass auf Basis eines entstandenen Vertrauens Daten zugesandt werden, die Schadsoftware auf den Rechnern des Finanzdienstleisters oder des Kunden installieren (s. Kap. 15.2).

Die vierte Phase beinhaltet schlussendlich die Umsetzung der strafbaren Handlung. Die inkriminierten Individuen setzen die Informationen ein, um Finanzdienstleister oder seine Kunden finanziell zu schädigen. Sie geben sich als Gegenpartei aus und verwenden die Daten. Behebungen von Konten, einklinken in E-Mail-Schriftwechsel, schriftliche Auftragserteilungen, hinterlegen von neuen falschen Kontaktdaten und deren Nutzung bis zu Erpressungsversuchen. Die Typologien der Angriffe sind immer vielfältiger, trickreicher und besser vorbereitet.

10.4.1.1.2 Sprengung von Geldausgabeautomaten (GAA)

Während dieses Buch entstanden ist, ereigneten sich in Deutschland und der Schweiz einige Sprengungen von GAA durch kriminelle Individuen. Bei diesen Angriffen kommen Gas oder sogar Festsprengstoffe zum Einsatz. Wenn ein GAA gesprengt wird, entsteht meistens nicht nur ein Schaden am Automaten, sondern auch das Gebäude kann maßgeblichen Schaden nehmen. Im schlimmsten Fall können sogar Gesundheit und Leben unbeteiligter Personen betroffen sein. Hierbei handelt es sich um Situationen, in denen eine Versicherung nur bedingt oder gar nichts ausrichten kann. Hinzu kommt die Pressebekanntheit eines solchen Vorfalls.

10.4.1.1.3 Bewerberbetrug

Es wird allgemein davon ausgegangen, dass 80 % der Bewerbungsunterlagen einfache Fehler enthalten, Kompetenzen vortäuschen oder auch wesentliche Informationen verbergen. Gerade im Finanzdienstleistungsgeschäft können fehlende »Fit & Proper«-Eigenschaften, vorauszusetzende und erforderliche Ausbildungen sowie eine problematische Vergangenheit einer Kandidatin oder eines Kandidaten verheerende Reputationsschäden verursachen. Aber auch das Vertrauen in Organisationen kann verloren gehen und weitere Risiken der zweiten und dritten Ordnung verursachen (s. Kap. 2.7.3). Sog. Vetting-Agenturen[20] erleben eine Hochkonjunktur oder Personalabteilungen werden mit Compliance-Aufgaben beauftragt. Aber auch die Agenturen sollten mit einem hohen Qualitätsbewusstsein ausgewählt werden.

10.4.1.2 Kombinationen von internen und externen Angreifern

Wenn sich ein/e MitarbeiterIn und eine externe Partei einig sind, wird die Angelegenheit bereits wesentlich anspruchsvoller und stellt weitläufigere Anforderungen an ein internes Kontrollsystem (s. Kap. 6.1). Nachstehend ein paar Beispiele aus der Realität.

10.4.1.2.1 Einbeziehung MaklerIn im Immobiliengeschäft

Es besteht die Möglichkeit, dass eine Bank oder ein Asset Manager für ihre Kunden bzw. Investmentvermögen, Immobilien am Markt direkt vom Verkäufer erwirbt (s. Abbildung 69).

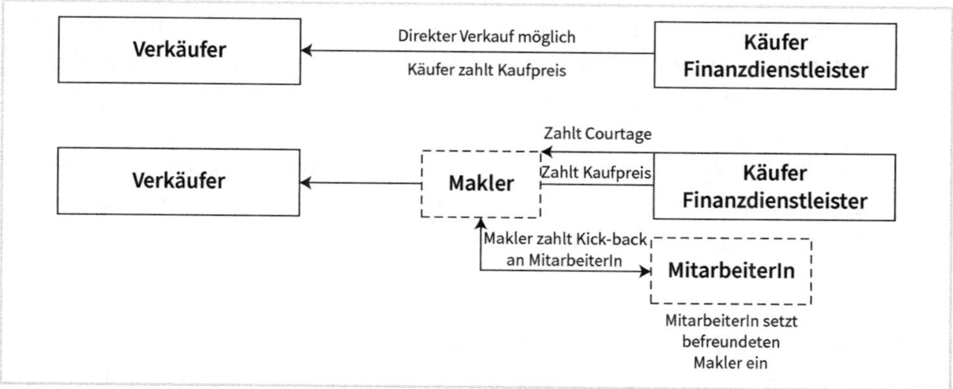

Abbildung 69: Zwischenschaltung von Maklern durch MitarbeiterIn

20 Agenturen, die sich auf die Überprüfung von BewerberInnen spezialisiert haben und die Vergangenheit hinsichtlich Makel überprüfen. Es gilt der Misstrauensgrundsatz.

Beispiel
Der im jeweiligen Finanzdienstleistungsunternehmen verantwortliche Mitarbeiter für Immobilientransaktionen – nennen wir ihn Transaktionsmanager – hat als einzige Person Einblick in die Angebotsart, nämlich den direkten Verkauf vom Verkäufer an das eigene Unternehmen oder den Kunden/die Kundin. Jetzt schaltet der Transaktionsmanager eine Freundin zwischen die Transaktionspartner, die über ein Maklerunternehmen verfügt und behauptet, dass die Transaktion über die Maklerin herangetragen wurde. Die Transaktion kommt zustande und die Maklerin erhält eine Courtage/Vermittlungsprovision. Die Maklerin revanchiert sich beim Transaktionsmanager für die Zwischenschaltung mit einer Kick-back-Zahlung. Geschädigt werden Unternehmen und/oder KundInnen durch die zusätzliche Zahlung der Vermittlungsprovision/Courtage.[21]

10.4.1.2.2 Vergabe von Aufträgen an Unternehmen/Personen

Die meisten Unternehmen bedienen sich externer Dienstleister und Lieferanten (s. bspw. Kap. 12).

Beispiel
Im Prinzip läuft diese Vorgehensweise ähnlich wie im vorstehend genannten Fall ab, nur dass ein/e MitarbeiterIn die Auftragsvergabe massiv beeinflusst und die Aufträge an »befreundete« Unternehmen vergibt. Diese wiederum revanchieren sich bei dem/der MitarbeiterIn ebenfalls mit einer Kick-back-Zahlung auf das Konto des Mitarbeiters/der Mitarbeiterin. Werden die Auftragsvergaben empfehlenswerterweise ausgeschrieben, sorgt die interne Person dafür, dass die »befreundete« externe Partei die Konditionen des besten eingegangenen Angebots erhält. Diese kann ihr eigenes Angebot verbessern (z. B. Zusatzleistungen und günstigerer Preis). Natürlich wird insbesondere das Angebot des »befreundeten« Unternehmens intern massiv promotet, damit die Chancen einer Auftragsvergabe an dieses Unternehmen sichergestellt sind oder zumindest signifikant verbessert werden.

Die Einflussmöglichkeit hängt auch hier maßgeblich von der Überwachung des Prozesses und der Entscheidungsgewalt des Mitarbeiters/der Mitarbeiterin ab. Auch die spätere Abrechnung des Auftrags lässt Möglichkeiten für Manipulationen und intransparentes Vorgehen (z. B. Mehrkosten im Vergleich zum Angebot, doppelte Rechnungsstellungen für denselben Teilauftrag) offen.

21 Gerade im institutionellen Bereich oder bei größeren Objekten kann eine Vermittlungsprovision siebenstellige Zusatzausgaben verursachen.

10.4.1.2.3 High-Touch-Handel zuungunsten des eigenen Unternehmens oder Kunden

Wie bei allen Präventionsmaßnahmen ist es schwierig, ein angemessenes Maß zwischen Risiko und Aufwand zu adjustieren. Durch die MiFID II wurde Manipulierbarkeit von Wertpapierkursen erschwert. Das Low-Touch-Geschäft wird zudem über Systeme zu Marktpreisen abgewickelt (Bankable Assets). Im High-Touch-Handel von Wertpapieren hingegen erfolgt die Abwicklung noch telefonisch und die abgesprochenen Konditionen werden unabhängig von beiden Seiten in den jeweiligen Systemen erfasst. Dies kann bspw. auch illiquide Wertpapiere oder strukturierte Produkte betreffen. Um sicherzustellen, dass der Finanzdienstleister einen angemessenen Kurs (Kauf/Verkauf) erhält, werden im Regelfall Marktgerechtigkeitsprüfungen durchgeführt. In der nachstehenden Abbildung 70 wird der Kurs (schwarze Linie) des Wertpapiers bspw. durch eine Marktgerechtigkeitsprüfung der zweiten Verteidigungslinie (s. Kap. 3.4.1.1.3) mit +/- 2 % überprüft (obere bzw. untere Linie), da es auch Marktschwankungen geben kann. Würde die Marktgerechtigkeitsprüfung feiner eingestellt werden, würde das System zusätzliche Alerts generieren, die überprüft werden müssten. Wenn die Abweichungstoleranz weiter gefasst werden würde, wären es entsprechend weniger Alerts, aber die Gefahr, dass Kurse nicht marktgerecht gestellt werden, die sich negativ auf das Eigenhandelsbuch oder Kundenportfolio auswirken, wäre umso höher.

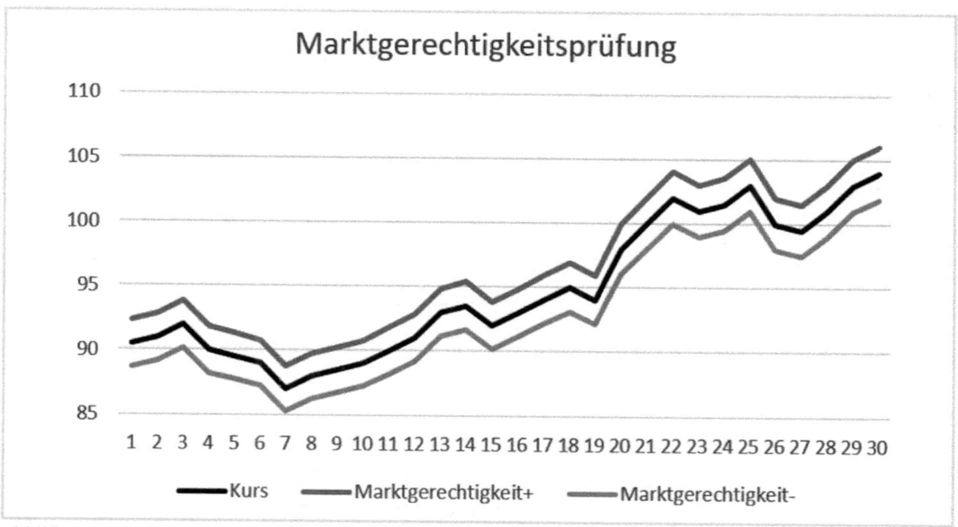

Abbildung 70: Definierter Kanal zu Prüfung der Marktgerechtigkeit

Wird weiterhin davon ausgegangen, dass der Prüfkanal dem Wertpapierhändler A bekannt ist (s. Abbildung 70), könnte er mit dem Broker oder Produktemittenten (Kontrahent) einen Preis absprechen, der sich innerhalb des definierten Kanals befindet und – abhängig davon ob auf

Kauf- oder Verkaufseite – zuungunsten des Finanzdienstleisters ausgeführt wird (zu hoher Kauf/zu niedriger Verkauf).

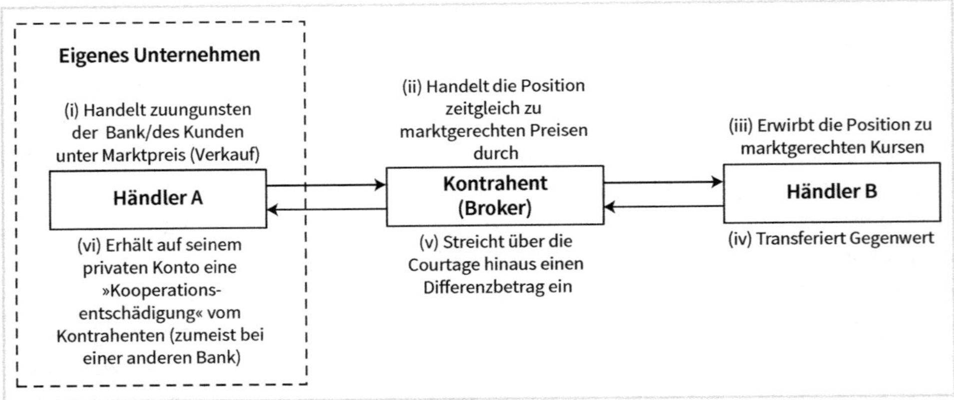

Abbildung 71: Händler-Broker-Übereinkunft, Beispiel Verkauf

Der Kontrahent würde die Position zu marktgerechten Preisen an Händler B durchhandeln und die Differenz einstreichen. Aufgrund der sehr guten Kooperation erhält Händler A vom Kontrahenten einen Anteil von 50 % des Preisdeltas zwischen Händler A und B auf sein privates Konto, das im Regelfall nicht beim selben Institut geführt wird, für das Händler A arbeitet. Da es innerhalb von Instituten im Regelfall nur Meldeverpflichtungen bei Depots bei anderen Instituten gibt, bleiben die Geldeingänge unentdeckt. Eine derartige strafbare Handlung ist dann lohnend, wenn höhere Volumen gehandelt werden.

> **Beispiel**
> Ein Händler handelt mit dem Kontrahenten eine Aktienposition in Höhe von EUR 2.000.000, dabei kontrahiert er mit einem Delta von 1,500 % (also innerhalb des 2 %-Kanals der Marktgerechtigkeitsprüfung) zuungunsten des Instituts:
> EUR 2.000.000 * 1,500 % = EUR 30.000
> (Anteil Händler A: EUR 15.000)

Es können verschiedene Anhaltspunkte zur Adjustierung der Kontrollen helfen:

- Häufigkeiten der Handelsaktivitäten zwischen Händler A und Kontrahenten,
- Feststellung, ob ein Wertpapier hätte High-Touch gehandelt werden müssen,
- Handelsvolumina und Anpassung des Marktgerechtigkeitskanals,
- Stichproben, die definierte Marktgerechtigkeitsgrenzen ignorieren.
- Insbesondere im Fall von strukturierten Produkten empfiehlt sich eine Zerlegung des Produkts anhand eines mit einzufordernden Produktschlüssels, da sich in diesen Produkten viele undefinierbare Komponenten verpacken lassen. Bei Verbuchung auf dem Eigenhandelsbuch ist zudem eine Aggregation der unterschiedlichen enthaltenen Risikokomponenten zu aggregieren.

10.4.1.2.4 Unternehmen erhält Zahlungstransfer aus strafbaren Handlungen per Gerichtsbeschluss

Betrug und Geldwäsche sind häufig mit »Storytelling« verbunden. Durch den Aufbau einer komplexen glaubwürdigen Geschichte geht meistens der Überblick verloren und es entstehen Vorgehensweisen wie im Zusammenhang mit dem »Russian Laundromat«,[22] ein umfassendes Unternehmensgeflecht zur Einschleusung von Geldern aus fragwürdiger Herkunft aus Russland.

Beispiel

Aus Gründen der Übersichtlichkeit wurden die Vorgehensschritte des Beispiels in Abbildung 72 in V (Vorbereitung) und U (Umsetzung) gegliedert. Firmen bspw. in der Rechtsform einer Limited lassen sich recht einfach und kostengünstig im Vereinigten Königreich (UK) gründen. Im vorliegenden Konstrukt hat die Firma A der Firma B einen Kredit gewährt V(i). Zur Absicherung der Kreditforderungen der Firma A übernehmen russische Firmen eine Bürgschaft für den Kredit V(ii). Die Firma B täuscht zum Fälligkeitszeitpunkt vor, diesen nicht zurückzahlen zu wollenbzw, zu können V(ii).

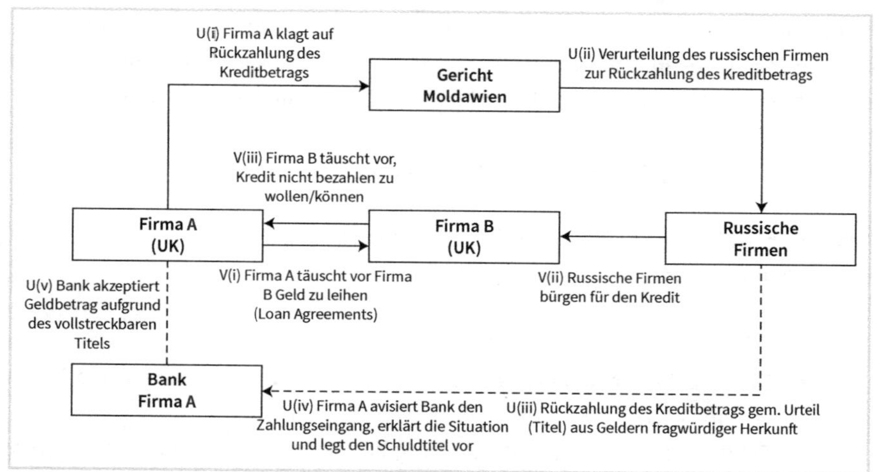

Abbildung 72: Russian Laundromat

Nach der umfangreichen Vorbereitung erfolgt die Umsetzung. Die Firma A klagt deshalb beim moldawischen Gericht auf Rückzahlung des Kreditbetrags U(i). Das Gericht erkennt die Forderungen an und verurteilt die russischen Firmen auf Rückzahlung des Kreditbetrags U(ii). Die russischen Unternehmen begleichen den Kreditbetrag durch Überweisung von Geldern fragwürdiger Herkunft U(iii). Die Firma A hat bereits Kontakt mit ihrer Bank aufgenommen U(vi) und erklärt den ganzen komplexen Sach-

22 In diesem Zusammenhang wurden im Zeitraum von 2010 bis 2014 schätzungsweise USD 20 bis 80 Mrd. aus strafbaren Handlungen aus Russland transferiert. Es sollen 70.000 Transaktionen, 21 Shell-Firmen, 11 Firmen registriert in UAE und 500 Personen involviert gewesen sein. USD 20,8 Mrd. wurden in 96 Ländern gewaschen.

> verhalt und legt das vollstreckbare Urteil vor. Die Bank nimmt die Gelder entgegen, da ein Schuldtitel des moldawischen Gerichts vorliegt – ohne die strikten gesetzlich geforderten Abklärungen hinsichtlich Mittelherkunft und Geldwäsche zu prüfen.

10.4.1.3 Interne Angreifer

Interne Angreifer eines Finanzdienstleisters sind am schwersten zu identifizieren. Wie in Kap. 10.1.4 dargestellt verfügen sie über Prozesskenntnisse und im Regelfall sollte der innerbetriebliche Vertrauensvorschuss im Unternehmen Gültigkeit haben. Dennoch sind die Delikte, wie eingangs erwähnt, vielfältiger und zahlreichen, als es den Anschein erweckt. Viele Straftaten kommen ohne entsprechende Kontrollvorkehrungen zumeist durch Zufälle ans Licht. Dokumenten- und Unterschriftenfälschungen kommen zur Vorbereitung von größeren Straftaten immer wieder vor.

10.4.1.3.1 Eigenzuteilung von aussichtsreichen IPO

Der Kursaussichtsreichtum von neu zur Emission anstehenden Wertpapieren im Initial Public Offering (IPO) lässt sich häufig bereits im Vorwege einschätzen. Fälle der Zuteilung aussichtsreicher Wertpapiere an Familienangehörige, Freunde und Bekannte von Personen, die diesen Prozess beeinflussen oder manipulieren können, gingen immer durch die Presse.

10.4.1.3.2 Abzweigen von Nachkommastellen

Auch das Abzweigen von Rundungsdifferenzen durch MitarbeiterInnen ist in der Vergangenheit pressebekannt geworden.

#RISKHACKS

- Die Vorgabe von Rahmenbedingungen, wie Weisungen, Prozesse und Schulungen (s. Kap. 3.4.2).
- Schulungen und Unterstützungsprogramme des Managements und der MitarbeiterInnen aller Verteidigungslinien (s. Kap. 3.4.1.1.3) im Hinblick auf diese Angriffe, neue Typologien und hinsichtlich Auskunftserteilungen am Telefon (s. Kap. 10.4.1.1.1).
- Spezialisierte Abteilungen oder einzelne Personen auf der zweiten Verteidigungslinie.
- Beziehen Sie die Stellen der jeweiligen Behörden bei jeglichen Auffälligkeiten mit ein. Viele Puzzleteile ergeben häufig ein Gesamtbild. Auch wenn Sie in diesem Fall vielleicht präventiv gehandelt haben, schützen Sie sich und den Finanzstandort vor weiteren Attacken und erhalten das Vertrauen.
- Sollten Kunden oder Investoren betroffen sein, ziehen Sie einen unabhängigen Wirtschaftsprüfer hinzu, der einen Bericht zu Sachverhalt und Schadenhöhe erstellt.
- Geben Sie MitarbeiterInnen die Möglichkeit, sich bei fragwürdigen Anfragen im Tagesgeschäft zu entlasten und richten Sie einen E-Mail-Briefkasten und eine

Telefonnummer bei einer Fachstelle ein, an die suspekte E-Mails und Anrufer sowie Auffälligkeiten weitergegeben werden können. Bereits hier können sich größere Bilder und Vorgehensweisen ergeben sowie die nächsten Schritte der kriminellen Subjekte ableiten. Auch Angreifer sind Menschen und begehen Fehler. Durch Fragetechniken und unterliegende E-Mail-Verläufe können sich weitere Spuren ergeben.

- Sorgen Sie dafür, dass MitarbeiterInnen Ihren mind. 14-tägigen Urlaub nehmen und einhalten. Ideal ist es, wenn die mobilen Geräte des Arbeitgebers für diesen Zeitraum am Arbeitsplatz zurückgelassen werden und der Arbeitsplatz nur mit Ausnahmegenehmigung des Vorgesetzten in diesem Zeitraum betreten werden darf.
- Aufmerksame Beobachtung der Glaubwürdigkeit einzelner Personen (s. Kap. 2.8.6) Durchführung überraschender Drill Downs (s. Kap. 2.8.7).
- Job Rotationen und Belohnungen für Whistleblower.

10.4.2 Bestandsaufnahme der Gefährdungen

Die vorstehend aufgeführten Fälle lassen erkennen, wie vielfältig die Angriffe auf einen Finanzdienstleister sein können und welche Bereiche innerhalb eines Unternehmens von diesen Vorfällen betroffen sein können. Deshalb empfiehlt es sich, eine strukturierte sowie präventive Bestandsaufnahme der möglichen Gefährdungen je Bereich durchzuführen.

Der erste Schritt zur Erstellung einer Gefährdungsanalyse sollte darin bestehen, dass eine Bestandsaufnahme aller Abteilungen erfolgt. Diese sind beispielhaft in der Kopfleiste in Abbildung 73 mit der Spaltenüberschrift »Interner Bereich« dargestellt.

			Angreifer					Interner Bereich							
Nr.	Straftatbestand	Angriffskombination	Externe Personen	Auftragnehmer	Makler	Broker	Mitarbeiter	Buchhaltung	Kasse / Geldautomaten	Human Ressources	Kundenbetreuung	Wertpapierhandel	Transaktionsmanagement	Auftragsvergaben	Buchhaltung
	Betrugsdelikte														
	Zahlungsverkehrsbetrug	extern	A								R				
	Bewerbungsbetrug	extern	A							A					
	Provisionsbetrug	extern / intern			A		A						R		
	Auftragsvergaben	extern / intern		A			A							A	
	Preismanipulationen	extern / intern				A	A					R			
	Diebstahlsdelikte														
	Sprengung von GAA	extern	A						A						
	Abführung von Geldern	intern					A								A

Abbildung 73: Bestandsaufnahme der Gefährdungen je Abteilung als Bruttorisiken

Auf der Ordinate werden die möglichen Strafdelikte aufgeführt. Zur ersten Orientierung und Vervollständigung unterstützen hierbei Strafgesetzbücher oder Strafkataloge. Wurden möglicherweise zutreffende Strafdelikte und die internen Abteilungen lückenlos aufgenommen, sind diese – abhängig von ihren Tätigkeiten – auf mögliche Gefährdungen hin zu untersuchen. Das Bruttorisikopotenzial ist entsprechend als Ergebnis aus Schadenhöhe und Eintrittswahrscheinlichkeit einzuschätzen (s. Kap. 4.2). Zur besseren Priorisierung empfiehlt sich auch hier ein sechsstufiges Verfahren. Hier wurden die Gefährdungen aus Vereinfachungsgründen mit R = Red und A = Amber dargestellt. Eine sog. Heat Map entsteht. Den Gefährdungen sind die möglichen Gefährder oder Angreifer gegenüberzustellen – hier mit einem schwarzen »A« gekennzeichnet.

Abschließend sind die Gefährdungen detailliert zu beschreiben. Aus den einzelnen Gefährdungen lassen sich unter Umständen noch unterschiedliche Typologien der Vorgehensweise eines Angreifers ableiten. Beispielsweise sind unterschiedliche Maßnahmen zu ergreifen, je nachdem ob der Angreifer Gas oder Hartsprengstoff zur Sprengung von Geldausgabeautomaten einsetzt oder ob der Zahlungsverkehrsbetrüger E-Mail oder den Postweg nutzt.

Ist die Bestandsaufnahme abgeschlossen, lassen sich aus ihr die folgenden wertvollen Informationen ableiten:

- Die Gefährdungen sind äußerst vielfältig und betreffen ein breites Spektrum eines Finanzdienstleisters.
- Die Risikokategorisierungen – die abhängig vom Geschäftsmodell des Finanzdienstleisters sind – geben Aufschluss über Priorität und Investitionsbedarf hinsichtlich der Maßnahmen zur Risikoreduktion.
- Der verantwortliche interne Bereich, dem die Risikokategorisierungen zugeordnet sind, ist auf der ersten Verteidigungslinie für die Abwehr der Gefährdungen verantwortlich.
- Ergeben die Angriffskombination oder die Kennzeichnung in der Spalte »Angreifer«, dass ein/e MitarbeiterIn zur Umsetzung involviert sein müsste, sind Vier-Augen-Prinzipien oder Managementkontrollen im Fachbereich und Kontrolltätigkeiten auf der zweiten Verteidigungslinie in Betracht zu ziehen.
- Die aufgenommenen Straftatbestände und heruntergebrochenen Typologien geben Aufschluss über zu ergreifende Präventionsmaßnahmen.

#RISKHACKS

- Kennzeichnen und dokumentieren Sie in der Gefährdungsanalyse Erfahrungswerte, unabhängig davon, ob strafbare Handlungen erfolgreich durchgeführt wurden oder abgewehrt werden konnten. Die Dokumentation gewährt eine Indikation über die Wesentlichkeit des jeweiligen Risikos und die Wichtigkeit der zur Abwehr benötigten Maßnahmen. Zudem ist es möglich, Risiko- mit Maßnahmenkosten abzugleichen (s. Kap. 4.4.6).

10.4.3 Management der Gefährdungen

Das Management von Gefährdungen erfolgt ebenso wie das in Kap. 4 dargestellte präventive Management von Risiken. Aufgrund der Menge der Angriffspunkte empfiehlt sich jedoch eine geeignete Aufbereitung. Hier ist darauf zu achten, dass jede Typologie einzeln betrachtet und auf den Risikoappetit (s. Kap. 3.2.3) des Entscheidergremiums abgestimmt wird. Bei derartigen Themenstellungen sollten insbesondere Konsequenz- und Reputationsrisiken in die Entscheidungsfindung mit einbezogen werden. Hierzu in Abbildung 74 drei Beispiele.

Beispiel

Delikt	Beschreibung	Typologien
Sprengung von GAA	Geldautomaten werden durch unbekannte Täter gesprengt.	Die Sprengung erfolgt durch Gas
		Die Sprengung erfolgt durch Hartsprengstoff
Preismanipulationen von Wertpapieren	Händler handelt im High-Touch-Geschäft mit Broker zu Ungunsten der Bank oder des Kunden.	Wertpapierpositionen werden zu niedrig an Broker verkauft
		Wertpapierpositionen werden von Broker zu teuer gekauft
Provisionsbetrug durch Involvierung eines Maklers	Transaktionsmanager (MitarbeiterIn) schaltet "befreundeten" Makler bei einer direkt gehandelten Immobilie zwischen.	Immobilie wird gekauft (je nach Jurisdiktion / Vereinbarungsmöglichkeiten)
		Immobilie wird verkauft (je nach Jurisdiktion / Vereinbarungsmöglichkeiten)

Abbildung 74: Definitionen von Delikten und unterschiedlichen Typologien

Betrachten wir die drei völlig unterschiedlichen Angriffspunkte und deren Typologien, wird klar, dass unterschiedliche Maßnahmen erfolgen müssen, um die Gefährdungen zu reduzieren. Die Darstellung der verschiedenen Maßnahmen und deren Wirkweisen (präventiv, detektiv und korrektiv – Definitionen s. Kap. 6.1) sowie der unterschiedlichen Aufgaben der Fachbereiche und der zweiten Verteidigungslinie (s. Kap. 3.4.1.1.3) kann fortführend in der obigen Tabellenform erfolgen und somit systematisiert werden. Dabei sind je nach inhärentem Risiko und Konsequenzrisiko die präventiven Maßnahmen zu bevorzugen.

10.4.3.1 Sprengung Geldausgabeautomat (GAA)

Der externe Angriff (es spielt keine Rolle, ob es sich um eine/n MitarbeiterIn handelt oder nicht) erfordert unterschiedliche Maßnahmen.

Erste Verteidigungslinie

- Kameraüberwachung (ggf. DSGVO relevant),
- Anbindung an das interne Alarmsystem bei Einleitung von Gas oder Erschütterung,
- Gassprengung: Installation einer Gassprengschutzvorrichtung und regelmäßige Überwachung ihrer Funktionalität,
- Hartsprengstoff: spezielle Panzerung, Installation der Geldautomaten außerhalb von Gebäuden und fernab Menschenansammlungen (bspw. Schalterverkehr).

Zweite Verteidigungslinie

- Allenfalls Ex-post-Überwachung der Durchführung der Kontrollpläne der ersten Verteidigungslinie.

10.4.3.2 Preismanipulation von Wertpapieren

Hier ist davon auszugehen, dass sich Mitarbeitende der ersten Verteidigungslinie (Wertpapierhändler) und eine externe Partei (Broker, Produktemittent) einig sind. In den meisten Fällen wird es nur eine externe Partei sein, da mit der zahlenmäßigen Zunahme externer Parteien auch die Fragilität des Betrugsgebildes zunimmt. Zudem sollten die Brokerfirmen und Produktemittenten über eigene Compliance- und Risikopräventionsfunktionen verfügen.

Erste Verteidigungslinie

- Die erste Verteidigungslinie fällt hier aus. Die Frage ist, ob ein Business Risk Management – falls vorhanden – an dieser Stelle nützlich sein und zeitlich günstigere Überwachungshandlungen als die zweite Verteidigungslinie (siehe unten) übernehmen kann.
- Ein ständig etabliertes Vier-Augen-Prinzip könnte insb. bei erhöhten Handelsvolumina (Marktverwerfungen) zu maßgeblichen Zeitverzögerungen bei der Platzierung der Orders führen (Verstoß Best Execution, weglaufende Preise).

Zweite Verteidigungslinie

- Zuverlässigkeits- und Qualitätslisten nach sachdienlichen Kriterien von Brokern- und Produktemittenten sowie Ausführungs- bzw. Produktqualität,
- Prüfung der Handelshäufigkeit mit Brokern- und Produktemittenten je Händler,
- Marktgerechtigkeits- und Qualitätsprüfung auch innerhalb eines definierten Toleranzkanals der Marktgerechtigkeit,
- Nachbewertung von zusammengesetzten Produkten anhand eines einzufordernden Produktschlüssels.

10.4.3.3 Provisionsbetrug durch Involvierung eines Maklers

Transaktionen von größeren Immobilien sind eine äußerst komplexe Angelegenheit. Insbesondere der Kauf erfordert eine umfassende Due Diligence des Objekts. Der Verkauf kann ein mehrstufiges Bieterverfahren durchlaufen. Insbesondere in Zeiten mit vielen Transaktionen ist der Vorgang zu komplex, um auf der Seite eines Transaktionsmanagers eine ständige Doppelbesetzung sicherzustellen.

Erste Verteidigungslinie

- Die erste Verteidigungslinie entfällt unter diesen Umständen, weil der/die TransaktionsmanagerIn initiieren wird, dass keine weitere Person involviert ist oder Einblick erhält.

Zweite Verteidigungslinie

- Wie im vorstehenden Beispiel kann auch hier eine Maklerauswahlhäufigkeitsüberwachung durchgeführt werden.
- Kauf: Andienungen von Immobilien sollten auch an die zweite Verteidigungslinie erfolgen, sodass die Konstellation des Ankaufs und der involvierten Parteien von vornherein klar ist. Zwischenzeitlich auftauchende neue Parteien können so identifiziert werden.
- Verkauf: Die Entscheidung eines relevanten Immobilienverkaufs wird i. d. R. nicht nur von einer Person getroffen (direkt oder/und über Makler). Die Auswahl eines geeigneten Maklers kann dann nach einem transparenten und überwachten Prozess erfolgen.

#RISKHACKS

- Je nach Aufgabenstellung des Geschäftspartners kann es erforderlich sein, die Prävention sonstiger strafbarer Handlungen in das Third-Party Risk Management (s. Kap. 12) mit einzubeziehen und auch die Kontrollfunktionen in diesem Zusammenhang vor Auftragsvergabe zu prüfen und in die laufende Überwachung mit einzubinden.
- Überwachung von Mandaten, Direktoraten und Beteiligungen von MitarbeiterInnen sowie Vergaben und Entgegennahme von Geschenken und Einladungen sind eine wichtige Indikation im Hinblick auf die Verhaltensweisen von MitarbeiterInnen, diese sind jedoch größtenteils an die Meldeehrlichkeit gebunden. Die Einbeziehung der Compliance-Funktionen von Geschäftspartnern ist durchaus üblich geworden und die Abstimmung der Geschenkeregister kann Aufschluss über die Meldeehrlichkeit und den Umfang geben. Ebenso können in Handelsregistern oder bei Wirtschaftsauskunfteien bereits interessante Informationen zu Mandaten und Direktoraten entdeckt werden.
- Die Offenlegungsverpflichtung und die Analyse von Interessenkonflikten können auch bei fehlender Meldung durch bestimmte Personen übergreifende Erkenntnisse und Transparenz auf Schwachstellen gewähren.
- Zusammenführung von Informationen von Compliance-Daten sowie die Entwicklung von Kombinationskontrollen (s. Kap. 6.1.1) liefert ein umfassendes Bild über einzelne Personen, zeitliche Abläufe und mögliche Gefährdungen durch Fehlverhalten.
- Keine Bekanntgabe der Kontrollen der zweiten Verteidigungslinie.
- Planen Sie (digitalisierte) Überprüfungs- und Kontrollkonzepte auch im Hinblick auf einen Ausfall der ersten Verteidigungslinie.

10.4.4 Nettorisiko-Betrachtung und Risikoappetit

In Kap. 10.4.2 wurden die Bruttorisiken dargestellt. In Kap. 10.4.3 werden risikoreduzierende Maßnahmen definiert und umgesetzt. Nach Umsetzung der Maßnahmen gilt es nun, das Nettorisiko einzuschätzen und dessen Übereinstimmung mit dem Risikoappetit (s. Kap. 3.2.3) abzugleichen. Im Grunde gilt ein vergleichbarer Ansatz, wie im Kap. 4 Risikomanagementprozess dargestellt. Nur im Fall von sonstigen strafbaren Handlungen muss auch mit internen unehrlichen Fehlern gerechnet werden – auch aus den eigenen Reihen.

			Angreifer					Interner Bereich							
Nr.	**Straftatbestand**	**Angriffskombination**	**Externe Personen**	**Auftragnehmer**	**Makler**	**Broker**	**Mitarbeiter**	**Buchhaltung**	**Kasse / Geldautomaten**	**Human Ressources**	**Kundenbetreuung**	**Wertpapierhandel**	**Transaktionsmanagement**	**Auftragsvergaben**	**Buchhaltung**
	Betrugsdelikte														
	Zahlungsverkehrsbetrug	extern	A								A				
	Bewerbungsbetrug	extern	A							A					
	Provisionsbetrug	extern / intern			A		A						G		
	Auftragsvergaben	extern / intern		A			A							G	
	Preismanipulationen	extern / intern				A	A					A			
	Diebstahlsdelikte														
	Sprengung von GAA	extern	A						G						
	Abführung von Geldern	intern					A								G

Abbildung 75: Bestandsaufnahme der Gefährdungen je Abteilung als Nettorisiken

Im Bereich des Zahlungsverkehrsbetrugs konnte das Risiko ein wenig gesenkt werden und ist nun Amber. Eine Reduktion auf Green ist nicht möglich, weil zu viele Zahlungsvorgänge bearbeitet werden müssen und die Dokumentenfälschungen besser werden. Zudem können Schwachstellen auch seitens des Kunden entstehen und die inkriminierten Individuen denken sich immer neue Typologien aus.

Die Angelegenheit mit dem Geldausgabeautomaten (GAA) konnte auf Green gesenkt werden. Die Automaten sind jetzt freistehend, abseits von Menschenversammlungen, gut gepanzert und mit einem Gassprengschutz versehen. Aus heutiger technischer Sicht lassen sich keine weiteren Maßnahmen installieren. Daher wird entschieden, dass sich das Risiko im Risikoappetit befindet.

Den möglichen Preismanipulationen im High-Touch-Geschäft des Wertpapierhandels wurde entgegengewirkt, dabei ist jedoch aufgefallen, dass bestimmte strukturierte Produkte nicht evaluiert werden können. In diesem Zusammenhang wurden weitere Maßnahmen definiert, die sich jetzt in Planung befinden. Deshalb wird das Gesamtrisiko vorerst weiterhin mit Amber beurteilt.

10.4.5 Jährliche Analyse und Ad-hoc-Aktualisierung

Grundsätzlich sollte die Gefährdungsanalyse als wertvoller Informations- und Erfahrungstopf gesehen werden. Deshalb sollte sie im Hinblick auf neue Erkenntnisse zeitnah aktualisiert werden. Aus der Aktualisierung heraus ist zu prüfen, ob Maßnahmen zur Absicherung des Betriebs eingeleitet werden müssen.

Auch empfiehlt es sich, die Analyse einmal im Jahr hinsichtlich ihrer Vollständigkeit und auf möglicherweise obsolet gewordene (z. B. Geschäftseinstellung) oder veraltete Maßnahmen (z. B. Ineffektivität durch Prozessveränderungen) zu überprüfen. Gerade in diesen Fällen kann eine gezielte Desinvestition in Maßnahmen kostenreduzierend wirken und die Ressourcen können auf andere wesentliche Präventionsmaßnahmen konzentriert werden. Im Fall von Veränderungen von Prozessen und Verantwortlichkeiten müssen Maßnahmen ggf. neu adjustiert bzw. zugeordnet werden.

10.5 Reverse Testing

Haben Sie schon einmal versucht Ihren Arbeitgeber zu betrügen? Ich schon, allerdings unter vorheriger Absprache, mit Ressourcen und entsprechendem Budget. Bei Auffälligkeiten oder fehlenden Absicherungskonzepten und unter Nutzung von internem Wissen wird versucht, eine strafbare Handlung umzusetzen. Hier sind aber negative und kostspielige Konsequenzen bereits in der Planung mit einzubeziehen – unabhängig davon, ob es sich um die Abdisposition von Vermögenswerten handelt, die Absprache mit externen Parteien oder die Manipulation von Systemen. Derartige Tests können Antworten auf zwei Probleme identifizieren:

1. Ist es möglich, einen derartigen Betrug zu begehen?
2. Bemerkt jemand den (i) missglückten Versuch oder (ii) die erfolgreiche Durchführung?

Ich möchte keine Anleitungen zum Betrug dokumentieren, weshalb ich mich im Rahmen dieses Buchs auf bekannt gewordene Fälle aus der Presse beschränken möchte. Nehmen wir das in Kap. 10.4.1.2.3 dargestellte Beispiel aus dem High-Touch-Wertpapierhandel. Durch die moderne Regulierung, wie bspw. MiFID, ist der Markt zwar transparenter geworden, aber nicht abschließend. Deshalb ist die Anfälligkeit des Unternehmens in zweierlei Hinsicht mit folgenden Fragen zu untersuchen:

- **Vergangenheitsbezogene Indikatoren**
  - Welcher Händler macht mit welchem Broker wie viel Geschäft (mögliche Häufungen von Stückzahlen, Volumina)?
  - Wurden Best-Execution-Verpflichtungen im Rahmen der Handelsgeschäfte eingehalten?

- Wurden Werte High-Touch gehandelt, bei denen es nicht angezeigt gewesen wäre?
- Waren die Handelsaktivitäten auffällig im Zusammenhang mit der Marktgerechtigkeitsprüfung?
- Gab es in der Vergangenheit Einladungen oder Geschenke durch Broker (ggf. mit den Zuwendungsregistern des Brokers abgleichen)?

- **Indikatoren für Angriffspunkte**
  - Test: Lässt sich die Marktgerechtigkeitsprüfung zuungunsten des Unternehmens und Kunden unterminieren?
  - Test: Wird die Abweichung durch die Kontrollinstanzen identifiziert, wenn sie die Marktgerechtigkeitsgrenzen überschreitet?
  - Sind die Marktgerechtigkeitsgrenzen ausreichend eng gefasst, um Soll-Abweichungen oder deren Häufungen feststellen zu können (Ausführungsqualität)?

Wie an anderer Stelle bereits erwähnt, darf es bei erstmaligen Reverse-Tests nicht überraschen, wenn die eine oder andere Feststellung getroffen wird, auch wenn es nur eine zu verbessernde Resilienz ist. Mit dem eigentlichen Testinhalt ist es allerdings nicht getan. Die vollständige Durchschau beinhaltet auch die Positionierung von Maßnahmen (s. Kap. 4.4) auf der ersten und zweiten Verteidigungslinie (s. Kap. 3.4.1.1.3) sowie die Identifikation möglicher Schulungsbedarfe (s. Kap. 3.4.2.5). Da es bei größeren Firmen um Big-Data-Themen (s. Kap. 2.8.5.3) geht, ist auch Digitalisierung mit einer Machine-Learning-Lösung (13.1.5.1) denkbar. Allerdings können derartige Themenstellungen grundsätzlich nur in dem Moment identifiziert werden, in dem bspw. eine Abweichungsregel vollständig erfüllt ist, z. B.:

- Wertpapierpreis liegt außerhalb der Marktgerechtigkeitsgrenze (schnelle Feststellung),
- HändlerIn handelt häufig mit einem bestimmten Broker/Produktproduzenten oder erhält Geschenke oder
- fixierte Preise liegen innerhalb der Marktgerechtigkeitsgrenzen, weisen aber eine Tendenz zum Nachteil der Bank oder des Kunden auf (mehrere Messpunkte über einen längeren Zeitraum erforderlich).

#RISKHACKS

- Kennzeichnen Sie Reverse-Tests in der Gefährdungsanalyse und dokumentieren Sie die genaue Vorgehensweise und das Ergebnis des Tests.
- Sollte einer dieser Tests (teil-)erfolgreich verlaufen und wesentliche Risiken zutage fördern, leiten Sie gleich taktische Maßnahmen zur Prävention ein, die greifen, bis die nachhaltigen Maßnahmen (s. Kap. 4.4) eingerichtet sind. Testen Sie die neuen Maßnahmen.
- Konzentrieren Sie sich auf den sinnvollen Ausbau und die Resilienz Ihres internen Kontrollsystems (s. Kap. 6.1). Vernachlässigen Sie aber auch nicht die Maßnahmen zur Anhebung der psychologischen Hürden.
- Machen Sie keine Kontrollsystematiken der zweiten oder dritten Verteidigungslinie zugänglich (s. Kap. 3.4.1.1.3).

- Achten Sie bei der Einstellung und dem internen Wechsel von MitarbeiterInnen auf mögliche Beziehungen, die vielleicht zu Konflikten führen können.
- Testen Sie das Unternehmen unbedingt hinsichtlich möglicher Schwachstellen. Achten Sie aber darauf, dass Sie sich selbst absichern und im Rahmen der Tests keine Schäden auftreten.
- Bringen Sie bspw. in eine Compliance-Schulung (s. Kap. 3.4.2.5) für Führungskräfte auch Indikatoren für die frühzeitige Erkennung von strafbaren Handlungen mit ein. Beachten Sie aber, dass die Basis für eine gute Zusammenarbeit »Vertrauen« bildet. Ein Mitarbeiter, der morgens sehr früh da ist, spät abends noch arbeitet oder auch während des Urlaubs in das Büro kommt, kann auch ehrgeizig sein. Er sollte jedoch dahin gehend gemanagt werden, sich an die Weisungen zu halten. Schließlich gibt es bestätigte Untersuchungen, dass effektives und effizientes Arbeiten nur innerhalb weniger Tagesstunden möglich ist.
- Gerade bei komplexen Gefährdungssystematiken ist der Einsatz von Machine-Learning-Lösungen (s. Kap. 13.1.5) anzuraten. Die Systeme sind so zu planen, als wäre die erste Verteidigungslinie (s. Kap. 3.4.1.1.3) nicht resilient.

11 Risikomodelle, Kalkulationsschemen und Ratingsysteme

»Wer misst, misst Mist, nur wer weiß, was er misst, misst richtig.«

So wurde es in der elektrotechnischen Ausbildung von einem Technologie-Dozenten repetitiv vorgetragen. In der Elektrotechnik gibt es jedoch – je nach elektronischem Bauteil – ergebnisverzerrende Blind- und Scheinleistungen, die die Ergebnisse verändern können. Diese Blind- und Scheinleistungen begegneten mir in meiner finanzwirtschaftlichen Berufslaufbahn immer wieder, nur waren die Ursachen eher menschlicher Natur.

Die Ergebnisse von Risikomodellen und Kalkulationsschemen (nachstehend »Modelle«) können für Entscheidungen mit Tragweite herangezogen oder sogar gegenüber Kunden und Geschäftspartnern veröffentlicht werden, mit einer Vielzahl von Risiken der zweiten und dritten Ordnung (s. Kap. 2.7.3). Dabei ist es unerheblich, ob externe Daten, Modelle oder Ergebnisse eingekauft werden. Die regulatorische Verantwortung und ein möglicher Reputationsschaden verbleiben immer bei dem nutzenden und veröffentlichenden Finanzdienstleistungsunternehmen.

Zwar dienen die Modelle sehr häufig der Messung von finanziellen oder Marktrisiken, jedoch ist deren Auswahl, Entwicklung, Bedienung und Überprüfung mit signifikanten operationellen und Risiken der zweiten und dritten Ordnung (s. Kap. 2.7.3) verbunden. Diese sind europäischen und lokalen Regulatoren bewusst. Beispielsweise in den MaRisk[1], Derivateverordnung, dem Banking-Package (CRR[2]/CRD[3]), ESMA[4], AIFMD[5] (Kapitalanlagegesetzbuch in Deutschland – KAGB) und den EBA-Guidelines[6] werden die Handlungsbedarfe adressiert, aber wenig konkrete Regulierungsanforderungen getroffen. Aus makroökonomischer Sicht ist es ein guter Ansatz, da eine Unifikation gleichgeartete Impulse setzen und verstärkend auf volatile Zyklen wirken könnte. Sie werden auch als ein Treiber für die Finanzmarktkrise aufgeführt.[7] Im Kleinen kann es zudem sein, dass das Risikomodell nicht für das jeweils im Fokus stehende Risiko geeignet ist.

1 Rundschreiben 10/2021 (BA) – Mindestanforderungen an das Risikomanagement (MaRisk)/Rundschreiben 01/2017 (WA) – Mindestanforderungen an das Risikomanagement von Kapitalverwaltungsgesellschaften (KAMaRisk).

2 Art. 174(d), 185 und 188 CRR.

3 »Model Risk« wird in Art. 3(1) Ziffer (11) of CRD IV definiert.

4 Leitlinien für zuständige Behörden und OGAW-Verwaltungsgesellschaften – ESMA/2014/937DE.

5 Richtlinie 2011/61/EU des Europäischen Parlaments und des Rates vom 08.06.2011 über die Verwalter alternativer Investmentfonds und zur Änderung der Richtlinien 2003/41/EG und 2009/65/EG und der Verordnungen (EG) Nr. 1060/2009 und (EU) Nr. 1095/2010 Text von Bedeutung für den EWR.

6 Die European Banking Association (EBA) wurde mit der Entwicklung der Binding Technical Standards (BTS) mandatiert, Guidelines and Reports to assess internal models with the aim of ensuring a harmonized implementation of the rules for Internal Rating Based (IRB) Approaches for credit risk, Internal Model Methods (IMM) for counterparty credit risk, Advanced Measurement Approaches (AMA) for operational risk and Internal Models Approaches (IMA) für Marktrisiken.

7 Vgl. Stutz, M. (2009): Was Risikomanager alles falsch machen, in: Havard Business Manager, Vol. 31, Heft 4, S. 67–75.

11.1 Governance

Um den Überblick über alle internen und externen Modelle aufrechtzuerhalten, sollte ein Inventar geführt werden, das im Rahmen einer Neueinführung (s. Kap. 8) aktualisiert wird und einen Gesamtüberblick über die Modelle und ihre inhärenten Risiken gewährt. So lassen sich die Modelle reihen und in einen nach klaren Kriterien festgelegten risikoadjustierten Überprüfungsprozess überführen. Besteht ein Modell aus vielen weiteren Sub-Modellen, ist eine geeignete Dokumentationsebene festzulegen, um auch Überprüfungen wesentlicher Einzelkomponenten Rechnung tragen zu können. Damit keine Komponenten vernachlässigt werden, empfiehlt sich bereits während einer Neueinführung und im Fall von Modelländerungen die Etablierung einer Checkliste, um bei der Überprüfung keine allgemeinen und besonderen Eigenschaften des Modells zu vernachlässigen. Aber auch klare Verantwortlichkeiten und Ansprechpartner idealerweise inkl. Stellvertretung sind zu definieren (Pflege, Aktualität usw.). Größere Unternehmen verfügen über Spezialisten, denen zudem auf der zweiten Verteidigungslinie (s. Kap. 3.4.1.1.3) die unabhängige Prüfung der Modelle zur Aufgabe gemacht wurde. Die Modellüberprüfung sollte zudem auch ein fester Bestandteil des Prüfplans der internen Revision (s. Kap. 3.4.1.1.3) sein.

Bis zu einem belastbaren Entscheid über das Ergebnis eines Risikomodells können viele Soll-Abweichungen auftreten, die nachstehend behandelt werden. Deshalb ist es wichtig, jedes Modell auf mögliche Fehler- (Ursachen) und Schadenpotenziale zu untersuchen, um das Unternehmen gegen systemische und unternehmensbezogene Einflussfaktoren zu festigen. Wenn die Modelle über signifikante inhärente Risiken verfügen, ist die Etablierung einer übergreifenden Governance angezeigt.

Governance bedeutet, dass die Modelle risikoadjustiert und regelmäßig hinsichtlich möglicher Attribute überprüft werden:

- Fehlerquellen,
- Kalibrierungsbedarfe,
- Backtesting,
- quantitative oder qualitative Validierungsmethoden,
- veränderte Rahmenbedingungen (z. B. Anforderungen, Nutzer),
- externe Anforderungen (z. B. Regulierung, Geeignetheit).

Werden derartige Leistungen an ein anderes Unternehmen ausgelagert, ist dringend zu empfehlen, die nachfolgend beschriebenen Prüfkriterien im Rahmen des Third-Party Managements (s. Kap. 12.1) zur Anwendung zu bringen. Gleichzeitig können mögliche finanzielle Schäden durch geschickte Vertragsverhandlungen auf den Servicenehmer übertragen und/oder versichert werden (s. Kap. 4.4.2). In diesem Rahmen kann es einen zusätzlichen Komfort schaffen, einen ISAE-3402-Bericht (s. Kap. 12.3.1) vom Dienstleister einzufordern. Wird selbst als Anbieter derartiger Dienstleistungen agiert, ist eine Zertifizierung nach dem ISAE-3402-Standard ein geeignetes Instrument, eine unabhängige Meinung/Prüfung zu erhalten, mögliche Fehler zu reduzieren, das Prüfverlangen der Kunden zu reduzieren und – im Falle eines Fehlers – regulatorische Sanktionen aufgrund unzureichender Sorgfalt einzudämmen.

11.2 Quellen der Soll-Abweichungen

Die Quellen der Soll-Abweichungen sind vielfältig und müssen, je nach Komplexität und Funktionalität, in die regelmäßige Überprüfung mit einbezogen werden. Die einzelnen möglichen Themenbereiche sind in Abbildung 76 dargestellt und beinhalten Inputdaten, Implementierung, Risikomodell, Bedienung, Ergebnisse und deren Interpretation sowie das zugehörige Berichtswesen.

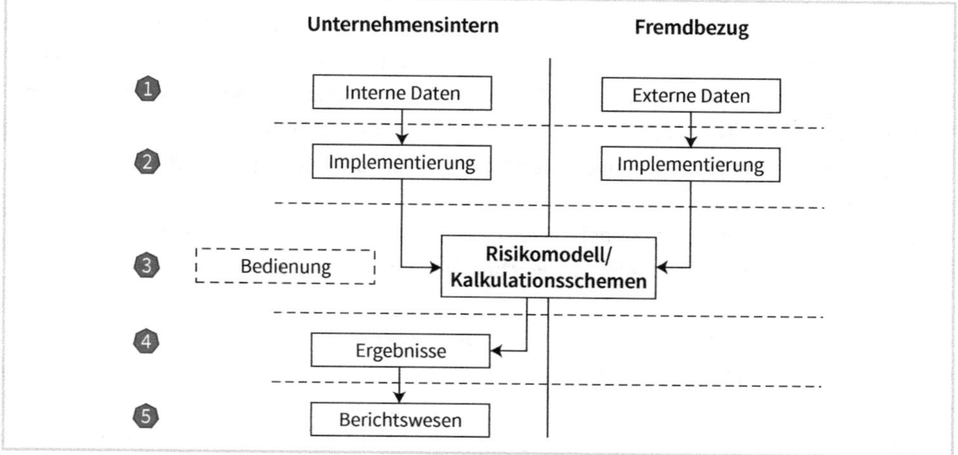

Abbildung 76: Risikoquellen von Risikomodellen und Kalkulationsschemen[8]

11.2.1 Inputdaten

Unabhängig davon, ob es sich um unternehmensintern gewonnene oder Daten aus Fremdbezug handelt, liegt die Verantwortung zur Nutzung und Weiterverwendung beim Finanzdienstleister und es gelten die in Kap. 2.8.5 dargestellten Voraussetzungen für Daten und deren Qualität. Wurden die Daten intern bspw. durch ein Vieraugenprinzip erhoben oder anderweitig verifiziert, können die Daten als verwendbar eingestuft werden. Gleiches Prozedere ist auch für die extern zugekauften Daten anzuwenden. In diesem Zusammenhang ist zusätzlich darauf zu achten, ob und wie die Daten weiterverwendet werden dürfen. Ausschlaggebend dafür ist die jeweilige Vertragsgestaltung. Im Übrigen sind die üblichen statistischen Schwachstellen zu reduzieren, die u. a. aus einem Mangel an Messpunkten zu daraus resultierenden unzureichenden Schätzverfahren führen (Estimation Risk).

8 Vgl. Heithecker, D./Tschuschke, D./Wagner, D. (2014): Prozess zum Management von Modellrisiken, in: BankPraktiker, 6/2014, S. 278–284 in Anlehnung an Crouhy; Galai; Mark (2000): a. a. O.

11.2.2 Implementierung

Hinsichtlich der Implementierung sind technische und modellrelevante Faktoren zu berücksichtigen. Hier ist die Frage zu stellen, welches Modell überhaupt zur Erfassung des im Fokus befindlichen Risikos geeignet ist. Eine geeignete Modellwahl ist bspw. im Rahmen der Eigenmittelunterlegung, Produktkalkulation, Risikolimiten oder bei der Ermittlung der Risiken unterschiedlicher Assetklassen ausschlaggebend, um das Risiko zu umgehen, dass das Modell die Realität nur unzureichend berücksichtigt (Specification Risk). »Von der Risikomessung bis zur Optionspreistheorie – eine Vielzahl finanztheoretischer Konzepte greift auf das statistische Fundament der Gauß'schen Normalverteilung zurück. Die Annahme von normalverteilten Renditen hat sich im Asset Management auch deshalb durchgesetzt, weil sie ein einfach zu handhabendes Instrumentarium zur Datenauswertung verspricht. Dass die Realität der Kursbildung von Wertpapieren mit der Normalverteilung nur sehr unzureichend abgebildet werden kann, wird dabei in Kauf genommen. [...] Für die Beurteilung von Risiko und Ertrag von Investmentstrategien im Portfoliomanagement ist es entscheidend, welcher statistische Prozess die Kursbildung der einzelnen Assets treibt und welcher Verteilung die Returns gehorchen.«[9]

Wichtig sind in diesem Zusammenhang das abschließende System, Modul und User Acceptance Testing (UAT). Im Rahmen der Tests sollen zwei Dinge erreicht werden. Es geht um die finale Überprüfung der Funktionalität und das Erzielen einer positiven Nutzerakzeptanz und Konnektivität. In diesem Rahmen werden unterschiedliche Testszenarien durchgearbeitet, um möglichst allen realen Bedingungen standhalten zu können. Hierzu zählen nicht nur fachlich richtige Einrichtung, sondern auch Belastungstests, Ladezeiten, Usability, Systemeinbettung, Schnittstellen und die Verträglichkeit mit anderen Softwarelösungen. Aus den Tests werden Verbesserungsmaßnahmen (s. Kap. 4) abgeleitet und umgesetzt. Anwendungscode und Nutzungsabläufe sind entsprechend und auditkonform zu dokumentieren. Folgende Hinweise sollten beachtet werden:

- In das End-User-Application-Testing sollte nicht irgendein beliebiger User einbezogen werden. Es sind die besten und bereits involvierten Spezialisten, Vertreter der zweiten Verteidigungslinie und ggf. weitere beitragende Fachabteilungen einzubeziehen (z. B. IT).
- Wie im Projektmanagement müssen diese Personen zur Verfügung stehen, damit die Integration des Systems möglichst zügig und hochwertig voranschreitet.
- Die Testanforderungen sollten gut verständlich und leicht umsetzbar sein (kleine Schritte):
  - Definition von nachvollziehbaren Funktionalitätskriterien
  - Erstellung von UAT Testszenarien (Testschritten, Anwendungsbedingungen und erwarteten Ergebnissen)
  - Umsetzung der Testszenarien und deren Auswertung sowie Umsetzung möglicher Verbesserungsmaßnahmen
  - ggf. Testwiederholung und Endabnahme

9 Gammelin, K./Kloy, J. W. (2006): Risikomessung – Normalverteilung oder Mean-Reversion-Modelle? in: Risiko Manager, S. 1.

- Ein Koordinator sollte durch die Tests führen und ggf. die Tests sinnvoll unter den unterschiedlichen Testern aufteilen.
- Es kann zusätzlich helfen, wenn die Tester sich über ihre Eindrücke austauschen und die üblichen Systemtesttools zum Einsatz bringen.

11.2.3 Nutzung

Nachdem die technischen Voraussetzungen geschaffen sind, ein geeignetes Modell ausgewählt ist und die Tests des Systems abgeschlossen sind, geht es um die einwandfreie Integration der Formeln, die Überprüfung der Implementierung sowie fach- und sachgerechte Bedienung. Die Dokumentation ist auch hier eine wesentliche Grundvoraussetzung zur Sicherstellung der Nachvollziehbarkeit und Auditfähigkeit.

Wird das wesentliche Risikomodell von externer Seite zugekauft, ist dessen Überprüfung in das Third-Party Risk Management (s. Kap. 12.1) mit einzubeziehen. Auch Rahmen gebende Faktoren sind dann mit einzubeziehen (z. B. Personalausstattung, Governance, Aussagefähigkeit in Bezug auf die eigenen Daten).

11.2.3.1 Funktionalität

Im Rahmen der Sicherstellung der Funktionalität ist es bspw. wichtig, ob es einen manuellen Anteil der Berechnungsmethoden gibt und somit Datenmanipulationsmöglichkeiten bestehen oder es sich um ein geschlossenes vollautomatisiertes System handelt. Entsprechend sind insb. im ersten Fall die Prozesse abzusichern. Die Funktionalität des Risikomodells sollte durch sog. Backtests oder Validierungen überprüft werden. Dies kann bspw. durch die Nutzung historischer Daten erfolgen, bei denen das Modellergebnis bereits bekannt ist. Ist das Ergebnis nach wie vor richtig und es ist bspw. aufgrund geänderter Bedingungen keine Kalibrierung erforderlich, kann die Nutzung des Modells fortgeführt werden. Ein weiteres Anwendungsgebiet ist die Überprüfung der Qualität des Risikomaßes. Die Vorgehensweise ist auch für die internen Ratingverfahren von Banken relevant. In diesem Zusammenhang wird die Prognosegenauigkeit der Ausfallwahrscheinlichkeit überprüft und die Übereinstimmung der vorhergesagten Anzahl von Ausfällen und tatsächlich eingetretenen Fälle gegenübergestellt. Gerade im Rating unterscheiden sich die Ausfalltypologien branchenspezifisch und können sich verändern. Häufig gelangt der sog. Binominaltest[10] zur Anwendung. Allgemein variieren die Methoden zwischen qualitativen und quantitativen Validierungsansätzen zur Überprüfung von:[11]

---

10 Aus der Statistik stammend wird davon ausgegangen, dass die Grundgesamtheit binominal verteilt ist (diskrete Wahrscheinlichkeitsverteilung) und beschreibt die Anzahl der Erfolge und Misserfolge (dichotome Merkmale) in einer Serie von gleichartigen und unabhängigen Versuchen. Hierbei werden Hypothesen und Merkmale überprüft.

11 Vgl. Deutsche Bundesbank (2003): Validierungsansätze für interne Ratingsysteme, in: Monatsbericht September 2003, S. 62.

- Datengrundlage: s. Kap. 2.8.5,
- Use-Tests: Bedienung des Modells und Verwendung der Daten im Rahmen des Entscheidungsverfahrens und Berichtswesens,
- Modelldesign: Effektivität in Bezug auf das im Fokus stehende Risiko,
- Backtesting: Abgleich der Realität mit den vom Modell prognostizierten Entwicklungen,
- Benchmarking: Vergleich zweier oder mehrerer Methoden untereinander.

11.2.3.2 Bedienung

Bei komplexen Risikomodellen oder teilautomatisierten Modellen sind entsprechende Dokumentationen (s. Kap. 3.4.2) und bei komplexen Themen eine ausreichende Schulung (s. Kap. 3.4.2.5) des verantwortlichen Personals entscheidend, um das Nutzerrisiko zu reduzieren. Für den Fall von MitarbeiterInnen-Fluktuation oder anderweitiger Abwesenheiten sollten Stellvertreterfunktionen eingerichtet werden. Hinzu gehören auch fehlerhafte Programmierung und Einrichtung der Parameter.

11.2.4 Ergebnisse

Wie bei der Bedienung, müssen zumeist auch die Ergebnisse des Risikomodells fachgerecht interpretiert werden, da sonst Konsequenzrisiken wie fehlerhafte Darstellungen im Berichtswesen und Fehlentscheidungen die Folge sein können. Schulungen (s. Kap. 3.4.2.5) und Stellvertreterregelungen sind auch hier angezeigt.

11.2.5 Berichtswesen

Zwei Bestandteile eines Risikomodells müssen in zumeist unterschiedliche Berichtsprozesse integriert werden. Sind die Interpretationen der Modellergebnisse fehlerfrei erfolgt, sind die Berichtsinhalte so zu gestalten, dass sie für den Berichtsempfänger verständlich und die Entscheidungsgrundlage bspw. für die Revisionen nachvollziehbar sind. Der Bericht ist an die entsprechenden Entscheidungsträger zu richten. Über die Ergebnisse der Modellüberprüfungen ist bspw. im Rahmen des Risk Committees (s. Kap. 3.2.2) ebenfalls Bericht (s. Kap. 4.7.2 und 13.1.6) zu erstatten. Die möglicherweise identifizierten Maßnahmen sind im Rahmen des Risikomanagementprozesses (s. Kap. 4) oder eines Projekts (s. Kap. 9) umzusetzen.

#RISKHACKS

- Dieses essenzielle Thema ist in Weisungen zu verorten und sollte in Prozessen, Handbüchern und Checklisten klaren Definitionen und Regeln folgen (s. Kap. 3.4.2).
- Es bietet sich an, unternehmens- und modellspezifische Risikotreiber zu identifizieren und definieren.

- Die Relevanz, Risiken, Überprüfungszyklen, Verantwortlichkeiten und Anpassungen sollten für jedes Modell gesondert dokumentiert werden.
- Das Modellinventar sollte durch klare Anweisungen aktuell gehalten werden.
- Festgestellte Soll-Abweichungen und deren Auswirkungen sind transparent darzustellen und zu beheben.
- Werden Modelle in Zeitverlauf angepasst, sind diese Anpassungen begründet zu dokumentieren, die Ergebnisse in Darstellungen entsprechend zu erklären und den Entscheidungsträgern näher zu bringen.
- Es sind insbesondere Risikomodelle zu neuartigen Themenstellungen mit in die Governance zu integrieren, wie z. B. autark arbeitende Digitalisierungen (s. Kap. 13), ESG-Score-Berechnungsmethoden (s. Kap. 15.3) oder geopolitische Einflüsse (s. Kap. 15.1). In diesem Zusammenhang kann auch eine häufigere Überprüfung angezeigt sein.

12 Third-Party Risk Management

Auslagerungen (Outsourcing) und Einlagerungen (Insourcing) werden vielerorts im Geschäftsverkehr zur arbeitsteiligen Leistungserstellung eingesetzt. Je nachdem, ob das eigene Unternehmen aufgaben auslagert oder Aufträge von einem anderen Unternehmen entgegennimmt, wird es wie in Abbildung 77 dargestellt zum Überwacher bzw. Überwachten.

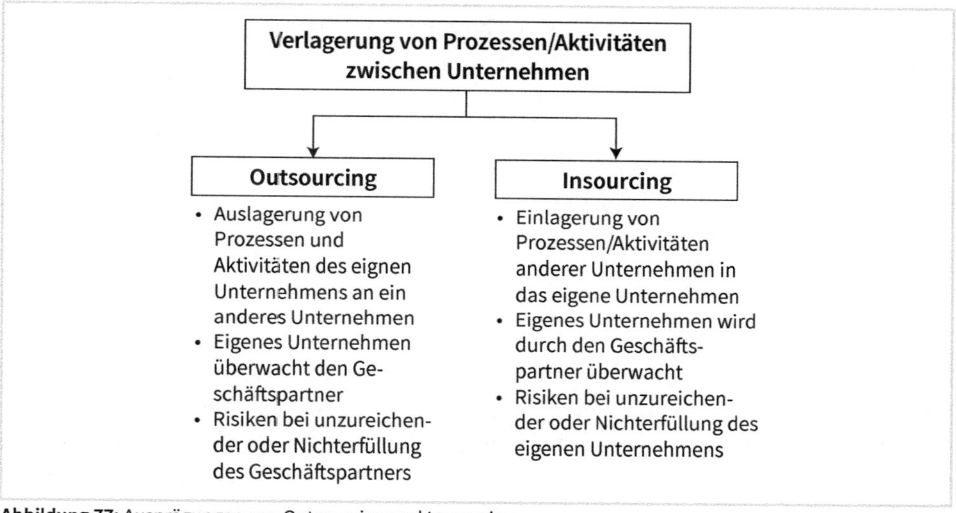

Abbildung 77: Ausprägungen von Outsourcing und Insourcing

Dabei ist es für den Regulator bei wesentlichen Auslagerungen unerheblich, ob die Leistungen innerhalb einer Unternehmensgruppe oder durch einen Dritten erbracht werden. Die Überwachungsmaßstäbe sind in beiden Fällen entsprechend hoch anzusetzen – mit entsprechenden aufwandsintensiven Konsequenzen für beide Parteien.

12.1 Auslagerung/Outsourcing[1]

- »Aus dem Trend zum Outsourcing von Dienstleistungen können Risiken entstehen, die etwa in einer Nichterfüllung der vereinbarten Qualitätskriterien durch den externen Dienstleister liegen können.«[2] Folgende weitere Risikoquellen lassen sich beispielhaft im Zusammenhang mit Auslagerungen[3] nennen:

1 Der Begriff »Outsourcing« steht für »outside resource using«. Vgl. Pehle, H./Rester, M. (2001): Outsourcing-Strategien als Instrument der Rentabilitätsoptimierung in Verbundsystemen, in: Schierenbeck, H./Rolfes, B./Schüller, S. (Hrsg.): Handbuch Bankcontrolling, 2. Aufl., Wiesbaden, S. 670.

2 Vgl. Brink, J. G. van den (2001) Operational Risk: the new challenge for banks, New York, S. 12.

3 I. S. d. § 25b Kreditwesengesetz (KWG), § 80 Wertpapierhandelsgesetz (WpHG) § 26 Zahlungsdiensteaufsichtsgesetz (ZAG) und § 36 Kapitalanlagegesetzbuch (KAGB) und »Ausgliederungen« i. S. d. Art. 274 Delegierte Verordnung (EU) 2015/35, § 32 Versicherungsaufsichtsgesetz (VAG) sowie bspw. § 25 des österreichischen Bankwesengesetz (BWG) verwendet.

- fehlende oder unzureichende Einhaltung von gesetzlichen und regulatorischen Anforderungen sowie fehlende Regulierungsäquivalenz im Zusammenhang mit wesentlichen (wichtig/kritisch[4]) Auslagerungen;
- länderübergreifende Einschränkungen;
- das Serviceunternehmen verfügt nicht über die geeigneten Voraussetzungen (Lizenzen, Striktheit der Regulierungsanforderungen, Kompetenz);
- Vereinbarungslücken, fehlende Abgrenzungen oder unklare Informationen sorgen für ein fehlendes Zusammenspiel beider Vertragspartner;
- die mit der Auslagerung angenommenen Kosteneinsparungspotenziale werden nicht realisiert;
- hohe Abhängigkeit vom Vertragspartner und Wissensverlust;
- intransparente Überwachung, unzureichendes Berichtswesen und die Ermangelung, rechtzeitig Entscheidungen treffen zu können;
- keine oder unzureichende Steuer-Compliance, z. B.
  - Verträge sind nicht »At-Arm‹s-Length« im Cost-Verfahren berechnet;
  - Innerhalb von Unternehmensgruppen entstehen verdeckte Gewinneinlagen/-ausschüttungen.

Zur weiteren Behandlung des Themas ist es wichtig, zwei wichtige Worte zu klären. Diese lauten »Verantwortlichkeit« und »Zuständigkeit«. Auch wenn das auslagernde Unternehmen (Outsourcing-Geber) bestimmte Teile der Leistungserstellung abgibt, bleibt es für die sach- und fachgerechte Aufgabenausführung gegenüber seinen Stakeholdern und Regulierungsbehörden verantwortlich. Das Dienstleistungsunternehmen (Outsourcing-Nehmer) erlangt für den ausgelagerten Teilbereich lediglich eine Zuständigkeit. Das heißt, die Geschäftsleitung und Kontrollfunktionen (s. Kap. 3.4.1) des auslagernden Unternehmens zeichnen für die Funktionsfähigkeit und Compliance beider Unternehmen im Rahmen der sie betreffenden Prozesse verantwortlich. Auch wenn sich monetäre Schäden durch eine entsprechende vertragliche Gestaltung oder den Abschluss von Versicherungen überwälzen (s. Kap. 4.4.2) lassen, verbleiben die Reputationsschäden im Falle von Problemen bei der Leistungserstellung sowie Haftungspotenziale gegenüber dem Endkunden und der Regulierungsbehörde beim Auslagernden. Auch die EBA hat hierzu detailliert Guidelines[5] entwickelt, die es von den Regulierungsbehörden des EWR zu beachten und zu monitoren sowie und durch die Banken einzuhalten gilt. Die weiteren Finanzdienstleister verfügen über äquivalente Anforderungen.

4 I. S. d. Art. 274 Delegierte Verordnung (EU) 2015/35 sowie für den Begriff »wesentlich« i. S. d. § 25b Kreditwesengesetz (KWG) und § 26 Zahlungsdiensteaufsichtsgesetz (ZAG), § 32 Versicherungsaufsichtsgesetz (VAG) sowie bspw. § 25 des österreichischen Bankwesengesetz (BWG).

5 EBA Guidelines on outsourcing arrangements (EBA/GL/2019/02) basieren auf der Verordnung (EU) Nr. 575/2013 des Europäischen Parlaments und des Rates vom 26.06.2013 über Aufsichtsanforderungen an Kreditinstitute und Wertpapierfirmen und zur Änderung der Verordnung (EU) Nr. 646/2012, Text von Bedeutung für den EWR.

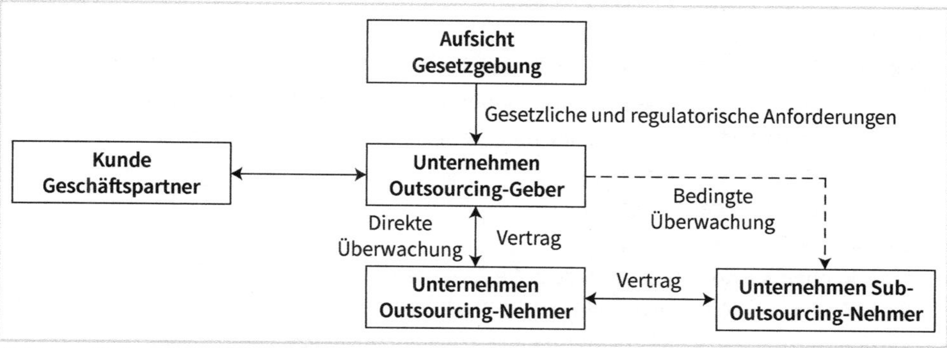

Abbildung 78: Outsourcing-Beziehungen

Wie in Abbildung 78 dargestellt, auferlegen Gesetz und Aufsichtsbehörden dem geschäftsbetreibenden Unternehmen sehr viele Anforderungen an den Betrieb des jeweiligen Finanzdienstleistungsgeschäfts. Der beaufsichtigte Auslagernde trägt für die Umsetzung der Anforderungen die Verantwortung. Gleichermaßen bestehen ggf. Verträge mit Kunden und Geschäftspartnern, die weitere Anforderungen vorsehen (s. Kap. 3.3). Überträgt der Auslagernde nun wesentliche Teilbereiche an das Dienstleistungsunternehmen, müssen die für die Leistungserstellung erforderlichen Vorgaben aller Seiten vertraglich an den Dienstleister übertragen werden. Komplizierter wird es zusätzlich, wenn sich der Dienstleister eines Subdienstleisters bedient, der wesentlich am Leistungserstellungsprozess beteiligt ist. Dieser muss nämlich mittelbar in die Überwachungsaktivitäten des Auslagernden einbezogen werden.

#RISKHACKS

- Vergessen werden sollte nicht, dass sich die Angriffsflächen und Fragmentierungen der Lieferketten des Unternehmens bei jeder Auslagerung und je nach Ausmaß der Angewiesenheit vom Serviceprovider vergrößern. Dies nicht nur im Zusammenhang mit der gewöhnlichen Zusammenarbeit, sondern bspw. auch im Hinblick auf Cybersicherheit (s. Kap. 15.2) und EU-Lieferkettengesetz (s. Kap. 15.3.3.2.1). Derartige nicht immer offensichtliche Gefährdungen und der damit einhergehende zusätzliche Überwachungsaufwand sollten in die folgenden »Make or Buy«-Erwägungen und ggf. das spätere Controlling einbezogen werden.

12.1.1 Vorüberlegungen, Analyse und Abgrenzung

Im Regelfall ist es schwierig das mit der Auslagerung einhergehende Risiko zu bestimmen, da keine Erfahrungswerte bestehen und der Erfolg von zu vielen Determinanten bestimmt wird. Diese sind – aber nicht abschließend – die eigene Vorbereitung, die Auswahl eines geeigneten Partners, Abstimmung einer reibungslosen Zusammenarbeit und die Auswirkung externer Faktoren auf die Auslagerungsbeziehung. Hier lassen sich ergänzend gesetzliche, regulatorische und steuerliche Aspekte nennen, die in diesem Kontext umzusetzen sind.

Bevor mit der Auslagerung von Teilprozessen eines Unternehmens begonnen werden sollte, sind diverse Abklärungen zu treffen. Im ersten Schritt gehört hierzu die Erarbeitung einer Begründung (Make or Buy). Diese kann insbesondere im Rahmen der Rechtfertigung gegenüber Aktionären von Bedeutung sein. Gründe für eine Auslagerung wären bspw.:

- Steigerung der Kosteneffizienz,
- Konzentration auf das Kerngeschäft,
- Einkauf von Expertenwissen,
- zurückgehendes Nebengeschäft (zu hohe Fixkosten im Selbstbetrieb),
- Beseitigung von qualitativen Schwachstellen in der Eigenproduktion,
- Flexibilisierung während konjunktureller Schwankungsphasen,
- Geschäftspolitische Gründe.

Vorbereitung	Vertragliche Gestaltung	Externe Leistungserstellung	Beendung des Vertrags
• Klärung Rationale für Auslagerung • Abgrenzung des auszulagernden Bereichs • Bewertung der Aufgaben • Logistische Aspekte • Ausschreibung und Fragebogenerstellung • Auswahl eines geeigneten Geschäftspartners • Entwicklung eines Alternativplans	• Ansprechpartner, Rollen, Kompetenzen • technische und organisatorische Aufgabenabgrenzung • Prüfung des Outsourcing Nehmers • Kündigungs- und Haftungsmodalitäten • Sicherung von Weisungs-, Einsichts-, Prüf- und Kontrollrechten • Vereinbarung von KPIs, Berichten und -zyklen • Schweigepflicht • Umgang mit Weiterverlagerungen • Aufbewahrungspflichten • Meldeverpflichtungen an die Aufsicht	• detaillierte Übergabe • laufende Überwachung des Prozesses, der Leistungen und des Outsourcing-Nehmers • Information von Kunden und Geschäftspartnern • Berichte des Outsourcing-Nehmers • Ausübung der Weisungs-, Einsichts-, Prüf- und Kontrollrechte • Überwachung des Auslagerungsnutzens	• weitere Nutzung der Kontrollrechte • rechtzeitige Abforderung der Dokumente und Aufzeichnungen • Übergabe oder Überleitung der Aufgaben • Archivierung der Unterlagen

Abbildung 79: Vorgehensweise Outsourcing-Prozess[6]

Gelangt der Auslagernde zur Entscheidung, dass eine Auslagerung die von ihm erwarteten Vorteile bringt, ist eine detaillierte Abgrenzung des auszulagernden Teilbereichs, zugehöriger Prozesse, Aufgabenstellungen, Kontrollen und Schnittstellen erforderlich. Das Aufgabenspektrum ist genau zu dokumentieren und die einzelnen Schritte sind zu bewerten, um die Kosteneffizienz einer Auslagerung beurteilen, vergleichen und später überwachen zu können. Bei dieser Bewertung sollten auch der im Unternehmen verbleibende und durch das Outsourcing bedingte Aufwand einfließen. Verglichen mit den Kosten, die bei einer vollständig eigenständigen Leistungserstellung entstehen würden, lässt sich eine geeignete Rentabilitätsanalyse durchführen. Auf diesem Wege klären sich auch die vom Dienstleister zu erbringenden Leistungen

6 Vgl. Gammelin, K. (2004): Raus Damit! – Damit beim Outsourcing nichts schief geht, sind Controlling und Risikomanagement ein Muss, in: RiskNews, 2/2004, S. 27.

und Anforderungen sowie die Schnittstellen der Prozesse. Im Rahmen der späteren laufenden Überwachung muss es ein Ziel sein, den ausgelagerten Bereich so kontrollieren zu können, als befände er sich nach wie vor im eigenen Unternehmen.

#RISKHACKS

- Die Vorbereitung und Definition einer Auslagerung ist eine der wichtigsten Phasen. Ist der Servicedienstleister ausgewählt, sind vertragliche Nachbesserungen zumeist mit maßgeblichen Kostenanpassungen verbunden. Hierbei ist es unerheblich, ob es sich um rahmengebende Regulierungs-, Compliance- und Risikoanforderungen handelt oder es den eigentlichen Dienstleistungsgegenstand betrifft.

12.1.1.1 Lokale und grenzüberschreitende Auslagerungen

Die Auslagerung von operativen Aktivitäten und Prozessen an Gruppengesellschaften oder an Drittunternehmen ist in der heutigen Zeit eine gängige Praxis. In diesem Zusammenhang verfestigen sich verschiedene Fachbegriffe, die es zu definieren, betrachten und diskutieren lohnt:

- Outsourcing beinhaltet den Transfer von operativen Aktivitäten/Prozessen an ein anderes rechtlich selbstständiges Unternehmen.
- Onshoring setzt den Transfer von operativen Aktivitäten/Prozessen in eine Region mit geringeren Kosten innerhalb der nationalen Grenzen voraus.
- Offshoring (Auslandverlagerung) ist der Transfer von operativen Aktivitäten/Prozessen in ein anderes Land. Das Offshoring kann weiter unterteilt werden in:
  - Nearshoring, das den Transfer von operativen Aktivitäten/Prozessen in ein nahes Ausland bedeutet und in einigen Definitionen um den Zusatz des Teilens einer Grenze ergänzt wird;
  - Farshoring definiert den Transfer von operativen Aktivitäten/Prozessen in ein weit entferntes Ausland. Hier werden häufig Beispiele zur Verdeutlichung der Auslagerung von bspw. Mitteleuropa nach Asien oder die USA angegeben.

Diese Definitionen sind nicht unproblematisch, da sie insbesondere gesetzliche regulatorische Anforderungen außer Acht lassen oder nicht präzise abgrenzen. Natürlich spielt auch der Auslagerungsgegenstand eine wesentliche Rolle. Aus Sicht der Europäischen Union ist es bspw. relevant, ob die Auslagerung in ein Drittland übertragen wird oder innerhalb des EU-Regulierungsraums[7] verbleibt. Verbleibt die Übertragung von operativen Tätigkeiten innerhalb der EU, finden die als äquivalent angesehenen Gesetze und Regularien Anwendung. Gegebenenfalls sind einzelne Adjustierungen erforderlich. Anders sieht es im Fall einer Auslagerung an ein Drittland aus – einem nicht EU-Land. In solchen Fällen muss vorgängig geprüft werden, ob

7 Eine Äquivalenz mit dem Europäischen Wirtschaftsraum kann im Regelfall angenommen werden.

die Auslagerung zulässig ist. Für derartige Konstellationen haben die Heimregulatoren mit den Regulatoren der Drittstaaten im Regelfall sog. Memoranda of Understanding (MoU) vereinbart, die festschreiben, welche Tätigkeiten in Drittstaaten ausgelagert werden dürfen. Die MoU sind im Regelfall nicht einsehbar. Aus EU-Sicht werden sie auf den Webseiten der zuständigen Regulierungsbehörden in die folgenden vier Kategorien aufgeteilt:

- Banken,
- Wertpapiere,
- Versicherungen,
- AIFMD.

Anhand der Kategorien und den in den jeweiligen zugrunde liegenden Regularien enthaltenen Geschäftsumfangsdefinitionen lässt sich eine Abdeckung und die Möglichkeit einer Auslagerung ableiten. Ist die Übertragung der Aufgaben möglich, muss geprüft werden, ob der Dienstleister die gesetzlichen und regulatorischen Anforderungen bereits erfüllt oder er vertraglich auf ein äquivalentes Niveau anzupassen ist. Gibt es keinen Hinweis auf eine Zulässigkeit, gibt es noch die Möglichkeit Kontakt mit dem Heimregulator aufzunehmen und Voraussetzungen sowie Möglichkeiten zu besprechen.«

Zwischenzeitlich verfügen Regulierungsbehörden, wie bspw. die BaFin, Online-Meldeverfahren im Hinblick auf die Anzeigepflicht von (wesentlichen) Auslagerungen, die sich seit dem 01.01.2022 über die Gesetze und Regularien der gesamten Finanzdienstleistungsbranche[8] erstrecken. Dabei sind nicht nur die klassischen Auslagerungen von Dienstleistungen im Mittelpunkt, sondern auch die in den Abschnitten digitalen. Durch die digitale Erfassung sollen oder können folgende Risiken überwacht und transparent gemacht werden:

- Einfluss auf den Finanzmarkt,
- Überblick über die Auslagerungsbeziehungen,
- Verausgabungs- und Abhängigkeitsgrad sowie Überwachungsfähigkeit (Empty-Shell-Thematik) von auslagernden Unternehmen,
- Identifikation des Wirkungskreises problematischer Servicedienstleister,
- Identifikation von Mehrmandantendienstleistern (MMDLn),
- besondere Überwachung von MMDLn.

Darüber hinaus sollen schwerwiegende Vorfälle über die Melde- und Veröffentlichungsplattform (MVP) der BaFin eingereicht werden. In diesem Zusammenhang kann es für MMDLn-Serviceunternehmen auch problematisch werden, wenn Schwachstellen durch Revisionen oder die Mandanten identifiziert und der Regulierungsbehörde zur Kenntnis gelangen. Denkbar ist auch eine weitere Nutzung, Erweiterung und Transparenzschaffung im Rahmen des Lieferkettensorgfaltspflichtengesetzes bzw. des EU-Lieferkettengesetzes (s. Kap. 15.3.3.2.1).

8 VAG, KWG, WpIG, ZAG, und KAGB.

#RISKHACKS

- Sollten aufgrund der fehlenden Möglichkeiten zur Einsichtnahme in die MoU Unsicherheiten hinsichtlich der Auslagerungsfähigkeit einzelner Services in einen anderen Regulierungsraum bestehen, empfiehlt sich die Kontaktaufnahme zum eigenen Regulator. Jedoch sollte ein klares Konzept zur Überwachung der Dienstleistung und ggf. Herbeiführung der Regulierungsäquivalenz bestehen.
- Die heimische Datenschutzbehörde kann zudem eine wertvolle Beratungsfunktion einnehmen, wenn es um die Klärung und Sicherstellung der Datenschutz-Äquivalenz (s. Kap. 15.4) und die Absicherung von sensiblen Daten natürlicher Personen geht.

12.1.1.2 Bestimmung der Wesentlichkeit

Grundsätzlich werden die Auslagerungen in wesentliche und unwesentliche unterschieden. Dabei sind die unwesentlichen Auslagerungsbeziehungen weniger bis gar nicht[9] zu überwachen. Wie in Abbildung 80 dargestellt, gibt es jedoch die Möglichkeit, eine Zwischenstufe zu wählen, solange die regulatorischen Kriterien für eine wesentliche Auslagerung nicht tragend werden. Im Regelfall werden in diesem Zusammenhang jedoch minderwertige unwesentliche Services hochgestuft, um Haftungspotenziale oder Konsequenzrisiken zu vermeiden, den Leistungserbringer enger zu führen oder ggf. Nachweise für einen Vertragskündigungsgrund anzusammeln.

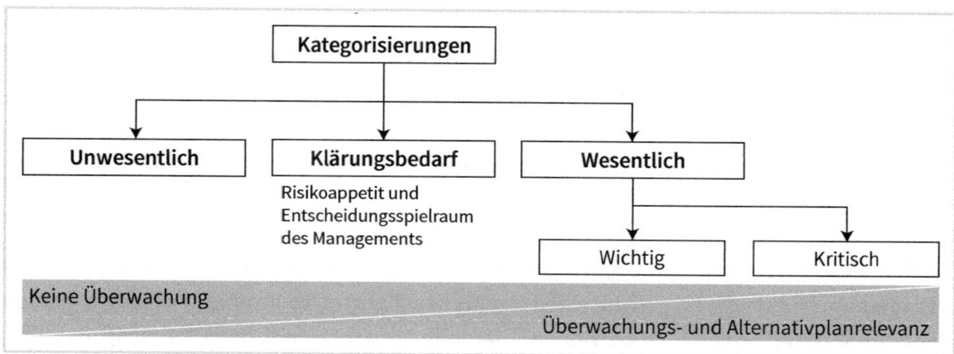

Abbildung 80: Klassifizierung von Auslagerungen in unwesentlich und wesentlich

Die Determinanten der Wesentlichkeitsbeurteilung sind weitgehend durch die Regulierungsbehörden, insb. der EBA[10], vorgegeben. Im Falle von Cloud- und IT-Auslagerungen sind weitere regulatorische Anforderungen im Rahmen der Beurteilung zu beachten (s. Kap. 3.3). Die

9 Es ist jedoch zu beachten, dass die Steuer-Compliance durch entsprechende Kostenverrechnungen dennoch herzustellen ist. Diese sind auch relevant bei Verrechnungen zwischen Unternehmen der Unternehmensgruppe.

10 EBA Guidelines on outsourcing arrangements (EBA/GL/2019/02).

Wesentlichkeit (»Substantiality«) gliedert sich dabei in zwei weitere zu Beurteilungskategorien, nämlich »wichtig« (»Materiality«) und »kritisch« (»Criticality«).

Sind gleich mehrere Themenkomplexe oder Tätigkeiten an einen Auslagerungsnehmer übertragen, zählt für die Kategorisierung der Gesamtauslagerungsbeziehung das wesentlichere Teilthema.

12.1.1.2.1 Wichtigkeit

Zur Beurteilung der Wichtigkeit einer Auslagerung sind folgende Fragestellungen seitens der EBA vorgesehen:

1. Wird die ausgelagerte Tätigkeit dauerhaft erbracht?
2. Wird die ausgelagerte Tätigkeit unabhängig erbracht?
3. Führt die Tätigkeit zu Einflüssen auf Aufzeichnung, zu Einschränkungen und Überwachungen von Markt-, Kredit-, Ausfall-, Zahlungs-, Liquiditäts- und Reputationsrisiken sowie operationelle und Rechtsrisiken?

Die Tätigkeit ist:

1. eine Funktion, die aufgrund gesetzlicher Anforderungen vom Auftragsnehmer erbracht werden muss?
2. ein Marktinformationsdienst (ohne Auftragnehmer wie Bloomberg)?
3. eine globale Netzwerkstruktur (ohne Auftragnehmer wie Mastercard, VISA, American Express)?
4. eine Clearing- oder Settlement-Vereinbarung zwischen Clearing-Unternehmen, zentralen Kontrahenten oder Settlement-Instituten und ihren Mitgliedern?
5. eine globale Finanznachrichten-Infrastruktur, die durch relevante Regulatoren überwacht wird?
6. ein Korrespondenzbank-Service?
7. ein Zukauf einer Tätigkeit, die nicht anderweitig durch das Institut oder den Zahlungsverkehrsdienstleister erbracht werden würde?

Werden die Fragen 1 bis 3 mit einem »ja« beantwortet, handelt es sich um eine wesentliche Auslagerung. Ist eine der Fragen mit einem »nein« beantwortet, sollte eine Einschätzung durch einen Spezialisten vorgenommen werden, der Regulierungsgrundlage beherrscht und über einen sehr guten Überblick über die ausgelagerten Tätigkeiten verfügt. Die Fragen 4 bis 10 müssen mit einem »nein« beantwortet werden, um die Auslagerung als wesentliche Auslagerung zu klassifizieren. Ist eine der Fragen mit einem »ja« beantwortet, handelt es sich grundsätzlich um keine wesentliche Auslagerung.

12.1.1.2.2 Kritikalität

Zur Beurteilung der Kritikalität einer Auslagerung sind folgende Fragestellungen seitens der EBA vorgesehen:

Ist die betrachtete Tätigkeit
1. eine interne Kontrollfunktion?
2. eine Bank- oder Zahlungsverkehrsfunktion?
3. in einem Umfang geplant, sodass sie eine Autorisierung bei der verantwortlichen Regulierungsbehörde benötigt?

Würde ein Mangel im Rahmen der Leistungserbringung bedeuten, dass
1. eine Compliance im Rahmen der Lizenzierung oder anderen Verpflichtungen nicht mehr eingehalten werden kann?
2. die finanzielle Leistung nicht mehr gegeben ist?
3. die Zuverlässigkeit oder Kontinuität der Bankdienstleistungen oder Zahlungsverkehrsdienstleistungen nicht mehr erbracht werden kann?

Wird eine der Fragen 1 bis 3 mit einem »ja« beantwortet, ist eine kritische Auslagerung gegeben. Wird eine der Fragen 4 bis 6 mit einem »ja« beantwortet, so handelt es sich ebenfalls um eine kritische Auslagerung. Werden nur 1 bis 2 der sechs Fragen mit einem »ja« beantwortet, sollte eine Einschätzung durch einen Spezialisten vorgenommen werden, der Regulierungsgrundlage beherrscht und über einen sehr guten Überblick über die ausgelagerten Tätigkeiten verfügt. Einige Regulatoren geben in diesem Zusammenhang auch Faustregeln vor, die einen wesentlichen Hinweis anbieten. So sollten wichtige ausgelagerte Tätigkeiten, die nicht sofort ersatzweise selbst übernommen werden können und einen wichtigen Unternehmensprozess um ca. 30 % einschränken können, als wesentlich eingestuft werden – der Prozess gilt als businesskritisch.

12.1.1.3 Abhängigkeit vom Servicedienstleister

Mit jeder Auslagerung begibt sich der Auslagernde einmal mehr in eine Abhängigkeit eines Servicedienstleisters. Der Grad der Abhängigkeit wird vom Umfang und der Wesentlichkeit der Auslagerung determiniert. Folgende Überlegungen sind im Zusammenhang mit dem Servicedienstleister anzustellen:
- aktuelle und künftige Abhängigkeit des eigenen Unternehmens,
- Auswirkung der Auslagerung im Kontext der Unternehmensgruppe,
- Abhängigkeit des Servicedienstleisters von anderen Großauftraggebern – auch im Hinblick auf die Größenordnung des eigenen Auftrags.

Problematisch kann eine Auslagerungsbeziehung auch dann werden, wenn der Auslagerungsgeber
- zu viel auslagert und dadurch nicht in Lage wäre, die Services im Notfall zurückzunehmen oder eine Alternative zu schaffen (Ressourcen);
- nicht mehr in der Lage ist, die Auslagerungen, Qualität, Leistung, Risiken sowie die Einhaltung der gesetzlichen und regulatorischen Anforderungen (s. Kap. 3.3) zu überwachen und zu beurteilen;

- zu einer sog. »Empty Shell« avanciert, der es maßgeblich an Substanz und Wissen mangelt, seiner Verantwortung regulierungskonform und ohne das Eingehen von Risiken der zweiten und dritten Ordnung (s. Kap. 2.7.3) gerecht zu werden.

Die Vorüberlegungen sind in den gesamten Verlauf der Etablierung der Outsourcing-Partnerschaft mit einzubeziehen:
- Vertragsgestaltung,
- Entwicklung eines Alternativplans,
- fortlaufenden Überwachung des Outsourcing-Nehmers,
- mögliche Vertragsauflösung.

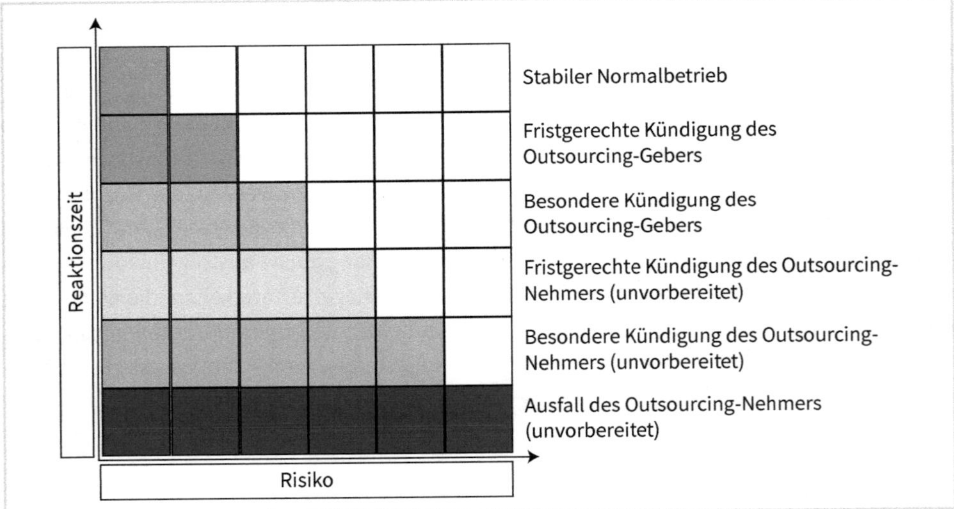

Abbildung 81: Risiko aus Sicht des Outsourcing-Gebers

Mit hoher Wahrscheinlichkeit wird die Auslagerung Gegenstand eines stabilen Normalbetriebs sein. Jedoch sollten auch die Kündigungsrechte aus Sicht des Auslagernden Berücksichtigung finden. Den Zeitpunkt der fristgerechten und der Kündigung aus besonderem Grund kann der Auslagernde selbst bestimmen und sich deshalb entsprechend vorbereiten. Für die fristgerechte Kündigung sollte deshalb eine Kündigungsfrist gewählt werden, die der Wesentlichkeit und der Komplexität der Auslagerung Rechnung trägt und die rechtzeitige Einleitung und Umsetzung entsprechender Maßnahmen möglich macht. Die Kündigung aus besonderem Grund hängt meist mit einer schlechten Leistungserstellung des Servicedienstleisters zusammen. Hier kann es schon zu einem Balanceakt zwischen Akzeptanz der Situation, der Einleitung entsprechender alternativer Maßnahmen und der Wahl des damit verbundenen richtigen Zeitpunkts kommen.

Riskanter wird es, wenn die Kündigung vom Servicedienstleister ausgeht. Handelt es sich um eine fristgerechte Kündigung und ist diese auf die Wesentlichkeit und Komplexität abgestimmt, erfolgt diese dennoch überraschend und erfordert eine zeitnahe Umsetzung von alternativen Maßnahmen. Problematischer wird es, wenn der Servicedienstleister aus besonderem Grund kündigt. Hier bleibt zumeist wenig Zeit für die Einleitung und Umsetzung alternativer Pläne. Die Reaktionszeit kann äußerst gering sein. Noch geringer kann die Reaktionszeit ausfallen, wenn der Servicedienstleister plötzlich ausfällt oder sein Geschäft nicht weiter betreiben darf. Hierfür kann es verschiedene Ursachen geben, deren Überwachung unbedingt in dediziertes Outsourcing-Controlling einbezogen werden müssen. Hierzu zählen u. a. – aber nicht abschließend:

- Anordnung der Geschäftseinstellung durch einen Regulator,
- Finanzielle Schieflage (Moratorium, Insolvenz),
- Cyber-Attacken oder andersartige IT-Ausfälle.

Diese letzte Risikobetrachtung sollte eigentlich mit der geringsten Eintrittswahrscheinlichkeit verbunden sein, allerdings beinhaltet dieses Szenario – je nach Wesentlichkeit und Komplexität der Auslagerung – eine äußerst signifikante Schadenhöhe, die bis zum Betriebsuntergang des Outsourcing-Gebers reichen kann.

12.1.1.4 Besondere Anforderungen an IT und Cloud

Im Grundsatz beinhaltet Kap. 3.1.3 bereits Verweise zu gesetzlichen und regulatorischen Anforderungen an die IT. Aber auch Spezialthemen, wie Cybersicherheit (s. Kap. 15.2), Datenschutz (s. Kap. 15.4) und Business Continuity und Resumption Management (s. Kap. 14) müssen in die vertraglichen Anforderungen an das Serviceunternehmen integriert werden. Auch ergeben sich im Rahmen der Auslagerung die nachfolgenden allgemeinen und cloudspezifischen Anforderungen, die zusätzlich zu integrieren sind. Alles jedoch in einem Gesamtrahmen, der eine Gesamtrisikosteuerung und transparente Überwachung für das eigene Unternehmen ermöglicht.

12.1.1.4.1 Spezielle Regelungen im IT-Bereich

Die IT ist für Finanzdienstleister eine der wesentlichsten Abhängigkeiten zur Aufrechterhaltung des Betriebs und betrifft auch den nachfolgenden Kap. 12.1.1.4.2. Für die Regulatoren ein Spezialgebiet, welches europäisch und national prinzipien- und proportionalitätsorientiert (s. Kap. 2.7.1) reguliert wird und verstärkten Fokus auf das Notfallmanagement, Informationsrisiko, Informationssicherheitsmanagement (s. Kap. 3.1.3), Anforderungen an den Servicedienstleister und Vertragsgestaltungen legt. Unabhängig davon, ob sich die IT im eigenen Haus befindet oder ausgelagert ist, sind Need-to-know- und Least-Privilege-Prinzipien[11] durch eine entsprechend sparsame Zugriffs- und Berechtigungsvergabe vorzusehen, um auch der Ver-

11 Principle of Least Privilege (POLP): Best-Practice im Rahmen der IT-Security zur Beschränkung der Zugriffsrechte von MitarbeiterInnen und Vertragspartnern auf Daten und Ressourcen.

breitung von Mal- und Ransomware (s. Kap. 15.2) vorzubeugen. Auch der Datenschutz kann hier ein entscheidendes Gewicht haben (s. Kap. 15.4) – gerade in einer Zeit in der Digitalisierung und Wettbewerbsfähigkeit sehr große Determinanten für den Unternehmenserfolg sind. Auch die COVID-19-Pandemie hat gezeigt, wie wichtig der digitale Zugang zum Unternehmen für Mitarbeitende, Kunden und Geschäftspartner ist. Die Flexibilität kann im Rahmen von Auslagerungen auch von anderen Faktoren bestimmt werden.

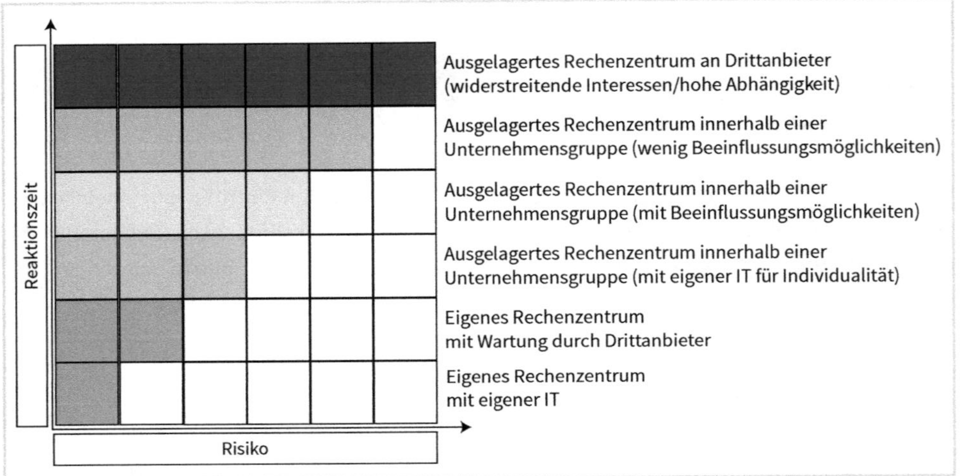

Abbildung 82: Abhängigkeit vom Rechenzentrum

Von der Beeinflussbarkeit, der Umsetzungsindividualität und -geschwindigkeit ideal und am besten steuerbar ist es, wenn das Unternehmen über ein eigenes Rechenzentrum mit entsprechendem eigenem Personal verfügt. Jedoch ist auch nicht zu vernachlässigen, dass der vollständige Cyber- und IT-Schutz dann ebenfalls selbst sichergestellt werden muss. Das kann in der heutigen Zeit insbesondere kleiner Finanzdienstleister vor eine sehr große Herausforderung stellen. Die Wartung des eigenen Rechenzentrums unter Einbezug von Drittanbietern ist ebenfalls eine mögliche Lösung, die aber den ersten Schritt in die Abhängigkeit von Dritten darstellt. Hier ist es aber möglich, auf unterschiedlich spezialisierte Dienstleister und Back-ups zurückzugreifen.

In der nächsten Betrachtung begibt sich das Unternehmen in eine Abhängigkeit von einem mit den IT-Dienstleistungen beauftragten Unternehmen der Unternehmensgruppe. Hier wird der Rahmen der IT von der Unternehmensgruppe bestimmt und somit vorgegeben. Ein gewisses Maß an IT-Flexibilität und -Individualität kann dennoch durch das eigene Unternehmen durch eine Teilautonomie sichergestellt werden. Wird die vollständige IT durch das Unternehmen der Unternehmensgruppe übernommen, stellen sich bereits verschiedene Fragen. Diese zielen auf die Wesentlichkeit des Unternehmens im Gesamtgruppenkontext, des damit verbundenen Geschäfts, das Ticketmanagement und die Durchsetzungsfähigkeit der Geschäftsleitung ab. Im Rahmen der Bewirtschaftung im Gesamtgruppengefüge sollte jedoch ein gewichtiges Interesse bestehen, dass zugehörige Unternehmen wettbewerbs- sowie marktfähig bleiben und Änderungsbedarf zeitnah umgesetzt werden.

Das führt uns zur nächsten sowie höchsten Risiko- und Abhängigkeitsstufe: die Abhängigkeit von Dritten, die gleichzeitig Outsourcing-Nehmer für weitere Drittparteien sind. Hier können sich sogar widerstreitende Interessen ergeben. Während der Outsourcing-Geber ein hohes Interesse an Wettbewerbsfähigkeit und schneller Umsetzung von Innovationen und effizienten Lösungen hat, möchte der Outsourcing-Nehmer Kosten sparen, ein ertragreiches Geschäft führen und muss sich um die Anforderungen auch anderer Outsourcing-Geber bemühen.

#RISKHACKS

- Es empfiehlt sich immer insbesondere in die Aufgabenabgrenzung sehr viel Zeit zu investieren, da spätere zusätzliche Leistungsvereinbarungen immer mit Vertragsanpassungen und Zusatzkosten einhergehen. Je vorausschauender ein Vertrag gestaltet wird, desto größer ist die Wahrscheinlichkeit, dass der Vertrag wieder angepasst werden muss und Preisteuerungsraten Eingang finden.
- Eine detaillierte Darstellung der Aufgabenteilung zwischen Outsourcing-Geber und -Nehmer sorgt für einen reibungslosen Ablauf von Beginn an.
- Über den Aufbau einer für das Geschäft geeigneten IT sollten von Beginn an Überlegungen angestellt werden. Strategisch kann es sinnvoll sein, die IT im eigenen Hause zu betreiben, um die Wettbewerbsfähigkeit und Flexibilität aufrechterhalten zu können.
- Anforderungen zur Ausführung von Aufträgen und Anpassungen sollten bereits im Auswahlverfahren des Outsourcing-Nehmers Eingang finden und im Vertrag verankert werden. Hierbei kann auch die Vereinbarung von Key Performance Indicators (s. Kap. 6.3) einen wesentlichen Beitrag liefern.

12.1.1.4.2 Spezielle Regelungen im Cloud-Bereich

Cloud-Dienste sind Dienste, die mithilfe von Cloud Computing erbracht werden, d. h. ein Modell, das ortsunabhängigen, komfortablen und bedarfsgesteuerten Netzwerkzugriff auf einen gemeinsamen Pool konfigurierbarer Rechenressourcen ermöglicht (wie Netzwerke, Server, Speicher, Anwendungen und Services) und sich schnell sowie mit einem Mindestmaß an Verwaltungsaufwand oder Interaktion des Dienstleisters implementieren und freischalten lässt.[12] Der neue Trend, Daten in einer Cloud zu speichern, realisiert einige Vorteile und Produktivität hinsichtlich Skalierbarkeit, Datenverfügbarkeit und -verarbeitungsgeschwindigkeit sowie detektiver Auswertungsmöglichkeiten durch Artificial Intelligence/Machine-Learning-Lösungen (s. Kap. 13.1.5). Ein Bedarf, der über die letzten Jahre rasant zunimmt und auch mit Risi-

12 EBA/REC/2017/03 vom 20.12.2017, S. 3; nachfolgend in EBA/GL/2019/02 überführt.

ken verbunden ist. Seitens der ESMA wird auch die Auslagerung, ein möglicher Ausfall sowie der daraus resultierende Schaden aus Sicht der Finanzstabilität in unterschiedlichen Szenarien untersucht.[13] Dies auch im Hinblick mit den anhaltenden Digitalisierungs- und Automatisierungsbestrebungen (s. Kap. 13) vieler Unternehmen. Weitere Herausforderungen können durch die Migrationsphase im Rahmen von Altverträgen, mangelnde Kontrollmöglichkeiten (s. Kap. 6.1), Lock-in-Effekte und Datenabflüsse entstehen. Auch bei der Auswahl eines geeigneten Cloud-Serviceanbieters bestehen derzeit noch gesetzliche und regulatorische Diskrepanzen. Beispielhaft sei hier die Datenschutzregulierung zwischen der EU (s. Kap. 15.4) und dem US-Cloud-Act angeführt, da die US-Anbieter den weltweiten Markt determinieren.

Hierbei sind die in Abbildung 83 dargestellten Cloud-Lösungen zu unterscheiden.

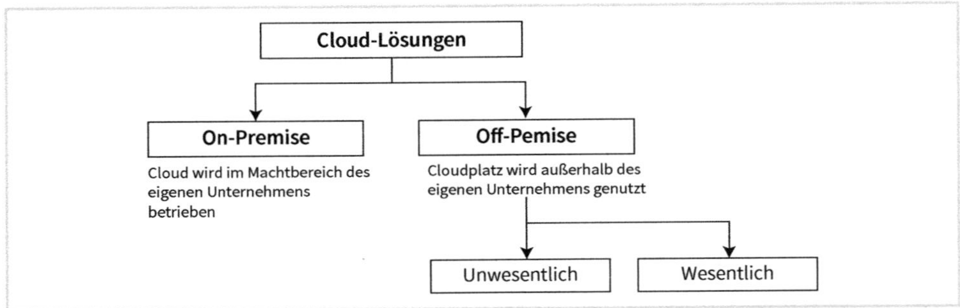

Abbildung 83: Systematisierung der Cloud-Nutzungsmöglichkeiten

Während der Betrieb einer eigenen Cloud (On-Premise) die üblichen Schutzvorrichtungen bspw. hinsichtlich der Cybersicherheit erfordert, befinden sich Off-Premise-Lösungen im Fokus der Regulatoren. Datenschutzbehörden bieten Beratungsleistungen an. EBA[14], ESMA[15], EIOPA[16] und lokale Regulierungsbehörden veröffentlichen dedizierte Vorgaben für wesentliche (wichtig/kritisch) Cloud-Auslagerungen. Clouds werden i. d. R. in Form der folgenden Dienstleistungsmodelle zur Verfügung gestellt:

- Infrastructure as a Service (IaaS, Bereitstellung von Rechenleistungen und Speicherplatz)
- Platform as a Service (PaaS, Bereitstellung von Entwicklerplattformen)
- Software as a Service (SaaS, Bereitstellung von Softwareapplikationen/Webanwendungen).

13 Vgl. Asensio, C./Bouveret, A./Harris, A. (2022): European Security and Markets Authority (ESMA) Working Papier No. 2: Financial stability risks from cloud outsourcing.

14 EBA Guidelines on outsourcing arrangements (EBA/GL/2019/02) und die darin integrierten Recommendations on outsourcing to cloud service providers (EBA-Rec-2017-03) sowie der Entwurf des Digital Operational Resilience Act (DORA).

15 ESMA Guidelines on outsourcing to cloud service providers (ESMA50-164-4285).

16 EIOPA: Guidelines on outsourcing to cloud service providers (EIOPA-BoS-20-002).

Die unterschiedlichen Dienstleistungsmodelle unterscheiden sich auch hinsichtlich ihrer organisatorischen und technischen Überwachung durch den Auslagernden. Entsprechend sind initiale und fortlaufende Kontrollmaßnahmen festzulegen und umzusetzen:[17]

- IaaS: Der Auslagernde verfügt über die volle Kontrolle über das IT-System vom Betriebssystem aufwärts, da die Systeme im Einflussbereich des Auslagernden betrieben werden.
- PaaS: Der Auslagernde hat nur noch die Kontrolle über seine Anwendungen, die auf der Plattform betrieben werden.
- SaaS: Hier übergibt der Auslagernde praktisch die ganze Kontrolle an den Cloud-Anbieter.

Mit zunehmender Komplexität des in Anspruch genommenen Dienstleistungsmodells und abnehmenden Kontrollmöglichkeiten sind entsprechende Auswahl und Überwachungsmaßnahmen vorzusehen und umzusetzen. Die BaFin empfiehlt in diesem Zusammenhang die folgenden Maßnahmen zur Durchführung einer Risikoanalyse zur Beurteilung/Bewertung eines Cloud-Anbieters:[18]

- Art und Ausgestaltung des genutzten Cloud-Dienstes:
  - Public Cloud: Die Infrastruktur befindet sich »on premises« des Cloud-Providers und wird für die öffentliche Nutzung bspw. für Speicherungen, Tests und Entwicklungsarbeiten zur Verfügung gestellt.
  - Private Cloud: Der Service steht nur für die Nutzung einer Organisation zur Verfügung. Sämtliche Services befinden sich innerhalb einer privaten Cloud und ermöglichen dadurch eine verbesserte Einhaltung von IT-Auslagerungsanforderungen.
  - Hybrid-Cloud: Kombination der Infrastrukturen einer Public und Private Cloud im separaten geschützten Bereich mit Daten- und App-Portabilität.
- Wesentlichkeit des auszulagernden Sachverhalts, d. h. eine Beurteilung, ob der Sachverhalt für die Geschäftsfortführung des beaufsichtigten Unternehmens wichtig/kritisch ist;
- Risiken, die sich aus dem gewählten Dienstleistungs- und Bereitstellungsmodell ergeben;
- finanzielle, operationelle (z. B. Systemausfall, Sabotage) Risiken, einschließlich der rechtlichen Risiken (z. B. Risiken der Rechtsdurchsetzung, datenschutzrechtliche Risiken) sowie Konsequenzrisiken (Reputationsrisiken); dazu zählen auch Erwägungen zum Standort der Datenspeicherung und -verarbeitung i. V. m. möglichen Anforderungen an den Datenschutz und Problemen mit Drittländern (s. Kap. 15.4.1);
- Maßnahmen zur Sicherstellung der IT-Sicherheit;
- Eignung des Cloud-Anbieters (Fähigkeiten, Infrastruktur, wirtschaftliche Situation, gesellschaftsrechtlicher und regulatorischer Status etc.); soweit sinnvoll können hierfür Nachweise/Zertifikate (s. Kap. 12.3) auf Basis gängiger Standards (z. B. Internationaler Sicherheitsstandard ISO/IEC 2700X der International Organization for Standardization, C 5-Anforderungskatalog des Bundesamtes für Sicherheit in der Informationstechnik, ISAE

17 Vgl. Bundesamt für Sicherheit in der Informationstechnik (o. J.): Was ist Cloud Computing? Abrufbar unter: https://www.bsi.bund.de/DE/Themen/Unternehmen-und-Organisationen/Informationen-und-Empfehlungen/Empfehlungen-nach-Angriffszielen/Cloud-Computing/Grundlagen/grundlagen_node.html (Zugriff: 18.04.2022).

18 Vgl. BaFin Merkblatt – Orientierungshilfe zu Auslagerungen an Cloud-Anbieter (November 2018).

3402), Prüfberichte anerkannter Dritter oder interne Prüfberichte des Cloud-Anbieters herangezogen werden. In diesem Rahmen können die Zertifizierungsberichte allerdings nur als eine ergänzende Unterstützung gesehen werden, um sich ein ergänzendes Bild über die Effektivität der IT-Absicherung und des Kontrollframeworks zu verschaffen;

- Konsolidierung der Risiken im Falle der Auslagerung mehrerer Sachverhalte an einen Cloud-Anbieter;
- Risiken, die mit Aufsichtsbeschränkungen (s. Kap. 12.1.1.1 Memoranda of Understanding) in den Ländern einhergehen, in denen die Sachverhalte erbracht oder die Daten gespeichert oder verarbeitet werden.
- Risiken der geopolitischen Lage (allgemeine Stabilität von Politik und Sicherheit) und der anwendbaren Gesetze (einschließlich Gesetze zum Datenschutz) in den betreffenden Gerichtsbarkeiten, die in diesen Gerichtsbarkeiten geltenden Vorschriften zur Rechtsdurchsetzung, einschließlich insolvenzrechtlicher Vorschriften, die bei einem Ausfall des Cloud-Anbieters greifen würden (s. Kap. 12.1).
- Risiken für die Integrität, Verfügbarkeit, Vertraulichkeit und Authentizität der Sachverhalte sowie der verarbeiteten oder gespeicherten Daten unter Berücksichtigung von
  - etwaigen Zugriffsmöglichkeiten auf Daten durch andere Jurisdiktionen,
  - Risiken durch unterschiedliche Schnittstellen zwischen eigenen und fremden Systemen,
  - Risiken infolge außerordentlicher Vertragsbeendigung z. B. Datenverlust, eingeschränkte Übertragbarkeit der Daten auf einen neuen Dienstleister.
- Risiken aus Weiterverlagerungen durch den Cloud-Anbieter (Sub-Auslagerung).

Die Beurteilung der Wesentlichkeit bestimmt sich dabei ebenfalls nach den in Kap. 12.1.1.2 definierten Kriterien. Die mit der Wesentlichkeit verbundenen Anzeigepflichten an die lokale Regulierungsbehörde kommen auch hier zur Anwendung. Auch übergreifende vorhandene und entstehende EBA-Guidelines zur Informations- und Telekommunikationstechnologie (IKT)[19] beinhalten ebenfalls Hinweise zum Umgang mit Cloud Services. Auch diese Auslagerungen sollten abhängig vom inhärenten Risiko regelmäßig überprüft werden.

#RISKHACKS

- Aufsichtskonforme Gestaltung der finanzmarktspezifischen Zusatzvereinbarungen sowie Berücksichtigung, dass die regulatorischen geforderten Vertragsinhalte in Drittstaaten unbekannt sind;
- Auswahl des Standorts des Cloud-Dienstleisters im Hinblick auf gesetzliche und regulatorische Äquivalenz;
- Prüfung der regulatorischen Entwicklungen (s. Kap. 3.3) im Zusammenhang mit der Nutzung von Off-Premises-Clouds, aber auch dem Einsatz moderner Technologien (s. Kap. 13);

19 EBA Guidelines on ICT and security risk management (EBA/GL/2019/04).

- wie im klassischen Auslagerungsbereich auch, sollten Strategien und Prozesse entwickelt sowie dokumentiert werden (s. Kap. 3.4.2), die aber auch diesem Spezialthema und dem Business Continuity Management (s. Kap. 14) Rechnung tragen. Denkbar wäre bspw. die Spiegelung des Cloud-Inhalts für einen Ausfall des Anbieters oder der Cloud sowie eine Notfallumschaltungsvorrichtung;
- Integration der besonderen Eigenschaften in das Risikomanagement und die Auslagerungsüberwachung des Unternehmens oder Durchführung von Sammelprüfungen durch mehrere Cloud-Nutzer bei gleichartiger Nutzung sowie ergänzendes Heranziehen von unabhängig erstellten Prüfberichten (s. Kap. 12.3); ggf. Organisation der gemeinsamen Nutzung und Prüfung über die einschlägigen Berufsverbände;
- Überwachung der Abhängigkeit von einem Cloud-Dienstleister versus zu starke Streuung und somit Erhöhung des Überwachungsaufwands bei gleichzeitiger Reduktion der Überwachbarkeit;
- Kategorisierung der (wesentlichen) Cloud-Auslagerungen und Einleitung des anzeigepflichtigen Meldeverfahrens.

12.1.2 Auswahl eines geeigneten Partners

Die abgegrenzten Tätigkeiten sind im Rahmen der Ausschreibung mit einzubeziehen, um die Kompetenz und Erfahrungen der sich im Auswahlverfahren befindlichen Unternehmen mit abzuprüfen. Bei der Auswahl des geeignetsten Outsourcing-Nehmers sind nicht immer die zu erwartenden Kosten das wesentliche Argument. Jedenfalls lohnt sich in der Regel der Vergleich zwischen unterschiedlichen Anbietern.

12.1.2.1 Rahmenbedingungen

Sofern relevant, sind im Rahmen des Auswahlprozesses auch übergreifende logistische Aspekte zu berücksichtigen. Hierzu zählen z. B.

- Gesetzes- und Regulierungsäquivalenz,
- Nähe zum Auslagerungsgeber,
- Nähe zum Kunden.

Gerade im Rahmen einer Auslagerung in ein Drittland kann die Gesetzes- und Regulierungsäquivalenz eine entscheidende Relevanz haben. Ist diese nämlich anwendbar und muss umgesetzt werden, sollten nicht nur die drei Verteidigungslinien (s. Kap. 3.4.1.1.3) mit den Anforderungen vertraut sein. Es ist auch von Vorteil, wenn die Regulierungsbehörde ein Äquivalent darstellt und auch der Wirtschaftsprüfer die Umsetzung der Anforderungen überprüft.

12.1.2.2 Servicedienstleister als langfristiger Partner

In der Regel wird ein Servicedienstleister als langfristiger Partner für eine vertrauensvolle Zusammenarbeit ausgewählt. Andernfalls wäre der Aufwand für Vorarbeiten, Auswahlprozess und fortlaufende Überwachung nicht lohnend. Hierbei wird sehr häufig vernachlässigt, dass auch eine passende Governance, kulturelle Aspekte (s. Kap. 2.6) und Übereinstimmungen eine wesentliche Voraussetzung für eine reibungslose Zusammenarbeit darstellen.

Auch der Track-Record des Outsourcing-Nehmers sollte im Rahmen des Auswahlprozesses zur Entscheidungsfindung herangezogen werden. Es ist davon auszugehen, dass bereits andere Unternehmen an den potenziellen Geschäftspartner ausgelagert haben. Dennoch sollte überprüft werden, ob die bisher geleisteten Arbeiten deckungsgleich mit den eigenen Anforderungen sind und entsprechend bewältigt werden können.

12.1.2.2.1 Fragebogen

Zu den ermittelten Anforderungen ist ein umfassender Fragebogen für die potenziellen Servicedienstleister zu erstellen. Dieser erleichtert die Arbeit bei einer gezielten Abfrage der Anforderungen und ermöglicht eine erste Vorauswahl. Hierbei sind ggf. auch rechtliche Voraussetzungen zu beachten, die durch den Servicedienstleister erfüllt werden müssen. Hier sollten auch aktuelle Themen Eingang finden und abgeprüft werden, wie ESG (s. Kap. 15.3) und Sicherstellung der Cybersicherheit (s. Kap. 15.2). Auch unterstützen die Fragebögen dabei, den potenziellen Servicedienstleister kennenzulernen und einen ersten Eindruck zu erhalten.

12.1.2.2.2 Überprüfung der initialen Compliance und des Reputationsschutzes

Zwar ist der Schwerpunkt dieses Buchs nicht die Compliance, jedoch soll an dieser Stelle darauf hingewiesen werden, dass sich die Wahl des falschen Partners aus Sicht der Compliance ebenfalls auf die Reputation des eigenen Unternehmens auswirken und zu nachhaltigen Schäden führen kann. Deshalb sollte die Überprüfung des Regulierungsrahmens und der Compliance bereits vor dem Abschluss eines Vertrags durchgeführt werden. Wie bereits erwähnt, kann die Regulierungskonformität und -äquivalenz der Jurisdiktion des künftigen Dienstleisters ein wesentliches Risiko für den Auslagernden bergen.

Reputationsschutz und Schäden im Rahmen der Leistungserstellung, sanktionierte Vertragspartner oder involvierte Schlüsselpersonen sind ebenfalls ein nicht zu vernachlässigender Bestandteil des Risikospektrums. Dieses Thema betrifft insbesondere Unternehmen mit internationaler Tätigkeit und Servicedienstleistern, die sich in einem anderen Regulierungsumfeld bewegen, weniger namhaft sind und ggf. noch nicht über die Erfahrung in einem spezifischen Tätigkeitssegment verfügen.

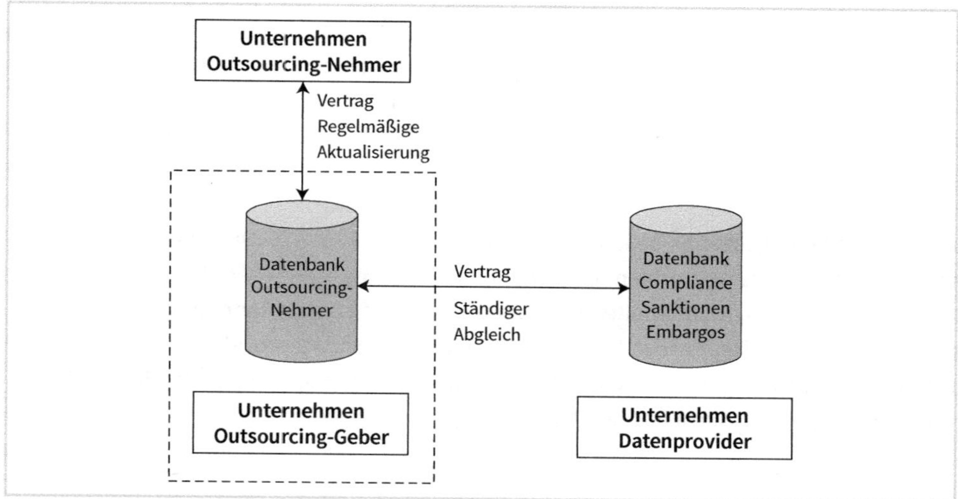

Abbildung 84: Prüfung der Outsourcing-Nehmer gegen Sanktionslisten

Natürlich darf die Überprüfung der Unternehmen und Schlüsselpersonen nicht nur zu Beginn einer Geschäftsbeziehung erfolgen, sondern sollte in engen periodischen Abständen wiederholt werden oder fortlaufend erfolgen. Schließlich ändern sich die laufend durch den Auslagernden erhobenen Datenbestände hinsichtlich seiner Serviceprovider. Aber auch die Datenbestände der Datenbanken der Datenprovider und die Internet-Informationen ändern sich fortlaufend (s. Abbildung 84). Deshalb ist es empfehlenswert, die Datenbank der Serviceprovider und Dienstleister fortlaufend automatisiert mit den Datenbeständen von Compliance-Datenbanken und negativer Nachrichten im Internet abzugleichen. Andernfalls würde diese Aufgabenstellung für Unternehmen mit einer hohen Anzahl externer Dienstleister zu einem personalintensiven Unterfangen werden. Die Umsetzung derartiger Pläne hat unter der Berücksichtigung der in Kap. 15.4 dargestellten Anforderungen der Datenschutz-Grundverordnung (DSGVO) zu erfolgen, da Abfragen bestimmter Namen Rückschlüsse auf entstehende und bestehende Kundenbeziehungen für den Datenserviceprovider zulassen.

Im Zusammenhang mit der Suche nach negativen Nachrichten im Internet eignen sich idealerweise übergreifend suchende Metasuchmaschinen[20]. Wird die Suche durch ein System oder bspw. eine Robotic Process Automation (s. Kap. 13.1.2) oder durch eine Cloud-Lösung in Kombination mit einem Algorithmus durchgeführt bzw. abgeglichen, ist darauf zu achten, dass entweder die Internetseiten qualitativ hochwertig übersetzt werden oder die negativen Suchbegriffe ausreichend und in der jeweiligen Landessprache integriert wurden. Neben dem Unternehmensnamen des Vertragspartners empfiehlt es sich, auch die Namen der mit dem Vertragspartner verbundenen Unternehmen abzuprüfen. Derartige Verflechtungsdaten wer-

20 Übergelagerte (hybride) Suchmaschine, die die Suchanfrage an mehrere Suchmaschinen gleichzeitig stellt, die Ergebnisse sammelt, aneinanderfügt und darstellt.

den heutzutage bereits von unterschiedlichen Providern zur Verfügung gestellt. Hinsichtlich des Vertragspartners sollten in jedem Fall die Namen und weiterführende Identifikationsdaten der wirtschaftlich Berechtigten, Aufsichtsräte, Geschäftsführer und Schlüsselpersonen überprüft werden. Zur besseren Bestimmung und Eingrenzung sind Name, Vorname und Geburtsdatum heranzuziehen.

Ebenso sind künftige und bestehende Beziehungen hinsichtlich Sanktionen und ihrer Interessenkonfliktfreiheit zu überprüfen. Letztere können sich bspw. ergeben durch Mandate oder Verflechtungen eigener MitarbeiterInnen oder die bereits erfolgte Betreuung von Mitbewerbern durch den Serviceprovider. In jedem Fall ist auch der Serviceprovider vertraglich dazu zu verpflichten, etwaige Interessenkonflikte seinerseits offenzulegen, womit die Überwachungsverantwortung jedoch nicht übertragen ist.

#RISKHACKS

- Wenn Unternehmen aus gutem Grund aus Ausschreibungsverfahren ausgeschlossen werden, kommt es vor, dass sie die Teilnahme mit Mutter-, Tochter- oder Schwestergesellschaften versuchen. Nicht nur deshalb sind Verflechtungsdaten in diesem Zusammenhang eine risikoreduzierende Investition.

12.1.2.3 Fachliche Anforderungen

Den fachlichen Anforderungen ist sicherlich die größte Aufmerksamkeit zu widmen. Hier lassen sich allgemeine und spezielle Anforderungen an den Servicedienstleister unterscheiden. Der gesamte Auslagerungsprozess muss dokumentiert werden, damit sich auch spätere Absprachen, der Leistungsumfang und ein begründeter Auswahlprozess auditkonform nachvollziehen lassen.

12.1.2.3.1 Allgemeine übergreifende Anforderungen

Im Rahmen des Fragebogens gilt es, qualitative und quantitative Voraussetzungen des Servicedienstleisters abzufragen. Hierzu zählen neben der bereits genannten Erfüllung rechtlicher Anforderungen auch möglicherweise benötigte Lizenzen und Genehmigungen.

Übergreifend ist auch eine klare Aufbauorganisation sowie eine adäquate Personalausstattung hinsichtlich der Menge, Qualifikation, Vertretungsregelungen, feste Ansprechpartner, Fluktuation und einer fortlaufenden Weiterbildung, um eine dauerhafte, stabile Leistungserstellung durch entsprechende Ressourcen sicherstellen zu können.

Auch strategische Überlegungen und Plandaten sind in aller Regel Gegenstand dieses Auswahlprozesses, um sicherzustellen, dass die mögliche neue geschäftliche Beziehung von Dauer ist und das Begehren des Servicedienstleisters ab Vertragsschluss und auf lange Frist erfüllt werden kann.

Eine ausreichende Versicherungsdeckung des Dienstleisters kann im Falle eines größeren Schadens an Bedeutung gewinnen. Eine Liste der in diesem Themenspektrum wichtigsten zu überprüfenden Versicherungen ist in Kap. 2.8.2.11 aufgelistet. Die Leistungsmodalitäten sollten im gleichen Zuge ebenfalls überprüft werden.

12.1.2.3.2 Spezielle übergreifende fachliche Anforderungen

Ebenso ist die Angemessenheit der zweiten und dritten Verteidigungslinie (s. Kap. 3.4.1.1.3) zu überprüfen. Im Fokus stehen hier die Vorgehensweisen, Risikopräventions- und Kontrollkonzepte, die nicht nur eine Abdeckung des ausgelagerten Themas, sondern das Serviceunternehmen übergreifend überwachen bzw. prüfen. Auch das Business Continuity und Resumption Management (s. Kap. 14) des Servicedienstleisters sollte einbezogen werden. Ein besonderer Fokus ist dabei auf die Funktionen zu legen, die an der Leistungserstellung der eigenen ausgelagerten Prozesse beteiligt sind.

Die verhältnismäßig neuen ESG-Anforderungen (s. Kap. 15.3) sind, sofern sich das eigene Unternehmen zu diesen Anforderungen bekannt hat, ebenfalls in die Lieferkettenbetrachtung (s. Kap. 15.3.3.2.1) mit einzubeziehen. Liefert das Serviceunternehmen auch Finanzprodukte, so sollten diese auch dem »Neu-Produkt und wesentliche Änderungen«-Prozess (s. Kap. 8) zugeführt und nach Geeignetheit und Angemessenheit für das eigene Klientel überprüft werden. Aus ESG-Sicht ist u. U. eine Durchschauprüfung durchzuführen.

12.1.2.3.3 Spezielle fachliche Anforderungen

Die speziellen fachlichen Anforderungen beziehen sich auf die Leistungsverrichtung hinsichtlich des eigentlichen Auslagerungsgegenstands. Die Abfrage, Vereinbarung und spätere Überwachung von Key Performance Indicators (s. Kap. 6.3) kann ebenfalls zur Sicherstellung einer Just-in-time-Lieferkette von wesentlicher Bedeutung sein. Dies insbesondere, wenn Geschäftspartner, Kunden und Regulierungsbehörden betroffen sind.

12.1.2.4 Finanzielle Anforderungen

Die besten Voraussetzungen eines Servicedienstleisters sind von geringem Nutzen, wenn das Unternehmen in eine finanzielle Schieflage gerät und seinen Betrieb und Service bspw. zur Vermeidung einer Insolvenzverschleppung unvorbereitet einstellen muss. Dies kann u. a. folgende Ursachen haben:

- Start-up-Unternehmen mit unklarer Perspektive;
- bisherige aber nun endende Quersubventionierung oder auslaufende Patronatserklärung durch eine finanzstarke Gruppengesellschaft;
- es bestehen Indikatoren, die auf Schwierigkeiten hindeuten (Produktentwicklung, Reputation);
- Geschäftszahlen entwickeln sich nachteilig.

Über eine mögliche Lösung sollte mit dem Servicedienstleister gesprochen werden, da es unüblich ist, interne Daten zu Finanzierungsstrukturen oder sogar Planzahlen herauszugeben. Als Alternative kann die Herbeiziehung von Ratings, Unternehmensverflechtungs- und -finanzdaten von Wirtschaftsauskunfteien dienlich sein.

12.1.2.5 Technische Anforderungen

In einer zunehmend digitalen Welt ist die technische Ausstattung des Dienstleisters von wesentlicher Bedeutung, um Ausfälle durch End-of-Life-Technologien oder andere Ursachen auszuschließen. Hinzu kommen Anforderungen an eine geeignete Infrastruktur sowie eines Schutzsystems im Hinblick auf Cybersicherheit. Auch geeignete Schnittstellen zum automatisierten Datenaustausch, Kompatibilitäten sowie der Datenverarbeitung können von entscheidender Relevanz sein. Zudem ist auch die Governance digitaler Lösungen zu prüfen, sofern die eigene Auslagerung von ihr betroffen ist.

12.1.2.6 Entwicklung eines Alternativplans

Bereits in dieser Phase ist es sinnvoll, sich bei wesentlichem Outsourcing über einen Ersatzplan Gedanken zu machen. Der Anspruch in solchen Fällen wird nicht nur über die Regulierung formuliert. Im Falle eines nicht akzeptablen Versagens oder einer Geschäftseinstellung des Servicedienstleisters kann sich ein alternativer Plan als durchaus wertvoll erweisen. Mögliche Pläne können sein

- Transfer der Aufgaben an einen alternativen Servicedienstleister,
- Rücknahme der Aufgaben in das eigene Unternehmen.

Hinsichtlich des Transfers an einen alternativen Anbieter ist zu überlegen, ob ggf. Kontakt zum zweit- und drittplatzierten des Auswahlprozesses aufrechterhalten werden sollte. Handelt es sich um eine äußerst wesentliche Auslagerung oder soll hinsichtlich des Erstplatzierten ein sicherer Weg sowie fortwährender Verhandlungsspielraum aufrechterhalten werden, könnte ein Vorvertrag mit dem Zweitplatzierten eine mögliche zusätzliche Absicherung bilden.

#RISKHACKS

- Verausgaben Sie Ihr Unternehmen durch Auslagerungen nicht zu stark. Im schlimmsten Fall entsteht eine Empty Shell und die Qualität der extern erstellten Leistungen können selbst nicht mehr überwacht und nachvollzogen werden. Wissen geht verloren, wird nicht vorgehalten und die Abhängigkeit vom Auslagerungspartner nimmt zu.
- Planen Sie bereits vor einem vorvertraglichen Verhältnis einen Vorortbesuch bei einem potenziellen Auslagerungspartner der Shortlist und verschaffen Sie sich einen Eindruck.

- Verlassen Sie sich nicht nur auf namhafte Anbieter sowie deren Kundenlisten. So wie es kein Recht im Unrecht gibt, entscheidet nur die eigene Prüfung und Absicherung sowie die Qualifikation im Hinblick auf das eigene Unternehmen.
- Mitunter klammern sich Unternehmensgruppen an einzelne Serviceanbieter. Durch diese Konzentrationen auf Mehrmandantendienstleister steigt das Angewiesenheitsrisiko exponentiell. Deshalb sollten derartige Konzentrationen übergreifend erfasst und im Gesamtunternehmensgruppeninteresse überwacht werden. Gegebenenfalls ist die Aufteilung der Konzentrationen auf verschiedene Anbieter sinnvoll und stellt auch gleich eine nachweisliche Sicherstellung eines möglichen Alternativplans (s. Kap. 12.1.2.6) dar.

12.1.3 Vertragserstellung

Kunden, Geschäftspartner und Aufsichtsbehörden sollten rechtzeitig über die Auslagerung von Teilbereichen und ggf. die Umstellung von Prozessen informiert werden, wenn entsprechende vertragliche oder regulatorische Verpflichtungen vorliegen oder die Änderungen Auswirkungen für diese Parteien haben. Auch können Verkaufsprospekte bestimmter Produkte angepasst werden müssen.

Sind alle benötigten Informationen abgefragt und die Entscheidung für einen bestimmten Servicedienstleister gefallen, ist auch die Erstellung eines detaillierten, umsichtigen und vorausschauenden Auslagerungsvertrages Bestandteil der Vorbereitungsphase.

Neben den Vertragspartnern, den auszulagernden Aufgaben und den sonst üblichen vertraglichen Bestandteilen ist eine eindeutige Bestimmung der Ansprechpartner und deren Rollen erforderlich. Insbesondere sollte eine klare technische und organisatorische Abgrenzung beider Vertragspartner erfolgen.

Für die Seite des Servicedienstleisters sind neben dem zuständigen Mitglied der Geschäftsleitung und dem Outsourcing-Controller weitere Funktionen zu benennen. Die auf beiden Seiten in den Auslagerungsprozess involvierten Mitarbeiter und Ansprechpartner sollten im Rahmen des Vertrages berücksichtigt werden. Dies garantiert im späteren Prozess einen reibungslosen Ablauf und eine eindeutige Zusammenführung der Schnittstellen. Urlaubsplanungen sind von beiden Seiten auf einen reibungslosen Prozess und eine Verfügbarkeit der Ansprechpartner oder deren Vertreter hin zu organisieren.

Weiterhin sollte vereinbart werden, welche Instanz die ausgelagerte Tätigkeit beim Outsourcing-Nehmer auf Funktionstüchtigkeit überprüft. Die Revisionsstelle hat einen geeigneten Revisionsplan zu erstellen, der entsprechende Prüfpunkte berücksichtigt. Auch der Wirtschaftsprüfer sollte hier mit eingebunden werden, sofern er keine Prüfungshandlungen an diesem Prozess vornimmt. Neben den regulären Prüfungsleistungen kann dieser in vielen Fällen eine beratende Funktion übernehmen und Benchmarks zu anderen Unternehmen liefern.

Ebenso wichtig sind die Kündigungsmodalitäten des Vertrages. Die Fristen der ordentlichen Kündigungsrechte sollten auch dem Umfang und der Komplexität der ausgelagerten Tätigkeit Rechnung tragen. Neben den regulären Fristen sind auch besondere Kündigungsrechte zu vereinbaren. Diese sind zu beanspruchen, wenn sich der Dienstleister nicht an Absprachen hält oder schlechte Leistungen erbringt. Umgekehrt müssen natürlich auch die Ansprüche des Dienstleisters beachtet werden. An dieser Stelle sind insbesondere das Entgelt für die erbrachte Leistung und eine Zusicherung des zur Leistungserstellung erforderlichen Eingaben festzuhalten.

Für den Fall einer Abweichung von den vertraglich fixierten Vereinbarungen sollten Haftungsfragen oder Konventionalstrafen (s. Kap. 4.4.2) geklärt und vertraglich fixiert werden. Außerdem sind regelmäßige Neuverhandlungen vorzusehen, um den Vertrag bei nennenswerten Änderungen anpassen zu können.

Bei der Festlegung der Fristen für Kündigung und Neuverhandlung müssen ausreichende Zeiträume fixiert werden, die es dem Auslagernden ermöglichen, innerhalb der festgelegten Fristen eine Alternativlösung zu finden. Umgekehrt kann sich der Servicedienstleister auf die Abwanderung des Kunden einstellen und die Allokation seiner Ressourcen entsprechend anpassen.

Der Auslagernde sollte sich außerdem Weisungs-, Kontroll-, Einsichts- und Prüfrechte sowie Berichtspflichten sichern, um eine vertragliche Regulierungskonformität herzustellen. Diese sind für die Interne Revision, Wirtschaftsprüfer, benannte Mitarbeiter, die Regulierungsbehörde und weitere kontrollierende Instanzen zu vereinbaren. Gegenüber den benannten Personen und Instanzen sind die Mitarbeiter des Servicedienstleisters von ihrer Schweigepflicht zu entbinden. Gleichzeitig muss der Servicedienstleister seinem Auftraggeber unbedingte Verschwiegenheit gegenüber Unberechtigten ebenso zusichern wie Datenschutz und -sicherheit – eine Vereinbarung, die auch für den Zeitraum nach Beendung der Zusammenarbeit einzuhalten ist. Der Fortbestand der Prüfrechte und die Aufbewahrung von Dokumentationen für einen bestimmten Zeitraum sind ebenfalls wichtige Aspekte. Nach dessen Ablauf sollten die Dokumentation und andere Unterlagen an den Auslagernden überstellt werden.

Ein weiterer wichtiger Punkt ist die Unterbindung einer eventuellen Weiterverlagerung der ausgelagerten Aufgaben durch den Dienstleistungserbringer an ein Subunternehmen, um einen direkten Zugriff aufrechtzuerhalten und die Kontrolle der vereinbarten Leistungen gewährleisten zu können. Nicht nur bei Vertragspartnern im Ausland sollten Vereinbarungen bezüglich des Gerichtsstandes bzw. des anwendbaren Rechts mit in die vertraglichen Bestandteile einfließen. Bei Beauftragung eines Subdienstleisters oder eines Wechsels sollte der Auslagernde schriftlich und eine mehr als die ordentliche Kündigungsfrist vorab über die Veränderung informiert werden.

Berichts- und Informationspflichten sind für beide Parteien zu klären. Der Auslagernde sollte sich die Möglichkeit offenhalten, jederzeit die Anpassung von Unternehmensstandards an den Vertragspartner weitergeben zu können und diesen zur Umsetzung zu verpflichten. Noch wichtiger sind die Änderungen von rechtlichen und regulatorischen Rahmenbedingungen und Anforderungen an den Auslagernden, deren Berücksichtigung und Implementierung vom Dienstleister zwingend erforderlich ist. Der Servicedienstleister muss im Rahmen seiner Leistungserstellung einer regelmäßigen Berichterstattung unterworfen werden, die in angemessenen Abständen zu erfolgen hat. Die Periodizität des Berichtswesens (s. Kap. 4.7.2 und 13.1.6) sollte dabei von der Art und dem Umfang der ausgelagerten Aufgaben abhängig gemacht werden. Eine unverzügliche Berichterstattung hat immer dann zu erfolgen, wenn zeitnaher Handlungsbedarf besteht bzw. die Gefahr von Fehlern oder der Eintritt einer Abweichung absehbar sind. Die Erstellung eines Risikoberichts ist ebenfalls einzufordern.

Dieser sollte nicht nur die Risiken der eigentlichen ausgelagerten Leistung beinhalten, sondern auch Aufschluss über die im Unternehmen existenten operationellen Risiken geben. Der Revisionsbericht ist ebenfalls zu erstellen bzw. anzufordern. Darin enthaltene Mängel sind in Form eines Maßnahmenkataloges, der auch Verantwortlichkeiten regelt, festzuhalten und zeitnah zu beseitigen. Gleichermaßen ist dem Inhalt des Wirtschaftsprüfertestats Beachtung zu schenken.

12.1.4 Fortlaufendes Monitoring

Probleme können aber nicht nur während der Auslagerung entstehen, sondern auch bei Verlust des Partners oder Beendigung der Zusammenarbeit. Fehlende Alternativen oder Möglichkeiten der Rückverlagerung in das eigene Unternehmen können sich dabei existenzbedrohend auswirken. Eine monopolistische Positionierung des Servicedienstleisters oder Ressourcenknappheit im auslagernden Unternehmen führen oft bis zur Handlungsunfähigkeit. Deshalb sind nicht nur Kontrollmechanismen beim Partner, sondern auch im eigenen Unternehmen ratsam. Kennzahlen über Ressourcen oder Auslastungsgrade geben Aufschluss bei einer solchen ganzheitlichen Risikobetrachtung. Notfallpläne und Ausweichkonzepte sollten daher bei beiden Unternehmen vorliegen. Die Geschäftsleitung hat in dieser Phase einen Mittelweg zu fixieren, der eine präzise Festschreibung von Anforderungen und Kommunikation beinhaltet, ohne sich dabei unternehmerische Gestaltungsspielräume und Flexibilität zu nehmen. In den meisten Fällen würde dies bedeuten, dass jede Auslagerung individuell gestaltet werden muss, da es kaum standardisierte Lösungen geben kann.

Im Anschluss an die vertragliche Vereinbarung ist der auszulagernde Aufgabenbereich vom Outsourcing-Geber in vollem Umfang zu übergeben. Dabei hat es sich als sinnvoll erwiesen, auch Informationen über die im Hause zu erbringenden Leistungen mitzuliefern, um ein besseres Verständnis für beide Seiten zu erzielen.

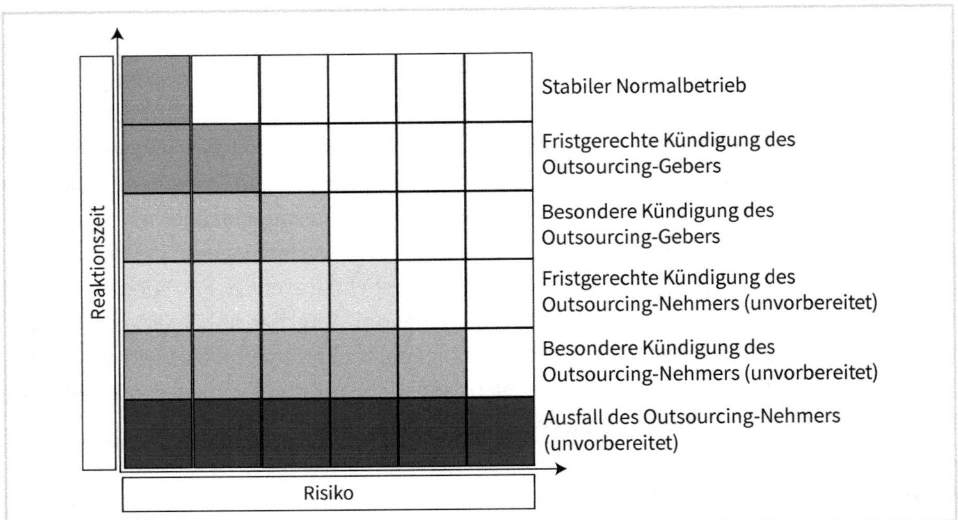

Abbildung 85: Risikodarstellung aus Sicht des Outsourcing-Gebers[21]

Ferner sollten notwendige Dokumentationen ausgehändigt werden. Hierbei ist darauf zu achten, dass keine Firmengeheimnisse transportiert werden. Selbstverständlich ist die Übergabe in einem Protokoll festzuhalten.

Im Betrieb muss dann eine ständige Überwachung des ausgelagerten Prozesses durch Soll-/Ist-Vergleiche der erbrachten Leistungen durch den Outsourcing-Controller erfolgen. Hierbei finden Vertrag, Fragebogen und Anforderungskatalog Berücksichtigung. Unterlagen und Bescheinigungen, die bis dato noch nicht übergeben wurden, müssen spätestens mit Aufnahme des Prozesses vorliegen. Ein derartiger Abgleich lässt sich in regelmäßigen Zyklen am besten vollziehen, wenn die Inhalte der vorliegenden Dokumente und Anforderungen in einer Checkliste zusammengefasst werden, die bei jedem Audit zur Orientierung dient und eine zeitsparende Prüfung ermöglicht. Dies wird insbesondere dann sehr nützlich sein, wenn mehrere Auslagerungen parallel überwacht werden müssen.

12.1.5 Auflösung der Geschäftsbeziehung

Die Beendigung einer Auslagerung kann unterschiedliche Gründe haben. Die Rückverlagerung des Bereichs in das eigene Unternehmen und die Kündigung des Outsourcingvertrages seitens des Auslagernden sind dabei noch als relativ gut kontrollierbar einzustufen. Problematischer ist erfahrungsgemäß eine Kündigung des Vertrages durch den Servicedienstleister, da hier der Zeitpunkt vom auslagernden Unternehmen nicht autonom bestimmt werden kann.

21 Vgl. Gammelin, K. (2004): Raus Damit! – Damit beim Outsourcing nichts schief geht, sind Controlling und Risikomanagement ein Muss, in: RiskNews, 2/2004, S. 30.

Eine ernste Krise entsteht jedoch oft, wenn der Servicedienstleister plötzlich nicht mehr leisten kann. Dieser Fall ist etwa gegeben, wenn er insolvent wird oder für das betreffende Geschäft seine Zulassung verliert. Für solche Extremfälle sollte, wie bereits vorstehend erwähnt, ein Alternativ- oder Notfallplan vorliegen.

Nach Abschluss der Zusammenarbeit sollte der Auslagernde auch von seinen vertraglich fixierten Kontrollrechten Gebrauch machen. Schließlich können auch nach Beendigung der Auslagerung noch Risiken für den ehemaligen Auftraggeber entstehen. Die Dokumente, die beim Partner aufbewahrt werden, sollte sich das Unternehmen natürlich vor Ablauf der Aufbewahrungsfrist aushändigen lassen und archivieren.

Zu beachten ist, dass jede Neuvergabe einer Auslagerungsvereinbarung, auch wenn sie dasselbe Themengebiet betrifft, wie ein neues Geschäft zu behandeln ist. An dieser Stelle können dann zusätzliche Änderungen von Ansprüchen und Anforderungen vertraglich integriert werden.

12.2 Übernahme von wesentlichen Aufgaben

Lagert ein Unternehmen wesentliche Themenkomplexe (s. Kap. 12.1.1.2) anderer Finanzdienstleister bei sich ein (Insourcing), wird es zum Teilnehmer eines Auswahlprozesses und, im Falle eines Vertragsschlusses, zum Überprüften. Die in diesem Buch beschriebenen Kriterien hinsichtlich Risikomanagement und der Compliance werden an dieser Stelle im Vergleich zum Wettbewerb zu einem Vorteil (s. Kap. 2.8.2.5).

Mit der Einlagerung wesentlicher Aufgaben und dem Status eines Überprüften gelangt das eigene Unternehmen in den Fokus des Geschäftspartners, seiner Regulierungsbehörde und seines Wirtschaftsprüfers und muss mit einer Vorortprüfung rechnen. Fungiert das eigene Unternehmen als Mehrmandantendienstleister, kann es sinnvoll sein, den eingelagerten Bereich und umliegende Funktionen zu zertifizieren (s. Kap. 12.3), um das Prüfverlangen von Geschäftspartnerseite zu reduzieren.

12.3 Zertifizierungen durch unabhängige Dritte

Es gibt unterschiedliche Möglichkeiten, Teile seines Unternehmens oder bestimmte Themenkomplexe durch einen unabhängigen Prüfer oder eine Zertifizierungsstelle zertifizieren zu lassen. Gerade im Third-Party Risk Management können derartige Berichte von großem Nutzen sein:

- Ist ein Unternehmen ein Mehrmandantendienstleister und beherbergt wesentliche Auslagerungen, kann eine Zertifizierung, je nach Gegenstand des Servicegegenstands, aus folgenden Gründen sinnvoll sein:

- Unter Umständen ist mit einem geringeren Prüfverlangen der auslagernden Geschäftspartner zu rechnen (s. Kap. 12.2).
- Mitunter kann eine unabhängige Zertifizierung im Rahmen eines Auswahlverfahrens, Asset Pitches oder einer anderweitigen Ausschreibung ein zusätzlicher Pluspunkt für den künftigen Geschäftspartner sein.
- Rückmeldung eines unabhängigen externen Spezialisten und als Bestandteil einer Resilienz-Überprüfung.

- Im Vergleich zu Berichten der internen Revision, die ihre Prüfungen i. d. R. nach einem mehrjährigen Prüfplan ausrichtet, können die Ergebnisberichte einer Zertifizierung dem Anspruchsteller in einer höheren Frequenz zur Verfügung gestellt werden, sodass er sich regelmäßig von der Angemessenheit überzeugen kann. Zudem werden die durch externe Prüfer oder Zertifizierer erstellten Berichte als unabhängiger angesehen.
- Werden wesentliche Geschäftsaktivitäten vom eigenen Unternehmen an einen Serviceprovider ausgelagert, können die Zertifizierungsberichte ergänzend zum eigenen Third-Party Risk Management herangezogen werden und gewähren zusätzliche Einsicht und Komfort.

12.3.1 ISAE-3402-Bericht

Der ISAE-3402-Bericht (International Standard on Assurance Engagements) ist ein international anerkannter Standard zur Beurteilung des internen Kontrollsystems. Er wird von einem unabhängigen Wirtschaftsprüfer erstellt und bestätigt. Der Inhalt zielt auf die implementierten Kontrollen für die im Unternehmen etablierten Prozesse sowie deren operative Effektivität ab.

Gerade wenn das eigene Unternehmen in der Finanzbranche mehrfach als Dienstleister auftritt und die Dienstleistungen als wesentlich einzustufen sind, kann der verhältnismäßig kostspielige Bericht in vielerlei Hinsicht nützlich sein:

- Das eigene Unternehmen kann den Prüfumfang selbst festlegen und erhält im Rahmen des vereinbarten Prüfumfangs eine unabhängige Meinung zur Effektivität der eigenen Kontrollen.
- Eine nachhaltige und nachweisliche (Evidenz) Einhaltung der eigenen Prozesse und zugehöriger Kontrollen wird gefördert.
- Damit einher geht meist auch eine Steigerung der Prozessqualität sowie der Effizienz von 5–20 %. Unter Umständen werden auch wenig effektive, aber dennoch arbeitsaufwendige Kontrollen eliminiert.

Der ISAE-3402-Bericht lässt sich in zwei Typen unterscheiden. Der Typ 1 ist für Unternehmen geeignet, die den Bericht erstmalig umsetzen wollen. Er beinhaltet lediglich die Prüfung des Designs der Kontrollen. Der Typ 2 ist weitreichender. Er umfasst die Prüfung der Effektivität der Kontrollen über einen Beobachtungszeitraum von mindestens sechs Monaten. In diesem Rahmen werden die geprüften Kontrollen sowie die Ergebnisse der Prüfung detailliert im Bericht dargestellt. In diesem Fall analysiert der Wirtschaftsprüfer Weisung, Prozess, umlagernde Kontrollen sowie die zugehörige Evidenz. Wird die Kontrolle automatisiert durchgeführt, werden das durchführende System und die dahinterliegende Methodik überprüft. Erweist sich eine der Stichprobe angehörende Kontrolle als nicht sauber durchgeführt, nimmt sie als »Failed« Eingang in den Prüfbericht.

Determination für einen Bericht

In der heutigen Zeit steigen die Prüf- und Kontrollanforderungen der unterschiedlichen Stakeholder eines Finanzdienstleisters zusehends, sei es durch das Gesetz oder die Regulierung gefordert oder einfach aufgrund eines vorbildlichen Risikomanagements. In diesem Zusammenhang kann die Liste der Anspruchsteller umfangreich sein. Kunden, Geschäftspartner, Korrespondenzbanken, Regulierungsbehörden und Wirtschaftsprüfer zählen zu möglichen Berichtsempfängern. Ratsam kann ein solcher Bericht auch sein, wenn Markterschließungen anstehen oder Neueinführungen von kundenwirksamen Systemen oder komplexen Produkten vorgesehen sind. Die Gruppe der Anspruchsteller definiert dann zumeist auch den Prüfumfang. Ein Bericht wird aber erst dann lohnend, wenn sich die Zahl der Anspruchssteller zu einem vergleichbaren Prüfumfang häuft oder eine wesentliche strategische Komponente relevant wird.

Weiterhin sollten vor einer Zertifizierung auch die relevanten Systeme identifiziert und die systemseitigen – genauso wie die manuellen und semiautomatischen Kontrollen – gut standardisiert dokumentiert sein (s. Kap. 3.4.2.2). Zieht sich die Zertifizierung über mehrere Einheiten, erleichtert es die Arbeit, wenn sogenannte »Common Controls« (homogene Kontrollen) bestehen und das interne Kontrollsystem entsprechend gleichermaßen ausgebildet ist.

So sind bspw. Gegenstand der Typ-2-Prüfung die Beurteilung des Designs der Kontrollen, deren Wirksamkeit und Fragestellung nach der grundsätzlichen Implementierung (s. Ausführungen in Kap. 6.1). In diesem Zusammenhang prüft der Wirtschaftsprüfer den Nachweis der Kontrolldurchführung ebenso wie die daraus resultierende Evidenz sowie aus abweichenden Ergebnissen ergriffene Maßnahmen. Diese Prüfung findet zumeist im Hause des Unternehmens an den unterschiedlichen Arbeitsplätzen statt und kann folgende Komponenten beinhalten:

- **Befragung**
  Für die Kontrolldurchführung verantwortliche Mitarbeitende werden befragt und Dokumentationen eingesehen;
- **Beobachtung**
  der Mitarbeitenden bei der Durchführung der Kontrollhandlungen;
- **Einsichtnahme**
  in systembasierte Kontrollen und deren Umsetzung (inkl. Dokumentationen);
- **Nachvollziehung**
  hierzu zählt bspw. das Nachvollziehen der Ursachen für manuelle (erzwungene) Mutationen in einem System.

Der Aufbau des Prüfberichts reflektiert dann eine Reihe von Informationen für den Berichtsempfänger.

Bestandteile des Berichts sind:

- Bestätigungsvermerk des Wirtschaftsprüfers,
- Erklärung der Unternehmensvertreter,
- Beschreibung der Dienstleistung,
- Informationen des unabhängigen Prüfers zur Prüfungsdurchführung und zugehörigen Ergebnissen,
- Anlagen.

Abgesehen von einer Erreichung eines möglichst guten Prüfergebnisses sollte auch der Erklärung der Unternehmensvertreter viel Aufmerksamkeit gewidmet werden. In diesem Zusammenhang sollten Berichtszielgruppen und diverse Informationen zu Unternehmen und Dienstleistungen beschrieben werden. Auch strategische Komponenten wie Vision und Mission sind genauso relevant, wie die Elemente des internen Kontrollsystems, Technologien und Monitoring-Tätigkeiten. Dieser Bericht ist zudem eine hervorragende Gelegenheit den Geschäftspartnern gegenüber dem eigenen Selbstverständnis zum operationellen Risikocontrolling und der damit verbundenen Unternehmensresilienz näherzubringen.

#RISKHACKS

- Ideal ist es, wenn die Prüfung des definierten Prüfbereichs vor der Einsichtnahme des Wirtschaftsprüfers zunächst selbst durchgeführt wird. Die Vorgehensweise vermittelt auch einen Eindruck an den durch das System gestellten Anspruch.
- Für die Prüfung von systembasierten Kontrollen sollte immer eine entsprechende aktuelle Dokumentation des Systems vorliegen oder erstellt werden.
- Es empfiehlt sich immer, neben einer detaillierten Kontrolldokumentation (s. Kap. 6.1), ein Kontrollziel zu definieren. Das übergelagerte Kontrollziel kann dann immer noch erreicht werden, auch wenn die Stichprobe vereinzelte Fehler aufweist.
- Kontrollfrequenz, inhärentes, zu reduzierendes Risiko und Automatisierungsgrad können einen wesentlichen Einfluss auf die Stichprobengröße bei Beurteilung der Implementierung von Kontrollen haben.

12.3.2 Zertifizierungsmöglichkeiten nach ISO

Die International Organization for Standardization (ISO)[22] ist eine weltweite Vereinigung von nationalen standardsetzenden Organisationen, die jedoch nicht selbst zertifizieren. Der ISAE-3402- und die ISO-Standards bauen auf vergleichbaren Grundlagen auf, können auf alle

22 www.iso.org (Zugriff: 27.06.2022).

Branchen angewandt werden, unabhängig der Unternehmensart, Größe, Sitz, Unternehmensstruktur oder Zweck. Sie liefern dem Management hilfreiche Implementierungsvorgaben im jeweiligen Themengebiet, verfolgen aber unterschiedliche Zielrichtungen. Die ISO-Standards

- definieren ein starres Regelwerk mit konkreten Umsetzungsvorgaben sowie Zielvorgaben;
- fokussieren bestimmte Themengebiete;
- ermöglichen im Idealfall einen Nachweis der risikoadjustierten Implementierung des jeweiligen Themengebiets;
- dienen als Nachweis über die Einhaltung und Weiterentwicklung von Prozessen und Abläufen;
- Themenbereiche wie z. B. Risikomodelle und Kalkulationsschemen (s. Kap. 11) würden von unterschiedlichen Standards aus unterschiedlichen Perspektiven umfasst werden.

Wie im Rahmen einer ISAE-3402-Zertifizierung sind sie ISO-Zertifizierungen mit Kosten verbunden (Mitarbeiterausbildungen, Fachliteratur, externe Unterstützung und unternehmensgrößenabhängige Zertifizierungskosten, ggf. Technologie). Sie liefern eine externe Rückmeldung einer unabhängigen Zertifizierungsstelle. Die Ergebnisse stehen jährlich Geschäftspartnern und Kunden zur Verfügung, die die Berichte in Ihr Third-Party Risk Management (s. Kap. 12.1) einbeziehen können. Für den Servicedienstleister kann die Zertifizierung eine weniger häufige und detaillierte Überprüfung bedeuten und gerade bei Mehrmandantendienstleistern zu Aufwandsersparnissen führen. Finanzdienstleister sind jedoch schon von Regulierungsseite starken, weitreichenden und teilweise detaillierten Vorgaben unterlegen, die ebenfalls im Rahmen der Zertifizierung Berücksichtigung finden sollten. Beispielhaft sei die Übertragung einer weitreichenden staatlich verordneten Verantwortung für Geldwäscheprävention und ESG-Themenstellungen (s. Kap. 15.3) für Dritte angeführt.

Zusammenfassend lässt sich für alle nachstehenden ISO-Standards feststellen, dass die in diesem Buch in Kap. 2 dargestellten Themenkomplexe grundsätzlich Anwendung finden und den Rahmen vorgeben.

12.3.2.1 ISO 37000 – Good Governance

Diese ISO-Norm beinhaltet Anforderungen und Zertifizierung einer guten übergreifenden Unternehmensgovernance. Sie wurde von Experten aus unterschiedlichen Ländern entwickelt und wird somit zu einer international anerkannten Benchmark für gute und effektive Unternehmensführung, die auch Anforderungen an Ethik, Verantwortung und nachhaltiges Handeln stellt. Gleichzeitig ermöglicht sie die Anwendung möglicherweise bereits vorhandener gesetzlicher oder regulatorischer Anforderungen. Zudem bekräftigen die Anforderungen den wichtigen Bedarf einer effektiven Unternehmensaufsicht (s. Kap. 3.4.1.1) und Leitungsvorgaben für eine ethische Organisationskultur (s. Kap. 2.6). Die ISO 37000 basiert auf elf wesentlichen Prinzipien, die die Mission des Unternehmens sicherstellen sollen:

1. **Zweck:** Bedeutung für das Bestehen aus Sicht aller Perspektiven,
2. **Wertemodell:** Wertgenerierende Elemente und die Wertgenerierung, um den Unternehmenszweck zu erfüllen,
3. **Strategie:** Entwicklung und Verankerung der Strategien in Übereinstimmung mit dem Wertgenerierungsmodell,
4. **Unternehmensaufsicht:** Überwachung der Unternehmensperformance im Hinblick auf alle Anforderungen,
5. **Verantwortung:** Verantwortlichkeit der Personen, an die bestimmte Aufgaben delegiert wurden,
6. **Stakeholder-Verbindlichkeit:** Verbindlichkeit ggü. Stakeholdern und Erfüllung ihrer Erwartungen,
7. **Führungsverantwortung:** Ethische und effektive Wahrnehmung der Führungsverantwortung,
8. **Daten:** Übernahme der Verantwortung für Daten als wertvolle Basis (s. Kap. 2.8.5) zur Entscheidungsbildung,
9. **Risiko-Governance:** Der Effekt und Umgang mit Unsicherheiten und strategischen Vorkehrungen (s. Kap. 2.2), Risikomanagement (s. Kap. 4), Internen Kontrollsystems (s. Kap. 6.1), verlässliche Prozesse (s. Kap. 3.1.1) und Verantwortlichkeiten auf allen Ebenen (s. Kap. 3.4.2.1.2),
10. **Soziale Verantwortung:** Transparente Entscheidungen im Einklang mit sozialen Erwartungshaltungen (s. Kap. 15.3.1),
11. **Nachhaltige Funktionsfähigkeit und Leistung:** ohne aktuelle und künftigere Generationen zu kompromittieren (s. Kap. 15.3.1).

12.3.2.2 ISO 31000 – Risikomanagement

Die Prinzipien des Standards sind auf die Entwicklung und den Schutz von Werten ausgerichtet und soll die Unternehmensperformance unterstützen, Innovationen fördern und die Zielerreichung unter Aspekten des Risikomanagements und Unsicherheiten sicherstellen. Im Mittelpunkt der Anforderungen stehen ein effektives und effizientes Risikomanagement, die Unterstützung des Managements (s. Kap. 2.6.7) und die Kommunikation von Werten eines Unternehmens.

Die ISO 31000 basiert auf acht wesentlichen Prinzipien, die das Management von Risiken unter Unsicherheit sicherstellen sollen:

1. Das Risikomanagement (s. Kap. 4) ist ein integraler Bestandteil aller Unternehmensaktivitäten (s. Kap. 2.2).
2. Ein strukturierter und umfassender Risikomanagementansatz trägt zu konsistenten und vergleichbaren Ergebnissen bei.
3. Das Risikomanagement und die zugehörigen Prozesse sind an den internen und externen Bedarf des Unternehmens und seine Ziele angepasst (s. Kap. 2.1).

4. Angemessene Involvierung von Anspruchsstellern bezieht ihr Wissen, Sichtweisen und Auffassungen mit ein (s. Kap. 2.7.5). Die Ergebnisse tragen zu einer erhöhten Bewusstseinsschaffung und einer Informationsanreicherung des Risikomanagements bei.
5. Dem dynamischen Unternehmensumfeld sowie neuen und sich ändernden internen und externen Risiken (s. Kap. 15) werden durch entsprechende Maßnahmen Rechnung getragen (s. Kap. 4).
6. Die Informationseingaben in das Risikomanagement basieren auf historischen und aktuellen Informationen sowie künftigen Erwartungen. Das Risikomanagement berücksichtigt dabei die Informationseinschränkungen, -ungenauigkeiten und -unsicherheiten. Die Informationen müssen für die relevanten Stakeholder zeitnah verfügbar gemacht werden und klar sein (s. Kap. 4.7.2 und 13.1.6).
7. Menschliche Verhaltensweisen (s. Kap. 2.7.5 und 2.7.6) und die Kultur (s. Kap. 2.6) nehmen Einfluss auf das Risikomanagement in allen Bereichen und Ebenen.
8. Das Risikomanagement wird kontinuierlich durch Erfahrungen und Lernen weiterentwickelt (s. Kap. 4).

Bestandteil des Konzepts ist nach der Integration des Risikomanagements auch die regelmäßige Überprüfung des Risikomanagementkonzepts durch eine Evaluierung und Verbesserung entlang des gesamten Unternehmens.

12.3.2.3 ISO 37301 – Compliance-Management-System (CMS)

Compliance wird in diesem Standard dahin gehend beschrieben, dass es sich nicht nur um eine gesetzliche, regulatorische, Industrie- und Unternehmensanforderungen erfüllende Basis handelt (s. Kap. 3.3), sondern auch um eine die Gelegenheit für ein erfolgreiches, nachhaltiges und integres Unternehmen. Wie in der vorstehenden Norm beschrieben, werden auch die Interessen von Stakeholdern, die Unterstützung des Managements und die Integration in die Gesamtorganisation in den Mittelpunkt gestellt. Auch mit diesem Standard wird wieder eine internationale Vergleichbarkeit geschaffen. Die folgenden Vorteile werden aus dem Standard herausgearbeitet:

- Werterhaltung, Geschäftsentwicklung und Nachhaltigkeit,
- Schutz und Verbesserung der Reputation und Glaubwürdigkeit,
- Berücksichtigung der Erwartungen Dritter,
- Nachweis eines effektiven und effizienten Compliance-Risikomanagements,
- Steigerung des Vertrauens von Drittparteien in die Funktionsfähigkeit des Unternehmens, um einen nachhaltigen Erfolg zu erzielen,
- Minimierung des Risikos von Verstößen und möglicher Konsequenzrisiken (s. Kap. 2.7.3).

Die maßgeblichen Elemente sind auch hier die Ziele wie Integrität, Kultur, Konformität, Reputation, Werte und ethische Anforderungen. Die Prinzipien umfassen auch die gute Unternehmensführung, Proportionalitätsprinzipien, Transparenz, Verantwortung und Nachhaltigkeit. Ein kybernetischer Regelkreis ist auch hier vorgesehen. Er gliedert sich in vier Phasen:

- Plan: Einbezug aller Ebenen, Weisungswesen, Rollen und Verantwortlichkeiten, Pflichten und Risiken
- Do: Unterstützen, Kompetenz, Bewusstsein, Kommunikation und Training, Kontrollen und Prozesse sowie Dokumentation
- Check: Interne Revision, Management-Review, Monitoring und Messung, Eskalation, investigative Maßnahmen
- Act: Management fehlender Compliance und fortwährende Verbesserung.

12.3.2.4 ISO 27001/2 – Informationssicherheit

Die international anerkannten 27000-Standards bestehen aus mehreren Einzelkomponenten. Sie beinhalten Themenstellungen wie z. B. dem Management der Sicherheit von Informationen, Mitarbeiterdaten oder anvertraute Informationen. Die bekanntesten Teile sind ISO 27001/2. Hier liegt der Fokus auf dem Informationssicherheitsmanagement (ISMS). Es wird ein prozessorientierter Ansatz verfolgt. Auch sind strategische, unternehmenspolitische, kulturelle, regulatorische, gesetzliche Anforderungen im Zusammenhang mit Informationssicherheitsrisiken rahmengebend. Auch hier gibt es Vorgaben zur kontinuierlichen Verbesserung, Ressourcen-, Sicherheitsrisiko- und Vertragsmanagement. Außerdem gibt es Dokumentations- und Weisungspflichten des Managements. Durch Assessments werden Leistungsbeurteilungen erstellt, die auf den drei Säulen Vertraulichkeit, Integrität und Verfügbarkeit basieren.

12.3.2.5 ISO 14001 – Umweltmanagement

ISO 14001 ist ein seit 1996 weltweit anerkannter organisationsbezogener Standard zur Zertifizierung eines Umweltmanagementsystems und beinhaltet die anfängliche Implementierung der Kriterien und fortwährende Weiterentwicklung. Durch den Rahmen sollen, Unzulänglichkeiten erkannt, eine optimale Ressourcennutzung erreicht, Umweltschutz gefördert und die Umweltziele erreicht werden. Auch Maßnahmen zur Bewusstseinsschaffung und Qualifikation der MitarbeiterInnen sind Bestandteil. Das ganze Konzept basiert auf einer entsprechenden dokumentierten Verankerung und umfasst die betriebliche Leistungserstellung, Dienstleistungen und Produkte. Eine EU-bezogene Alternative ist das Eco-Management and Audit Scheme (EMAS)[23].

23 EU: Verordnung (EWG) Nr. 1221/2009 mit Verordnung 2017/1505.

#RISKHACKS

- Grundsätzlich sind Finanzdienstleister, die sich an detailregulierenden Anforderungen wie den EU-Regulierungsbehörden, der BaFin oder einschlägigen Industriestandards orientieren, mit den vorstehenden Anforderungen im Einklang.
- Auch wenn keine Zertifizierung angestrebt wird, gewähren die Standards im Rahmen eines Abgleichs eine sehr gute Übersicht über das jeweilige Gesamtsystem.
- Steht ein internationales Benchmarking nicht im Vordergrund der Zertifizierung und soll stattdessen für den Komfort der Geschäftspartner sorgen, sollte eine Auswahl der passenden Zertifizierung erfolgen. Wird die Zertifizierung für einen bestimmten Bedarf benötigt oder tangiert der Bedarf verschiedene ISO-Standards, ist i. d. R. ein ISAE-3402-Standard/Level 2, bei dem der abzubildende Rahmen selbst definiert werden kann, die bessere Alternative.

13 Finanztechnologie und Services (FinTech)

Immer mehr zu berücksichtigende Regeln, regulatorische Anforderungen und Informationen wirken auf die Geschäftstätigkeit der Finanzdienstleister ein. Immer mehr individuelle Anforderungen sorgen für immer neue Prozesse. Im internationalen Kontext können sich diese Ansprüche weiterführend erhöhen. Der Auseinandersetzungsbedarf mit der Digitalisierung schürt Ängste, verändert Berufsprofile und eröffnet neuen Raum für anspruchsvollere menschliche Tätigkeiten und Wettbewerbsfähigkeit. Die COVID-19-Pandemie hat den Digitalisierungstrend beschleunigt und den Widerstand einiger Unternehmen zum digitalen Arbeiten zu einem ersten Wendepunkt geführt. Unternehmensstrategische und -kulturelle Aspekte verändern sich ebenfalls und müssen neu justiert werden (s. Kap. 2). Zudem werden immer häufiger neue Begrifflichkeiten, wie Quantum Computing, Artificial Intelligence und Machine Learning, Big Data (s. Kap. 2.8.5.3) und Agiles Arbeiten (s. Kap. 2.8.1.2) Gegenstand der Fachpresse. Die Digitalisierung stellt die Unternehmen nicht nur vor kommunikative Herausforderungen – intern wie extern. Auch müssen aufgrund der zunehmenden Technologieabhängigkeit zusätzliche Maßnahmen zur Reduktion von Cyberrisiken (s. Kap. 15.2) geschaffen werden. Die Digitalisierung ist gleichzeitig ein hervorragender Ansatz, Risiken zu managen und Fehlerquellen zu reduzieren – aber auch Kostenstrukturen zugunsten des Unternehmens zu optimieren. Da die Unternehmensprozesse höchst komplex sind und unterschiedlich häufig durchlaufen werden, müssen Einsparungspotenziale individuell ermittelt, mit dem Umsetzungsaufwand abgeglichen und umgesetzt werden. Um Auswirkungen der Preisgestaltung auf den Kunden zu verdeutlichen, sollen sie anhand eines digitalisierten Portfoliomanagements dargelegt werden, bevor zur Risikoprävention zurückgekehrt wird. Eine Untersuchung der Firma Moneyland[1] ergab, dass eine Verwaltung von 1 Mio. CHF durch eine traditionelle Portfolioverwaltung von konservativen, Mittel- und Hochrisikoportfolios etwa doppelt bis dreifach so teuer ist, wie die einer digitalen Verwaltung. Ein Blick in die Performance der Portfolios lässt keine systematisierbaren Unterschiede erkennen.

13.1 Allgemeine Vorüberlegungen

Finanztechnologieunternehmen verfügen gegenüber etablierten und traditionellen Finanzdienstleistern über verschiedene Vorteile. Sie können u. a.:

- ihre technologische Plattform auf einer »grünen Wiese« mit aktueller Technologie errichten und durch hohe Flexibilität weiterentwickeln;
- sich bei der Wahl und Gestaltung ihres Geschäftsmodells entscheiden, ob sie sich umfassenden regulatorischen Anforderungen aussetzen (z. B. Entgegennahme von Geldern);
- den eigenen zumeist hohen Modularisierungs- oder Spezialisierungsgrad und die damit verbundenen (digitalisierten) Prozesse festlegen sowie sich mit den am Markt bereits befindlichen zumeist weniger effizienten Mitbewerbern vergleichen (s. Kap. 2.6.4);

1 Moneyland (November 2016): Vermögensvergleich. Abrufbar unter: http://www.moneyland.ch/de/private-banking-vergleich (Zugriff: 14.10.2022).

- die digitale Infrastruktur der am Markt befindlichen Geräte (z. B. Mobiltelefone, Tabletts, Apps, Authentifikationssysteme) intensivierend in ihre Geschäftsmodelle einbeziehen und somit auch Aktivitäten auf den Kunden verlagern;
- mit den neuen digital-affinen Generationen und der Do-it-yourself-Mentalität mithalten und diese für sich gewinnen;
- durch die Digitalisierung sehr stark zentralisiert und dadurch kostengünstig 24/7-Geschäftsanfragen entgegennehmen.

Zudem denken die Betreiber von erfolgreichen FinTechs sehr stark in neuen Ansätzen:

- keine Definition über Führungsspannen und Hierarchien,
- »aggressiveres«[2] und globaleres Denken,
- mittel- bis langfristige Strategieplanung bei gleichzeitiger kurzfristiger Reaktionsfähigkeit,
- Optimierung der Befriedigung des Kundenbedarfs, der eigenen Prozesse und Add-on-Funktionen stehen im Fokus,
- je nach Ziel des Unternehmens und Marktanteilen werden die Aktivitäten der Copycats[3] überwacht und rechtzeitig Maßnahmen umgesetzt oder ein Management-Buy-out lanciert.

Die traditionellen Banken hingegen verfügen hingegen über folgende Vorteile gegenüber den Finanztechnologieunternehmen:

- eine breite bestehende Kundenbasis, die allerdings auch über unterschiedliche Anforderungen verfügt und damit entsprechende Prozessvariationen erfordert,
- bessere Maßnahmen zur Kundenbindung,
- Vertrauen, Verfügbarkeit und Vertrautheit,
- persönliche Ansprache und Gewohnheit,
- die Möglichkeit menschliche und technologische Faktoren zu kombinieren,
- die Voraussetzungen Menschen ohne IT-Bezug zu betreuen und auf individuelle Faktoren und Umstände einzugehen.

In jedem Fall sorgen die neuen Potenziale auch für den Bedarf neuer Datenregulierungen (s. Kap. 15.4), Regulierungen der neuen Technologien, einem neuen Maß an Technologieangewiesenheit und entsprechendem Absicherungsbedarf (s. Kap. 14).

13.1.1 Digitalisierungspotenziale

Es gibt im und außerhalb des Unternehmens unterschiedliche Digitalisierungspotenziale. In beiden Fällen kommt es auf eine Vereinheitlichung und Verständlichkeit der digitalen Daten, Sprache und Verrichtung an. Während im Unternehmen viele Vorgehensweisen besser selbst

2 Beispiele www.relentless.com; COO raisin.

3 Aus dem Engl.: Nachahmer oder Trittbrettfahrer; Personen oder Unternehmen die eine Geschäftsidee von einem anderen Unternehmen oder aus einem anderen Markt kopieren.

beeinflusst werden können, kommt es außerhalb sehr stark auf die Schnittstellen und die vorhandene Infrastruktur an. Hier muss das Unternehmen auch zu seiner Außenwelt passen.

13.1.1.1 Einheitlichkeit von Sprache und Daten

Menschen tauschen in unterschiedlichen Sprachen Worte miteinander aus. Hierbei können bestimmte Begriffe unterschiedliche Dinge meinen und unterschiedliche Wortkombinationen für die Beschreibung eines Sachverhalts gewählt werden. Kommt es zu einem Missverständnis oder Unklarheiten werden diese im Dialog geklärt. Maschinen hingegen tauschen Daten über genormte Sprachen untereinander aus. Sind die Daten unvollständig, unklar oder fehlerhaft (s. Kap. 2.8.5), kann es zu Unterbrechungen oder fehlerhaften Verarbeitungen kommen. Die Technologien des derzeit entstehenden globalen sozio-technischen Hyper-Patchworks werden die Aufgaben und Schnittstellen immer mehr Richtung Maschine verlagern und damit zunehmend außerhalb der Leistungsfähigkeit des menschlichen Gehirns (Menge, Komplexität, Geschwindigkeit) arbeiten. Auf der anderen Seite werden die neuen Technologien auch von Menschenhand entwickelt und das globale Gesamtkonstrukt ist unterschiedlich weit fortgeschritten sowie fragil – somit entstehen neuartige technogene Risiken.

So gibt es eine Reihe von materiellen und immateriellen »Objekten«, die in die digitale Welt transformiert werden müssen, um sie durch eine künstliche Systematik entgegennehmen, auswerten und entscheiden lassen zu können. Dies auf globaler Basis, in hoher Menge und mit hoher Geschwindigkeit. Eine geeignete (Daten-)Infrastruktur, ein globales Rahmenwerk sowie lesbare digitale Zwillinge von Objekten müssen geschaffen werden, um sämtliche Parteien weltweit miteinander zu verbinden. Diese müssen verlässlich, unveränderlich und weltweit öffentlich zugänglich gespeichert sein. In einigen Bereichen halten die digitalen Zwillinge bereits Einzug. Die ersten Grundsteine sind gelegt durch Kryptowährungen, Legal Entity Identifyer (LEI), Smart Contracts, tokenisierte Briefmarken oder Kunstgegenstände. Aber die Nutzung von Kryptowährungen beinhaltet noch einige Risiken, der LEI ist nicht auf der Blockchain, tokenisierte Briefmarken verändern vermutlich ihren Wert, wenn sie abgestempelt sind und durch Token gehandelte Rechte an einem Gemälde lassen sich sekundenschnell durch Handel ändern, sodass die Existenz und der Verbleib des materiellen Objekts zunächst geprüft werden müssen.

13.1.1.2 Interne Potenziale

Die Identifikation von Digitalisierungspotenzialen ist nicht nur unter Kostenaspekten zu sehen. Es sind auch unternehmensstrategische und -politische (s. Kap. 2.2 und 2.3) Abwägungen mit einzubeziehen. Ebenso spielen die Flexibilität und die Nutzbarkeit der vorhandenen IT (Hard- und Software) eine grundlegende Rolle.

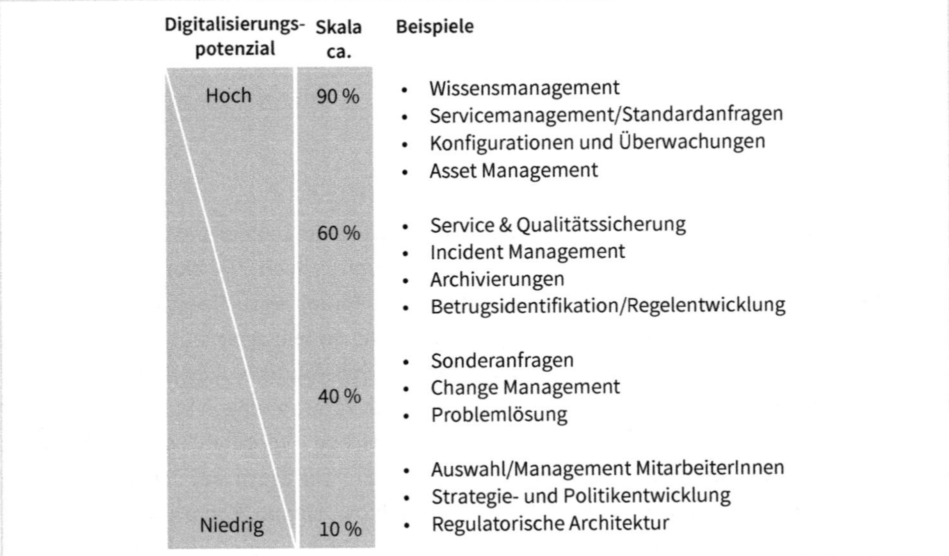

Abbildung 86: Automatisierungspotenziale (eine Schätzung)

Wie in Abbildung 86 dargestellt, sind die Themenbereiche, die die Entwicklungen von Strategien oder prozessuale Umsetzungsarten beinhalten am wenigsten digitalisierbar. Standardisierbare oder entwickelte Überwachungsaufgaben hingegen können eher großteilig digitalisiert werden, wie bspw. das Asset Management von Wertpapieren (Aktien, Bonds). In anderen »Non-Bankable-Asset-Classes«[4] sieht die Digitalisierbarkeit derzeit noch ein wenig schwieriger aus. Hier wird vermutlich erst eine international schuldrechtlich verbindliche und tokenisierte elektronische Handelbarkeit geschaffen werden müssen. Beispielsweise im Fall von Immobilien könnte die Auswahl eines Objekts zwar durch ein Asset Managementsystem durch Eingabe von Parametern erfolgen, die physische Due Diligence müsste jedoch von Experten bewertet und beurteilt sowie digitalisiert werden.

13.1.2 Transformative Strategien

Digitalisierung fördert grundsätzlich die Wettbewerbsfähigkeit von Volkswirtschaften im globalen Kontext und Unternehmen im Rahmen ihrer Tätigkeiten.

13.1.2.1 Globale Kurzdiskussion

Im Rahmen der Transformationsstrategien im globalen Kontext viele Fragestellungen zur Wettbewerbsfähigkeit, Unterschiedlichkeit, zum Entwicklungsstand und zu Prioritäten der unter-

4 Assetklassen, wie Immobilien, Kunst oder Infrastruktur (sofern nicht verbrieft) die von einem Finanzdienstleister nicht ohne Weiteres verwahrt oder gehandelt werden können.

schiedlichen Volkswirtschaften. Eine Transformation wird jedoch erforderlich sein, um – je nach Branche – ein Ausscheiden als Marktteilnehmer zu verhindern. Viele Voraussetzungen mit Vorlaufzeit müssen geschaffen werden. Hierzu zählen Ausbildungen, Umschulungen, Standardisierungen, Restrukturierungen und die Prävention neuer Risikotypologien und -intensitäten[5]. Gleichzeitig muss überwacht werden, welchen (negativen) Einfluss die technologischen Errungenschaften auf die bestehende Infrastruktur oder in den falschen Händen hätten. Die Maßnahmen zur Umsetzung müssen durch Marktkräfte entfaltet werden und sich für die Marktteilnehmer lohnen. Ein diskutiertes bedingungsloses Grundeinkommen hat sicherlich zwei Seiten, die in eine kritische Betrachtung einbezogen werden müssen.

13.1.2.2 Unternehmen

Ein Umdenken im Unternehmen kann durch strategische (s. Kap. 2.2) und durch Changemanagement-Maßnahmen (s. Kap. 2.6.6) gefördert werden und ist dadurch leichter beeinflussbar.

Die Mehrheit der Automatisierungsvorhaben scheitert weniger an den technischen Herausforderungen. Vielmehr sind ein fachkundiges Changemanagement und die Einbindung der Mitarbeitenden gefordert. Fest steht, dass das Thema Automatisierung in den nächsten Jahren zunehmend an Bedeutung gewinnen und umgesetzt wird. In diesem Kontext werden somit Anforderungen von unterschiedlichen Anspruchsgruppen im Rahmen der »Corporate Social Responsibility« (CSR) definiert, was weitere Herausforderungen mit sich bringt.

Die Einbettung größerer Digitalisierungen in ein Changemanagement-Konzept (s. Kap. 2.6.6), das eine zielgerichtete Kommunikation und die Interessenwahrung aller Stakeholder beinhaltet, sollte deshalb frühzeitig eingeplant werden. Eine Erklärung, wie z. B. »Wir müssen digitalisieren, um die Arbeitsplätze in Deutschland zu erhalten« oder »die fehlenden Facharbeitskräfte zu kompensieren«, erzeugen bereits eine andere Wirkung. Durch eine rechtzeitige Planung von Umschulungen, Personalabbau durch Rente oder Umverteilungen im Unternehmen entsteht eine weiterreichende positive Wirkung. Auch eine Befreiung von manuellen Ressourcen zugunsten einer Erhöhung des Mehrwerts der Aufgaben lässt sich als Vorteil nennen. Nur technisch innovativ und agil zu sein, genügt nicht. Im Zusammenhang mit der Digitalisierung durch RPA können aber noch weitere Risiken verbunden sein.

»Weil digitalisiert wurde, können in Kürze Kosten gesenkt und Stellen abgebaut werden …«, so lautete der Presseartikel über die Digitalisierungsbestrebungen eines Unternehmens in Deutschland, ohne dass weitere Hintergründe und Vorgehensweisen bekannt gemacht wurden. In der heutigen Zeit dürften selbst die Aktionäre diese Mitteilung nicht nur positiv auf-

5 Z. B. Cambridge Analytics, Google Lybra, gehackte Wallets, Transparenz und Überwachbarkeit des Menschen.

genommen haben, da das Unternehmen später weitere Aspekte öffentlich nacharbeiten musste – Mitarbeitende und Unternehmensumfeld ganz außen vor.

In der heutigen Zeit nehmen marktseitige Beobachtungen der Environmental-, Social- und Governance-Anforderungen (ESG-Kriterien) und entsprechende Ansprüche an Unternehmen einen immer höheren Stellenwert ein. Auch wenn der unter der EU-Regulierung aktuell und künftig geforderte Transformationsprozess (»Theorie of Change«) einige Zeit in Anspruch nehmen wird, ist eine klare Erwartungshaltung bereits auf breiter Ebene vorhanden.

13.1.3 Menschen, Interessen, Ethik und Nachhaltigkeit

Ein Finanzdienstleistungsunternehmen ist ein sozioökonomisches Gebilde, das den Faktor »Mensch« stets in seine strategischen Digitalisierungsüberlegungen mit einbeziehen sollte. Hierzu zählen auch Art, Umfang und Form, in der die Digitalisierung Einzug hält. Zum Strategiespagat gehören Change-Erwägungen, Ängste, Umschulungsbedarfe, neue Jobprofile, Arbeitsplatzerhalt, aber auch kompetitive Erwägungen zur Aufrechterhaltung der Existenz- und Wettbewerbsfähigkeit. Die COVID-19-Pandemie hat gem. diverser Studien viele Unternehmen weiter zum digitalen Wendepunkt geführt und den Transformationsprozess beschleunigt. Obwohl es in der Vergangenheit bereits einige Lösungen gab, werden diese jetzt vermehrt genutzt. Andere wurden weiterentwickelt oder neu geschaffen, wie bspw. Remote Participation[6] und Long Tail Markets[7]. Das Wold Economic Forum berichtet in einer Studie, dass bis 2025 weltweit 85 Mio. Arbeitsplätze abgebaut werden. Dies auch in administrativen Bereichen, wie Buchhaltung, Datenüberprüfung und -freigabe und Verwaltung. Demgegenüber stehen allerdings 97 Mio. neu entstehende Arbeitsplätze, die in den Sozial- oder Kreativberufen sowie der Technologie und Digitalisierung angesiedelt sein werden.[8] »Im Zeitalter der Digitalisierung wird Arbeitslosigkeit weniger denn je Ergebnis eines individuellen Scheiterns sein, sondern mehr und mehr zum Zeichen des technischen Erfolgs...«, so schrieb es der ehemalige Direktor des Hamburgischen Weltwirtschaftsinstituts HWWI, Thomas Straubhaar.[9]

Vor Studierenden und vor Berufserfahrenen mit unterschiedlichem kulturellem Hintergrund habe ich Vorträge zu Digitalisierungsthemen gehalten. Die Resonanz war unterschiedlich. Sie reichte von hohem Interesse, über respektvolles Fragestellen bis hin zu Ängsten vor dem Unbekannten oder des Verlusts des eigenen Arbeitsplatzes. Alle Dialoge zu diesem Thema hatten jedoch etwas gemeinsam. Es muss sich dringend innerhalb Europas darüber unterhalten und Bewusstsein geschaffen werden, aber auch Taten müssen in unseren Breitengraden folgen. Im

6 Teilnahme aus Aus- und Weiterbildungen, Prüfungen, Konzerten und Vorträgen; inkl. Socializing.

7 Anpassung des Onlineangebots auf individuelle Kundenanforderungen mit den Vorteilen der Preistransparenz, Nischenproduktfähigkeit, der fehlenden »tyranny of space«, Kontaktlosigkei und Bequemlichkeit.

8 World Economic Forum (October 2020): The Future of Jobs Report 2020. Abrufbar unter: http://www3.weforum.org/docs/WEF_Future_of_Jobs_2020.pdf (Zugriff: 14.10.2022)

9 Straubhaar, T. (2019): Warum die Zeit reif ist für ein bedingungsloses Grundeinkommen. Roman Herzog Institut. Abrufbar unter: https://www.romanherzoginstitut.de/fileadmin/user_upload/Publikationen/PDFs-Publikationen/RHI-Diskussion_Nr_32_Bedingungsloses_Grundeinkommen/RHI_Diskussion_32_1_Beitrag_Straubhaar.pdf (Zugriff: 20.11.2022).

Vergleich mit den FinTech-Landkarten der Vereinigten Staaten von Amerika und dem asiatisch-pazifischen Raum fallen die Digital-Unternehmen in Europa derzeit noch kaum im weltweiten Vergleich ins Gewicht. Selbst in den Plänen der Seidenstraßen ist die Digitalisierung ein wesentlicher bereits fest integrierter Grundpfeiler – ein wesentlicher Aspekt, der für eine internationale Wettbewerbsfähigkeit unerlässlich ist und sein wird. Ebenso geht es um die Ausbildung von Spezialisten für die Weiterentwicklung sowie die Attraktivität der Unternehmen, um diese dringend erforderlichen Neudenker in unserer Region zu halten.

Bezugnehmend auf das vorherige Kapitel ist grundsätzlich auch die Frage zu stellen, wie sich Finanzdienstleister künftig transformieren wollen. Natürlich gibt es in diesem Zusammenhang noch weitere Determinanten, die in einen Transformationsprozess einbezogen werden sollten:

- Selbstmachen (eigenes System anpassen oder ein weiteres Unternehmen gründen)?
- Kombinatorik (z. B. Joint Venture; Akquisition, Beteiligung)?
- Anteil der digitalen Beimischung eines Finanzdienstleistungsunternehmens im Hinblick auf die Kontakte zur Außenwelt.

Zwar werden die Digital Natives immer mehr am Markt agieren, aber nicht jeder Kunde oder Geschäftspartner möchte – auch abhängig vom Sachverhalt – mit einem Roboter sprechen oder sein Anliegen anhand von Zahleneingaben mitteilen. Die Entwicklungen machen den weiteren Triage-, Strategie- und Transformationsbedarf der Unternehmungen deutlich.

Wie im gesamten Spektrum der Digitalisierung kann aufgrund der rasanten Entwicklungen nur nachgezogen reguliert werden. FinTech-Labore und Sandboxes der Regulierungsbehörden versuchen mögliche aktuelle Fehlbildungen mit dem aktuellen Wissensstand zu kompensieren. Dies betrifft auch die Arbeit mit künstlicher Intelligenz (KI). Auch wenn die Verantwortung für die Anwendung von KI dem Unternehmen einwandfrei zugeordnet werden kann, können Schäden bspw. in Ausnahmesituationen sowie neuen Markt- und Verhaltenstypologien entstehen. Auch ethische Themenstellungen ergeben sich, wenn Maschinen beginnen, den Arbeitsalltag des Menschen zu bestimmen und ggf. auch Entscheidungen treffen, die den menschlichen Faktor unberücksichtigt lassen. Hier werden sicherlich weitere Diskussionen geführt und Entscheidungen getroffen werden müssen.

Auch die ESG-Themenstellungen (s. Kap. 15.3) werden in die Überlegungen mit einbezogen werden müssen. Beispielsweise kann eine weitreichendere Kommunikationsdigitalisierung zwar die Umwelt durch geminderte Reisetätigkeit schonen (E+), jedoch ist der mit der Digitalisierung einhergehende Arbeitsplatzverlust aus sozialen Aspekten sicherlich kritisch zu sehen (S-)?

13.1.3.1 Neudenken auf Führungsebene

Die Zeiten, in denen sich die Führungskraft über ihre Führungsspanne definiert hat, sind vorbei. Organisationen werden nicht mehr um Menschen und Seilschaften herumgebaut (s. Kap. 2.7.6), sondern die Besten und Geeignetsten erhalten einen Führungsauftrag. Die Führungshierarchien sind flacher und es gilt, die besten Lösungen für das Unternehmen und sich selbst weiterzuentwickeln. In diesem Zusammenhang müssen die Finanzdienstleister künftig auch einem schnelleren Anpassungsbedarf an ihr Industrieumfeld standhalten. Bei Banken innerhalb Europas allerdings nicht nur unter Heranziehung einer Benchmark auf dem eigenen Kontinent. Natürlich setzt dies auch voraus, dass die Führungsmannschaft vergleichs- und veränderungsbereit ist. Agile Arbeitsmethoden finden Anwendung (s. Kap. 2.8.1.2).

Zwar wurden seitens der EBA in den vergangenen Jahren einige wichtige Vorgaben zur Vergütung von Bankmitarbeitenden erlassen, aber auch hier wird sicherlich noch die eine oder andere Schraube zu adjustieren sein, damit nicht nur die Gesetze erfüllt, sondern auch Risiken präventiv gesteuert werden, Wettbewerbsfähigkeit sichergestellt und somit nachhaltigen zum Unternehmenserfolg beigetragen werden kann (s. Kap. 2.7.2 der zweite Blick auf die Risiken und Zielvereinbarungen).

Auf der anderen Seite liefern die neuen und digitalen Medien immer mehr Transparenz, dies auch im Vergleich zu den Mitbewerbern. Daher besteht bei Kunden auch ein wesentlich besserer Informationsstand, der durch darauf ausbauende Kompetenz bankseitig aufgegriffen und beraten werden muss. Die neuen und folgenden Generationen sind äußerst vertraut und anspruchsvoll im Hinblick auf digitale Lösungen, dies kombiniert mit einer »Do-it-yourself«-Mentalität, einem Hinterfragen der Sinnhaftigkeit und einer höheren Wechselbereitschaft sowie einer geringeren Loyalität. Hinzu gelangen immer wieder herausfordernde Kundenanfragen zu Krisensituationen am Markt oder in den Märkten, weil diese ebenfalls an Transparenz gewinnen und kompetent beantwortet werden müssen. Eine Neuausrichtung ist bereits bei der Auswahl der MitarbeiterInnen ist erforderlich, deren Führungsbedarf sowie der Umgang mit anspruchsvollen, informierten und neuen Kundengenerationen.

13.1.3.2 Neudenken auf Ebene der MitarbeiterInnen

Zwar müssen Führungskräfte ihr Personal zeitgemäß und mitarbeiterorientiert führen, aber Ängste überwinden und sich mit neuen Themenstellungen auseinandersetzen müssen MitarbeiterInnen stets selbst. Offenheit und Interesse für neue Themenstellungen sowie Flexibilität im Hinblick auf Veränderungen werden Grundvoraussetzung für ein Reagieren auf eine sich schneller ändernde Umwelt, die eigene Karriere sowie Entwicklungsmöglichkeiten. Erfahrene können von jungen digital nativen MitarbeiterInnen profitieren und umgekehrt. Generationenkonflikte sollten vermieden und Symbiosen hergestellt werden.

13.2 Robotic Process Automation (RPA)

Selbst die bereits seit vielen Jahren im Einsatz befindliche Robotic Process Automation (RPA) nimmt immer noch einen gewichtigen Platz in der Unternehmenswelt ein. Die RPA-Technologie ahmt menschliche Benutzerinteraktionen in einem EDV-Prozess nach und kann systemübergreifend zum Einsatz gebracht werden. Sie ist zwischen menschlichen manuellen Tätigkeiten und den Möglichkeiten geschlossener Softwaresysteme einzuordnen.

Arbeitskraft Mensch	Robotic Process Automation (RPA)	Applikationen Software
+ Komplexe Probleme + Flexibel - Verfügbar 8h/24 h - Arbeit tagsüber oder Schichtbetrieb - Fehleranfällig - Gesamtprozessüberblick/ -kontrolle	+ Bearbeitung Gesamtprozess + Verfügbar 24/7 sowie Verarbeitung außerhalb der Serverlastzeiten (Nachtverarbeitung) + Genau und konsistent + Fehlerfreiheit (sofern richtig eingerichtet) + Anpassungen und Erweiterungen - Komplexe Themenstellungen	+ Bearbeitung Gesamtprozess + Verfügbar 24/7 sowie Verarbeitung außerhalb der Serverlastzeiten (Nachtverarbeitung) + Genau und konsistent + Fehlerfreiheit - Anpassungen und Erweiterungen - Kostspielige Schnittstellenwechsel

Abbildung 87: Vergleich zwischen Arbeitskraft Mensch, RPA sowie Applikationen und Software

13.2.1 Einsatzgebiete

Die Einsatzgebiete und Voraussetzungen sind leicht zu identifizieren. Es handelt sich um Routinen repetitiver Prozesse, die regelbasiert und zeitlich stabil sind sowie hohe gleichbleibende Volumina und Durchlauffrequenzen aufweisen. Im Rahmen eines dedizierten internen Kontrollsystems können auch das Risikocontrolling und die Compliance wertvolle Informationen und Ansatzpunkte für mögliche Automatisierungen liefern. Hier sollten diverse Informationen über Prozesse, Kontrolltypologien und Informationen zur ersten und zweiten Verteidigungslinie vorliegen.

Hierbei kann es sich bspw. um die Kommunikation mit anderen oder zwischen Anwendungen, Datenaufbereitungen, Rechenoperationen und Regelabgleiche, Archivierungen und Erstellung von Standardkommunikationen handeln. Wie mit Ausnahmen, Abweichungen oder fehlerhaften Datenbasen umzugehen ist, muss der RPA ebenfalls beigebracht (programmiert) werden. Dafür kann der neu eingewiesene Kollege durchgehend 24/7 Aufträge annehmen und ausführen sowie nachhaltig zur Wettbewerbsfähigkeit eines Unternehmens beitragen. Im Rahmen größerer Verarbeitungsaufträge ist es auch möglich, die Systeme außerhalb der Serverhauptlastzeiten einzusetzen. Dies kann über die RPA selbst oder – wenn es mehrere Routinen gibt – über einen Scheduler erfolgen. Natürlich ist die RPA nur so gut, wie der Programmierer und die Fachperson, die ihn entwickelt haben, deshalb ist es wichtig, die Grenzen und Risiken der Technologien zu kennen und nicht nur ihren Nutzen sowie ihre Anwendungsmöglichkeiten.

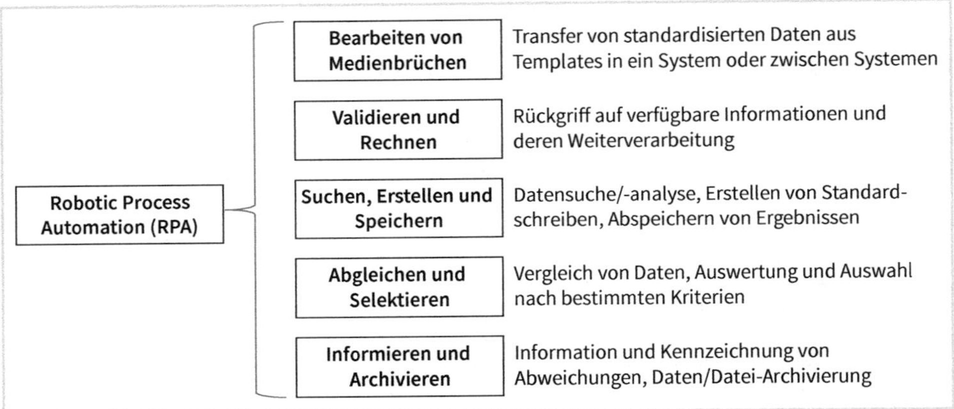

Abbildung 88: Beispiele für mögliche Einsatzgebiete von Robotic Process Automation (RPA)

Im Großen beginnt die Nützlichkeit der routinierten neuen Kollegen bereits an der Stelle, an der die Einflussnahme auf die notwendigen Veränderungsprozesse abnimmt. Zwar handelt es sich bei der Auslagerung der IT in ein Rechenzentrum um eine regulatorisch wesentliche sowie kritische Auslagerung nach bspw. den EBA Guidelines on Outsourcing Arrangements[10] und es sind vertragliche Weisungs-, Einsichts-, Prüf- und Kontrollrechte verbindlich zu vereinbaren, dennoch nimmt die individuelle Einflussnahme mit der Umsetzung einer Auslagerung des andernfalls selbst betriebenen Rechenzentrums ab (s. Kap. 12). Die Auslagerung innerhalb einer Unternehmensgruppe, in dem selbst nur die Position eines kleineren Anspruchstellers eingenommen wird, bis hin zu einem externen Drittdienstleister lassen sich hier nennen. Während eine Unternehmensgruppe zumeist noch an individueller Effizienzsteigerung und Prozessabsicherung zugehöriger Unternehmen interessiert ist, können sich mit einem externen Dienstleister widerstreitende Interessen ergeben, die u. a. mit der Diversität der Kundenanforderungen und der Investitionsbereitschaft zusammenhängen. Derartige Situationen und der individuelle Bedarf kann dann u. a. im Zuge einer RPA, natürlich im Rahmen ihrer Möglichkeiten, ausgeglichen werden. Grundsätzlich handelt es sich um eine recht preiswerte Technologie, die – an der richtigen Stelle eingesetzt und nach verhältnismäßig kurzer Projektierungszeit – zu einem zeitnahen Return-on-Investment führen kann. Die RPA lässt sich in eine bestehende Infrastruktur schnell einpassen und bereits vorhandene System können von ihr genutzt werden, ohne dass die Quellcodes der Systeme geändert werden müssen.

Menschliche Fehler werden im Verarbeitungsprozess ausgeschlossen und die Abarbeitung der Routinen erfolgt mit höherer Geschwindigkeit. Die Prozesseffizienz ermöglicht es auch, bspw. datenschutz- oder compliancerelevante Verarbeitungs- und Prüfprozesse selbst zu betreiben und nicht auslagern zu müssen. Eine schnellere Time-to-Market kann hier abschließend angeführt werden.

10 EBA/GL/2019/02.

13.2.2 Erfahrung, Risiken und Regulierung

Die Organisation für RPA-Implementierungen kann unterschiedlich erfolgen. Zur Auswahl stehen

- ein zentrales RPA-Center,
- dezentrale Modelle oder
- hybride Organisationen.

Wichtig ist es in diesem Zusammenhang, dass bei Unternehmensgruppen ein Erfahrungsaustausch zwischen den Einheiten stattfindet. Gerade im Bereich von Testergebnissen und Einsatzgrenzen können Erfahrungswerte von risikopräventivem Nutzen sein. Die Mehrfachverwendung einer bereits bestehenden RPA kann zudem Kosten sparen und mögliche, bisher nicht bedachte Einsatzgebiete, werden transportiert.

Die RPA sollte einer verantwortlichen Person zugeordnet werden, die für die Aktualität ihrer Routinen und den Prozess die Verantwortung trägt (Process Owner). Auch für die laufende Verarbeitung verantwortliche Personen sind zu bestimmen. Diese sind mit dem Verarbeitungsprozess der RPA vertraut, können Fehlfunktionen feststellen und einen Anpassungsbedarf unter Anwendung ergänzender Testfälle unverzüglich umsetzen lassen. Dies kann z. B. im Fall von sich ändernden Compliance-Anforderungen und Prozessen dringend angezeigt sein.

Eine Fehlfunktion, eine nicht mehr zu den Anforderungen oder Prozessen passende Routine kann mit zahlreichen Konsequenzen verbunden sein. Bei komplexen, compliancerelevanten oder risikoinhärenten Verarbeitungsprozessen sind deshalb Vier-Augen-Prinzipien sicherzustellen und ausgiebige Testfälle zu erstellen und zu bearbeiten. Aus den Inputdaten, der Verarbeitung, ggf. Bedienung und der anschließenden Datenverwendung können sich weitere Fehlerquellen ergeben. Die Sensitivität der Daten ist ebenfalls zu berücksichtigen. In den seltensten Fällen beginnt und endet ein Verarbeitungsprozess innerhalb derselben Funktion. So kann eine RPA in den meisten Fällen – solange Zugriff auf die benötigten Daten besteht – auch geografisch unabhängig eingesetzt werden.

Im täglichen Gebrauch kann die RPA auf einem Desktop oder in Form einer Dunkelverarbeitung betrieben werden. Sie kann einen eigenen User erhalten oder unter Aufsicht auf dem System eines Mitarbeitenden betrieben werden.

Unabhängig davon, ob es sich bei der Einführung dieser Technologie um eine Einsparung oder Re-Fokussierung des bestehenden Personals handelt, werden der RPA mittel bis längerfristig Wissen und Kapazität übertragen. Deshalb ist es für den Fall einer Fehlfunktion ratsam, eine umfassende und detaillierte Dokumentation des Abarbeitungsprozesses vorzuhalten und bei Bedarf zu aktualisieren. So werden auch der notwendige Audit-Trail, die Prozess-Compliance und eine schnelle Anpassung sichergestellt. Ähnliches gilt bei einem möglichen Auffangen von Fehlfunktionen aus dem noch verfügbaren Bestand menschlicher Ressourcen. Wobei hier auch insgesamt betrachtet werden sollte, wie viele RPA-Lösungen auf Abteilungsebene und Unternehmensebene mit welchen Abhängigkeiten (Systemen, Menschen, vorbereitende

Maßnahmen, Datenvalidität) bestehen, um im Notfall mit einem Alternativplan und ggf. mit menschlichen Ressourcen eingreifen zu können. Sollte bspw. ein System, zu dem eine Abhängigkeit besteht, zum Erliegen kommen, würde die RPA ihre Abläufe nicht abarbeiten können. Die mögliche zeitliche Kritikalität ist hier ebenfalls zu betrachten.

13.2.3 Aus- und Belastungsgrenzen

Eine wesentliche Voraussetzung für den reibungslosen Ablauf sind möglichst gleichbleibende Mengengerüste vom Verarbeitungsroutinen. Deshalb sind die Prozesse auf mögliche Lastspitzen hin zu überprüfen. Im Rahmen eines Belastungstests sollte die bisher höchstmögliche bekannte Last zzgl. 50 % angenommen werden, da auch involvierte Systeme Lastschwankungen unterliegen können und eine Verarbeitung rechtzeitig sichergestellt werden muss. Erfolgt der Test eines neuen Systems zunächst in einer Testumgebung, kann ein Test in einer Live-Umgebung ebenfalls Einfluss auf die Leistungsfähigkeit der RPA haben.

Beispielsweise führte die COVID-19-Pandemie zu einer Marktverwerfung, die eine ausgesprochen hohe Anzahl von Handelsaufträgen auslöste. Wären Roboter an einer Stelle des Prozesses beteiligt gewesen, hätten die Aufträge ggf. nicht (rechtzeitig) abgearbeitet werden können. Der Einsatz von Stresstests ist auch hier eine bewährte Methode, um die Kapazität des Roboters einschätzen zu können; vielleicht auch mit dem Ergebnis zwei Roboter parallel zu betreiben.

Im Verarbeitungsprozess sollten zudem IT-Sicherheit, Zugriffskonzepte, Datenschutz und Datenverwendung zusätzlich beachtet werden.

Grundlegend stellt die RPA-Technologie eine Lösung für Klein- und Mittelstandsbetriebe dar. Unter Umständen sind bei mehrfacher und vornehmlicher Verwendung zu Lastzeiten auch Faktoren wie Serverpenetration, Laufzeitfehler und Dateiöffnungszeiten zu beachten.

Umfassend und abschließend ist anzumerken, dass jedes Unternehmen seine eigene Governance zu diesem Thema definieren sollte. Hierzu gehören Richtlinien, Regeln für die Einführung und den Betrieb. Ein regelmäßiger Review-Prozess der RPA sowie zugehöriger Dokumentationen schaffen bis zur End-of-Life-Entscheidung eine umfassende Sicherheit.

13.2.4 Kosten-Nutzen-Assessment

Die Technologie kann in verschiedenen Branchen und Unternehmensbereichen eingesetzt werden. In der einschlägigen Literatur und der Praxis werden Effizienzsteigerungen von 20 bis 40 % festgestellt. Natürlich ist der mögliche Return-on-Investment ein wesentlicher Bestimmungsfaktor für die Umsetzung einer RPA und sollte deshalb auch zuvor ermittelt werden. Ist die Effizienzsteigerung unterhalb der 20-%-Grenze zu taxieren, sollte eine Implementierung geprüft werden.

Wichtig dabei ist, dass sie zweckgemäß eingesetzt und unter Beachtung von Risiken sowie externen und innerbetrieblichen Abhängigkeiten eingeschätzt und aktuell gehalten wird.

Deshalb ist es – wie auch zur Vorbereitung einer Auslagerung – wichtig, zunächst den Umfang festzulegen und ggf. nicht inbegriffene oder nicht leistbare Themenstellungen auszuschließen. Zudem ist folglich ein Assessment durchzuführen, das die Beurteilung der zu automatisierenden Prozesse anhand der zuvor genannten Kriterien durch den Prozessinhaber oder die jeweilige Fachabteilung vorsieht. Weiter können nun bereits gemachte Erfahrungen von großem Nutzen sein. Hier kann die vorstehend benannte zentrale Fachabteilung wertvolle Hinweise zur Verfeinerung der erstellten Pläne und der weiteren Vorgehensweise einbringen. Abschließend empfiehlt sich in diesem Rahmen ein Workshop, der die Erkenntnisse, Priorisierungen und nächsten Schritte festlegt.

Im Rahmen der Prozesserhebung und -messung ist insbesondere die Bewertung der zu digitalisierenden Prozesse ein wesentlicher Bestandteil der Kosten-Nutzen-Abwägungen. Einbezogen sollten hierbei – aber nicht abschließend – folgende Komponenten:
- beteiligte Systeme,
- Datenstrukturen,
- benötigte Dateien und Daten ,
- Anzahl von Öffnungs- und Schließungsvorgängen.

Die Durchführung einer Machbarkeitsüberprüfung lässt sich nun anhand der vorliegenden Daten durchführen. Diese Phase ist auch eine sehr gute Gelegenheit erneut zu überprüfen, ob die RPA-Technologie für dieses spezielle Problem die geeignete Lösung bietet, oder ob andere Systeme geeigneter sind. Wenn die Lösung weiterhin durch die RPA-Technologie sichergestellt werden soll, ist lediglich die Systemauswahl festzulegen oder einzugrenzen.

Abschließend erfolgt die Kosten-Nutzen-Analyse. In diese sollten unbedingt die folgenden quantitativen und qualitativen Faktoren Eingang finden, um ein möglichst repräsentatives Kosten-Nutzen-Profil darstellen zu können:
- Bewertung der zu manuell durchgeführten Prozesse sowie die erreichbare Zeitersparnis durch die Digitalisierung
- Vermeidung möglicher künftiger Fehlerkosten,
- Einsparung menschlicher Kontrollhandlungen auf der ersten und zweiten Verteidigungslinie,
- Steigerung der Mitarbeiterzufriedenheit durch Abschaffung repetitiver Routineprozesse,
- Revisionssicherheit.

Den Vorteilen werden schließlich die Kosten des jeweils benötigten RPA-Systems gegenübergestellt. Durch diesen Abgleich ergibt sich schließlich der Return on Investment (RoI).

Aus den Abwägungen erfolgt schließlich die Freigabe oder die Nichtfreigabe der konzeptionellen Umsetzung durch die Entscheidungsträger.

13.3 First Level Automatic Response Systems

First Level Response Systems sind regelbasierte Systeme, die einfache Kontrollen und Abgleiche vornehmen können. Lediglich in Ausnahmefällen melden sie sich bei einem Spezialisten zur Durchführung weiterer ggf. komplexerer Abklärungen. Abhängig vom abzuprüfenden Thema können die Systeme 85–100 % der Fälle prüfen und dokumentieren und somit, gerade für größere Unternehmen und Unternehmensgruppen (s. Kap. 15.4) einen großen Mehrwert liefern und Kosteneinsparungspotenziale realisieren.

13.3.1 Vorüberlegungen

Anders als bei kundenspezifischen Prozessen, wo sich die Anstrengungen auf ein benutzerfreundliches und regulierungsverständliches Frontend konzentrieren, muss die Risikopräventionstechnologie aus Sicht des Regulators, der Auditoren und der jeweiligen Fachbereiche und MitarbeiterInnen erdacht und implementiert werden. Zu beachten ist, dass die erforderlichen Prozessimplementierungen und Messpunkte nicht in einer Abteilung beginnen und dort enden. Vielmehr sind weite Teile eines Unternehmens betroffen. Mit entsprechend übergreifender Bewusstseinsschaffung müssen die Prozesse gestaltet und umgesetzt werden. Zur Sicherstellung der Auditierfähigkeit sind Dokumentationsverfahren der Vorfälle vorzusehen.

In diesem Zusammenhang und zur Durchführung von Kombinationskontrollen (s. Kap. 6.1.1) bedarf es einiger Vorarbeiten. Sämtliche Daten sind im Unternehmen verfügbar, leider meist innerhalb von Insellösungen, tiefen Ordnerstrukturen sowie unter Inkaufnahme von Redundanzen. Neben prozessualem Denken ist daher auch die Integration einer Golden Source, einer passenden Cloud-Lösung oder einer offenen IT-Architektur unter Beachtung einer entsprechenden Datenqualität sowie aller rechtlichen und regulatorischen Belange ein gangbarer Weg.

Die externe und wenig beeinflussbare Sichtweise stellt sich hauptsächlich für Finanzdienstleister, die den regulatorischen Anforderungen mehrerer Jurisdiktionen unterliegen (s. Kap. 3.3).

13.3.2 Einsatzgebiete für Response Systeme

Beispielsweise ist die IT-gestützte Geldwäscheprävention und Geschäftspartner-/Kunden-Überprüfung im Rahmen von Deep-Learning-Systemen allgemein bekannt und etabliert. Wie sieht es aber mit der Abarbeitung der mitarbeiterrelevanten Compliance aus – ein Themengebiet, das in größeren Firmen einen hohen administrativen Aufwand verursacht und ohnehin an die Zuverlässigkeit der Mitarbeiter gebunden ist?

Unabhängig davon, ob es bspw. um die Entgegennahme oder Gewährung von Geschenken, die Überwachung von Direktoraten und Mandaten, Abgleichen mit Vertragsabschlusszeitpunkten oder die privaten Handelsaktivitäten geht: Eine regelbasierte digitalisierte Abarbeitung dieser Themen kann zuverlässig unterstützen, die Personalkosten reduzieren oder es ermöglichen, die Ressourcen auf die »unehrlichen Fehler« (s. Kap. 10) zu konzentrieren.

Durch einen zuverlässigen Datenbestand und eine Datensystematisierung können im Geschenkebereich bspw. Umfang und Häufigkeiten von Zuwendungen, Geschäftspartnerstatus, Zeitpunkt der Vertragsabschlüsse und das schwerwiegende Thema der Amtsträger durch digitalisierte Regeln überwacht und abgearbeitet werden.

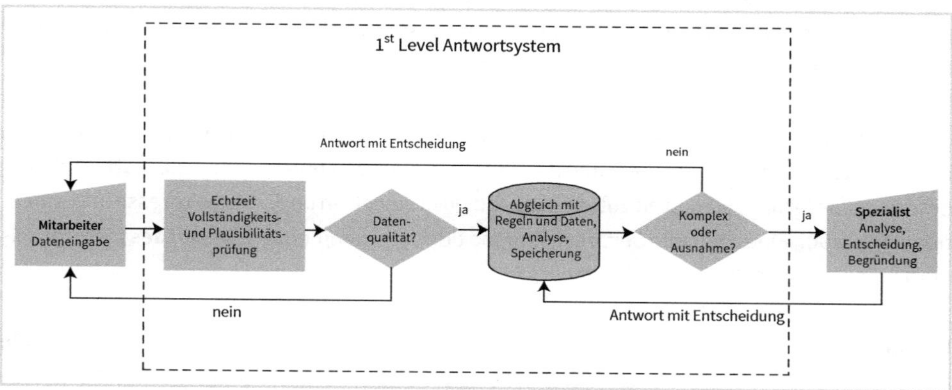

Abbildung 89: First Level Automatic Response Systems[11]

Gemeldete Mandate werden automatisiert gegen Kunden- und Geschäftspartnerdatenbestände auf Interessenkonflikte abgeglichen. Ämterhäufungen und damit verbundene Haftungspotenziale können ebenfalls festgestellt werden.

Die Einsatzgebiete für abgleich- und regelbasierte Antwortsysteme sind vielfältig und die Vorteile offensichtlich. Die digitale Überprüfung kann zeitgleich erfolgen, dem Mitarbeiter können nach Erfassung der Anfrage in den meisten Fällen vom System Genehmigungen oder Ablehnungen erteilt werden. Ungeregelte, unvollständige, komplexe oder auffällige Anfragen werden an einen Compliance-Spezialisten weitergeleitet, der lediglich nur noch eine Betreuung weniger komplexer oder ungeregelter Fälle in zweiter Instanz wahrnimmt.

Darüber hinaus können abweichende länderspezifische Anforderungen im Regelwerk genauso hinterlegt werden, wie systematisierte Anfragen zum Produktvertrieb und Marketing. Hier ist insbesondere die systemseitige Sicherstellung einer guten und vollständigen Datenqualität im Rahmen eines manuellen Überprüfungsbedarfs hervorzuheben.

11 Gammelin, K. (2017): X-Tech – Alles digitalisiert, in: die bank 08.2017, S. 64.

13.4 Maintenance Systems

Die Automobilindustrie und das Institut der Wirtschaftsprüfer (IDW) liefern bspw. sehr gute Ansätze für die nächsten Digitalisierungsschritte. Das IDW hat systematisierte und einheitliche Prüfvorgaben geschaffen, die ähnlich bei Finanzdienstleistern eingesetzt werden können.

Im Automobilbereich kann der Kunde sein Wunschauto nicht nur aus vielen Kombinationsmöglichkeiten selbst konfigurieren. Muss ein Wagen zum Service, kann sich der Kfz-Experte durch digitales Auslesen der Fahrzeugdaten einen ersten Überblick über den Zustand des Wagens verschaffen. Verfügt das Fahrzeug nicht über eine bestimmte Funktion, ist dies beim Auslesen der Daten ebenfalls ersichtlich. Die Sichtprüfung erfolgt separat.

Angenommen, regulatorische Anforderungen würden systematisiert und codiert von außen in die unterschiedlichen Finanzdienstleister eingespeist werden und die Finanzdienstleister würden die Anforderungen – soweit zutreffend – lediglich zuweisen und in ihre Prozesse implementieren (Abb. 90). Eine sinnvolle Berücksichtigung der Unternehmensgröße und des Risikoprofils dürfte dann auch realisierbar sein.

Die Datensammlung erfolgte teilautomatisiert und könnte im Rahmen der nächsten Prüfung ausgelesen, gleich in Echtzeit übertragen und ausgewertet werden – ohne, dass das notwendige Übersenden von Unterlagen oder das Einordnen in einen Sharepoint der Prüfgesellschaft erfolgen muss. Ein Ansatz, der für Unternehmen, Regulatoren, Auditoren und Kontrollfunktionen viel Aufwand und Kosten sparen und für einen Großteil der prüfungsrelevanten Themen noch nicht einmal eine Vor-Ort-Präsenz der Prüfer erfordern würde.

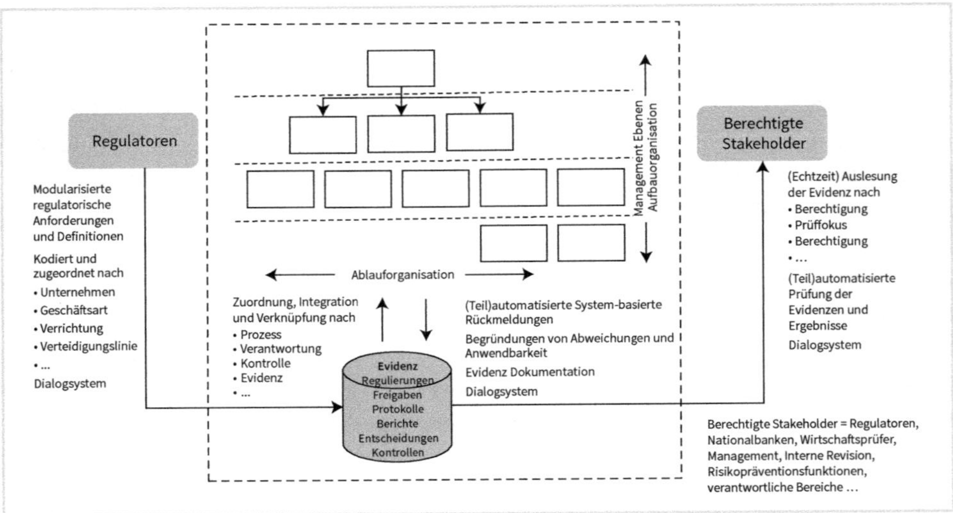

Abbildung 90: Regulierungs-, Dokumentations- und Auditsysteme[12]

12 Gammelin, K. (2017): X-Tech – Alles digitalisiert, in: die bank 08.2017 S. 65.

Ein erstklassiges System, das auch unternehmensintern sehr viele Möglichkeiten bietet. Es strukturiert Informationen, macht eine compliancekonforme Administration der Zugriffsrechte möglich, speichert Evidenz entlang der Prozesse, liefert Abweichungslisten und Ergebnisse aus den Werkzeugen des Risikomanagements (s. Kap. 6).

13.5 Artificial Intelligence (AI)

Artificial Intelligence oder Künstliche Intelligenz (KI) ist der Überbegriff für Anwendungen, bei denen Maschinen Intelligenzleistungen erbringen. Darunter fallen das maschinelle Lernen (ML – Machine Learning) oder das Verarbeiten natürlicher Sprache (NLP – Natural Language Processing[13]). Diese Lösungen sind jedoch nur bedingt mit menschlichen Leistungen vergleichbar. Deshalb wird zwischen schwacher und starker künstlicher Intelligenz unterschieden:

- **Schwach (weak):** Ist der menschlichen Intelligenz ähnlich. Die Technologie ist nur für bestimmte Bereiche entwickelt und daher nur in meist oberflächlichen Einsatzgebieten nutzbringend (nutzerbezogene Werbung, Navigationssysteme, Spracherkennung, Textprogramme).
- **Stark (strong):** Diese Technologie wird noch entwickelt und soll die menschlichen Fähigkeiten nachahmen oder übertreffen können. Insbesondere diese Technologie wird aus ethischen Gründen reguliert werden müssen, da sie nie moralische Entscheidungen treffen werden kann. Sie soll logische Entscheidungen unter Einbeziehung diverser komplexer Informationstypologien treffen, lernfähig sein und auch Sprache nutzen können.

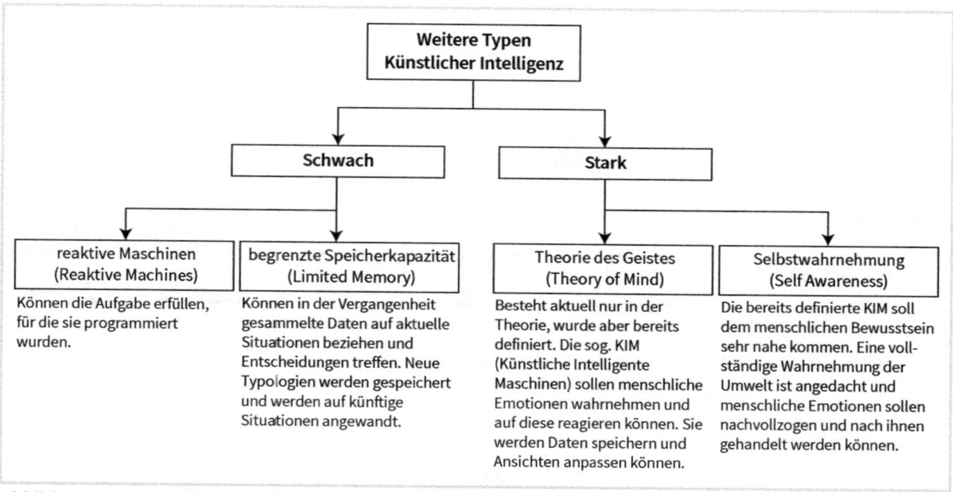

Abbildung 91: Unterteilungen schwacher und starker Künstlicher Intelligenz

13 Natürliche Sprache wird erfasst und computerbasiert verarbeitet. Sprachwissenschaften und moderne Digitaltechnologie werden kombiniert.

Unabhängig davon, wann starke KI entwickelt wird, wäre beiden Typen gemeinsam, dass die Verarbeitungsprozesse schneller als vom Menschen durchgeführt und komplexe Regeln erkannt werden können. Die beiden Kategorien lassen sich wie in Abbildung 91 dargestellt einteilen.

Zudem werden vielen Daten schnell verarbeitet. Hinsichtlich der Voraussetzungen und Handhabung von Big Data sei an dieser Stelle auf Kap. 2.8.5.3 verwiesen. Problematisch in der Praxis ist häufig, dass die Systeme, die die für die Verarbeitung bestimmten Daten beinhalten, fragmentiert und an unterschiedlichen Stellen im Unternehmen angesiedelt sind. Ein nächster Fehler ist, dass Algorithmen beispielsweise im Kernbankensystem eingesetzt werden und damit der Zugang zu Daten in anderen Systemen verwehrt bleibt. Deshalb ist die IT-Architektur entsprechend von Beginn an den zu erreichenden Zielen sowie Bedürfnissen auszurichten, weitere Daten in das Kernbankensystem einzuspeisen oder ein wie in Abbildung 92 dargestelltes flexibles Framework zu errichten.

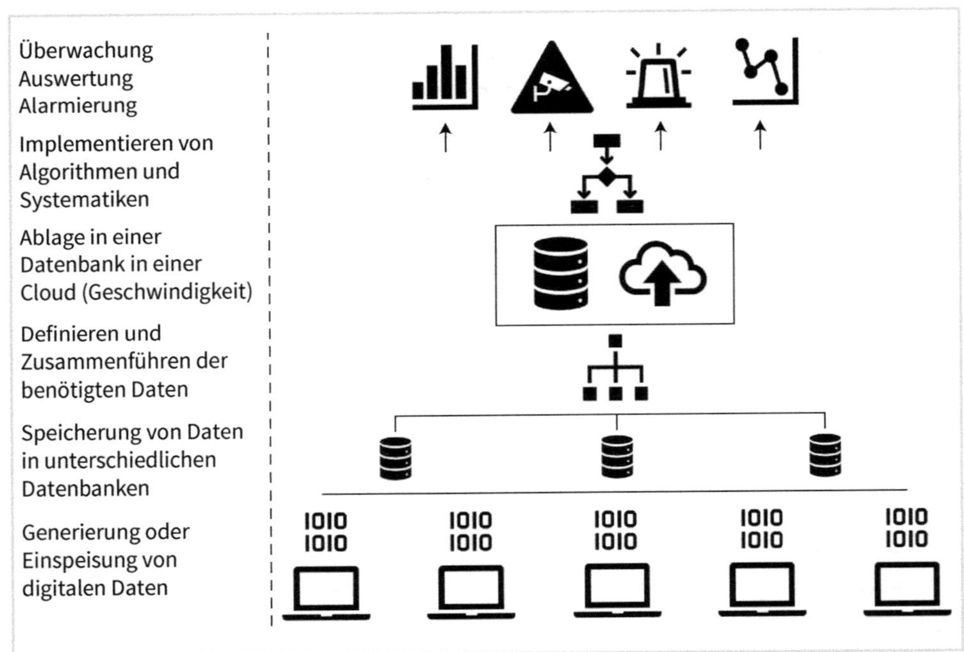

Abbildung 92: Datenarchitektur zur Überwachung von Abweichungen

Das Finanzdienstleistungsunternehmen wird mit vielen externen Daten versorgt und generiert eigene. Die Speicherung erfolgt in unterschiedlichen Datenbanken und Systemen. Die für die Algorithmen und Systematiken benötigten Daten müssen definiert und in einer cloudbasierten Datenbank zusammengeführt werden. Die schnelle Cloud-Lösung bietet sich aufgrund der

Menge der Daten, der möglichen Auswertungsgeschwindigkeit sowie der Zielerreichung eines unverzüglichen Alarms bei Auffälligkeiten an. Der Algorithmus überwacht Daten, generiert Auswertungen und zu überprüfende Abweichungsalarme.

13.5.1 Machine Learning (ML)

Machine Learning (maschinelles Lernen) ist ein Teilbereich der Künstlichen Intelligenz (KI). Hierbei lernen IT-Systeme automatisch folgende Aufgaben zu übernehmen aus großen Datenmengen zu übernehmen:

- Vorhersagen von Werten,
- Berechnungen von Wahrscheinlichkeiten,
- Erkennen von Gruppen, Mustern, Zusammenhängen, Abhängigkeiten, Regeln und Clustern,
- Reduktion von Komplexität und Dimensionen ohne Informationsverlust,
- Optimierungen,
- Gesichts-, Objekt- und Spracherkennung zur Identifikation.

Dabei verbessern sie sich fortlaufend, ohne über eine explizite Programmierung zu verfügen. Hierbei werden unterschiedliche Arten des Lernens unterschieden:

- **Supervised Learning (überwachtes Lernen):** Training und Überprüfung erfolgt anhand von bekannten Daten. Das Verfahren wird bspw. eingesetzt im Zusammenhang mit Vorhersagen und Prognosen sowie Ausfallwahrscheinlichkeiten (z. B. Durchführung von Kontrollen und Überwachung von KRI, KPC, und KPI gem. Kap. 6).
- **Unsupervised Learning (unüberwachtes Lernen):** eigenständiges Erkennen von Mustern (ohne Trainings- und Überprüfungsdaten). Modell ist nicht dafür geeignet, eine Vorhersage für eine bekannte Zielvariable zu treffen. Der Einsatz erfolgt eher im Rahmen von Visualisierungen, Regelerkennung, Clusterungen (z. B. Systematisierung und Erkennung von Häufungen bei Soll-Abweichungen gem. Kap. 5).
- **Semi-Supervised Learning (teilüberwachtes Lernen):** Ist eine Mischung aus den beiden vorstehend genannten Verfahren. Hierbei wird lediglich eine geringere Menge mit bekannten Daten zur Testung und Überprüfung genutzt. Es werden Testdaten und unbekannte Daten genutzt. Das Einsatzgebiet ähnelt dem des überwachten Lernens.
- **Reinforcement Learning (verstärktes oder bestärkendes Lernen):** Es wird mit der Umgebung interagiert. Der Algorithmus soll selbstständig eine Lösung des Problems erlernen. Um dieses zu erreichen, erfolgt eine ständige Bewertung der Lösungsansätze durch positive oder negative Rückmeldungen mit dem Ziel, die Rückmeldungen zur belohnenden Funktion zu maximieren und die Rückmeldungen aus der Kostenfunktion zu reduzieren. Der Einsatz erfolgt bspw., wenn ein Roboter das Treppensteigen erlernt. Es werden keine Testdaten benötigt.
- **Deep Learning (tiefgreifendes Lernen):** Nutzt neuronale Netze, um große Datensätze zu analysieren, die für Menschen nur schwer oder nicht bearbeitbar sind. Die Vorgehensweise ist

vom menschlichen neuronalen Netz[14] abgeleitet. Es wird ein Sachverhalt wahrgenommen, verarbeitet (darüber nachgedacht) und ein Ergebnis daraus entwickelt. Es wird immer wieder nach neuen Verknüpfungen und Regeln gesucht. Im KI-Bereich wird deshalb auch von Künstlichen Neuronalen Netzen gesprochen (KNN) oder im Englischen von Artificial Neural Network (ANN). Der Einsatz erfolgt bspw. in der Gesichts-, Objekt- oder Spracherkennung.

Gerade in der Wirtschaft und insb. in der Finanzdienstleistungsindustrie kommen – je nach Themenstellung – unterschiedliche Modelle zum Einsatz.

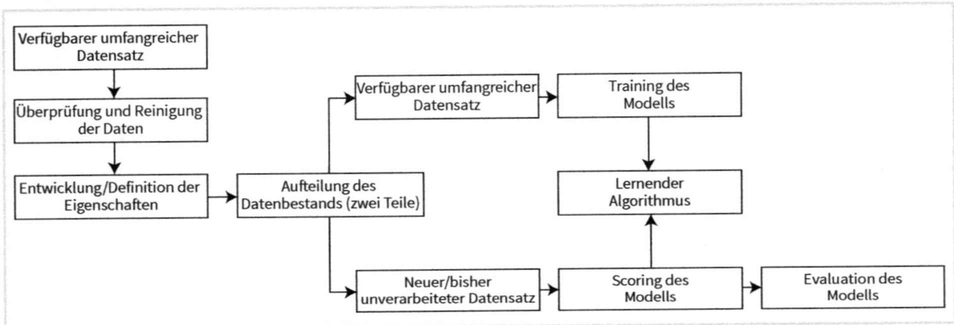

Abbildung 93: Überwachtes (supervised) Machine Learning

Nehmen wir ein Beispiel aus dem überwachten (supervised) Machine Learning gem. Abbildung 93 aus dem Ratingbereich zur Berechnung einer Unternehmensausfallwahrscheinlichkeit (Default) im Bereich der Hard Facts. Hierzu gehören Bilanz- sowie Gewinn- und Verlustdaten. Länder-, Branchen- und Rechnungslegungsspezifika bleiben in diesem Beispiel unbeachtet.

Beispiel

Eine Ratingagentur kauft sich 4.000 Unternehmensdaten über einen mittelfristigen Zeitraum. Diese reichen von äußerst stabilen bis Default-Unternehmen. Die Defaults der Unternehmen sind nachgewiesenermaßen eingetreten. Es gilt, eine große Menge Daten zu überprüfen und ggf. zu bereinigen. Siehe hierzu die Ausführungen zu den Voraussetzungen im Kap. 2.8.5.3 »Big Data«. Die Daten werden als einwandfrei beurteilt und können weiterverwendet werden. Die Eigenschaften der unterschiedlich stabilen Unternehmen werden der Ratingskala zugeordnet, die später über ein Rating Auskunft über die Ausfallwahrscheinlichkeit geben soll. Der Datenbestand wird zu je 2.000 Datensätzen hälftig geteilt. Die Teilung erfolgt unwillkürlich. Mit dem ersten Datensatz wird der Algorithmus trainiert. Der zweite Datensatz überprüft die Funktionsfähigkeit des Algorithmus und seine Fähigkeit, die Ausfallwahrscheinlichkeit eines Unternehmens zu bestimmen. Anhand der Ergebnisse wird die Funktionsfähigkeit des Modells evaluiert (beurteilt).

14 Der Begriff stammt aus der Neurowissenschaft und bezeichnet eine Anzahl von Neuronen, die als Teil des Nervensystems einen Zusammenhang bilden und eine bestimmte Funktion erfüllen soll.

13.5.2 Anwendungsbeispiel Cross-Border Compliance

Betreibt ein Finanzdienstleistungsunternehmen seine Vertriebsaktivitäten grenzüberschreitend, sind viele Compliance-Regeln zur Begrenzung des Risikos zu beachten. Ausschlaggebend sind die sog. Country Manuals. Hierbei handelt es sich um regulatorische und gesetzliche Anforderungen von Länderusancen, die bei einem grenzüberschreitenden Vertrieb einzuhalten sind. Die Country Manuals beinhalten zahlreiche Regeln je Land. Die Regeln können zwischen dem Bank- und Asset-Management-Geschäft differieren. Zudem kann es relevant sein, ob sich der Finanzdienstleister mit dem Zielkunden im eigenen Land, im Domizilland des Kunden oder in einem Drittland trifft. Der Art der Zusendung von Vertriebs- und Marketingmaterialien[15] muss zudem Beachtung geschenkt werden. Für Sondervermögen, die bspw. nach der AIFMD[16] reguliert sind, muss der Vertrieb in den Zielländern des EWR gesondert beantragt werden. Über die mehrdimensionale Kombinatorik der Regeln gilt es, noch weit mehr Regeln zu beachten und ggf. je Land unterschiedliche Ausgestaltungen von risikoaufklärenden Disclaimern zu beachten. Wird dieser Komplexität ein global agierender Finanzdienstleister gegenübergestellt, entsteht ein erster Eindruck zur Auslastung der Rechts- und Compliance-Abteilungen. Möglich wäre es deshalb, den VertriebsmitarbeiterInnen eine systembasierte Abfrage zur Verfügung zu stellen, um die personelle Belastung für benannten Funktionen und die Time-to-Market so gut wie möglich zu reduzieren. Einzig die Pflege des Systems im Falle neuer und geänderter Regularien wäre erforderlich. Größte Herausforderung ist die Digitalisierung der in qualitativer textlicher Form vorliegenden Country Manuals gem. Abbildung 94. Die sog. Digitalen Zwillinge werden aus den Country Manuals erarbeitet und das Regelwerk mit samt seiner Kombinatorik in ein System unter Beachtung der Regeln für Big-Data (s. Kap. 2.8.5.3) integriert.

Fragt der Vertrieb jetzt bspw. die Kombination von Deutschland (eigener Standort) nach China (Zielland des Kunden) ab, wird er umfassend sowie umgehend mit Möglichkeiten, Einschränkungen, Verhaltensanforderungen, Unterlagen, Ausgestaltungsanforderungen und Verboten versorgt. Eine mühevolle Einzelfallprüfung durch Fachabteilungen entfällt. Gleichzeitig können viele nutzbringende Informationen aus einer Aufzeichnung der Anfragen gewonnen werden. Beispielsweise können bisher nicht beantragte Vertriebsbedarfe identifiziert werden, um das Beantragungsverfahren einzuleiten. Zugleich ist es bspw. möglich, besondere Kombinationshäufigkeiten in Bezug auf bestimmte Produkte zu identifizieren, Bedarfe festzustellen sowie dahin gehend neue Produkte für bestimmte Märkte zielgerichtet zu entwickeln. Auch vertriebsstrategische Impulse lassen sich generieren. In der hier vorliegenden Länderkombinatorik haben derzeit bspw. Asset Manager ein wenig mehr Freiräume als Dienstleister, die unter den Institutsbegriff fallen.

15 Z. B. Guidelines on marketing communications under the Regulation on the cross-border distribution of funds (ESMA34-45-1445) mit Verweis auf die (noch) zustimmenden Länder under the Regulation on the cross-border distribution of funds (ESMA34-45-1272).

16 Directive 2011/61/EU of the European Parliament and of the Council of 8 June 2011 on Alternative Investment Fund Managers and amending Directives 2003/41/EC and 2009/65/EC and Regulations (EC) No 1060/2009 and (EU) No 1095/2010 Text with EEA relevance.

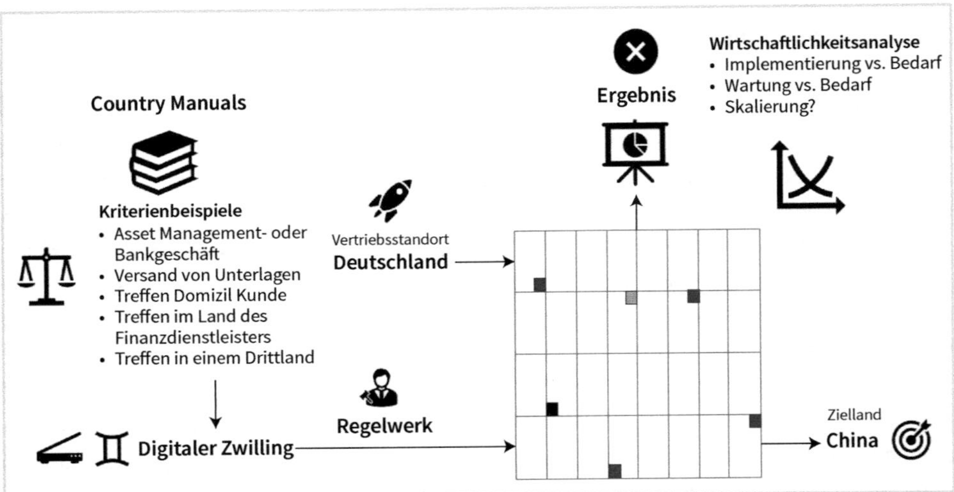

Abbildung 94: Multiple Kombinatorik im grenzüberschreitenden Vertrieb

Am Ende muss sich eine derartige Umsetzung aber auch für das Finanzdienstleistungsunternehmen lohnen. Deshalb ist – sofern der Bedarf nicht bereits durch die Größe und Internationalität des Unternehmens gegeben ist – eine Wirtschaftlichkeitsanalyse durchzuführen. Die im Rahmen eines solchen Projekts zusammenzufassenden Wissens- und Erfahrungseigenschaften lassen sich mit Compliance, Technologie, Betriebswirtschaft und Prozessmanagement beschreiben.

13.5.3 Regulierungstechnologie (RegTech)

Zum Bereich der Regulierungstechnologie zählen bspw. digitale Lösungen zur Prävention/Detektion sonstiger strafbarer Handlungen (s. Kap. 10), Anti-Money Laundering/Combating the Financing of Terrorism (AML/CFT) im Zusammenhang mit AI/ML Deep Learning zur Gesichts- oder Spracherkennung, regulatorisches Berichtswesen, ICT-Sicherheit, Smart-Contracts und Kreditwürdigkeitsprüfungen. Regulierungen werden erarbeitet, um technologischen Innovationen einen Rahmen zu geben. Die EBA hat sich bereits mittels einer Analyse intensiv mit dem Thema auseinandergesetzt.[17] Die Vorzüge der menschlichen Fehlervermeidung, aber auch die neuen Risiken im Zusammenhang mit der IT- (s. Kap. 3.1.3) und Cyberrisiken (s. Kap. 15.2), dem Business Continuity Management (s. Kap. 14), Kunden-, Produkt- und Datenschutz sowie der Trainingsbedarf (s. Kap. 3.4.2.5) zum Umgang mit den neuen Technologien werden herausgestellt. Der Anpassungsbedarf der digitalen Lösungen hinsichtlich neuer nationaler und internationaler Regulierungsanforderungen (s. Kap. 3.3) und Datenanforderungen (s. Kap. 2.8.5) ergänzen die Liste. Dabei wird am häufigsten auf die Lösungen Data Transfer Protocol, Cloud Computing, Predictive Data Analytics, ML und Semantics zurückgegriffen.

17 EBA Analysis of RegTech in the EU Financial Sector (June 2021) – EBA/REP/2021/17.

Nachstehende Anwendungsgebiete zur Detektion sonstiger strafbarer Handlungen lassen sich beispielhaft nennen:[18]

- **Bank**
  - Kontoübernahmen
  - Identitätsdiebstahl
  - Insiderhandel
  - Kreditbeantragungsbetrug
  - Credit/Debit Card
- **Wertpapiere und Rohstoffe**
  - gemeinschaftlicher Betrug
  - anreiz-technische Schwachstellen
- **Versicherungen**
  - systematischer Betrug
  - endemischer Betrug
  - Gesundheitsbetrug
- **Unternehmens- und Massenmarkt**
  - Verfälschung von Informationen
  - Kriminalität
- **Öffentlichkeitssektor**
  - Steuerbetrug
  - Geldwäsche
  - Fälschung
  - Behinderung der Justiz und Verschleierung

Die regelbasierten Systeme sollten möglichst einfach gehalten werden. Die signifikantesten Merkmale sind auszuwählen, passende Beurteilungsgewichte und Ausschaltungskriterien sind auszuwählen. Zur Identifikation von Kreditkartenbetrug können bspw. Kundenprofil, vergangenes Zahlungsverhalten, Transaktionsinstrumente, Länderrisiken und andere Normalabweichungsdaten herangezogen werden.

13.6 Risikodatenmanagement und -verwendung

»Die Konsistenz der Informationen, nicht ihre Vollständigkeit, ist das, was für eine gute Geschichte maßgeblich ist. Tatsächlich ist es so: Es ist leichter, das, was man weiß, in ein konsistentes Muster einzupassen, wenn man wenig weiß«.[19]

18 Vgl. E.W.T. Ngai/Yong Hu/Y.H. Wong/Yijun Chen/Xin Sun (2011): The application of data mining techniques in financial fraud detection, Decision Support Systems, Volume 50, Issue 3, S. 559–569.

19 Klein, H. P. (2013): Der Bluff der individuellen Förderung, in: Frankfurter Allgemeine Zeitung, 05.07.2013, S. 7.

Sicherlich ist es leicht, eine Geschichte hinter wenigen Datenpunkten zu kreieren. Derartige Vorgehensweisen sind aber auch gefährlich und können zu Fehlbildungen beim Management von Risiken führen. Auch hierlassen sich wieder die Fehlallokation von Ressourcen und die Konzentration auf unwesentlichere Risiken als Konsequenz anführen. Das Datenmanagement ist das Herzstück des Risikomanagements. Hierzu zählen deshalb nicht nur Dokumentationsqualität, sondern auch Vollständigkeit der Datenerhebungen – dies nicht nur aus regulatorisch verpflichtenden Anforderungen. Natürlich ist es dann auch komplexer, die »Geschichte« hinter mehreren Datenpunkten zu analysieren und zu schreiben.

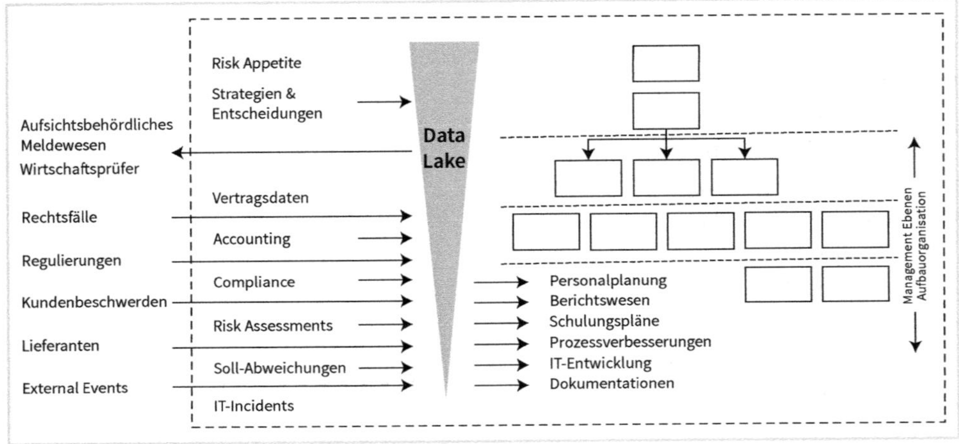

Abbildung 95: Data Lake, Datensammlung und -verwendung

In Unternehmen und Unternehmensgruppen bestehen auch heute noch IT- und Datenbankseitige Insellösungen. Dies ist teilweise auch dem geschuldet, dass unterschiedliche Abteilungen an ähnlichen oder zugehörigen Themenstellungen arbeiten, aber Daten nicht zusammengeführt und somit analysiert werden können.

13.6.1 Speisung des Data Lakes

Im Data Warehouse oder Data Lake müssen alle erforderlichen Daten verfügbar gemacht werden. Der in Abbildung 95 dargestellte Data Lake wird in Form eines auf dem Kopf stehenden Dreiecks neben der schematischen Aufbauorganisation eines Unternehmens dargestellt. Das Dreieck ist deshalb umgekehrt dargestellt, weil der Sachbearbeiter (Risikomanager) ein geringeres Daten- sowie Informationsvolumen und damit Zugriffsrechte auf den Data Lake benötigt als beispielsweise die Geschäftsleitung oder der Aufsichtsrat. Auf diesem Informationsniveau müssen allerdings die Datendarstellungen in einem höheren Aggregationszustand bereitgestellt werden, um eine übergreifende Steuerung zu ermöglichen. Ausnahmen sollten lediglich Warnschwellen (Amber Flag) und Schwellenüberschreitungen (Red Flag) bilden. Da der Data

Lake auch sensible Informationen beinhaltet ist ein entsprechend kontrolliertes Zugriffskonzept genauso wichtig, wie die Beachtung von Need-to-know-Prinzipien und der DSGVO.

Der Data Lake wird von vielen intern wie extern entstandenen sowie hoffentlich verifizierten und somit verlässlichen Informationen gespiesen. Es geht aber nicht nur um die Vollständigkeit der verfügbaren Daten, sondern auch um deren Zusammenführung für eine spätere Verwendung. In der Abbildung wird die Vielfältigkeit der erforderlichen Daten – ohne Anspruch auf Vollständigkeit – dargestellt. Auch werden die Daten der Top-down-Risikosteuerung seitens der Leitungsorgane hier zusammengeführt. So sollten bspw. auch der Risikoappetit (s. Kap. 3.2.3) sowie strategische Vorgaben und Entscheidungen der Organe Eingang finden. Der Risikoappetit (s. Kap. 3.2.3) wird mit den Soll-Abweichungen (s. Kap. 5) der ersten Verteidigungslinie (s. Kap. 3.4.1.1.3) zusammengeführt. Aus beiden Informationen lassen sich Auslastungsgrade (s. Kap. 6.2) ermitteln sowie für alle Beteiligen darstellen und bei Bedarf durch Maßnahmenentwicklungen gesteuert werden. Weitere eingeleitete Daten ermöglichen Kontrollen und Kombinationskontrollen (s. Kap. 6.1.1) auf der ersten und zweiten Verteidigungslinie.

13.6.2 Erkenntnisgewinnung und Berichtswesen

Wie bereits eingangs erwähnt, ist die Erkenntnisgewinnung eine komplexe Angelegenheit und sollte zwecks Verwendbarkeit auf verschiedenen Voraussetzungen basieren (s. Abbildung 96). Herausfordernd ist ebenso das Berichtswesen, das auf unterschiedliche interne und externe Stakeholder abgestimmt werden muss. Neben der Behandlung der übergreifenden Herausforderungen muss die flexible und stabile Reporting Technology verfügbar sein. Der echtzeitige Informationsbestand für interne und externe Stakeholder kann identisch, aber in unterschiedlicher Darstellung gefordert sein oder muss strikt segregiert werden.

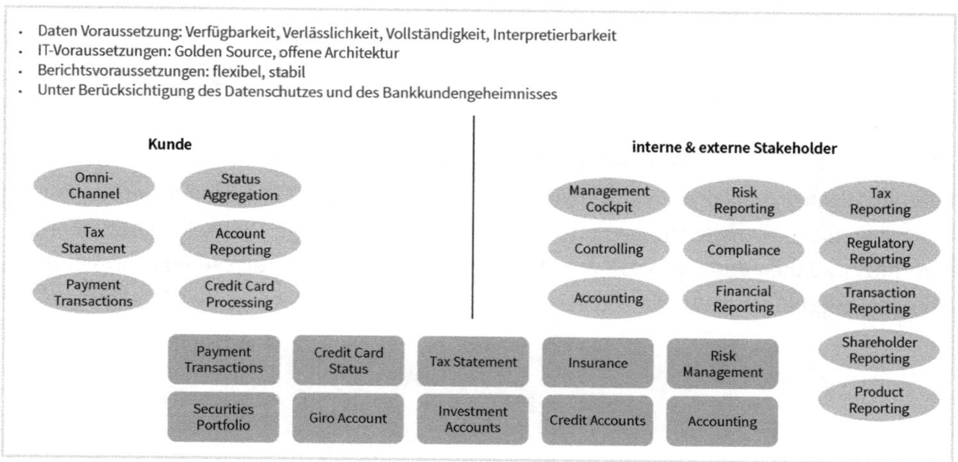

Abbildung 96: Verlässliches Reporting und Transparenz

Die Abbildung 96 veranschaulicht die Vielzahl der unterschiedlichen Stakeholder, die mit Informationen versorgt werden müssen. Auch Aufsichtsbehörden, Steuerverwaltungen und Aktionäre sind mögliche Empfänger auf die das Berichtswesen abgestimmt werden muss.

13.6.3 Heat-Maps und Dashboards als Übersichtsinstanz

Wie in den Kap. 2.7.5.2 und 2.8.5.3 dargestellt, haben wir jeden Tag mit sehr vielen Daten und Informationen zu arbeiten. Diese müssen zunächst gefiltert, sortiert und geordnet werden. Da der Mensch nicht oder nur unter viel Aufwand in der Lage ist, Daten zu analysieren, sollte der Vorgang idealerweise automatisiert erfolgen. Im nächsten Verarbeitungsschritt geht es dann um die Visualisierung (s. »The Seven V's« in Kap. 2.8.5.3). Hierzu dienen Heat-Maps und Dashboards. Um diese Visualisierungssysteme möglichst zeitnah und übergreifend mit verfügbaren Daten speisen zu können, empfiehlt sich der in Abbildung 92 dargestellte datenaufbereitende Ansatz. Beide Systeme sollten über eine Archivfunktion verfügen, um eine Auditfähigkeit sicherzustellen. Die Ablage der Evidenz könnte sodann an geeigneter Stelle in einem in Abbildung 90 dargestellten System und entlang des jeweiligen Prozesses erfolgen.

Die Visualisierungen durch Heat-Maps erfolgen zumeist in einem Raster durch RAG-Farben[20] bei Überschreiten eines Schwellenwertes. Ausgereifte Systeme geben dem Anwender die Möglichkeit die Farbgebungen zu selektieren sowie eine granulare Ebene mit Detailinformationen zu erreichen. Dashboards können dem User auch Farben, Grafiken und Tabellen zur Verfügung stellen. Ob diese Visualisierungen die angezeigten Daten auch gleichzeitig mit einer Interpretation unterlegen, hängt nicht nur von der Qualität des Systems ab. Vielmehr muss auch überlegt werden, ob eine systemseitige Erklärung der Daten immer der richtige Ansatz ist. In beiden Fällen ist es jedenfalls ratsam, Notizfelder vorzusehen, die bereits erfolgte Abklärungen festhalten und im Rahmen der Evidenzerhebung archivieren.

13.6.4 Metaverse/Web 3

Hierbei handelt es sich um einen vergleichsweise neuen Trend einer virtuellen über das Internet zugänglichen dreidimensionalen Umgebung. Über die Plattformen werden bereits unterschiedliche Dienstleistungen und virtuelle Assets gehandelt. Die weltweit teilnehmenden Nutzer können durch Avatare verschiedensten Aktivitäten auf diesen Plattformen nachkommen. Hierbei wird zwischen zentralen (Betreiber mit Rechtsform) und Plattformen der

20 Red (Danger Level), Amber (Warning Level), Green (Operating Level)

Dezentralen Autonomen Organisationen (DAO) unterschieden. Letztere führen zu Diskussionen, da sie auf in der Blockchain gespeicherten Smart Contracts betrieben und von den TeilnehmerInnen zugegriffen werden – ohne Aufsicht oder einheitliche Regulierungsbasis. Erste zaghafte Schritte zur Regulierung sind die in Kap. 15.4.2.2 erwähnten Digital-Gesetze. Im Zusammenhang mit Metaverse-Plattformen werden auch neue Herausforderungen an die DSGVO (s. Kap. 15.4) und viele bestehende Gesetze gestellt werden.

14 Business Continuity und Resumption Management (BCM)

»Die Wiederherstellung der Betriebsfähigkeit ist mit mehr Aufwand und Kosten verbunden als ihre fortwährende Absicherung und Aufrechterhaltung.«

»Panik verhält sich wie flüssiger Stickstoff: Sie verursacht zerstörerische Froststarre«[1], betonte Alan Greenspan im Zusammenhang mit Verhaltensweisen bei Marktverwerfungen. Bei betrieblichen Notfällen verhält es sich nicht anders. Deshalb müssen sich Finanzdienstleiter auf diese Art von Ausnahmesituationen vorbereiten und diese idealerweise proben. Wichtig wird bleiben, dass diese Notfälle Ausnahmesituationen darstellten.

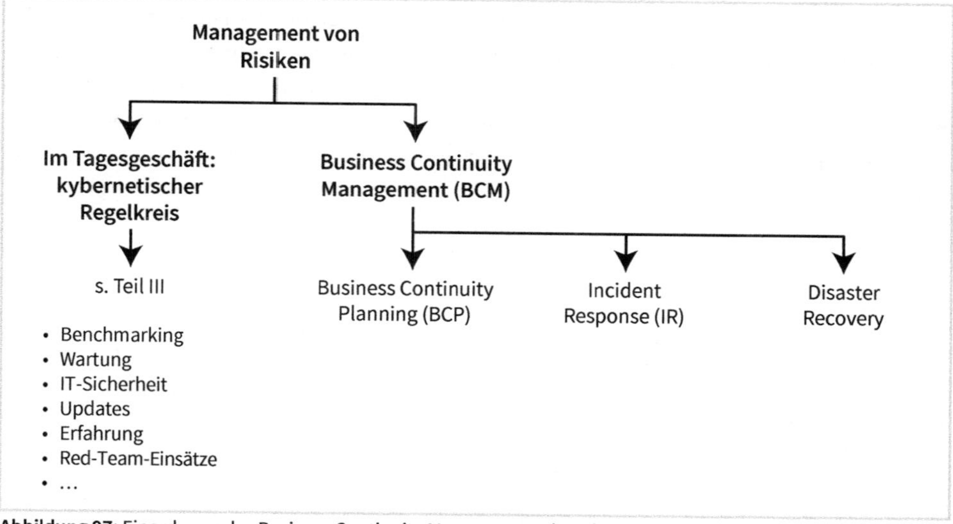

Abbildung 97: Einordnung des Business Continuity Managements (BCM)

Das Tagesgeschäft unterliegt dem bereits bekannten kontinuierlichen Verbesserungsprozess durch den in Abbildung 105 dargestellten kybernetischen Regelkreis. Es werden IT-Wartungen und Instandhaltungen der Infrastruktur durchgeführt, das Equipment wird aktuell gehalten und neue Informationen, wie bspw. neue Cyberangriffstypologien (s. Kap. 15.2), werden analysiert und in die Weiterentwicklung der Schutzvorrichtungen eingebracht. Red-Team-Einsätze, Notfall- und Evakuierungsübungen werden durchgeführt, die zu neuen Erkenntnissen führen, in den Regelkreis einfließen und zu Maßnahmen führen.

1 Greenspan, A. (2007): Mein Leben für die Wirtschaft– Die Autobiografie, S. 227.

Das Business Continuity und Resumption Management (BCM) bereitet das Unternehmen auf unterschiedliche Ausnahmeszenarien vor, die nur teilweise simuliert oder geprobt werden können. Die Vorbereitungen beinhalten:

- Business Continuity Planning (BCP),
- Incident Response,
- Disaster Recovery.

Beide Themenkomplexe dürfen nicht getrennt voneinander betrachtet werden, da Wirkzusammenhänge bestehen und das BCP auch vorbereitende Anforderungen an sämtliche betriebliche Ressourcen stellt – jedoch aus dem anderen beschriebenen Blickwinkel.

In Abbildung 98 wird dargestellt, wie sich der Zusammenhang zwischen Kosten und Zeit im Falle einer betrieblichen Unterbrechung nach Susan Snedaker verhält. Der Schnittpunkt beider Kurven – hier mit »A« gekennzeichnet – wird als optimal angenommen. Die Auswirkungen der Soll-Abweichungen vieler Arten von operationellen Risiken nehmen im Zeitverlauf zu. Die Kosten können nur dann gesenkt und gering gehalten werden, wenn mitigierende Maßnahmen erst gar nicht eingeleitet werden müssen oder zeitnah eingeleitet werden können. Die maximale Incident Response und Recovery Zeit wird mit 72 Stunden[2] angenommen. Nach dieser Zeit im Schnittpunkt A werden die exponentiell steigenden Konsequenzen als unumkehrbar angenommen.

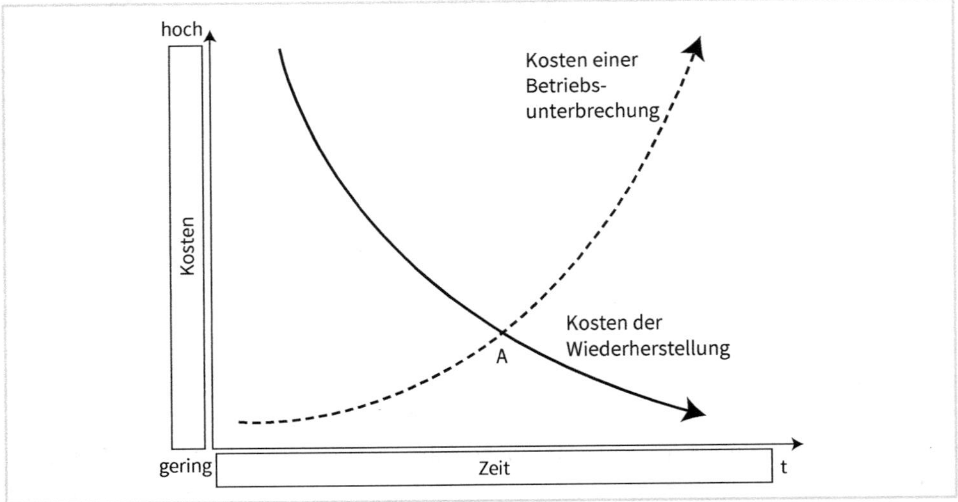

Abbildung 98: Optimale Balance zwischen Unterbrechungs- und Wiederherstellungskosten[3]

2 Storkey, I. (2011): Operational Risk Management and Business Continuity Planning for Modern State Treasuries, Fiscal Affairs Department, International Monetary Fund, H12, H60, H63, H83.

3 Snedaker, S. (30.08.2007): Understanding security risk management: Recovery time requirements Abrufbar unter: https://searchitchannel.techtarget.com/feature/Understanding-security-risk-management-Recovery-time-requirements (Zugriff: 06.02.2022).

Die Ursachen für Betriebsunterbrechungen lassen sich wie in Abbildung 99 dargestellt in interne und externe einteilen. Intern handelt es sich um die gängigsten operationellen Risiken, die aus Prozessunterbrechungen oder Unsauberkeiten, IT-Ausfällen und ehrlichen oder unehrlichen menschlichen Fehlern resultieren können.

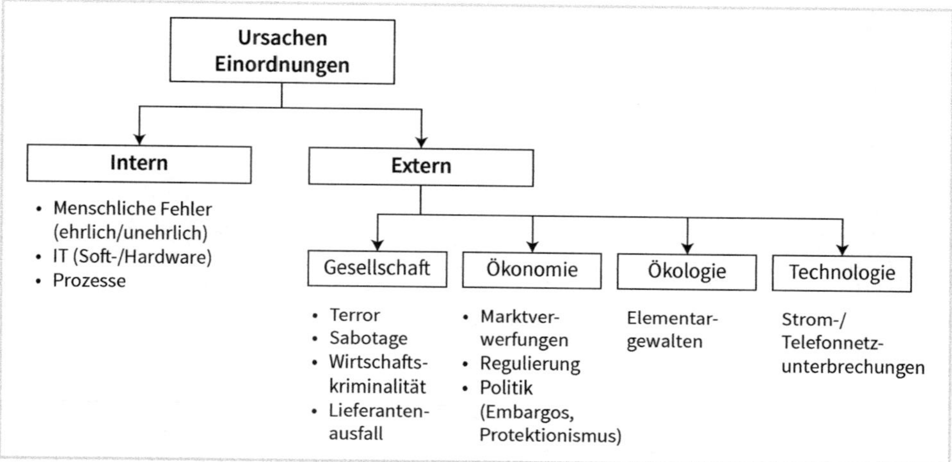

Abbildung 99: Ursacheneinordnungen im Business Continuity Management (BCM)

Die Einflüsse auf externen Planungsszenarien lassen sich genauso systematisieren, wie externe Risikodaten im Allgemeinen. Szenarien wie Pandemien können der Kategorie »Gesellschaft« oder »Ökologie« zugeordnet werden. Die auf ein Unternehmen möglicherweise einwirkenden Ursachen sind in den Notfallplan zu integrieren.

Ein Notfall ist ein Ereignis:

- das längerfristig (z. B. ein kurzfristiger Ausfall des Stroms oder der Telekommunikationsanlage wird als »Störung« bezeichnet)
- schwerwiegende negative Einflüsse
- auf unternehmensentscheidende oder bedeutende Tätigkeiten
- eines Geschäftsbereiches
- oder der Infrastruktur am Standort zur Folge hat.[4]

Der Notfall lässt sich nach folgenden Kriterien klassifizieren:

- vorhergesehen und nicht vorhergesehen,
- versicherbar und nicht versicherbar.

Für den Notfall gilt es, vorzuplanen und zu trainieren (Business Continuity Planung). Zentral ist hierbei der Schutz von Mitarbeitenden und Besuchern sowie des betrieblichen Fortbestands.

4 Vgl. Naujoks U. (2003a): Notfallplanung in einer globalisierten Bank, in: Business Continuity, Wieczorek M./Naujoks U./Bartlett B., Springer Verlag 2003

Überdies ist ein Krisenreaktionsplan (Incident Response) zu erstellen und die zielgerichtete Wiederherstellung des Geschäftsbetriebs ist sicherzustellen. Die zeitliche Einordnung des BCM ist in Abbildung 100 dargestellt.

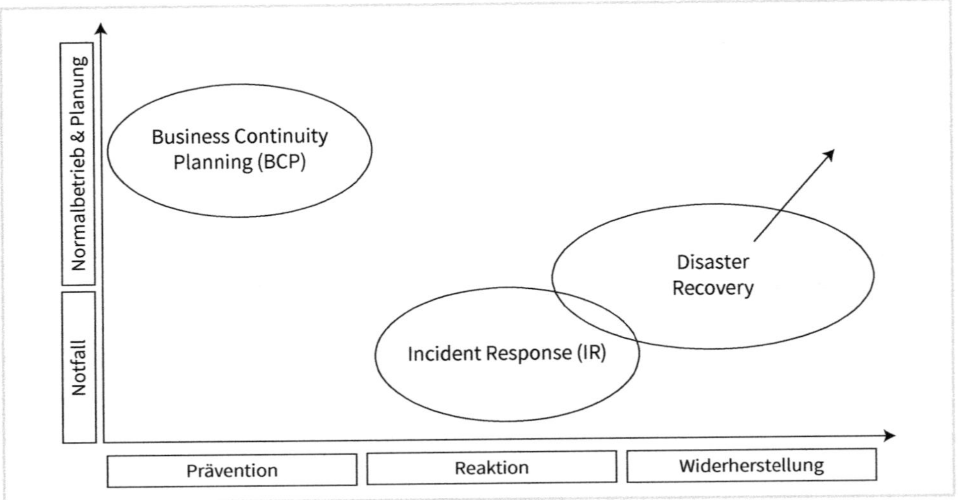

Abbildung 100: Business Continuity Management (BCM) – Phasen

14.1 Business Continuity Planning (BCP)

Business Continuity Management (BCP) ist definiert als »die Identifikation und der Schutz von kritischen Geschäftsprozessen und Ressourcen, um auch im Notfall einen ausreichenden Geschäftsbetrieb sicherzustellen, die Ressourcen zu schützen und Prozesse sowie Verfahren für den Notfall vorzubereiten. Hierdurch soll die Wiederaufnahme des Geschäftsbetriebs und der Fortbestand des Unternehmens im Falle von betrieblichen Unterbrechungen sichergestellt werden.«[5]

14.1.1 Analyse des Unternehmensumfelds

Zunächst ist es wichtig, das Unternehmensumfeld zu analysieren. Die Informationssammlung wird später insbesondere im Zusammenhang mit der Analyse auf Unternehmensebene und dem Evakuierungskonzept wichtig. Relevante Faktoren sind u. a.:

- Bebauung (Kessel oder Freifeld),
- Lage (Innenstadt oder Randgebiet),
- mögliche Einflüsse von Elementargewalten,

5 Vgl. Hiles A./Barnes P. (2001). The Definitive Handbook of Business Continuity Management, Chichester, New York, Weinheim: John Wiley and Sons.

- Infrastruktur (Abreisemöglichkeiten, Flughafen als Bedrohung, Straßen, Sozialräume, Zugänglichkeit für Rettungskräfte),
- Problematik bei Großereignissen (Demonstrationen, Großbrand bei mehreren Gebäuden, Konferenzen),
- Blockade von Abreisemöglichkeiten oder Rettungskräfte durch wenige Zufahrtstraßen, Verkehrsunfälle, Stoßzeiten,
- Evakuierungsstandort,
- Brandgefahrenlage,
- Überschwemmungsrisiko oder andere Elementargewalten.

14.1.2 Analyse des Unternehmens

Das BCP ist in jedem Fall durch das Top-Management in die Unternehmensziele und -strategie (s. Kap. 2.1 und 2.2) mit aufzunehmen. Bestandteil der Unternehmensanalyse sind die Business Impact Analysen (BIA) sowie ein für diesen Zweck geeignetes Risk Assessment. Beide Erhebungen werden durch das Middle-Management und die BCP-Experten vorgenommen. Darüber hinaus ist es zu diesem Zeitpunkt bereits ratsam, Entscheidungen zu koordinieren, geeignete Personen zu identifizieren und Aufgaben zu verteilen, um eine verlässliche Implementierung und spätere Ausführung des Planes sicherzustellen.

Während sich das Risk Assessment mit einer Wahrscheinlichkeitsabschätzung befasst, behandelt die auf Abteilungsebene durchgeführte BIA u. a. folgende Schadenabschätzungen:

- Verlust von Marktanteilen, Produktivität, Einnahmen oder Aktienwert,
- Vertraglich geregelte Geldstrafen aufgrund von nicht erbrachter Leistung.
- Haftungspotenziale gegenüber Geschäftspartnern und Kunden,
- Fehlende gesetzliche oder regulatorische Compliance,
- Vertrauensverlust und Reputationsschäden.

Zudem ist das übergreifende Unternehmensprofil zu dokumentieren und Risiken sind zu analysieren. Diese sollte – aber nicht abschließend – folgende Bestandteile aufweisen:

- Verantwortlichkeiten und Zuständigkeiten sowie Wissen und Erfahrung im Unternehmen bzw. der Unternehmensgruppe (Krisenmanagement, Koordination, Instandhaltung, Aktualisierung),
- Verankernde Dokumentationen (s. Kap. 3.4.2) über alle Ressourcen, Inventarlisten und Netzpläne,
- Eine zeitliche Reihung, wann welche Ressourcen wieder zur Verfügung stehen müssen, um zunächst einen Notbetrieb sicherzustellen und dann das Unternehmen wieder in den normalen Geschäftsbetrieb zu überführen (Arbeitsplätze, Personal, IT, Applikationen, Sicherheit),
- Mindestressourcen und deren maximale Ausfallzeit (Personal, IT),
- Ausweicharbeitsplätze oder Homeoffice-Lösungen und deren infrastrukturelle Gegebenheiten,
- Kommunikationspläne zwischen stark miteinander agierenden Abteilungen,

- Bestimmung der Wiederanlaufphasen,
- Kritikalität von Prozessen,
- operativer Einfluss,
- Brandschutztechnik und -abschnitte (Feuerlöscher, Meldevorrichtungen, Umgang mit Akkumulatoren),
- Clear-Desk- und Vernichtungsvorgaben zum Schutz sensitiver Information und Reduktion der Brandlast,
- Sicherheitstechnik und -barrieren (physisch und virtuell),
- Sensitive Bereiche im Unternehmen,
- Wertverwahrung und -transport,
- Wiederherstellungsziele,
- Abhängigkeiten,
- Workaround-Pläne,
- Notausgänge und Aufzugsanlagen,
- Energie- und Telekommunikationsversorgung sowie Leitungsverbindungen innerhalb der Unternehmensgruppe,
- Versorgung und Umschaltpläne für IT und Telekommunikation,
- Identifikation und Definition der IT-Ausfälle im Zusammenhang mit den jeweiligen Geschäftsprozessen (Beeinträchtigung),
- mögliche Gelegenheiten für sonstige strafbare Handlungen (s. Kap. 10),
- technische Maximal-Kapazität sowie unter Berücksichtigung von Auflagen (Standorte, Gebäude, Anlagen, Maschinen),
- Kunden- und Geschäftspartnerbeziehungen (s. Kap. 12),
- IT-Infrastruktur und Versorgungseinrichtungen,
- Serverspiegelungs-, Datenverfügbarkeits- und -sicherungsstrategien sowie -verlustgefahren,
- Informationsplan für Kunden, Webseiten und Presse,
- gesetzliche und regulatorische Vorgaben (z. B. Fluchtwegbreite, Büromöbelpositionierung, Brandwände, Rauchabzüge),
- Lagerung von sensitiven Unterlagen und Urkunden (verschlossen und brandsicher),
- Versicherungsdeckungen zur Begrenzung von Auswirkungen der zweiten und dritten Ordnung (s. Kap. 2.7.3).

14.1.2.1 Festlegung von Zeiten und Datensicherung

Der Faktor »Zeit« ist im Rahmen der Planung der späteren Wiederherstellung von entscheidender Bedeutung. Deshalb sind verschiedene Zeitspannen und mögliche verkraftbare Datenverluste im Rahmen der Analyse zu erheben, um Prioritäten setzen und nicht tolerierbare Faktoren optimieren zu können:

- Wiederherstellungszeit für die Ressourcen (Recovery Time Objective – RTO) ist die Zeit, die zur Wiederherstellung von Systemen, Arbeitskräften und -plätzen zur Verfügung steht.

- Wiederherstellungszeit für die Arbeitsaufnahme (Work Recovery Time – WRT) ist die Zeit, die benötigt wird, um Systeme im Zusammenhang mit Sicherungen und benötigten Zugriffen und Konfigurationen wiederherzustellen.
- Maximale tolerierbare Ausfallszeit (Maximum Tolerable Downtime – MTD) ist die zeitliche Summe aus Recovery Time Objective und Work Recovery Time (RTO + WRT = MTD). Es handelt sich um die Zeitspanne, die angibt, inwelchem Zeitraum das Business wieder hergestellt sein muss, um einen größeren Schaden zu vermeiden. Diese Zeitgröße unterscheidet sich abhängig von der Kritikalität des Unternehmensbereichs.
- Umfang der tolerierbaren Datenverluste kritischer Systeme (Recovery Point Objective – RPO) im Rahmen von zeitlichen Abständen zwischen Datensicherungen und Backupserverspiegelungen. Hinzu kommt auch die Frequenz von Verarbeitungsroutinen, Updates und die Verfügbarmachung aktueller Daten. Anhand der vorher getroffenen Entscheidungen kann auch ermittelt werden, ob die Datenbasis im Notfall ausreichend ist, um den Geschäftsbetrieb wieder aufzunehmen, ab welchem Zeitpunkt und wie (manuell oder automatisiert) die Daten wieder aktualisiert werden müssen oder ob Verbesserungspotenziale zu realisieren sind.

14.1.2.2 Beurteilung der Wiederherstellungszeit

Im Hinblick auf die Beurteilung der Kritikalität von Abteilungen, Prozessen und Aufgaben ist die Literatur nicht übereinstimmend. Sie hängt auch von dem jeweils betrachteten oder betriebenen Finanzgeschäft ab. Beispielsweise kann eine Verwaltung von Immobilienspezialfonds mit monatlicher Anteilscheinberechnung als wesentlich unkritischer eingestuft werden als Anforderungen an eine tägliche Veröffentlichung von Anteilscheinpreisen oder volatileres Wertpapiergeschäft oder Portfoliomanagement. Hier ein Beispiel für eine zeitliche Wiederherstellungseinstufung anhand der MTD(+):

- Kategorie 1: 0 bis 6 Stunden
- Kategorie 2: 6 bis 12 Stunden
- Kategorie 3: 12 bis 24 Stunden
- Kategorie 4: 1 bis 3 Tage
- Kategorie 5: mehr als 3 Tage.

Eine Benennung der einzelnen Kategorien ist im Regelfall nicht erforderlich, da eine zeitliche Einschätzung im Regelfall präziser ist, als verbindlich wahrgenommen wird und durch automatisierte Auswertungssysteme leichter zu analysieren ist.

#RISKHACKS

- Beachten Sie die Realitätsnähe der Angaben einer Abteilung. Es kann ggf. zu einer Fehleinschätzung (s. Kap. 2.7.5) von Kritikalität und zeitlichen Faktoren kommen. Diese führt zu einer Fehlreihung/-priorisierung im Rahmen des Wiederherstellungsmanagements. Es ist jedoch ausgesprochen wichtig, im Notfall unwichtigere Abteilungen zunächst aussortieren zu können, um sich auf die kritischen konzentrieren zu können.

- Ideal ist es, wenn zusätzlich zur MTD-Zeit noch ein zeitlicher Puffer eingeplant wird (MTD+), der vor der Aufnahme des Betriebs, Tests und Überprüfungen zulässt (Ressourcenverfügbarkeit und -richtigkeit). Auch mögliche Korrekturbedarfe und Schnittstellen innerhalb und außerhalb des Unternehmens sind zu berücksichtigen.
- Schlüsselprozesse sollten beschrieben werden.
- Eine Abteilung kann augenscheinlich als unkritisch eingestuft werden, ist aber für die Leistungserbringung einer kritischen Abteilung mit dringlichen Aufgaben essenziell. Derartige Wirkketten und Interdependenzen müssen herausgearbeitet werden.
- Nicht alle Prozesse und Aufgaben einer als kritisch eingestuften Abteilung sind als wesentlich zu klassifizieren. Eine Priorisierung innerhalb der Abteilung kann zusätzlich dabei unterstützen, Wesentlichkeiten herauszuarbeiten und zu fokussieren sowie unwesentlichere Aufgaben (zunächst) »abzustreifen«.
- Stellen Sie alle Abhängigkeiten zum Wiederherstellungsmanagement zu Dritten (s. Kap. 12) her und bringen Sie zeitliche Bedarfe in die Verträge und Überwachung im Rahmen des Third-Party Risk Managements mit ein. Auch Kunden und andere Drittparteien sind mit einzubeziehen. Planen Sie auch hier Reaktions- und Pufferzeiten ein. Diese sind ihrer MTD(+)-Zeit hinzuzurechnen.
- Nachdem es eine Ausfallzeit gab, muss im Rahmen der Kritikalitätseinschätzung auch berücksichtigt werden, dass sich möglicherweise Aufgaben angehäuft haben. Für deren Abarbeitung sollten bei Bedarf im Vorwege Priorisierungen vorgenommen werden. Unter Umständen kann es auch hilfreich sein, im Notfall Ressourcen weniger kritischer Abteilungen den kritischeren vorübergehend zuzuordnen (sofern ein Mehrwert erzielt werden kann).
- Aus den Dokumentationen sollte auch hervorgehen, welche Ressourcen mindestens benötigt werden, um Schlüsselprozesse wieder zu bewirtschaften.
- Insbesondere die dispositive Liquidität muss gesichert und die strukturelle Liquidität idealerweise für eine Wiederherstellung im Notfall ausgerichtet sein. Wird die (simulierte) Wiederherstellung zu teuer, ist mehr in präventive Maßnahmen (s. Kap. 4.4) zu investieren. Das können Maßnahmen zur schnellen Wiederherstellung oder zur Reduktion der durch den Eintritt verursachten Kosten sein. Ein Kostenvergleich zwischen Risiko- und Maßnahmenkosten (s. Kap. 4.4.6) lohnt sich in der Regel und lässt sich in die Bearbeitung des Risk Assessments (s. Kap. 14.1.3) integrieren. Hierbei sollten auch Kosten aus entgangenem Geschäft, Aufarbeitungskosten, verlorenen Kunden und weiteren Risiken der zweiten und dritten Ordnung einbezogen werden (s. Kap. 2.7.3).
- Eine Alternative wäre eine Versicherung (s. Kap. 4.4.2) für derartige Notfälle. Die Vertragsmodalitäten sind entsprechend zu verhandeln. Ein angemessenes Risikomanagement wird von den Versicherern goutiert (s. Kap. 2.8.2.11) und kann sich auch bei der Prämienfindung niederschlagen.

14.1.3 Risk Assessment

»Risk Assessment is the term used to describe the probability of occurrence of an incident/disaster.«[6]

Wir vorstehend bereits erwähnt, ist es äußerst wichtige Vorarbeit, sich mit den Gegebenheiten um die Gebäude vertraut zu machen. Diese können einen essenziellen Einfluss auf Entscheidungen und auf die Einschätzung von Risiken haben. Wichtig bei derartigen Risiken ist es auch, sich der möglichen Ursachen für mögliche Eintritte bewusst zu werden, solange sie sich in unserem Einflussbereich befinden. Die Ursache für Elementargewalten, wie Blitzeinschläge, Stürme und Hochwasser sind erklärbar aber nicht beeinflussbar. Hier wäre ein Indikator die Wettervorhersage bzw. die Einschätzung durch Meteorologen. Während ein Wirbelsturm und dessen Entwicklung/Richtung andere Maßnahmen erfordert, können die Art und der Ort eines Blitzeinschlags nicht vorhergesagt werden. Eine Gegenmaßnahme wäre eine Blitzschutzanlage. Sollte ein Blitz jedoch einschlagen, kann es auch hier erforderlich sein, einen Evakuierungsplan vorweisen zu können.

Wie im Kap. 4 dargestellt, ist es wichtig, den einzelnen Bruttorisiken zwecks Priorisierung in Schadenhöhe und Eintrittswahrscheinlichkeit zuzuordnen, um sowohl das Schadenausmaß, aber auch die Wichtigkeit von zu etablierenden Maßnahmen bestimmen zu können. Einige in den BCP aufgenommenen Ursachen können mit anderen Risiken auch korrelieren (s. Kap. 2.7.3). Genauso gut können bestimmte Maßnahmen auch die Auswirkungen mehrerer Risiken reduzieren.

Die Brutto-Schadenhöhe ist in diesen Bereichen von Risiken meistens sehr hoch, während die Eintrittswahrscheinlichkeit extrem variieren kann. Beispielsweise gab es in München einen Stromausfall, der die Hälfte der Stadt für mehrere Stunden lahmlegte. Statistisch tritt die Seine (Fluss in Frankreich) alle 100 Jahre über die Ufer. Ein solcher Vorfall könnte bei einer fehlerhaften Gebäudebauweise einen wesentlichen Schaden verursachen. Ein vollständiger IT-Ausfall einer Universalbank würde das Unternehmen binnen weniger Tage in seiner Existenz bedrohen. Abgesehen davon, dass Business Continuity Management für Finanzdienstleister ein regulatorisches Erfordernis ist, kann die Eintrittswahrscheinlichkeit von Extremereignissen sich sehr trügerisch auswirken. Deshalb möchte ich an dieser Stelle auch keine Ratschläge für eine Skalierung der Eintrittswahrscheinlichkeit geben, da diese von äußerst vielen Faktoren abhängt und dennoch ein hohes inhärentes Schadenausmaß haben kann. Ein Institut mit einem eigenen Wertpapierhandel oder einem Portfoliomanagement hat einen anderen Schutzbedarf, als bspw. ein Immobilien-Asset-Manager, der nur einmal im Monat seine Anteilscheinpreise berechnen muss.

6 Elliott, D./Swartz, E./Herbane, B. (2002): Business Continuity Management – A crisis management approach, London/New York.

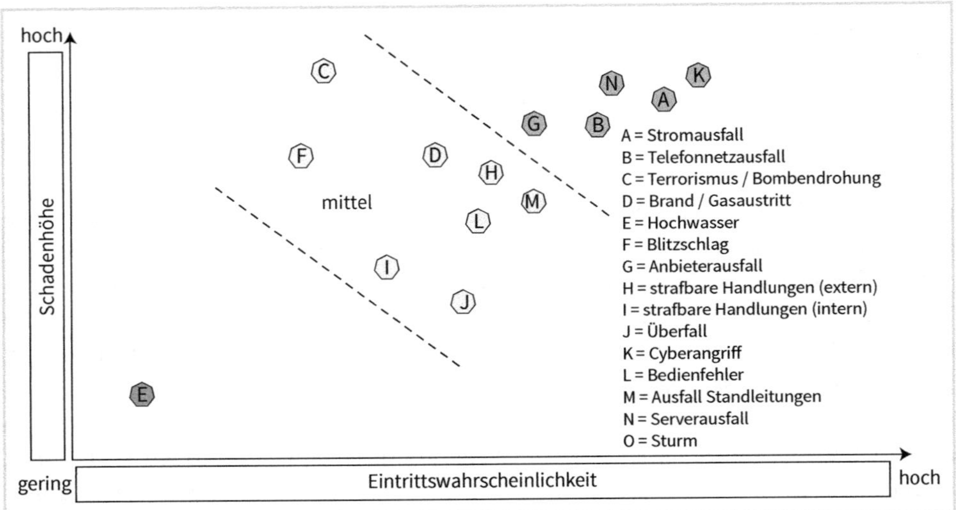

Abbildung 101: Beurteilung und Bewertung des BCM-Bruttorisikos

14.1.4 Systematisierung der Risiken und deren Beeinflussbarkeit

Wie in Abbildung 14 dargestellt, gibt es unterschiedliche Stufen unserer Einflussmöglichkeiten, um die in Abbildung 101 systematisierten möglichen internen und externen Soll-Abweichungen präventiv beeinflussen zu können. Gemäß Abbildung 102, geht es auch im Zusammenhang mit dem Business Continuity Planning darum, die in Abbildung 101 dargestellten Bruttorisiken auf ein Maß zu reduzieren, das sich innerhalb des festgelegten Risikoappetits (s. Kap. 3.2.3) befindet.

14.1.4.1 Interne Ursachen

Grundsätzlich lassen sich die potenziellen Soll-Abweichungen, die sich am dichtesten am oder im Unternehmen befinden am besten präventiv durch unterschiedliche Maßnahmen (s. Kap. 4.4) sowie durch die entsprechenden Werkzeuge (s. Kap. 6) mitigieren bzw. überwachen. Hinzu kommen die üblichen Maßnahmen zur Verankerung (s. Kap. 3.4.2) und weiterführende praktische repetitive Übungen zur Probung des Notfalls. Einzig die (zeitnahe) Entdeckung unehrlicher Fehler (s. Kap. 10) können durch Verschleierungstaktiken erschwert werden. Aber auch hier kommt es auf den Fokus auf die organisatorischen Maßnahmen an.

14.1.4.2 Externe Ursachen

Die Maßnahmen zur Reduktion von Soll-Abweichungen mit externen Ursachen, lassen sich wie in Abbildung 33 dargestellt in die Kategorien Technik, Gesellschaft, wirtschaftliches und ökologisches Umfeld einteilen. Die Herausforderung bei diesen Wirkfaktoren ist, dass meistens keine Informationen über deren Eintritt (wann, wo und wie) verfügbar sind. So ist hinsichtlich eines Blitzschlags zwischen sog. hungrigen und satten elektrischen Entladungen zu unterscheiden[7], die Seine (Fluss in Paris) tritt statistisch alle 100 Jahre über Teile des Ufers und Terroranschläge erfolgen ohne Vorankündigung. Die Beispiele machen deutlich, dass nur allgemeine Maßnahmen für unterschiedliche Szenarien entwickelt werden können. In Tabelle 16 finden sich einige Beispiele zur Reduktion des Bruttorisikos.

Risiko	Ursachenanalyse	Maßnahmen
A Stromausfall	Ausfall des Stromnetzes Interner Kurzschluss Leistungsschwankungen Erdarbeiten	Unterbrechungsfreie Stromversorgung (USV) Notstromgenerator Zuführung der Stromversorgung von zwei unterschiedlichen Seiten und ggf. Anbietern
B Telefonnetzausfall	Ausfall des Telefonnetzes Unterbrechung der Stromversorgung Erdarbeiten	Zuführung der Telefonleitungen von zwei unterschiedlichen Seiten und von zwei unterschiedlichen Anbietern Unterbrechungsfreie Stromversorgung (USV) Notstromgenerator Kundennummer über einen anderen Unternehmensstandort Informationsschaltung im Internet
C Terrorismus/ Bombendrohung	Sabotage, Bombendrohung, Beschädigung (mit/ohne Hinweis auf Ablagestelle)	Sicherheitsdienst und Rundgänge Zutrittsbeschränkungen (Trennung Kunden- und Mitarbeiterzone) Vereinzelungsanlage Schulung der Mitarbeitenden und externer Dienstleister (s. Kap. 3.4.2.5) Personenschutz Evakuierungsplan
D Brand/ Gasaustritt	Undichte Leitungen (Gas) Elektrogeräte Kurzschlüsse Infolge eines Blitzschlags	Feuerlöschvorrichtungen Feuerlöscher für Elektrobrände Feuerfeste Unterlagen für Elektrogeräte Verbot von privaten Elektrogeräten und Rauchen Gassensoren Alarmanlagen Evakuierungsplan
E Hochwasser	Flüsse, Seen, Meer	Bauliche Planung (Gebäude, Deiche etc.) Hochlagerung von technischen Einrichtungen (Serverraum) Wetterbericht verfolgen Parkhaus statt Tiefgarage Evakuierungsplan

7 Hungrige Blitze suchen sich den höchsten Punkt in einem Gebiet, während satte Blitze an irgendeiner Stelle einschlagen. Blitzschutzanlagen und hohe Punkte schützen vornehmlich vor hungrigen Blitzen. Hier treffen die Entladungen gern mehr als einmal.

Risiko	Ursachenanalyse	Maßnahmen
F Blitzschlag	Blitzschlag (durch exponierte Lage)	Bau der Gebäude in wenig exponierter Lage Blitzschutzanlage (zum Schutz vor hungrigen Blitzen) Wetterbericht verfolgen Siehe auch D Evakuierungsplan Überspannungsschutz
G Anbieterausfall	Anbieter fällt aus, kann nicht mehr Leisten (Insolvent, BCM-Fall,	Siehe Kap. 12 Third-Party Risk Management
H Strafbare Handlungen (extern)	Externes Individuum versucht, das Unternehmen zu schädigen	Siehe Kap. 6.1 Internes Kontrollsystem Siehe Kap. 10.4 Gefährdungsanalyse Siehe Kap. 2.6.7 Risikocontrolling/Compliance Zugangsbeschränkungen
I Strafbare Handlungen (intern)	Mitarbeitender versucht, das Unternehmen zu schädigen	Siehe Kap. 6.1 Internes Kontrollsystem Siehe Kap. 10.4 Gefährdungsanalyse Siehe Kap. 2.6.7 Risikocontrolling/Compliance Zugangsbeschränkungen
J Überfall	Überfälle betreffen meist nur spezielle Bereiche	Ausbildung möglicherweise betroffener Mitarbeitender Sicherheitsverglasung Automatische Kassentresore Alarmsysteme Videoüberwachung Sicherheitsdienst
K Cyberangriff	Externe/interne Personen versuchen, sich Zugang zum IT-System zu verschaffen	Red-Team-Einsätze (extern/intern) Firewall Schutzzertifizierungen Hack-Abwehrvorrichtungen Virensoftware 24/7 Security Operations Center Verbot von ungefilterten Downloads und mitgebrachter Software, Sperrung von Ports
L Bedienfehler	Mitarbeitende führen fehlerhafte Bedienungen von Systemen durch (z. B. Serverabschaltung, Evakuierungsanlage)	Zutrittsbeschränkungen Speziell ausgebildetes und geschultes Personal (s. Kap. 3.4.2.5)
M Ausfall Standleitungen	Die Standleitungen zwischen Büros werden unterbrochen (Anbieterausfall, Erdarbeiten)	Betrieb zweier paralleler Standleistungen von unterschiedlichen Anbietern mit Eintritt aus zwei unterschiedlichen Richtungen in das Gebäude

Risiko	Ursachenanalyse	Maßnahmen
N Serverausfall	Serverausfall durch Terrorismus (C), Abschaltung (L), Cyberangriff (K), Naturgewalten (E, F, O)	Zeitgleiche 1:1-Spiegelung des Hauptservers an zwei weit auseinanderliegenden Orten[8] Durchführung von Umschalttests
O Sturm	Durch Sturm werden Geschäftsräume beschädigt/sind nicht zugänglich	Umschalttests Wetterbericht verfolgen Evakuierungsplan Ausweicharbeitsplätze

Tabelle 16: BCM-Risiken, -Ursachen und -Maßnahmen

Aus den Maßnahmen lässt sich erkennen, wie ineinandergreifend die unterschiedlichen Themenstellungen sind und wie wichtig es ist, dass sie in Risk Assessments (s. Kap. 4) und die Maßnahmenentwicklung (s. Kap. 4.4) integriert werden. Aber auch hier ist es wichtig, die Angewiesenheit auf Drittparteien und möglicherweise Fachfirmen im Gesamtrisikopräventionskonzept zu berücksichtigen und in das Third-Party Risk Management (s. Kap. 12.1) zu integrieren. Sind alle Prozesse analysiert und miteinander verknüpft sowie risikoreduzierende Maßnahmen implementiert, reduziert sich das Nettorisiko wie in Abbildung 102 dargestellt.

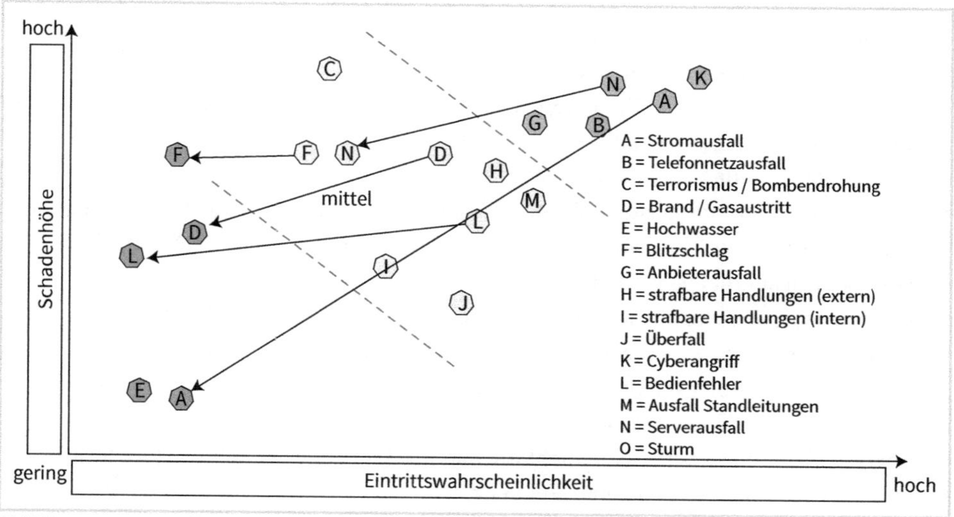

Abbildung 102: Beurteilung und Bewertung des Nettorisikos

8 Je nach Land gibt es verbindliche Mindestvorgaben oder Empfehlungen zur Distanz zwischen Haupt- und Spiegelserver.

Nun ist zu prüfen, ob sich die Einzelrisikoszenarien innerhalb des Risikoappetits befinden. Ist die Akzeptanz für das Restrisiko nicht vorhanden, sind weitere Maßnahmen (s. Kap. 4.4) zu entwickeln oder weiterführende Projekte (s. Kap. 9) zu initiieren, die das Risiko weiter senken.

#RISKHACKS

- Der »Neu-Produkt und wesentliche Änderungen«-Prozess (s. Kap. 8), Projekte (s. Kap. 9) oder Changemanagement-Initiativen (s. Kap. 2.6.6) können Themenstellungen zum Gegenstand haben, die sich nachteilig auf die BCM-Resilienz des Unternehmens auswirken. Deshalb sollten alle Arten von Vorhaben auch hinsichtlich ihrer Einflüsse auf das BCM-Konzept überprüft werden.

14.1.5 Entwicklung des Business Continuity Plans (BCP)

Der BCP wird aus der Business Impact Analyse (BIA) und dem Risk Assessment (RA) zusammengefügt. Es sind – je nach Art des Finanzdienstleisters und dessen Geschäfts unterschiedliche Themenstellungen zu analysieren:

- Organisation, die die Ausnahmefälle steuert,
- Ansprechpartner, Kommunikationspläne (intern und extern) und Interaktionen zwischen Bereichen, Telefonbäume, Benachrichtigungsprozeduren,
- Verteilung von Rollen, Aufgaben und Kompetenzen,
- Bereiche, Spezialisten und Systeme, die bereits nach kurzer oder mittlerer Frist wieder zur Verfügung stehen müssen und deren Reihung,
- notwendige Unterlagen verfügbar machen,
- Abteilungen oder Spezialisten mit technischer Ausstattung, einem adäquaten Ausweichstandort oder HomeOffice (Abteilungsinteraktionen müssen beachtet werden,
- Lösungen an alternativen Standorten,
- Kunden und Geschäftspartnerkontakte speichern und deeskalierend informieren,
- Analyse unterschiedlicher Szenarien und deren funktionaler Auswirkungen,
- priorisierte Verteilung von Budgets und Gegenmaßnahmen,
- Standortinformationen und Lagepläne,
- Abgleich des definierten Risikoappetits (s. Kap. 3.2.3) mit dem Ist-Zustand (s. Kap. 6.2),
- erforderliche Übungen und deren Frequenz,
- wesentliche Verträge und deren Abschluss,
- Entwicklung von Prozessen und Vorgehensweisen, Lenkung der verfügbaren und ggf. hinzugezogenen Ressourcen auf die Themenstellung gem. Priorisierung,
- Erarbeitung einer langfristigen Lösung für einen wiederhergestellten Geschäftsbetrieb,
- Dokumentation des Plans und Verfügbarkeit im Notfall sowie Abstimmung mit dem Top-Management,
- Schulung der Mitarbeitenden in Ihren jeweiligen BCP-Aufgabengebieten (s. Kap. 3.4.2.5).

14.1.6 Test und Wartung

An erster Stelle steht der Schutz des Unternehmens im Hinblick auf Notfallsituationen, aber auch im Zusammenhang mit den in Verbindung stehenden Tests. Tests sind dazu geeignet, Schwachstellen zu identifizieren, können aber auch zu Ausfällen führen. Deshalb ist es wichtig, im Übungsmodus den Testbereich genau abzugrenzen oder ggf. nur einzelne Komponenten zu prüfen. Für unvorhergesehene Entwicklungen sollten Benachrichtigungsverfahren nach einzelnen Testschritten vorgesehen werden, die einen rechtzeitigen Abbruch oder sogar, insb. bei umfangreicheren Tests, eine Rückabwicklung ermöglichen. Der ausgearbeitete Testplan sollte mit dem Management besprochen sowie von diesem theoretisch geprüft und genehmigt werden. Einzelne Schritte und Testabschnitte sowie deren Ergebnisse und Feststellungen sind schrittweise zu dokumentieren. Die Dokumentationen sind auszuwerten und daraus resultierende Erkenntnisse sind zu revidieren oder in den kybernetischen Regelkreis (s. Kap. 4), ein »Neu-Produkt oder wesentliche Änderungen«-Prozess (s. Kap. 8) oder Projektmanagement (s. Kap. 9) zu überführen. Je nach Adjustierung sollte die Veränderung in den nächsten Testen mit einbezogenen werden, um sie auf ihre Funktionalität zu überprüfen.

14.1.7 Geeigneter Evakuierungsplan und -standort

Der kürzeste Weg muss die MitarbeiterInnen im Notfall von ihrem aktuellen Arbeitsplatz aus dem Gebäude heraus und von diesem weg führen. Um die Evakuierung zu begünstigen, sollten die MitarbeiterInnen gerade bei verwinkelten Gebäuden mit ihrem Standort und den kürzesten Fluchtwegen vertraut gemacht werden. Evakuierungspläne und Fluchtwegkennzeichnungen, die auch bei Rauchentwicklungen, Stromausfall und wenig Licht präsent wahrgenommen werden können, runden das Konzept ab. Lautsprecherdurchsagen informieren die Personen im Haus das Gebäude zu verlassen und machen darauf aufmerksam, Notebooks und wichtige persönliche Gegenstände mit sich zu führen. Sind Gäste im Hause, sind diese durch die für sie verantwortlichen Personen ebenfalls zum Evakuierungsstandort zu geleiten. Eingeschränkte Menschen müssen ebenfalls Berücksichtigung finden. Je Stockwerk sollte ein Evakuierungsverantwortlicher bestimmt werden, der insb. die Nebenräume überprüft. Dabei sollte den Fluchtverweigerern nicht zu viel Zeit gewidmet werden. Aufzüge sollten in diesen Fällen in das Erdgeschoss fahren und dort mit offener Tür verbleiben. Im Rahmen der Evakuierung darf es zu keinerlei Gegenstrombewegungen kommen und mit Ausnahme der Krisenkräfte sollte kein/e MitarbeiterIn im Gebäude verbleiben oder in dieses zurückkehren können und dürfen. Zu groß ist die Gefahr von Gegenstrom, Feuerfallen, Behinderung von Rettungskräften und anderen unvorhersehbaren Zwischenfällen, die zu Verletzungen oder Schlimmerem führen können.

Wie in Kap. 14.1.1 bereits ausgeführt, hat die Belegenheit des Gebäudes eine wesentliche Bedeutung und Einfluss auf die Auswahl des Evakuierungsplatzes, der den MitarbeiterInnen über sog. Wallet-Cards[9] bekannt gemacht wird. Möglichst schnell ist das Gebäudeumfeld zu verlassen. Der Evakuierungsplatz darf nicht zu weit entfernt sein, Kesselsituationen, Fahrbahnüberquerungen, Behinderung von Rettungskräften und fehlende Entfernungsmöglichkeiten sind zu vermeiden. Infrastruktur wie Sozialräume, Platz für Versorgungsmöglichkeiten und ggf. Verpflegung sind in die Auswahl mit einzubeziehen. Bus, Bahn und Taxistände sollten sich in unmittelbarer Nähe befinden, um eine Reise zum Ausweichstandort oder in das Homeoffice für die Wiederaufnahme des Geschäftsbetriebs zu ermöglichen. Am Evakuierungsplatz angekommen, sollte eine Vollständigkeitskontrolle von Belegschaft und Gästen erfolgen. Idealerweise führen die Vorgesetzten oder Ihre Stellvertreter diese durch und melden fehlendes Personal an den Sammelplatzleiter. Dieser wiederum hält Kontakt zu den Einsatzkräften, die auf möglicherweise im Gebäude verbliebende Personen, Rückkehrer oder ankommende Personen achten und diese herausleiten bzw. nicht eintreten lassen. Die mitgenommenen Notebooks und persönlichen Gegenstände ermöglichen die Aufrechterhaltung des Betriebs, sobald die Ausweicharbeitsplätze betreten oder das Homeoffice erreicht wurde. Für den Fall, dass sich MitarbeiterInnen im Notfallmoment nicht an Ihren Arbeitsplätzen aufgehalten haben und ihre Notebooks nicht mitführen konnten, ist es notwendig sicherzustellen, dass ein Grundstock an Ersatzgeräten an einem anderen Ort zur Verfügung steht und die technischen Voraussetzungen erfüllt, zeitnah eingesetzt werden kann.

14.1.8 Planung und Routinisierung von Krisenszenarien

Um die vielen Szenarien mit geeigneten Reaktionsmaßnahmen versehen zu können, sollten diese geclustert und modularisiert werden. Die Module können dann so aneinandergereiht werden, dass sie aus der jeweiligen Situation die Wiederaufnahme des Betriebs ermöglichen. Unabhängig davon, um welche Art von Krise es sich handelt, muss auch das Thema »Pressearbeit« sowie das Eintreffen von Schaulustigen am Ort des Geschehens eingeplant werden.

14.1.8.1 Evakuierung

Die Vorgehensweise sowie die Vorkehrungen zur Evakuierung wurden im Kap. 14.1.7 bereits beschrieben. Hinsichtlich des Umfangs der Evakuierung kann noch zwischen der Betroffenheit eines oder mehrerer Gebäudeteile unterschieden werden. Dies hat Einfluss darauf, ob eine vollständige oder eine Teilevakuierung vorgenommen werden muss. Dies hängt vom Schadenausmaß ab, oder ob eine Bombendrohung mit oder ohne Ortsangabe des Bombenortes erfolgt ist.

9 Scheckkartengroße Karten mit einem kleinen Plan zum Evakuierungsplatz, versehen mit den wichtigsten Rufnummern und ggf. weiteren Informationen, die jede/r MitarbeiterIn wissen muss (z. B. Mitnahme von Gegenständen).

14.1.8.1.1 Ohne Standortverlegung

Neben dem Evakuierungstest gibt es reale Gefährdungssituationen, deren Klärung und Ausgang am Evakuierungsplatz zunächst abgewartet werden kann, um das Gebäude nach kurzweiliger Freigabe durch die Einsatzkräfte wieder zu betreten und den normalen Geschäftsbetrieb wieder aufzunehmen. Hierzu können bspw. gehören:

- Bombendrohung, die sich zeitnah als Fake herausstellt,
- Feuer- oder Wasserschaden von geringem Ausmaß und ohne Einfluss auf die Infrastruktur,
- Blitzschlag ohne größeren oder nur lokalen Schaden und ohne Auswirkungen auf die Infrastruktur.

14.1.8.1.2 Mit Standortverlagerung

Eine (teilweise) Standortverlagerung zu Ausweichstandorten oder in das Homeoffice ist dann erforderlich, wenn das Gebäude über einen längeren Zeitraum nicht betreten oder nur teilweise betreten werden darf, weil Abklärungen oder Reparaturarbeiten durchgeführt werden müssen oder Infrastruktur beschädigt wurde. Dies kann bspw. der Fall sein, wenn

- eine Bombendrohung mit oder ohne Ortsangabe länger besteht oder es zu einer Detonation kam;
- Gas austritt, ein Feuer oder Wasser einen größeren Schaden verursacht hat;
- ein Blitz direkt eingeschlagen ist oder ein Einschlag in der Nähe eine Überspannung ausgelöst und elektronische Geräte zerstört hat; wenn keine Überspannungsschutzeinrichtung vorhanden war, sollten zumindest Ersatzgeräte zur Verfügung stehen;
- auch eine Pandemie kann dieser Kategorie zugeordnet werden; hierbei steht die Evakuierung zwar nicht an erster Stelle, jedoch ist es wichtig die MitarbeiterInnen voneinander zu trennen und Standorte zu verlegen;
- die Sprengung eines Geldautomaten stattfand (s. Kap. 10.4.3.1), was mit einer Beschädigung des Gebäudes einhergehen kann; ggf. braucht hier der Kundenverkehr nur umgeleitet werden;
- Hochwasser, Sturm oder andere Elementargewalten;
- Cyberrisiken (s. Kap. 15.2);
- Strom (Stromausfälle, Überspannungen, Erdarbeiten), sofern keine Ersatzleitungen zur Verfügung stehen;
- Telekommunikation (Ausfälle, Erdarbeiten) sofern keine Ersatzleitungen zur Verfügung stehen;
- lokale externe Anbieter leisten nicht (s. Kap. 12).

14.1.8.2 Überfall

Ein Überfall weist wieder eine andere Typologie eines Szenarios auf. Er ist meist auf die Schalterhalle konzentriert. Der reguläre Bankbetrieb kann weitergehen. Dennoch sind Einsatzkräfte zu alarmieren, die Gefährdung weiterer MitarbeiterInnen und KundInnen zu verhindern, blockierende Schaulustige zu vermeiden und die in der Schalterhalle befindlichen KundInnen und

MitarbeiterInnen bestmöglich seitens des Unternehmens durch entsprechende Notfallpläne und Schulungen (s. Kap. 3.4.2.5) zu schützen. Dies selbstverständlich in enger Kooperation mit den Einsatzkräften. Dies beinhaltet bspw. auch das Vorhalten von aktuellen Gebäudeplänen, die unverzügliche Bereitstellung von geeigneten Kameraaufzeichnungen und diverse weitere vorbereitende Maßnahmen.

14.1.8.3 Notfallpläne für Reparaturbedarf

Zudem gibt es Notfälle, bei denen es lediglich zu Reparaturbedarf kommt, die aber keine weiteren Maßnahmen auslösen:

- Strom (Stromausfälle, Überspannungen, Erdarbeiten) sofern Ersatzleitungen zur Verfügung stehen;
- Telekommunikation (Ausfälle, Erdarbeiten) sofern Ersatzleitungen zur Verfügung stehen.

14.1.9 Faktor Mensch

An verschiedenen Stellen in diesem Buch wurden bereits die Schwachstellen des Faktors Mensch aufgegriffen:

- Auswahl geeigneten Personals (s. Kap. 2.8.1),
- psychische und andere Einflüsse (s. Kap. 2.7.5).

Darüber hinaus können Fehler bei Planung, Tests und in einer notwendigen Umsetzungsplanung, aber auch Entscheidungsfehler im Rahmen der späteren Incident Response (s. Kap. 14.2) und Disaster Recovery (s. Kap. 14.3).

14.1.10 Faktor IT

- Geplante Ausfälle kommen am häufigsten vor. Hierzu zählen die Wartungen an Software, Hardware und Netzwerk. Wichtig ist es, sich im Vorweg mit kritischen ungeplanten Ausfällen auseinanderzusetzen und diese zu planen. Neben den bereits erwähnten auf die IT wirkenden externen Einflussfaktoren, können z. B. folgende interne Wirkfaktoren aufgezählt werden:
- Netzwerk (Unterbrechungen),
- Server (Plattencrashs, Verbindungen, Ausfall),
- Software/Anwendungen (End-of-Life-Technologie; Programmierung),
- Hardware (End-of-Life-Technologie, Plattencrashs),
- Mensch (Fehlbedienungen und -entscheidungen, Diebstahl),
- mangelnde Planung von Systemzusammenhängen, -abhängigkeiten, -redundanzen, Speichervorrichtungen, ablaufenden Routinen, Kritikalität, Updatebedarfen, Zugriffspunkten und Umschaltszenarien (s. Abbildung 103).

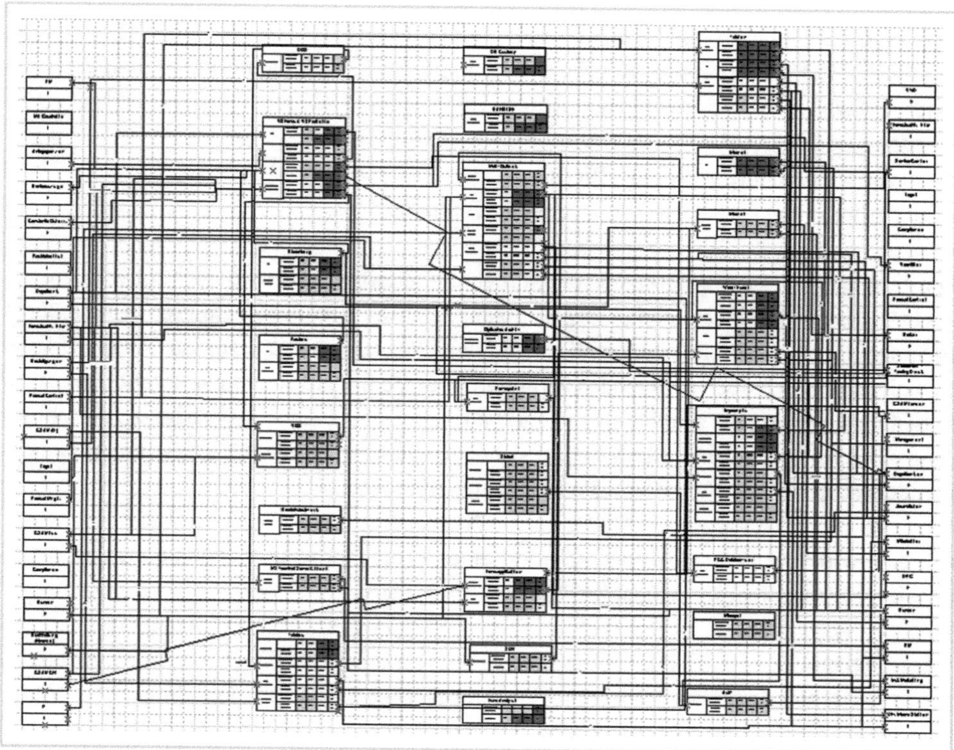

Abbildung 103: Beispiel eines IT-Plans mit Umschaltszenarien

14.2 Incident Response (IR)

Incident Response (IR) ist keine proaktive, sondern eine reaktive Setzung von Maßnahmen abhängig vom jeweiligen Szenario und basiert auf den vorstehend bereits ausgeführten Vorbereitungen für den Ernstfall, nämlich[10]

- Planen,
- Testen und

bei Eintritt einer Notsituation unverzüglich reagieren:

- Feststellungen von Abweichungen und Lücken
  - Identifikation der Typologie des Vorfalls sowie
  - Umfang und damit Einflussausmaß auf das Unternehmen
- Information der benötigten Führungskräfte und Spezialisten anhand von vorbereiteten Aufgabenverteilungsplänen,
- Vorbereitung der Korrekturen und Umsetzung von Maßnahmen.

10 Vgl. Whitman, M./Mattord, H. (2009): Principles of Information Security, Thomson course technology, 3rd Edition, Boston/MA.

Diese Informationen werden im Vorweg aufbereitet sowie die IR-Teams mit ihnen ausgestattet, um für den Notfall vorbereitet zu sein. Hierzu empfiehlt es sich, die Informationen auch von externer Seite zugänglich zu machen. Je nach vorhandenem Budget kann dies durch folgende Maßnahmen erfolgen:

- kryptisch geschützter Memorystickinhalt,
- innerhalb einer gesicherten Cloud oder eines Sharepoints.

Für den Zugriff auf die Unterlagen sollten mehrere MitarbeiterInnen berechtigt werden, um auch Abwesenheiten Rechnung zu tragen. Solange sich die Zugriffsberechtigten in ihren Büros befinden, ist ein Zugriff unproblematisch. Auf dem Weg zum Evakuierungssammelplatz kann sich die Situation jedoch maßgeblich verändern. Der Memorystick und ein Notebook müssen mitgeführt werden bzw. sind für einen Zugriff auf bspw. Daten einer ausgelagerten die Mitführung eines Notebooks und WLAN-Zugriff sicherzustellen. Im Homeoffice oder am Ausweichstandort sollten die Notfallunterlagen wieder zugreifbar sein.

Wie eine vorbildliche Evakuierung aufgrund eines Wirbelsturms aussehen könnte, zeigt das nachfolgende Beispiel aus August 2007.

Beispiel

Zwischen den beiden Krisenmeldungen liegen 24 bis 36 Stunden. Zunächst wurde eine kurzfristige Zwischenlösung mit vergleichsweise geringem Aufwand geschaffen, um MitarbeiterInnen zu schützen und den Geschäftsbetrieb aufrechtzuerhalten. Hätte der Wirbelsturm größere Schäden hinterlassen, wären MitarbeiterInnen und Geschäftssitz bis zur Wiederherstellung der Geschäftsräume und Unterkünfte längerfristig verlagert worden. Gleichzeitig werden die MitarbeiterInnen anderer Standorte aufgefordert, ihre Kommunikation mit den betroffenen Lokationen auf wesentliche Themen zu beschränken.

Cayman Islands: Hurricane Dean

> »Due to the approach of Hurricane Dean, the Company, has implemented its Business Continuity Plan and has sent an advance team and all staff and families wishing to leave the Island to Nassau where critical business functions and client contact can be handled from Monday morning onwards. If the storm causes significant damage to the Island, staff will be moved to our permanent BCP site. This decision will be made no later than Monday night.
>
> Please refrain from contacting the offices for the next 24 hours until the situation has stabilized. Regular updates will be posted on the Intranet as the situation develops.«

Die MitarbeiterInnen und ihre Familien konnten letztlich unbeschadet in ihre Häuser und Wohnungen sowie an ihren Arbeitsplatz zurückkehren.

Cayman Islands: Hurricane Dean update

»Hurricane Dean has passed to the south of the Cayman Islands causing minimal damage. We have repatriated our advance team and the other staff that were evacuated to Nassau. Our offices in the Cayman Islands will be open today for critical processes and client communications and will be fully functional by Wednesday.«

14.3 Disaster Recovery

Die Wiederherstellung eines Normalzustands erfolgt bereits während und nach der eingetretenen Krise, um die Unterbrechung so gering wie möglich zu halten und die Organisation so schnell wie möglich in einen Zustand, wie er vor der Krise bestand, zurückzubringen.[11] Dies kann erfolgen in

- Geschäftsräumen nach Beseitigung von Gefahren und Wiederherstellung des arbeitsbereiten Zustands
- Übergangsweisen oder permanenten Ausweichlokationen oder im Homeoffice. Dies auch mit dem Ziel, zu einem späteren Zeitpunkt in die ursprünglichen Geschäftsräume zurückzukehren.

#RISKHACKS

- Seinen MitarbeiterInnen ggü. trägt der Arbeitgeber im Rahmen seiner Sorgfalts- und Fürsorgepflichten eine sehr hohe Verantwortung. Die Einbindung der MitarbeiterInnen zur Planung des Krisenfalls des Unternehmens basiert auf entsprechenden kulturellen (s. Kap. 2.6) Voraussetzungen und sollte unbedingt erfolgen. Im Ernstfall ist aber dafür zu sorgen, dass Risiken für Leib und Leben im ersten Schritt begrenzt werden und die MitarbeiterInnen in Sicherheit gebracht werden. Im Falle eines durch Verzögerung herbeigefügten Personenschadens sind die Risiken der zweiten und dritten Ordnung (s. Kap. 2.7.3) unermesslich hoch.
- Wie aus dem vorstehenden Beispiel ersichtlich, loht sich – abhängig von der Gefahrenlage – die Planung mehrerer Optionen. Reaktionszeit, Aufwand und Wiederaufnahme sind wichtige Determinanten.
- Das Planen und Trainieren eines Notfalls ist essenziell, um routiniert mit Ausnahmesituationen umgehen zu können. Tutorials sind zwar sehr hilfreich bei der Bedienung von bspw. komplexeren Haushaltsgeräten oder IT-Systemen, aber physische Tests mit Umsetzung, Alarm und Räumung schaffen reale Trainings-

11 Vgl. Smart R. (2002): What is the difference between business continuity and disaster recovery? Abrufbar unter: globalcontinuity.com (Zugriff: 14.10.2022).

bedingungen und lassen Schwachstellen erkennen. Der Normalbetrieb sollte genutzt werden, um Schäden idealerweise präventiv abzuwenden oder im Krisenfall zu begrenzen.

- Ein ausgereifter und regelmäßig aktualisierter Plan mit unterschiedlichen Szenarien kann bspw. in einem Handbuch für das Gesamtunternehmen niedergeschrieben und die Anlagen einzelnen Bereichen zugeordnet werden.
- Auf unverschlossene und unverstellte Notausgänge, deren Türen sich nach außen öffnen, soll hier nicht näher eingegangen werden.
- Bei allen Informationen ist darauf zu achten, dass sie außerhalb des Unternehmens nicht bekannt gemacht werden. Sie liefern u. U. Hinweise auf Angriffspunkte oder Möglichkeiten, Kontrollen zu umgehen.
- Bei der Einteilung der verschiedenen Schutzzonen und der Entwicklung der Maßnahmen empfiehlt sich eine Zwiebeldarstellung, um den unterschiedlichen Schutzbedarf auszudrücken, z. B. Außenbereich, Gebäudehülle, Kundenzone, Mitarbeiter mit besonderer Berechtigung, Mitarbeiterzone, Tresore und Schließfächer.

15 Neue Risiko- und Chancenprofile sowie Wirkfaktoren

Wie bei allen operationellen Risiken ist es auch bei diesen neuen oder sich schnell modifizierenden Risiken wichtig, sich möglichst vorausschauend mit Informationen zu versorgen, der aktuellen Lage auseinanderzusetzen und die Situation sowie die daraus resultierenden möglichen Herausforderungen für das eigene Unternehmen und sich selbst zu analysieren und zu verstehen.

15.1 Geopolitische Risiken

Geopolitische Risiken können vielfältig sein, sich durch bestehende oder geänderte Rahmenbedingungen materialisieren und auf Länder, Regierungen, Unternehmen, Investoren und Einzelpersonen auswirken. Sie entstehen durch das Handeln oder Nichthandeln politischer Akteure. »Geopolitische und geoökonomische Spannungen nehmen unter den Großmächten der Welt zu. Diese Spannungen stellen derzeit die dringendsten globalen Risiken dar.«[1] Sie gelten u. a. als Hauptursachen und Triebkräfte für Konflikte und Instabilität im System der internationalen Beziehungen. Wobei Änderungen zum Positiven auch Chancen für die Akteure beinhalten können.

Die geopolitischen Risiken können in unterschiedlichen Bereichen und Dimensionen sowie übergreifend durch Spillover-Effekte[2] auftreten. Hierzu zählen ökonomische, digitalisierende, soziokulturelle und ökologische korrelierende Faktoren, die sich unterschiedlich auswirken und auf unterschiedliche Marktplätze konzentrieren können. Auch politische Überwälzungen sind nicht auszuschließen. Von zunehmender Westlessness[3] ist die Rede. Sofern ein Unternehmen von geopolitischen Risiken betroffen ist oder sein kann, sollte es diese Faktoren im Rahmen der Strategieentwicklung (s. Kap. 2.2) des »Neu-Produkt und wesentliche Änderungen«-Prozesses (s. Kap. 8) sowie mögliche Szenarien berücksichtigen. Inzwischen gibt es Unternehmen, die geopolitische Risiken messen und beurteilen. Da die Auswirkungen auf Länder, Branchen und Unternehmen jedoch unterschiedlich sind, soll das Thema hier nicht weiter aufgegriffen werden. Bei allen Bestrebungen zur Erreichung der Nachhaltigkeit wird es sich sicherlich lohnen, die Risiken im Blick zu behalten und für sich geeignete Maßnahmen zu entwickeln und die Situation in partizipative Chancen umzuwandeln.

---

1 World Economic Forum (2019), S. 6.

2 Übertragungseffekt von Daten, Ereignissen, Informationen oder Verhaltensweisen von einem Fachgebiet auf ein anderes Sachgebiet.

3 Münchener Sicherheitskonferenz (2020): Munich Security Report 2020: Westlessness (zunehmende Unsicherheit hinsichtlich der Zukunft und Bestimmung des Westens).

15.1.1 Allgemeine Beispiele

Es gibt unheimlich viele Beispiele von allgemeinen Themenstellungen, die nicht nur von international tätigen Unternehmen einbezogen, verfolgt werden müssen, um Reaktionen einzuleiten. Bei aller Tragik der vielerorts spürbaren tödlichen und zerstörerischen Ausgänge, weitet sich die Problematik massiv auf die Wirtschaft, Arbeitsplätze, den Konsum und auf die Existenzen von Menschen sowie Unternehmen aus.

15.1.1.1 Ukrainekrieg

Dass Russland einen Krieg beginnen wird, hätte vielleicht durch verschiedene schwer lesbare Indikatoren vorhergesehen werden können. Hierzu zählen die Ausfuhr einer unfertigen Jacht aus der norddeutschen Werft und die Verteilung von Blutkonserven im Rahmen einer Wehrübung an der ukrainischen Grenze. Es gab auch viele Gegenindikatoren der russischen Führungsspitze ggü. dem viel gepriesenen Brudervolk. Der Ausbruch eines Krieges wurde für unwahrscheinlich gehalten. Zeitweilig hielt man einen dritten Weltkrieg für wahrscheinlich. Wie schnell sich eine Situation maßgeblich ändern kann, zeigt dieses tragische Beispiel. Zivilisten werden ermordet, Soldaten in einen sinnlosen Krieg geschickt, dessen eigentliche Motivation sich vielen Menschen nicht erschließt. Die wirtschaftlichen Auswirkungen auf Wirtschaft und Unternehmen sind unvermeidbar. Die Kornkammer und die vielen wirtschaftlichen Eigenschaften der Ukraine führen zu Unterbrechungen von Lieferketten, Lieferengpässen und massiven Teuerungen – eine Angewiesenheit, die vielen Menschen in diesem Ausmaß ebenfalls nicht bekannt war. Schon längst findet der Krieg nicht nur auf dem Schlachtfeld statt. Cyberangriffe (s. Kap. 15.2), mit denen auch Lieferketten unterbrochen werden, sind an der Tagesordnung und stellen auch im Third-Party Risk Management (s. Kap. 12.1) und der Nachhaltigkeitsthematik eine Herausforderung dar. Nach einer langen Niedrigzinsphase mit hoher Asset Inflation und Einfluss auf die Realwirtschaft, folgen nun Inflation und Zinsanhebungen. Die in diesem Zusammenhang beschlossene Umsetzung der Sanktionslisten für Russland halten für die meisten Finanzdienstleister und Ihre Compliance-Abteilungen Herausforderungen bereit und werden zu einem späteren Zeitpunkt vermutlich für eine Reihe von festgestellten Altlasten führen.

15.1.1.2 COVID-19-Pandemie

In den vergangenen Jahren war der Ausbau der Globalisierung ein großes und lukratives Thema. Die COVID-19-Pandemie wirkte hier aber verhältnismäßig zeitnah, global und an verschiedenen Stellen disruptiv ein. Entscheidungsträger, Unternehmer, Investoren und international tätige Unternehmen sahen sich mit verschiedenen auch branchenabhängigen Herausforderungen konfrontiert. Vorteilhaft war die (zwangsweise) Weiterentwicklung der Digitalisierung (s. Kap. 13) von Unternehmen und ein damit einhergehender Fortschritt von Geschäftsmodellen. Experten sprechen von einer Innovationskraft von zehn Jahren. Aber auch Personal ließ sich aufgrund der

Schließungen bspw. aus der Hotellerie umschulen oder wanderte ab. Aktuell können Hotelbetreiber und Gastronomen ihre Unternehmen – wenn überhaupt – nur mit verminderter Personalstärke betreiben. Von diesen Beispielen gibt es etliche – auch auf der Makroebene. Für die Finanzdienstleister bedeutete es Marktvolatilität, ggf. Umschichtungen von Investitionen und Kreditausfälle.

15.1.1.3 Volksrepublik China

Die Kommunistische Partei Chinas (KPCh) scheint sehr viele Fäden in der Hand zu halten und den Ausbau ihres Einflusses voranzutreiben. Die Reden und bekannten verfügbaren Unterlagen sprechen für sich. Länder, die sich Dissidenten zugewandt oder im Hinblick auf die Politik Chinas nicht konform verhalten, werden mit Sanktionen belegt.. Im Umgang mit der COVID-19-Pandemie hätte durch mehr Transparenz seitens Chinas am Anfang sicherlich Schlimmeres verhindert werden können. Die Regierungsform war jedoch äußerst vorteilhaft bei der späteren Eindämmung der Pandemie.

Die Neuen Seidenstraßen sind Beijings Instrument zum Erreichen der geopolitischen Neuordnung. Es werden Investitionen in einem umfangreichen Ausmaß in infrastrukturell schwächere Länder getätigt. Auch Investitionen innerhalb der EU in bspw. die Banken- und Biotechnologiebranche werden vorgenommen, teilweise als Private Equity Fonds mit der Vorgabe die Boards mit eigenem Personal zu bestücken. Nach den Volumina zu urteilen, dürfte es nicht nur um Kapitalüberschüsse gehen. Die technologischen Entwicklungen haben auf jeden Fall schon größere Player an den Markt gebracht, als in Europa und Afrika der Fall ist. Die Situation stellt den Betrachter vor verschiedene Fragen. Welchen Einfluss dürften steigende Zinsen auf die Neue Seidenstraßen-Finanzierungsprojekte haben? Handelt es sich bei den Neuen Seidenstraßen für alle Marktteilnehmer um ein Globalisierungsprojekt oder einen vierspurigen Highway in eine Richtung? Wird der Renminbi der Nachfolger des US-Dollars? Der Silkroad Think Tank beinhaltet auf jeden Fall einen One-Stop-Shop, der allumfassend auch die Bildung, Digitalisierung sowie weitere Komponenten beinhaltet. Weiter werden sog. Prinzlinge[4] an entsprechenden Stellen positioniert, die Zentralkomitees und Abteilungen für Einheitsfrontarbeit und Internationale Verbindungen unterstützen die Weiterentwicklung der Strukturen. Einige namhafte Asset Manager beginnen aktuell, ihr China-Exposure zu reduzieren.

15.1.2 Territoriale Beispiele mit Ausstrahlungswirkungen

Zwar sind die nachstehenden Beispiele augenscheinlich nur zwischen bestimmten Volkswirtschaften oder auf eine Volkswirtschaft konzentriert, aber auch diese geopolitischen Einflüsse haben Ausstrahlungswirkung auf andere Kontinente und Volkswirtschaften.

4 »Roter Adel« der Kommunistischen Partei Chinas und ihre Nachfahren sind die Beschleuniger für international tätige Unternehmen und Finanzdienstleister, um Geschäft in China etablieren zu können.

15.1.2.1 Handelsstreit USA und China

Die Präsidentschaft von Donald Trump hat einige Spuren hinterlassen. Sei es bspw. der 2018 eingeleitete Handelsstreit mit China oder der 2019 angekündigte Austritt aus dem Pariser Klimaabkommen. Auch wenn viele dieser Entscheidungen mittlerweile vom 46. Präsidenten Joseph Robinette Biden seit Amtsantritt im Jahr 2021 wieder zurückgenommen oder zumindest abgemildert wurden, verursachen derartige Entscheidungen Erhöhungen geopolitischer Risiken, Nachteile und Verzögerungen von wichtigen weitreichenden Zielsetzungen.

15.1.2.2 Brexit

Der Brexit, der Exit vom Brexit und der Brexit ... zogen sich über mehrere Jahre hin. Dennoch kam der Brexit für viele Marktteilnehmer unerwartet und schnell – für die Briten anscheinend ebenfalls. Der komplette Handel muss neu geordnet werden und verkompliziert sich. Die Abspaltung von der EU hat Konsequenzen für beide Seiten und wird diese auch noch weiter haben. Allein der Aufwand für die nun entstehende und sich fortwährend verbreitende Gesetzes- und Regulierungsschere wird auf Sicht noch einige Äquivalenzbemühungen benötigen, um in der Finanzdienstleistungsbranche weiterhin adäquat zusammenarbeiten zu können.

15.2 Cyberrisiken

»Protecting what's now and what's next in a hybrid world.«

Cyberrisiken sind ein sich entwickelnder Trend mit massiven Auswirkungen auf Dienstleistungs- und Industrieunternehmen. Die Thematik wird ebenfalls durch die in Kap. 3.1.3 aufgeführten IT-Regularien aufgegriffen, bedarf jedoch weiterer sowie tiefer greifender Maßnahmen. Von Jahr zu Jahr nehmen die Anzahl von Ransomware, Data-Leak-Sides-Familien und Veröffentlichungen sowie angegriffene Länder zu. Einzig die Anzahl der angegriffenen Sektoren verblieb während der Erstellung des Buchs auf gleichbleibendem Niveau. Der Aufwand für Gegenmaßnahmen und Schäden geht in die Milliarden. Begünstigt werden die Angriffspunkte durch folgende beschleunigende Einflüsse:

- (internationaler) Wettbewerb, digitale Transformationen und steigende technologische Abhängigkeiten,
- neue Techno- und Typologien (s. Kap. 13),
- Cloud-Lösungen – on- und off-premises (s. Kap. 12.1.1.4),
- COVID WFH (work from home) und RDP (remote desktop protocol),
- Shadow-IT (von MitarbeiterInnen implementierte Hard- und Software),
- OT (operational technology) und IoT (Internet of Things),
- FNTC (Federation of Trusted Third Parties),
- geopolitische Risiken (s. Kap. 15.1).

Bei vielen dieser Entwicklungen erschließt sich zunächst nicht das Ausmaß möglicher Folgeschäden. Beispielsweise haben sich Cloud-Lösungen auch im Rahmen von Lieferketten (s. Kap. 15.3.3.2.1) etabliert. Gerade im Rahmen geopolitischer Risiken (s. Kap. 15.1) und insb. des Ukrainekriegs haben die Cyberangriffe stark zugenommen. So findet ein Krieg heutzutage auch im Netz statt. Das Hacking einer Cloud (s. Kap. 12.1.1.4) würde u. U. nicht nur für nutzende Unternehmen einen Ausfall bedeuten, sondern könnte auch vor oder nachgelagerte Produktionsstufen betreffen und kann ganze Lieferketten unterbrechen. Ein Thema, das Teil des Third-Party Risk Managements (s. Kap. 12.1), Business Continuity und Resumption Management (s. Kap. 14) sein muss und auch im Nachhaltigkeitsmanagement (s. Kap. 15.3) Berücksichtigung gefunden hat.

Jedoch verfügen Cyber- und reale Welt über eine Reihe von privaten und informellen Wächtern. Zusätzlich zu diesen sozialen Wächtern existiert ein breites Spektrum an physikalischen bzw. technologischen Wächtern, automatische Agenten, die Systeme permanent überwachen wie bspw. Firewalls, Intrusion-Detection-Systeme, Virusscanner, Regulierungsbehörden, Kriminalpolizei, Geheimdienste etc.,[5] jedoch sind nicht nur Finanzdienstleister gefordert, sich selbst und die individuell vorhandenen und ausgestalteten Systeme bestmöglich vor Angriffen zu schützen.

Aufgrund der an verschiedenen Stellen einwirkenden Faktoren und des sich beschleunigenden Bedarfs, sind diverse unterschiedliche Entwicklungen zu beobachten. Hierzu gehören – aber nicht abschließend – folgende eine problematische Wirkung entfalten könnende Ausprägungen:

- isoliertes Risiko Assessment- und interne Kontrollsystem-Lösungen,
- breiterer digitaler Fußabdruck mit vielen blinden flecken,
- Anforderungen an das Personal (Qualität und Verfügbarkeit),
- IT-Verkehr-Änderungen (zunehmende externe IP-Adressen),
- Verbreitung ungenehmigter/ungeeigneter Systeme und Applikationen,
- End-of-Life-Technologien (Hard-/Software),
- mehr Sonderrechte für Personal zur Beschleunigung der Prozesse.

Die Gegenüberstellung der beiden Herausforderungskategorien macht deutlich, dass Kompromisse eingegangen werden, um Schritt halten zu können. Intransparenzen entstehen, es besteht wenig Zeit, zum Identifizieren und Reagieren sowie ein unzureichendes Berechtigungs- und Konfigurationsframework folgen. Die Cyberrisiken basieren größtenteils auf sonstigen strafbaren Handlungen (s. Kap. 10). Ein Thema, das Finanzdienstleistungsunternehmen selbst, deren Kunden und Geschäftspartner betreffen und massiv schädigen kann. Je nach Branche sind Datenerpressung, Wirtschaftsspionage, Ransomware als Dienstleistung, kritische Infrastruktur und Zugangshändler ausgeprägte und sich weiter entwickelnde Betätigungsfelder. In einigen Teilbereichen entsteht ein organisiertes und intelligentes Verbrechen, dessen »Wertschöpfungskette« (bitte entschuldigen Sie den Vergleich) der eines wirtschaftlich arbeitenden

5 Vgl. Yar, M. (2005): An Assessment in light of routine activity theory, in: Holt, T. (Hrsg.): Cybercrime and criminological theory, S. 65–74.

Unternehmens keineswegs nachsteht. So bildeten sich Gebiete heraus, auf die sich einzelne Personen oder Gruppen spezialisierten:

- Entwicklung von Angriffsvarianten (»Services«) in etwa vergleichbar mit Produktentwicklungs-, Personal- oder Forschungs- und Entwicklungsabteilungen (z. B. Loaders, Phishing/Ransomware/Webinject Kits, Recruiting, Malware Packaging),
- breitflächige Verteilung über Medien an die Zielunternehmen (»Distribution«), vergleichbar mit Vertrieb und Marketing (z. B. E-Mail, Social Network Spam Distribution, Exploid Kit),
- Einnahmenmanagement durch Geldwäsche- und Wechselaktivitäten von Krypto- in FIAT-Währung oder umgekehrt (»Monetization«), was sicherlich einer Finanz- oder Treasury-Abteilung am nächsten kommt (z. B. Money Laundering, Exchange, Money Mule, Wire Fraud).

Die verschiedenen Akteure sind sehr gut miteinander vernetzt. Es kann von einer sehr agilen und zügigen Zusammenarbeit gesprochen werden. Die Angreifer sind in der Regel auf bestimmte Einrichtungen oder Branchen spezialisiert, die sich entweder als besonders gut angreifbar (veraltete Technologie) oder, aufgrund ihres Geschäftsmodells, schnell und gut zahlend klassifizieren lassen. Für die Zielunternehmen oder -privatpersonen bedeuten diese Kooperationen aber auch, dass sie es meistens mit mehr als einem kompetenten Angreifer zu tun haben. Die Einkünfte aus den strafbaren Handlungen werden aufgeteilt und müssen durch Akzeptanz eines Preises an die verschiedenen Akteure entrichtet werden. Werden die Aktivitäten bspw. im Darknet verfolgt, wird Werbung für diese Services und deren erfolgreiche Umsetzung gemacht. »Erfolg« oder eine »Marke« in diesem Betätigungsfeld garantiert wiederum eine höhere Nachfrage, steigende Preise und somit voluminösere Aufträge für die Spezialisten aus dem Bereich Monetization, sofern eine wirtschaftliche Motivation vorliegt. Die Motivationsgründe sind jedoch äußerst vielfältig[6] und dadurch unberechenbar. Ein großer Ansporn, der die Wirtschaft, Ermittlungsbehörden, Regulatoren, Financial Intelligence Unit und Entwickler von Schutzsoftware noch eine Zeit beschäftigen wird. Aber auch diese Einrichtungen organisieren sich und werden reaktiver. Wie in vielen anderen sich weiterentwickelnden Themenbereichen auch, ergibt sich eine Wechselbeziehung aus Maßnahmen und Gegenmaßnahmen. Deshalb ist es wichtig, die Sicherheitsstrategien in die Gesamtgeschäftsstrategie und -politik (s. Kap. 2.2 und 2.3) mit einzubinden, sodass ein konsistentes und präventives Sicherheitsnetz entsteht. Es können physische, vorbereitende und virtuelle Angriffe unterschieden werden.

15.2.1 Physische Angriffe und Vorbereitung

Zu den vorbereitenden Maßnahmen eines physischen oder virtuellen Angriffs gehört bspw. das in Kap. 10.4.1.1.1 beschriebene Social Engineering. Dieses und auch das Verschaffen eines physischen Zutritts zu den Büroräumlichkeiten haben ein Storytelling als Ausgangspunkt. Angewandt werden z. B. das Ausspionieren eines externen Dienstleisters und die Übernahme seiner Funktion unter dem Vorwand, etwas vergessen zu haben, das Vortäuschen einer Not-

6 Bundeskriminalamt (04.12.2015): Täter im Bereich Cybercrime – Eine Literaturanalyse, Teil I Eine phänomenologische und tätertypologische Betrachtung, S. 17–22.

fallsituation oder eines Unfalls. Letztere Situation ist besonders problematisch, da an die Hilfsbereitschaft der Empfangspersonen appelliert wird und die MitarbeiterInnen in einen Interessenkonflikt versetzt werden. Befinden sich die Angreifer hinter den Vereinzelungsanlagen und physischen Schutzbarrieren eines Unternehmens, können sie ggf. Unterlagen einsehen, Schadsoftware oder Spionagevorrichtungen platzieren. Hinzu kommt, dass in wachsenden und größer werdenden Firmen die Anonymität steigt. Im gleichen Zuge nimmt die Barriere der MitarbeiterInnen zu, unbekannte Personen im Gebäudeinneren anzusprechen.

15.2.2 Virtuelle Angriffe

»It's better and easier to patch software than humans.«

Ähnlich wie im Bereich des Business Continuity Managements (s. Abbildung 97), sind verschiedene Verfahren einzurichten, um die eigene IT vor virtuellen Angriffen zu schützen. Die inzwischen zahlreichen regulatorischen Anforderungen (s. Kap. 3.3) geben einen Rahmen vor, den es auszugestalten gilt.

	Identifizieren	Schützen	Feststellen	Reagieren	Widerherstellen
Governance Kommunikation	Governance Strategie Politik	Tone at the Top	Kommunikation (Eskalation)	Kommunikation (Information)	Kommunikation (Koordination)
Weisungen Prozesse	Weisungen Handbücher Outsourcing Risiko Assessment Supply Chain	Präventive technische Kontrollen Warten Datenentwicklung	Identifikation Anomalitäten und Events Eskalations-verfahren	Reaktionsplan und -prozesse	Wiederherstellungs-prozesse
Menschen	Profile Ressourcen Trainieren	Trainieren Recherchieren Aktualisieren	Überwachen 24/7	Analysieren (Triage, jagen) Vorfallreduktion (eindämmen, beseitigen) Verbessern	Verbessern
Technologie	Hardware / Software Cloud Business Environment	Nutzer- und Zugangs-management Daten- und Informationsschutz Key Risk Indicators	Detektions-systeme und Kontrollen Daten	Detektions-systeme und Kontrollen Daten	Einfluss-reduktion
	Phasen				

Abbildung 104: Phasen- und Maßnahmenkonzept gegen virtuelle Angriffe

Die Strategie legt auch hier die Entwicklung des Unternehmens und seines Geschäfts fest. In diesem Themenkomplex ist es besonders wichtig, dass die Umsetzung der Cybersicherheit der Umsetzung der anderen Strategiethemen entspricht und keinesfalls nacheilt. Aus Sicht der Governance sind im Vorweg passende Weisungen, Handbücher und Prozessbeschreibungen (s. Kap. 3.4.2) zu erstellen und aktuell zu halten. Das Vorhalten aktueller Notfallpläne, um koordiniert auf Angriffe zu reagieren, rundet die Vorbereitungsphase ab und schließt Kommunikationspläne mit ein.

In das nach Risikolage häufigkeitsadjustiert zu aktualisierende Risiko Assessment und interne Kontrollsystem (s. Kap. 6.1) sind folgende Aspekte mit einzubeziehen und möglicherweise zu verbessern:

- aktuelle und durchgängige Beobachtung aller digitalen Risiken (s. Kap. 13), Angriffsszenarien, der Angreifer, deren Entwicklungen und potenziellen Einfluss auf alle Arten von Gefährdungen;
- regelmäßige Überprüfung und Aktualisierung der eigenen Infrastruktur sowie der Weisungen, Prozesse und Kommunikationserfordernisse im Hinblick auf eine mögliche Gefahrenlage,
- praxisnahe Schulungen und Tests (s. Kap. 3.4.2.5) der eigenen MitarbeiterInnen im Hinblick auf Angriffe; dies gilt sowohl für virtuelle, als auch für physische Angriffsszenarien,
- Vermeidung von externen Informationen hinsichtlich der eigenen Abwehrstrategien im Hinblick auf Strategie, Systeme und Pläne,
- Einbezug von Themenstellungen in Bezug auf Remote-Arbeitsplätze,
- Schaffung von Voraussetzungen, um eine schnellstmögliche Entdeckung von Angriffen zu gewährleisten,
- keine End-of-Life-Technologie (Soft- und Hardware).

Um die Angriffsfläche für das Unternehmen zu reduzieren, empfiehlt sich ebenfalls ein wie in Abbildung 105 dargestellter kybernetischer Regelkreis, der mit zunehmender Gefährdungslage mit höherer Frequenz durchzuführen ist. Die zunehmende Gefährdungslage lässt sich mit neuen Angriffstechnologien und -typologien beschreiben. Die kontinuierliche Verbesserung betrifft in erster Linie die Phasen »Identifizieren« und »Schützen«, schließt aber auch die Maßnahmen- und Kommunikationspläne der möglicher notwendiger Folgephasen mit ein. Voraussetzung für ein übergreifendes und integriertes System sind eine entsprechende umfassende Plattform und ein einheitliches und aufeinander abgestimmtes Reaktionsverhalten. Deshalb sind Resilienz-Tests und praktische Übungen unerlässlich.

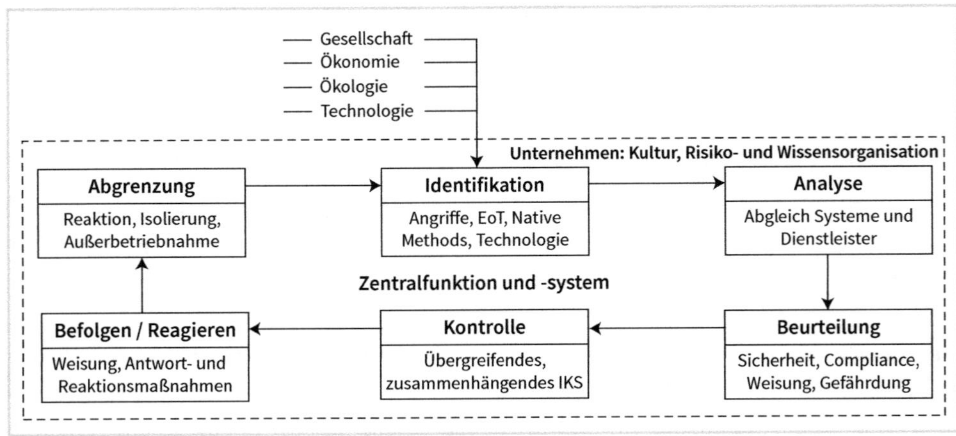

Abbildung 105: Kybernetischer Regelkreis zur Reduktion der Angriffsfläche

Externe Serviceprovider (s. Kap. 12) mit wesentlichen Beauftragungen sind in diesem Zusammenhang so zu überwachen, als wären es Prozesse im eigenen Unternehmen unter Berücksichtigung einer eher eingeschränkten Kontrollmöglichkeit:

- bestehende und neue Systemlieferanten im Hinblick auf Sicherheitsthemenstellungen,
- Überwachung von ausgelagerten sensitiven Services (s. Kap. 12) im Hinblick auf den Schutz des eigenen Geschäfts und deren Eigenabsicherung,
- Erwägen eines entsprechenden unternehmensspezifisch optimierten Versicherungsschutzes (s. Kap. 2.8.2.11).

15.2.2.1 Erpressung und Data Leaks

Der Angreifer erkundet das Umfeld eines möglichen Ziels. Hierzu gehören das technische Umfeld und die Verfügbarkeit von für das Ziel wertvollen Daten. Wertvoll sind die Daten, die bei Veröffentlichung für das Ziel maßgebliche Konsequenzen bedeuten oder sogar das Geschäft und Reputation zerstören können. Im nächsten Schritt werden die Daten aus der Infrastruktur des Ziels an einen durch den Angreifer kontrollierten Ort transferiert. Die Ransomware wird unternehmensweit über das gesamte Netzwerk des Ziels platziert. Der Angreifer erpresst das Ziel mit der Veröffentlichung der Daten und stellt seine Forderungen. Das angegriffene Ziel hat die Wahlmöglichkeit, den Forderungen nachzukommen oder der Erpresser setzt seine angekündigten Maßnahmen um. Für den Angreifer hat das, je nach Reaktion des Ziels mehr oder weniger Vorteile. Entweder »Werbung« (Ziel kommt den Forderungen nicht nach) oder »Werbung« und Erreichung der gesetzten Ziele.

15.2.2.2 Viren und Ransomware

Computerviren (lateinisch *virus* ›Gift, Schleim‹) sind Schadprogramme und treten bspw. in Form von Bootsektor-, polymorphen Viren, Würmern, Trojanern oder Mischformen auf. Es handelt sich um ein Computerprogramm, das eingeschleust wird und sich selbst verbreitet. Angegriffen und Schaden erleiden können Computerprogramme, Bootsektoren, der RAM (Random Access Memory) und indirekt sogar die Hardware.

Vorausgehend sind auch hier zumeist Aktivitäten, wie Social Engineering (s. Kap. 10.4.1.1.1) oder Schwachstellen, die die Zielpersonen zum Download von Schadsoftware verleiten. Ransomware sind Schadprogramme (Trojaner), mit denen ein Angreifer den Zugriff eines Systeminhabers auf seine Daten, Terminals oder sein Netzwerk abstellen kann. Dies kann durch Unterbindung, Verschlüsselung oder Verbringung erfolgen. Um wieder an die Daten oder Systemzugriffe zu gelangen, muss der Systeminhaber den Forderungen (z. B. Lösegeld oder andere Gegenleistungen) des Angreifers nachkommen. Der Einsatz und die Neuentwicklungen von unterschiedlichen Ransomware-Varianten entwickelt sich von Jahr zu Jahr schneller[7] und die Lebensdauer nimmt ab. Im Jahr 2021 wurden bspw. die Varianten AVADDON, Conti, Lockbit 2.0 und REvil häufig angewandt. Weitere Namen wurden bekannt. Die abnehmende Lebensdauer und die neuen Varianten fordern eine fortlaufende Weiterentwicklung der eigenen Sicherheitssoftware. Die wahren Kosten eines Ransomware-Angriffs setzen sich aus folgenden Komponenten zusammen:

- Kosten für eventuell implementierte Schutzmaßnahmen,
- Ertragsverlust,
- Konsequenzrisiken: Reputations-, Marken- und Leadership Talent-Schäden (s. Kap. 2.7.3),
- regulatorische Haftung,
- Datenverlust (ggf. Vorteilsnahme des Wettbewerbs bei Veröffentlichung),
- ggf. Verlust des gesamten Geschäfts.

15.2.2.3 Initial Access Brokers (IAB)

Die Initial Access Brokers (IAB) stellt die am stärksten wachsende cyberkriminelle Spezialisten-Gruppe dar.[8] IAB sind Mittelsmänner, die sich auf die Öffnung – das Hacken – von Zugangskonten spezialisiert haben und die in diesem Zusammenhang erlangten Daten an Cyberkriminelle veräußern, die in erster Linie verschiedenen Ransomware-Gruppen zuzuordnen sind. Diese Gruppen suchen nach einem geeigneten Einstiegsvektor für die Verbreitung ihrer erpresserischen Malware. Diese Arbeitsaufteilung in cyberkriminellen Netzwerken ist bereits seit 2017 bekannt. Zu den Aufgaben der IAB gehören folgende Tätigkeiten:

- initiale Infektion,
- Credential Harvesting (z. B. Stehlen von Passwörtern),
- Bot Herding (z. B. automatisches Scannen spezifischer Netzwerkteile, um angreifbare Systeme zu finden),
- Belieferung des kriminellen Untergrunds sowie Secondary Intrusion.

15.2.3 Cyberrisiken-Prävention und TIBER

Genauso wie die Bedrohungen und Angriffstypologien für Industrie und Wirtschaft zunehmen, werden auch die Testintensitäten weiterentwickelt und gesteigert, um Schwachstellen präventiv und kontrolliert zu identifizieren sowie schließen zu können. Hierzu zählen

- **Penetration-Tests**
  - bestimmter Systeme
  - Test bekannter Schwachstellen
  - Einsatz von (automatischen) Penetrationsansätzen.

7 2019 wurde von 79 und 2020 119 aktiven Varianten ausgegangen.

8 Vgl. Digital Shadows Photon Research Teams (2021): Initial Access Brokers – An Excess of Access.

- **Red-Teaming-Angriffe**
  - auf das gesamte Unternehmen (physisch und virtuell sowie intern und extern)
  - Social Engineering (s. Kap. 10.4.1.1.1)
  - physisches Eindringen
  - Penetration, Hacking usw.
- **TIBER-Test (Threat Intelligence-based Ethical Red Teaming)**
  - Externe spezialisierte Teams versuchen, das gesamte Unternehmen und seine Produktivsysteme von innen und außen anzugreifen.
  - Es werden Bedrohungsanalysen erstellt, wahrscheinliche Vorgehensweisen simuliert und Red-Teaming-Angriffe durchgeführt.

15.2.3.1 TIBER-EU

Bei TIBER-EU[9] handelt es sich um ein von den Zentralbanken entwickeltes Rahmenwerk innerhalb der Europäischen Union. Zielgruppe sind im Regelfall große Finanzdienstleister (Banken, Versicherer, Asset Manager) und kritische Dienstleister und Infrastrukturen im Finanzsektor. Der 2018 eingeführte Standard findet grenzüberschreitende Anerkennung und aktuelle Bedrohungsszenarien werden unter den Ländern ausgetauscht, bilden die Basis für die Tests (Threat Intelligence) und es werden alle kritischen Angriffspunkte fokussiert. Es beinhaltet Basisvorgaben mit verpflichtenden und optionalen Bestandteilen zur Rücksichtnahme auf lokale Gegebenheiten und sieht eine Implementierung auf Länderebene vor. So entstehen bspw. die Abkürzungen TIBER-DE oder TIBER-NL.

TIBER-DE

In Deutschland wird das Rahmenwerk durch die Deutsche Bundesbank und Bundesministerium der Finanzen durch das Kompetenzzentrum TIBER Cyber Team (TCT) umgesetzt, das Kontakt- und die operative Betreuungsstelle für Tests ist. Dabei werden die auf EU-Ebene als optional bekannt gegebenen Bestandteile im Rahmen eines freiwilligen Ansatzes gehandhabt und gelten nicht als aufsichtlicher Bestandteil, erfordern aber eine punktuell vorgegebene Einbindung der BaFin. Ergänzend zu den auf EU-Ebene erfolgten Testteam-Aufteilungen, sieht der optionale Teil zusätzlich eine Analyse eines »Purple Teams«[10] vor. Die unterschiedlichen Teams setzen sich wie folgt zusammen:

- **Außerhalb des Unternehmens**
  - Threat Intelligence Provider (Spion, Social Engineering): Beschafft Informationen über das Zielunternehmen zur Vorbereitung des Angriffs.
  - Red Team (militärischer Begriff – Angreifer): Nutzt Bedrohungsinformationen vom Threat Intelligence Provider, versucht in die befreundete Infrastruktur einzudringen, testet

9 European Central Bank (2022): What is TIBER-EU? Abrufbar unter: https://www.ecb.europa.eu/paym/cyber-resilience/tiber-eu/html/index.en.html (Zugriff: 29.06.2022).

10 Deutsche Bundesbank (September 2021): Implementierung von TIBER-DE (Purple Team = Red Team + Blue Team), S. 14.

die vorhandenen Abwehrmaßnahmen realitätsnah und liefert Indikationen für Risikopotenziale sowie Verbesserungsmaßnahmen.
- TIBER Test Manager als Mitglied des TCT (Überwachung, Beurteilung): Ansprechpartner für White Team, Monitoring der Testdurchführung.

- **Zielunternehmen**
  - Blue Team (Verteidiger): Wird nicht über den Angriff informiert und ist für Abwehr der Angreifer verantwortlich.
  - White Team (Management): Überwachung und Risikomanagement des Tests im Kontakt mit TCT und Red Team und Threat Intelligence Provider.

Wechselnde externe Testteams liefern u. U. unterschiedliche Sichtweisen. Die Umsetzung eines derartigen Testprojekts richtet sich nach dem definierten Umfang und wird von der Vorbereitung bis zum Abschluss mit einer Dauer von etwa 22 bis 30 Wochen angenommen. Regulatorische Basis sind, je nach Art des Finanzdienstleisters, BAIT[11], VAIT[12] und EBA[13] (s. Kap. 3.3) Vorgaben.

Ähnlich sieht es im Rahmen physischer Tests aus. Hierbei geht es um das unauffällig bemerkte oder unbemerkte Betreten eines Gebäudes. Wie bereits oben erwähnt, kann bspw. das Vortäuschen einer Notfallsituation oder die Vorgabe, ein Serviceprovider zu sein, genauso effektiv sein, wie das Einschleichen. Im weiteren Verlauf kommt es dann für den Tester darauf an, sich im Gebäude bewegen zu können, sensible Bereiche zu betreten, sich ggf. Zugang zu IT-Systemen zu verschaffen, Scanner oder Abhörmaßnahmen zu installieren. Im Rahmen eines Tests handelt es sich allerdings nur um Scheingerätschaften und Kennzeichnungen, denn auch hier dürfen keinerlei Risiken eingegangen werden.

Der Abschluss der virtuellen und physischen Tests bildet eine Ergebnisattestierung und ein Maßnahmenplan (s. Kap. 4.4), der – je nach Umfang und Komplexität – in einem Projekt münden kann.

15.2.3.2 Risiken im Zusammenhang mit TIBER-Tests

Vergessen werden darf bei diesen Tests auf keinen Fall, dass die Angriffe insb. auf Produktivsysteme auch Gefahrenpotenziale in sich bergen. Die Gefährdung einzelner Systeme und damit des Geschäftsbetriebs kann nicht vollständig ausgeschlossen werden. Auch die Anforderungen an Daten (s. Kap. 2.8.5) und ihre Vertraulichkeit sowie der personenbezogene Datenschutz (s. Kap. 15.4) können gefährdet sein. Vergessen werden darf in diesem Zusammenhang jedoch

11 BaFin Rundschreiben 10/2017 (BA) – Bankaufsichtliche Anforderungen an die IT (BAIT).

12 Rundschreiben 10/2018 – Versicherungsaufsichtliche Anforderungen an die IT (VAIT) in der Fassung vom 03.03.2022 (EIOPA-BoS-20/600).

13 EBA Guidelines on ICT and security risk management (EBA/GL/2019/04).

nicht, dass es sich um eine einigermaßen kontrollierte Gefährdung – »Ethisches Hacken« – handelt, insb., wenn es möglich ist, vorab bspw. folgende risikoreduzierende Maßnahmen zu treffen:

- Vorbereitung und klare Abgrenzung des Scopes sowie von Ausschlüssen, sodass ein (gezielter) Notfalleingriff jederzeit möglich ist,
- Auswahl eines erfahrenen Testteams,
- Einbezug sowie enge und unverzügliche Kommunikation zwischen den Teams nach den vorgegebenen Regeln; inkl. Verabredung von Meeting und eines Notstopps,
- Erstellung von Detaildokumentationen,
- vertragliche Vereinbarung zur Sicherstellung eines einvernehmlichen Verständnisses und ggf., soweit möglich, Überwälzung (s. Kap. 4.4.2) eines möglichen Schadens.

> »TIBER-DE ist ganz bewusst kein bankaufsichtliches Instrument. So soll die nötige Offenheit und Bereitschaft sichergestellt werden, nicht nur Symptome zu kurieren, sondern grundlegende Schwächen in der Cyberabwehr der Unternehmen auszubessern.«[14]

Auch im Rahmen physischer Tests dürfen Risiken nicht unbeachtet bleiben. Einem Menschen, der sich bspw. in einer Notsituation befindet, muss im Eigeninteresse und im Interesse des Unternehmens geholfen werden. Dies hat aber so zu erfolgen, dass die betriebliche Sicherheit gewahrt bleibt und auf der anderen Seite keine Haftungs- oder Reputationsrisiken entstehen. Auch solche Sondersituationen sollten ggf. in das Schulungskonzept (s. Kap. 3.4.2.5) des Empfangs oder der Sicherheit mit integriert werden, um MitarbeiterInnen vor Fehlentscheidungen zu schützen.

15.2.4 Berichtswesen

Wie bei allen wesentlichen Risiken ist auch in diesem Themenbereich ein dediziertes unverzügliches Ad-hoc-Berichtswesen an unterschiedliche Empfänger angezeigt, da sich Angriffstypologien schnell ändern können, Krisenteams aktiviert und das Wissen nutzbar gemacht werden muss. Auch das Management ist zu informieren, über Angriffe, Reaktionsmaßnahmen, Tests, Probleme im Rahmen von Tests, Ergebnisse und Maßnahmen. Diese Informationen sollten auch in einer Gefährdungsanalyse (s. Kap. 10.4) dokumentiert und analysiert werden, da sie auch den sonstigen strafbaren Handlungen zuzuordnen sind.

Das Thema Berichtswesen ist deshalb auch einschlägig in den vorstehend genannten Regularien, damit das Wissen auch grenzüberschreitend ausgetauscht und nutzbar gemacht werden kann, um Unternehmen und ihre Systeme durch zusätzliche Sicherheit zu schützen. Auch das Financial Stability Board (FSB) hat sich diesem Thema angenommen, um eine übergreifende Annäherung im Berichtswesen und im Zusammenhang mit schnellem Lernen zu erzielen. Der

14 Deutsche Bundesbank (Dezember 2019): Newsletter Zahlungsverkehr und Wertpapierabwicklung, 40. Ausgabe.

Bericht[15] bezieht zum fragmentierten Berichtswesen, Informationsaustausch, benötigten Kriterien und Informationen sowie weiteren Herausforderungen Stellung.

#RISKHACKS

- Fortlaufende Überprüfung der vorhandenen Schwachstellen in Abhängigkeit zu den externen Entwicklungen, Verstärkung der Sicherheitsarchitektur sowie Reduktion der Angriffsfläche;
- ständige Verbesserung der IT-Hygiene (Hard-/Software, Trainings);
- Entwicklung einer starken Verhandlungs- und Reaktionsposition;
- effektive und effiziente Verteidigung durch ein zusammenhängendes Risikomanagement- und Kontrollframework bei gleichzeitiger Vermeidung von Fehllenkungen;
- fortlaufende Neubeurteilung des Endpoint-Managements und der Sicherheitssysteme;
- Verschaffung von wirksamen Systemen und ausreichend Zeit, um Angriffe festzustellen und zu reagieren;
- Einbindung sensitiver ausgelagerter Themenstellungen in die eigene Überwachung (IT- oder inhaltliche Relevanz);
- Einbindung von verlässlichen und erprobten Fachfirmen zur Durchführung von externen und internen Angriffstests (physisch und virtuell); zu Beginn einer Geschäftsbeziehung gilt der »Zero Trust Approach«;
- es ist auch zu beachten, dass durch eine geeignete Planung die Ausfallkosten im Ernstfall sehr gering gehalten werden können;
- adaptive Veränderung von Personen, Prozessen und Technologie;
- regelmäßiger Austausch mit den zuständigen Regulierungsbehörden, Berufsverbänden und Branchenvertretern.
- regulatorisches Radaring (s. Kap. 3.3), um über neue gesetzliche und regulatorische Anforderungen, aber auch weiterführende Informationen informiert zu sein.

15.3 Environmental, Social, Governance (ESG)

Es ist seltsam an einem Plan mitzuwirken, dessen hoffentlich erfolgreiche Umsetzung man selbst eventuell nicht mehr miterleben wird. Deshalb adressiere ich das Thema in meinen Seminaren, die sich mit Investition und Finanzierung beschäftigen. Aus dem Investitionsdreieck wird jetzt hinsichtlich der Unternehmenssteuerung ein Viereck (s. Abbildung 106), denn die neue Dimension sorgt aktuell für weitere Ziel- und Interessenkonflikte und diese Situation wird auch noch einige Zeit anhalten.

15 Financial Stability Board (19.10.2021): Cyber Incident Reporting: Existing Approaches and Next Steps for Broader Convergence.

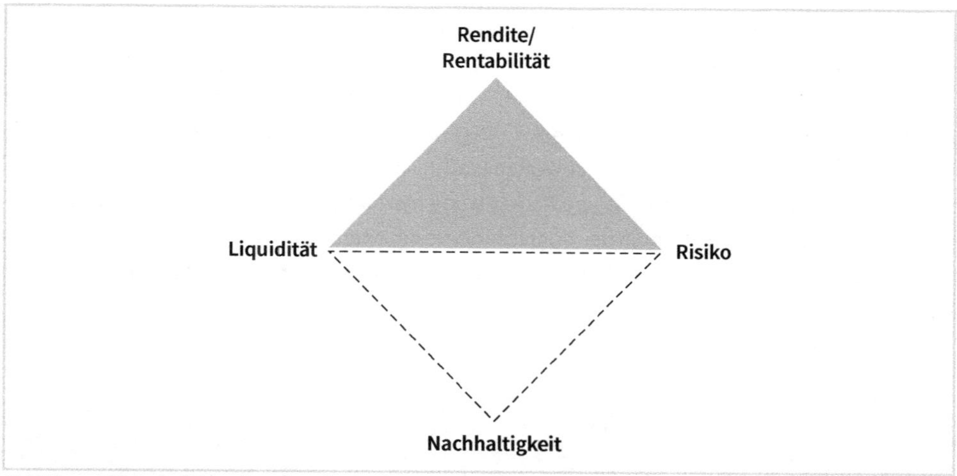

Abbildung 106: Investitionsviereck und seine Spannungsverhältnisse

Das universitäre Seminar Investition und Finanzierung erhält ebenfalls ein zusätzliches Kapitel und eine neue Sinndefinition. Aber wie im Kap. 3.3 zur Regulierungsarchitektur beschrieben, sind viele Dinge noch unklar und bergen die Gefahr, dass eine unstrukturierte Vorgehensweise zunächst in die falsche Richtung führt. Es ist jedoch klar, dass das Nachhaltigkeitsthema bleiben wird, und weiter von den Regulatoren präzisiert und implementiert werden muss. Momentan wird noch sehr stark auf ein Belohnungssystem für nachhaltige Unternehmen gesetzt, es gibt keine Abstrafungen für eine Nichtbefolgung. Einzig die Vortäuschung von Nachhaltigkeit rückt in den Fokus der Staaten mit All-Crime-Ansätzen. Die Weltklimaberichte der Vereinten Nationen[16] sehen vor, dass ab 2025 die Treibhausgasemissionen deutlich reduziert werden müssen: um 45 % innerhalb der nächsten acht Jahre.

Ist die bereits vor 100 Jahren entdeckte und zehntausendfach auf der Welt genutzte Elektromobilität[17] momentan wirklich so nachhaltig und zukunftsträchtig? Oder anders gefragt, wo wäre der Stand der Technologie heute, wenn der Pfad seit 1912 weiterverfolgt worden wäre? Wie soll der Strombedarf für Lastspitzen gedeckt werden, wenn zahlreiche Menschen am Abend Ihre Autos an die Ladestation bringen, Fernseher und Küchengeräte einschalten? Derzeit wird Kernkraft wieder als nachhaltige Lösung diskutiert. Führt der Ukraine-Konflikt zu einer Energiewende in der Energiewende? Ist Wasserstoff vielleicht die bessere Lösung oder ein Kraftstoffsurrogat? Die ersten Lkws und Busse sind bereits im Einsatz. Die Schweiz verfügt vorangehend über einige Tankstellen. Japan hat längst ein Versorgungsnetz, produziert aber größtenteils aus Braunkohle. In Deutschland entstehen Offshore-Lösungen zur Wasserstoff-

16 United Nations (2022): IPCC Climate Change 2022: Mitigation of Climate Change.

17 Maxwill, P. (2022): Elektroauto-Revolution 1912, Summsumm statt Brummbrumm, in: Spiegel Geschichte, 11.06.2022. Abrufbar unter: https://www.spiegel.de/geschichte/elektroauto-revolution-vor-100-jahren-a-947600.html (Zugriff: 26.06.2022).

gewinnung aus Windkraft- und Gezeitenkraftwerken mit Pipelines an die Küste. Aber wie sieht es dann mit der Distribution aus? Japan verfügt über ein Verteilernetz, produziert den Wasserstoff aber braun. Die CO_2-Emissionen stehen sehr stark im Fokus. Was ist mit Methangasen (CH_4) und anderen Carbon-Emissionen, wie Distickstoffoxid (N_2O), Fluorkohlenwasserstoffe (HFC), Perfluorcarbone (PFC) und Schwefelhexafluorid (SF6)? Ist es klar, dass die Erderwärmung Permafrost schmelzen lässt, die Schmelzung Methangase freisetzen, die die Erderwärmung erhöhen und den Permafrost noch stärker angreifen? Ein Eskalationsprozess, der es erfordert, dass nicht nur die Methangasproduktion reduziert wird. Das Gas müsste aus der Luft herausgezogen werden.

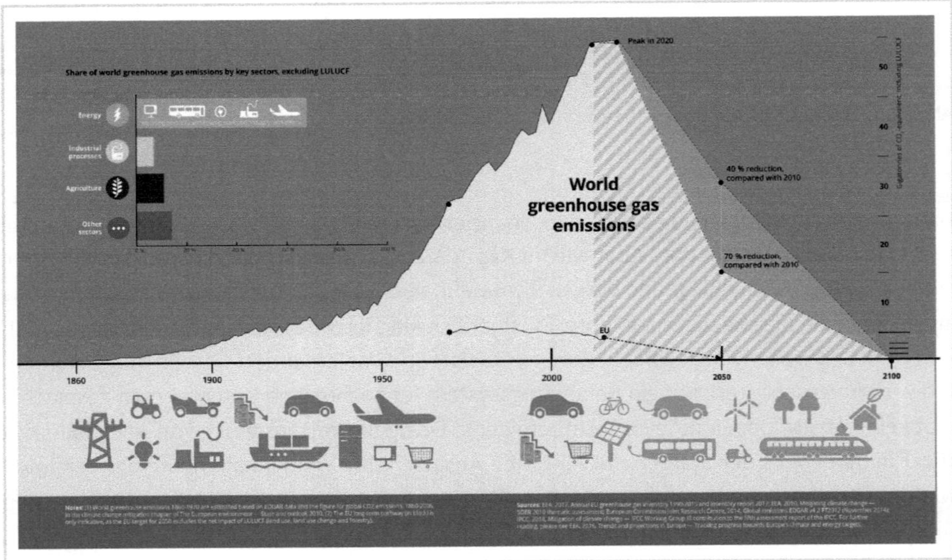

Abbildung 107: Energy and mitigating climate change[18]

Eigentlich ist das Thema Nachhaltigkeit keine neue Erfindung, aber inzwischen ebenso ein Unwort, wie der Ausdruck »Impact Investing« (s. Kap. 2.8.1.2). Unter dem wirkungsorientierten Investieren werden in erster Linie zwei unterschiedliche Sichtweisen verstanden:

- Investitionen in Unternehmen, Organisationen und Fonds, mit der gezielten Absicht, neben einer positiven finanziellen Rendite messbare, positive Auswirkungen auf die Umwelt oder die Gesellschaft zu erzielen;
- langfristige Integration der Nachhaltigkeit aus finanzieller Sicht in das Businessmodell des eigenen Unternehmens mit einem positiven Einfluss auf die ESG-Kriterien.

18 EEA (2017): Energy and mitigating climate change. Abrufbar unter: https://www.eea.europa.eu/signals/signals-2017/infographics/energy-and-mitigating-climate-change/image/image_view_fullscreen (Zugriff: 16.03.2021).

Aktuell wird die Angelegenheit jedoch ernster diskutiert und es existieren bereits komplexe regulatorische Vorgaben, die sicherlich nach und nach noch eine Schärfung erfahren werden – und deren Umsetzung kostspieliger wird. Wie hat sich das Thema in den letzten Jahren entwickelt?

- **1979:** Auf der ersten Klimakonferenz der Weltorganisation für Meteorologie in Genf wird festgestellt, dass der sich abzeichnende Klimawandel globale Gegenmaßnahmen erfordert.
- **1987:** Brundtland-Bericht[19] mit dem Titel Our Common Future, den 1987 die 1983 gegründete Weltkommission für Umwelt und Entwicklung der Vereinten Nationen veröffentlichte.
- **1992:** Agenda 21[20] ist ein Rahmenübereinkommen der Vereinten Nationen über Klimaänderungen von 178 Staaten auf der Konferenz für Umwelt und Entwicklung der Vereinten Nationen, das in Rio de Janeiro 1992 unterzeichnet wurde. Es setzt hauptsächlich Leitlinien zur nachhaltigen Entwicklung für das 21. Jahrhundert.
- **2005:** Kyoto-Protokoll[21] erstes völkerrechtliches Übereinkommen, legt klar definierte Treibhausgasziele für jedes Industrieland fest, die im Zeitraum vom Jahr 2008 bis zum Ende des Jahres 2012 erreicht werden müssen.
- **2012:** Kyoto-Protokoll mit einer zweiten »Verpflichtungsperiode« wird für die Jahre 2013 bis 2020 verabschiedet.
- **2016:** Sustainable Development Goals, die von den Mitgliedstaaten der UNO mit neuen Zielen verabschiedet werden. Die Agenda 2030 beinhaltet 17 Ziele für eine nachhaltige Entwicklung (s. Abbildung 108) und ist somit die derzeit vielfältigste Anforderung an die Nachhaltigkeit.

Diese komplexen und vielfältigen Ziele, die weit über die Reduktionsziele für Treibhausgasemissionen hinausgehen, scheinen kaum erreichbar. Wäre es im Sinne der Nachhaltigkeitsziele nicht auch sinnvoll über Additionalitäten zu sprechen, um bei einigen Zielen vielleicht mehr zu erreichen, während in anderen Zielbereichen vielleicht nicht alles rechtzeitig oder zeitgleich und vollständig umgesetzt werden kann? Hochleistungssprinter sind auch hoch konzentriert, das Ziel ist klar und sie fixieren aber nicht die Ziellinie, sondern das Feld dahinter, damit sie am Ende des Sprints durchziehen und nicht nachlassen. Wie aus Abbildung 109 ersichtlich liegt auch hier noch ein großes Stück Arbeit vor uns.

19 United Nationd (1987): Report of the World Commission on Environment and Development. Our Common Future. Abrufbar unter: https://www.unicas.it/media/2732719/Rapporto_Brundtland_1987.pdf (Zugriff: 14.10.2022).

20 Konferenz der Vereinigten Nationen für Umwelt und Entwicklung (1992): Agenda 21. Abrufbar unter: https://www.un.org/depts/german/conf/agenda21/agenda_21.pdf (Zugriff: 06.04.2022).

21 United Nations Framework Convention on Climate Change (UNFCCC) (Hrsg.) (o.J.): What is the Kyoto Protocol. Abrufbar unter: https://unfccc.int/kyoto_protocol (Zugriff: 06.04.2022).

Abbildung 108: Sustainable Development Goals[22]

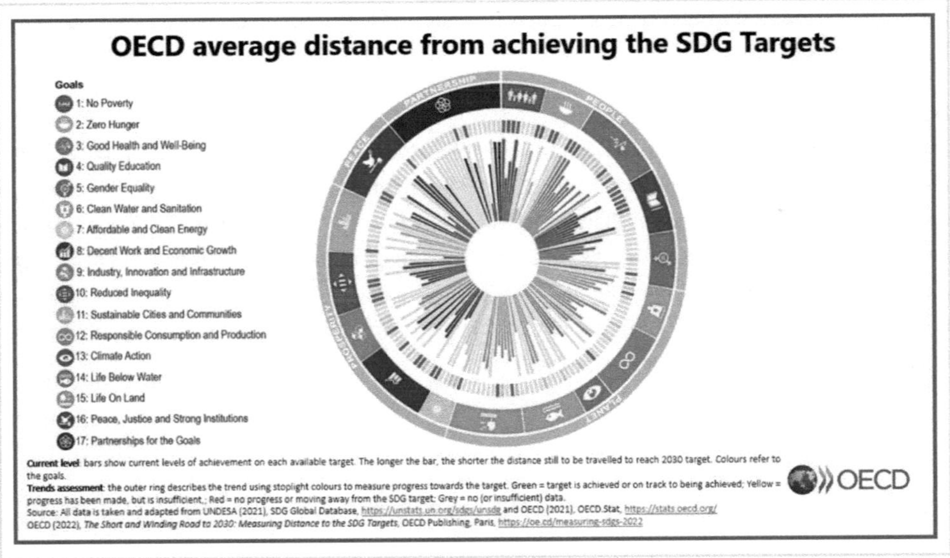

Abbildung 109: OECD (2022) average distance from achieving the SDG Targets

22 United Nations (o.J.): Do you know all 17 SDGs? Abrufbar unter: https://sdgs.un.org/goals (Zugriff: 06.04.2022).

- **2016:** Übereinkommen von Paris[23] wurde bei der Klimarahmenkonvention der Vereinten Nationen im Dezember 2015 verabschiedet. Dem völkerrechtlichen Vertrag haben sich derzeit 195 Staaten verpflichtet[24]. Er beinhaltet Rahmenbedingungen zur Begrenzung der Klimaerwärmung durch Reduktion von Treibhausgasemissionen. Die Erderwärmung soll dabei auf maximal 2°C bis zum Jahr 2050 im Vergleich zu den vorindustriellen Werten begrenzt und Folgeauswirkungen vermieden werden.
- **2018:** Veröffentlichung des Aktionsplans der Europäischen Kommission, der zur Gestaltung des nachhaltigen Finanzsystems beitragen soll.[25] Auf den Aktionsplan folgend, wurde auch die Technische Expertengruppe (TEG) zur Erarbeitung von Umsetzungsempfehlungen gebildet:
  - technische Kriterien der EU-Taxonomie für nachhaltige Wirtschaftsaktivitäten
  - EU Green Bond Standard
  - Methoden für Low Carbon Benchmarks und zugehörige Offenlegungspflichten
  - Anpassung der unverbindlichen klimabezogenen Berichterstattung der Unternehmen (unter der Non-financial Reporting Directive – NFRD)
- **2019:** European Green Deal soll der Übergang zu einer modernen, ressourceneffizienten und wettbewerbsfähigen Wirtschaft schaffen, die
  - bis 2050 keine Netto-Treibhausgase mehr ausstößt,
  - ihr Wachstum von der Ressourcennutzung abkoppelt,
  - niemanden, weder Mensch noch Region, im Stich lässt.[26]

  Durch diesen Deal wurde die Bedeutung der EU-Taxonomy zur Erreichung der der Klimaziele nochmals unterstrichen.

Es steht jedenfalls fest, dass die Nachhaltigkeitsanforderungen gekommen sind, um zu bleiben.

15.3.1 EU Sustainable Finance Taxonomy

Im Jahr 2019 wurde schließlich die EU Sustainable Finance Taxonomy mit einer Liste von Aktivitäten und Performancekriterien von sechs ökologischen Zielsetzungen (s. Abbildung 110) entwickelt, um dadurch den Art. 2.1c) des Pariser Klimaabkommens umzusetzen sowie dem Ziel der Klimaneutralität der EU bis 2050 gerecht zu werden. Hierbei handelt es sich um ein umfassendes Regelwerk, das es den Finanzmarktteilnehmern erleichtern soll, nachhaltige wirtschaftliche Aktivitäten beurteilen zu können. Das Rahmenwerk wird sicherlich in den nächsten

23 United Nations (Hrsg.) (2015): »Paris Agreement«. Abrufbar unter https://treaties.un.org/doc/Treaties/2016/02/20160215 %2006-03 %20PM/Ch_XXVII-7-d.pdf (Zugriff: 10.04.2022).

24 United Nations (2015): United Nations Treaty Collection, CHAPTER XXVII ENVIRONMENT. Abrufbar unter: https://treaties.un.org/Pages/ViewDetails.aspx?src=TREATY&mtdsg_no=XXVII-7-d&chapter=27&clang=_en (Zugriff: 10.04.2022).

25 EU-Commission COM/2018/097. Abrufbar unter: https://eur-lex.europa.eu/legal-content/DE/TXT/PDF/?uri=CELEX:52018DC0097&from=EN (Zugriff: 14.10.2022).

26 Vgl. EU-Commission (2019): Europäischer Grüner Deal. Abrufbar unter: https://ec.europa.eu/info/strategy/priorities-2019-2024/european-green-deal_de (Zugriff: 06.04.2022).

Jahren noch weiter geschärft werden müssen. Die Taxonomie ist bspw. eine Basis für das sich in Entwicklung befindliche EU-Ecolabel[27]-Nachhaltigkeitssiegel für Finanzprodukte und nimmt Einfluss in der Methodik des EU Green Bond Standard[28].

Als EU-taxonomiekonform gelten Wirtschaftsaktivitäten, die

- einen wesentlichen Beitrag zu einem der sechs EU-Umweltziele leisten:
  - Reduktion des Klimawandels
  - Adaption des Klimawandels
  - Nachhaltige Nutzung und Schutz von Wasser- und Meeresressourcen
  - Wandel zu einer Kreislaufwirtschaft, Müllvermeidung und Recycling
  - Umweltverschmutzungsprävention und -kontrolle
  - Schutz eines gesunden Ökosystems
- die erhebliche Beeinträchtigung der anderen Umweltziele vermeiden,
- die soziale Mindeststandards sowie
- die technischen Bewertungskriterien für die jeweilige Aktivität erfüllen.
- Die EU-Taxonomy soll in diesem Rahmen Folgendes sicherstellen:[29]
  - eine einheitliche Sprache für Investoren, Emittenten, Vorgabenentwickler und Regulatoren,
  - Übersetzung des Paris-Agreements in Nachhaltigkeitsziele,
  - Umweltdaten in einen ökonomischen Kontext bringen,
  - Zeitersparnis für Investoren und Emittenten,
  - Unterstützung verschiedener Investmentstile und -strategien,
  - Vermeidung von Reputationsrisiken,
  - Vertiefen der Gespräche,
  - Belohnung von Unternehmen.

Die Zielnutzer der Taxonomy sind die EU-Mitgliedsstaaten und jegliche Finanzmarkteilnehmer. Sie ist jedoch kein Rating guter oder schlechter Unternehmen, kein Investitions- oder Performancevorschlag sowie starr und statisch.

Die Anforderungen werden nun nach und nach in Verordnungen umgesetzt: Sustainable Finance/Nachhaltiges Finanzwesen (Aktionsplan EU) mit Offenlegungsverordnung (EU) 2019/2088[30], Taxonomieverordnung (EU) 2020/852[31] und weiterführende Regulierungen[32] usw. Es kommt von einem Soft zu einem Hard Law. ESG steht dabei für:[33]

27 Das EU-Ecolabel soll bspw. für Aktienfonds vergeben werden, sofern Mindestwerte der Werte im Portfolio aus »grünen« Umsätzen stammen.

28 EU-Commission (o.J.): European green bond standard. Abrufbar unter: https://ec.europa.eu/info/business-economy-euro/banking-and-finance/sustainable-finance/european-green-bond-standard_en (Zugriff: 10.04.2022).

29 EU Technical Expert Group on Sustainable Finance.

30 Bedeutung für Finanzmarktteilnehmer und Finanzberater.

31 Klassifizierungssystem/Art. 3 (Definition Nachhaltigkeit), Bedeutung für Finanzmarktteilnehmer und Finanzberater sowie nichtfinanzielle Berichterstattung (CSR).

32 Z. B. Anforderungen an Benchmarks, Ratings, Greenbonds, Finanzierung, Ecolabel, Lieferketten.

33 Vgl. Merkblatt der Bundesanstalt für Finanzdienstleistungsaufsicht (BaFin) 2019.

Environmental	Social	Governance
Klimaschutz Anpassung an den Klimawandel Nachhaltiger Schutz von Wasser Kreislaufwirtschaft Abfallvermeidung Recycling Minderung Umweltverschmutzung …	Einhaltung arbeitsrechtlicher Standards Arbeitssicherheit Gesundheitsschutz Angemessene Entlohnung Familien- und Lebensphasen-Freundlichkeit Gleichstellung und Inklusion …	Einwandfreie Management-Strukturen Steuer-Compliance Korruptionsverhinderung Nachhaltigkeitsmanagement Whistle-Blowing Offenlegung Datenschutz Arbeitnehmerschutz und -rechte Entlohnung …

Tabelle 17: Beispiele für Environmental, Social und Governance (ESG)

Problematisch bei der Beurteilung und Bewertung der ESG-Kriterien sind jedoch nicht nur die in Kap. 15.3.3.1.5 dargestellten am Markt verfügbaren Datenqualitäten und unterschiedlichen Standards, sondern auch das international vorherrschende unterschiedliche Verständnis für die einzelnen Themen- und Subthemenkomplexe sowie deren Umsetzung in die Praxis. Hier wird es eine allgemeingültige Definition zur Erzielung einer international anerkannten Kodifizierung, Vergleichbarkeit und Beurteilung sowie Bewertung geben müssen. In diesem Zusammenhang stellt sich die Frage, ob sich Effekte, wie »Westlessness« (s. Kap. 15.1) weiter auswirken werden. Umgekehrt ist die Frage selbstverständlich auch für andere Teilnehmerstaaten zu stellen.

Die Taxonomy fokussiert insbesondere die Makrosektoren mit hohen Emissionen und die in Abbildung 110 dargestellten Wirtschaftssektoren ab.

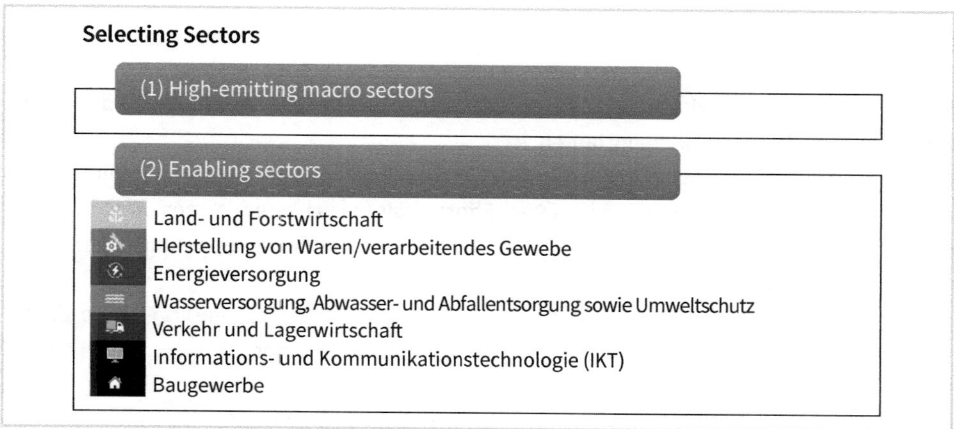

Abbildung 110: Wirtschaftssektoren im Fokus der EU-Taxonomy[34]

34 EU Technical Expert Group on Sustainable Finance.

Den angeführten Sektoren sind schätzungsweise 93,5 % der Treibhausgasemissionen der EU zuzuordnen. Nicht abgedeckt werden bspw. See- und Luftverkehr sowie Bergbau und Gewinnung von Steinen und Erden. Die derzeit umfassten 70 wirtschaftlichen Aktivitäten sind noch nicht taxonomy-konform, was den Handlungsbedarf noch näher bringt, um die Klimaziele erreichen zu können. In diesem Zusammenhang wird in drei Aktivitätstypen unterschieden:

Typ	Technische Überprüfungskriterien	Beispiele
Aktivitäten, die bereits wenig Kohlenstoff produzieren. Aktivitäten, die bereits mit der 2050 Null-Kohlenstoff-Ökonomie im Einklang stehen.	Geeignet für eine langfristige Stabilität	Null-Emissionen-Transport Nahezu Null-Kohlenstoff Elektrizitätsgewinnung Aufforstung
Aktivitäten, die zu einer Netto-Null-Energiewende der Ökonomie in 2050 beitragen, aber noch nicht auf diesem Niveau angelangt sind.	Wahrscheinlich Gegenstand einer regelmäßigen Überprüfung auf dem Weg zu einem Null-Emissions-Ziel	Gebäudesanierung/-renovierung Elektrizitätsgewinnung (< 100 g CO_2/kWh) Autos (< 50 g CO_2/km)
Aktivitäten, die die beiden vorstehenden Aktivitäten ermöglichen	Wahrscheinlich stabil und langfristig (wenn sie Aktivitäten ermöglichen, die bereits geringe Emissionen ermöglichen) oder Gegenstand von regelmäßigen Überprüfungen zur Null-Emission (wenn sie Aktivitäten ermöglichen, die zur Transformation beitragen, aber sich noch nicht auf diesem Niveau befinden).	Herstellen von Windturbinen und -kraftanlagen Installation von effizienten Erhitzungsanlagen in Gebäuden

Tabelle 18: Unterscheidung in drei Unternehmensaktivitätstypen des Klimawandels

Die drei definierten Prinzipien zu einem substanziellen Beitrag zur Anpassung an den Klimawandel in diesem Zusammenhang lauten:

- **Prinzip 1:** Die ökonomische Aktivität reduziert alle wesentlichen physischen Klimarisiken in einem möglichen Ausmaß und auf Best-Effort-Basis (nach bestem Wissen und Gewissen).
- **Prinzip 2:** Die ökonomische Aktivität beeinflusst nicht nachteilig Anpassungsanstrengungen von anderen Aktivitäten.
- **Prinzip 3:** Die ökonomische Aktivität verfügt über anpassungsbezogene Ergebnisse, die definiert und durch adäquate Indikatoren gemessen werden können.

Ein substanzieller Beitrag zu einer Anpassung kann dabei geleistet werden durch:

- Anpassung **einer** ökonomischen Aktivität
  - Ein Prozess, der zum Ziel hat, dass eine ökonomische Aktivität zum Klimawechsel beitragen kann.

- Anpassung **durch** eine ökonomische Aktivität
  - Eine ökonomische Aktivität, die zu einer Anpassung anderer ökonomischen Aktivitäten beiträgt.

In diesem Zusammenhang war es ein höher gelagertes Ziel, wesentliche nachteilige Beeinträchtigungen zu überprüfen und dadurch zu vermeiden (Art. 26 Taxonomie-Verordnung). Hierzu gehört, dass die technischen Überprüfungskriterien und die Taxonomy selbst keine Aktivitäten beinhalten, die die Nachhaltigkeitsziele in irgendeiner Weise untergraben. In Fällen, in denen es der Technical Expert Group on Sustainable Finance (TEG) nicht möglich war, Aktivitäten zu identifizieren, die potenzielle Beeinträchtigungen reduzieren, wurde die Aktivität nicht in die Taxonomy einbezogen. Dabei wurde eine nennenswerte Menge von Überprüfungskriterien von bereits existierenden EU-Regulierungen übernommen. Die verbleibenden »Do No Significant Harm« (DNSH)-Kriterien für alle sechs Umweltziele ergänzen die regulatorischen Anforderungen durch quantitative und qualitative Schwellenwerte. Ein Beispiel für eine Reduktion des Klimawandels ist Anhang 2 zu entnehmen.

Bei einem EU Green Bond StandardGreen Bond verpflichtet sich der Emittent, dass bei der Platzierung erzielte Emissionsvolumen für die Finanzierung oder Refinanzierung von Umwelt- und Klimaschutzmaßnahmen zu investieren. Der EU Green Bond Standard soll sicherstellen, dass grüne Projekte an der Taxonomy ausgerichtet werden. Er umfasst Methoden der Allokation, Definitionen, Berichtswesen, Einflüsse und Verifikationen. Er verpflichtet zu einem Berichtswesen (s. Kap. 4.7.2 und 13.1.6) hinsichtlich der Verwendung von Vermögenswerten und Verifikation. Die Verifikation muss durch einen akkreditierten Prüfer erfolgen. In diesem Zusammenhang werden die in Abbildung 111 dargestellten fünf Schritte zur Berechnung des Taxonomy Exposures vorgegeben.

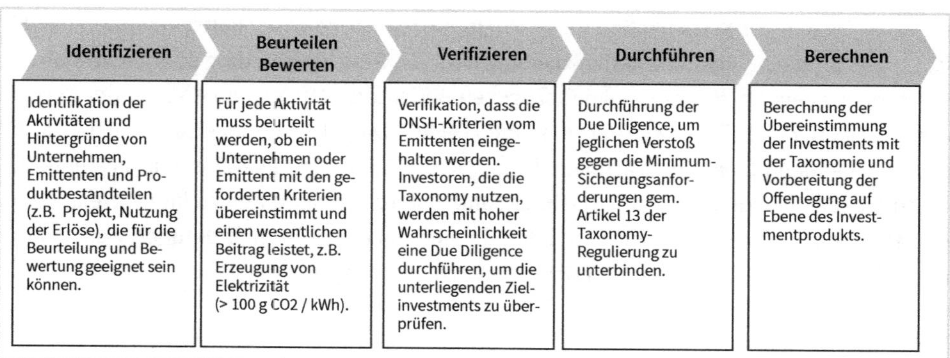

Abbildung 111: Fünf Schritte zur Berechnung des Taxonomy Exposures[35]

Die Finanzdienstleister werden auch in diesem Kontext von den einschlägigen Regulierungsbehörden massiv bedacht. EBA, ESMA, SSB, IOSCO, EU-Commission und weitere staatliche

35 EU Technical Expert Group on Sustainable Finance.

Einrichtungen sowie lokale Regulierungsbehörden erstellen diverse Anforderungen und Umsetzungshilfen. Auch hier werden, wie im Rahmen der Geldwäscheprävention, massive Verantwortlichkeiten auf die den Dreh- und Angelpunkt der Wirtschaft darstellende Finanzdienstleister übertragen. Für diese stellt sich indes die Frage nach Vereinheitlichung der Ansätze und des Nachhaltigkeitscodes, der Überprüfbarkeit der Ansätze durch Regulatoren und andere Stakeholder sowie weitläufige Haftungsthemen. Die Nachhaltigkeitsziele sind mannigfaltig und bestehen aus diversen Unterkriterien, die es durch Negativ- und Positivausschlüsse zu berücksichtigen gilt. Auch hier bilden sich Organisationen heraus, deren Ziel es ist, Vertrauen und Regelwerke schaffen zu wollen. Die Vorgaben sind freiwillig. Eine Fehletikettierung ist risikobehaftet (s. Kap. 15.3.3.1.4). Dennoch gibt es eine einheitliche Definition des »Grüns« zurzeit noch nicht. Als sich herausbildende Standards seien beispielhaft die Green Bond Principles der Capital Markes Association angeführt.

Für die Finanzdienstleister stellen sich unterdessen noch diverse Fragen in eigener Sache. Hierbei geht es um die Umstellungsstrategie der diversen im Unternehmen betroffenen Bereiche. Mit einher geht die Frage nach Nachhaltigkeit vs. Geschäft und das Agieren der weltweit aktiven Mitbewerber. Gleichzeitig üben Hauptaktionärsvertreter Druck auf Unternehmen aus und werden vor den Hauptversammlungen geladen und angehört, damit es auf den Versammlungen nicht zu empfindlichen Fragestellungen kommt. Studien[36] belegen, dass der Nachhaltigkeitsfaktor von Unternehmen renditefördernd und wertsteigernd ist. Wenn das so ist, dürften diese Gespräche ergebnislos verlaufen, da es andernfalls zu unverzüglichen zusätzlichen Aufgaben für Regulierungsbehörden, Compliance- und Kommunikationsabteilungen kommen würde.

Die EU-Taxonomie-Verordnung[37] wurde Ende Juni 2020 verabschiedet und veröffentlicht. Sie stellt ein System zur Klassifikation für ökologisch nachhaltige Wirtschaftsaktivitäten dar. Sie ist bereits jetzt eine Referenz in den »Leitlinien für die Berichterstattung über nichtfinanzielle Informationen: Nachtrag zur klimabezogenen Berichterstattung«[38] im Kontext der Berichterstattung über nichtfinanzielle Informationen (NFRD). Die EU-Taxonomie soll dazu beitragen, die bestehenden Klima- und Nachhaltigkeitsziele der EU in Strategie-, Investitions- und Kreditvergabeentscheidungen von Wirtschafts- und Finanzmarktakteuren zu integrieren. Sie reduziert Transaktionskosten, gibt den Akteuren eine höhere Sicherheit darüber, welche ihrer Aktivitäten und Investitionen zur Erreichung der Ziele beitragen.

36 Bei der Durchsicht der Studien ist jedoch zu beachten, was sie behandeln und wie konkret die Fragen sind.

37 Regulation (EU) 2020/852 Of The European Parliament and of the Council of 18.06.2020.

38 Mitteilung der Kommission: Leitlinien für die Berichterstattung über nichtfinanzielle Informationen: Nachtrag zur klimabezogenen Berichterstattung (2019/C 209/01).

15.3.2 Theorie of Change

Die Theorie of Change ist ein interessantes Phänomen, das auf den ersten Blick kleinere Finanzdienstleister in eine augenscheinlich vorteilhaftere Situation rückt – aber auch hier ist Vorsicht bei der Umsetzung geboten.

Die relativ kurzfristige Umsetzung von längst überfälligen und kostspieligen Maßnahmen hat unterschiedliche Effekte auf die Finanzdienstleistungsindustrie und deren gesamte Stakeholder-Struktur:

- Kompetenzen müssen auf den drei Verteidigungslinien (s. Kap. 3.4.1.1.3) entstehen;
- Kosten von zuordenbaren Katastrophen;
- Leistungen und Kosten von Versicherungen (s. Kap. 4.4.2);
- Einkommen werden sich verändern;
- Geschäftsmodelle müssen überdacht werden, oder verschwinden vollständig vom Markt; dafür entstehen neue Geschäftszweige;
- nicht nur Energiepreisentwicklungen werden Produktionskosten und Margen beeinflussen;
- neue Typologien für strafbare Handlungen (s. Kap. 10) und Interessenkonflikte entstehen.

Wir erinnern uns, dass die ESG-Anforderungen diverse Kriterien aus dem Environmental-, Social- und Governance-Bereich eines Unternehmens definieren. Nehmen wir ein ölförderndes Unternehmen, das jetzt auch zunehmend in regenerative Energien investiert als Erläuterungsbeispiel. Das Unternehmen könnte daher als Transformer mit guten nachhaltigen Absichten bezeichnet werden, bezieht seine Haupteinnahmen aber immer noch aus der Ölförderung und weist dadurch eine Finanzstabilität auf. Aktuell und vermutlich auch in der Zukunft werden dennoch Betriebsstoffe (Öl, Treib- und Schmierstoffe) benötigt. Das Unternehmen fragt nun nach einer Projektfinanzierung zur Verbesserung der Ölförderung oder neue Bohrungsarbeiten bei einer seiner größeren Bankverbindungen nach, da kleinere Institute das Volumen nicht aufbringen könnten und eine Konsortiallösung zu aufwendig wäre. Versetzen wir uns nun in die Lage der finanzierenden Bank. Wir haben immer noch einen hochgradigen Ölförderer vor uns. Würde das Projekt nun aufgrund von Nachhaltigkeitsüberlegungen abgelehnt werden, hätte die Bank in der Kategorie »Environmental« sicherlich eine hohe positiv zu beurteilende Punktzahl. Auf der anderen Seite würde die Bank allerdings Arbeitsplätze vernichten, wenn das Großprojekt scheitert. Das würde eine Abwertung in der Kategorie »Social« bedeuten. Ein verordneter Interessenkonflikt? Zudem würden dem noch finanzstarken Unternehmen eventuell die Möglichkeiten entzogen werden, seinen Transformationsprozess weiterzuverfolgen.

Ähnlich sieht es im Bereich des Asset Managements aus. Was würde passieren, wenn aufgrund dieser Kriterien plötzlich kein Investment mehr in Eigen- oder Fremdkapitalmaßnahmen erfolgte? Der Kurseinbruch wäre sicherlich noch ein kleineres Problem – es könnten keine Kapitalmaßnamen umgesetzt werden.

Was sollen nun Finanzdienstleister mit größeren Investmentvolumen im Rahmen der Umschichtung ihrer Investmentportfolios machen? Neue ggf. ESG-konforme sowie nicht derart finanzstabile Unternehmen bergen ggf. ein größeres Risiko für die Investoren. Aktiengesellschaften mit geringerer Marktkapitalisierung bieten hier auch eher eine Alternative für kleinere Investmentvermögen.

Fest steht in jedem Fall, dass einige Top-ManagerInnen von marktbedeutenden Unternehmen bereits erklärt haben, dass weder eine stringente noch eine zeitnahe Umstellung unter diesen Aspekten möglich sein wird. Auch die kleineren Finanzdienstleister werden sich überlegen müssen, wie sich Geschäfts- und Ertragszahlen in den unterschiedlichen betroffenen Unternehmensbereichen unter Berücksichtigung von ESG-Anforderungen entwickeln, wenn es zu einer Umsetzung kommt. Eine Frage der Strategieentwicklung (s. Kap. 2.2).

15.3.3 Betroffene Bereiche des Finanzdienstleisters

Das ESG-Thema wird nahezu alle Bereiche eines Finanzdienstleisters durchdringen müssen, um eine Konformität und Werbewirksamkeit gegenüber den verschiedenen Stakeholdern sicherstellen zu können. In Abbildung 112 sind einige Relevanzen beispielhaft dargestellt.

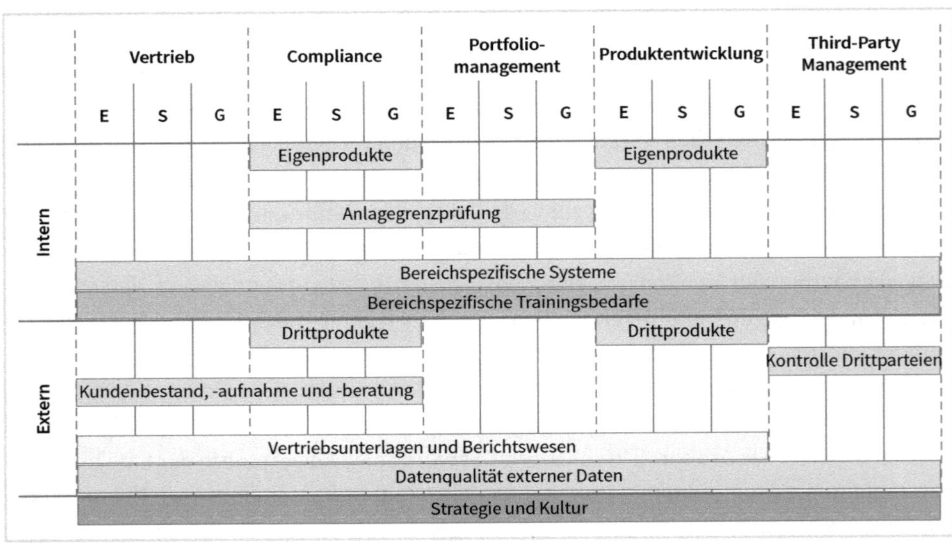

Abbildung 112: ESG-Relevanzanalyse

15.3.3.1 Governance unter Nachhaltigkeitsaspekten

Wie eingangs bereits erwähnt, sind die Finanzdienstleister, auf die die Verantwortung via Regulierung übertragen wird, zur Umsetzung verpflichtet und sehen sich dem Druck verschiedener

Stakeholder, Haftungspotenzialen und Interessenkonflikten ausgesetzt. Das Thema sollte deshalb in Strategie und Politik (s. Kap. 2.2 und 2.3) umfassend und im Rahmen des beschiedenen Implementierungsumfangs verankert und umgesetzt werden. Werden in diesem Rahmen wesentliche Aufgaben an externe Parteien ausgelagert, ist Kap. 12.1 zu beachten und umzusetzen.

Die Umsetzung wird insb. zu Beginn der Analysen und Anforderungsumsetzungen mit einem erheblichen Aufwand verbunden sein. Da sich die Anforderungen auf den EU-Regulierungsraum und maximal durch Übernahme auf den EWR beziehen werden, stellt sich die Frage, wie die anderen teilnehmenden Staaten die Anforderungen des Pariser Umweltabkommens interpretieren und auf welchem Niveau sie die eher als Versprechen formulierten Ziele umsetzen werden. Weiterführend sind auch die Fragen danach zu stellen, wie sich nicht teilnehmende oder ggf. austretende Staaten in diesem Kontext verhalten werden.

15.3.3.1.1 Die drei Verteidigungslinien

Eine zielgerichtete und somit kompetente Umsetzung der neuen Komplexität erfordert eine entsprechende Umsetzung auf allen drei Verteidigungslinien (s. Kap. 3.4.1.1.3). Diese beinhaltet u. a. Aufbau von Ressourcen, des Fachwissens sowie Prüf-, Risikomanagement- und Kontrollplänen sowie die Verankerung der Anforderungen im betrieblichen Weisungs-, Prozess- und Evidenzmanagement (s. Kap. 3.4.2).

15.3.3.1.2 Komplexität digitalisieren

Jedenfalls wird die durch dieses Thema entstehende neue Komplexitätsdimension das Thema Digitalisierung und Automatisierung (s. Kap. 13) beflügeln und zusätzlich erforderlich machen, um eine zuverlässige und haftungsfreie Umsetzung sicherzustellen.

15.3.3.1.3 Inhärente Interessenkonflikte

Letztere lassen sich in auf den Markt gerichtete und interne Interessenkonflikte unterscheiden. Die auf den Markt gerichteten Interessenkonflikte wurden bereits beispielhaft im Kap. 15.3.2 erörtert und sind bereits zwischen den einzelnen Hauptkategorien Environmental, Social and Governance zu finden. Intern wird sich – zumindest bis zur vollständigen Durchregulierung – die Frage nach Geschäft oder ESG-Konformität stellen müssen. Auch im internationalen Kontext sowie Wettbewerb können Regulierungsunterschiede und Erwartungshaltungen differieren, was zu Wettbewerbsvorteilen sowie -nachteilen führen kann.

15.3.3.1.4 Green- und Bluewashing

Die Regulatoren sind bereits sehr aufmerksam geworden hinsichtlich Green- oder Bluewashing-Aktivitäten der Finanzdienstleister. Bluewashing kann dabei mit dem Begriff Greenwashing gleichgesetzt werden, umschreibt jedoch eher wirtschaftliche und gemeinschaftliche

Faktoren. Beide Begriffe stammen aus der englischen Sprache und beinhalten irreführende Bezeichnungen von Unternehmen, Dienstleistungen und Produkten. Das kann bspw. das Engagement eines Unternehmens für verantwortungsvolle soziale Praktiken als Investmentobjekt oder das Angebot von Produkten betreffen, die die ESG-Compliance nach außen überstrapazieren. Obwohl die Einhaltung der Nachhaltigkeitsanforderungen freiwillig ist, gilt es sich, sofern Aussagen getroffen werden, an die richtige Etikettierung zu halten.

Es gibt bereits erste Regulierungen, die abweichendes Verhalten von Finanzdienstleistern unterbinden sollen. Insbesondere in Ländern mit All-Crime-Ansätzen[39] – wie bspw. Deutschland – oder Ländern mit hohen Haftungspotenzialen, wie die USA, kann diese Art von Fehlleitung massive Konsequenzen haben. Während der Erstellung dieses Buches erfolgen Anweisungen der SEC[40] an Ölfirmen, sich an die Vorgaben der Investoren zu halten sowie Hausdurchsuchungen bei Finanzdienstleistern, die keine wahrheitsgemäße Bezeichnung Ihrer Produkte und Dienstleistungen führten. In der nachstehenden E-Mail der Generalzolldirektion im April 2021 wurden die beiden Fragen an die Financial Intelligence Unit der deutschen Generalzolldirektion zu ESG-Produkteigenschaftsverstößen gerichtet:

- Wenn Angaben zu einem Produkt oder einer Dienstleistung gemacht werden, die sich als wesentlich unwahr herausstellen, handelt es sich dann um eine sonstige strafbare Handlung wird damit zu einer Vortat zur Geldwäsche?
- Wenn ja, gibt es dazu schon Unterlagen oder Beispiele aus der Praxis?

Die Antwort folgte ein paar Tage später mit folgender Stellungnahme:

> »Mit dem Gesetz zur Verbesserung der strafrechtlichen Bekämpfung der Geldwäsche vom 9. März 2021 (BGBl I S. 327) wurde der bisherige Vortatenkatalog des § 261 StGB zugunsten eines sog. ›All-Crime-Ansatzes‹ im deutschen Strafrecht aufgegeben. Dies bedeutet im Hinblick auf die Verwirklichung des Geldwäschetatbestands, dass nicht mehr entscheidend ist, dass Vermögenswerte aus gesetzlich konkret bestimmten Straftaten (Katalog) stammen. Es genügt, dass das entscheidende Gericht zu der Überzeugung gelangt, dass ein Gegenstand aus irgendeiner rechtswidrigen Straftat herrührt.
> Dies gilt insoweit auch im Hinblick auf die von Ihnen beschriebenen Handlungen, soweit sich diese nach dem deutschen Strafrecht als rechtswidrig erweisen (bspw. eventuell nach 264a StGB), was jedoch in jedem Einzelfall detailliert zu prüfen wäre. Etwaige Fallbeispiele oder einschlägige Unterlagen diesbezüglich liegen der Zentralstelle für Finanztransaktionsuntersuchungen (FIU) aktuell nicht vor.«[41]

39 Im »All crime«-Ansatz kommt es nicht mehr auf den Nachweis einer schweren Straftat an. Stattdessen werden Straftaten aus dem Strafgesetzbuch bei der Geldwäsche-Bekämpfung vorausgesetzt. Jede Straftat kann damit auch für die Verfolgung wegen Geldwäsche relevant sein.

40 United States Securities and Exchange Commission (SEC).

41 E-Mail der Generalzolldirektion Financial Intelligence Unit (FIU) Fachgebiet D112 vom 22.04.2021.

Die Thematik betrifft aber nicht nur Produkte und Dienstleistungen, sondern auch Inhalte von Public-Relations-Strategien, die Unternehmen ein ESG-konformes Image verleihen, das aber in der Realität nicht vorhanden ist. Die Ansätze für scheinbare Darstellungen sind sehr vielseitig, z. B.:

- Es werden die ESG-konforme Bestandteile herausgestellt, während problematische Faktoren keine Erwähnung finden;
- selbstkreierte Zertifikate, die keinen Mindeststandard beinhalten, aber eine ESG-Konformität suggerieren;
- Vergleiche mit noch weniger ESG-konformen Sachverhalten können zudem wettbewerbsrechtliche Folgen nach sich ziehen;
- Verwendung bestätigender oder irreführender Aussagen, Angaben, Darstellungen, Bezeichnungen oder Wörter, obwohl eine Konformität nicht gegeben ist.

15.3.3.1.5 Datenbedarf und -management

Wie in Kap. 11 zu den Risikomodellen bereits dargestellt, sind interne und zugekaufte Daten eine wesentliche Grundlage für das Tagesgeschäft, Produktmanagement, die Planungsaktivitäten und Beratungsleistungen eines Finanzdienstleisters. Daher treten zunehmend Anbieter in den ESG-Datenmarkt ein, die unterschiedliche Segmente mit Nachhaltigkeitsdaten versorgen möchten:

- Allgemeine Unternehmensdaten,
- Ratings,
- Technologie,
- Zertifizierungen,
- Indices.

Im Zusammenhang mit den Nachhaltigkeitskriterien sind die Anforderungen an Daten (s. Kap. 2.8.5) auch eine wesentliche Grundvoraussetzung, um bspw. Greenwashing und weitere Konsequenzrisiken (s. Kap. 2.7.3) zu vermeiden und es kommt bereits im Auswahlverfahren auf die Verlässlichkeit der Anbieter an. Auch hierzu haben sich bereits unterschiedliche globale, EU- und lokale Regulatoren durch entsprechende Validierungs- und Verifikationsanforderungen geäußert, da es sich um eine verhältnismäßig neue Themenstellung handelt und noch keine Normierung für die ESG-Daten besteht. Das stellt die Finanzdienstleister vor Herausforderungen, da sie auch für zugekaufte Daten die regulatorische Verantwortung übernehmen und für eine sich auf Stakeholder auswirkende problematische Qualität haftbar gemacht werden können. Dieses Thema ist auch den Regulatoren bekannt und u. a. das Network for Greening the Financial System beschäftigt sich eingehend damit.[42] Werden die Daten zweier Anbieter aktuell zum gleichen Zielinvestment zeitgleich abgeglichen, wird der Analyst in allen Nachhaltigkeitsdisziplinen und Granularitätsebenen zu einem Zielinvestment zu einer mehr oder weni-

42 Network for Greening the Financial System (2021): Progress report on bridging data gap.

ger ausgeprägten Abweichung kommen. Anders als bei Kursdaten fehlt hier eine Normierung. Während Kursdaten unterschiedlicher Anbieter gegeneinander qualitätsgeprüft werden können, sind Nachhaltigkeitsdaten daher nur anhand weniger Kriterien verifizierbar und es sollten Toleranzgrenzen definiert werden u. a. hinsichtlich:

- Updatehäufigkeit,
- Datenalter,
- auffälliger Peaks/Abweichungen zu vorherigen Datensätzen.

Diese Thematik führt unweigerlich zu der Erkenntnis, dass Zeitreihen gespeichert werden müssen, um Abweichungen außerhalb der Toleranzgrenzen und Datenqualitätsprobleme überhaupt identifizieren zu können. Die Zeitreihenspeicherung ist auch zwingend erforderlich, wenn das eigene Unternehmen wesentliche Auslagerungen (s. Kap. 12) z. B. im Rahmen des anspruchsvollen Spezialfondsgeschäfts entgegennimmt. Hier haben bereits einige Regulatoren reagiert und die rückwirkende Nachprüfbarkeit der ESG-Anlagegrenzkonformität in die erläuternden Anforderungen[43] an Auslagerungen mit aufgenommen. Auch dem auslagernden Unternehmen muss daran gelegen sein, sich von der Adäquanz der Umsetzung eines ESG-konformen Portfolios ein Bild zu verschaffen; dies insb., wenn es sich den eigenen Investoren ggü. durch allgemeine und besondere Vertragsbedingungen zur Einhaltung von Grenzen verpflichtet hat und sich aus Verstößen Haftungspotenziale ergeben können. Solange es keine Normierung gibt, ist es jedenfalls erforderlich auch einen Eskalationsprozess zu etablieren, der bei signifikanten unerklärlichen Abweichungen einen Hinweis liefert und eine Beratung ggf. aussetzt.

15.3.3.1.6 Kommunikation und Berichtswesen

Unabhängig davon, ob die Nachhaltigkeitsbestrebungen das eigene Unternehmen oder dessen Produkte betreffen, ist bei der schriftlichen wie mündlichen Kommunikation darauf zu achten, dass die Inhalte der Kommunikation

- dem Implementierungsstand entsprechen,
- im eigenen Unternehmen durch Weisungen, Handbücher und Evidenz nachweislich und auditfähig verankert sind (s. Kap. 3.4.2).

Je nach Signifikanz der Abweichung kann es zu Green- oder Bluewashing-Vorwürfen und auch Strafen kommen (s. Kap. 15.3.3.1.4). Auch der publizierte Nachhaltigkeitsbericht muss wahrheitsgetreue Mindestinformationen enthalten.

Innerhalb der EU wird von ca. 6.000 Unternehmen ausgegangen, die nach der NFRD[44] berichten. Diese müssen künftig ihre Übereinstimmung ihrer wirtschaftlichen Aktivitäten mit den EU-Taxonomie-Kriterien offenlegen.

---

43 So bspw. in § 25b des deutschen Kreditwesengesetzes (KWG) – Auslagerung von Aktivitäten und Prozessen; Verordnungsermächtigung.

44 Non-Financial Reporting Directive, NFI-Richtlinie (2014/95/EU).

Anbieter von nachhaltigen Finanzprodukten müssen folgende Aspekte offenlegen:

- zu welchem der EU-Umweltziele, die dem Finanzprodukt zugrunde liegenden, Wirtschaftsaktivitäten beitragen;
- EU-Taxonomie-Übereinstimmung der ihren nachhaltigen Finanzprodukten zugrunde liegenden wirtschaftlichen Aktivitäten;
- Anteile von Übergangsaktivitäten und unterstützenden Aktivitäten.

EU-Mitgliedsstaaten müssen für alle Emittenten, die nachhaltige Unternehmensanleihen begeben, künftig Kriterien anwenden, die der oben dargestellten Logik der EU-Taxonomie folgen.

Auch der Belastung der Treibhausgasbilanz der Finanzdienstleister ist noch viel Beachtung zu widmen. So liefert bspw. »The Greenhouse Gas (GHG) Protocol«[45] eine grundlegende Anforderung für das Risikomanagement, die Berechnung und das Berichtswesen von Treibhausgasemissionen. Im Zusammenhang mit der Corporate Sustainability Reporting Directive (CSRD)[46] und den folgenden technischen Standards der European Banking Authority (EBA ITS) müssen bspw. Banken spezielle Metriken berichten, die die Übereinstimmung ihrer Vermögenswerte mit EU Taxonomy sowie die Transformationsstatus transportieren. Ein Bericht der Europäischen Zentralbank (EZB)[47] zeigt, dass die aktuellen Offenlegungen durch die Banken unzureichend sind, um künftige regulatorische Offenlegungsanforderungen zu erreichen. So erklären bspw. 74 % der Banken innerhalb der Stichprobe, dass Sie Scope 1, 2 and 3 der GHG Emissionen berichten, aber nur 15 % berichten ihre finanzierten Emissionen. Zudem berichten nur 12 % Metriken über ihre Portfolioübereinstimmung.

Seit Oktober 2021 empfiehlt die TCFD[48] offiziell, dass Banken, Vermögenseigentümer und Vermögensverwalter finanzierte Emissionen nach dem PCAF-Standard (s. Kap. 15.3.3.2) messen und offenlegen. Für Versicherungen verweist TCFD in seinem Oktober 2021 Update auf die PCAF-Methode, die in Entwicklung ist. Die Partnership for Carbon Accounting Financials (PCAF) arbeitet mit Mitgliedern der Net-Zero Insurance Alliance und anderen Versicherungsunternehmen an der Entwicklung einer Methodik zur Messung von Treibhausgasemissionen im Zusammenhang mit Versicherungsaktivitäten.[49]

45 World Business Council for Sustainable Development/World Resources Institute: The Greenhouse Gas Protocol – A Corporate Accounting and Reporting Standard, Revised Edition. Abrufbar unter: https://ghgprotocol.org/sites/default/files/standards/ghg-protocol-revised.pdf (Zugriff: 17.04.2022).

46 EU Commission (o.J.): Corporate sustainability reporting. Abrufbar unter: https://finance.ec.europa.eu/capital-markets-union-and-financial-markets/company-reporting-and-auditing/company-reporting/corporate-sustainability-reporting_en (Zugriff: 17.04.2022).

47 European Central Bank (March 2022): Supervisory assessment of institutions' climate-related and environmental risks disclosures, ECB report on banks' progress towards transparent disclosure of their climate-related and environmental risk profiles, S. 4.

48 Die Task Force on Climate-related Financial Disclosures (TCFD) wurde vom Financial Stability Board ins Leben gerufen.

49 E-Mail-Schriftwechsel mit guidehouse.com zur Partnership for Carbon Accounting Financials (PCAF), 05.07.2022.

Auch lokal werden durch weitere Standardsetzer viele Beiträge geleistet. Als Beispiel sei hier der Deutsche Nachhaltigkeitskodex (DNK) angeführt. Er ist ein international anwendungsfähiger Berichtsstandard mit Leitfäden und Checklisten für Nachhaltigkeitsthemenstellungen. Die Vorteile des DNK sind:[50]

- Unterstützung des Aufbaus einer Nachhaltigkeitsstrategie und Einstieg in die Nachhaltigkeitsberichterstattung,
- Orientierung, wie die CSR-Berichtspflicht sowie der Nationale Aktionsplan Wirtschaft und Menschenrechte praktisch umgesetzt werden kann,
- Prüfung der DNK-Erklärungen auf formale Vollständigkeit,
- die allgemein zugängliche DNK-Datenbank erzeugt Sichtbar- und Vergleichbarkeit,
- der DNK ist kostenlos und die Austauschplattform auf LinkedIn unterstützt bei der Berichterstattung.

15.3.3.1.7 Beeinflussung durch Hauptaktionäre und deren Vertreter

Es gibt mittlerweile eine Reihe von Studien, die bestätigen, dass die Nachhaltigkeitsbestrebungen von Unternehmen sich positiv auf Unternehmenswert, Renditen und Kurse auswirken können. Unabhängig davon, ob es sich um einflussreiche Direktaktionäre handelt oder um Stimmrechtsvertreter (Proxy Voting), werden im Rahmen der Hauptversammlungen der Aktiengesellschaften ESG-Anforderungen bereits thematisiert und Forderungen gestellt. Da die nun am Markt gültigen Anforderungen strikter und klarer definiert werden, und ein Transformationsprozess andauern kann, können derartig überraschende Fragestellungen ohne geeignete Antworten im Rahmen von Hauptversammlungen unangenehm werden. Die vorherigen Absprachen von der Umsetzung von Entwicklungspotenzialen werden daher auch neue Anforderungen an die Compliance stellen.

Natürlich ist die Umsetzung der ESG-Konformität auch kosten- und ertragsrelevant. So können in diesem Zusammenhang auch übliche und weitere Agency Problems[51] bestehen und entstehen.

15.3.3.1.8 Änderung der Marktanforderungen

Es gibt viele Gründe anzunehmen, dass die Anforderungen des Markts die durch die EU-Taxonomy geforderte freiwillige und auf Belohnung aufbauende Umsetzung der Nachhaltigkeit zum Positiven regulieren wird. In einer Studie prognostiziert PWC, dass die Vermögensverwalter bis zum Jahr 2025 ein Kapital von USD 145 Bio. verwalten werden, dies ausgehend von USD 85 Bio.

---

50 Vgl. Deutscher Nachhaltigkeits Kodex (DNK). Abrufbar unter: https://www.deutscher-nachhaltigkeitskodex.de/ (Zugriff: 28.06.2022).

51 Diese beschreiben Interessenkonflikte insb. zwischen Anteilseignern und Managern von Unternehmen. Auch in diesem neuen Themenkomplex wird eine sachgerechte Incentivierung des Managements ebenfalls eine wesentliche Rolle spielen sowie die Erreichung von Zielen im Interesse der Allgemeinheit.

in 2016.[52] Hinzu kommt eine Lebenserwartung, die seit 1950 bis zum Jahr 2020 im Schnitt um 50 % gestiegen ist. Die Weltbevölkerung hat sich verdreifacht und das durchschnittliche Bruttoinlandsprodukt pro Kopf hat sich vervierzigfacht. Das Vermögen der Haushalte ist gestiegen und das höhere Renteneintrittsalter führt zu einer verlängerten Ansparzeit. Die EU ist zwar kein so großer Fonds- und Wertpapiersparer wie die USA, aber die Zahlen des BVI weisen eine positive Entwicklung und eine steigende Nachfrage nach nachhaltigen Investitionsmöglichkeiten im Spezialfonds- und insb. Publikumsfondssegment aus, so stiegen die verwalteten Fondsvermögen mit Nachhaltigkeitsmerkmalen in 21Q4 um 130 Mrd. auf insg. 588 Mrd.[53] Aus dem Blickwinkel der Sicherheit sprechen für die EU Rechtsstaatlichkeit sowie das Regulierungskorsett für die Finanzdienstleister. Die Regulierer und Finanzstabilisierer (z. B. FSB, Bank of England, EZB) überprüfen verstärkt auch wesentliche Asset Manager, weil ein erhöhtes Rückgabeverlangen der Investoren zur Abstoßung großer Wertpapiertranchen führen kann (Fire-Sale). Hierzu zählen auch Themenstellungen wie Liquiditätsmanagement und Leveraging.

Für institutionelle Investoren wird es in diesem Kontext und im Rahmen ihrer Due Diligence immer wichtiger werden, Best Practice und neue Ansätze für eine regulierungs- und vertragskonforme Umsetzung zu identifizieren. Hierzu gehört auch die Verankerung im Gesamtunternehmen sowie die Ausrichtung der Asset-Allokation auf »Net-Zero«. Auch hier wird die Einhaltung der gesetzlichen und regulatorischen Anforderungen, eine überprüfbare Normierung, Datenqualität und Kodifizierung sowie ein transparentes und nachvollziehbares Berichtswesen massiv an Bedeutung gewinnen.

Die am Markt zunehmend wirksamer werdenden Generationen Y und Z sind nicht nur Digital Natives und stellen hohe Flexibilitätsanforderungen an ihre Arbeitgeber, sie geben auch zunehmend mehr den Takt im Rahmen der Investition der Familienvermögen an und beeinflussen die Generation X im Hinblick auf nachhaltige Investitionsentscheidungen maßgeblich. Noch nie wurden so viele Studienarbeiten zu diesem Thema angefertigt, wie es zum Zeitpunkt der Erstellung dieses Buchs der Fall war. Studienarbeiten, die eine zusätzliche Transparenz herbeiführen und auch Rückschlüsse auf nicht in diesem Sinne performende Unternehmen zulassen und diese auch abstrafen.

In diesem Rahmen gibt es aber unterschiedliche Anlageziele und Bedarfe, die sich aus den üblichen finanziellen und nicht-finanziellen Anforderungen an ein Investment, ergänzt um den »Faktor ESG«, zusammensetzen. Die Granularitätsanforderungen nehmen jedoch zu, unabhängig davon, ob es um positive oder negative Ausschlüsse von Kriterien bis hin zu klar vorgegebenen Anlagegrenzen geht. Fest steht jedoch, dass die unterschiedlichen Anforderungen

52 PWC (2018): 21st CEO Survey Optimistic CEOS and buoyant growth, yet disruption loom – Key findings from the Asset and Wealth Management industry.

53 Vgl. Bundesverband Investment und Asset Management e. V. (2022). Abrufbar unter: https://www.bvi.de/ueber-die-branche/nachhaltigkeit/ (Zugriff: 09.04.2022).

der Zielgruppen besser ermittelt[54] und verständlich sowie nachvollziehbar umgesetzt werden müssen. Gerade im individuellen Kundensegment wird eine Umsetzung ohne Modullösungen (s. Kap. 2.6.4) oder einen hohen Digitalisierungsgrad nicht mehr auskommen (s. Kap. 13).

15.3.3.2 Betroffene Finanzdienstleistungsprozesse

Mit den vorstehenden Anforderungen an die Finanzdienstleister ist es aber noch nicht getan. Ebenso wenig ist das Nachhaltigkeitsthema ein freistehender Monolith. Es handelt sich um einen Themenkomplex, der in einer Vielzahl der Unternehmensprozesse integriert werden muss, um auch eine Resilienz im Hinblick auf Risiken zu erreichen, die aus fehlender Nachhaltigkeit erwachsen und zu weiteren Konsequenzrisiken (s. Kap. 2.7.3) führen können.

Der bereits erwähnte Bericht der EZB[55] nennt darüber hinaus zwei genutzte Methodologien, die durch die Institute für Scope 3 Offenlegungen genutzt werden. So wird die Carbon-Accounting-Financials-[56]-Methode (PCAF)von 8 % der in der Stichprobe enthaltenen Banken genannt, die Methodologie der United Nations Environment Finance Initiative (UNEP-FI)[57] in 4 % der Fälle. Der mehrgenannte PCAF-Standard beinhaltet bspw. Emissionsbewertungsmethoden für folgende Finanzierungsbereiche:

- gelistete Aktien und Unternehmensanleihen,
- Geschäftskredite und nichtgelistete Unternehmensanteile,
- Projektfinanzierung,
- kommerziell genutzte Immobilien,
- Hypotheken,
- Kraftfahrzeugkredite.

Aufgrund der Verschiedenartigkeit des Finanzierungszwecks wird deutlich, dass die Kreditverwendung aus Sicht der Treibhausgasemissionen unterschiedlich zu beurteilen und bewerten ist, weshalb bspw. auch kommerziell genutzte Immobilien sowie Hypotheken getrennt aufgeführt und behandelt werden. Im Laufe des Jahres 2022 sollen die Nachhaltigkeits-Assetklassen Staatsanleihen und Sequestrierung von Treibhausgasemissionen hinzugefügt werden. Der PCAF-Standard wurde vom GHG Protocol überprüft und erhielt die Bestätigung, dass er die Anforderungen des GHG Protocol erfüllt:

54 Hierfür eignet sich bspw. eine Choice Based Conjoint Analyse (CBC). Diese dient dazu, Präferenzen von Konsumenten für eine Kombination von Merkmalen, aus denen sich Produkte oder Dienstleistungen zusammensetzen, in Erfahrung zu bringen.

55 European Central Bank (March 2022): Supervisory assessment of institutions' climate-related and environmental risks disclosures, ECB report on banks' progress towards transparent disclosure of their climate-related and environmental risk profiles, S. 24.

56 PCAF (2020): The Global GHG Accounting & Reporting Standard for the Financial Industry, First Edition.

57 UN environment programme Finance Initiative – Innovative financing for sustainability (2011): UNEP FI Guide to Banking & Sustainability.

> »This standard has been reviewed by the GHG Protocol and is in conformance with the requirements set forth in the Corporate Value Chain (Scope 3) Accounting and Reporting Standard, for Category 15 investment activities.«

Natürlich gibt es noch weitere Standards. Hierzu fertigte PCAF eine Analyse an, die den »Strategischen Rahmen für die Anpassung an das Pariser Klimaabkommen«[58] behandelt. Sie zeigt auf, wie dieser Standard im Vergleich zu anderen zu sehen ist sowie Prozesse eines Unternehmens, in denen die Nachhaltigkeit ihren Eingang finden sollte. Es bleibt jedoch die Frage offen, wie unterschiedliche Standards zu einer Normierung und somit zu einer Vergleichbarkeit der Ergebnisse führen sollen. Einige der wesentlichen prozessualen Berührungspunkte sollen nachfolgend aufgegriffen werden.

15.3.3.2.1 Third-Party Risk Management und Lieferkettengesetz

Das Nachhaltigkeitsthema betrifft nicht nur die Prozesse im eigenen Hause, sondern auch Geschäftspartner sowie ausgelagerte Dienst- und Güterleistungen. Deshalb ist es wichtig, dieses Thema ebenfalls in das in Kap. 12 ausgeführte Third-Party Risk Management und den damit verbundenen Auswahl- und Überwachungsprozess zu integrierten. In diesem Zusammenhang gilt es, auch die Anforderungen des EU-Lieferkettengesetzes zu beachten.

Das Lieferkettensorgfaltspflichtengesetz (LkSG)[59] wurde am 11.06.2021 vom Deutschen Bundestag beschlossen. Die abschließende Beratung im Bundesrat fand am 25.06.2021 statt. Übergeordnetes Ziel des Gesetzes ist es, in ihren Lieferketten menschenrechtliche und bestimmte umweltbezogene Sorgfaltspflichten in angemessener Weise zu beachten. Hierzu gehören auch:

- Durchführung von Risikoanalysen und eines Risikomanagements (s. Kap. 4),
- Integration von Präventionsmaßnahmen (s. Kap. 4.4),
- sofortige Ergreifung von Abhilfemaßnahmen bei festgestellten Rechtsverstößen,
- Einrichtung eines Beschwerdeverfahrens (z. B. Whistleblowing),
- Dokumentations- und Berichtspflicht für die Erfüllung der Sorgfaltspflichten,
- zudem und hauptsächlich wird das Gesetz eine neue Komponente des Third-Party Risk Managements (s. Kap. 12.1) darstellen, um ein verantwortungsvolles Management von Lieferketten sicherzustellen, wobei die Anforderungen an die Überwachung mittelbarer im Vergleich zu den direkten Geschäftsbeziehungen erleichtert sind. Diese sind aber nur so lange gültig, bis eine substanzielle Kenntnis erlangt wird, die einer Verletzung dem Pflichtenmaßstab des eigenen Geschäftsbereichs und bei unmittelbaren Geschäftsbeziehungen entspricht.

---

58 Guidehouse acting as the PCAF Secretariat in collaboration with the Coalition of Finance Ministers, FC4S and the World Bank (April 2021): Strategic Framework for Paris Alignment – A global landscape overview of resources for financial institutions, from measuring financed emissions to taking action, S. 11–12.

59 Veröffentlicht in Bundesanzeiger, J. 2021, T. I., Nr. 46, 22.07.2021. Abrufbar unter: https://www.bgbl.de/xaver/bgbl/start.xav?startbk=Bundesanzeiger_BGBl&jumpTo=bgbl121s2959.pdf#__bgbl__%2F%2F*%5B%40attr_id%3D%27bgbl121s2959.pdf%27%5D__1650031160588 (Zugriff: 15.04.2022).

Die Sorgfaltspflichten werden nach Einflussmöglichkeit der Unternehmen und deren Zweigniederlassungen gem. Proportionalitätsprinzip (s. Kap. 2.7.1) klar abgestuft. Das Gesetz ist ab 01.01.2023 für in Deutschland ansässige Unternehmen und Unternehmen mit einer Zweigniederlassung gemäß § 13d HGB umsatzunabhängig mit mind. 3.000 Beschäftigten in Deutschland anwendbar. Ab 01.01.2024 sind Unternehmen mit mind. 1.000 Beschäftigten in Deutschland eingeschlossen.

Am 23.02.2022 legte die EU-Kommission einen Richtlinienvorschlag vor, der Sorgfaltspflichten im Zusammenhang mit globalen Wertschöpfungsketten von Unternehmen vorsieht. Der Vorschlag des Lieferkettengesetzes[60] führt das bereits in Deutschland verabschiedete LkSG an verschiedenen Stellen weiter aus. Umfasst werden alle Gesellschaften, die unter den enthaltenen Unternehmensbegriff fallen. So soll die Sorgfaltspflichtenerfüllung im Hinblick auf vor- und nachgelagerte unmittelbare sowie mittelbare Geschäftsbeziehungen Gültigkeit erlangen, mit denen das Unternehmen eine etablierte Geschäftsbeziehung unterhält, als auch im Hinblick auf kontrollierte Tochtergesellschaften. Ob und inwiefern die Geschäftsbeziehungen als »etabliert« zu klassifizieren sind, ist periodisch, mindestens jährlich, zu beurteilen. Außerdem würde das Gesetz folgende Komponenten beinhalten:

- Haftungsgrundlage für neue zivilrechtliche Haftungstatbestände bei Verletzung von Sorgfaltspflichten (umsatzbezogene Geldbuße). Haftungsvoraussetzung ist, dass der Verstoß eine nachteilige Umwelt- und Menschenrechtsauswirkung bewirkt. Für indirekte Geschäftspartner gibt es weitere Differenzierungen.
- Definition der Wertschöpfungskette, als Tätigkeiten, die im Zusammenhang mit der Erbringung von Dienstleistungen, Entwicklung und Entsorgung von Produkten stehen.
- Erweiterung der Liste von Schutzgütern.
- Senkung der Bemessungsgrundlage der Mitarbeiterzahlen bei gleichzeitiger Definition von kumulativen Umsatzerlösschwellen.
- Die EU-Kommission geht von ca. 13.000 erfassten Unternehmen innerhalb der EU (gem. LkSG wäre von ca. 6.000 ausgegangen worden) und ca. 4.000 außerhalb aus. Klein- und mittelständische Unternehmen unterhalb der definierten Schwellen können indirekt erfasst sein.
- Zudem müssen die erfassten Unternehmen die Anforderungen in ihre Unternehmenspolitik (s. Kap. 2.3) einfließen lassen. Die mit ihr einhergehende Wirksamkeit der Maßnahmen müssen jährlich und anlassbezogen durch ein Indikatorensystem überwacht und ggf. korrigiert werden.
- Identifikation, Verhinderung und Beendigung nachteiliger Auswirkungen.
- Es sind Melde- und Kommunikationsverpflichtungen vorgesehen, die eine Information der Öffentlichkeit vorsehen (z. B. jährlich rückwirkend per 30.04. auf der Unternehmenswebsite).
- Eine mit Befugnissen ausgestattete Kontaktperson für die Behörden ist zu benennen. Die übergeordnete Verantwortung ist jedoch wieder bei der Geschäftsleitung zu sehen.

60 EU-Commission (2022): Proposal for a Directive on corporate sustainability due diligence and annex. Abrufbar unter: https://ec.europa.eu/info/publications/proposal-directive-corporate-sustainable-due-diligence-and-annex_en (Zugriff: 14.04.2022).

Zurzeit sind die Bekräftigungen des Europäischen Parlaments und des Rats noch ausstehend. Nach Annahme haben die Mitgliedstaaten zwei Jahre Zeit, die Richtlinie umzusetzen. Unmittelbare Gültigkeit hat die Richtlinie bereits nach Annahme für Unternehmen der Gruppe 1[61] und der Gruppe 3[62], die die Umsatzschwelle der Gruppe 1 erreichen. Nach zwei Jahren sind auch Unternehmen der Gruppen 2[63] und 3 betroffen, wobei letztere Gruppe die Umsatzschwelle der Gruppe 2 erreichen muss.

15.3.3.2.2 »Neu-Produkt und wesentliche Änderungen«-Prozess

Der »Neu-Produkt und wesentliche Änderungen«-Prozess ist ausführlich in Kapitel 8 beschrieben. Die nachhaltigkeitsrelevanten Themenstellungen sind ebenfalls in den Prozess einzubetten, um unternehmensstrategischen und produktspezifischen Nachhaltigkeitskomponenten Rechnung zu tragen. Je nach Strategie sollten auch bereits bestehende Produkte und Prozesse auf Nachhaltigkeitsbedarfe überprüft und ggf. umgestellt werden. Bei den Produkten ist es dabei unerheblich, ob es sich um selbst erstellte Finanzprodukte handelt oder Produkte anderer Hersteller. Im Zusammenhang mit den Produkten anderer Hersteller ist auch zu klären, wie sie aus dem Blickwinkel des Third-Party Managements (s. Kap. 12.1) einzustufen und zu überwachen sind. Auch in diesem Themenkomplex empfiehlt sich ein regelmäßiger Reviewprozess, um möglicherweise neuen Regularien und Konkretisierungen gerecht zu werden (s. Kap. 3.3). Ein weiterer Auslöser für einen Reviewprozess können auch sich signifikant ändernde Nachhaltigkeitsdaten sein, die zu einem Portfolio-Rebalancing oder zu einer Produktadjustierung führen müssen. Ein entsprechender zeitnaher Prozesstrigger ist ebenfalls zu etablieren.

15.3.3.2.3 Kundenaufnahme und -betreuung

Welche Kunden passen (künftig) noch zu uns? Dies ist eine weitere Frage, die eine Vorgehensweise nach der Theorie of Change in Kap. 15.3.2 zusätzlich untermauert. Darf der Palmöl- oder Edelholzhändler als Kunde aufgenommen und durch Bankgeschäfte unterstützt werden? Somit wird bei der Kundenaufnahme eine strategische Entscheidung zwischen Nachhaltigkeit und Ertrag getroffen werden müssen.

Wie im Rahmen allgemein bekannter MiFID-Anforderungen festzustellende Kundenprofile im Zusammenhang mit Suitability und Appropriateness, müssen künftig im Privatkundensegment Nachhaltigkeitsinvestorenprofile aufgenommen und seitens des Finanzdienstleisters überwacht werden. Im Segment der professionellen Investoren und der geeigneten Gegenparteien werden detaillierte Vertragsausführungen relevant.

61 Gruppe 1: Unternehmen mit weltweit mehr als 500 Beschäftigten sowie einem Nettojahresumsatz von über EUR 150 Mio..

62 Gruppe 3: Unternehmen, die nach den Rechtsvorschriften eines Drittstaates gegründet wurden und die Umsatzschwellen von Gruppe 1 oder Gruppe 2 erreichen.

63 Gruppe 2: Unternehmen mit mehr als 250 Beschäftigten sowie einem globalen Nettojahresumsatz von über EUR 40 Mio., davon mind. 50 % in den Branchen Textilien, Landwirtschaft oder Mineralien.

15.3.3.2.4 Portfolio- und Asset Management

Portfolio- und Asset Management müssen sich mit anspruchsvollen Anforderungen auseinandersetzen um strategische Planungen zur Positionierung des Anbieters und seiner Produkte zu ermöglichen. Nachhaltiges Investieren beginnt dabei mit der Asset Allocation von entsprechend an Wertpapierbörsen gelisteten Unternehmen[64] und bspw. der Erhöhung des ESG-Scores sowie der Senkung des Emissionsfußabdrucks und der Berücksichtigung der weiteren Nachhaltigkeitskomponenten. Eine der größeren Fragestellung in diesem Zusammenhang ist, ob bspw. eine Umschichtung von einem nicht nachhaltigen bereits emittierten Wertpapier in ein anderes nachhaltiges bereits emittiertes Papier ein nachhaltiges Investment darstellen kann oder ob nicht nachhaltig agierende Unternehmen von vornherein im Rahmen Ihrer Wertpapieremissionen beschränkt werden müssen. Denn auch der Verkauf des bereits emittierten nicht nachhaltigen Papiers muss einen Abnehmer finden.

Jedenfalls wird ein geschärftes ESG-Profil benötigt, das über Indikatoren und neue Attributionskomponenten zu überwachen ist. Die Anforderungen können von standardisierten über modularen bis hin zu individuellen Lösungen für die Zielkundschaft reichen. Diese formuliert bereits hochgradig anspruchsvolle sowie granulare Anforderungen und ESG-relevante Ein- und Ausschlusskriterien. Jedenfalls muss klar sein, wie die geschärften ESG-Ziele zu erreichen sind. Je nach Investmentvehikel (Portfolio oder Sondervermögen) werden kundenseitig diverse Anforderungen an den Manager gestellt und im Rahmen der erfolgten Auswahl nebst der Performanceverantwortung an ihn übertragen. Das Thema durchsetzt alle Themenstellungen und Fasen des Aufgabengebiets. Die Tabelle 19 zeigt die Sichtweise eines potenziellen Investors und die für ihn notwendigen Vorüberlegungen sowie ggf. Anforderungen.

Hier wird sehr schnell klar, dass sich das gesamte Portfolio- und Asset-Management um den Faktor ESG mit diversen Subkategorien erweitert. Von Ex-ante-Investment-Berechnungen bis hin zu einer aussagekräftigen Performance-Attribution, entsprechender Overlay-Steuerung bis hin zur Messung des relativen Treibhausgas-Fußabdrucks wird das gesamte Handwerk komplexer. Komplexer wird auch die Anlagegrenzprüfung unter Einbeziehung möglicher individueller ESG-Ausschlusskriterien im Rahmen einer ursprünglichen und fortlaufenden Überprüfung (s. Abbildung 113), um geeignete Wertpapiere zu auszuwählen, um somit insbesondere anfängliche sowie im Portfoliomanagementverlauf aktive gesetzliche und vertragliche Anlagegrenzverstöße zu vermeiden:

64 PCAF hat bereits weitere Regelungen für Green Bonds, Staatsanleihen, Derivaten und IPO underwritings angekündigt.

Investment und Risikostrategie	Managerauswahl	Portfoliomanagement	Dynamisches Risikomanagement	Investment-Controlling und Reporting
• Responsible Investing (RI) Policy, Anlageziele und -richtlinien/ Satzung • Nachhaltigkeitskriterien(ESG) • RI optimierte Portfoliostrategie (TAA/SAA/ ALM) • ESG Kern • ESG Satelliten	• Request for Proposal Definition von ESG-Kriterien im Mandat (bspw. Ausschlüsse) • Beurteilung der ESG-Kompetenz eines Asset Managers • Integration von ESG-Faktoren in Einzeltitelanalyse und Investmentprozess	• Alpha Management in verschiedenen Mandaten • ESG-optimierte Strategien usw. • Passives ESG-Index Tracking	• Integration von ESG-Risikofaktoren in das – Beta Risikomanagement – Risikobudgetierung – Overlay-Steuerung • Ex-ante-Steuerung und Ex-post-Überprüfung	• Integration von ESG Key Performance Indikatoren (KPI) – Performance Attribution inkl. ESG – Relativer CO_2-Fußabdruck – usw. • Auslagerungsüberwachung (z. B. Einhaltung Anlagegrenzen, Verträge)

Tabelle 19: Berücksichtigung von Nachhaltigkeitskriterien entlang des Investmentprozesses[65]

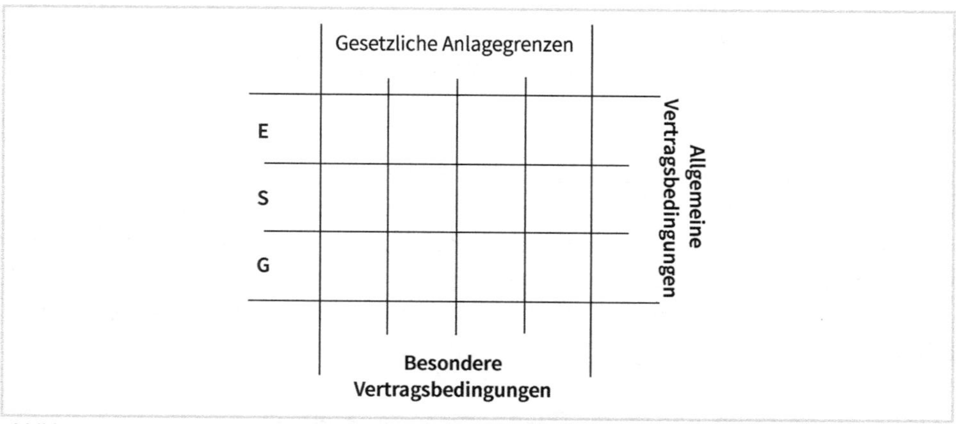

Abbildung 113: Multidimensionalität der Anlagegrenzprüfung von regulierten Sondervermögen

Zu Voraussetzungen und Kategorisierungen der Mandate nach Grün-Standards haben sich die EU-Regulatoren bereits geäußert.[66] Wichtig ist, dass zwei Sichtweisen bei der Auswahl des Zielinvestments besonders beachtet werden müssen:

- die Nachhaltigkeit des Zielinvestments an sich,
- der Ort, an dem sich das Zielinvestment befindet.

65 Vgl. risklab GmbH (2011).
66 Regulation (EU) 2019/2088 nebst technischen Standards und Erläuterungen.

Insbesondere im Zusammenhang mit dem Ukrainekrieg konnte ein umfassendes Rebalancing diverser Anlageprodukte beobachtet werden.

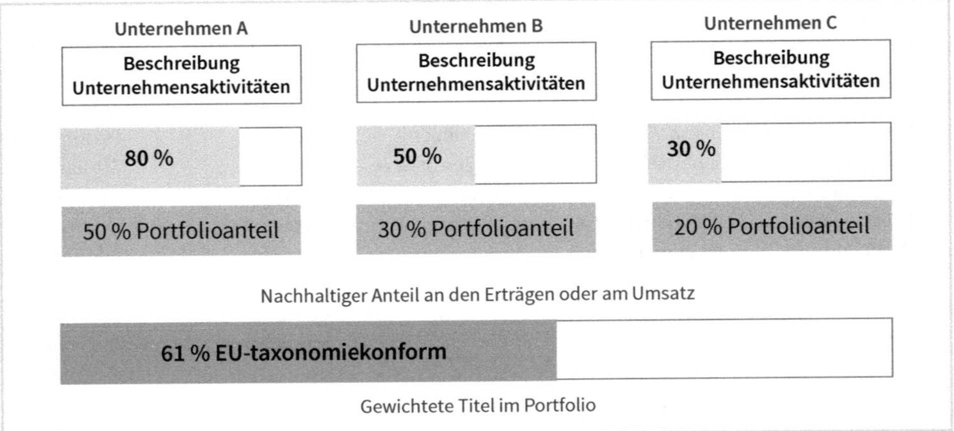

Abbildung 114: Anwendung der EU-Taxonomy auf ein Portfolio[67]

Auch die ex ante und fortlaufende Überwachung der bisher vorhandenen Anlagegrenzen wird um den Faktor ESG erweitert. Schließlich kann ein Zielinvestment bspw. von der Länder- oder Sektorenallokation abgedeckt sein, jedoch nicht eine der zahlreichen ESG-Anforderungen erfüllt. Sofern noch nicht geschehen – Zeit die Systeme aufzurüsten und das Berichtswesen auszubauen.

Wird bspw. die Volatilität des Bloomberg MSCI US Corporate Sustainable SRI Index und des Bloomberg US Corporate Index jahresweise verglichen, ist festzustellen, dass der Index mit den nachhaltigen Zielunternehmen weniger oder ähnlich volatil ist. Eine Tendenz einer möglichen Volatilitätsresilienz? Wie es aber so ist, geben Vergangenheitsdaten keine Indikation auf künftige Entwicklungen. Jedoch kann es sich lohnen, künftig Vergleiche anzustellen – auch hinsichtlich der Performance einer möglichen differierenden Performance-Entwicklung.

15.3.3.2.5 Portfolio- und Projektfinanzierungsmanagement

Die Finanzierung eines Projekts oder von Projekten führt für Finanzdienstleister, aber auch die nachfragenden Unternehmen zu neuen Herausforderungen. Zum einen muss der Finanzierungszweck nicht nur aus MiFID- und Geldwäscheaspekten[68] vorerst überprüft und fortwährend überwacht werden, sondern auch im Sinne der Nachhaltigkeit verwendet werden,

67 Vgl. Technical Expert Group (TEG) on sustainable finance Abb. 8. Abrufbar unter: https://ec.europa.eu/info/publications/sustainable-finance-technical-expert-group_en (Zugriff: 16.04.2022).

68 EBA Guidelines on loan origination and monitoring (EBA/GL/2020/06).

es können auch Interessenkonflikte zwischen den Nachhaltigkeitsanforderungskategorien bestehen und somit die Finanzierungsentscheidungen sowie deren Auswirkungen erschweren.

Beispiel 1	Beispiel 2
Ein Kohlenenergieunternehmen möchte Kapitel generieren, um die Energieversorgung zu diversifizieren. Dabei möchte sie Investitionen vornehmen, die im Einklang mit der Taxonomy stehen (Solar-, Photovoltaik- oder Windkraft). In diesem Zusammenhang kann das Unternehmen Bonds emittieren, die im Einklang mit dem EU Green Bond Standard stehen.	Ein Stahlhersteller benötigt Investitionskapital in Form eines Kredits, um die Leistungsfähigkeit seiner Produktionsanlage unter Nachhaltigkeitsaspekten zu steigern. Auf dieser Basis kann das Unternehmen einen bankfinanzierten grünen Kredit nachfragen, wenn es mit der Investition die Anforderungen der EU-Taxonomy erfüllt.
Die Investoren erhalten die Emissionsprospekte zum Bond, die es ihnen ermöglich, die Nachhaltigkeitsstrategie zu evaluieren und sich für ein Investment zu entscheiden.	Wenn die neuen Investitionen dazu führen, dass die neuen Einrichtungen des Unternehmens die Taxonomy-Kriterien erfüllen, können grüne Aktienfonds in die Aktien des Unternehmens investieren.

Tabelle 20: Beispiele für nachhaltige Projektfinanzierungen

15.3.3.2.6 Geschäftskredite und nicht gelistete Unternehmensanteile

Zu diesem Thema gehören jegliche Art von Geschäftskrediten sowie Beteiligungsinvestitionen in Unternehmen der Privatwirtschaft, die nicht an einer Börse gehandelt werden und Eingang in die Bilanz eines Finanzdienstleisters finden. Die Prüfungs-, Überwachungs-, Beurteilungs- und Bewertungsanforderungen sind hier ähnlich zu sehen, wie es im vorherigen Kapitel der Fall ist, da hier weniger Transparenzpflichten bestehen als bei bspw. gelisteten Wertpapieren.

15.3.3.2.7 Immobilienfinanzierungen

Zwischen einzelnen Ländern existieren Unterschiede hinsichtlich Anerkennung und Umsetzung der ökologischen Anforderungen. Im Rahmen der Immobilienfinanzierung oder des -erwerbs für Sondervermögen gibt es zwischenzeitlich verschiedene Zertifikate und Standards, die den ökologischen Zustand und die Treibhausgasrelevanz eines Objekts suggerieren. Hiervon werden Büro-, Einzelhandels-, Wohn-, Logistik-, Hotel- und anderweitige Verwendungsarten sowie gemischte Nutzungsformen erfasst. Je nach ökologischem Zustand des Objekts überträgt sich die Treibhausgasrelevanz des Objekts bspw. durch Finanzierungsvolumen auf die Bankbilanz bzw. auf die Nachhaltigkeitsdaten des erwerbenden Sondervermögens. Ob und inwiefern die zur Erstellung des Objekts verbauten Materialen in die Nachhaltigkeitsbeurteilung mit einbezogen werden, ist der Definition des jeweiligen Standards geschuldet. Möglich ist, dass eine konsequente Durchhaltung strikter Kriterien im Rahmen von Finanzierungen zu Modernisierungen, ökologisch-adjustierten Renovierungen und Neubauten beiträgt. Auf der anderen Seite ist denkbar, dass ältere Bausubstanzen keine Käufer mit Finanzierungsbedarf mehr finden, nicht mehr die gewünschten Preise erzielen, vom Markt verschwinden sowie Entsorgungs- oder Renovierungskosten generieren. Viele Kreditinstitute haben jedenfalls bereits mit der Durchsicht ihrer Finanzierungsportfolios begonnen und möchten vermehrt weniger nachhaltige Objekte in ihren Beständen abbauen.

15.3.3.2.8 Fahrzeugkredite

Fahrzeugkredite werden gleichermaßen beurteilt und bewertet. Dabei ist es unabhängig, ob es sich um geschäftlich oder privat genutzte Fahrzeuge handelt. Die Kategorisierung wird weitgehend dem Finanzdienstleister überlassen. Interessant wird es sein, die künftigen Entwicklungen zu beobachten und die Einbeziehung von Vorleistungen zur Erstellung der Fahrzeuge, wie bspw. den Abbau von Öl im Hinblick auf Verbrennungsmotoren und sowie der Abbau von seltenem Erden im Zusammenhang mit Elektrofahrzeugen.

15.3.3.2.9 Soziale Aspekte

Die von einem Unternehmen zu berücksichtigenden sozialen Aspekte stellen insbesondere an die Personalstrategie, -politik und -abteilung und die Behandlung und Bindung von MitarbeiterInnen hohe An- und Herausforderungen. Hierzu zählen u. a. die in Tabelle 16 dargestellten arbeitsrechtlichen und sozialen Standards.

15.3.3.2.10 Nichtstakeholderwirksame interne Prozesse

Im eigenen Betrieb lassen sich auch verschiedene Überlegungen anstellen, die Nachhaltigkeitsziele unterstützen. Die flächendeckende Schulung (s. Kap. 3.4.2.5) aller MitarbeiterInnen für die Anwendungsmöglichkeiten im und außerhalb des Betriebs ist ein sehr guter Anfang. Im Weiteren sind bspw. folgende Möglichkeiten prüfenswert:

- unternehmensstrategische/-politische Vorbereitung hinsichtlich Nachhaltigkeit personell und organisatorisch,
- Beschaffung von Lebensmitteln, Getränken und Materialien im Zusammenhang mit der Reduktion Abgasemissionen,
- Identifikation von übermäßigen Energieverbrauchern und Ersatz,
- Incentivierung der Nutzung des öffentlichen Nahverkehrs und der Elektro- und vielleicht künftig Wasserstoffmobilität oder Homeoffice (Begrenzung CO_2),
- Trennung von Müll und sachgerechte Entsorgung,
- klimaneutrale Alternativen bei Maschinen- und Fuhrpark, Beschaffung, Energieversorgung,
- Reduktion des Papierverbrauchs,
- Zustand selbstgenutzter Immobilien,
- Maßnahmen zur Verhinderung von Datenschutzpannen, Steuerkonformität, Korruption, Compliance-Verstößen (s. Kap. 10),
- Arbeitnehmerschutz/-rechte und Maßnahmen zur Mitarbeiterbindung/-entwicklung,
- Nutzung von Fotovoltaik-, Solar- und Regenwasseraufbereitungsanlagen.

#RISKHACKS

- Integrieren Sie das Thema mit dem jeweils aktuellen Entwicklungsstand in die Unternehmensstrategie- und -politik (s. Kap. 2.2 und 2.3) und in die Dokumentationen sowie Prozesse Ihres Unternehmens (s. Kap. 3.4.2).
- Beobachten Sie den Markt und die Veröffentlichungen und damit einhergehende Konkretisierungen der Regulatoren. Hier wird es noch zahlreiche geben (s. Kap. 3.3).
- Nehmen Sie Nachhaltigkeitsrisiken möglichst früh in die Risk Assessments (s. Kap. 4) Ihres Unternehmens aller Abteilungen und das Third-Party Risk Management (s. Kap. 12.1) auf. Hierdurch werden Sie u. U. identifizieren:
  - weitere Handlungsfelder und -möglichkeiten und
  - Implementierungsstände und -bedarfe sowie Schulungspotenziale (s. Kap. 3.4.2.5).
- Anhand der vorstehenden Beispiele kann erahnt werden, dass nahezu alle Unternehmensbereiche von der Thematik betroffen sind. Hier empfiehlt sich die Anwendung der Vorgehensweise der Gefährdungsanalyse (s. Kap. 10.4).
- Es wird zunehmend mehr auf hochwertige Daten (s. Kap. 2.8.5), die Vermeidung von Green- oder Blue-Washing (s. Kap. 15.3.3.1.4) und Standardisierung der Vorgehensweisen und Interpretationen geachtet werden müssen, um Trends nicht zu verpassen. Von Normierungs- und Industrieallianzen muss ausgegangen werden.
- Beginnen Sie möglichst früh mit der Dokumentation von Soll-Abweichungen (s. Kap. 5). Hierdurch lassen sich bereits sehr früh Risikokonzentrationen in diesem verhältnismäßig neuen Themengebiet feststellen und Erfahrungen zur Verbesserung der betrieblichen Resilienz aufbauen.
- Integrieren Sie den Themenkomplex des Lieferkettengesetzes (s. Kap. 15.3.3.2.1) in Ihr Third-Party Risk Management (s. Kap. 12.1).
- Erkundigen Sie sich für das eigene Unternehmen nach Fördermitteln für nachhaltige Investitionen und ggf. Versicherungsschutz gegen Elementargewalten (Unternehmen und physische Vermögenswerte) und integrieren Sie die entsprechenden realistischen Szenarien in das Business Continuity Management (s. Kap. 14) Ihres Unternehmens.

15.4 Datenschutz und DSGVO

Datenschutz ist spätestens mit der Einführung der EU-Datenschutz-Grundverordnung (DSGVO)[69] zu einem wesentlichen Schutz personenbezogener Daten geworden, aber auch zu einem erheblichen Risiko für Unternehmen, die zahlreiche Daten dieser Art speichern und verarbeiten.

69 Verordnung (EU) 2016/679 des Europäischen Parlaments und des Rates vom 27.04.2016 zum Schutz natürlicher Personen bei der Verarbeitung personenbezogener Daten, zum freien Datenverkehr und zur Aufhebung der Richtlinie 95/46/EG (Datenschutz-Grundverordnung). Abrufbar unter: https://eur-lex.europa.eu/legal-content/DE/TXT/PDF/?uri=CELEX:32016R0679&from=DE (Zugriff: 14.04.2022).

Am 30.10.2019 wurde ein Verfahren in Deutschland bekannt, in dem die Behörde für Datenschutz und Informationsfreiheit ein Bußgeld in Höhe von rund EUR 14,5 Mio. gegen ein in Berlin ansässiges Unternehmen wegen Verstößen gegen die DSGVO verhängte. Angaben gemäß hatte es trotz dringender Empfehlung versäumt, sein Archiv datenschutzkonform einzurichten. Hierin wurde ein Verstoß gegen Art. 25 Abs. 1 DSGVO und Art. 5 DSGVO gesehen. Das Landgericht erklärte Ende Februar 2021 den Bescheid »wegen eines Verfahrenshindernisses« für unwirksam und stellte das Verfahren »aufgrund gravierender Mängel« ein.

So bestehen möglicherweise neben den üblichen Risiken aus dem regulatorischen Radaring (s. Kap. 3.3) und fehlender Implementierung auch Rechtsrisiken gem. der in Kap. 3.1.4 erfolgten Definition. Jedoch manifestieren sich zahlreiche weitere Fälle mit meist geringeren, aber auch höheren Beträgen in der DSGVO-Bußgeldpraxis[70].

Um die Bußgeldhöhe zu bestimmen, wurden unterschiedliche Unternehmensgrößenklassen bestimmt und ein pauschaler mittlerer Jahresumsatz angenommen, der dann durch 360 (Tage) geteilt wird. Hieraus ergibt sich der Tagessatz, der mit einem Faktor multipliziert wird, der den Schweregrad des Verstoßes festlegt. Der maximale Bußgeldrahmen wird in Art. 83 Abs. 4 DSGVO (EUR 10 Mio. oder, falls höher, 2 % des Jahresumsatzes bei »formellen« Verstößen) und Art. 83 Abs. 5, 6 DSGVO (EUR 20 Mio. oder, falls höher, 4 % des Jahresumsatzes bei »materiellen« Verstößen) festgelegt.

Es sollte in Erinnerung bleiben, dass sämtliche personenbezogene Daten und deren Speicherung, Auswertung und Löschung im Zusammenhang mit der DSGVO überprüft werden sollten. Diese Thematik umfasst Kunden- und Geschäftspartnerdaten (Client Identifying Data – CID) ebenso, wie die Daten der MitarbeiterInnen (Employee Identifying Data – EID) des eigenen Unternehmens.

15.4.1 Datenschutz im internationalen Kontext

Globalisierung schafft Wettbewerb und für viele Länder Wohlstand. Im Regulierungsumfeld sind international tätige Unternehmen mit fehlenden Regulierungsäquivalenzen konfrontiert, die es auszugleichen gilt oder gar zu einem Ausschluss einer Zusammenarbeit führen. Gerade im Datenschutz sind die kulturellen Ausprägungen zwischen der EU und Drittländern äußerst differenziert. Die EU möchte Daten schützen, China sie kontrollieren und die USA sie kommerzialisieren. Auch wenn die neuen EU-Datengesetzinitiativen die Wettbewerbsfähigkeit der EU im Digitalisierungskontext fokussieren, bestehen zwischen der EU und vielen Drittländern noch wesentliche Unterschiede, die zu beachten sind. Deshalb sind bspw. Auslagerungen

70 CMS – Law, Tax, Future: GDPR Enforcement Tracker. Abrufbar unter: https://www.enforcementtracker.com/ (Zugriff: 13.04.2022).

personenbezogener Daten an Serviceprovider, Speicherorte und Clouds in den USA mehr als problematisch. Bereits mit dem Safe-Harbor-Abkommen[71] sollte eine Vereinbarung getroffen werden, die eine Zusammenarbeit zwischen EU und USA in diesem Kontext ermöglicht. Das Abkommen wurde 2015 durch den Europäischen Gerichtshof (EuGH) für ungültig erklärt (»Urteil Schrems I«). Mit dem EU-US-Privacy Shield sollte ein neuer Versuch eines Abkommens unternommen werden. Am 16.07.2020 wurde auch dieses Abkommen durch den EuGH[72] mit sofortiger Wirkung für ungültig erklärt. Dies mit der Konsequenz, dass sich der internationale Datenverkehr personenbezogener Daten mit den USA nicht mehr auf das Privacy Shield stützen darf. Deshalb sind Auslagerungen mit Personendatenbezug in Drittländer einer besonderen Prüfung zu unterziehen. Weiterfolgend werden deshalb die Entwicklungen in der EU näher behandelt.

15.4.2 Daten in der digitalen Ökonomie

Die Weiterentwicklung der digitalen Ökonomie und der von Unternehmen implementierten digitalen Lösungen (s. Kap. 13) sorgt auch im Datenschutz und in Bezug auf die Handhabung von Daten für weiteren Regelungsbedarf. Hierbei geht es u. a. um Themen, wie Datenökonomie und -pooling. Aber auch die Wettbewerbsfähigkeit der Europäischen Union soll durch diese neuen Gesetze gefördert und sichergestellt werden.

15.4.2.1 Umgang mit Daten

Daten werden gerade in der zunehmend digitalisierten Welt als Grundlage für Geschäftszwecke, Haupt- oder Zusatzprodukte identifiziert. Ganze Geschäftsmodelle basieren auf Datenanalysen, Ratings, Messungen, Studien und daraus resultierenden Beratungsleistungen. Diese Trends werden durch das EU-Data Act[73] und Regelungen zur Datenzentralisierung geregelt und wettbewerblich unterstützt. Gerade die Nutzung von (gemeinsamen) zentralisierten Daten und Cloud-Lösungen (s. Kap. 12.1.1.4) und wesentliche Cloud-Auslagerungen an Drittanbieter (s. Kap. 12) führen zur Allgegenwart dieser Thematik.

---

71 Das vom EuGH es für ungültig erklärte Abkommen sollte es ermöglichen, personenbezogene Daten von EU-Bürgern in den USA zu speichern und zu verarbeiten.

72 Urteil in der Rechtssache C-311/18 Data Protection Commissioner/Maximillian Schrems und Facebook Ireland.

73 Ziel des Datengesetzes ist die Förderung eines wettbewerbsfähigen Datenmarkts, datengesteuerter Innovationen und Datenzugänglichkeit.

15.4.2.1.1 Data Governance Act

Mit dem Gesetzesentwurf des Data Governance Act[74] möchte die EU-Kommission die Grundlagen schaffen, die den europäischen Austausch und die Verfügbarkeit sowie gemeinsame Nutzung bestimmter Kategorien von Daten über verschiedene Branchen sowie Ländergrenzen hinweg erleichtern sollen, mit den Zielen der

- Reduktion technischer Hindernisse,
- Stärkung des Wettbewerbs,
- Schaffung einer sicheren Infrastruktur,
- Förderung der Forschung,
- Unterstützung der Digitalisierung und Einsatzmöglichkeiten Künstlicher Intelligenz (s. Kap. 13.1.5),
- Erleichterung des Datentransfers (»Datenspenden«) zwischen Bürgern und den Behörden.

Im November 2021 erzielten der EU-Rat und das -Parlament die vorläufige Einigung, dass Datenvermittlungsdienste in einem Register aufgeführt werden müssen, um für Kunden hinsichtlich vertrauenswürdiger Dienstleister Transparenz zu schaffen. Um Interessenkonflikte zu vermeiden und die Neutralität der Datenaustauschdienstleister sicherzustellen, dürfen sie die Daten nicht selbst für eigene Zwecke auswerten und die Dienste nicht mit weiteren Angeboten verknüpfen. Zur Sicherstellung eines fairen Wettbewerbs zwischen Behörden und Unternehmen sollen die Laufzeiten neuer Verträge zur exklusiven Nutzung von Daten auf ein Jahr und bestehende Verträge auf zweieinhalb Jahre begrenzt werden.

15.4.2.1.2 Datengesetz (»Data Act«)

Das im Februar 2022 durch die EU-Kommission veröffentliche Data Act[75] hat ebenfalls zum Ziel der Datenökonomie einen Rechtsrahmen zu geben, die Innovation und den Wettbewerb in der sich entwickelnden digitalen Datenwirtschaft zu fördern. Hierbei handelt es sich um die zweitgrößte Initiative der EU im Zusammenhang mit Datenwirtschaft. Das Datenschutzrecht (DSGVO) regelt lediglich den Umgang mit personenbezogenen Daten und den Schutz der Persönlichkeitsrechte natürlicher Personen. Somit wurde dem faktisch auf Daten Zugreifenden die Kontrollverantwortung auf Daten zugesprochen. Die Vernetzung durch das Internet und bspw. der mit IoT-Produkten[76] (s. Kap. 15.2) erhobene Daten sowie damit verbundene Aftermarket-Dienstleistungen und Verteilung der Daten sollen nun durch das Data Act aufgegriffen und geregelt werden. Ein Dateneigentum wird im Entwurf nicht behandelt, dafür in diesem Kontext aber

74 Entwurf Verordnung des EU-Parlaments von 25.11.2020. Abrufbar unter: https://eur-lex.europa.eu/legal-content/DE/TXT/PDF/?uri=CELEX:52020PC0767&from=EN (COM(2020) 767) (Zugriff: 14.10.2022).

75 Vorschlag der EU-Commission. Abrufbar unter: https://eur-lex.europa.eu/legal-content/DE/TXT/HTML/?uri=CELEX:52020PC0767&from=EN (Zugriff: 14.04.2022).

76 Das Internet of Things (IoT) bezieht sich auf physische Objekte, die mit dem Internet verbunden sind und Daten online übermitteln (können).

- Interoperabilität von Datendiensten,
- Wechsel von Datenverarbeitungsdiensten,
- Ansprüche von Nutzern von IoT- und Aftermarket-Dienstleistungen[77],
- Datenansprüche öffentlicher Stellen,
- Anforderungen an Vertragsinhalte,
- Klarstellung der Rechte und Positionen »Data Holder«, »Data Subject«, »User«, Hersteller und unbeteiligter Dritter sowie zur Verfügbarmachung von Daten.

Mit diesem Gesetz entsteht nicht nur eine neue Anforderung, die die DSGVO, sondern auch wettbewerbsrechtliche und AGB-Belange tangiert. Es wird mit einem Inkrafttreten vor 2023 nicht gerechnet.

15.4.2.1.3 Datenzentralisierung (»Pooling«)

Datenpooling zwischen unterschiedlichen legalen Einheiten innerhalb und außerhalb einer Unternehmensgruppe wird in der digitalen Ökonomie zur Effizienzsteigerung sowie einer agierenden Unternehmens- und Risikosteuerung immer wichtiger. Damit einher geht das Zusammenführen von Daten in einer datenbankbasierten Cloud (s. Kap. 12.1.1.4) für Analysezwecke zum Einsatz von Dashboards und mit hoher Geschwindigkeit arbeitender Künstlicher Intelligenz. Im Rahmen dieser Vorhaben spielen die Anforderungen der DSGVO, Urhebergesetze (z. B. § 87a UrhG), Gesetze zum Schutz von Geschäftsgeheimnissen (z. B. § 2 Nr. 1 GeschGehG) und das Kartellrecht (z. B. Art 101 AEUV/§ 1 GWB) eine wesentliche Rolle.

Ein Grund mehr, eine solide vertragliche Grundlage zu schaffen, die die Datensammlung, -speicherung, -zugriffe, -trennung, -qualität, -teilung, -nutzung, -zuordnung und -eigentümerschaft sowie Rollen in diesem Kontext regelt. Hierbei ist es unerheblich, ob die Daten innerhalb des Machtbereichs einer anderen Unternehmensgruppengesellschaft oder außerhalb gespeichert werden. Die Auswahl und Überwachung des Auslagerungspartners (s. Kap. 12.1), der vorherrschenden Cybersicherheit (s. Kap. 15.2) und der Datensicherheit sind auch hier von hoher Relevanz, denn die Verantwortung verbleibt bei der legalen Einheit, die die Daten zur Verfügung stellt. Rechte Dritter sind ebenfalls zu beachten. Sind bspw. natürliche Personen von der Weitergabe der Daten betroffen, müssen diese dem Vorgehen schriftlich durch eine sog. Verzichtserklärung (»Waiver«) zusätzlich zustimmen. Denn die Personen können davon ausgehen, dass nur die legale Einheit über ihre Daten verfügt, mit der sie ein Vertragsverhältnis eingehen wollen oder bereits eines begründet haben. Ansonsten stellen sich auch die Fragen nach Anonymisierungsverfahren, Geheimhaltungspflichten, Datensparsamkeit und Zugriffsrechten. Der Datenzugang, Zugriffsrechte und die -verwendung durch Dritte stehen auf einem ganz anderen Blatt. Eine Datenschutzfolgeabschätzung ist ebenfalls zu treffen.

77 Service-Dienstleistungen, die in Verbindung mit einem zuvor erworbenen Produkt stehen.

15.4.2.2 Digitale Marktplätze

Zu Regulierung von digitalen Diensten sowie soziale Medien, Online-Marktplätzen und andere Plattformen, die in der Europäischen Union tätig sind, sowie zur Steigerung der Wettbewerbsfähigkeit wurde seitens der EU-Kommission ein Vorschlag zum Digital Service Act und dem Digital Markets Act vorgelegt.

Am 25.11.2021 einigte sich der Rat auf eine allgemeine Ausrichtung zum Gesetz über digitale Dienste, am 20.01.2022 beschloss auch das EU-Parlament seine Abänderungsvorschläge. Damit wurde der Weg für die Verhandlungen zwischen den europäischen Co-Gesetzgebern mit dem Ziel einer zeitnahen Einigung geebnet.

15.4.2.2.1 Digital Service Act

Das Digital Service Act beinhaltet neue Regeln für den elektronischen Geschäftsverkehr. Es ist ein Teil eines umfassenderen, von der Europäischen Kommission entworfenen Paktes zur Regelung der digitalen Ökonomie. Der Vorschlag für eine Verordnung über einen Binnenmarkt für digitale Dienste (»Digital Services Act«) und zur Änderung der Richtlinie 2000/31/EG (COM [2020] 825 final) wurde am 15.12.2020 veröffentlicht. Der Vorschlag beinhaltet:

- den besseren Schutz von VerbraucherInnen und ihrer Grundrechte im Internet,
- die Schaffung eines leistungsfähigen und klaren Transparenz- und Rechenschaftsrahmen für Online-Plattformen,
- die Förderung von Innovation, Wachstum und Wettbewerbsfähigkeit am Binnenmarkt.

15.4.2.2.2 Digital Markets Act

Zweiter Teil dieses Paktes ist die Verordnung eines »Digital Markets Act« (COM [2020] 842 final), das ein Ex-ante-Regulierungsinstrument für große Online-Plattformen mit erheblichen Netzwerkeffekten beinhaltet, die als »Gatekeeper« im Binnenmarkt der Europäischen Union fungieren sowie die gezielte Marktuntersuchung ermöglicht.

#RISKHACKS

An dieser Stelle wird deutlich, wie wichtig die Einhaltung des Datenschutzes für die natürlichen Personen und das eigene Unternehmen ist. Auch wird deutlich, welche finanziellen und Reputationsrisiken mit Verstößen verbunden sein können. Aufgrund des umfangreichen Themenkomplexes ist eine vollständige Datenschutz-Compliance kaum möglich, weshalb geeignete Schwerpunktmaßnahmen zur Risikoreduktion insb. im Rahmen von Massendatenverarbeitungen getroffen werden sollten. Folgende Themenstellungen scheinen dabei – ohne Anspruch auf Vollständigkeit – gem. Marktbeobachtungen von besonderer Bedeutung zu sein:

- Schaffung kultureller Voraussetzungen (s. Kap. 2.6) und Tone at the Top (s. Kap. 2.6.2);

- Organisatorische Vorkehrungen (Datenschutzbeauftragter und seines Stellvertreters und dessen Einbeziehung in relevante Themenstellungen);
- Weiterbildung der Datenschutzbeauftragten und Schulung des Personals (s. Kap. 3.4.2.5);
- Einbettung des Themas und zugehöriger relevanter Gesetze in das regulatorische Radaring (s. Kap. 3.3), Risiko Assessment (s. Kap. 4), Gefährdungsanalyse (s. Kap. 10.4) und die Dokumentation von Soll-Abweichungen (s. Kap. 5);
- Integration in den Auslagerungsauswahlprozess und die -überwachung sobald Unternehmen außerhalb der eigenen legalen Einheit betroffen sind (s. Kap. 12.1.4) sowie die Beachtung von Auslagerungen in Drittländer;
- Abschluss von (datenschutz-)konformen Verträgen mit allen relevanten Geschäftspartnern, die Daten im Auftrag des Unternehmens verarbeiten und Überwachung von Geschäftspartnern und der Einhaltung zugehöriger Verträge (s. Kap. 12.1);
- Sicherstellung von bedarfsgerechten Zugriffsberechtigungen und Datensicherheit sowie Cybersicherheit (s. Kap. 15.2);
- Leistungsmessung von MitarbeiterInnen;
- Implementierung und Dokumentation eines geeigneten Weisungswesens, von Prozessen und Erstellung erforderlicher Evidenzen zum Nachweis der Einhaltung (s. Kap. 3.4.2):
  - Datenverarbeitungstätigkeiten (Verarbeitungsverzeichnis),
  - Datenlöschungs- und Aufbewahrungsfristenkonzept für Daten, deren Löschung eingefordert wird oder die aus gesetzlichen Gründen nicht mehr vorgehalten werden dürfen; das bedeutet auch, einen Überblick über die Speicherorte aller betroffenen Daten zu haben – gerade bspw. bei Omnichannel-Marketingansätzen eine Herausforderung;
  - Datenschutzfolgenabschätzungen für wesentliche Verarbeitungsverfahren;
  - Notfall- und Verhaltenspläne[78] mit Entscheidungskompetenzen für den Fall eines Datenschutzverstoßes sowie ein geeignetes Meldeverfahren für Soll-Abweichungen (s. Kap. 5);
  - Definieren Sie Kategorien betroffener Personen und klare Rollen der Beteiligten;
  - Vertrags- und Informationspflichten betroffener Personen.
- Die Funktion des Datenschutzbeauftragten und seines Stellvertreters sollte im Idealfall nicht in der Verantwortung einer der beiden Kontrollfunktionen der ersten und zweiten Verteidigungslinie (s. Kap. 3.4.1.1.3) liegen. Diese sind nämlich dazu geneigt, im Falle von kontrollierenden und investigativen Tätigkeiten (s. Kap. 10), Daten zu sammeln, horten und speichern. Dieses Interesse kann den Anforderungen des DSGVO entgegenstehen und ggf. Verstöße begünstigen.

78 Wie bei Hausdurchsuchungen: Gesetzlich vorgeschriebenes kooperatives Verhalten wirkt sich positiv aus; Vorwürfe prüfen; Verteidigungsmaßnahmen im Bedarfsfall einleiten; Rechtsabteilung zu Beginn hinzuziehen.

16 Epilog und Fazit

»Der beste Weg die Zukunft vorherzusagen, ist, sie zu gestalten.«
Willy Brandt

Das Leben lehrt uns vieles, auch wie schnell sich Prioritäten verschieben und wie regulatorische oder risikorelevante Themenstellungen des normalen Tagesgeschäfts gegenüber anderen Ereignissen verblassen. Zu den Lektionen gehören beispielsweise die aktuellen geopolitischen Risiken, wie aktuell der Ukrainekrieg, einer die Todesfallraten steigernden Pandemie, Erderwärmung oder eine Krise im eigenen Umfeld. Dennoch dürfen wir uns nicht zu sehr ablenken lassen und damit aufhören, die Zukunft unseres Planeten, unserer Unternehmen, unserer Familie und Freunde sowie unsere eigene proaktiv in die Hand zu nehmen, in dem uns jeweils möglichen Rahmen sicher zu gestalten und positiv zu beeinflussen.

Wir verfügen über immer mehr Informationen aus unterschiedlichen Richtungen, von unterschiedlichen Stakeholdern, über unterschiedliche transportierende Medien, in unterschiedlichen Formaten und für unterschiedliche Verwendungszwecke. Diese müssen wir zunächst verarbeiten und interpretieren. In diesem Zusammenhang gilt es, immer neue und sich ändernde relevante Informationen zu filtern, zu sammeln sowie an der richtigen Stelle zu platzieren und einzusetzen. Fake News, fehlerhafte sowie mit Bias und Eigeninteressen behaftete Daten zu erkennen, für uns zu begradigen und auf einer soliden Basis Entscheidungen zu treffen und konsequent zu handeln.

Dabei nehmen insbesondere die Unternehmenslenker und Führungskräfte von Finanzdienstleistungsunternehmen als »Role Model« eine außerordentlich wichtige Funktion ein. Während Regulierungskonformität und risikobewusstes Management eine solide Basis darstellen sollten, wird die Umsetzung von Nachhaltigkeitsthemen viel strategisches Fingerspritzengefühl im Spannungsfeld zwischen den vorgegebenen Zielen, der Reputation des Unternehmens und den Ertragszielen bedingen.

Auch die Profile der Führungskräfte verändern sich rasant. Das veraltete Hierarchiedenken sowie die Verwendung von Plattitüden ist bereits ausgeschieden und steht modernen Führungstechniken und profundem Fachverständnis zur Aktivierung der Mitarbeiterressourcen entgegen.

> »Das größte Problem für eine Organisation entsteht, wenn sich die am meisten engagierten und im Sinne des Unternehmens handelnden MitarbeiterInnen nur noch Dienst nach Vertrag erledigen oder sich gänzlich zurückziehen und somit künftig nicht mehr uns, sondern dem Wettbewerb zur Verfügung stehen – wir verlieren zweifach.«

Es wird nicht nur partnerschaftliche Führung verlangt, sondern auch Verständnis und zumindest handlungsfähige Fachkompetenz für die Sache. Selbstgelegte Eier und die Umbauung von Menschen (s. Kap. 2.7.6.2) sorgen für Komplikationen, Mehraufwand und führen zu Nacharbeiten oder Soll-Abweichungen (s. Kap. 5). Vielmehr werden Gradlinigkeit, Ehrgeiz und der Wunsch in allen Themenbereichen zu den Besten zu gehören zu wollen sowie Unternehmertum künftig im Vordergrund stehen. Denn alle Themenstellungen greifen ineinander und sind nicht als Monolithen zu betrachten. Hierzu wird es auch gehören, die eigenen Interessen denen des Unternehmens unterzuordnen – verantwortungsvolle Unternehmer in Form von MitarbeiterInnen sind die Zukunft. Das Mindset schlägt sich auch in der Einstellungspolitik nieder und hat somit auch Einfluss auf die Qualität der am Prozess arbeitenden MitarbeiterInnen sowie nachrückenden Generationen.

Gerade die zunehmend am Markt wirksam werdenden neuen Generationen vertreten in großen Teilen neue Anspruchsprofile gegenüber ihren Arbeitgebern und dem Arbeitsumfeld an sich. Die demographischen Entwicklungen, der Fachkräftemangel und die umfassenden Anforderungen an einen modernen Arbeitsplatz erschweren die Akquisition sehr guter passender Profile zusätzlich. Es ist eben ein Unterschied, ob man das für die Position geeignete Profil einstellt oder den Besten aus einer Grundgesamtheit von zur Verfügung stehenden Bewerbern.

Mit dem richtigen kompetenten und erfahrenen Personal an den richtigen Stellen ausgestattet, bilden Unternehmensstrategie- und -politik wichtige rahmengebende Eckpfeiler der Unternehmensführung und sind determinierend für die gleichartige Ausrichtung einer Organisation sowie für das Verhalten und Verständnis der MitarbeiterInnen. Risikomanagement und Compliance wird häufig als Kostenfaktor oder gar Geschäftsverhinderung angesehen. Mit einer integrativen präventiven Vorgehensweise, der Aktivierung und Einbeziehung vorhandener Ressourcen sowie einer effizienten Regulierungsarchitektur kann sehr viel Aufwands- und Kosteneffizienz erreicht sowie Soll-Abweichungen reduziert werden. Solange Gesetze, Regulierung und mögliche signifikante Konsequenzrisiken (s. Kap. 2.7.3) nicht entgegenstehen, sollten wesentlichere Risiken nur bewusst und auf einer wenig naiven Basis entschieden und eingegangen werden.

Non-Financial Risks werden aufgrund ihrer Neuartigkeit und typologischen Veränderbarkeit immer eine Herausforderung bleiben, da sich das Unternehmensumfeld und die benötigten Werkzeuge verändern. Entsprechend muss sich ein Unternehmen anpassen, um wettbewerbsfähig zu bleiben, Chancen realisieren zu können und Soll-Abweichungen (s. Kap. 5) zu vermeiden. Veränderung, neue, individuelle und selten durchgeführte Prozesse bergen Gefahren für Soll-Abweichungen. Diese gilt es, im Vorweg durch Maßnahmen abzusichern.

In den letzten Jahren habe ich mich intensiv mit neuen Technologien, Digitalisierung und Automatisierung beschäftigt. Hierzu gehört auch der interkontinentale Fortschrittsvergleich. Europa wünsche ich in diesem Zusammenhang einen Aufschluss mit den Vereinigten Staaten von Amerika und dem asiatischen Raum. Dies nicht nur, um kompetitiver zu werden, sondern auch agiler. Die Zukunft wieder proaktiver zu gestalten, in der Lehre und in der Wirtschaft. Zwar hat uns die COVID-19-Krise gezwungen, über Digitalisierungsmaßnahmen nachzudenken und diese auch zu implementieren, dennoch sollten solche Bewegungen organisch erfolgen – nicht aus einer Not oder einem Zwang heraus.

Neue Technologien sind wichtig. Sie reduzieren, sofern sie richtig und vollständig implementiert sind, menschliche Fehler, gestalten Prozesse effizienter und ermöglichen dem Unternehmen außerdem mehr Wettbewerbsfähigkeit. Allerdings ist auch zu beachten, dass eine umfassende Technologisierung auch eine starke Abhängigkeit beinhaltet und neue Gefahrentypologien birgt. Cyberkriminalität ergänzt die traditionellen Angriffsflächen eines Finanzdienstleisters. Regulierungen halten kaum Schritt, werden fortwährend angepasst und müssen eingehalten werden. Ausfälle wertvoller Systeme müssen in Lösungen für Business Continuity Management und – bei Fremdbezug – in die Auslagerungsüberwachung mit einbezogen werden. Im Zweifelsfall sind manuelle Workarounds bei Ausfällen als Alternative einzuplanen und es entstehen bei externer Angewiesenheit Meldepflichten ggü. den lokalen Regulierungsbehörden. Jedenfalls stellen Nachhaltigkeits- und Technologiethemen eine neue Dimension sowie Herausforderungen an das regulatorische Radaring und eine sachgerechte Implementierung (s. Kap. 3.3) dar.

Prozesse und Systeme werden meist von Menschenhand entwickelt. Deshalb sind bei der Zuordnung von Soll-Abweichungen immer die Ursachen (Medizin: Pathogenese) und nicht die Ausprägungen oder Wirkungen (Medizin: Symptom) zu ermitteln. Das Erkennen der Ursachen hat Auswirkung auf die Wahl adäquater risikoreduzierender Maßnahmen. Es ist utopisch anzunehmen, dass man Soll-Abweichungen gänzlich vermeiden kann. Mit der Vermeidung gehen auch mögliche Chancenpotenziale verloren – dies ist nicht im Sinne eines Unternehmens. Ebenso ist es für das Unternehmen nicht zielführend, wenn geringe potenzielle Soll-Abweichungen mit viel Aufwand »weggemanagt« werden (ausgenommen es handelt sich um gesetzliche oder regulatorische Anforderungen oder mit Konsequenzen behaftete Risikopositionen) und wesentliche Risikopositionen außer Acht gelassen werden. Ersteres ist nicht nur eine Verschwendung von kostspieligen Ressourcen, sondern es werden auch Ressourcen fehlalloziert.

Ideal ist es, wenn der Anspruch besteht, Implementierungen nur einmal und dafür richtig unter Compliance- und Risikoaspekten vorzunehmen, denn einwirkende Veränderungen – gewollt oder ungewollt – gibt es ausreichend und führen an verschiedenen bereits vorhandenen Stellen zu Nachbesserungsbedarfen. Deshalb sollten insbesondere dem Projektmanagement sowie dem »Neu-Produkt und wesentliche Änderungen«-Prozess (s. Kap. 8) sehr viel Wert zugesprochen werden. Hier besteht vorerst die Möglichkeit, Themenstellungen konzertiert und unter Beachtung relevanter Compliance- und Risiko-Anforderungen vollständig, nachhaltig und auch international anwendbar zu integrieren. Aber auch hier darf nach einer erfolgreichen Implementierung nicht vergessen werden, dass sich Rahmenbedingungen, Anforderungen und Produktinhalte verändern können. Eine regelmäßige Überprüfung sollte deshalb durchgeführt werden, damit im Bedarfsfall eine Korrektur eingeleitet werden kann.

Je länger ein Prozess wird, desto fehleranfälliger und schwieriger zu korrigieren ist er. Deshalb ist die Auslagerung von wesentlichen Aufgaben nicht immer sinnvoll und kosteneffizient. Vergessen werden darf nicht, dass die Verantwortung, auch wenn die Prozesse außerhalb des eigenen Hauses bewirtschaftet werden, immer im eigenen Hause verbleibt. Zwar kann die Kompensation von finanziellen Schäden vertraglich fixiert werden, ist aber in den meisten Fällen limitiert und ein Schutz vor Reputationsschäden für das eigene Unternehmen wird von der Drittpartei nicht übernommen werden. Um mögliche Fehlbildungen rechtzeitig zu identifizieren ist bei wesentlichen Auslagerungen eine geeignete und passende Auslagerungsüberwachung zu etablieren, in die jetzt auch die Nachhaltigkeitsthematik mit eingreift. Diese Maßnahmen und die mit ihnen verbundenen Kosten sind in den anfänglichen Entscheidungsprozess einzubeziehen. Lizenzen, Regulierungsäquivalenz, Ressourcen und Track-Rekord sind ebenfalls von wesentlicher Bedeutung – nur die passenden kulturellen Voraussetzungen werden selten einer Prüfung unterzogen.

Nicht nur hier sind auf menschliches Versagen zurückzuführende Fehler inhärent. Etwas zu übersehen, falsch zu verstehen oder missverständlich zu kommunizieren, eine falsche Entscheidung zu treffen oder sich einfach kontraindiziert zu verhalten sind mögliche folgende Fehlerquellen. Es handelt sich statistisch um die häufigste Ursache für Soll-Abweichungen. Hinzukommen die externen und internen Menschen, die einem Unternehmen grob fahrlässig oder vorsätzlich direkt oder indirekt schaden. Während den ehrlichen Fehlern durch die eingangs erwähnte hochwertige Personalauswahl mit Wissen und Erfahrung, Schulungen und weiteren risikoreduzierenden Maßnahmen entgegengewirkt werden kann, sind Präventivmaßnahmen gegen doloses Verhalten schwieriger und vorausschauender zu etablieren.

Es gibt Menschen, die man nur bis zu einem gewissen Grad vor sich selbst schützen kann. Schützen Sie aber Ihr Unternehmen vor diesen Menschen, für die das Unternehmen maximal ein Geldautomat ist (sog. extrinsisch motivierte Menschen) und denen anzumerken ist, dass Leidenschaft für ihren Beruf fehlt und die Arbeit für sie maximal einen JOB (just over broke) ist.

Die Regulierungsdynamik wird uns weiterhin begleiten – je internationaler, desto diversifizierter und dadurch intensiver. Neue Krisen, Einflüsse, Produkte, technische Lösungen, Risikotypologien und anderweitige Ereignisse werden ihren Beitrag leisten und den Regulierungsbehörden immer neue Aufgaben bereiten. Die Umsetzungen werden sich folgend durch neue oder geänderte regulatorische Anforderungen auf die Finanzdienstleistungsindustrie auswirken.

Klagen ist keine Lösung. Stattdessen sind gleichermaßen effektive und effiziente Risiko- und Regulierungsarchitekturen gefragt, die die Ressourcen und das Budget nicht zu stark beanspruchen, aber dennoch die erläuterten wettbewerbswirksamen Faktoren bewerkstelligen. In diesem Buch sind einige wesentliche Hinweise enthalten, die ein integratives Risikomanagementsystem ermöglichen und die betriebliche Übung im präventiven Umgang mit Risiken, Konsequenzrisiken und Maßnahmen trainieren.

Es ist wenig sinnvoll, wenn versucht wird, mit einem Schraubendreher einen Nagel in eine Wand hämmern oder seinen Lebenspartner durch eine Nutzwertanalyse auszuwählen. Beides dauert vermutlich sehr lange, der Nagel wird sich krümmen bzw. der potenzielle Lebenspartner wird es in den falschen Hals bekommen. Es geht um die Auswahl des richtigen Werkzeugs und die Berücksichtigung des Faktors »Mensch«.

Für mich ist es in der Lehre wichtig, die StudentInnen international und fortschrittlich zu unterrichten. Hierzu zählen auch geopolitische Einflüsse, die Denkweise und das Verständnis für die Vorgehensweisen anderer Kulturen, Digitalisierung und nachhaltiges Handeln. Auch wenn die Welt in meiner Jugend nicht so transparent war, obwohl viele Probleme damals schon bestanden, kann ich auf diese Weise positives Beitragen und den nachfolgenden Generationen zumindest Wissen und Bewusstsein hinterlassen. Ein kleiner Beitrag.

Im Prinzip kann über jeden der in diesem Buch dargestellten Themenkomplexe ein eigenes Buch geschrieben werden. Dies ist aber nicht Ziel dieses Buchs. Die komplexen Zusammenhänge und Korrelationen der Einzelkomplexe sind durch entsprechende Verweise dargestellt und sollen als Gesamtsystem und Konzept verstanden werden, um ein resilientes Framework für einen Finanzdienstleister zu schaffen, die Ressourcen auf die richtigen Themenstellungen zu lenken und sich Wettbewerbsvorteile zu sichern. In diesem Buch sind viele wertvolle Hinweise enthalten, dennoch möchte ich mir die Möglichkeit offenhalten, ein zweites Buch mit weiteren Hinweisen zu veröffentlichen.

Es gibt viel zu beachten und zu erforschen. Wichtig ist jedoch, dass wir das Heft in dem uns möglichen Rahmen und Verantwortungsgebiet fest in der Hand halten und idealerweise nicht aus der Hand nehmen lassen.

Ihr Kai Gammelin

Für einen persönlichen Kontakt: books@digichance.eu

Anhänge

Anhang 1 – Risikomanagement für StudentInnen

Risiko- oder Chancenmanagement beginnt bereits lange vor dem Studium und mit vielen taktischen sowie strategischen Fragestellungen:

- Welchen Numerus clausus benötige ich in welchem Land für welche Studienrichtung?
- Ist der gewählte Studiengang der richtige für mich?
- Verbinde ich mit dem Studiengang Leidenschaft sowie Interesse, um ein gutes Ergebnis zu begünstigen?
- Ist der Studiengang zum Zeitpunkt meines Abschlusses zukunftsorientiert, gefragt und mit einem gewissen Einkommen verbunden?
- Kann das später erzielte Einkommen, die durch die Rentenkasse ggf. nicht anerkannte Studienzeit kompensieren (dies auch im Hinblick auf die umgedrehte Alterspyramide?
- Wie sichere ich mich ggf. selbst für die Rente ab?
- Führt das Studium zu einem späteren Beruf, den ich ggf. bis zur Rente ausüben möchte?
- Wie finanziere ich mein Studium?

Noch viele weitere Fragen können für StudentInnen relevant werden. Den folgenden Themenstellungen soll noch zusätzliche Aufmerksamkeit gewidmet werden:

- Risikomanagement zur Vorbereitung von Bachelor- und Masterarbeiten,
- Plagiate und deren Prüfung,
- Bewerbungsgespräche.

Bachelor- und Masterarbeiten

In meiner Vergangenheit habe ich einige Bachelor- und Masterarbeiten betreut und immer wieder festgestellt, dass sich vorab zu wenig Gedanken über mögliche, für die Arbeiten erfolgsbeeinflussende Faktoren gemacht werden. Teilweise wurde ich erst zu spät hinzugebeten, die Forschungsfrage war schon (zu) präzise formuliert oder das Beharrungsvermögen des Studierenden war letztlich größer als meines. Wie in allen Lebenslagen – ist auch in diesem Zusammenhang – ein präventives Risikomanagement notwendig. Anhand einiger Beispiele sollen diese Risiken dargestellt werden:

Ziel	Fragestellungen/Risiken	Maßnahmen
Themenumsetzung	Erfahrung, ausreichend verfügbare Informationen, Verständnis, Vorkenntnisse	Rechtzeitige Auseinandersetzung mit Thema, Quellenverfügbarkeit
Einsatz von Fragebögen	Ausreichend/Umfang/Rückmeldungen/Antworten und benötigte Grundgesamtheit	Gut strukturierter/leicht »bedienbarer« Fragebogen/wenig Zeitaufwand/Interview/Online-Fragebogen

Ziel	Fragestellungen/Risiken	Maßnahmen
Vergleich von Situationen zweier unterschiedlicher Länder	Sprachsicherheit (Lesen/Sprechen)? Verfügbarkeit von Unterlagen/ Literatur	Auswahl von Ländern, in denen rechtzeitig ein Überblick besteht – vor Festlegung
Befragung von Banken in Österreich	Ausreichend Banken?	Auswahl Land mit Erfolg versprechender Grundgesamtheit
Befragung von Unternehmen zu sensiblen Themenstellungen	Auskunftsbereitschaft?	Ethisches Statement Anonymisierung Andere Themenstellung
Fundierte Literatur verwenden	Belastbare Literatur vorhanden?	Anderes Thema/Befragung (Transkript)
Rechtzeitige Fertigstellung	Rechtzeitige und qualitativ hochwertige Fertigstellung	Zeitplan/Pufferzeiten einplanen
Themenrelevanz	Nutzen für mich/Marktteilnehmer/am Arbeitsmarkt/Aktualität	Wahl eines anderen/aktuellen/ zukunftsorientierten Themas

Tabelle 21: Risikomanagement bei wissenschaftlichen Arbeiten

Natürlich kann es sein, dass Umstände und Themenstellungen auch in Kombination miteinander betrachtet werden sollten. So können bspw. sensible Themenstellungen im Rahmen von Bankbefragungen zu einer noch geringeren oder nur oberflächlichen Auskunftsbereitschaft in einem ohnehin limitierten Bankenmarkt führen. Jedenfalls kann es hilfreich sein, den verschiedenen Risiken eine mögliche Schadenhöhe und Eintrittswahrscheinlichkeit zuzuordnen. Wie im betrieblichen Risikomanagement auch, ist den höher beurteilten potenziellen Risiken auch mehr Aufmerksamkeit zu widmen.

Plagiatsprüfung

Nachträgliche Plagiatsprüfungen haben schon vielen Wirtschaftswissenschaftlern Schwierigkeiten bereitet. Der Verlust des wissenschaftlichen Grads oder der Berufsverlust waren insb. bei Persönlichkeiten im öffentlichen Interesse ein viel diskutiertes Thema. Es geht aber auch die Leistung innerhalb der vollständigen Studienzeit verloren – ein hohes Risiko und ein hoher Nachteil. Dabei müssen nur die Quellen richtig zitiert und gekennzeichnet werden. Viele Sätze und Worte sind bereits geschrieben worden. Zudem ist es möglich, dass Vielleser sich gute Sätze und Textpassagen einprägen. Das kann jedem passieren. Deshalb ist es wichtig, Aufsätze und wissenschaftliche Arbeiten einer rechtzeitigen Plagiatsprüfung vor Abgabe zu unterziehen. In der heutigen Zeit gibt es dafür Systeme, die diese Prüfung übernehmen. Formulieren Sie auch viel mit eigenen Worten.

Bewerbungen

Im Vergleich zu den allgemeinbildenden Einrichtungen trainieren universitäre oder vergleichbare Einrichtungen den Bewerbungsprozess zum ersten richtigen Angestelltenverhältnis nach dem Studium im Regelfall nicht. Dabei sind die vorgängigen Unterlagen und das Auftreten im Vorstellungsgespräch von essenzieller Bedeutung. An dieser Stelle soll jedoch nur darauf hingewiesen werden, da es zu diesem Thema ausreichend Literatur gibt.

Stellen Sie sich vor, Sie sind MitarbeiterIn in der Personalabteilung eines großen namhaften Finanzdienstleisters in einem Ballungsgebiet. Eine Stellenausschreibung wird neben weiteren online gestellt. Sie erhalten innerhalb kürzester Zeit eine Vielzahl von Bewerbungen. Im Regelfall bleiben der Personalabteilung jetzt nur wenige Minuten, um die Unterlagen zu sichten, eine Vorauswahl zu treffen und dem jeweiligen Fachbereich zuzuleiten. Der Bewerber muss durch wenig Text und auf den Punkt gebrachte Informationen überzeugen. Dieser Moment kann schon entscheiden, ob die Unterlagen dem Rücksenden- oder Weitergabestapel hinzugefügt werden. Bei den Managern des Fachbereichs kann eine ähnliche Situation bestehen. Dies ist das erste Erscheinungsbild, das für den Erfolg und eine mögliche Einladung zu einem Gesprächstermin entscheidend ist.

Bereiten Sie sich auf das Gespräch vor. Hierbei stehen Unternehmen, angestrebter Bereich und GesprächspartnerInnen im Mittelpunkt. Unternehmen verfügen über eine Website, Geschäftsberichte, Geschäftsmodell Informationen zu ihrer Nachhaltigkeitsstrategie und Image. Über die meisten Gesprächspartner sind bereits Informationen im Internet oder in Online-Businessnetzwerken verfügbar. Ihre GesprächspartnerInnen werden die gute Vorbereitung, Fragen und ein informiertes Gespräch zu schätzen wissen. Prüfen Sie in der Vorbereitungsphase und im späteren Gespräch auch, ob das Unternehmen zu Ihnen passt und Sie die Position für mind. drei Jahre ausfüllen können.

Flippiges oder auffälliges Auftreten sowie kreative Bewerbungen sind in Marketing- und Werbeberufen anhängig vom Unternehmen angezeigt. Die Finanzdienstleistungsbranche ist hingegen konservativ geprägt. Viele Unternehmen verfügen auch über Weisungen zur Bekleidung, um Minimumanforderungen festzuschreiben. Ein seriöses Erscheinungsbild ist wichtig, auch wenn Kundenumfragen ergeben haben, dass sich die Finanzspezialisten in kundennahen Bereichen nur für den geringeren Teil der Kunden businesskonform kleiden müssten. Der größere Teil würde sich mit »Smart-Casual« einverstanden erklären. Auch traditionsbewusste Führungskräfte können viel Wert auf die Kleidung legen. Jedenfalls ist seriöse Businesskleidung die beste Möglichkeit vorerst nicht negativ aufzufallen und die Situation zu taxieren. Sollte es zu einer Anstellung kommen, wird – je nach Einsatzgebiet – schnell klar, welcher Anspruch an die Bekleidung besteht. Bitte verschenken Sie sich auch hier nichts.

Beobachten Sie aber auch Ihre Gesprächspartner. In solchen Gesprächen geht es um eine gemeinsame Zielerreichung, die auch im späteren Arbeitsverhältnis anhalten sollte.

Anhang 2 – Beispiel: Reduktion des Klimawandels

Example – Climate Change Mitigation	
Sector classification and activity	
Macro-Sector	E – Water supply; sewerage; waste management and remediation activities
NACE Level	4
Code	E37.0.0
Description	**«Centralized wastewater treatment systems«** Centralized wastewater systems (including collection and treatment), substituting untreated wastewater discharge or treatment systems causing high GHG emissions (e.g. onsite sanitation, anaerobic lagoons).
Mitigation criteria	
Principle	Net GHG emission reduction through centralization of wastewater treatment thus substituting or avoiding decentralized sanitation systems with higher GHG emissions.
Metric	Construction or extension of centralized wastewater systems including collection (sewer network) and treatment is eligible, provided that the new wastewater treatment substitutes the untreated discharge of wastewater to the water bodies or more GHG emission intensive wastewater treatment systems.
Threshold	No threshold applies.
Rationale	
This activity considers collection and wastewater treatment line in wastewater treatment plants. The sludge treatment is included in another Taxonomy activity. From common practice (see 2006 IPCC Guidelines for National Greenhouse Gas inventories) it is known that any level of treatment (primary, secondary, or tertiary) achieves significant reductions of GHG emissions when compared with the emissions of the discharge of untreated wastewater in the water bodies or other on-site sanitation systems (such as septic tanks, anaerobic lagoons etc.). Compliance with relevant EU and national law as well as consistency with national, regional or local wastewater management strategies and plans is part of the approving process.	
Do no significant harm assessment (I)	
Potential harm linked to centralized wastewater treatment is related to: • emissions to water from wastewater treatment • Combined sewer overflow in case of heavy rainfall • Sewage sludge treatment.	

Do no significant harm assessment (II)	
Adaption	A1: Reducing material physical climate risks. The economic activity must reduce all material physical climate risks to the extent possible and on a best effort basis. This means the activity integrates physical and non-physical measures aimed at reducing – to the extent possible and on a best effort basis – all material risks that have been identified through a risk assessment. The above-mentioned assessment has the following characteristics: • considers both current weather variability and future climate change, including uncertainty; • is based on robust analysis of available climate data and projections across a range of future scenarios; • is consistent with the expected lifetime of the activity. A2: Supporting system adaptation. The economic activity must not adversely affect adaptation efforts of others. This means the activity • does not lead to increased climate risks for others or hamper adaptation elsewhere • is consistent with sectoral, regional, and/or national adaptation efforts.
Water	
Circular Economy	
Do no significant harm assessment (III)	
Pollution	• Ensure emissions to water are within the ranges set in the urban waste-water treatment Directive. • Implement appropriate measure to avoid and mitigate combined sewer overflow in case of heavy rainfall, such as Nature-based solutions, separate rainwater collection systems, retention tanks and/or treatment of the first flush. • Ensure sewage sludge is managed/used (e.g, incineration, anaerobic digestion, land application) according to relevant national/EU legislation.

Tabelle 22: Beispiel Klimawandelreduktion. Quelle: EU Technical Expert Group on Sustainable Finance

Stichwortverzeichnis

H

I

J

K

L

T

U

V

W

Z

Danksagungen

Wie in der Einleitung bereits erwähnt, ist ein solcher Karriereweg ohne eine gewisse Formung, Unterstützung, Förderung, Geduld, Ideen, Erlebnisse, Erfahrungen und Versuche nicht möglich. Versuche müssen natürlich erlaubt sein.

In diesem Zusammenhang bedanke ich mich in erster Linie bei meiner Frau Isabell, die sehr geduldig, unterstützend und auch kritisch mein Buchprojekt begleitet und auch zeitweise deshalb auf mich verzichtet hat.

Bedanken für meine berufliche Förderung und Unterstützung möchte ich mich insbesondere bei Frau Dr. Christine Bernhofer. Sie wertschätzte mein Talent bei der UBS sehr früh, positionierte mich in verschiedenen international angelegten Förderprogrammen und gab mir durch ihre Gradlinigkeit alle Unterstützung die Risiko- und Compliance-Funktion in einem Unternehmen aufzubauen sowie mich international zu betätigen, das Geschäft zu fördern, neue Geschäftsbereiche mit zu entwickeln und schenkte mir hierbei viel Vertrauen. Von der Station aus München ging es immer weiter. Es ist sehr wertvoll, dass wir noch im Kontakt sind!

Roman Lorenc (Head Compliance EMEA) danke ich für seine Unterstützung in brenzligen Situationen und sein in mich gesetztes Vertrauen, mich in der EMEA-weiten Compliance-Organisation des immerhin größten Schweizer Vermögensverwalters als »ersten Mann« aller Teams bei der Weiterentwicklung der Organisation maßgeblich mitwirken und mitgestalten zu lassen. Besonders beeindruckt hat mich, dass er mich aufgrund meiner universellen Interessen in verschiedenen Bereichen und Ländern der Compliance-Organisation einsetzte und aus der Hand in Hand-Zusammenarbeit eine sehr gute Freundschaft entstand.

Ernst Schirmer (damalige Funktion: Managing Director und Wegbereiter einer neuartigen und erstmaligen Global Credit, Collateral, Settlement und Custody Risk Management – USD 800 Mrd. UBS Global Asset Management) war bei meinem Eintreffen in Zürich eine wichtige Bezugsperson, die mich in die Gefilde des Unternehmens einwies und Kontakte herstellte, obwohl keine fachlichen Überschneidungen bestanden. Ein Kontaktnetz ist wichtig. Noch heute freue ich mich über unseren Austausch über alte Zeiten sowie aktuelle Themen und sende Dir herzliche Grüße nach Connecticut.

Bei Joachim Brückmann (Leiter Risikocontrolling) und Kai Pfleger (Senior Risikocontroller) lernte ich bei der MEAG MUNICH ERGO Asset Management GmbH zum ersten Mal auf sehr breiter Basis, was ganzheitliches Risikocontrolling ist und bedeutet, durfte mich über die gesamte Abteilung hinweg einbringen und wurde mit VBA-Programmierung ins kalte Wasser geschmissen. Das mandatenfähige Performance-Aggregations-Tool war der finale Erfolg. Hier erhielt ich auch meinen ersten kleinen Lehrauftrag an der Katholischen Universität Eichstätt-Ingolstadt.

Prof. (FH) Dr. Markus Ilg an der Fachhochschule Vorarlberg hielt im Rahmen eines Professorenwechsels und trotz einer einjährigen Pause an mir als Gastdozenten fest. Ganz besonders danke ich dafür, dass er mich bereits vor Jahren im Rahmen des Themas »Digitalisierung« aktiviert hat.

Mit Prof. (FH) Dr. Martin Hebertinger ist es immer eine Freude, neue Themenstellungen, Ansätze und Initiativen zu diskutieren. Die Zusammenarbeit mit Euch und den StudentInnen im Bachelor- und Masterstudiengang macht mir nach wie vor sehr viel Spaß!

Dr. Alexander Schuchter zeigte mir im Umgang mit Wirtschaftskriminalität, dass es sehr wichtig ist, wirtschaftskriminelle Handlungen auch aus Sicht des Täters zu analysieren. Nicht nur, um die Denkweise zu verstehen, sondern auch, um präventiv Kontrolllücken schließen zu können. Ein erstklassiger Kontakt, der weit über dieses Thema hinaus geht!

Ganz besonders möchte ich mich auch bei Marcus Müller bedanken, der seit unserer Bankausbildung ein sehr guter Freund, Weggefährte und auch unser Trauzeuge ist. Vielen Dank für die Begleitung durch all die Höhen und Tiefen über die Jahre sowie Dein offenes Ohr.

Darüber danke ich meinen Aufsichtsrats- und Geschäftsleitungskollegen für die gemeinsame, reibungsfreie sowie zielführende Beaufsichtigung bzw. Führung globaler und lokaler Strukturen, den Ermittlungsbehörden, Regulatoren-Vertretern und Berufsverbänden weltweit, die mit dem einen oder anderen hilfreichen Hinweis unterstützten und somit meine Arbeit auf der zweiten Verteidigungslinie zum Wohle der Wirtschaft und des Unternehmens erleichterten.

Und natürlich den Mitarbeiterinnen der Ausbildungsabteilung der damaligen Vereins- und Westbank AG für die unkomplizierte Übernahme und Fortsetzungsmöglichkeit meiner Ausbildung. Wer weiß, wo meine Karriere ohne Sie hingeführt hätte.

Auch wenn mein Aufenthalt bei der Luftwaffe nur von kurzer Dauer war, danke ich Herrn Oberstleutnant Steigerwald für die Einbindung in die Aktivitäten des Stabsgebiets, die normalerweise nur höhergraduierten Offizieren vorbehalten sind sowie die Gespräche auf Augenhöhe. Die Zusammenarbeit und die mir veranschaulichten Hintergründe, Werte und Techniken haben mir viel mit auf meinen Berufsweg gegeben.

Last but, not least – herzlichen Dank an Dr. Stefan Hirschmann (Mitglied der Geschäftsleitung bei der VÖB-Service GmbH, Gesellschaft des Bundesverbands Öffentlicher Banken Deutschlands, VÖB), der den Anstoß für dieses Buch und das damit verbundene spannende Projekt lieferte. Ebenso geht mein Dank an Alexander Kühn, Ruth Kuonath sowie an meine Lektorin Frau Heike Münzenmaier vom Schäffer-Poeschel Verlag, die meine ersten Würfe mit sehr viel »Coolness« aufgenommen haben. Eine sehr gute Zusammenarbeit.

Der Autor

Kai Gammelin wurde am 25.11.1974 in Hamburg geboren. Er absolvierte Ausbildungen im Bereich Elektronik und Banking, bildete sich im Anschluss in der Betriebs- und Finanzwirtschaft weiter und absolvierte diverse Weiterbildungen in den Fachbereichen der Digitalisierung, Compliance, Nachhaltigkeit und im Bereich des agilen Lernens, Arbeitens und Lehrens.

Auch wenn die Karriere zunächst in den elektrotechnischen Bereich deutete, im Bankenbereich die Firmenkundenbetreuung angedacht war, wurde Herr Gammelin in der ganzheitlichen Risikoprävention, Strategieentwicklung und Unternehmenssteuerung sesshaft und blieb dieser bis zum heutigen Tage treu. Er bildete sich in den Bereichen Unternehmenssteuerung, Strategieentwicklung und Changemanagement und Projektleitung (»run« und »change«) weiter.

Seinen Grundwehrdienst absolvierte er bei der Luftwaffe und im Stabsdienst S3 und erhielt eine Auszeichnung mit der Ehrenmedaille der Bundesrepublik Deutschland, »Medaille der Luftwaffenschule« sowie förmliche Anerkennungen.

Sein Weg führte durch Stationen bei global tätigen Unternehmen im Banken-, Asset Management- und Kreditrating-Bereich. Mit 26 Jahren wurde ihm die erste Führungsaufgabe übertragen. Im Alter von 30 Jahren wurde er bei der UBS in unterschiedlichen international ausgerichteten Förderprogrammen positioniert. Es begann mit einer Post-Merger-Integration eines Zukaufs in München und dem Aufbau der Risikocontrolling- & Compliance-Funktion. Der Verantwortungsbereich wurde im Folgejahr auf Europa ausgedehnt und in Zürich wurden Funktionen wahrgenommen, wie COO Legal & Compliance EMEA, Head of Direct Real Estate, Private Equity & Infrastructure CEMEA; Head of Compliance & Operational Risk Control EMEA; Chief of Staff to the Chief Risk Officer/Senior Manager Risk Control für die Division Global Asset Management. Es folgten Positionen in Verwaltungsräten und Geschäftsleitungen mit »Fit & Proper«-Zulassungen durch die Regulierungsbehörden des EWR. In diesem Zusammenhang wurden Mentoring-Aufgaben übernommen. Im Rahmen seiner internationalen Tätigkeiten und Projekte eignete er sich unterschiedliche Regulierungssprachen an.

Die von ihm geführten Compliance- und Risikocontrolling-Funktionen blieben fast ausschließlich ohne Prüfanmerkungen durch die Revisionen. Die von ihm und seinen Teams überwachten Fachbereiche waren im Hinblick auf die Presse nur im Zusammenhang mit positiven Meldungen in Verbindung zu bringen.

Parallel unterrichtet Kai Gammelin an der University of Applied Sciences, Vorarlberg Fachthemen wie Governance, Changemanagement, Nachhaltigkeit, Financial Services & Technology, Nachhaltigkeitsthemen unter regulatorischen Aspekten sowie Risikomanagement. Zudem betreut er Bachelor- und Masterarbeiten. Eine zusätzliche Zusammenarbeit erfolgt mit der ETH Zürich und University of Zurich im Zusammenhang mit studentischen Digitalisierungswettbewerben in den Bereichen Compliance und Risikomanagement.

Als Autor veröffentliche er unterschiedliche Artikel in namhaften Fachzeitschriften im Bereich der Strategieentwicklung, Digitalisierung, Changemanagement, Third-Party Management, Nachhaltigkeit, Compliance und Risikosteuerung. Er arbeitete an dem Buchprojekt »Non-financial Risk Management in the Financial Industry: A Target Operating Model for Compliance and ESG Risks« der Boston Consulting Group mit, das im Juni 2022 veröffentlicht wurde.

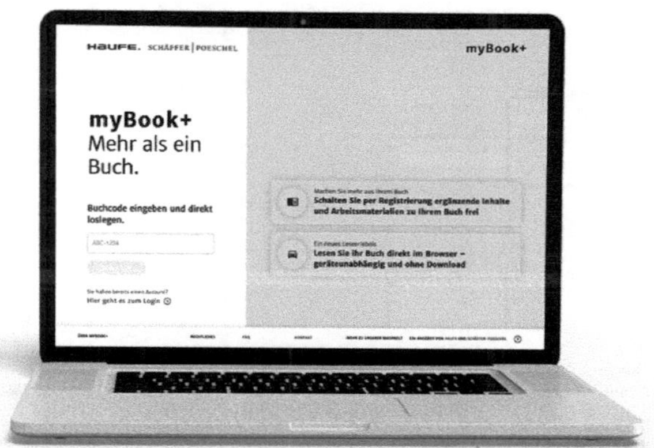

Ihre Online-Inhalte zum Buch: Exklusiv für Buchkäuferinnen und Buchkäufer!

▶ **https://mybookplus.de**

▶ Buchcode: YGE-75581